utb 2629

Eine Arbeitsgemeinschaft der Verlage

Brill | Schöningh – Fink · Paderborn
Brill | Vandenhoeck & Ruprecht · Göttingen – Böhlau · Wien · Köln
Verlag Barbara Budrich · Opladen · Toronto
facultas · Wien
Haupt Verlag · Bern
Verlag Julius Klinkhardt · Bad Heilbrunn
Mohr Siebeck · Tübingen
Narr Francke Attempto Verlag – expert verlag · Tübingen
Psychiatrie Verlag · Köln
Ernst Reinhardt Verlag · München
transcript Verlag · Bielefeld
Verlag Eugen Ulmer · Stuttgart
UVK Verlag · München
Waxmann · Münster · New York
wbv Publikation · Bielefeld
Wochenschau Verlag · Frankfurt am Main

Hans-Peter Kaul
Timo Kautz
Jens Léon

Ackerbau, Pflanzenbau und Pflanzenzüchtung

5., vollständig überarbeitete Auflage

88 Abbildungen
103 Tabellen

Verlag Eugen Ulmer • Stuttgart

Die Autoren:

Prof. Dr. Hans-Peter Kaul lehrt an der Universität für Bodenkunde in Wien.
Prof. Dr. Timo Kautz lehrt am Albrecht Daniel Thaer-Institut für Agrar- und Gartenbauwissenschaften an der Humboldt Universität zu Berlin.
Prof. Dr. Jens Léon war von 1996 bis 2021 Universitätsprofessor für Pflanzenzüchtungen an der Rheinischen Friedrich-Wilhelms-Universtität Bonn.

Bibliografische Information der Deutschen Nationalbibliothek
Die Deutsche Nationalbibliothek verzeichnet diese Publikation in der Deutschen Nationalbibliografie; detaillierte bibliografische Daten sind im Internet über http://dnb.d-nb.de abrufbar.

1. Aufl. (2005) Diepenbrock, Ellmer, Léon:
Ackerbau, Pflanzenbau und Pflanzenzüchtung

Wollgrasweg 41, 70599 Stuttgart (Hohenheim)
E-Mail: info@ulmer.de
Internet: www.ulmer.de
Lektorat: Sabine Mann, Ulrike Andres
Herstellung: Birgit Heyny
Umschlaggestaltung: Agentur Siegel, Stuttgart
Satz und Repro: primustype Hurler GmbH, Notzingen
Druck und Bindung: Pustet, Regensburg
Printed in Germany

UTB Band-Nr. 2629
ISBN 978-3-8252-5855-9

https://doi.org/10.36198/9783838558554

Inhaltsverzeichnis

Vorwort zur 4. Auflage

Seit dem Erscheinen der ersten Auflage des Lehrbuchs „Ackerbau, Pflanzenbau und Pflanzenzüchtung“ sind zehn Jahre vergangen. In dieser Zeit hat es sich als Standardwerk für die agrarwissenschaftlichen Studiengänge an den Universitäten und Hochschulen in Deutschland und darüber hinaus etabliert. Das Interesse der Leserschaft an den bisherigen drei Auflagen hat gezeigt, dass eine umfassende Kurzdarstellung der Lehrinhalte für Ackerbau, Pflanzenbau und Pflanzenzüchtung für Studierende der Agrarwissenschaften und benachbarter Disziplinen ebenso wünschenswert wie hilfreich ist. Die Autoren haben daher für diese vierte Auflage das inhaltliche Kontinuum gewahrt. Die dynamischen Entwicklungen der vergangenen Jahre im Agrarbereich waren aber Anlass, Akzentverschiebungen, Neuerungen und Ergänzungen zu berücksichtigen.

Diese Neuauflage trägt dem Rechnung, ohne den Umfang des Buches wesentlich zu verändern. Ihr Zustandekommen haben Kollegen, Freunde und Leser unterstützt, indem sie Material bereitgestellt und Verbesserungsvorschläge gemacht haben. Dafür danken wir besonders Prof. Dr. F.-M. Chmielewski.

Ebenso danken wir dem Verlag Eugen Ulmer, Stuttgart, für die langjährige angenehme Zusammenarbeit, mit der auch diese Neuauflage ermöglicht wurde. Möge sie freundliche Aufnahme bei den agronomisch Interessierten finden.

Halle, Berlin, Bonn, im Frühjahr 2016

W. Diepenbrock
F. Ellmer
J. Léon

Vorwort zur 5. Auflage

Mit Vorlage der fünften, vollständig überarbeiteten Auflage übergeben zwei der Initiatoren des Lehrbuchs, die Professoren Wulf Diepenbrock und Frank Ellmer, die Bearbeitung der Ackerbau- und Pflanzenbauthemen an Hans-Peter Kaul und Timo Kautz. Die Übergabe erfolgte, weil die neuen Autoren schon langjährige Lehrerfahrung haben und noch aktiv an der Lehre beteiligt sind.

Nicht nur die neue Zusammensetzung des Autorenteams, sondern insbesondere die technische Entwicklung und gesellschaftliche Neubewertung verschiedener Produktionsprozesse machten eine Überarbeitung der Auflage notwendig.

Der Acker- und Pflanzenbau sieht sich angesichts der übergeordneten Zielsetzung einer nachhaltigen Intensivierung vor eine Reihe von Herausforderungen gestellt, die bei der vorliegenden Neuauflage zu berücksichtigen waren. Als wesentlich zu nennen sind die Reaktion auf den Klimawandel, die Steigerung der Biodiversität, die Verbesserung der Nutzungseffizienz von Wachstumsfaktoren, insbesondere Wasser und Nährstoffe, sowie die Digitalisierung vieler Prozesse bei der Planung, Durchführung und Bewertung pflanzenbaulicher Maßnahmen.

Änderungen des Textes wurden außerdem durch Novellierungen von Rechtsnormen erforderlich. Vor diesem Hintergrund ist der Text dieser Neuauflage behutsam an die aktuellen Gegebenheiten angepasst worden. So wurden Textpassagen zur organischen Düngung und zur Bewertung von Bodenbearbeitungsverfahren aktualisiert. Die klimatologischen Angaben wurden ebenso auf den neuesten Stand gebracht wie Daten aus Dauerfeldversuchen.

Durch Straffung des Textes der 4. Auflage konnten wesentliche Ergänzungen des Textes vorgenommen werden. Diese betreffen eine Einführung in die Konzeption eines mechanistischen, dynamischen Wachstumsmodells, die Digitalisierung als Werkzeug für das Smart Farming, insbesondere zur Entscheidungsunterstützung bei der sensorbasierten N-Düngung, sowie eine kurze Darstellung des Potenzials von Mischbeständen. Zudem wurden die produktionsstatistischen Daten aktualisiert.

Auch im Bereich Pflanzenzüchtung waren die letzten Jahre durch zahlreiche technische Neu- und Weiterentwicklungen als auch durch eine Neubewertung der Zuchtziele gekennzeichnet. Zuchtmethoden wurden darüber hinaus kritisch hinterfragt und von verschiedenen Gruppen unterschiedlich bewertet. Natürlich ist an dieser Stelle eine mögliche Einführung des Genome Editing, z. B. in Form von CRISPR/Cas, zu nennen. Die Debatte hierüber hat die öffentliche Diskussion im Zusammenhang mit der Pflanzenzüchtung angeführt. Gleichwohl gibt es unterhalb dieser öffentlichen bedeutsamen Diskussion über Zuchtmethoden zahlreiche technische Entwicklungen und gesellschaftliche Debatten, welche alle Bereiche der Pflanzenzüchtung, von der Zuchtzieldefinition über die Frage der Anwendung der Bio- und Gentechnologie, Wahl der Methodik, Testung der Experimental-Sorten und auch der Möglichkeit einer Zulassung oder wenigstens einer Notifizierung von Heterogenen Pflanzenbeständen betreffen. In dieser Neuauflage wurden diese neuen Erkenntnisse und Ideen mit aufgenommen und in die bewährte Zuchtmethodik eingeordnet. Daher wurden die Zuchtmethoden durch alternative Zuchtmethoden ergänzt. Darüber hinaus werden Hinweise gegeben, welche zuchtmethodischen Besonderheiten für eine Ökologische Pflanzenzüchtung zu beachten sind.

Unser besonderer Dank gilt Frau Sabine Mann und ihrem Team beim Ulmer Verlag, welche uns vorbildlich durch den Prozess der Neubearbeitung geleitet und uns wesentlich in der Neugestaltung des Druckdesigns beraten haben.

Wien, Berlin, Bonn, im Sommer 2022

H.-P. Kaul
T. Kautz
J. Léon

1 Ackerbau

1.1 Einführung

Seitdem die Menschen sesshaft geworden sind, betreiben sie Ackerbau. Der Anbau von landwirtschaftlichen Nutzpflanzen als Nahrungsmittel für den Menschen, als Futter für die Nutztiere und als Rohstoffe zur Weiterverarbeitung ist die Grundlage für die Existenz der Menschheit überhaupt. Angesichts des weiteren raschen Wachstums der Weltbevölkerung und einer steigenden Zahl von Menschen ohne ausreichende Ernährung, kommt dem Ackerbau eine überragende politische, wirtschaftliche und humanitäre Bedeutung zu.

Die dafür nutzbaren natürlichen Ressourcen sind jedoch begrenzt und nicht wahlweise vermehrbar. Daher müssen insbesondere die Böden so bewirtschaftet werden, dass sie sowohl hohe Erträge in jeweils spezifischer Qualität erbringen als auch geschützt werden. Ackerbauliche Bodennutzung und Ressourcenschutz sind als Einheit zu sehen, denn nur so ist eine nachhaltige Entwicklung heutiger und zukünftiger Gesellschaften möglich.

In den wirtschaftlich entwickelten Nationen wird Ackerbau heute auf hohem agrotechnischem Niveau betrieben. Dies hat sich ab Anfang des 19. Jahrhunderts schrittweise herausgebildet, wobei insbesondere seit der Mitte des 20. Jahrhunderts bedeutende und rasche Fortschritte erzielt worden sind. Dazu zählen standortangepasste Fruchtfolgen, mit denen Krankheits- und Schädlingsbefall der Pflanzen auf biologischem Wege vorgebeugt und höchstmögliche Biomasseproduktion in leistungsfähigen Agrarökosystemen ermöglicht werden. Mit speziell entwickelten Maschinen und Geräten kann die erforderliche Bodenbearbeitung den jeweiligen Standortverhältnissen entsprechend differenziert durchgeführt werden. Über organische und mineralische Düngung werden Pflanzennährstoffe bereitgestellt, um die Nutzpflanzenbestände bedarfsgerecht zu versorgen. Die Konkurrenz durch unerwünschten Pflanzenwuchs wird mittels integrierter Unkrautkontrolle mechanisch und soweit erforderlich durch den Einsatz spezifischer herbizider Wirkstoffe begrenzt. Hochwirksame Pflanzenschutzmittel stehen bereit, um Beeinträchtigungen der Ertrags- und Qualitätsbildung durch Krankheiten und Schädlinge zu verhindern. Auf diese Weise ist es möglich geworden, unter den Standortbedingungen Mitteleuropas mehr als 10 t ha^{-1} Getreide (s. Kap. 2.4.1) zu erzeugen, über 5 t ha^{-1} Raps (s. Kap. 2.4.3.1) und 10 t ha^{-1} Zucker (s. Kap. 2.4.4.1) zu ernten. Es bleibt eine Herausforderung, diese Erträge unter Vermeidung schädlicher Nebenwirkungen auf die Umwelt zu realisieren.

Ihren Anfang nahm diese Entwicklung vor etwa 7000 Jahren in Mesopotamien, als erste ackerbauliche Tätigkeit mit primitiven Formen des gezielten Anbaus von Kulturpflanzen begann. Seither ist die Geschichte der Menschheit eng mit der Geschichte des Ackerbaus verbunden. Die überwiegende Zeit war dies extraktives Wirtschaften auf sehr niedrigem Niveau und beschränkte sich zunächst ausschließlich auf den Getreidebau. Um das Jahr 800 n. Chr. hatte sich in Mitteleuropa mit der Dreifelderwirtschaft ein Ackerbausystem herausgebildet, welches über die folgenden rund 1000 Jahre Bestand hatte. Seine Überwindung Ende des 18., Anfang des 19. Jahrhunderts ist verbunden mit der Entwicklung des Ackerbaus als Wissenschaft. In dieser Zeit der Aufklärung in Europa traten wissenschaftlich gebildete Persönlichkeiten auf den Plan, die erkannten, dass in der Förderung des Landbaus ein Schlüssel für die Verbesserung der Lebensverhältnisse lag. Einer von ihnen war der Arzt Albrecht Daniel Thaer (1752–1828). Er hat als erster das bis dahin über die Landwirtschaft vorhandene Wissen systematisiert und in zahlreichen Schriften niedergelegt. Mit seinem Hauptwerk „Grundsätze der rationellen Landwirtschaft" erlangte er den Ruf, Begründer der Agrarwissenschaften zu sein.

Thaer hat erstmals in Mitteleuropa akademische Lehranstalten des Landbaus gegründet und dort junge Landwirte nach wissenschaftlichen Prinzipien unterrichtet. Aus dieser Schule gingen zahlreiche Vertreter hervor, welche die Agrarwissenschaften in verschiedenen Bereichen weiterentwickelten. Dazu zählt neben anderen der Agrikulturchemiker Carl Philipp Sprengel (1787–1859), der als erster die Mineralstoffernährung der Pflanzen beschrieb. Darauf aufbauend vermochte der Chemiker Justus von Liebig (1803–1873) mit seinem epochemachenden Werk „Die organische Chemie in ihrer Anwendung auf Agricultur und Physiologie" (1840) die Grundprinzipien der Pflanzenernährung und Düngung zu entwickeln.

Die wissenschaftliche Ackerbaulehre basiert heute auf den fortgeschrittenen Erkenntnissen der Bodenkunde, der Agrarklimatologie sowie der Ökologie und integriert Aspekte der Pflanzenernährung und der Phytomedizin ebenso wie der Agrartechnik. Sie stellt somit eine integrative Disziplin dar und behandelt die allgemeinen

Albrecht Daniel Thaer – Kurzbiografie

Geb. 14. Mai 1752 in Celle, gest. 26. Oktober 1828 in Möglin bei Wriezen (heute Brandenburg).

Als Sohn eines kurfürstlichen Hofarztes studierte er ab 1770 Medizin in Göttingen und beschäftigte sich während dieser Zeit mit naturwissenschaftlichen und philosophischen Fragen. 1774 promovierte er „Über das Verhalten des Nervensystems bei Fieberkranken". Danach praktizierte Thaer 3 Jahrzehnte als Arzt in Celle. Nach anfänglicher Begeisterung für den Arztberuf wurde er unzufrieden und suchte Ausgleich als Gärtner, Blumenzüchter und Botaniker; dies brachte ihn schließlich zum landwirtschaftlichen Pflanzenbau. Ab 1786 baute er vor der Stadt Celle einen landwirtschaftlichen Gutsbetrieb auf, den er schrittweise zur Versuchs- und Musterwirtschaft umwandelte. Dort richtete er 1802 ein erstes landwirtschaftliches Lehrinstitut ein. 1804 siedelte er nach Preußen über, errichtete auf dem Gut Möglin eine 300 ha umfassende Musterwirtschaft und eröffnete dort 1806 ein neues Lehrinstitut. Ab 1811 hielt er als a. o. Professor für Kameralwissenschaften landwirtschaftliche Vorlesungen an der neugegründeten Berliner Universität. Ab 1819 führte das Institut den Titel „Königlich preußische Akademie des Landbaus". Sie hatte nach Thaers Tod noch bis 1861 Bestand.

Thaers wissenschaftliches Hauptwerk ist das Buch „Grundsätze der rationellen Landwirtschaft" (Bd. 1–4, Berlin 1809–1812), in dem er erstmalig die Teilgebiete der Landwirtschaft zu einem wissenschaftlichen Lehrgebäude zusammengefasst hat (Böhm 1997).

Justus von Liebig – Kurzbiografie

Geb. 12. Mai 1803 in Darmstadt, gest. 18. April 1873 in München.

Als Sohn eines Drogisten und Farbenhändlers geboren, verließ er mit 14 Jahren das Gymnasium und arbeitete als Apothekerlehrling. 1819 begann er in Bonn mit dem Studium der Chemie, das er 1821 in Erlangen fortsetzte. 1822 ging er nach Paris, um im Laboratorium des berühmten Chemikers Gay-Lussac zu arbeiten. 1823 promovierte er an der Universität Erlangen. Er wurde 1824 zum a. o. Professor für Chemie an die Universität Gießen berufen und 1825 zum o. Professor ernannt. Dort richtete er ein chemisches Laboratorium für experimentellen Unterricht ein, das sich innerhalb weniger Jahre zur bedeutendsten Lehr- und Forschungsstätte auf dem Gebiet der Chemie in Deutschland entwickelte. Aufgrund seiner außerordentlichen Begabung als Lehrer und seiner epochemachenden Forschungsergebnisse war Liebig alsbald ein weltberühmter Chemiker. 1852 folgte er einem Ruf des Königs Maximilian II. von Bayern nach München, wo ihm ein Forschungsinstitut an der Universität neu errichtet wurde. Seit 1859 war er Präsident der Königlichen Akademie der Wissenschaften zu München.

Liebig war auf vielen Gebieten der theoretischen und angewandten Chemie tätig. Sein wissenschaftliches Hauptwerk im Bereich der Landwirtschaft ist das Buch „Die organische Chemie in ihrer Anwendung auf Agricultur und Physiologie" (Braunschweig 1840), in dem er vor allem die Theorie von der Mineralstoffernährung der Pflanzen niederlegte (Böhm 1997).

Grundlagen für den landwirtschaftlichen Pflanzenbau.

1.2 Acker als Pflanzenstandort

Die ackerbauliche Bodennutzung mit dem Ziel der Gewinnung von pflanzlichen Produkten ist stets ortsgebunden und unterliegt somit den jeweiligen natürlichen Standortverhältnissen. Diese ergeben sich aus den Wechselbeziehungen zwischen den Bodenbedingungen einerseits sowie von Klima und Witterung andererseits und stehen unter dem Einfluss der räumlichen Lage, der Exposition des Geländes sowie spezieller ökologischer Gegebenheiten.

Beim Boden ist zwischen natürlichen und kultürlichen Faktoren zu unterscheiden. Natürliche Faktoren sind die Bodentextur, die Horizontabfolge im Profil, die Tiefe des durchwurzelbaren Raumes sowie die von der Bodentextur abhängige Fähigkeit zur Speicherung von Wasser und Nährstoffen. Kultürlich beeinflusst sind hingegen in gewissen Grenzen die Bodenstruktur und damit der Wasser-, Luft- und Wärmehaushalt, der Gehalt an organischer Bodensubstanz, die Gehalte an mineralischen Makro- und Mikronährstoffen sowie die Bodenreaktion. Aber auch das Auftreten von bodenbürtigen Schaderregern kann unter dem Einfluss von Kulturmaßnahmen des Ackerbaus stehen. Aus dem Zusammenwirken aller dieser Faktoren resultiert letztlich die Fähigkeit von Böden, Pflanzenbeständen als Wuchsort zu dienen und deren Ertragsbildung zu ermöglichen. Auf dieses als **Bodenfruchtbarkeit** bezeichnete Phänomen müssen daher auch die vielfältigen ackerbaulichen Maßnahmen ausgerichtet werden.

Der Ackerbau ist sehr stark vom Wetter abhängig. Dies ist nahezu unkalkulierbar und durch große zeitliche und räumliche Unterschiede gekennzeichnet. Allerdings weist das Wettergeschehen trotz kurzfristiger Wechsel doch systematische Züge auf, die sich im typischen Jahresgang der Witterung an einem Ort und in großräumigen Unterschieden äußern. Es ist daher zwischen dem Klima eines Ortes und der jeweils konkreten Witterung in einem Jahr zu unterscheiden. Unter Klima versteht man die für einen Ort oder eine Landschaft typische Zusammenfassung aller bodennahen Zustände der Atmosphäre und Witterung, welche Boden, Pflanzen, Tier und Mensch beeinflussen und die sich während eines längeren Zeitraumes einzustellen pflegen.

Aufgabe des Ackerbaus ist es, geeignete Bodennutzungssysteme für die naturgegebenen Standortverhältnisse zu etablieren und mit angepassten Kulturmaßnahmen die bestmögliche Nutzung der Standortfaktoren für die Ertrags- und Qualitätsbildung zu fördern.

1.2.1 Boden

Der Boden gehört zu den wichtigsten Existenzgrundlagen der Menschheit. Der weitaus überwiegende Anteil der Nahrungsmittel wird auf terrestrischen Böden erzeugt. Mit seinen vielfältigen Funktionen, insbesondere der Filter- und Pufferfunktion, beeinflusst er aber auch die Qualität des Trinkwassers.

Ein Boden ist Teil der belebten obersten Erdkruste. Er weist eine räumliche Gliederung auf und ist nach unten durch festes oder lockeres Gestein und nach oben durch eine Vegetationsdecke bzw. durch die Atmosphäre begrenzt. Besonders markant und für den Ackerbau maßgebend ist die Vielgestaltigkeit von Böden. Diese resultiert aus unterschiedlichsten Gesteins- und Relief- sowie Klima- und Vegetationsverhältnissen. Unter dem Einfluss der Nutzung verändern sich die Böden.

Ein Boden besteht aus Mineralien unterschiedlicher Art und Größe sowie organischen Stoffen. Diese festen Bodenbestandteile sind abwechselnd mit Hohlräumen angeordnet und bilden auf diese Weise ein bestimmtes Bodengefüge. Das Hohlraumsystem besteht aus Poren unterschiedlicher Form und Größe und ist mit Wasser und darin gelösten Salzen oder Gasen bzw. mit Luft erfüllt. Der Boden stellt somit ein Dreiphasensystem aus festen, flüssigen und gasförmigen Komponenten dar. Vertikal ist ein Boden in Horizonte gegliedert, welche im oberen Bereich streuähnlich sind und in der Tiefe gesteinsähnlicher werden. Horizontal geht ein Bo-

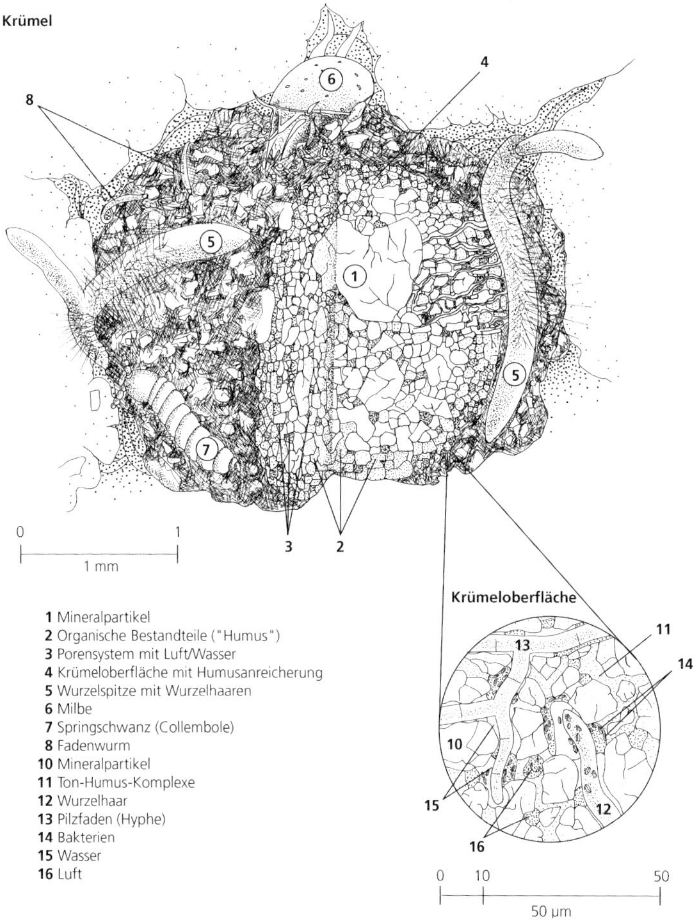

1 Mineralpartikel
2 Organische Bestandteile ("Humus")
3 Porensystem mit Luft/Wasser
4 Krümeloberfläche mit Humusanreicherung
5 Wurzelspitze mit Wurzelhaaren
6 Milbe
7 Springschwanz (Collembole)
8 Fadenwurm
10 Mineralpartikel
11 Ton-Humus-Komplexe
12 Wurzelhaar
13 Pilzfaden (Hyphe)
14 Bakterien
15 Wasser
16 Luft

Abb. 1.1 Bodenkrümel mit Pflanzenwurzeln und Bodentieren sowie vergrößerter Krümeloberfläche (Vökt et al. 1991, zit. in Keller et al. 1997).
Die Krümeloberfläche ist mit organischer Substanz angereichert. Auf und in dieser Hülle spielt sich ein großer Teil des Bodenlebens ab. Hier finden sich Bakterien, Pilzhyphen, Collembolen etc. Die Wurzelspitzen der Pflanzen dringen nicht in den Krümel ein, sondern umfassen ihn. Lediglich die Wurzelhaare dringen ein und nehmen Wasser und Nährstoffe auf.

den gleitend in benachbarte andere Böden über. In Landschaften stehen die Böden untereinander durch Stofftransporte in Verbindung. Zusammen mit der darüber liegenden bodennahen Atmosphäre und den Organismen bilden sie Ökosysteme in Form gemeinsamer Wirkungsgefüge.

Böden sind Lebensraum für vielfältige Organismen. In Abhängigkeit von Art und Größe kommen in der Ackerkrume je m^2 einige Hundert bis zu mehrere Milliarden Organismen vor. In den Böden haben sie ganz wesentliche Funktionen. Diese sind unter anderem das Einarbeiten organischer Rückstände, das Mischen von organischen und mineralischen Stoffen und die Krümelbildung, das Stabilisieren von Bodenaggregaten durch Vernetzung, die Mineralisierung organischer Stoffe und das Freisetzen von Nährstoffen, die Bildung von Huminstoffen, die Förderung der chemischen Verwitterung, die Bindung von Luftstickstoff, aber auch die Eindämmung von Krankheitserregern und der biologische Abbau von Bioziden. In Abbildung 1.1 ist ein Bodenkrümel schematisch dargestellt.

Den Kultur- wie den Wildpflanzen bieten die Böden als Wurzelraum eine Matrix zur Verankerung sowie Versorgung mit Wasser, Sauerstoff und Nährstoffen. Das Angebot an Wasser, Sauerstoff und Nährstoffen im Wurzelraum ergibt sich aus dem Vorrat und der Verfügbarkeit. Begrenzend können dabei die Durchwurzelbarkeit sowie die Leitfähigkeit des Wurzelraumes für Flüssigkeiten und Gase sein.

Böden wirken schließlich als Puffer gegenüber den verschiedensten Umwelteinflüssen. Sie filtern Schadstoffe ab und ermöglichen so die Bildung von sauberem Grundwasser. Dabei werden sie allerdings auch selbst belastet. Aufgrund dieser vielfältigen Funktionen gehören die Böden zu den kostbarsten Gütern der Menschheit und ihre schonende Bewirtschaftung muss daher oberstes Ziel im Ackerbau sein.

Aus ackerbaulicher Sicht ist ein Boden zusammenfassend wie folgt zu charakterisieren:

Boden aus ackerbaulicher Sicht

Der Boden ist der oberste Teil der Erdkruste. Er wird durch Verwitterung, Humusbildung, Verlagerungsprozesse und Gefügebildung geprägt. Er stellt ein dynamisches mehrphasiges System aus festen anorganischen und organischen Teilen unterschiedlicher Größe, Wasser und Luft dar, welches durch Bodenorganismen belebt ist. Er wird durch Umwandlung, Verlagerung, Bindung und Freisetzung von Stoffen und Energie gekennzeichnet, steht durch Stoff- und Energieaustausch mit seiner Umgebung in Wechselwirkung und entwickelt sich in Abhängigkeit von Naturfaktoren und unter dem Einfluss der Nutzung. Er weist eine vertikale Gliederung in Horizonte mit unterschiedlicher Zusammensetzung und verschiedener Struktur sowie einen horizontalen Wechsel auf. Er dient den Pflanzen als Standort, vermittelt Wasser, Nährstoffe, Sauerstoff und Wärme an die Pflanzenwurzeln und ermöglicht so die Nutzung der Sonnenenergie, des Kohlendioxids und der Niederschläge für den Pflanzenbau. Seine wichtigste Eigenschaft ist die Bodenfruchtbarkeit (nach Kundler 1989).

1.2.1.1 Ackerbaulich relevante Bodeneigenschaften

Das System Boden ist charakterisiert durch das Zusammenwirken von unveränderlichen und veränderlichen Bodeneigenschaften. Weitgehend unveränderliche Bodeneigenschaften sind die Textur, das Bodenprofil, das Relief und die Exposition an einem bestimmten Standort. Sehr gute ackerbauliche Bedingungen finden sich diesbezüglich auf Schwarzerden aus Löß, ungünstige hingegen auf feinerdearmen Sandböden. Am Beispiel von 2 spezifischen Standorten sollen hierzu wesentliche Aspekte dargestellt werden (Tab. 1.1, Abb. 1.2).

Tab. 1.1 Bodentextur einer Fahlerde-Braunerde (Standort Thyrow, Brandenburg; Frielinghaus et al. 2003) und einer Löß-Schwarzerde (Standort Bad Lauchstädt, Sachsen-Anhalt; Körschens et al. 2002) im Ap-Horizont.

Körnungsart	Größe (µm)	Anteil (%)	
		Thyrow[1]	Bad Lauchstädt[2]
Ton	< 2,0	3,4	21,0
Feinschluff	6,3–2,0	2,7	7,0
Mittelschluff	20–6,3	3,4	16,0
Grobschluff	63–20	5,2	44,8
Feinsand	200–63	35,8	8,6
Mittelsand	630–200	44,3	2,1
Grobsand	2000–630	5,2	0,5

[1] Bodenart: Schwach schluffiger Sand / Su2
[2] Bodenart: Stark toniger Schluff / Ut4

Tab. 1.2 Mittlere Werte für bodenphysikalische Parameter einer Löß-Schwarzerde (Standort Bad Lauchstädt, Sachsen-Anhalt; Körschens et al. 2002) und einer Fahlerde-Braunerde (Standort Thyrow, Brandenburg; Frielinghaus et al. 2003) im Ap-Horizont.

Parameter	Thyrow	Bad Lauchstädt
Reindichte (g cm^{-3})	2,62	2,56
Trockenrohdichte (g cm^{-3})	1,67	1,35
Porenvolumen (Vol.%)	36,70	47,50
Nutzbare Feldkapazität (Vol.%)	11,50	21,40
Gesättigte Wasserleitfähigkeit (cm d^{-1})	244,00	34,00

Mit der am Standort gegebenen Textur stehen die Bodenstruktur sowie bodenchemische und bodenbiologische Parameter im Zusammenhang. Hierfür lassen sich standorttypische mittlere Werte ermitteln, mit denen der ackerbauliche Status zu quantifizieren ist. Dazu zählen unter anderem die Trockenrohdichte und damit zusammenhängend das Porenvolumen und die Wasserspeicherfähigkeit (Tab. 1.2).

Abb. 1.2 Bodenprofile ausgewählter Ackerstandorte; Links: Standort Thyrow, Brandenburg; Rechts: Standort Bad Lauchstädt, Sachsen-Anhalt (Foto: Winkelmann).

Die Bodenstruktur sowie bodenchemische und bodenbiologische Parameter sind in gewissen standortspezifischen Grenzen variabel. In Abhängigkeit von natürlichen Einflüssen und ackerbaulichen Eingriffen unterliegen sie fortlaufenden Veränderungen. Der zentrale Parameter für die Bodenstruktur ist die Trockenrohdichte. Bei einer mittleren Reindichte des Bodens zwischen 2,5 und 2,6 g cm^{-3} kann diese Maßzahl zwischen 1,2 und mehr als 1,8 g cm^{-3} variieren. Im mit Wasser oder Luft erfüllten Raum des Bodenvolumens, dem Porenvolumen, laufen alle Wasserbewegungs- und Belüftungsvorgänge ab. Diese sind unmittelbar von der Trockenrohdichte abhängig. Bei mittleren Dichten variieren die Porenvolumina bodenartabhängig etwa zwischen 37 und 45 %.

Die Wasserhaltefähigkeit steht in direkter Beziehung zur Porengrößenverteilung. Neben der Textur und dem Humusgehalt wird sie auch unmittelbar durch das Bodengefüge beeinflusst. Dieses ist unter dem Einfluss von ackerbaulichen Maßnahmen in bestimmten Grenzen variabel. Dabei ändern sich die Anteile der verschiedenen Porengrößen, die spezifische Funktionen bezüglich des Wasser- und Lufthaushaltes im Boden haben (Tab. 1.3).

Mit abnehmendem Porendurchmesser wird Wasser fester in den Poren gebunden. Je kleiner der Porendurchmesser ist, umso höher ist die Saugspannung, mit der das Wasser in den Kapillaren gehalten wird. Der pF-Wert (log cm Wassersäule) ist das Maß für die Wasserbindung im Boden. Für einen spezifischen Boden steht somit jedem pF-Wert eine bestimmte Wassermenge gegenüber, die bei dieser Saugspannung gehalten werden kann. In groben Poren mit einem Äquivalentdurchmesser von $>50\,\mu m$ wird kein Bodenwasser entgegen der Schwerkraft gehalten. Im Bereich der Feldkapazität (Wasservolumen bei pF 1,8) sind sie entwässert und lufterfüllt. Der Parameter Luftkapazität gibt den Luftgehalt von Bodenproben bei Feldkapazität an. Dieser ist sowohl bodenartspezifisch als auch stark von der Bewirtschaftung geprägt und variiert in vergleichsweise weiten Grenzen zwischen 2 und >20 %.

Die bisher genannten Parameter der Bodenstruktur werden im Allgemeinen in der Ackerkrume (Ap-Horizont) bestimmt. Für die Bodenbeurteilung aus ackerbaulicher Sicht ist es aber auch erforderlich, die Struktur in tiefer liegenden Horizonten zu kennen. Dies betrifft die Durchwurzelbarkeit des Bodenraumes ebenso wie die Wasserableitung in tiefere Bodenschichten sowie den kapillaren Wasseraufstieg von dort. Zu diesem Zweck wird der Durchdringungswiderstand gemessen. Das ist die Kraft, welche aufgewandt werden muss, um eine Kegelspitze vertikal in den Boden zu treiben und den Widerstand der Bodenmatrix zu überwinden. Dabei erhält man unter anderem Auskunft

Tab. 1.3 Einteilung und Funktion der Porengrößen (ergänzt n. Becker et al. 1984).

Poren	Äquivalentdurchmesser (µm)	Wassersäule (cm)	pF-Wert	Zustand des Bodenwassers	Pflanzenverfügbarkeit	Durchlüftung
grob				Bewegung von Sicker- und Haftwasser	leicht	gut
• weite	>50	1 – 60	0 – 1,8			
• enge	50 – 10	60 – 300	1,8 – 2,5			
mittel	10 – 0,2	300 – 15 000	1,8 – 4,2	Wasserspeicherung (pflanzenverfügbare Kapazität)	mittel – schwer	schwer
fein	< 0,2	> 15 000	> 4,2	Bereich des „toten“, nicht pflanzenverfügbaren Wassers	keine	keine

über gegebenenfalls vorhandene schädliche Bodenverdichtungen (Abb. 1.3). Bereits ein Durchdringungswiderstand von 2 MPa kann die Wurzelelongation um 50 % reduzieren (Bengough et al. 2011). Tritt die Verdichtung unmittelbar unter dem bearbeiteten Bodenhorizont auf, spricht man von einer „Krumenbasisverdichtung“.

Mit dem Gehalt an organischer Bodensubstanz, der Bodenazidität und den Nährstoffgehalten werden wesentliche agrikulturchemische Parameter erfasst. Sie sind, wie die Bodenstruktur auch, einerseits durch die gegebene Textur beeinflusst, andererseits aber in hohem Maße von der Bewirtschaftung abhängig. Die in Tabelle 1.4 angegebenen Werte für eine Löß-Schwarzerde kennzeichnen einen vorteilhaften ackerbaulichen Bodenzustand, bei dem standortspezifisch hohe Humus- und Nährstoffgehalte mit günstiger Bodenreaktion für hohe Bodenfruchtbarkeit stehen. Die Fahlerde-Braunerde steht demgegenüber für einen Sandboden geringer Bonität (Tab. 1.4).

Bodenorganismen schaffen die Rahmenbedingungen für gesundes Pflanzenwachstum, unter anderem indem sie Nährstoffe für Pflanzen verfügbar machen, Schaderreger kontrollieren, die Bodenstruktur beeinflussen und in vielfältiger Weise mit Pflanzenwurzeln interagieren. Regenwürmer haben für den Ackerbau große Bedeutung, denn sie bringen organische Stoffe in den Boden ein und sind somit an deren Abbau und der damit verbundenen Freisetzung von Nährstoffen beteiligt. Manche Arten legen kontinuierliche Makroporen an, die Pflanzenwurzeln als Ausbreitungsweg dienen und die Wasserinfiltration erhöhen. Zudem sind Regenwürmer sensible Indikatoren für den Bodenzustand hin-

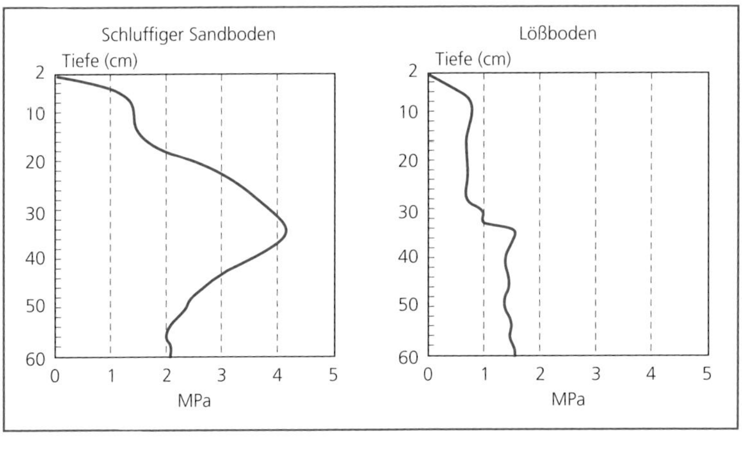

Abb. 1.3 Durchdringungswiderstand auf einem schluffigen Sandboden mit Krumenbasisverdichtung und auf einem nicht verdichteten Lößboden (nach Pronin 2002 und Institut für Zuckerrübenforschung Göttingen 2001).

sichtlich des Gehaltes an organischer Substanz, der Bodenreaktion oder des Vorhandenseins von Schadstoffen im Boden.

Tab. 1.4 Mittlere Werte für bodenchemische Parameter einer Löß-Schwarzerde (Standort Bad Lauchstädt, Sachsen-Anhalt; Körschens et al. 2002) und einer Fahlerde-Braunerde (Standort Thyrow, Brandenburg; Frielinghaus et al. 2003); jeweils im Ap-Horizont.

Parameter	Bad Lauchstädt	Thyrow
C_{org}-Gehalt (%)	2,07	0,52
Nt-Gehalt (%)	0,17	0,042
C:N-Verhältnis	12,2 : 1	12,4 : 1
pH-Wert	6,6	5,4
Phosphorgehalt (mg 100 g^{-1})	21,0	9,8
Kaliumgehalt (mg 100 g^{-1})	23,0	8,9
Magnesiumgehalt (mg 100 g^{-1})	13,2	4,2
Sorptionskapazität (mval 100 g^{-1})	29,4	4,6

1.2.1.2 Bodenfruchtbarkeit

Die Fruchtbarkeit der Böden ist seit jeher die Grundlage für ihre ackerbauliche Nutzung. Sie wird heute als ein komplexes Wirkungsgefüge begriffen, welches sich auf Grundlage der natürlichen Standortfaktoren als offenes, dynamisches und selbstregulierendes System durch die Bodennutzung herausbildet und entwickelt. Es steht mit anderen Systemen in Wechselbeziehungen und lässt sich über seine Wirkungen auf Kulturpflanzen und die Umwelt beurteilen. Die Kategorie Bodenfruchtbarkeit wird verschieden betrachtet und interpretiert. Im Allgemeinen lässt sich aber die folgende Definition zugrunde legen.

Bodenfruchtbarkeit

Bodenfruchtbarkeit ist der Wirkungsanteil des Bodens an der Ertragsbildung. Sie beruht auf physiologischen, phytosanitären und technologischen Funktionen des Bodens.

Die physiologische Funktion besteht in der bedarfsgerechten Vermittlung von Wasser, Nährstoffen, Luft und Wärme an die Wurzeln der Kulturpflanzen und hängt vom Transformations- und Speichervermögen, der Leitfähigkeit und der Durchwurzelbarkeit des Bodens ab.

Die phytosanitäre Funktion kommt im Einfluss auf den Gesundheitszustand der Pflanzen zum Ausdruck und wird durch den Gehalt an Schaderregern und Schadstoffen sowie die Dynamik ihrer Anreicherung und ihres Abbaus im Boden bedingt.

Die technologische Funktion wirkt sich im Einfluss auf die Anbauverfahren aus und kommt in der Bearbeitbarkeit sowie in den Bedingungen für Aussaat, Düngung, Pflege und Ernte der Pflanzenbestände zum Ausdruck (nach Kundler 1989).

Durch die ackerbauliche Bodennutzung können unbeabsichtigt auch negative Wirkungen auf die Bodenfruchtbarkeit ausgelöst werden. Diese sind:

- Verarmung an organischer Substanz durch einseitige, humuszehrende Fruchtfolgen, ungenügende organische Düngung oder zu intensive Bodenbearbeitung;
- Versauerung durch unterlassene Kalkdüngung;
- Nährstoffverarmung durch ungenügende mineralische oder organische Düngung;
- Vernässung infolge von Schadverdichtungen oder fehlender bzw. mangelhafter Bodenwasserregulierung;
- Verschlämmung und Verkrustung der Bodenoberfläche als Folge von Teilbrachen ohne schützenden Pflanzenbestand, begünstigt durch Verarmung an organischer Substanz und Versauerung;
- Verminderung der Populationen von Bodenorganismen als Folge von Bodenverdichtung, intensiver Bodenbearbeitung oder unzureichendem Eintrag organischer Substanz;
- Verdichtung vor allem als Folge großer Radlasten von Maschinen und Fahrzeugen und begünstigt durch Verarmung an organischer Substanz, Versauerung und Vernässung;
- Bodenerosion durch Wasser und/oder Wind bei ungenügend geschützter Bodenoberfläche begünstigt durch Strukturverschlechte-

Tab. 1.5 Bodenfruchtbarkeitskennziffern und mögliche ackerbauliche Maßnahmen zu ihrer Steuerung (n. Kundler 1989).

Bodenfruchtbarkeitskennziffern	Ackerbauliche Maßnahmen
a) bodenphysikalisch	
• Steinbesatz • Vernässungsdauer der Ackerkrume • Trockenrohdichte • Durchdringungswiderstand	• Entsteinung • Bodenwasserregulierung • Bodenbearbeitung • Krumenbasislockerung
b) bodenchemisch	
• Gehalt an organischer Bodensubstanz • Bodenreaktion (pH-Wert) • Gehalte an pflanzenverfügbaren Makro- (P, K, Mg) und Mikronährstoffen (Cu, B, Mn, Zn, Mo)	• Fruchtfolge, organische Düngung • Kalkdüngung • Organische und mineralische Düngung
c) bodenbiologisch	
• Regenwurmaktivität • Besatz mit Schadnematoden (*Globodera rostochiensis, Globodera pallida, Heterodera schachtii*)	• Fruchtfolge, organische Düngung • Fruchtfolge, Zwischenfruchtanbau, Sortenwahl

rung, Verarmung an organischer Substanz und Versauerung;

- Anreicherung von Krankheitserregern und Schädlingen der Kulturpflanzen im Boden durch ungeeignete Fruchtfolgen und unzureichende Bekämpfung;
- Kontamination mit Schadstoffen durch Eintrag aus der Luft, durch Einsatz von schadstoffhaltigen Abprodukten oder überhöhten Einsatz von Dünge- und Pflanzenschutzmitteln.

Aufgabe des Ackerbaus ist es, derartige negative Auswirkungen zu vermeiden. Deswegen muss dem Erhalt bzw. der Verbesserung der Bodenfruchtbarkeit große Aufmerksamkeit zuteilwerden, auch wenn dem zuweilen ökonomische Gründe entgegenstehen. Dies ist umso bedeutender, als sich Bodenveränderungen in negativer wie positiver Richtung allmählich und teilweise schleichend in größeren Zeiträumen vollziehen. Das heißt einerseits, dass eintretende Schädigungen nicht unmittelbar erkannt werden. Andererseits kann das Beheben von Schadsymptomen längere Zeit in Anspruch nehmen und große Aufwendungen verursachen. Vorausschauendes Handeln ist in diesem Zusammenhang das wichtigste Gebot im Ackerbau.

Um den Status und die Entwicklung der Bodenfruchtbarkeit unter den jeweiligen Standortbedingungen beurteilen zu können, werden quantitative Parameter benötigt. Dies sind Bodenfruchtbarkeitskennziffern, welche als messbare Größen den Fruchtbarkeitszustand charakterisieren. Für die verschiedenen Bodenarten wurden aus langjährigen Feldversuchen Sollwerte als Zielgrößen abgeleitet, die den Optimalzustand für die einzelnen Parameter darstellen. Diesen werden die Istwerte gegenübergestellt, welche die aktuellen Zustandsgrößen darstellen. Aus dem Ist-Sollwert-Vergleich lassen sich dann notwendige ackerbauliche Maßnahmen ableiten, welche die kurz-, mittel- und langfristige Reproduktion der Bodenfruchtbarkeit gewährleisten können.

Tabelle 1.5 enthält eine Übersicht von bodenphysikalischen, bodenchemischen und bodenbiologischen Bodenfruchtbarkeitskennziffern und entsprechenden Maßnahmen zu deren Steuerung.

Die anzustrebenden Zielgrößen (Sollwerte) sind spezifisch für die verschiedenen Bodenarten. Grund dafür sind die unterschiedlichen Tongehalte sowie damit verbunden verschieden hohe Gehalte an organischer Bodensubstanz. Die physikalischen, chemischen und auch biolo-

Tab. 1.6 Sollwerte für Trockenrohdichte und Organische Bodensubstanz auf ausgewählten Bodenarten (abgeleitet n. Kundler 1989).

Bodenarten	Kurzzeichen	Tongehalt (%)	Sollwerte für Bodenfruchtbarkeitskennziffern	
			TRD [1] (g cm^{-3})	OBS [2] (%)
Schwach schluffiger Sand	Su2	0–8	1,54	1,0
Mittel lehmiger Sand	Sl3	8–12	1,50	1,6
Stark lehmiger Sand	Sl4	12–17	1,45	1,8
Stark sandiger Lehm	Ls4	17–25	1,43	2,5
Schwach toniger Lehm	Lt2	25–35	1,40	3,9
Mittel toniger Lehm	Lt3	35–45	1,36	4,6
Lehmiger Ton	Tl	45–65	1,30	5,3

[1] Trockenrohdichte; die angegebenen Werte sind obere Grenzwerte.
[2] Organische Bodensubstanz

gischen Bodenverhältnisse hängen eng damit zusammen.

Zur Beurteilung des Strukturzustandes von Böden kann die Trockenrohdichte herangezogen werden. Der Gehalt an organischer Bodensubstanz steht unter anderem in Beziehung zur Gefügebildung der Böden. In Tabelle 1.6 sind Sollwerte für beide Parameter angegeben.

Die Fähigkeit von Böden, Nährstoffe zu speichern und zu transformieren, hängt von ihrer Sorptionskapazität ab. Diese ist hauptsächlich eine Funktion der Bodentextur, wonach sich auch die optimalen Gehalte an pflanzenverfügbaren Nährstoffen differenzieren. In Tabelle 1.7 finden sich Sollwerte für den pH-Wert und die Gehalte an pflanzenverfügbaren Makronährstoffen.

Grundlegend bedeutsam für die Bodenfruchtbarkeit ist die bodenbiologische Aktivität. Darunter sind die Leistungen der Bodenorganismen (Edaphon) zu verstehen. Das Edaphon bezeichnet die Gesamtheit aller Bodenorganismen. Es setzt sich aus Bodenflora und Bodenfauna zusammen. Die Bodenflora besteht vorwiegend aus Bakterien, Pilzen und Actinomyceten. Zu den Bakterien zählen unter anderem wichtige Spezialisten wie nitrifizierende Bakterien der Gattungen *Nitrosomonas* und *Nitrobacter* sowie solche, die Luftstickstoff zu binden vermögen (symbiontisch: *Rhizobium*; freilebend: *Azotobacter, Amylobacter, Azospirillum, Pseudomonas,* u. a.). Die bodenbewohnenden Pilze sind meist saprophytische Schleim- und Schimmelpilze, die sich von organischen Stoffen ernähren. Einige Pilze gehen eine Symbiose mit Wurzeln höherer Pflanzen ein (*Mykorrhiza*), wobei Pilzhyphen teilweise die Funktion von Wurzelhaaren übernehmen. Actinomyceten sind mycelbildende Bakterien, die heterotroph saprophytisch existieren.

Die Bodenfauna wird klassischerweise gemäß der Größe der Lebewesen in Mikro-, Meso-, Makro- und Megafauna unterteilt. Die Mikrofauna besteht aus eukaryotischen Einzellern, beispielsweise Wimpertierchen (*Ciliophora*). In der Mesofauna (Tiere mit > 0,2 mm Körperlänge) finden sich Nematoden (Fadenwürmer; 0,4–2 mm, 0,3–4 × 10^6 je m^2), die sich räuberisch von Bakterien und Protozoen ernähren und teilweise als Parasiten lebende Pflanzen schädigen. Acari (Milben; < 2 mm, 100–400 000 je m^2) leben überwiegend saprophytisch von abgestorbenen Pflanzenteilen und Tierlosung und zersetzen ihre Nahrung intensiv. Damit üben sie eine wichtige Funktion im Stoffkreislauf aus. Collembolen (Springschwänze; 1–2 mm, 50–400 000 je m^2) leben saprophytisch von Pflanzenresten und oft räuberisch von Pilzen und Bakterien. Zur Makrofauna zählen Tiere mit mehr als 2 mm Körperlänge, wie beispielsweise Enchytraeiden (kleine Borstenwürmer; 5–15 mm, 10–2000 je m^2). Sie leben saprophytisch vor allem in den obersten

Tab. 1.7 Sollwerte für die Bodenreaktion und pflanzenverfügbare Makronährstoffe auf ausgewählten Bodenarten (abgeleitet n. Kundler 1989 und Schilling 2000).

Bodenarten	Kurzzeichen	Tongehalt (%)	Sollwerte für Bodenfruchtbarkeitskennziffern			
			pH	P_{DL}	K_{DL}	Mg
				(mg 100 g^{-1})		
Schwach schluffiger Sand	Su2	0–8	5,1–5,8	6–8	6–10	4–5
Mittel lehmiger Sand	Sl3	8–12	5,4–6,1	6–8	8–12	5–7
Stark lehmiger Sand	Sl4	12–17	6,1–6,8	6–8	10–14	5–7
Stark sandiger Lehm	Ls4	17–25	6,3–7,1	6–8	11–15	5–7
Schwach toniger Lehm	Lt2	25–35	6,4–7,2	6–8	12–16	9–12
Mittel toniger Lehm	Lt3	35–45	6,4–7,4	6–8	16–20	9–12
Lehmiger Ton	Tl	45–65	6,4–7,4	6–8	16–20	9–12

Horizonten. Bodentiere mit einer Körperlänge von mehr als 20 mm, wie beispielsweise Regenwürmer, werden zur Bodenmegafauna gezählt. Ackerbaulich relevant sind sowohl endogäische (flachgrabende) Regenwurmarten, als auch anözische (tiefgrabende) Arten. Endogäische Regenwürmer (20–200 mm, 50–300 je m^2) lockern die obersten Bodenschichten durch ihre Grabetätigkeit, wobei durch Aufnahme von Pflanzenresten zusammen mit mineralischen Bodenbestandteilen im Zuge der Verdauung Krümel mit hoher Stabilität entstehen. Anözische Regenwürmer (150–300 mm, 1–30 je m^2) legen tief reichende, semi-permanente Wohnröhren an und ernähren sich von abgestorbenen Pflanzenteilen, die sie von der Bodenoberfläche in ihre Röhren hineinziehen. Myriapoden (Tausendfüßer; 300–3000 je m^2) kommen saprophytisch lebend in ausreichend feuchten und kalkhaltigen Böden vor. Außerdem sind im und auf dem Boden Insekten und ihre Larven zu finden (300–17 000 je m^2).

Nach dem Absterben gehen die Bestandteile des Edaphons ebenso wie andere mortale pflanzliche oder tierische Biomasse in die organische Bodensubstanz ein. Darunter versteht man alle in und auf dem Mineralboden befindlichen abgestorbenen pflanzlichen und tierischen Stoffe sowie deren Umwandlungsprodukte. Nach dem Grad ihrer Umwandlung unterteilt man die organische Substanz des Bodens in Nichthuminstoffe und Huminstoffe. Nichthuminstoffe (auch Streustoffe) sind noch nicht oder nur schwach umgewandelt. Sie enthalten Lipide, Lignin und Polysaccharide. Huminstoffe sind stark umgewandelte, hochmolekulare Substanzen. Die Gesamtheit der organischen Substanzen des Bodens bildet den Humus. Die Begriffe „Organische Bodensubstanz" und „Humus" werden synonym gebraucht.

Aus ackerbaulicher Sicht ist es sinnvoll, diese ausgesprochen heterogene Materie in verschiedene Fraktionen zu untergliedern. Dabei ist zunächst zwischen organischer Primärsubstanz (z. B. frische Ernte- und Wurzelrückstände, organischer Dünger) und organischer Substanz des Bodens (bereits umgewandelte Substanzen) zu unterscheiden. Aus den Ab- und Umbauprozessen ergeben sich einerseits Stoffe, die weiter abbaubar sind (umsetzbare organische Substanz, auch Nährhumus), und solche, die mit dem Ton stabile Komplexe eingehen und nicht weiter abgebaut werden (inerte organische Substanz, auch Dauerhumus). Bei der umsetzbaren organischen Substanz ist noch einmal zwischen einer aktiven, also rasch mineralisierbaren, und einer stabilisierten Fraktion zu unterscheiden (Abb. 1.4).

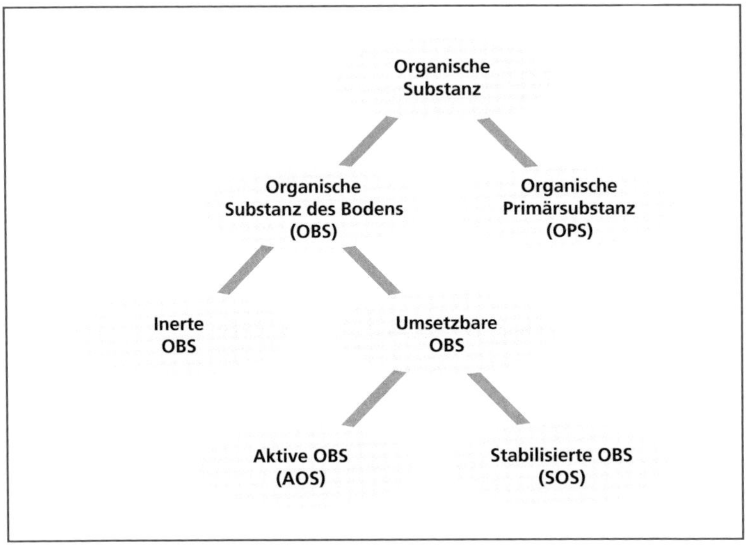

Abb. 1.4 Fraktionen der organischen Bodensubstanz (Körschens et al. 1997).

Für den Erhalt der Bodenfruchtbarkeit ist die ausreichende Reproduktion der organischen Bodensubstanz eine der wichtigsten Voraussetzungen.
Deswegen ist es erforderlich, die im Zuge der Bodennutzung zu erwartende Entwicklung abzuschätzen, die sich aus Abbau und Zufuhr organischer Substanz ergibt. Diesem Zweck dienen Bilanzrechnungen. Hierbei ist davon auszugehen, dass der Anbau bestimmter Nutzpflanzenarten zu einem Nettoverlust an organischer Bodensubstanz führt (Humuszehrer). Dies ist dann der Fall, wenn die mikrobielle Abbaurate größer ist als der Anfall organischer Primärsubstanz aus Ernte- und Wurzelresten, wie z. B. bei Hackfrüchten (Kartoffeln, Rüben, Gemüsearten). In anderen Fällen wächst der Gehalt an organischer Substanz durch eine große Hinterlassenschaft an Wurzelrückständen (z. B. mehrjährige Futterpflanzen). Tabelle 1.8 enthält Richtwerte für die anbauspezifische Veränderung der Humusvorräte von Böden in Humusäquivalenten. Sie werden in kg Humus-C je ha und Jahr angegeben. Negative Werte bedeuten Nettoverbrauch, positive hingegen Anreicherung an organischer Bodensubstanz.

Ganz wesentliche Quellen organischer Primärsubstanz sind die organischen Düngestoffe. Sie unterscheiden sich in ihrer Reproduktionswirksamkeit allerdings erheblich, weshalb auch dafür Richtwerte ermittelt worden sind. In Abhängigkeit vom Trockensubstanzgehalt des jeweiligen Düngers werden mehr oder weniger hohe Beiträge zur Humusreproduktion erreicht. Für Getreidestroh ist von 80–100 kg ha^{-1} Humus-C je Tonne Substrat auszugehen. Bei Gründüngung oder Rübenblatt mit geringen Trockensubstanzgehalten liegt dieser Wert hingegen nur bei 8 kg Humus-C je Tonne. Diese Richtwerte dienen zur Berechnung von Humusbilanzen, mit denen die mittelfristige Entwicklung der Gehalte an organischer Bodensubstanz abzuschätzen ist; sie haben somit grundlegende Bedeutung für die nachhaltige Sicherung der Bodenfruchtbarkeit (Tab. 1.9; vgl. hierzu Tab. 1.29, S. 46).

Die Bodenfruchtbarkeit ist ein vielgestaltiges Phänomen, dessen Betrachtung sich mit der Entwicklung des Ackerbaus gewandelt hat. Sie ist und bleibt aber unter allen Produktionsweisen stets die Grundlage für die Erzeugung von hochwertigen pflanzlichen Nahrungsmitteln, von Futter und Rohstoffen sowie in rasch zunehmendem Maße auch von Energie.

Fruchtbare Böden sind somit eine strategische Ressource, welche für die weitere Entwicklung der menschlichen Zivilisation durch nichts ersetzbar ist. Ihrem Schutz vor Zerstörung durch Erosion und weiter fortschreitender Versiegelung muss daher auf allen Entscheidungsebenen höchste Priorität eingeräumt werden.

Tab. 1.8 Richtwerte für fruchtartspezifischen Humusreproduktionsbedarf bzw. Humusreproduktionsleistung in Humusäquivalenten (Häq) je ha und Jahr (n. VDLUFA 2014).

Fruchtarten	**Humusreproduktionsbedarf (Häq ha^{-1} a^{-1})**		
	Untere Werte[a]	**Mittlere Werte**	**Obere Werte[b]**
Zucker- und Futterrübe[1]	760	1300	1840
Kartoffeln	760	1000	1240
Mais	560	800	1040
Getreide, Ölfrüchte[2]	280	400	520
	Humusreproduktionsleistung (Häq ha^{-1} a^{-1})		
	Niedriges Ertragsniveau	**Hohes Ertragsniveau**	
Körnerleguminosen	160		
Mehrjährige Futterpflanzen[3]	600	800	
Stoppelfrüchte	100		
Winterzwischenfrüchte	140		
Untersaaten	250		

[1] ohne Rübenblatt; [2] ohne Stroh; [3] je Hauptnutzungsjahr
[a] Empfehlung für ertragsschwache Standorte; [b] Empfehlung für Böden in schlechtem Kulturzustand (z. B. Rekultivierungsflächen) und Anbausysteme mit hohem Humusbedarf ohne mineralische N-Düngung (z. B. Ökologischer Landbau bei hohem Ertragsniveau)

Tab. 1.9 Richtwerte für die Humusreproduktionsleistung organischer Materialien in Humusäquivalenten (Häq) je t Frischmasse (n. VDLUFA 2014).

Organische Materialien	**Trocken-substanz-gehalte (%)**	**Humus-äquvalente Häq (t FM)$^{-1}$**
Stroh	86	100
Gründüngung, Rübenblatt	10	8
Stalldung, verrottet	25	40
Gülle	7	9
Klärschlamm	25	20
Gärprodukte aus Biogasanlagen	10	12

1.2.2 Klima und Witterung

Das Klima eines Ortes definiert sich durch den langjährigen statistischen Durchschnitt der Wetterbeobachtungen. Dazu werden im Wechsel von Dezennien die jeweils letzten 3 Jahrzehnte herangezogen und Mittelwerte für einzelne Parameter gebildet.

Das sind die Daten der jeweils gültigen Referenzperiode. In Tabelle 1.10 ist beispielhaft die Entwicklung klimatologischer Referenzwerte für den Standort Berlin-Dahlem in den 4 Perioden von 1961/1990 bis 1991/2020 angegeben.

In der dargestellten Zeitspanne hat die Sonnenscheindauer um fast 160 Stunden pro Jahr zugenommen. Damit einher geht eine um 1,1 °C höhere Jahresmitteltemperatur, eine um mehr als 80 mm pro Jahr größere Verdunstungsrate und eine um über 60 mm verringerte klimatische Wasserbilanz. Diese Daten zeigen, dass sich die klimatischen Bedingungen für den Ackerbau an diesem Standort verändern. Aufgrund dieser als Klimawandel bezeichneten Entwicklung müssen Strategien entwickelt werden, mit denen die Bo-

Tab. 1.10 Entwicklung klimatologischer Referenzwerte am Standort Berlin-Dahlem, 1961–2020 (Chmielewski 2011; Chmielewski unveröffentlicht).

Klimaelement	1961–1990	1971–2000	1981–2010	1991–2020
Lufttemperatur [°C]	9,3	9,6	9,9	10,4
Globalstrahlung [MJ m^{-2}]	3377,1	3404,7	3561,5	3710,5
Sonnenscheindauer [h]	1603,7	1654,3	1705,8	1762,5
Niederschlagshöhe [l m^{-2}]	544,6	540,1	561,9	561,6
Verdunstungshöhe [mm]	655,9	672,1	697,3	737,0
Klim. Wasserbilanz [mm]	−111,3	−132,0	−135,4	−175,4

dennutzung an die zu erwartenden veränderten Produktionsbedingungen angepasst werden kann.

Zwischen Klima und Vegetation besteht ein enger Zusammenhang, der besonders bei großräumiger Betrachtung augenfällig wird. Wichtige Hinweise darauf liefern phänologische Beobachtungen. In internationalen Netzwerken werden hierfür entsprechende Daten erhoben und übergreifend ausgewertet.

Dazu zählen unter anderem die Blüte von Wild- und Kulturpflanzen (Hasel, Schneeglöckchen, Weide, Süßkirsche, Apfel, Flieder, Holunder, Winterroggen, Linde, Herbstzeitlose), Laubentfaltung und Fruchtreife der Rosskastanie, Blüte von Roggen und Hafer, Laubverfärbung der Rotbuche und allgemeiner Laubfall. Bei landwirtschaftlichen Kulturpflanzen zeigt sich eine klare Tendenz zu immer früheren Eintrittsterminen der phänologischen Entwicklungsstadien.

Das Klima an einem Standort bestimmt dessen Energiehaushalt. Dieser hängt im Wesentlichen von der eingestrahlten Sonnenenergie ab. Die Gesamtstrahlung, welche an der Grenze der Erdatmosphäre ankommt (Solarkonstante 1368 +/− 5,3 W m^{-2}), erreicht jedoch nur etwa zur Hälfte als Globalstrahlung die Erdoberfläche, der Rest wird in der Atmosphäre absorbiert oder in den Weltraum reflektiert. In Abhängigkeit von geografischer Breite, Jahreszeit, Tageszeit, Bewölkung, Höhenlage, Hangneigung und -richtung unterliegt die Globalstrahlung wiederum erheblichen Schwankungen. Pflanzen können elektromagnetische Strahlung mit Wellenlängen von 400–700 nm für die Photosynthese nutzen. Dieser Wellenbereich wird auch als photosynthetisch aktive Strahlung (PAR) bezeichnet (s. Kap. 2.2.2).

Das Lichtklima eines Standortes ist ein ertragsbegrenzender Faktor, weil die Prozesse der Stoffbildung, des Wachstums und der Entwicklung lichtabhängig sind. Dies sind die Keimung (Licht- und Dunkelkeimer), der Phototropismus (Hinwachsen des Sprosses zum Licht), die Photosynthese (Assimilation), der Photoperiodismus (Einfluss der Tageslänge auf den Eintritt der generativen Entwicklungsphase) sowie sonstige morphogenetische Wirkungen (z. B. höhere Zellteilungsraten im Licht).

Eng mit dem Lichtklima ist das Temperaturklima eines Standortes verbunden. Es wird durch die Jahresmitteltemperatur charakterisiert, die jedoch nicht sehr aussagefähig ist, da gleiche Mittelwerte bei sehr unterschiedlichen Amplituden während eines Jahres zustande kommen können. Daher ist der Temperaturverlauf insbesondere während der Vegetationsperiode von größerer Bedeutung. Als Vegetationsperiode werden entweder jene Zeiten zusammengefasst, an denen die Tagesmitteltemperatur 5 °C überschreitet, oder bei empfindlichen Pflanzen die Dauer der zusammenhängend frostfreien Zeit. Steigende Temperaturen fördern Wachstum und Substanzbildung, da sich die Reaktionsgeschwindigkeit biochemischer Prozesse im Bereich zwischen 0 und 30 °C durch eine Temperaturerhöhung um 10 °C etwa verdoppelt. In den gemäßigten Breiten erreichen Temperaturmaxima selten ein Niveau, welches das Temperaturoptimum höherer Pflanzen von 25–30 °C wesentlich überschreitet. Hohe Temperaturen können

Tab. 1.11 Auswinterungsschäden an Wintergetreide und Winterraps in Ostdeutschland 2002/03 (ergänzt n. Lindloff 2003).

Land	Minimumtemperaturen			Auswinterung (%)	
	Dezember	Januar	Februar	Wintergetreide	Winterraps
Brandenburg	−13,3	−20,4	−12,7	8	15
Mecklenburg-Vorpommern	−13,8	−19,8	−14,4	6	7
Sachsen	−13,9	−20,5	−14,6	6	10
Sachsen-Anhalt	−15,7	−17,9	−14,7	4	6
Thüringen	−13,6	−17,5	−15,2	4	5

aber auch indirekt, in Verbindung mit verringerter Wasserversorgung, ertragsbegrenzend werden.

Größere Bedeutung als die Temperaturmaxima haben aus pflanzenbaulicher Sicht die Minimumtemperaturen. Sie bestimmen über die Länge der Vegetationsperiode und damit über die anbaufähigen und -würdigen Kulturpflanzenarten auf einem bestimmten Standort. In strengen Wintern sind bei andauernden Frostperioden überjährige Kulturen wie Wintergetreide und Winterölfrüchte durch Auswinterung gefährdet, deren Frostresistenz etwa zwischen −15 °C (Gerste, Raps), −20 °C (Weizen) und −25 °C (Roggen) liegt (Tab. 1.11).

Neben Stoffbildung und Wachstum ist der Temperaturhaushalt des Standorts auch für die Entwicklung der Pflanzen von Bedeutung. Bestimmte Arten benötigen für den Eintritt in die generative Phase eine mehr oder minder lange Zeitspanne (20–40 Tage) mit niedrigen Temperaturen (0–6 °C). Dieser als Vernalisation bezeichnete Effekt stellt sicher, dass die betreffenden Pflanzen im nachfolgenden Frühjahr und Sommer zum Blühen und Fruchten kommen.

Anders als Strahlung und Temperatur, die als Standortfaktoren durch ihre Energie für die Pflanzen wirksam werden, wird Wasser als Stoffkomponente sowie als Transport- und Lösungsmittel und zur Aufrechterhaltung des Turgors benötigt. Etwa 1 % wird im Zuge der Photosynthese mit CO_2 in Kohlenhydrate eingebaut, der weitaus größte Teil dient der Transpiration. Die Menge an Wasser, welche Kulturpflanzen verbrauchen, um ein Kilogramm Trockenmasse zu erzeugen, wird als Transpirationskoeffizient bezeichnet (Liter Wasser je kg TM) (engl. water use efficiency – g TM je Liter Wasser). Die Effizienz der Wasserausnutzung variiert zwischen verschiedenen Nutzpflanzen stark um bis zum Dreifachen, kann aber auch innerhalb einer Art sehr unterschiedlich ausfallen (Tab. 1.12).

Tab. 1.12 Transpirationskoeffizienten ausgewählter Kulturpflanzen (n. Geisler 1988).

Arten	Transpirationskoeffizient (l H_2O kg^{-1} TM)
Hirsen	200–300
Mais, Beta-Rüben	300–400
Gerste, Roggen, Hartweizen	400–500
Kartoffel, Weichweizen, Sonnenblume	500–600
Hafer, Raps, Erbse, Ackerbohne, Rotklee	600–700
Luzerne, Lein, Soja, Kohlrübe	> 700

Die an einem Standort auftretenden Niederschläge in Form von Regen, Schnee, Hagel, nässendem Nebel, Tau oder Reif können sehr unterschiedliche Dichte und Partikelgröße aufweisen und demzufolge auch sehr verschiedene Wirkungen hervorrufen. Ihre Höhe und Verteilung hängt von den Zirkulationsverhältnissen in der Atmosphäre ab. Sind die Niederschläge höher als die potenzielle Evapotranspiration, spricht man von humidem Klima mit abwärts gerichte-

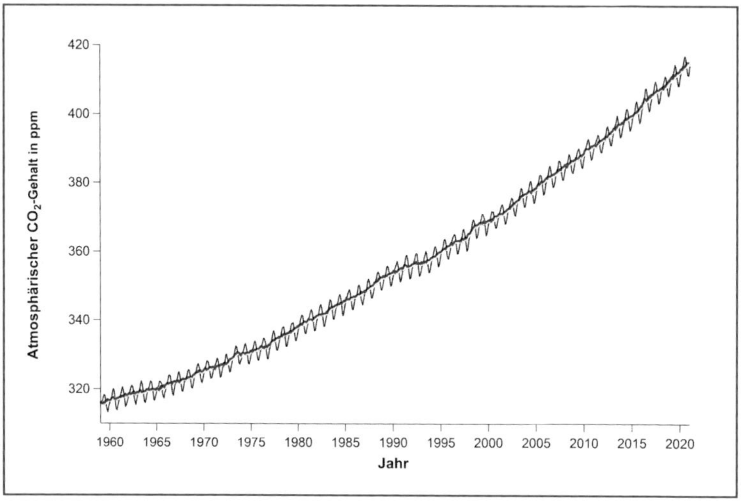

Abb. 1.5 Entwicklung der CO_2-Konzentration in der Atmosphäre; Monatsmittelwerte der Messstation Mauna Loa, Hawaii/USA, 1959–2014 (n. Tans and Keeling 2021).

ter Wasserbewegung im Boden, Nährstoffverlagerung bis zur Auswaschung und Grundwasserneubildung. Überwiegt hingegen die potenzielle Evapotranspiration an einem Standort, dann herrscht semiarides Klima vor mit aufwärts gerichteter Wasserbewegung und gleichzeitiger Gefahr der Bodenversalzung durch Auskristallisation der im Bodenwasser gelösten Stoffe an der Bodenoberfläche.

Die atmosphärische Luft besteht zum überwiegenden Teil aus Stickstoff (rd. 78 %) und Sauerstoff (rd. 21 %). Stickstoff ist einer der wichtigsten Pflanzennährstoffe, doch die überwiegende Mehrzahl der Pflanzen kann ihn nicht direkt nutzen. Dazu sind nur Schmetterlingsblütler (Fam. Leguminosae) aufgrund ihrer Symbiose mit stickstoffbindenden Knöllchenbakterien (Rhizobien) in der Lage (Kap. 2.4.2). Freilebende Bodenbakterien (Kap. 1.2.1.2), die ihren Energiebedarf aus dem Abbau leicht zersetzbarer organischer Substanz bestreiten, vermögen ebenfalls atmosphärischen Stickstoff zu binden. Die Mengen sind jedoch gering und für den Ackerbau ohne praktische Relevanz.

Der Sauerstoff der Luft wird zur Atmung der Pflanzen sowie aller heterotrophen Organismen benötigt. In der Sprossumwelt der Pflanzen ist O_2 stets in ausreichendem Maße vorhanden. Die Konzentration in der Bodenluft kann hingegen infolge von Gefügestörungen durch Verdichtungen sowie Verschlämmung und Verkrustung an der Bodenoberfläche (s. Kap. 1.2.1.2) vermindert sein. Pflanzen reagieren auf Sauerstoffgehalte von unterhalb 8–10 % mit vermindertem Wurzelwachstum.

Der für die grünen Pflanzen essenziell wichtige Inhaltsstoff der Luft ist das Kohlendioxid (CO_2), da es der Ausgangsstoff für die Assimilation ist. CO_2 resultiert aus der Atmung und dem Abbau organischer Substanz. Dem steht eine entsprechende Größenordnung an Assimilation gegenüber. Beide bildeten über Jahrmillionen ein Gleichgewicht. Seitdem wir Menschen zunehmend intensiver Energie aus fossilen Brennstoffen gewinnen und die natürliche Vegetation in großem Umfang durch Brandrodung beseitigen, haben wir dieses Gleichgewicht gestört.

Die Messstation Mauna Loa auf Hawaii (USA) zeichnet die CO_2-Konzentration in der Atmosphäre seit mehr als 5 Jahrzehnten kontinuierlich auf. Dort wurde seit dem Jahr 1959 ein stetiger Anstieg von unter 320 ppm auf 416 ppm im Jahr 2021 festgestellt (Abb. 1.5).

Dies ist für den Pflanzenbau zunächst nicht von Nachteil. Es fördert im Gegenteil sogar das Wachstum und verbessert die Strahlungs- und Wassernutzungseffizienz (Tab. 1.13).

Allerdings ist die Anreicherung der Atmosphäre mit Spurengasen (neben CO_2 auch N_2O, NO_x und CH_4) für Klimaänderungen verantwortlich, welche primär mit steigenden Jahres-

Tab. 1.13 Einfluss von CO_2-Anreicherung (318 vs. 671 ppm) auf pflanzenphysiologische Parameter von Sommerweizen (Manderscheid et al. 1999).

Parameter	Normal CO_2	CO_2-Anreicherung	CO_2-Effekt (%)
Absorbierte Strahlung (MJ m^{-2})	414	413	− 0,4
Evapotranspiration (mm)	292	225	− 14,8
Trockenmasse (g m^{-2})	1919	2083	+ 8,5
RUE (g TM MJ^{-1})[1]	4,64	5,04	+ 8,7
WUE (g TM kg^{-1})[2]	4,9	6,2	+ 27,4

[1] radiation use efficiency; [2] water use efficiency

durchschnittstemperaturen einhergehen (vgl. Tab. 1.10). Welche Auswirkungen dieser Wandel des Klimas auf den Ackerbau, die Landwirtschaft insgesamt und die menschliche Zivilisation haben wird, ist Gegenstand vielfältiger Forschung und lässt sich bislang nicht abschließend beurteilen. Außer Zweifel steht aber, dass die pflanzliche Erzeugung davon unmittelbar betroffen sein wird und dass es darum gehen muss, geeignete Maßnahmen zur Anpassung an die sich ändernden Verhältnisse zu ergreifen.

Fragen zu Kapitel 1.2

- Wie ist der Boden aus ackerbaulicher Sicht zu charakterisieren?
- Was sind wesentliche ackerbaulich relevante Bodeneigenschaften?
- Was versteht man unter Bodenfruchtbarkeit und wie wird sie quantifiziert?
- Wie beeinflussen Klima und Witterung die Standorteignung für den Ackerbau?

Weiterführende Literatur

Bengough, A. G., B. M. McKenzie, P. D. Hallett, and T. A. Valentine, 2011: Root elongation, water stress, and mechanical impedance: a review of limiting stresses and beneficial root tip traits. Journal of Experimental Botany 62 (1), 59–68. Chmielewski, F.-M., 1998: Gebiete der Angewandten Meteorologie (Kap. 14). In: P. Hupfer, W. Kuttler (Hrsg.), Witterung und Klima. Begründet von E. Heyer. 10. Aufl., Teubner, Stuttgart und Leipzig, 365–393.

Hanus, H., 1997: Klima und Witterung als Standortfaktoren. In: E. R. Keller, H. Hanus und K.-U. Heyland (Hrsg.), Handbuch des Pflanzenbaues, Bd. 1, Verlag E. Ulmer, Stuttgart, 42–68.

Montgomery, D. R., 2010: Dreck. Warum unsere Zivilisation den Boden unter den Füßen verliert. oekom verlag, München.

Tans, P. and Keeling, R., 2021: NOAA/GML (gml.noaa.gov/ccgg/trends/), Institution of Oceanography (scrippsco2.ucsd.edu/)

1.3 Bodennutzungssysteme

Vor Beginn der ackerbaulichen Bodennutzung waren die ursprünglichen Vegetationsdecken in Mitteleuropa vorwiegend Wald. Der Ackerbau ersetzt diese durch den Anbau von jährlich wechselnden, in der Regel ein- bis überjährigen Nutzpflanzen. Diese Umgestaltung ist das Ergebnis ständig wiederholter Eingriffe durch Bodenbearbeitung, Aussaat, Pflege und Ernte. Derartige Eingriffe in den Standort und seine Vegetation stellen sich als verschiedene ackerbauliche Maßnahmen dar, welche sich gegenseitig bedingen und in ihrer Gesamtheit ein System ergeben, welches als Bodennutzungssystem bezeichnet wird. Damit werden ursprüngliche Ökosysteme zu Agrarökosystemen überformt.

Bodennutzungssysteme

Unter einem landwirtschaftlichen Bodennutzungssystem versteht man die langfristige, durch bestimmte Merkmale gekennzeichnete Struktur der Grasland- und Feldwirtschaft. Sie entsteht als Folge der Gesamtheit aller Eingriffe und Maßnahmen, die zum Zwecke der Pflanzenproduktion vorgenommen werden (Baeumer 1992).

Das jeweils realisierte Bodennutzungssystem bestimmt die zeitliche und räumliche Struktur des Ackerbaus. Das räumliche Nebeneinander verschiedener Nutzpflanzen ergibt das Anbauverhältnis, welches auch als Ackerflächenverhältnis bezeichnet wird. Es beschreibt die Konzentration einzelner Arten auf der Ackerfläche in einem Jahr oder im Mittel mehrerer Jahre. Die zeitliche Abfolge verschiedener Feldfrüchte auf dem Ackerland kennzeichnet die Fruchtfolge. Anbauverhältnis und Fruchtfolge hängen wechselseitig zusammen und ergeben den organisatorischen Rahmen für alle ackerbaulichen Maßnahmen im Laufe der Jahre.

Für die Wahl eines Bodennutzungssystems gibt es mannigfaltige Bestimmungsgründe. Primär sind das die natürlichen Standortbedingungen, wie sie durch das Klima, die Bodenarten und die Geländegestalt gegeben sind. Ausschlaggebend für die Bestimmung eines Bodennutzungssystems ist außerdem die betriebliche Struktur als Marktfruchtbetrieb ohne tierische Veredlung oder als tierhaltender Betrieb, der das Grund- und Konzentratfutter teilweise oder gänzlich selbst erzeugt. Hinzu kommen im Weiteren die ökonomischen Rahmenbedingungen des einzelnen Betriebes sowie der mit ihm verbundenen Wirtschaftsbereiche. Letztlich spielen auch soziale und ethische Aspekte eine Rolle. So bestimmt etwa die Wahl eines bestimmten Wirtschaftskonzeptes, wie z. B. des Ökologischen Landbaus, den Rahmen für das jeweils geeignete Bodennutzungssystem. Im Integrierten Landbau stellt sich dies entsprechend anders dar (s. Kap. 1.5, S. 98 ff.).

1.3.1 Historische Entwicklung

Die Geschichte des Ackerbaus von den Anfängen bis in die Gegenwart spiegelt auch die Geschichte der Menschheit wider. Dabei kamen wirtschaftliche, politische, ökologische und soziale Einflüsse zur Geltung, die auch die heutige Entwicklung beeinflussen.

Der Ursprung ackerbaulicher Tätigkeit war durch den Nahrungsbedarf sesshaft werdender Menschen begründet. Anfänglich konnten die Nahrungsansprüche bei geringer Siedlungsdichte und niedrigem Bedürfnisniveau durch primitiven Hackbau befriedigt werden, welcher in der Nähe der Wohnstätten betrieben wurde. Infolge der durch Bevölkerungszunahme entstandenen Bedarfszunahme wurden zuerst die Getreidearten Einkorn (*Triticum monococcum*), Emmer (*Triticum dicoccum*) und Gerste (*Hordeum vulgare*), später Hirse (*Panicum miliaceum*), Erbsen (*Pisum sativum*), Lein (*Linum usitatissimum*) und Mohn (*Papaver somniferum*) in den Feldbau mit Pflugkultur überführt. Der ausschließliche Getreidebau auf gerodetem Land verzeichnete jedoch allmählich nachlassende Erträge, da die Bodenfruchtbarkeit nicht ausreichend reproduziert wurde. Die Bodenbearbeitung führte zu Humusabbau und Getreide hinterließ nicht genügend organische Primärsubstanz (s. Kap. 1.2.1.2). Außerdem begünstigte die während der Teilbrachen fehlende Vegetationsdecke die Verschlechterung des Bodenzustandes. Dieser Entwicklung konnte entweder durch Wanderfeldbau oder durch Landwechsel begegnet werden. Im letztgenannten Fall blieb der erschöpfte Boden der natürlichen Sukzession überlassen. So entstand neue Hutung für das Vieh, dessen Exkremente auf dem Land verblieben und ebenso wie die ausdauernde Vegetationsdecke zur allmählichen Regeneration der Bodenfruchtbarkeit beitrugen. Dieser ursprüngliche Landwechsel, welcher keiner zeitlichen Ordnung unterlag, verlor durch die Abnahme des Landvorrats infolge zunehmender Besiedlungsdichte seine Voraussetzungen und mündete schließlich in den typischen Ackerbaugebieten in das Feldbausystem der Dreifelderwirtschaft (Abb. 1.6).

Älteste urkundliche Nachweise über die Dreifelderwirtschaft liegen aus dem 8. Jahrhundert n. Chr. vor. Sie beschreiben die charakteristische Folge Brache – Winterung – Sommerung. Im 3-jährigen Wechsel folgten auf die selbstbegrünten und beweideten Brachen Wintergetreide (Roggen, Dinkel oder Saatweizen), dann Sommergetreide (Gerste oder Hafer). Die Brache erscheint hierbei als Relikt des vormaligen Landwechsels. „Brache“ ist hier von Brechen abgeleitet, weil der Boden mehrmals umgebrochen wurde. Im Frühjahr bis zum Frühsommer diente sie als gemeinschaftliche Viehweide. Danach musste sie noch intensiver bearbeitet werden, um das Unkraut zu bekämpfen, Niederschläge zu speichern und gegebenenfalls Dung einzuarbeiten. Der Umbruch geschah ab Juni (nach St. Johannis, 24. Juni; daher auch die Bezeichnung „Brachmond" für Juni). Das zweite Beackern fiel in den Frühherbst, um den Boden zur Aussaat des Wintergetreides vorzubereiten. Die Stoppel des Wintergetreides blieb meistens unbearbeitet und diente dem Vieh als Stoppelweide. Erst im darauffolgenden Frühjahr wurde zum Sommergetreide gepflügt. Deren Stoppeln blieben abermals unbearbeitet und bildeten als Stoppelweide den Übergang zur Brache.

Die Dreifelderwirtschaft war das „Jahrtausendgesetz" des Ackerbaus vom 8. bis zum 18. Jahrhundert. Mit ihrer Beschränkung auf den Getreidebau und den Flurzwang der Bauern regelte sie einerseits die ackerbauliche Bodennutzung mit einem klaren Regime. Andererseits war sie aber ein Hemmnis für die Weiterentwicklung der Landwirtschaft. Sie konnte keine ausreichende Futtergrundlage für die Viehhaltung bieten, und die Erträge des Getreidebaus waren gering (Tab. 1.14).

Ab Mitte des 18. Jahrhunderts wurde das starre System der alten Dreifelderwirtschaft allmählich überwunden. Anteil daran hatten Persönlichkeiten, die erkannten, dass ein Landbau nach anderen Prinzipien die Leistungsfähigkeit der Landwirtschaft verbessern würde. Einer von ihnen war Johann Christian Schubart Edler von Kleefeld (1734–1787). Er entwickelte seit 1750 auf seinem Gut in Würchwitz bei Zeitz (heute Sachsen-Anhalt) den Anbau von Rotklee als Futterpflanze auf dem Acker, führte die Sommerstallhaltung der Rinder ein und machte dadurch

Abb. 1.6 Historische Entwicklungslinien von Bodennutzungssystemen (Ellmer 1991).

die Unkrautweide auf der Brache überflüssig. Die bessere Versorgung des Viehs führte zu höheren Leistungen und vermehrtem Dunganfall, der wiederum dem Getreidebau zugute kam. Damit hatte die „Besömmerung der Brache" begonnen, die den Übergang zur Verbesserten Dreifelderwirtschaft markiert. Etwa zeitgleich mit dem Rotklee gelangte auch die schon 200 Jahre zuvor aus Südamerika nach Europa gebrachte und zunächst nur in botanischen Gärten kultivierte Kartoffel in den Feldbau. Der Preußenkönig Friedrich II. (1712–1786) hat mit dem Kartoffel-

Tab. 1.14 Getreideerträge einer Mecklenburger Bauernhufe im 14./15. Jahrhundert (n. Abel 1962).

Getreidearten	Fläche (ha)	Ertrag (dt ha^{-1})	Saat (dt ha^{-1})	Nettoertrag (dt ha^{-1})	Nettoertrag der Anbaufläche (dt)
Roggen	5,33	5,10	1,69	3,41	18,18
Hafer	2,67	3,10	1,05	2,05	5,47
Gerste	2,66	4,10	1,40	2,70	7,18
Brache	5,33	–	–	–	–
Summe	15,99	–	–	–	30,83

Der Nettoertrag von rd. 31 dt ergibt bezogen auf die Anbaufläche einen mittleren Netto-Getreideertrag von rd. 2 dt ha^{-1}

edikt von Potsdam (24. März 1756) die Bauern dazu gezwungen, Kartoffeln anzubauen und somit maßgeblich dazu beigetragen, dass diese Hackfrucht Eingang in den Ackerbau fand. Zu Beginn des 19. Jahrhunderts trat die *Beta*-Rübe als weitere Brachfrucht auf den Plan. Der Chemiker Andreas Sigismund Markgraf (1709–1782) hatte bereits im Jahre 1747 die chemische Identität des Rübenzuckers mit dem Rohrzucker aus Übersee nachgewiesen. Seinem Schüler Franz Carl Achard (1753–1821) blieb es vorbehalten, den Anbau und die Züchtung der Rübe sowie die fabrikmäßige Gewinnung des Rübenzuckers zu entwickeln.

Der Begründer des wissenschaftlichen Landbaus, Albrecht Daniel Thaer, setzte sich in seinem Hauptwerk „Grundsätze der rationellen Landwirtschaft" ebenfalls für dieses neue System ein. In einem ausgedehnten Ackerfutterbau sah er eine Möglichkeit, durch die Rückstände der Futterpflanzen und mittelbar über den Stalldung mehr Humus als Quelle der „Bodenkraft" in den Boden zu bringen. Die Besömmerung der Brache führte zu ganzflächiger Bodennutzung, bewirkte die systemimmanente Erhaltung und Mehrung der Bodenfruchtbarkeit und ermöglichte allgemein steigende Bodenleistungen. Diese Entwicklung ist ein herausragender Vorgang in der Geschichte des Ackerbaus und steht am Beginn seiner schrittweisen Intensivierung. Auf dem Weg dahin wurden die starren Systeme überwunden und variable Fruchtwechselwirtschaften eingerichtet, die sich an den betrieblichen Erfordernissen orientierten.

Der heutige Ackerbau wird von sehr spezifischen Bodennutzungssystemen geprägt. Sie müssen an die vielfältigen natürlichen und ökonomischen Bedingungen angepasst sein und Erfordernisse des Umwelt- und Ressourcenschutzes ebenso berücksichtigen wie soziale Aspekte, z. B. das Schaffen von Einkommensmöglichkeiten im ländlichen Raum. Bodennutzungssysteme werden auch durch den Wandel gesetzlicher Vorgaben beeinflusst. So führte etwa die Einführung des Erneuerbaren Energien Gesetzes (EEG) im Jahre 2004 zu einem starken Anstieg der Anzahl der Biogasanlagen, der wiederum zu einer Zunahme des Anbaus von Silomais als Ko-Substrat führte. Andererseits wird mit verschiedenen Systemen des Ökologischen Landbaus die Bodennutzung mit größerer Fruchtartenvielfalt betrieben. Alle Wirtschaftsweisen müssen aber dem übergeordneten Ziel folgen, die Böden bei ihrer ackerbaulichen Nutzung nachhaltig zu schützen und für nachfolgende Generationen als Lebensgrundlage zu erhalten.

Fragen zu Kapitel 1.3 und 1.3.1

- Was sind Bodennutzungssysteme im Ackerbau und wie sind sie strukturiert?
- Wie hat sich die ackerbauliche Bodennutzung historisch entwickelt?

1.3.2 Fruchtfolgen

An die Stelle überwiegend perennierender natürlicher Pflanzengesellschaften mit hoher Diversität werden im Ackerbau überwiegend Reinbestände annueller bzw. überjähriger Nutzpflanzen gestellt. Deswegen muss mit Fruchtfolgen das ursprüngliche räumliche Nebeneinander verschiedener Pflanzenarten in ein geordnetes zeitliches Nacheinander überführt werden. Dabei sind biologische Grenzen der Anbaukonzentration der verschiedenen Fruchtarten zu beachten sowie Vorfruchtansprüche und Vorfruchtwirkungen zu berücksichtigen.

Das jährlich erneute Wiederbestellen erfordert das Bearbeiten des Bodens, wodurch die Bodenbedeckung zeitweise unterbrochen wird. Der Boden ist somit temporär den atmosphärischen Einflüssen ungeschützt ausgesetzt, was bei hohen Temperaturen und Trockenheit in den Sommermonaten zu unproduktivem Wasserverlust führt. Zusätzlich kann es auch zur Bodenschädigung durch Wind- und Wassererosion kommen. Der Anbau von Reinbeständen hat die einseitige Inanspruchnahme von Nährstoffen aus dem Bodenvorrat zur Folge. Im Gegenzug folgt aber auch einseitiger Rückfall von Pflanzenresten, die aufgrund ihrer stofflichen Beschaffenheit wiederum das Bodenleben gerichtet beeinflussen. In enger Beziehung zur bodenbiologischen Aktivität steht das phytosanitäre Regulationsvermögen gegenüber bodenbürtigen Schaderregern. Dies ist eine essenzielle Bodenfunktion, denn der Anbau von Reinbeständen begünstigt die Vermehrung von wirtsspezifischen Schädlingen und Krankheitserregern im Boden. Schließlich sind auch die mit den Kulturpflanzen vergesellschafteten spezifischen Unkrautpopulationen ein Ergebnis der ackerbaulichen Bodennutzung. Um die Auswirkungen dieser Negativeffekte der ackerbaulichen Tätigkeit in Grenzen zu halten, sind Fruchtfolgen erforderlich.

Fruchtfolge
Die Fruchtfolge ist der geordnete, sinnvolle zeitliche Wechsel der Pflanzenbestände auf dem Ackerland. Damit stellt sie die grundlegende Ordnungsfunktion für alle ackerbaulichen Maßnahmen dar. Sie soll die effektive Nutzung des Bodens während der gesamten Vegetationszeit und somit hohe Biomasseproduktion gewährleisten, die bestmögliche Nutzung von Vorfrucht- und Fruchtfolgewirkungen unterstützen, zur Gesunderhaltung der Pflanzenbestände beitragen sowie die Vermehrung von bodenbürtigen Schaderregern verhindern. Sie hat zum Ziel, die Bodenfruchtbarkeit nachhaltig zu reproduzieren.

Fruchtfolgen sollen verschiedene, sich gegenseitig bedingende und ergänzende Aufgaben erfüllen. Die zeitliche Aufeinanderfolge verschiedener Nutzpflanzen muss so gestaltet sein, dass die unvermeidlichen Teilbrachen möglichst kurz gehalten werden, um die verfügbare Vegetationszeit so gut wie möglich auszunutzen. Dafür sind optimale Saat- und Erntetermine für Haupt-, Zweit- und Zwischenfrüchte maßgebend. Große Bedeutung hat auch das Abwenden fruchtfolgeabhängiger Wachstums- und Ertragsbeeinträchtigungen, indem fruchtartspezifische Anbaupausen eingehalten werden. Schließlich gilt es, die als natürliche Gratisfaktoren eintretenden Vorfrucht- und Fruchtfolgewirkungen effektiv auszunutzen (Abb. 1.7).

Da die Fruchtfolge mit dem zeitlichen Wechsel der Fruchtarten auch das räumliche Nebeneinander verschiedener Feldfrüchte in den Gemarkungen der landwirtschaftlichen Betriebe regelt, hat sie darüber hinaus auch landschaftsökologische Funktionen und prägt das Landschaftsbild im Verlauf der Jahre. Durch das Anlegen von Hecken, Feldrainen, Wegen und anderen trassenförmigen Elementen steht die Flurgestaltung dazu in enger Beziehung. Somit sind die Fruchtfolgen nicht nur das Rückgrat des Ackerbaus, sondern auch die Grundlage für die gesamte Betriebsorganisation. Auf sie gründet sich die jährliche Anbauplanung. Sie sind aber auch der Rahmen für die Maßnahmen der Bodenbearbeitung, die Saat- und Erntetermine sowie für Düngung und Pflanzenschutz.

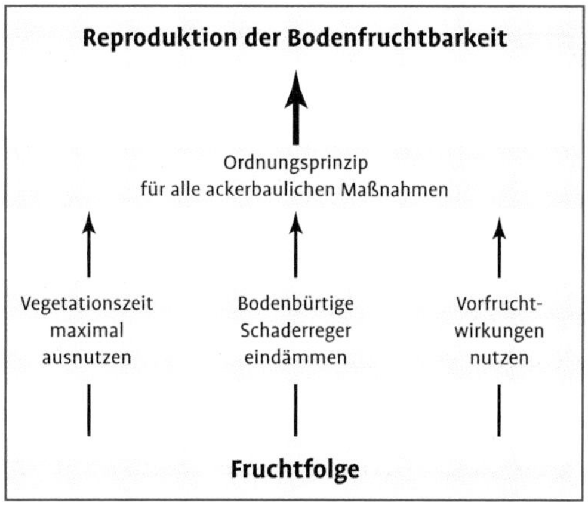

Abb. 1.7 Aufgaben der Fruchtfolge (geändert nach Müller 1986).

1.3.2.1 Fruchtfolgesystematik

Um Fruchtfolgen für die unterschiedlichsten Standortbedingungen und sozioökonomischen Verhältnisse planen und realisieren zu können, bedarf es allgemeingültiger Regeln. Diese haben sich im Laufe der Zeit herausgebildet und sind heute allgemein gebräuchlich. Ein Ausgangspunkt dafür sind die Fruchtfolgegrundrisse von Brinkmann. In Anlehnung an den mit der Besömmerung der Brache in der verbesserten Dreifelderwirtschaft erreichten Entwicklungsstand (s. Kap. 1.3.1, Abb. 1.6) teilte er die Fruchtarten in Blattfrüchte (BF) und Halmfrüchte (HF) ein und entwickelte aus deren unterschiedlicher Kombination Grundrisse für mögliche Fruchtfolgen (Tab. 1.15).

Blattfrüchte sind in der Fruchtfolge alle Nichtgetreidearten einschließlich des Grün- und Silomaises sowie des Ackergrases. Sie werden als tragende Fruchtarten bezeichnet. **Halmfrüchte** sind demgegenüber die Getreidearten einschließlich Körnermais sowie alle Getreide-Hülsenfrucht-Gemenge mit weniger als 30 % Hülsenfrüchten. Sie werden auch als abtragende

Tab. 1.15 Ausgewählte Fruchtfolgegrundrisse von Brinkmann (1942) und mögliche Fruchtfolgen (geändert n. Baeumer 1997).

Bezeichnung	Blattfrucht-Halmfrucht-Verhältnis	Grundrisse	Mögliche Fruchtfolgen bzw. Fruchtfolgeglieder
Dreifelderwirtschaft	33 : 67	BF[1]-HF[2]-HF	W.Raps-W.Weizen-W.Gerste
Vierfelderwirtschaft	25 : 75	BF-HF-HF-HF	Z.Rüben-W.Weizen/SZF[3]-S.Gerste-W.Triticale
Rheinische Fruchtfolge	40 : 60	BF-HF-HF-BF-HF	Kartoffeln-W.Roggen-W.Gerste/SZF-Mais-S.Gerste/SZF
Fruchtwechselwirtschaft	50 : 50	BF-HF-BF-HF	Z.Rüben-S.Gerste-A.Bohnen-W.Weizen/SZF
Doppelfruchtwechselwirtschaft	50 : 50	BF-BF-HF-HF	K.Erbsen-W.Raps-W.Weizen-W.Gerste/SZF
Überfruchtwechselwirtschaft	67 : 33	BF-BF-HF-BF-BF-HF	Kartoffeln-Feldgemüse-W.Weizen-K.Erbsen-W.Raps-W.Gerste

[1] BF = Blattfrucht; [2] HF = Halmfrucht; [3] SZF = Sommerzwischenfrucht

Fruchtarten bezeichnet. Die zeitliche Abfolge vom ersten (tragenden) Blattfruchtfeld bis zum letzten (abtragenden) Halmfruchtfeld wird als **Fruchtfolgeglied** bezeichnet. Dreifelderglieder bestehen demzufolge aus einer Blattfrucht und zwei Halmfrüchten, Fruchtwechselglieder aus jeweils einem Blatt- und Halmfruchtfeld. Die Rheinische Fruchtfolge setzt sich demzufolge aus zwei Fruchtfolgegliedern zusammen. Wenngleich die scharfe Trennung in tragende (im Sinne von aufbauend, garefördernd, fruchtbarkeitsmehrend) und abtragende Fruchtarten (im gegenteiligen Sinne) im Ergebnis der Intensivierung des Ackerbaus durch Bodenbearbeitung, Düngung und Pflanzenschutz an Bedeutung verloren hat, basiert die Fruchtfolgesystematik auch heute auf diesen grundlegenden Kategorien. So beginnen Fruchtfolgen stets mit einem tragenden Blattfruchtfeld. Das **Fruchtfolgefeld** beschreibt hierbei nicht eine Fläche der Ackernutzung, sondern die kleinste Gliederungseinheit der Fruchtfolge, welche alle im Verlauf eines Jahres angebauten Haupt-, Zweit- und Zwischenfrüchte umfasst (z. B. Wintergerste/Sommerzwischenfrucht oder Winterzwischenfrucht/Silomais). Die Anzahl der Fruchtfolgefelder bestimmt die Umlaufdauer der Fruchtfolge und wird zu deren Kennzeichnung verwendet, z. B. vierfeldrige Fruchtfolge. Fruchtarten zweier aufeinanderfolgender Fruchtfolgefelder bilden ein **Fruchtfolgepaar**. Ein beliebiger Abschnitt eines Anbauablaufes wird als **Folge** bezeichnet. Sie kann durch Zusätze näher beschrieben werden, z. B. Getreidefolge.

Steht eine Fruchtart die gesamte oder den überwiegenden Teil der Vegetationszeit im Feld, so ist es eine **Hauptfrucht** (s. auch Kap. 2.4.5). Demgegenüber sind **Zwischenfrüchte** solche Arten, die zum Schließen von Anbaulücken oder Teilbrachen zwischen 2 Hauptfrüchten zum Anbau kommen. Sie sollen die bessere Ausnutzung der verfügbaren Vegetationszeit ermöglichen, dienen aber auch dem Bodenschutz durch Bedeckung der Bodenoberfläche, der Nährstoffanreicherung und -konservierung sowie der Strukturverbesserung. In Abhängigkeit von ihrer Aussaat- und Nutzungszeit wird zwischen Winter- und Sommerzwischenfrüchten unterschieden. **Winterzwischenfrüchte** werden im Spätsommer bestellt. Es sind wintereinjährige Fruchtarten, die im kommenden Frühjahr ab Ende April bis Ende Mai als Futter geerntet werden (z. B.

Futterroggen). Ihnen folgt dann eine **Zweitfrucht**. Dies sind Hauptfrüchte, welche nach Winterzwischenfrüchten zum Anbau gelangen (z. B. Grün- oder Silomais). **Sommerzwischenfrüchte** werden im Frühjahr als Untersaat in wachsende Getreidebestände (Deckfrucht) oder als Stoppelsaat nach der Körnerfruchternte bestellt und im Allgemeinen im gleichen Jahr geerntet, abgeweidet oder als Gründüngung in den Boden eingebracht. Zum Zwecke des Erosionsschutzes können sommereinjährige Pflanzenarten (z. B. Weißer Senf *Sinapis alba*, *Phacelia* od. Büschelschön *Phacelia tanacetifolia*) genutzt werden, die über Winter abfrieren und eine Mulchschicht auf dem Boden bilden.

Im zeitlichen Ablauf der Fruchtfolge ist die einer Fruchtart auf derselben Fläche vorangestellte Hauptfrucht die **Vorfrucht**. Die der Vorfrucht folgende Hauptfrucht wird als **Nachfrucht** bezeichnet. Die Bedingungen, welche verschiedene Pflanzenarten an ihre Vorfrüchte stellen, sind durchaus unterschiedlich. Dies resultiert beispielsweise aus bestimmten Saatterminen bei wintereinjährigen Kulturen. Daher bezeichnet der **Vorfruchtanspruch** die Anforderungen einer Fruchtart an ihre Vorfrucht. Dieser schließt agrotechnische Termine, den Bodenzustand, den Wasserbedarf und phytosanitäre Faktoren ein. Zwischen vorherigen und nachfolgenden Hauptfrüchten entstehen im Fruchtfolgeablauf ertrags- und qualitätswirksame Effekte, die sich über den Boden manifestieren. Diese Erscheinung wird als **Vorfruchtwirkung** bezeichnet und umfasst den gesamten Einfluss des Anbaus einer bestimmten Fruchtart auf die Nachfrucht und die Bodenfruchtbarkeit (Kap. 1.3.2.3). Diese Wirkungen treten im positiven Sinne als Gratiseffekte der Natur auf und können in optimal eingerichteten Fruchtfolgen die Ertrags- und Qualitätsbildung maßgeblich fördern. Der Einfluss einer gesamten Rotation auf die Erträge der angebauten Fruchtarten und auf die Bodenfruchtbarkeit ist die **Fruchtfolgewirkung**. Sie resultiert aus der Wirkung des zugrunde liegenden Ackerflächenverhältnisses und den Wirkungen der spezifischen Aufeinanderfolge der Fruchtarten.

Wird ein und dieselbe Fruchtart im folgenden Jahr auf der gleichen Fläche wiederum angebaut, so spricht man von **einmaliger Selbstfolge**. 3- bis 5-maliger Nacheinanderbau der gleichen Hauptfrucht ist eine **mehrjährige Selbstfolge** und mehr als 5-jähriger, meist langjähriger Nacheinanderbau gleicher Fruchtarten wird **Monokultur** genannt. Dies sollte im Ackerbau allerdings ausgeschlossen werden, weil es zu erheblichen Wachstums-, Ertrags- und Qualitätseinbußen führen kann sowie in der Regel höhere Produktionskosten verursacht (s. Kap. 1.3.2.2). Gründe dafür sind meist die einseitige Beanspruchung des Bodens, die Massenvermehrung von Schaderregern und Unkräutern sowie eine insgesamt verschlechterte ökologische Situation. Es gibt aber auch Fruchtarten, die ohne größere Probleme in Selbstfolge angebaut werden können (z. B. Mais). Diese Erscheinung wird als **Verträglichkeit** bezeichnet. Damit werden die Eigenschaften von Fruchtarten umschrieben, auf den ein- oder mehrmaligen Nacheinanderbau bzw. in bestimmten Folgen nicht negativ bzw. ohne wesentliche Ertragseinbußen zu reagieren. Fruchtarten, die in diesem Sinne nach sich selbst angebaut werden können, sind selbstverträglich. Fruchtarten, bei deren Aufeinanderfolge oder Selbstfolge ungünstige Wirkungen auf den Ertrag, die Qualität oder den Boden auftreten, sind miteinander oder mit sich selbst unverträglich. In der überwiegenden Mehrheit sind die ackerbaulich genutzten Fruchtarten mit sich selbst unverträglich. Deswegen müssen artspezifische **Anbaupausen** eingeräumt werden. Das sind die notwendigen Mindestzeitspannen in Jahren, welche als Anbauabstand bis zum Wiederanbau derselben Art eingehalten werden sollten. So begrenzt beispielsweise eine Anbaupause von 3 Jahren den Anteil dieser Fruchtart an der Fruchtfolge auf 25 %. Dieser Anteil wird als **Konzentrationsgrad** bezeichnet. Wenn der Anbau von Nutzpflanzen auf bestimmten Flächen zeitweise oder vollständig ausgesetzt wird, entsteht eine **Brache**. Je nach Zeitdauer, Agrotechnik oder der Ansaat von Pflanzenbeständen zur Begrünung spricht man von Teilbrache, Schwarzbrache oder Grünbrache. Letztgenannte hat als Möglichkeit zur Stickstoffanreicherung des Bodens beispielsweise im Ökologischen Landbau Bedeutung. Dazu werden dann Futterlegumino-

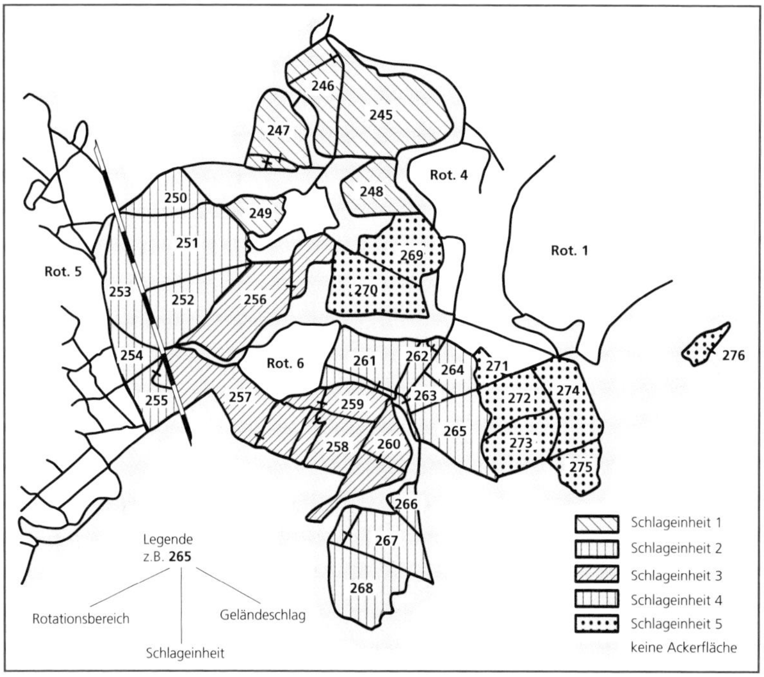

Abb. 1.8 Beispiel für einen Rotationsbereich mit 5 Schlageinheiten (schematisch) (Müller 1986).

sen angesät, der Aufwuchs mehrmals gemulcht und schließlich als Gründüngung eingearbeitet.

Ausgangspunkt für die Einrichtung von Fruchtfolgen im landwirtschaftlichen Betrieb (synonym auch Rotationen genannt) ist das **Ackerflächenverhältnis**. Es gibt die Anteile der einzelnen Fruchtarten an der Ackerfläche des Betriebes, von Betriebsteilen oder von Rotationsbereichen in Prozent an. Werden in einem Betrieb mehrere Fruchtfolgen eingerichtet, bedarf es entsprechend vieler **Rotationsbereiche**. Darunter versteht man jeweils die gesamte Ackerfläche einer Fruchtfolge bzw. Rotation. Grundlage für deren Festlegung sind die natürlichen Standortbedingungen als Voraussetzung für die Anbaueignung bestimmter Fruchtarten, denn die Bewirtschaftungsbedingungen auf dieser Fläche sollen weitgehend einheitlich sein. Rotationsbereiche können auch ortsbezogen eingerichtet werden. Sie umfassen stets eine bestimmte Zahl von **Geländeschlägen**. Das sind Flurstücke, welche von begrenzenden Flurelementen umgeben sind. Flurelemente sind trassenförmige Geländemerkmale wie Straßen, Wege, Schienen, Gräben, Vorfluter, Flurgehölze, Hecken, Waldränder, Grenzen zum Dauergrünland etc.

Zum Umsetzen einer Fruchtfolge werden in den Rotationsbereichen so viele Flächenäquivalente benötigt, wie die Fruchtfolge Felder umfasst. Das können Geländeschläge sein. In der Regel werden dazu aber **Schlageinheiten** gebildet. Eine Schlageinheit setzt sich aus mehreren Geländeschlägen zusammen, die möglichst benachbart liegen und etwa die gleiche Bodenbonität sowie technologische Eignung aufweisen sollen. Die Schlageinheiten tragen im Fruchtfolgeablauf nacheinander die Fruchtarten der einzelnen Fruchtfolgefelder. Dazu sollen sie etwa gleich groß sein. Dies sind dann die jeweiligen Ackerflächen für ein Fruchtfolgefeld. Beispielsweise ist für eine 5-feldrige Fruchtfolge ein Rotationsbereich mit 5 Geländeschlägen bzw. Schlageinheiten erforderlich (Abb. 1.8).

Ist es in einzelnen Jahren erforderlich, Geländeschläge zu unterteilen und mit verschiedenen Fruchtarten zu bebauen, werden **Anbauschläge** gebildet. Dies kann zum Anbau von Spezialkulturen mit geringem Anbauumfang oder auch zur besseren Ausnutzung des Ertragspotenzials auf heterogenen Standorten erforderlich sein.

Tab. 1.16 Beispiel für einen Springschlag mit Luzerne in 3-jähriger Nutzung.

Fruchtfolge-Felder	Jahre									
	1	**2**	**3**	**4**	**5**	**6**	**7**	**8**	**9**	**10**
A	**Lu**	**Lu**	**Lu**	K	WW	SM	SG	K	WW	SM
B	K	WW	SM	SG	K	WW	SM	SG	K	WW
C	WW	SM	SG	**Lu**	**Lu**	**Lu**	K	WW	SM	SG
D	SM	SG	K	WW	SM	SG	**Lu**	**Lu**	**Lu**	K
E	SG	K	WW	SM	SG	K	WW	SM	SG	**Lu**

K – Kartoffeln, Lu – Luzerne, SG – Sommergerste, SM – Silomais, WW – Winterweizen

Einen Sonderfall für die Fruchtfolgegestaltung stellt die Einordnung von mehrjährig genutzten Fruchtarten – meist Futterpflanzen – in die Fruchtfolgen dar. Dazu kann ein **Springschlag** eingerichtet werden. In diesem Fall ist das Fruchtfolgefeld mit der mehrjährigen Kultur (z. B. 3-jährig genutzte Luzerne) während deren Nutzungszeit aus der Rotation auszugliedern. Vor- und Nachfrucht des Springschlages müssen dafür miteinander verträglich sein (Tab. 1.16).

Aus Gründen der Marktanpassung und um beispielsweise witterungsbedingte Ausfälle wie Auswinterung ausgleichen zu können, müssen die Fruchtfolgen flexibel gehalten und können nicht als starres Reglement verstanden werden. Gleichwohl stellen sie aber die Planungsbasis für die gesamte Betriebsorganisation von der Saat bis zur Ernte inklusive der notwendigen Dokumentation aller agrotechnischen Maßnahmen im Rahmen von Qualitätssicherungssystemen dar und sind somit im modernen Ackerbau unverzichtbar.

1.3.2.2 Anbaukonzentration

Der Anbau von Nutzpflanzenreinbeständen hat unvermeidlich zur Folge, dass sich Schädlinge und Krankheitserreger, deren bevorzugte Wirtspflanze oder Nahrungsgrundlage diese eine Feldfrucht ist, massenhaft vermehren. Gleichfalls kann es zum verstärkten Auftreten von Unkräutern kommen, welche an den Entwicklungsrhythmus der Nutzpflanzen angepasst sind. Werden im darauffolgenden Jahr gleichartige Fruchtarten auf demselben Schlag angebaut, nimmt der Befallsdruck durch diese Schaderreger weiter zu. Dies hat letztlich Ertrags- und Qualitätseinbußen zur Folge und mindert somit auch das ökonomische Ergebnis der Pflanzenproduktion. Um derartigen Gefahren vorzubeugen, ist es erforderlich, den Konzentrationsgrad der verschiedenen Fruchtarten zu begrenzen und fruchtartspezifische Anbaupausen einzuhalten.

Zum Ermitteln der Auswirkungen verschieden hoher Anbaukonzentration wurden vielfältige Feldversuche durchgeführt. Deren Ergebnisse bieten eine sichere Grundlage zum Beurteilen der Reaktionen verschiedener Nutzpflanzen. Wenn solche Experimente stationär angelegt sind und langjährig (mehr als 20 Jahre) fortgesetzt werden, nennt man sie Dauerfeldversuche. Derartige Versuche sind von großem wissenschaftlichem Wert, weil sich die ermittelten Befunde auf sehr viele Einzelergebnisse stützen, was eine hohe Sicherheit der jeweiligen Aussagen bietet. Einer der bedeutendsten Dauerfeldversuche der Welt ist der „Ewige Roggenbau“ in Halle (Saale). Er wurde im Jahre 1878 von Julius Kühn (1825–1910) als Düngungsversuch angelegt, um zu prüfen, ob mit Mineraldüngung die Ertragsfähigkeit des Bodens ebenso aufrecht erhalten werden kann wie mit Stallmistdüngung. Dazu sind verschiedene Düngungsstufen eingerichtet worden, auf denen Winterroggen in Monokultur als Prüffrucht steht. Nach der Ernte 1961 hat man den Versuch in 3 Abteilungen gegliedert. In der ersten wurde die Roggenmonokultur unverändert fortgesetzt, in der zweiten ist ein Kartoffel-Winterroggen-Fruchtwechsel und in der dritten eine Silomais-Monokultur eingeführt worden. Die daraus vorliegenden Ergebnisse zeigen deutlich, welche Ertragsminderungen

Tab. 1.17 Erträge von Winterroggen im Versuch „Ewiger Roggenbau“ (Halle/Saale) in Monokultur und Fruchtwechsel; Mittel 1991–2009 (Eissner und Schmidt 2009).

Düngungsvarianten	Dünger (kg ha^{-1})				Erträge (dt ha^{-1})		Differenz (%)
	Stallmist	N	P	K	Monokultur	Fruchtwechsel	
Ungedüngt	0	0	0	0	20,3	30,6	50,7
–PK	0	0	24	75	23,6	30,7	30,1
Stallmist	12 000	60	20	60	41,3	56,8	37,5
NPK	0	60	24	75	47,4	58,8	24,1
NPK + Stallmist	12 000	60 + 60	24 + 20	75 + 60	53,2	63,2	18,8

der fortgesetzte Anbau einer Art zur Folge hat (Tab. 1.17).

Im Mittel von 19 Versuchsjahren lagen die Roggenerträge in der Monokultur um 19–51 % unter denen im Fruchtwechselanbau mit Kartoffeln. Die größte Differenz liegt dabei in der dauernd ungedüngten Variante vor. Hier wird der durch Nährstoffmangel hervorgerufene physiologische Stress der Pflanzen durch die Monokultur noch verstärkt, sodass der alternierende Anbau im jährlichen Wechsel mit Kartoffeln zu einem Ertragsanstieg um die Hälfte führt. Aber selbst bei guter Nährstoffversorgung aus organischer und mineralischer Düngung liegt der Roggenertrag im Fruchtwechsel noch fast ein Fünftel höher als im Daueranbau.

Ursache für derartige Effekte sind meist fruchtfolgeabhängige bodenbürtige Schaderreger, die als wirtsspezifische Organismen in Abhängigkeit von der Anbaukonzentration ortsgebunden wirksam werden können. In Tabelle 1.18 sind wirtschaftlich bedeutsame Arten von Schaderregern zusammengestellt.

Bei Getreide haben die Halmbasiserkrankungen große Bedeutung. Der Pilz *Gaeumannomyces graminis* verursacht die Schwarzbeinigkeit, wovon insbesondere Winterweizen, Wintergerste und Winterroggen betroffen sind. Die jungen Getreidewurzeln werden infiziert und vermorschen mit typischer Schwarzfärbung, sodass in schweren Fällen die Ähren aufgrund von mangelnder Wasser- und Nährstoffversorgung taub bleiben (Weißährigkeit). Der Pilz überdauert auf infizierten Wurzel- und Stoppelresten allerdings nicht länger als ein Jahr. Bei guter biologischer Aktivität und Zufuhr leicht abbaubarer organischer Substanz (z. B. Stoppelfrucht-Gründüngung) wird der Saprophyt zurückgedrängt, wenn nicht Wirtspflanzen sein Überdauern begünstigen.

Die Halmbruchkrankheit wird von *Pseudocercosporella herpotrichoides* verursacht. Dieser Pilz befällt außer Hafer alle Getreidearten. Dabei kommt es an der Halmbasis zu medaillonartigen Nekrosen, die die Standfestigkeit des Halmes beeinträchtigen und das Lagern des Getreides verursachen können (Medaillon- oder Augenfleckenkrankheit). Rasche Rotte der Ernterückstände und vor allem Bodenruhe unter mehrjährigem Futterbau tragen dazu bei, den Befallsdruck zu mindern. Mit zunehmender Konzentration anfälliger Getreidearten in der Fruchtfolge nimmt der Befall mit Halmbasiserkrankungen jedoch zu und der Getreideertrag sinkt. Ergebnisse aus Fruchtfolge-Feldversuchen zeigen die zu erwartenden Ertragsminderungen (Tab. 1.19).

Die Schadwirkung der Halmbasiserkrankungen steigt bei den anfälligen Getreidearten in der Reihenfolge Sommergerste < Winterroggen < Wintergerste < Sommerweizen < Wintertriticale < Winterweizen. Hafer gilt bezüglich dieser Schaderreger als Gesundungsfrucht.

Im Rapsanbau kann der Bodenpilz *Plasmodiophora brassicae* zur Kohlhernie führen, wenn er sich aufgrund hoher Anbaukonzentration von Kruziferen verbreiten kann und übergehalten wird. Er infiziert die Wurzeln der Rapspflanzen und führt zu Wucherungen und Verwachsungen, wodurch die Wurzelfunktionen eingeschränkt werden. Dies kann zu erheblichen Ertragsminderungen führen, wie Ergebnisse eines entsprechenden Fruchtfolgeversuches belegen (Tab. 1.20).

Tab. 1.18 Wirtsspezifische Schadorganismen (n. Baeumer 1992).

Artengruppen und Arten von Schadorganismen	Weizen	Gerste	Roggen	Hafer	Mais	Kruziferen	Leguminosen	Beta-Rüben	Kartoffeln
I Viren									
Rizomania der Rüben								+	
Gelbverzwergung der Gerste		+							
II Bakterien									
Kartoffelschorf									+
III Pilze									
Halmbruch und Schwarzbeinigkeit bei Getreide	+	+	+						
Fusariosen bei Getreide	+	+	+						
Fusariosen bei Leguminosen							+		
Verticillium-Welke							+	+	+
Kohlhernie						+			
IV Nematoden									
Getreidezystenälchen	+	+		+					
Kartoffelzystenälchen									+
Rübenzystenälchen						+		+	
Stengelälchen			+	+	+	+		+	
Wurzelälchen	+	+	+	+					
V Insekten									
Moosknopfkäfer								+	
Springschwänze								+	
Rapserdfloh						+			

Tab. 1.19 Erträge von Winterweizen bei verschiedenen Konzentrationsgraden in der Fruchtfolge; Mittelwerte 1988–2000 (Christen 2001).

Fruchtfolgen	Konzentrationsgrad (%)	Ertrag (dt ha^{-1})
Weizenmonokultur	100	76,4
Raps–Weizen	50	82,4
Raps–Weizen–Weizen	67	85,6 / 76,7
Raps–Weizen–Erbsen–Weizen	50	84,7 / 84,8
Raps–Weizen–Erbsen–Raps–Weizen	40	83,8 / 85,6

Tab. 1.20 Einfluss steigender Konzentrationsgrade von Winterraps auf die Erträge; Mittelwerte 1988–2000 (Christen 2001).

Fruchtfolgen	Konzentrationsgrad (%)	Ertrag (dt ha^{-1})
Raps–Weizen–Erbsen–Weizen–Gerste	20	38,0
Raps–Weizen–Erbsen–Weizen	25	36,7
Raps–Weizen–Weizen	33	35,0
Raps–Weizen	50	34,4
Raps-Monokultur	100	32,6

Zystenbildende Nematoden überdauern im Boden jahrelang als Eier oder Larven im Leib des abgestorbenen Nematodenweibchens, der Zyste. Durch Wurzelexsudate der Wirtspflanzen werden sie zum Schlupf angeregt und dringen in die Wirtswurzel ein, wo sie parasitieren und die Wurzelfunktionen stören. Das Getreidezystenälchen *Heterodera avenae* befällt im Frühjahr junge Getreidepflanzen. Hafer bietet ihm die günstigsten Vermehrungsbedingungen und wird auch am stärksten geschädigt (deswegen auch „Hafernematode"). Sommerweizen, Sommergerste, Mais und teilweise auch Winterweizen dienen ebenfalls als Wirtspflanzen, werden aber weniger geschädigt.

Die Kartoffelzystenälchen *Globodera rostochiensis* und *G. pallida* befallen neben Kartoffeln auch andere Nachtschattengewächse (Solanaceae). Die Ertragsminderungen können bei starkem Befall (> 1000 Eier und Larven je 100 cm^3 Boden) bei frühen und mittelfrühen Sorten bis zu 80 % und bei späten Sorten bis zu 30 % erreichen. Heute stehen nematodenresistente Kartoffelsorten zur Verfügung, die als Feindpflanzen wirken. Ihr Anbau vermindert die Nematodenpopulation stärker als durch natürliche Mortalität. Trotzdem muss in kartoffelbauenden Betrieben die Entwicklung dieser Schaderreger überwacht werden, um der Bodenverseuchung vorzubeugen bzw. mit entsprechenden Maßnahmen zu begegnen. Das gleiche trifft für den Rübenanbau zu. Hier verursacht das Rübenzystenälchen *Heterodera schachtii* wirtschaftliche Schäden. Neben den *Beta*-Rüben und Gänsefußgewächsen (z. B. Weißer Gänsefuß) parasitiert dieser Nematode auch *Brassica*- und andere Kruziferen-Arten (Raps, Markstammkohl, Unkräuter wie Hirtentäschel, Ackersenf, Hederich). Darüber hinaus ist er in der Lage, in einer Vegetationsperiode 2–3 Generationen auszubilden, sodass sich rasch große Populationsdichten aufbauen können. Inzwischen sind auch hier resistente Sorten verfügbar. Eine weitere Möglichkeit zur Einschränkung der Verseuchungsdichte besteht darin, nematodenresistente Zwischenfrüchte (Weißer Senf, Ölrettich) nach Getreidevorfrüchten vor dem Rübenanbau einzuordnen und somit die Population bereits im Vorfeld zu reduzieren.

Insgesamt gesehen reagieren die verschiedenen Fruchtarten auf die Anreicherung mit schädlichen Bodenorganismen in Abhängigkeit von der Bodenbonität mit unterschiedlich hohen Ertragsverlusten. Die potenziellen Mindererträge nehmen in der Reihenfolge Mais < Sommergerste < Wintergerste < Winterroggen < Weizen < Hafer < Kartoffeln < Zuckerrüben < Ackerbohnen < Körnererbsen < Lein zu. Um diese Risiken vorausschauend einzudämmen, soll die Anbaukonzentration bestimmte Grenzen nicht übersteigen. Das wird erreicht, indem durch Anbaupausen artspezifische Mindestzeiträume bis zum Wiederanbau derselben Fruchtart eingehalten werden (Tab. 1.21).

Diesen Richtwerten liegen Ergebnisse aus langjährigen Fruchtfolge-Feldversuchen, aber auch umfangreiche Erfahrungen aus der ackerbaulichen Praxis zugrunde. Je günstiger die Standortverhältnisse sind, umso eher können höhere Konzentrationsgrade bei einzelnen Fruchtarten erwogen werden. So wird auf den besseren Ackerbaustandorten beispielsweise häufiger die einmalige Selbstfolge von Winterweizen praktiziert. Dies hat jedoch primär ökonomische Gründe und bedarf speziell darauf abgestimmter agrotechnischer Maßnahmen, welche die Sortenwahl, Unkrautkontrolle sowie Krankheits- und Schädlingsbekämpfung betreffen.

1.3.2.3 Vorfruchtwirkungen

Vorfruchtwirkungen entstehen durch den überwiegend jährlich wechselnden Anbau von Kulturpflanzen. Sie umfassen die Gesamtheit aller positiven und/oder negativen Einflüsse einer bestimmten Vorfrucht auf den Ertrag und die Produktqualität der Nachfrucht. Die Ursachen dafür sind vielfältig und können aufgrund ihrer komplexen Wirkungsweisen sowie ihres wechselseitigen Zusammenspiels häufig nicht bis ins Einzelne gedeutet werden. Sie gehen jedoch primär auf Veränderungen des physikalischen, chemischen und biologischen Bodenzustandes zurück, welche durch den Anbau unterschiedlicher Nutzpflanzenarten und die dafür durchgeführten agrotechnischen Maßnahmen ausgelöst werden. Diese Bodenprozesse sind in Abbildung 1.9 schematisch dargestellt.

Tab. 1.21 Maximale Anbaukonzentration (%) und erforderliche Anbaupausen für verschiedene Fruchtarten, um Fruchtfolgeschäden zu verhindern (n. Baeumer 1992 und Kundler 1989).

Fruchtarten	Konzentrationsgrad (%) Standortbedingungen		Anbaupausen (Jahre)
	günstig	ungünstig	
Weizen	33	25	2–3
Wintergerste	40	33	1–2
Winterroggen	50	33	1–2
Sommergerste	50	33	1–2
Hafer	25	25	3
Raps	33	25	2–3
Körnererbsen	20	17	4–5
Ackerbohnen	25	20	3–4
Kartoffeln	33	25	3–4
Beta-Rüben	33	25	2–3
Körnermais	50	33	1–2
Silomais	40	25	2–3

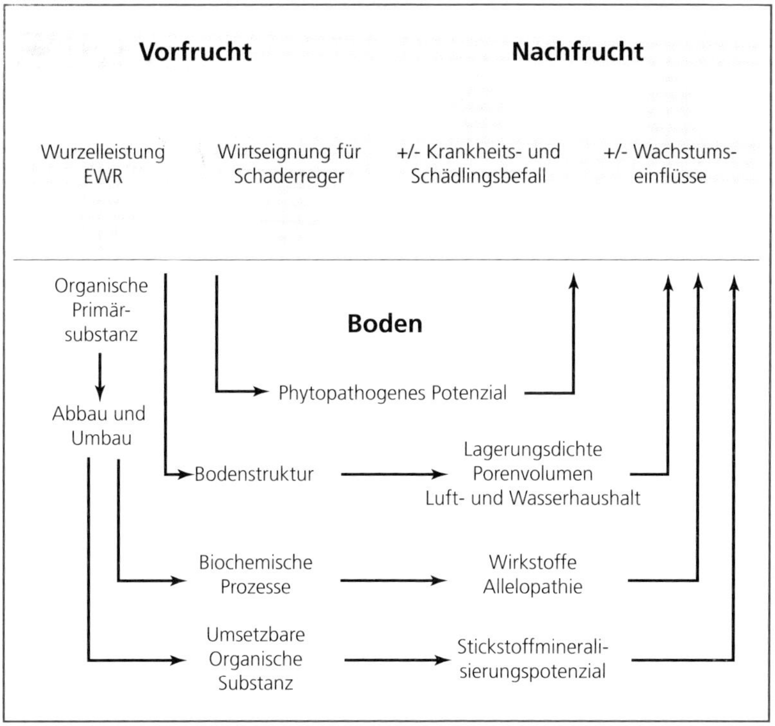

Abb. 1.9 Bodenprozesse zwischen Vor- und Nachfrucht (Ellmer, unveröffentlicht)
EWR = Ernte- und Wurzelrückstände.

Tab. 1.22 Ernte- und Wurzelrückstände von landwirtschaftlichen Nutzpflanzen (n. Köhnlein und Vetter 1953, Könnecke 1967 und Klimanek et al. 1988).

Fruchtarten	Wurzelmasse in der Ackerkrume (dt TM ha^{-1})	C:N-Verhältnis der Wurzeln	Ernterückstände insgesamt, ohne Getreidestroh (dt TM ha^{-1})
Winterweizen	8–13	28	14–40
Wintergerste	10–16	30	17–36
Winterroggen	7–13	28	12–35
Sommergerste	5–10	35	10–25
Hafer	5–12	35	14–30
Mais	6–20	59	10–40
Ackerbohnen	6–18	40	15–55[1]
Körnererbsen	2–8	18	10–40[1]
Winterraps	10–17	25	35–65[1]
Kartoffeln	3–13	20	15–50[1]
Zuckerrüben	6–8	20	15–90[1]
Kleegras, 1-jährig	20–31	20	29–42
Kleegras, 2-jährig	22–41	25	35–56
Luzerne, 3-jährig	44–52	20	67–80
Winterzwischenfrüchte			
Winterrübsen	5		9
Futterroggen	8–11		14–16
Sommerzwischenfrüchte			
Rotklee-Untersaat	8–19	20	22–38
Ölrettich	5–10	16	10–15

[1] Höhere Mengen einschließlich Stroh, Kartoffellaub und Rübenblatt

Ein wesentlicher ursächlicher Faktor von Vorfruchtwirkungen ist die Durchwurzelung des Bodens und die damit zusammenhängende Menge sowie stoffliche Beschaffenheit der Pflanzenrückstände. Je nach Art der Vorfrucht, Dauer ihrer Vegetationszeit und Einsatz ertragssichernder Produktionsmittel fallen dem Boden unterschiedlich große Mengen an Ernte- und Wurzelrückständen anheim. Ihre Menge nimmt mit steigendem Ertrag zu, wobei dann relativ mehr oberirdische Stoppelreste als Wurzelmasse anfallen. In Tabelle 1.22 sind Spannen für Ernte- und Wurzelrückstände (EWR) verschiedener Nutzpflanzen angegeben.

Wie groß die Mengen der anfallenden Pflanzenrückstände sind, hängt auch davon ab, ob die Koppelprodukte wie Rübenblatt oder Stroh zur Futternutzung bzw. als Einstreu für die Tierhaltung geborgen werden oder auf dem Acker verbleiben. Im zweiten Fall werden erhebliche, von der Vorfrucht aufgenommene Nährstoffmengen wieder in den Boden zurückgeführt und können somit Wachstum und Entwicklung der Folgefrucht unmittelbar beeinflussen. Diese organischen Primärsubstanzen (s. Kap. 1.2.1.2) variieren in Abhängigkeit von den Besonderheiten der jeweiligen Fruchtarten in ihrer stofflichen Beschaffenheit. Dies führt letzten Endes auch zu unterschiedlich rascher Freisetzung von pflanzenaufnehmbaren Nährstoffen (Tab. 1.23).

Im Zuge des mikrobiellen Ab- und Umbaus der organischen Primärsubstanz werden im Bo-

Tab. 1.23 Potenzieller Nährstoffanfall mit Koppelprodukten, die auf dem Acker verbleiben (n. Baeumer 1992).

Koppelprodukt	Menge (dt TM ha^{-1})	Nährstoffe (kg ha^{-1})			C:N-Verhältnis
		N	P	K	
Zuckerrübenblatt	60–85	130–200	18–24	200–300	15
Kartoffellaub	15–30	30–60	4–5	40–100	35
Rapsstroh	40–60	25–40	5–8	100–150	70
Maisstroh	50–80	50–80	7–11	90–160	45
Winterweizenstroh	50–100	20–40	4–8	50–110	60
Wintergerstenstroh	45–75	20–30	4–7	80–125	60
Winterroggenstroh	50–80	20–30	6–10	60–90	65
Sommergerstenstroh	35–60	17–30	4–7	60–110	43
Haferstroh	40–65	19–35	7–11	100–160	53

den spezifische Inhaltsstoffe sowie Zwischen- und Nebenprodukte der mikrobiellen Tätigkeit freigesetzt, die als Wirkstoffe nachfolgende Kulturpflanzen beeinflussen können. Diese Erscheinung bezeichnet man summarisch als Allelopathie. Solche Stoffe können phytotoxische Wirkungen entfalten, indem sie z. B. die Keimung des Saatguts nachfolgender Fruchtarten beeinträchtigen. In Getreidestroh wurden phytotoxisch wirksame Stoffe nachgewiesen. Dazu zählen phenolische Verbindungen wie Benzoe- und Zimtsäurederivate. Sie sind entweder bereits im erntereifen Stroh vorhanden oder werden später durch den mikrobiellen Abbau von Lignin freigesetzt. Darüber hinaus sind kurzkettige Fettsäuren und Mykotoxine als phytotoxisch wirksame Substanzen nachgewiesen worden. Ihnen wird allgemein eine hemmende Wirkung auf Keimung und Wurzelentwicklung der folgenden Getreidefrucht zugeschrieben.

Durch die Intensität der Durchwurzelung und die Menge der anfallenden Ernte- und Wurzelrückstände beeinflussen Kulturpflanzenbestände die Bodenstruktur. Dies ist ein weiterer wesentlicher Faktor von Vorfruchtwirkungen. Neben Menge und Beschaffenheit der organischen Primärsubstanz sind die zeitlichen Abstände und die Dauer ihrer Zufuhr wesentlich für das Entstehen eines günstigen und stabilen Bodengefüges.

Im Hauptfruchtbau unterscheidet sich die Dauer der geschlossenen Bodenbedeckung bei den verschiedenen Feldfrüchten erheblich und nimmt in folgender Reihenfolge ab: Luzerne, Kleegras > Winterraps, > Winterroggen, Winterweizen, Wintertriticale > Wintergerste > Zuckerrübe > Körnermais > Silomais, Spätkartoffeln > Ackerbohnen > Hafer > Sommergerste > Körnererbsen > Frühkartoffeln. Mit zunehmender Dauer der Bodenbedeckung nimmt auch die Bodenruhe und damit die Voraussetzung für eine natürliche Gefügebildung zu. Bodenbedeckung, Bodenruhe und Zufuhr organischer Substanz fördern das Bodenleben. Dies betrifft gleichermaßen Mikro- und Makroorganismen. Bei Letztgenannten spielen die Regenwürmer eine herausragende Rolle für die Gefügeentwicklung des Bodens. Unter einem stets von lebender oder toter Pflanzenmasse bedeckten Acker (z. B. Kleegras) ist die Abundanz und Aktivität der Regenwürmer deutlich größer als unter Feldfrüchten, die intensiv bearbeitet werden und den Boden nur kurzzeitig bedecken (z. B. Kartoffeln und Mais) (Tab. 1.24).

Die Entwicklung des phytopathogenen Potenzials im Boden wird neben der Anbaukonzentration einzelner Fruchtarten (Kap. 2.3.2.2) auch durch die jeweiligen Vorfrucht-Nachfrucht-Kombinationen beeinflusst. Daraus resultiert auch ein weiterer Faktor von Vorfruchtwirkungen. Der Nacheinanderbau von Wirtspflanzen für fruchtfolgeabhängige bodenbürtige Schaderreger führt zu ihrer massenhaften Vermehrung und in der Folge zu krankheits- oder schädlings-

Tab. 1.24 Gehalt an organischer Bodensubstanz und Regenwurmabundanz unter Winterweizen nach verschiedenen Vorfrüchten auf schluffigem Sandboden (Krück 1998).

Vorfrüchte	Organische Bodensubstanz (%)	Regenwurmabundanz (Tiere m^{-2})
Kleegras-Grünbrache, einjährig; Mulch	1,04	89
Kleegras, zweijährig; Schnittnutzung	1,03	77
Silomais	0,94	14
Kartoffeln	0,86	7

Tab. 1.25 Einfluss der ersten und zweiten Vorfrucht auf den Befall von Winterweizen durch *Gaeumannomyces graminis* und *Pseudocercosporella herpotrichoides* (n. Steinbrenner und Höflich 1984).

1. Vorfrucht	2. Vorfrucht	Befall (%)	
		G. graminis	*P. herpotrichoides*
Nichtwirtspflanzen	Nichtwirtspflanzen	10	20
Nichtwirtspflanzen	Wirtspflanzen	27	31
Wirtspflanzen	Nichtwirtspflanzen	42	40
Wirtspflanzen	Wirtspflanzen	52	39

Tab. 1.26 Abundanz von Unkräutern (Pflanzen m^{-2}) in Wintergetreide nach verschiedenen Vorfrüchten; fünfjährige Mittelwerte (n. Pallutt 2002).

Unkrautarten	Vorfrüchte	
	Kartoffeln/ Mais	Winter-getreide
Unkräuter insgesamt	266	772
Apera spica-venti	12	258
Lamium-Arten	25	93
Viola arvensis	30	84
Veronica hederifolia	48	57
Matricaria-Arten	10	55

bedingten Wachstums- und Ertragsbeeinträchtigungen. Allgemein gilt, dass Wirtspflanzen in Vorfruchtstellung der jeweiligen Feldfrucht den Befall mit dem Schaderreger erhöhen, während durch Nichtwirtspflanzen das Gegenteil erreicht wird (Tab. 1.25).

Außerhalb der bisher beschriebenen Bodenprozesse beeinflusst auch die spezifische Verunkrautung die Nachfrucht in ihrer Ertrags- und Qualitätsbildung (s. Kap. 2.4). Als Komponente von Vorfruchtwirkungen treten die Unkräuter besonders dann hervor, wenn mehrjährige Wintergetreidefolgen praktiziert werden. Aufgrund der ökonomischen Rahmenbedingungen sind hohe Anbaukonzentrationen von Wintergetreide heute dennoch weit verbreitet. Damit gehen dann aber erhöhte Aufwendungen für die Unkrautbekämpfung einher. Bei Stellung des Getreides nach Blattfrucht-Vorfrüchten ist dieser negative Vorfruchteffekt weniger relevant (Tab. 1.26).

Das komplexe und wechselseitig bedingte Zusammenwirken der hier dargestellten Komponenten von Vorfruchtwirkungen führt im Ackerbau zu natürlichen Gratiseffekten, die mehr oder minder große Ertrags- und Qualitätseinflüsse nach sich ziehen. Aus ökologischen wie ökonomischen Gründen ist deren Nutzung ein wesentliches Gebot beim Gestalten von Bodennutzungssystemen mit entsprechend angepassten Fruchtfolgen.

1.3.2.4 Vorfruchtansprüche

Die verschiedenen Nutzpflanzenarten haben unterschiedliche Ansprüche an ihre Vorfrucht. Diese beziehen sich auf den Zeitpunkt des Räumens der Vorfrucht und die optimalen Bestellter-

Tab. 1.27 Vorfruchtnomogramm für wichtige landwirtschaftliche Nutzpflanzen (n. Kundler 1989 und Baeumer 1997).

Vorfrüchte	**Nachfrüchte**											
	Winterweizen	**Wintergerste**	**Winterroggen**	**Sommergerste**	**Hafer**	**Winterraps**	**Ackerbohnen**	**Körnererbsen**	**Kartoffeln**	**Zuckerrüben**	**Mais**	**Rotklee, Luzerne**
Winterweizen	-	0	0	0[2]	+[2]	0	++[2]	++[2]	++[2]	++[2]	++[2]	++
Wintergerste	--	--	0	--	0	++	+[2]	+[2]	++[2]	++[2]	++[2]	++
Winterroggen	--	--	-	0[2]	0	+	+[2]	+[2]	++[2]	++[2]	++[2]	++
Sommergerste	0	--	0	--	--	+	+[2]	+[2]	+[2]	+[2]	++$_{2}$	++
Hafer	+	+	+	--	--	+	+[2]	+[2]	+[2]	+[2]	++[2]	++
Winterraps	++	++	+	--[3]	--[3]	--	0[3]	0[3]	+[2]	--	+[2]	0
Ackerbohnen	++	+	+	0[2]	0[2]	+	--	--	+[2]	-	+[2]	--
Körnererbsen	++	++	+	0[2]	0[2]	+	--	--	+[2]	-	+[2]	--
Kartoffeln	++	+[1]	++	+	0	--	-	-	--	+	+	0
Zuckerrüben	+	--	--	+	0	--	-	-	+	--	+	0
Mais	+	-	0	+	+	--	+	+	+	0	0	0
Rotklee, Luzerne	++	+	+	-	-	+	--	--	++	--	+	--

++ besonders günstig + günstig 0 möglich - ungünstig 1 nur Frühkartoffeln 2 Zwischenfrüchte einordnen 3 Luxusfolge, soll unterbleiben

mine, auf Menge, Beschaffenheit und Einarbeitung von Pflanzenresten, auf den Bodenstrukturzustand und den Wasserhaushalt, auf den phytosanitären Zustand des Bodens sowie auf die Verunkrautung. Daher gibt es Fruchtfolgepaare, die hinsichtlich Vorfruchtanspruch und Ausnutzung positiver Vorfruchtwirkungen besonders günstig sind. Andere sind zwar agrotechnisch realisierbar, aber bezüglich der Nutzung von Gratiseffekten weniger günstig oder nachteilig zu beurteilen. Bestimmte Vorfrucht-Nachfrucht-Kombinationen stellen sogenannte Luxusfolgen dar und andere schließlich sollten im praktischen Ackerbau unterbleiben bzw. sind aus agrotechnischen Gründen nicht möglich. Die Eignung von Vorfrüchten für bestimmte Nachfrüchte kann einem Vorfruchtnomogramm entnommen werden (Tab. 1.27).

Die Getreidearten haben unterschiedliche Ansprüche an die Vorfrucht. Sie nehmen in der Reihenfolge Weizen > Gerste > Triticale > Roggen > Hafer ab (s. auch Kap. 2.4.1). Den höchsten Vorfruchtanspruch hat Winterweizen. Er verlangt einen guten Strukturzustand des Bodens, der möglichst frei von Fußkrankheitserregern und Getreidezystenälchen sein soll. Günstige Vorfrüchte sind Blattfrüchte und hier vor allem Körnerleguminosen, Ölfrüchte, Kartoffeln, Zuckerrüben und Mais. Bei Rübenvorfrucht ist darauf zu achten, dass der optimale Saattermin (je nach Standort zwischen Mitte September bis Ende Oktober) auch bei später Rübenernte eingehalten werden kann. Soll Winterweizen nach Mais, insbesondere Körnermais, angebaut werden, müssen die Pflanzenreste sorgfältig in den Boden eingearbeitet werden, um den Befall des Weizens mit Schadpilzen der Gattung *Fusarium* spp. zu vermeiden, da diese als Mykotoxinbildner die Produktqualität erheblich beeinträchtigen können. Ungeeignete Vorfrüchte für Winterweizen sind alle Wintergetreidearten. Sommergerste ist in Ausnahmefällen möglich, aber keine gute Vorfrucht.

Bei der Wintergerste ist der Saattermin gegen Mitte September für den Vorfruchtanspruch ausschlaggebend. Daher kommen nur solche Fruchtarten infrage, die das Feld so zeitig räumen, dass noch ausreichend Zeit für die notwendige Bodenbearbeitung verbleibt. Günstig sind die frühräumenden Blattfrüchte Winterraps, Körnerleguminosen und frühe bis mittelfrühe Kartoffelsorten. Aufgrund des großen Anbauumfangs von Winterweizen wird Wintergerste vielfach danach gestellt, was als mögliche Folge anzusehen ist. Ausgeschlossen werden muss der Anbau nach Sommergerste.

Winterroggen spricht weniger als Weizen und Gerste auf die Vorfrucht an und kann daher als abtragende Art in zweiter oder dritter Tracht das letzte Feld in den Fruchtfolgegliedern einnehmen. Ungeachtet dessen wird er aber auch von Halmbasiserkrankungen, insbesondere der Schwarzbeinigkeit *G. graminis* befallen und dankt daher Blattfruchtvorfrucht, wenn dies möglich ist. Dies ist vor allem im intensiven Hybridroggenanbau zu beachten. Die lange Zeit angenommene Selbstverträglichkeit des Roggens muss heute ausgeschlossen werden, sodass Roggenselbstfolgen vermieden werden sollen.

Die Sommergerste reagiert aufgrund ihrer schwachen Bewurzelung und des damit verbundenen geringen Aneignungsvermögens für Wasser und Nährstoffe positiv auf Blattfruchtvorfrüchte, vornehmlich Zuckerrüben, Kartoffeln und Mais. Soll sie der Erzeugung von Braugerste dienen, scheiden Leguminosen als Vorfrüchte aus, da die schlecht kontrollierbare Stickstoffnachlieferung die Brauqualität des Korns mindern kann. Aufgrund ihrer Wirtseignung für das Getreidezystenälchen ist Hafervorfrucht nicht möglich. Nach Getreidevorfrüchten soll möglichst immer eine Sommerzwischenfrucht eingeschaltet werden, wodurch der Anspruch an eine gute Bodenstruktur besser erfüllbar ist.

Hafer hat geringe Ansprüche an die Vorfrucht und kann nach nahezu allen Fruchtarten angebaut werden. Ausgeschlossen werden sollte aber aus phytosanitären Gründen (Nematoden) die Selbstfolge und Sommergerstenvorfrucht.

Winterraps verlangt ein feinkrümliges, gut abgesetztes Bodengefüge zur Saat ab Mitte August. Daher kommen nur frühräumende Vorfrüchte in Betracht, die zeitgerecht eine gute Bodenvorbereitung ermöglichen. Das ist vielfach die Wintergerste. Aufgrund seines hohen Stickstoffbedarfs eignen sich als Rapsvorfrucht auch Körnerleguminosen, jedoch hat dies aufgrund ihres geringen Anbauumfangs kaum Bedeutung. Der Anbau nach anderen Getreidearten ist möglich, Selbstfolge muss aber in jedem Fall unterbleiben (s. auch Kap. 2.4.3.1).

Die Körnerleguminosen (s. Kap. 2.4.2) sind in hohem Maße selbstfolge- sowie gegenseitig unverträglich. Das trifft auch für die Kombination mit Futterleguminosen zu. Aufgrund ihrer geringen Konkurrenzkraft gegenüber Unkräutern sollte der Acker möglichst unkrautarm und in gutem Strukturzustand sein. Dieses ist am ehesten nach Hackfrüchten der Fall. Dies würde andererseits aber wieder zu mehrjährigen Getreidefolgen führen. Somit sind vielfach die Getreidearten Vorfrüchte der Körnerleguminosen. Hier sollte auch zum Zwecke der Unkrautunterdrückung stets eine Sommerzwischenfrucht angebaut werden, die aber nichtlegum sein muss.

Kartoffeln stellen keine besonderen Ansprüche an die Vorfrucht, wobei Selbstfolgen aufgrund der Gefährdung durch Schadnematoden ausgeschlossen sind. Die häufigsten Kartoffelvorfrüchte sind die Getreidearten. Andere Vorfrüchte haben kaum Bedeutung und wirken in der Regel auch nicht besser als Getreide. Besonders geeignet sind aber mehrjährige Futterpflanzen, insbesondere Luzerne und Kleegras. Im Frühjahr umgebrochen, führen deren große Rückstandsmengen zu einem groben, gut durchlüfteten Pflanzbett, was der Kartoffel entgegenkommt. Darüber hinaus wird der allmählich mineralisierte Stickstoff insbesondere von Kartoffeln später Reifegruppen gut verwertet (s. Kap. 2.4.4.2).

Zuckerrüben stellen hohe Ansprüche an ein gartenmäßig feinkrümliges Saatbett. Daher kommen die Getreidearten als Vorfrüchte in Betracht, nach denen eine Teilbrachebearbeitung mit nachfolgender Aussaat einer Sommerzwischenfrucht erfolgen sollte. Hierfür stehen nematodenresistente Gelbsenf- und Ölrettichsorten zur Verfügung, die als Feindpflanzen gegenüber *Heterodera schachtii* die Nematodenpopulationen eindämmen und gleichzeitig zum Erosionsschutz und zur Verbesserung der Bodenstruktur beitragen sowie die Stickstoffauswaschung vermindern. Stickstoffanreichernde Vorfrüchte zu Zuckerrüben sind zu vermeiden, da die Verarbeitungsqualität bei zu hohem N-Angebot leidet. Mehrjährige Futterpflanzen sind deswegen ebenfalls ungeeignet, aber auch, weil sie das Herrichten eines geeigneten Saatbettes behindern (s. Kap. 2.4.4.1). Raps sollte aus Rübenfruchtfolgen generell ferngehalten werden, weil er als Wirtspflanze des Rübenzystenälchens *H. schachtii* ein besonders hohes Vermehrungspotenzial aufweist. Unkrautraps in Rübenbeständen ist auch unerwünscht, weil er zu Erntebehinderungen und Störungen bei der fabrikatorischen Verarbeitung führt.

Silo- bzw. Körnermais haben keinen besonderen Vorfruchtanspruch und werden hauptsächlich nach Getreide angebaut. Die dabei entstehenden Teilbrachen sind für den Zwischenfruchtbau zu nutzen, auch weil unbewachsener Boden über Winter aus Gründen des Schutzes vor Wind- und Wassererosion vermieden werden muss. Dafür kommen sowohl über Winter abfrierende Stoppelfrüchte als auch Winterzwischenfrüchte in Betracht. In Fruchtfolgen zur Erzeugung von Gärsubstraten für Biogasanlagen wird teilweise ein sogenanntes Zweikultur-Nutzungssystem praktiziert, wozu Silomais als Zweitfrucht nach Wintergetreide bestellt wird, welches grün geerntet ebenfalls als Gärsubstrat konserviert wird.

Die mehrjährigen Futterpflanzen Rotklee, Luzerne und deren Grasgemenge können zur Auflockerung von Getreidefolgen wahlweise in die Fruchtfolgen eingeordnet werden. Ihr Vorfruchtanspruch bezieht sich auf die Saatzeit. Spätsommeransaaten setzen frühräumende Getreidevorfrüchte voraus, während Frühjahrsansaaten nach allen weiteren Vorfrüchten möglich sind. Generell muss man jedoch die Unverträglichkeit der Leguminosen untereinander beachten, sodass Futterleguminosen nicht nach vorhergehenden Körnerleguminosen angebaut werden können.

1.3.2.5 Fruchtfolgegestaltung und ackerbauliches Management

Die Fruchtfolgen sind die Grundlage für das ökonomische und ökologische Management im Ackerbau. Ihre Festlegung hat weitreichende Folgen für alle Betriebszweige und der nachhaltige Betriebserfolg wird durch sie mit beeinflusst. Deswegen ist die Fruchtfolgegestaltung eine unverzichtbare planerische Maßnahme, in die alle in den vorhergehenden Abschnitten dargelegten Aspekte einfließen müssen. Wenngleich die Fruchtfolgen in modernen Betrieben keine starren Systeme sind und auch nicht sein können, geht es doch darum, die grundlegenden ökologischen Prinzipien in die praktische Tätigkeit einzubinden. Damit werden die zeitlichen und räumlichen Bedingungen für die Bodennutzung kurz-, mittel- und/oder langfristig festgelegt, d. h. es werden Bodennutzungssysteme begründet.

Die Bestimmungsgründe für die Wahl eines oder mehrerer Bodennutzungssysteme in einem Betrieb sind vielgestaltig und schließen ökologische sowie sozioökonomische Aspekte gleichermaßen ein, die sich zum Teil wechselseitig bedingen. Der primäre Ausgangspunkt sind die natürlichen Standortbedingungen (s. Kap. 1.2). Bodengüte, klimatische Verhältnisse, Höhenlage und die Geländegestalt können die Auswahl anbauwürdiger Fruchtarten begrenzen. Die Marktlage kann die Wahl von Bodennutzungssystemen ebenfalls beeinflussen. Dies ist dann der Fall, wenn verarbeitende Unternehmen (z. B. Kartoffelverarbeitung zu Fertigprodukten oder Stärke) betriebsnah angesiedelt sind oder wenn in der Nähe von Ballungszentren pflanzliche Erzeugnisse direkt vermarktet werden sollen. Die ökologischen Grenzen der Anbaukonzentration (Kap. 1.3.2.2) beschränken den Anbau einzelner Feldfrüchte, auch wenn aus ökonomischen Gründen größere Anteile möglich oder wünschenswert erscheinen. Aus der Abwägung dieser Kriterien ergeben sich ökologisch mögliche Produktionsverfahren, die ökonomisch zu evaluieren sind. Wesentlich ist dabei zunächst die Betriebsform. Handelt es sich um einen Ackerbaubetrieb ohne Tierhaltung, entfällt die Erzeugung von Futter auf dem Ackerland. In Gemischtbetrieben stellt sich dies entsprechend gegenteilig dar. Die Preise für Produktionsmittel und Produkte sowie die arbeitstechnischen Rahmenbedingungen sind weitere wesentliche Kriterien. Nur auf der Basis hinreichend sicherer Beurteilung aller Faktoren können ökonomisch vorteil-

Tab. 1.28 Beispiele für Ackerflächenverhältnisse;
a) Marktfruchtbetrieb im Integrierten Landbau;
b) Gemischtbetrieb im Ökologischen Landbau.

Fruchtarten	Anbaufläche (ha)	Anteil am Ackerland (%)
a) Marktfruchtbetrieb im Integrierten Landbau		
Winterraps	110	32,4
Winterweizen	130	38,2
Wintergerste	100	29,4
Ackerland insgesamt	340	100,0
b) Gemischtbetrieb im Ökologischen Landbau		
Kleegras	350	31,8
Kartoffeln	140	12,7
Körnererbsen	165	15,0
Dinkel	130	11,8
Winterroggen/ Zwischenfrucht	170	15,5
Sommerweizen	145	13,2
Ackerland insgesamt	1100	100,0

hafte Produktionsverfahren abgeleitet werden. Hinzu kommen letztlich noch soziale Aspekte und die persönliche Wahl der Betriebsleitung. Aus allen Faktoren ergeben sich letztlich die Rahmenbedingungen für die Bestimmung von Bodennutzungssystemen.

Die Wahl von ökonomisch vorteilhaften Produktionsverfahren bestimmt das betriebliche Ackerflächenverhältnis. Es gibt den Anteil der einzelnen Fruchtarten an der Ackerfläche eines Betriebes an und kann über längere Zeit stabil sein oder sich aufgrund wechselnder Bedingungen auch kurzfristig ändern (Tab. 1.28). In spezialisierten Marktfruchtbetrieben werden heute vielfach nur wenige leistungsstarke Fruchtarten angebaut. Die Diversität im Pflanzenbau wurde damit räumlich und zeitlich stark eingeschränkt, sodass die Grenzen ökologisch möglicher Konzentrationsgrade erreicht und häufig auch überschritten werden. Beispiele dafür sind reine Körnerfruchtfolgen mit Raps, Weizen und Gerste oder die Produktion von Zuckerrüben in Folgen mit Weizen und Gerste. Dazu kommt vielfach der Verzicht auf die zweite Getreideart und stattdessen die Selbstfolge von Winterweizen. Dies ist der ökonomischen Vorzüglichkeit des Weizens geschuldet, was aus ökologischer Sicht allerdings problematisch zu beurteilen ist. So haben sich in einigen Regionen Norddeutschlands im Ergebnis hoher Weizenkonzentrationen herbizidresistente Populationen von Windhalm (*Apera spica-venti*) und Ackerfuchsschwanzgras (*Alopecurus myosuroides*) (Kap. 1.4.1) herausgebildet, deren Kontrolle zunehmend schwieriger wird. Dennoch sind derartige Bodennutzungssysteme auf den besten Ackerbaustandorten der Lößböden sowie auf ertragreichen Lehmstandorten inzwischen weit verbreitet.

Anders stellt sich ein Gemischtbetrieb im Ökologischen Landbau dar, der mit dem Anbau von zweijährigem Kleegras das Grobfutter teilweise auf dem Ackerland erzeugt. Konzentrate werden mit Getreide und Körnerleguminosen ebenfalls zum Einsatz in der eigenen Tierhaltung produziert. Darüber hinaus werden Kartoffeln und Getreide als Marktfrüchte angebaut. Hier ist die Diversität der Fruchtarten deutlich größer, sodass die Grenzen der Anbaukonzentration in allen Fällen unterschritten werden (s. hierzu auch Kap. 1.5.2).

Mit den Fruchtfolgen wird festgelegt, welche agrotechnischen Maßnahmen im Verlauf eines Jahres durchgeführt werden müssen. Sie sind somit auch Grundlage für die Arbeitsorganisation. In einem ausschließlich Körnerfrüchte produzierenden Marktfruchtbetrieb mit der Fruchtfolge Winterraps – Winterweizen – Wintergerste ergeben sich dabei zwei Arbeitsspitzen, nämlich zur Aussaat im Spätsommer/Herbst und zur Ernte. Im anderen Fall eines Gemischtbetriebes verteilt sich die anfallende Arbeit durch Saattermine im Spätsommer und Frühjahr sowie die Erntetermine des Feldfutters, der Körnerfrüchte und der Kartoffeln wesentlich breiter im Jahreslauf. Zum Veranschaulichen der Abläufe in den agrotechnischen Maßnahmen und ihrer zeitlichen Einordnung können fruchtfolgebezogene Arbeitsablaufpläne erstellt werden. Abbildung 1.10 stellt ein Beispiel für eine Marktfruchtfolge dar.

Neben der Grundlage für die Arbeitsorganisation im Laufe des Jahres sind die Fruchtfolgen

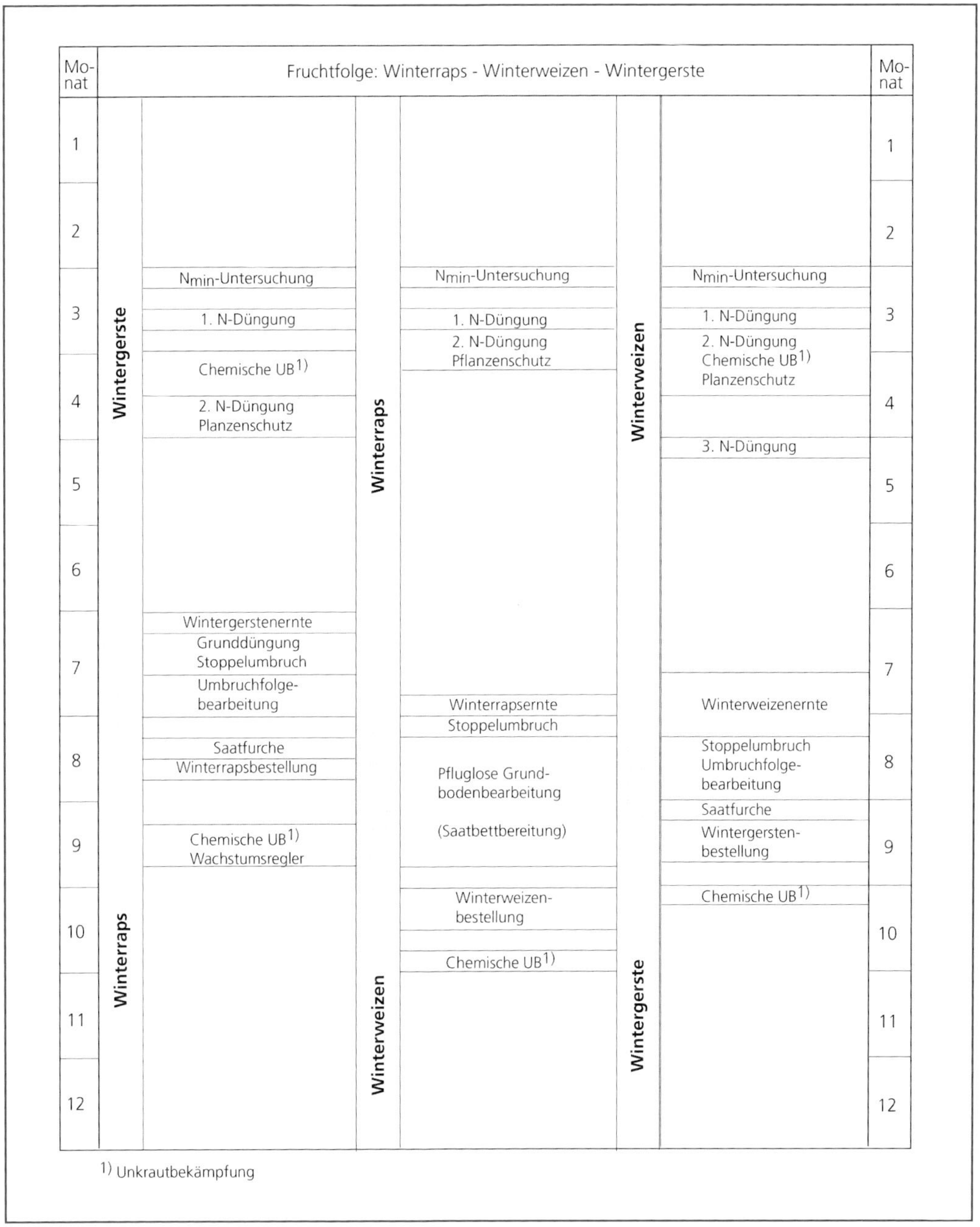

Abb. 1.10 Fruchtfolgebezogener Arbeitsablaufplan für eine Marktfruchtfolge (Ellmer, unveröffentlicht).

aber auch die Basis für die Planung und Kontrolle längerfristiger Entwicklungen und hierbei insbesondere für den Erhalt der Bodenfruchtbarkeit (Kap. 1.2.1.2). Aus dem wechselnden Anbau von humusmehrenden und humuszehrenden Fruchtarten resultiert im Verlauf mehrerer Jahre eine Tendenz zum Erhalt, zur Mehrung oder auch zur Verminderung des Gehalts an organischer Bodensubstanz. Um diese Entwicklungen beurteilen zu können, sind fruchtfolgebezogene Bilan-

Tab. 1.29 Humusbilanz für zwei Modellbetriebe; a) Marktfruchtbetrieb im Integrierten Landbau; b) Gemischtbetrieb im Ökologischen Landbau.

Fruchtfolge	Kulturpflanzen		Organische Düngung		
	Zufuhr [Häq ha^{-1} a^{-1}]	Bedarf [Häq ha^{-1} a^{-1}]	Art (Menge) [t ha^{-1}]	Faktor	Zufuhr [Häq ha^{-1} a^{-1}]
a) Marktfruchtbetrieb im Integrierten Landbau					
Winterraps		−400	Stroh (4)	100	+ 400
Winterweizen		−400	Stroh (5)	100	+ 500
Wintergerste		−400	Stroh (4)	100	+ 400
Summe	**0**	**−1200**			**+ 1300**
Saldo der 3-jährigen Fruchtfolge (Häq ha^{-1}): 0−1200 + 1300 = 100 **Saldo je Jahr (Häq ha^{-1}): 33**					
b) Gemischtbetrieb im Ökologischen Landbau					
Kleegras	+ 800				
Kleegras	+ 800				
Kartoffeln		−1240	Stallmist (15)	40	+ 600
Dinkel		−520			
Körnererbsen	+ 160				
Winterroggen		−520			
Zwischenfrucht	+ 140				
Sommerweizen		−520	Stallmist (15)	40	+ 600
Summe	**+ 1900**	**−2800**			**+ 1200**
Saldo der 7-jährigen Fruchtfolge (Häq ha^{-1}): 1900−2800 + 1200 = 300 **Saldo je Jahr (Häq ha^{-1}): 43**					

zen erforderlich, in denen Verbrauch und Zufuhr von organischer Substanz gegenübergestellt werden, um potenzielle Defizite oder auch unproduktive Überschüsse prophylaktisch feststellen zu können. Dafür werden Richtwerte für den Bedarf an organischer Substanz sowie für die Reproduktionswirkung organischer Düngestoffe herangezogen (s. Kap. 1.2.1.2, Tab. 1.8, 1.9). In Tabelle 1.29 sind Bilanzrechnungen der organischen Bodensubstanz für die in Tabelle 1.28 genannten Beispielsbetriebe dargestellt.

Für den Marktfruchtbetrieb ergibt sich, dass die Humusbilanz beim Belassen aller Nebenprodukte (Raps- und Getreidestroh) einen positiven Saldo aufweist. Das Ergebnis weist vor allem auf die Bedeutung des Strohs für die Humusreproduktion in solchen Systemen hin. Eine Entnahme von Stroh zur energetischen Verwertung hätte einen stark negativen Bilanzsaldo zur Folge und muss daher im Blick auf die Reproduktion der Bodenfruchtbarkeit ausgeschlossen werden.

Für den Gemischtbetrieb des Ökologischen Landbaus sind die oberen Werte für den Humusreproduktionsbedarf angenommen worden (s. Tab. 1.8). Gründe dafür sind unter anderem der Verzicht auf mineralische N-Düngung und höhere Umsatzraten der organischen Bodensubstanz. Der hohe Reproduktionsbedarf wird durch den Anbau von Futter- und Körnerleguminosen, Zwischenfrüchten sowie durch den Einsatz von Wirtschaftsdünger ausgeglichen. Die Tiere, in diesem Fall Rinder, werden zusätzlich mit Grobfutter vom Grünland versorgt. Der auf dieser Grundlage erzeugte Stalldung kommt dem

Ackerland zusätzlich zugute, woraus ein Stofffluss vom Grünland zum Ackerland resultiert. Die Bodenfruchtbarkeit wird somit erweitert reproduziert. Generell sollten ausgeglichene Humusbilanzen angestrebt werden. Hohe Salden (>100 Häq ha^{-1} a^{-1} bzw. >300 Häq ha^{-1} a^{-1} im Ökologischen Landbau) können unerwünschte Folgen nach sich ziehen, wenn während der Teilbrachen größere Mengen Stickstoff aus der organischen Substanz mineralisiert und verlagert werden. Deswegen müssen entsprechende Vorsorgemaßnahmen ergriffen werden, wozu vor allem ein umfangreicher Zwischenfruchtanbau zum Konservieren von pflanzenverfügbarem Stickstoff gehört.

Oberstes Ziel nachhaltigen Wirtschaftens im Ackerbau muss neben dem ökonomischen Ergebnis die Erhaltung der Bodenfruchtbarkeit sein. Wie die vorgenannten Beispiele zeigen, schaffen wohlbedachte Fruchtfolgen dafür grundlegende Voraussetzungen. Sie sind deshalb das Rückgrat des Ackerbaus.

Fragen zu Kapitel 1.3.2

- Was sind Fruchtfolgen und welche Aufgaben haben sie im Ackerbau?
- Worauf gründet sich die Fruchtfolgesystematik?
- Wodurch wird die Anbaukonzentration begrenzt und welche Anbaupausen sollen eingehalten werden?
- Was sind Vorfruchtwirkungen und wodurch entstehen sie?
- Welche Vorfruchtansprüche haben die landwirtschaftlichen Nutzpflanzen?
- Welche Beziehungen bestehen zwischen der Fruchtfolge und dem ackerbaulichen Management?

Weiterführende Literatur

Baeumer, K., 1997: Anbauverhältnis und Fruchtfolge. In: E. R. Keller, H. Hanus und K.-U. Heyland (Hrsg.), Handbuch des Pflanzenbaues, Bd. 1. Verlag E. Ulmer, Stuttgart, 187–242.

Lütke Entrup, N., 2001: Zwischenfrüchte im umweltgerechten Pflanzenbau. Verlag Th. Mann, Gelsenkirchen.

1.3.3 Bodenbearbeitung

Vor dem Anbau einer Feldfrucht muss der jeweils erwünschte Bodenstrukturzustand im Allgemeinen erneut durch Bearbeitung mit mechanischen Geräten hergestellt werden. Diese Bodenbearbeitung ist somit die grundlegende Bedingung für den Ackerbau. Damit sind jedoch auch schwerwiegende Eingriffe in den physikalischen, chemischen und biologischen Bodenzustand verbunden, die den Boden beeinträchtigen können, indem beispielsweise der Bodenerosion Vorschub geleistet wird. Aus diesem Grunde geht es darum, die Art und Weise der Bodenbearbeitung und deren Intensität fruchtart- und fruchtfolgespezifisch anzupassen und möglichst bodenschonend zu arbeiten. Dazu ist es immer wieder erforderlich, den jeweils möglichen Kompromiss im Spannungsfeld von Ertragssicherung, Kostenminderung und Bodenschutz zu suchen.

Bodenbearbeitung
Die Bodenbearbeitung ist das zielgerichtete mechanische Einwirken auf den Oberboden. Damit sollen günstige Wasser-, Luft- und Temperaturverhältnisse für die Umsetzungsprozesse erreicht werden. Sie soll die Voraussetzungen für gleichmäßige Aussaat in der erforderlichen Tiefe, rasches Keimen, möglichst vollständigen Aufgang sowie intensive Durchwurzelung schaffen (nach Kundler 1989).

Mit der traditionellen Bodenbearbeitung sind diverse mechanische Arbeitswirkungen verbunden, die zum Ziel haben, die jeweils spezifischen optimalen Gefügebedingungen für die verschiedenen Nutzpflanzen herzurichten. Primär ist im Ackerbau das wiederholte **Lockern** des Bodens unumgänglich. Dies ist allgemein die wichtigste bodenmechanische Maßnahme und hat zum Ziel, den durch natürliche Sackung sowie durch Befahren mit Maschinen und Transportmitteln übermäßig verdichteten Boden in einen pflanzengerechten Gefügezustand zu überführen. Mit dem **Wenden** werden Pflanzenreste und organische Dünger in den Boden eingebracht sowie Unkräuter und unerwünschte Nutzpflanzen, wie z. B. Ausfallgetreide, vorübergehend beseitigt. Gleichzeitig werden verlagerte Nährstoffe wieder in obere Bodenschichten gebracht. Auf diese Weise entsteht eine von störenden Stoffen freie Bodenoberfläche, welche die Bestellung der folgenden Feldfrucht nicht behindert. **Mischen** ist notwendig, um organische und mineralische Dünger einzubringen und in der Krume zu verteilen. Wenn der Boden nach einer vorhergehenden Bearbeitung für die folgende Aussaat zu locker ist, ist sein **Verdichten** erforderlich. Dabei sollen große Hohlräume im Gefüge beseitigt sowie eine boden- und fruchtartspezifische Lagerungsdichte in der Krume erreicht werden. Zum Optimieren des Wasser-, Luft- und Wärmehaushaltes im Oberboden dient das **Krümeln**, welches in fruchtartspezifischer Tiefe des Saatbetts durchgeführt wird. Um bei der Bestellung die gleichmäßig tiefe Ablage des Saat- bzw. Pflanzguts zu erreichen, ist vielfach das **Einebnen** der Bodenoberfläche unumgänglich (z. B. für Zuckerrüben). Andererseits kann es aber auch notwendig sein, den Boden mittels **Profilieren** fruchtartspezifisch auszuformen (z. B. für Kartoffeln).

1.3.3.1 Historische Entwicklung

Anhand der ältesten bekannten Werkzeugfunde datiert man erste Anfänge der Bodenbearbeitung etwa 7000–8000 Jahre v. Chr. Begonnen hat sie mit dem manuell gebrauchten Grabstock und der Hacke, womit zunächst lediglich ein punktförmiges Bearbeiten des Bodens möglich war (Abb. 1.11).

Die Entwicklung der Hauptgeräte setzte sich mit unterschiedlichen Variationen stufenweise über den zunächst von Menschen und später von Tieren gezogenen Haken und Hakenpflug mit wühlend lockernder Arbeitswirkung fort. Damit erfolgte der Übergang von der punkt- zur linienförmigen Bearbeitung, sodass eine höhere Produktivität erreicht wurde. Diese primitiven Gerätschaften waren über Jahrtausende die Grundlage für den Ackerbau. Die Römer sollen die Tätigkeit des Pflügens vom Aufwühlen der Erde durch die Schweine abgeleitet und den Pflug einem Schweinekopf nachgebildet haben. Das von ihnen erfundene Streichbrett war dem Ohr entsprechend und folglich auf beiden Seiten angebracht. Damit wurde eine bessere lockerndmischende Wirkung und der Übergang von der linienförmigen zur flächenhaften Bearbeitung erreicht (Abb. 1.12).

Von dieser Stufe bis zur Entwicklung des eisernen Wendepfluges vergingen noch weitere eineinhalb Jahrtausende. Erst die industrielle Entwicklung der Neuzeit machte es möglich, auch die Technik der Bodenbearbeitung voranzubringen. Albrecht Daniel Thaer hat mit seiner Schrift „Einleitung zur Kenntnis der englischen Landwirtschaft“ (Hannover 1798) maßgeblich dazu beigetragen, dass die in England entwickelten Pflüge mit gewundenem Streichblech in Deutschland bekannt wurden und Eingang in die ackerbauliche Praxis fanden (Abb. 1.13).

Der Pflug ist auch heute noch ein bedeutendes Gerät des Ackerbaus. Mit leistungsfähigen Zugmaschinen können vielscharige Geräte eingesetzt werden, die große Flächenleistungen erreichen (Abb. 1.14). Allerdings wird in jüngerer Zeit aufgrund des hohen Energiebedarfes und mit Blick auf den Bodenschutz auch teilweise oder vollständig zu pfluglosen Bodenbearbeitungssystemen übergegangen (s. Kap. 1.3.3.4, Abb. 1.29). Zu beachten ist, dass den Vorteilen reduzierter Bodenbearbeitungsintensität, wie der Vorbeugung von Bodenerosion und der Förderung des Bodenlebens auch mögliche Nachteile gegenüberstehen, insbesondere die Möglichkeit verstärkter Verunkrautung und erhöhter Herbizideinsatz.

Für die verschiedensten Einsatzzwecke und -bedingungen sind eine Vielzahl von passiven sowie aktiv angetriebenen Bodenbearbeitungsgeräten verfügbar, welche es ermöglichen, zwischen wenigen Zentimetern in der Oberkrume und voller Krumentiefe zu arbeiten oder auch unterhalb der Ackerkrume in das Bodengefüge einzugreifen. Die Kunst des erfolgreichen Ackerbaus besteht darin, das passende Gerät zur rechten Zeit am rechten Ort einzusetzen. Unter Umständen ist aber auch zu prüfen, ob aus ökologischen und ökonomischen Gründen gänzlich darauf verzichtet werden kann.

1.3.3.2 Bodenphysikalische Grundlagen

Die bodenphysikalischen Faktoren, welche das Wachstum und die Entwicklung von Pflanzenbeständen beeinflussen, sind in naturgegebene, unveränderliche und in bewirtschaftungsbeein-

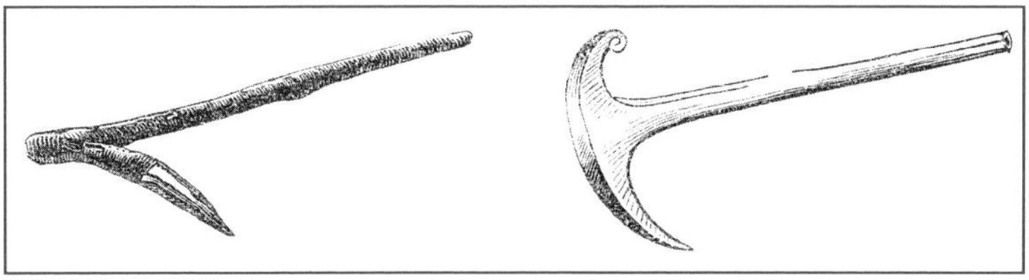

Abb. 1.11 Älteste Form von Geräten für die Bodenbearbeitung (Birnbaum et al. 1877).

Abb. 1.12 Römischer Pflug (Birnbaum et al. 1877).

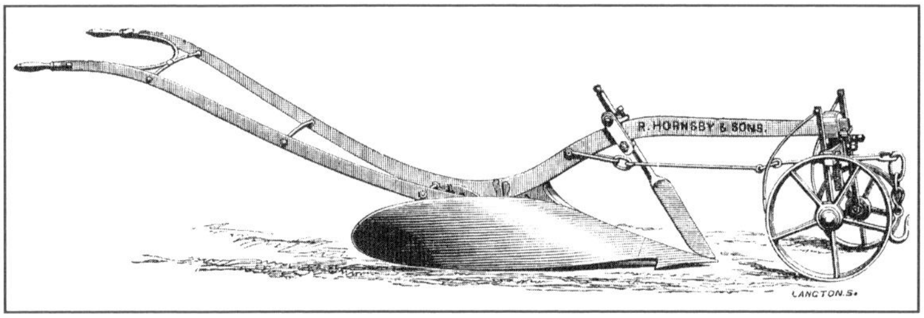

Abb. 1.13 Eiserner Wendepflug, 19. Jhdt. (Hamm 1872).

Abb. 1.14 14-schariger Volldrehpflug im Einsatz (Werksfoto: Firma Kverneland).

flusste, veränderliche Größen zu unterteilen. Bei Letztgenannten ist zu unterscheiden zwischen Größen, die das Pflanzenwachstum indirekt, und solchen, die es direkt beeinflussen. Unter den Faktoren, die für das Gedeihen der Pflanzenbestände unmittelbar bestimmend sind, ist der Wasserhaushalt dominierend. Dieser ist, abgesehen vom nicht vorhersehbaren Witterungsver-

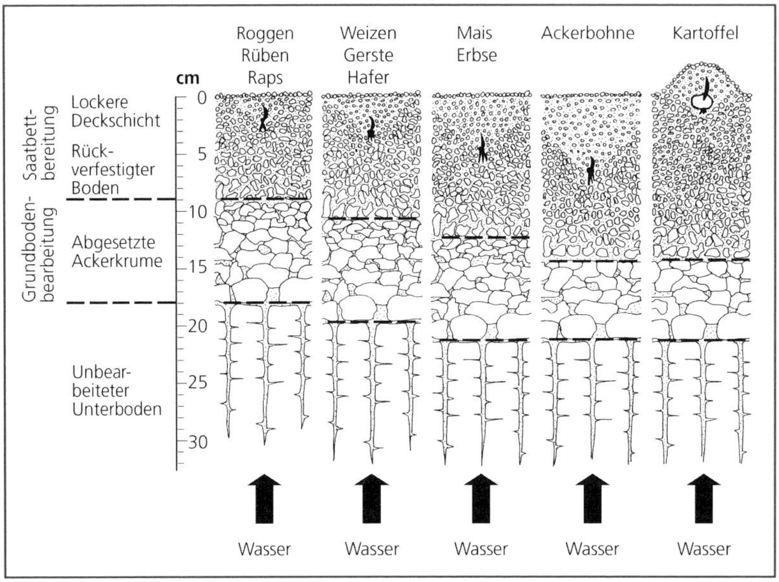

Abb. 1.15 Schema des idealen Saat- bzw. Pflanzbettes für verschiedene Fruchtarten (Sommer 1997, zit. in Keller et al. 1997, S. 243).

lauf, von den Gefügeeigenschaften abhängig und steht in Wechselbeziehung zu den übrigen Faktoren Luft, Wärme und mechanischer Widerstand. Er variiert sowohl stark vertikal im Bodenprofil als auch horizontal in der Fläche und unterliegt einer ausgeprägten zeitlichen Dynamik im Verlauf des Jahres.

Im Hinblick auf gute Wachstums- und Entwicklungsbedingungen für die Nutzpflanzenbestände ist das erste Ziel der Bodenbearbeitung die Schaffung eines physikalisch günstigen Bodengefüges in der Ackerkrume mit ungestörtem Übergang zum Unterboden. Dazu ist für die jeweilige Fruchtart das ideale Saat- bzw. Pflanzbett anzustreben (Abb. 1.15).

Zum Keimen des Saat- bzw. Pflanzguts werden Wasser, Wärme und Sauerstoff benötigt. Für die ungestörte Entwicklung des danach wachsenden Keimlings darf die Bodenoberfläche nicht verkrustet sein, und die Keimwurzeln sollen im Saathorizont Wasser und Nährstoffe leicht erschließen können. Dabei ist wesentlich, dass unterschiedliche Fruchtarten verschiedene Lockerungs- und Bearbeitungstiefen benötigen. Während Roggen-, Raps- und Rübensaatgut sehr flach in etwa 2 cm abzulegen ist, bedarf die hypogäisch keimende Ackerbohne einer Saattiefe von etwa 8 cm (Kap. 2.4.2.2). Die vegetative Kartoffelknolle wird demgegenüber direkt an der vormaligen Bodenoberfläche abgelegt und im Kartoffeldamm mit Boden bedeckt (Kap. 2.4.4.2). Demzufolge muss die lockere Deckschicht unterschiedlich mächtig und die darunter liegende rückverfestigte Zone verschieden tief sein. Weil Erfolg oder Misserfolg beim Säen bzw. Pflanzen großen Einfluss auf das spätere Ernteergebnis haben, muss die vorausgehende Bodenbearbeitung sehr sorgfältig durchgeführt werden.

Dazu bedarf es zuerst der Wahl des bestgeeigneten Bearbeitungszeitpunktes, denn die Bearbeitbarkeit der Böden variiert in Abhängigkeit von ihrer Textur (s. Kap. 1.2.1.1) in weiten Grenzen (Abb. 1.16).

Sandböden mit Feinanteilgehalten von < 10 % sind nahezu unabhängig vom jeweils aktuellen Wassergehalt bearbeitbar. Je weiter der Gehalt an abschlämmbaren Teilchen zunimmt, umso enger werden die Grenzen der Bearbeitbarkeit. So können Lehmböden mit 30–40 % Feinanteil optimal im Bereich zwischen 40 und 70 % Wassersättigung (bei pF 1,7) bearbeitet werden. Tonböden haben einen sehr engen optimalen Bearbeitungsbereich, der bei 50–60 % Wassersättigung liegt. Derartige Böden werden daher im Hinblick auf ihre Bearbeitbarkeit auch als „Stunden-“ oder „Minutenböden“ bezeichnet. Dies weist darauf hin, dass sich der Boden beispielsweise in der Phase des Abtrocknens im

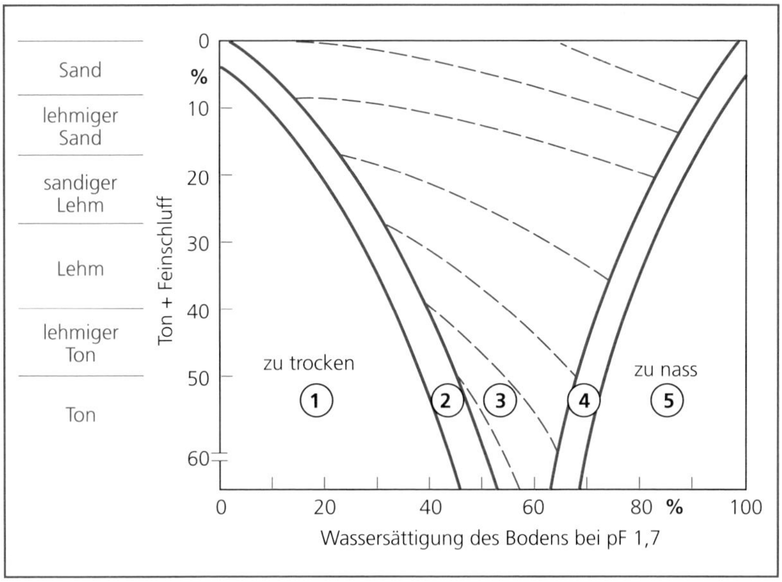

Abb. 1.16 Bodenart- und feuchteabhängige Grenzen der Bearbeitbarkeit von Böden. 1 = zu trocken, 2/4 = Übergangsbereiche, 3 = optimal, 5 = zu nass (Petelkau 1991, zit. In Keller et al. 1997, S. 246).

Frühjahr bzw. zunehmender Feuchte im Herbst nur sehr kurze Zeit in einem für das Bearbeiten optimalen Feuchtebereich befindet. Ursache hierfür sind die Wirkungen von Kohäsions- und Adhäsionskräften im Boden und das Verhalten des Bodens gegenüber formverändernden Kräften. Bei Tongehalten von weniger als 10 % ist dieser Effekt praktisch bedeutungslos, da Böden mit grober Körnung und entsprechend geringem Humusgehalt nur wenig Kohäsion zeigen und nicht plastisch verformbar sind. Tonreicher Boden, der zudem noch trocken und geschrumpft ist, wird hingegen durch starke Kohäsionskräfte fest zusammengehalten. Er hat eine hohe Scherfestigkeit und einen großen Eindringwiderstand. In diesem Zustand treten erhebliche Bearbeitungswiderstände auf, der Zugkraftbedarf ist sehr hoch und das Arbeitsergebnis durch klutig und schollig aufgeworfenen Boden unbefriedigend (Tab. 1.30).

Zwischen der Körnungsart (Feinanteil), dem Wassergehalt und der Bearbeitbarkeit bestehen enge Beziehungen, die sich in der Konsistenz der Böden widerspiegeln. Im mittleren Feuchtebereich liegt eine halbfeste Konsistenz vor, bei der alle Böden optimal bearbeitbar sind. Abnehmende Bodenfeuchte führt zu fester Konsistenz und mit zunehmender Bodenfeuchte wird der plastische Konsistenzbereich erreicht. Bei weiter stei-

Tab. 1.30 Konsistenzbereiche tonreicher Böden und Auswirkungen ihrer Bearbeitung (n. Müller 1986).

Wasser-gehalt	Konsitenz-bereich	Eigen-schaften	Zerfalls-neigung	Verdicht-barkeit	Bearbeitungs-widerstand	Befahr-barkeit	Bearbeit-barkeit
niedrig, trocken	fest	geschrumpft hart	schollig klutig brüchig	gering	hoch	gut	schlecht
mittel, feucht	halbfest	weich bröcklig	bröcklig krümlig	mittel	niedrig	mittel	optimal
hoch, sehr feucht	weich, breiig	gequollen formbar	bruchfest	hoch	mittel	schlecht	sehr schlecht
nass	fließend	klebrig	nicht bearbeitbar, nicht befahrbar				

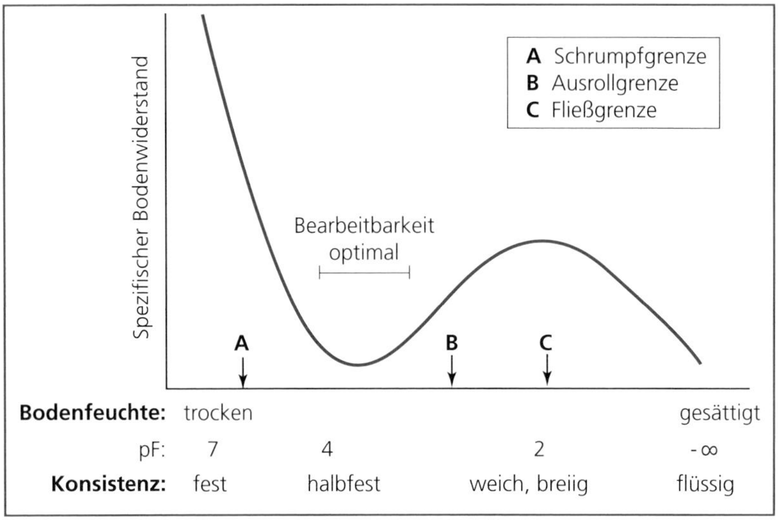

Abb. 1.17 Bearbeitbarkeit von Böden in Abhängigkeit von Bodenfeuchte und Konsistenz (n. Baeumer 1992).

gender Wassersättigung kann er letztlich in den flüssigen Bereich übergehen (Abb. 1.17).

In solcherart überfeuchten tonreichen Böden sind die kolloiden Bodenpartikel von starken Wasserhüllen umgeben, welche die Bindungskräfte weitgehend aufheben und die Partikel gegeneinander leicht verschiebbar machen. Da jede Bearbeitung im unmittelbaren Wirkungsbereich der Werkzeuge mit Pressungen verbunden ist, führt dies bei plastischer Konsistenz zum Verschmieren, bruchlosen Verformen und zu starken Teilverdichtungen. Die Pflugarbeit hinterlässt vom Streichblech ausgeformte, glatt abgestrichene, glänzende Erdbalken. Dabei wird das gewachsene Gefüge weitgehend zerstört sowie das Infiltrationsvermögen, die Porosität und die Durchlüftung des Bodens nachhaltig beeinträchtigt. Ebenso werden in der Folge das Bodenleben und das Pflanzenwachstum gestört.

Die primären bodenphysikalischen Parameter für die Quantifizierung des Gefügezustandes sind die Trockenrohdichte und das Porenvolumen (s. Kap. 1.2.2.1). Sie unterliegen ausgeprägten jahreszeitlichen und bewirtschaftungsbedingten Veränderungen (Abb. 1.18).

Dabei wirken lockernde Bearbeitungseingriffe und verdichtende Einflüsse durch die natürliche Sackung oder des Befahrens mit Maschinen und Geräten wechselseitig zusammen. Ziel der Bearbeitungsmaßnahmen muss es sein, die unter den jeweiligen Standortbedingungen optimalen Strukturzustände weitestgehend zu erreichen bzw. zu erhalten. Diese sind für die diversen Bodenarten unterschiedlich und können unter anderem anhand von oberen Grenzwerten der Trockenrohdichte bestimmt werden (Abb. 1.19).

Je nach Bodenart sind hierbei in der Ackerkrume Werte zwischen 1,54 g cm^{-3} auf schluffigen Sandböden und 1,30 g cm^{-3} auf Tonböden anzustreben. Beim Überschreiten dieser Werte wird nicht nur das Gesamtporenvolumen vermindert, sondern vor allem die Porengrößenverteilung verändert. Dabei kommt es zu einer starken Abnahme luftführender weiter Grobporen und zur Zunahme der wasserführenden Mittel- und Feinporen. Dies schränkt die Durchlüftung des Bodens ein, erschwert die Durchwurzelbarkeit und verringert die Erwärmbarkeit. Der Wärmehaushalt des Bodens steht in direkter Beziehung zu dessen Lockerheitsgrad. Das wird durch die Wärmekapazität und die Wärmeleitfähigkeit der Hauptbestandteile des Bodens bedingt (Tab. 1.31).

Bestimmend für die Erwärmbarkeit ist das veränderbare Volumenverhältnis von Wasser mit der höchsten und Luft mit der niedrigsten Wärmekapazität. Lockern bewirkt ein erhöhtes Luftvolumen und führt somit vor allem im Frühjahr zum rascheren Erwärmen. Hohe Wassergehalte im Boden erhöhen demgegenüber die Wärmeleitfähigkeit und damit das Ableiten von Wärme-

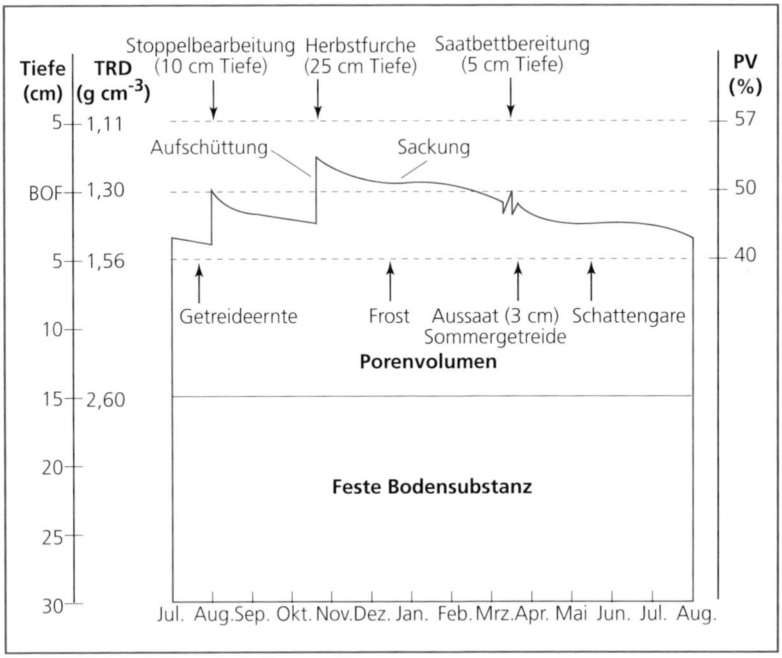

Abb. 1.18 Veränderung der Trockenrohdichte (TRD) und des Porenvolumens (PV) im Verlauf eines Jahres (n. Müller 1986).

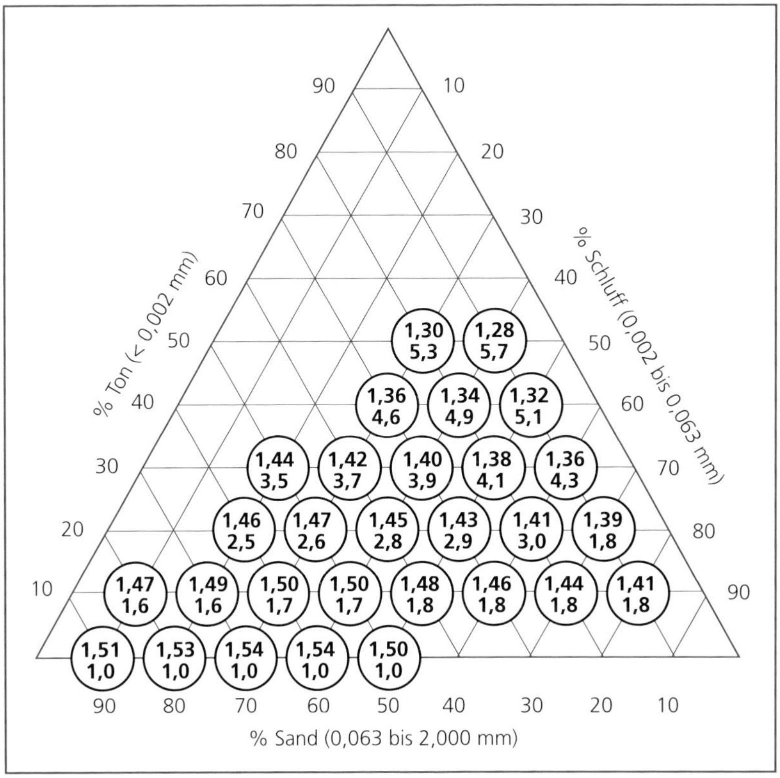

Abb. 1.19 Obere Grenzwerte optimaler Bereiche der Trockenrohdichte in Abhängigkeit von der Textur und dem Gehalt an organischer Bodensubstanz (geändert nach Kundler 1989);
Beispiel: Textur mit 50 % Ton, 30 % Schluff, 20 % Sand; Organische Bodensubstanz = 5,3 %; Grenzwert optimaler Trockenrohdichte = 1,30 g cm^{-3}.

Tab. 1.31 Wärmekapazität und Wärmleitfähigkeit der Hauptbestandteile des Bodens (n. Müller 1986).

Boden-bestandteile	Spezifische Wärmekapazität J kg^{-1} K^{-1}		Wärmeleitfähigkeit W m^{-1} K^{-1}	
	absolut	**relativ**	**absolut**	**relativ**
Festsubstanz	2,3 10^3	1	1,9	1
Wasser	4,2 10^3	1,8	0,6	0,32
Luft	1,3	0,0006	0,025	0,013

Tab. 1.32 Einfluss der Trockenrohdichte auf den Ertrag und den Nährstoffhaushalt des Bodens (n. Kundler 1989).

Parameter	Trockenrohdichte (g cm^{-3})		
	1,35 locker	**1,65 verdichtet**	**verdichtet relativ**
Oberirdische Trockenmasse (dt ha^{-1})			
Winterweizen	73,6	59,8	81
Stoppelfrucht	34,3	25,0	73
Summe (Haupt- und Zwischen-frucht)	107,9	84,8	79
Nährstoffentzüge (kg ha^{-1})			
N	191	155	81
P	33	26	79
K	161	115	71
Mg	13	11	85
Ca	34	27	79
Nährstoffauswaschung (kg ha^{-1})			
N	33	39	118
K	5	5	100
Mg	15	18	120
Ca	135	166	123

energie in den Boden hinein. Demzufolge erwärmt sich ein gelockerter Boden über das erhöhte Luftvolumen und die verringerte Wärmekapazität und -leitfähigkeit gut, kühlt aber auch rasch wieder ab.

Wasser-, Luft- und Wärmehaushalt sowie der mechanische Widerstand des Bodens, welchen die Pflanzenwurzeln überwinden müssen, hängen unmittelbar mit der Trockenrohdichte und, damit in Verbindung stehend, mit dem Porenvolumen zusammen. Dies wirkt sich direkt auf die Ertragsbildung und darüber hinaus aber auch auf weitere Faktoren wie den Nährstoffhaushalt im Boden aus (Tab. 1.32).

Ist ein Boden verdichtet, wird seine Durchwurzelbarkeit eingeschränkt, deren Folge letztlich Mindererträge sind. So waren die Erträge am Beispiel der Untersuchungen in Tabelle 1.32 auf verdichtetem Boden um 20 % niedriger als auf lockerem Boden. Der Nährstoffentzug aus dem Boden war entsprechend um dieselbe Größenordnung vermindert. Auf der anderen Seite

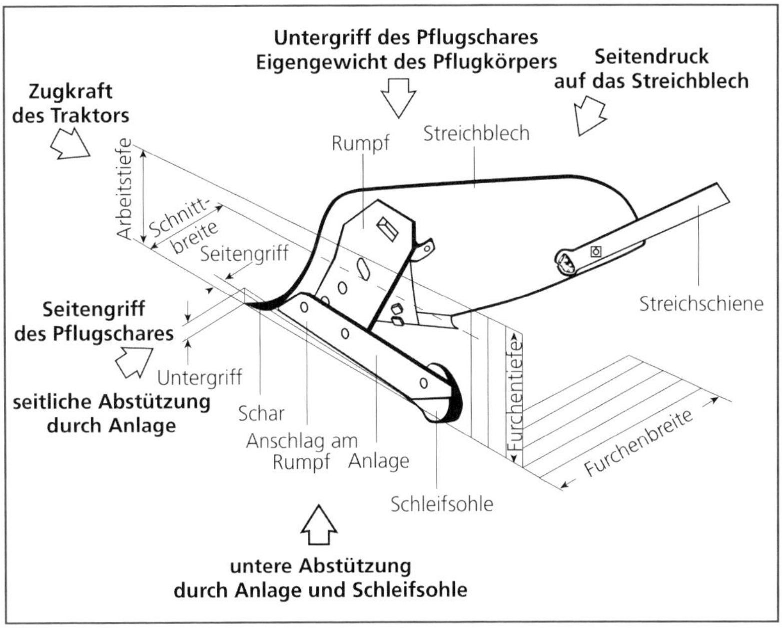

Abb. 1.20 Bauteile des Pflugkörpers und wirkende Kräfte (Kemmer 1998, S. 21).

unterliegen dann die pflanzlich nicht verwerteten Nährstoffe der Verlagerung bis hin zur Auswaschung. Auf verdichtetem Boden war dieser Negativeffekt im Mittel um 20 % höher als auf gut strukturiertem Boden. Ein weiterer negativer Effekt auf verdichtetem Boden ist sein vermindertes Infiltrationsvermögen für Wasser. Damit nimmt die Gefahr des oberflächigen Wasserabflusses zu, woraus Schäden durch Wassererosion entstehen können (s. Kap. 1.3.3.4).

Dies alles zeigt, dass mit den mechanischen Eingriffen in das Bodengefüge weitreichende Folgen verbunden sind, die vom unmittelbaren Einfluss auf die Ertragsbildung der Pflanzenbestände bis zu den ökologischen Folgen des Ackerbaus reichen. Deswegen müssen alle Maßnahmen der Bodenbearbeitung hinsichtlich ihrer Wirkungen auf das System Boden sorgfältig abgewogen und vorausschauend durchgeführt werden. Dabei sind auch die möglichen negativen Folgen zu beachten.

1.3.3.3 Geräte und Verfahren der Bodenbearbeitung

Für die Bodenbearbeitung werden vielfältige Geräte und Arbeitswerkzeuge benötigt, die sowohl einzeln einsetzbar als auch verschieden kombinierbar sind. Diese müssen lockernde oder wendende, mischende und krümelnde, einebnende, verdichtende oder auch profilierende Effekte bewirken. Im Bereich des Oberbodens dienen hierzu Pflüge, Scheibengeräte, Grubber, Eggen, Schleppen, Walzen sowie kombinierte Aggregate mit passiv gezogenen oder aktiv angetriebenen Werkzeugen. Zum Bearbeiten tieferer Bereiche des Unterbodens dienen Tieflockerer.

Das älteste, einfachste und bis heute weit verbreitete Gerät zur Bodenbearbeitung ist der **Scharpflug**. Er schneidet balkenförmige Erdstreifen aus dem Bodenverband heraus, welche gewendet, gelockert und gekrümelt und in die Vorfurche abgelegt werden. Dabei werden gleichzeitig Ernterückstände, unerwünschter Pflanzenbewuchs sowie organische und/oder mineralische Düngemittel in die bearbeitete Bodenschicht eingebracht.

Hauptwerkzeug des Pfluges ist der Pflugkörper (Abb. 1.20). Seine ackerbaulich interessierenden Bestandteile sind das Schar, das Streichblech, die Streichschiene, die Anlage und die Schleifsohle. Mit der Scharschneide wird der Boden in eingestellter Tiefe horizontal und mit der Streichblechkante vertikal mit einer Schnittbreite von 30–50 cm abgeschnitten. Auf der

Vorwerkzeug	Bezeichnung	Wirkung
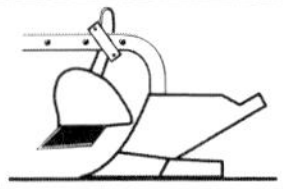	Vorschäler	Bessere Krümelung und besseres Abschneiden des Bewuchses
	Messersech	Vorschneiden des Erdbalkens, seitliche Führung des Pfluges
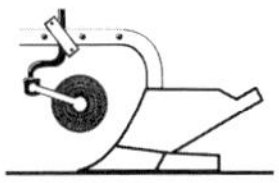	Scheibensech	Vorschneiden des Erdbalkens, Durschschneiden von Pflanzenresten
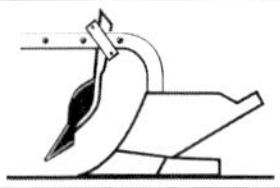	Dungeinleger	Einlegen von organischen Düngern oder Ernterückständen

Abb. 1.21 Vorwerkzeuge für die Pflugarbeit (n. Sommer 1997, zit. in Keller et al. 1997).

Oberfläche des Schares wird er sodann angehoben und dem Streichblech zugeführt. Auf diesem gleitet der Bodenbalken weiter nach oben, wobei er gleichzeitig verdreht und geschert wird. Dabei wirken Druck- und Zugspannungen auf ihn ein, wodurch der Boden in Abhängigkeit von seiner Konsistenz gelockert, gekrümelt, gewendet und gemischt wird. Schließlich findet, unterstützt durch die Streichschiene, eine Seitwärtsverlagerung des Bodenbalkens statt und es entsteht eine Furche. Die als Streichblechverlängerung wirkende Streichschiene soll verhindern, dass der Bodenbalken insbesondere in hängigem Gelände oder bei geringer Arbeitsgeschwindigkeit in die Furche zurückfällt. Der Wendewinkel beträgt 135–140 °. Der exakte Lauf des Pfluges parallel zur Furche ist Voraussetzung für eine hohe Arbeitsqualität. Deswegen muss er an der Furchenwand durch die Anlage abgestützt werden. Sie fängt die vom Seitengriff bewirkte Horizontalkraft auf, sodass er nicht ins ungepflügte Land ausweichen kann. Die Schleifsohle überträgt einen Teil der beim Pflügen entstehenden Vertikalkraft (Untergriff) auf die Furchensohle und unterstützt somit das Einhalten der angestrebten Arbeitstiefe.

Verschiedene Vorwerkzeuge dienen dazu, die Funktion des eigentlichen Pflugkörpers zu unterstützen. Die gebräuchlichsten sind Vorschäler, Messer- oder Scheibensech sowie Dungeinleger (Abb. 1.21).

Sie haben die Aufgabe, Pflanzenreste und Bewuchs abzutrennen und den Bodenbalken vorzuschneiden. Dies trägt zum vollständigen Wenden bei und verbessert das Einarbeiten von organischem Material oder Düngemitteln.

Bei den Pflügen heutiger Bauweise unterscheidet man Beet- und Drehpflüge. Beetpflüge tragen am Rahmen einen oder mehrere Pflugkörper. Sie sind hintereinander angeordnet und arbeiten ausschließlich rechtswendend. Beim Pflügen mit solchen Geräten müssen die Schläge in mehrere Beete eingeteilt werden, welche nacheinander umlaufend bearbeitet werden. Drehpflüge besitzen demgegenüber einen doppelten Werkzeugsatz, welcher am Rahmen gegenüberliegend angeordnet ist (s. Abb. 1.14 und 1.22). Diese Bauweise erlaubt es, eine Fläche ohne Unterteilung in Beete zusammenhängend zu bearbeiten. Am Furchenende wird der Pflug dabei jeweils auf einer Achse um 180 Grad gedreht, sodass sowohl rechts- als auch linkswendend gearbeitet werden kann. Damit wird die Fläche von einer Seite beginnend fortlaufend ohne Leerfahrten auf dem Vorgewende bearbeitet, was eine größere Produktivität als mit Beetpflügen ermöglicht. Allerdings sind auch der Materialaufwand und damit die Maschinenkosten deutlich höher.

Bei der Bodenbearbeitung mit dem Pflug sollen alle auf oder nahe der Bodenoberfläche befindlichen Stoffe vollständig eingearbeitet werden, sodass der Acker als sogenannter „reiner Tisch" in rauer Furche hinterlassen wird (Abb. 1.22).

Abb. 1.22 Pflugfurche mit 4-scharigem Volldrehpflug (Werksfoto: Firma Lemken).

Dies ist einerseits ackerbaulich erwünscht, weil damit nachfolgende Niederschläge gut infiltrieren können und der Bodenwasservorrat aufgefüllt wird. Gleichermaßen ist damit auch eine gute unkrautunterdrückende und schaderregervergrabende Wirkung verbunden. Andererseits kann die von Pflanzenresten freie Bodenoberfläche aber bei längerer Teilbrache, insbesondere über Winter, auch die Bodenverschlämmung und Bodenerosion begünstigen. Aus der Sicht des Bodenschutzes wird diese Verfahrensweise daher heute kritisch beurteilt. Vor Winter soll der Pflugeinsatz deswegen unterbleiben, um erosionshemmende Auflagen aus Stoppeln und Ernterückständen an der Bodenoberfläche zu belassen. Dabei müssen aber phytosanitäre Aspekte der Überdauerung von Krankheitserregern und Schädlingen beachtet werden.

Scheibengeräte bestehen aus passiv rotierenden, konkav gewölbten Scheiben, die auf Achsen angeordnet sind. Die Scheiben sind mit glattem oder gezahntem Rand versehen und in unterschiedlichem Abstand sowie Seitenrichtungswinkel schräg zur Fahrtrichtung angebracht. Diese Werkzeuge dringen aufgrund des Eigengewichts der Geräte mehr oder minder tief in den Boden ein. Dieser wird auf der sich drehenden Hohlscheibe bis in Höhe eines Abstreifers nach oben mitgenommen und seitlich abgelenkt. Dabei fällt er in die Furche zurück und wird infolge von Richtungsänderung und Aufprall zerteilt. Auf diese Weise wird eine gute lockernd-mischende Arbeitswirkung erzielt.

Scheibengeräte stehen als Scheibenpflüge und Scheibeneggen zur Verfügung. Der Scheibenpflug mit großen gewölbten Scheiben wendet den Boden nicht so exakt wie ein Streichblechpflug, mischt ihn aber besser. Schwere Ausführungen werden deswegen beispielsweise zum Umbruch von Grünland oder in der Forstwirtschaft eingesetzt. Während der Scheibenpflug im Ackerbau keine nennenswerte praktische Bedeutung erlangt hat, sind die Scheibeneggen weit verbreitet (Abb. 1.23).

Sie sind in der Regel mit gleicher Anzahl links- und rechts arbeitender Werkzeuge ausgerüstet, die in zwei oder mehreren Reihen hintereinander laufen. Damit ergibt sich eine gute Arbeitswirkung aus intensiven Schnitt- und Schereffekten. Durch schnelle Seitwärts- und sofortige Rückverlagerung des Bodens und der Pflanzenreste wird eine intensive Durchmischung erreicht. Ernte- und Wurzelrückstände sowie Dünger aller Art können so flach eingemulcht sowie Unkrautsamen und Körner aus Ernteverlusten in Keimlage gebracht werden. Da diese Geräte sich mit hohen Arbeitsgeschwindigkeiten bewegen lassen, sind mit ihnen große Flächenleistungen erreichbar. Das ist insbesondere nach der Körnerfruchternte von Bedeutung, wenn es darum geht, die Restfeuchte im Boden für die Folgefrucht zu erhalten, indem der kapillare Wasseraufstieg unterbrochen und die Evaporation eingeschränkt wird. Nachteilig ist hingegen, dass mit den Scheiben die Speicher- und Vermehrungsorgane von Unkräutern (z. B. Rhi-

Abb. 1.23 Kurzscheibenegge im Einsatz (Werksfoto: Firma Lemken).

Abb. 1.24 Schwergrubber mit Gänsefußscharen (Werksfoto: Firma Amazone).

zome der Quecke *Agropyron repens*) zerteilt werden, was deren Verbreitung begünstigen kann (s. Kap. 1.4.1).

Dieses Problem wird beim Einsatz von **Grubbern** umgangen. Ihre Funktion beruht auf lockernd-mischend wirkenden Zinkenwerkzeugen, welche je nach Art und Bauweise für Arbeitstiefen zwischen wenigen Zentimetern in der Oberkrume bis auf volle Krumentiefe ausgelegt sind. Mit **Schwergrubbern** wird der Boden in größerer Tiefe von 10–20 cm bearbeitet (Abb. 1.24).

Dazu dienen starre oder halbstarre Zinken, die in mehreren, in der Regel 2–8 Werkzeugreihen hintereinander angeordnet sind. Die Zinken tragen Schare unterschiedlicher Bauweise und bewirken damit das Abtrennen und Mischen des Bodens. Durch den Aufprall des Bodens und das Aufgleiten über die Schare entstehen in Abhängigkeit von der Arbeitstiefe Verlagerungs- und Mischeffekte. Je nach Werkzeugform und -anordnung werden sie durch Schnitt- und Scherefekte ergänzt. Dies ermöglicht das gleichmäßige Einbringen von Ernterückständen und Strohhäckseln, wobei meist eine bessere Arbeitswirkung als mit Scheibeneggen erreicht wird. Ihr vorwiegendes Einsatzfeld ist daher die Stoppelbearbeitung. Sie sind aber auch als Pflugersatz bei der Grundbodenbearbeitung geeignet. Zu diesem Zweck werden Grubber- und Scheibenwerkzeuge variabel kombiniert, um bestmögli-

Abb. 1.25 Feingrubber im Einsatz (Werksfoto: Firma Lemken).

che Arbeitswirkungen für die unterschiedlichsten Bodenbedingungen zu erreichen.

Feingrubber eignen sich für das flache Bearbeiten der Oberkrume; sie sind dazu mit Federzinken ausgestattet (Abb. 1.25). Diese arbeiten vibrierend, indem sie aufgrund des wechselnden Bodenwiderstandes in permanente Schwingungen versetzt werden. Dabei kommt es zu intensiver Lockerung und Krümelung des Bodens in einer Tiefe von 5–10 cm. Sie werden hauptsächlich zur Saatbettbereitung benutzt, wozu sie vielfach mit Schleppen, Eggen oder Walzen kombiniert werden. Geeignet sind Feingrubber auch zur mechanischen Unkrautbekämpfung. Keimende und aufgelaufene Pflanzen werden mit ihnen ausgerissen und verschüttet. Flachstreichende Queckenrhizome können mit den gewundenen Federzinken ausgekämmt und an die Bodenoberfläche gebracht werden, wo sie austrocknen und mit nachfolgenden Arbeitsgängen einzuarbeiten sind (s. Kap. 1.4.3.2).

Eggen sind Geräte zur flachen Saatbettbereitung, zum Einbringen bzw. Bedecken der Saat, zur Saatenpflege sowie zur mechanischen Unkrautbekämpfung. Die größte Verbreitung haben Zinkeneggen verschiedener Masse, Zinkenform und -länge. Dabei ist zwischen Starr- und Netzeggen zu unterscheiden. Während Starreggen der eigentlichen Saatbettbereitung dienen, werden Netzeggen zur mechanischen Pflege und Unkrautbekämpfung in wachsenden Pflanzenbeständen eingesetzt. Sie passen sich flexibel an die Bodenoberfläche an und können so auch in Dammkulturen (Kartoffeln) Verwendung finden. Die Zinken der Starreggen sind rund, oval oder vierkantig und spitz auslaufend.

Sie lockern und krümeln flach in 3–5 cm Tiefe und ebnen den Saatacker gleichzeitig ein. Die beste Wirkung wird bei optimaler Krümelungsbereitschaft des Bodens erzielt, wofür der Wassergehalt entscheidend ist. Der Boden darf nicht an den Werkzeugen haften bleiben und verschmieren oder infolge Trockenheit stark verhärtet sein. Das flache Lockern bewirkt unter anderem auch eine Sperrschicht, die als Verdunstungsschutz erwünscht sein kann.

Zum Einebnen und flachen Krümeln des Bodens werden **Schleppen** genutzt. Sie bestehen aus neben- und hintereinander angeordneten Balken, deren Anstellwinkel variabel ist. Ihre Schnitt-, Planier- und Krümelwirkung wird in Kombination mit Eggen oder auch Walzen für die Saatbettbereitung genutzt. Wenn der Acker nach einer Herbstbearbeitung im Frühjahr noch in rauer Furche liegt, kann er nach dem oberflächigen Abtrocknen als erstes mit der Schleppe eingeebnet werden. Dadurch wird der kapillare Wasseraufstieg unterbrochen, was die unproduktive Wasserverdunstung mindert. Unkrautsamen werden zum Keimen angeregt, sodass die Keimpflanzen dann mit folgenden Arbeitsgängen ausgeschaltet werden können.

Abb. 1.26 Krumenpacker mit Darstellung des Wirkprinzips (Foto: Winkelmann; Darstellung: Firma Kverneland).

Zum Rückverdichten von übermäßig lockerem Boden dienen **Walzen**. Diese werden häufig im Frühjahr benötigt, wenn der Boden infolge der Frostwirkung aufgefroren ist und rückverdichtet werden muss, um den erforderlichen Bodenschluss für die Pflanzenwurzeln zu gewährleisten. Dazu dienen Ackerwalzen mit flachwirkender Verdichtung. Als **Rauwalzen** (Cambridge-, Croskillwalze) bewirken sie gleichzeitig, dass verkrustete oder verschlämmte Bodenschichten aufgebrochen werden. In Kombination mit Eggen wird damit die Durchlüftung der Oberkrume verbessert und die Mineralisation angeregt. Die Rückverdichtung des Bodens ist in der Regel auch nach stark lockernden Bearbeitungseingriffen mit Pflügen erforderlich, insbesondere wenn anschließend rasch wiederbestellt werden soll und nicht genügend Zeit für das natürliche Absetzen des Bodens gegeben ist. Deswegen wird die **Saatfurche** mit Scharpflügen von Spätsommer bis Frühherbst zur Aussaat von Winterungen stets in Kombination mit **Krumenpackern** gezogen. Sie sollen den Bodenschluss in der Bearbeitungstiefe wieder herstellen, damit die folgende Saat in ein ausreichend abgesetztes Saatbett erfolgen kann. Schmale, an der Oberfläche keilförmige Speichenräder sind dazu auf Achsen angeordnet und laufen entweder in mehreren Werkzeugreihen hintereinander oder sind mit weiteren Elementen kombiniert, z. B. Krümelwalzen (Abb. 1.26). Sie sollen möglichst tief in den Boden eindringen, dabei Kluten zerdrücken und größere Hohlräume beseitigen.

Im Zuge der Bereitstellung immer leistungsfähigerer Zugmaschinen sind neben den vielfältigen passiven Bodenbearbeitungsgeräten diverse Arten von **aktiv angetriebenen Geräten** entwickelt worden. Neben der bereits seit Längerem vor allem im gärtnerischen Intensivanbau eingesetzten Bodenfräse sind dies Geräte, welche über die Zapfwelle des Schleppers angetrieben werden und vertikal (Rotoregge) oder horizontal rotierende Werkzeuge (Kreiselegge) besitzen (Abb. 1.27).

Oszillierend bewegte Zinken werden in Rütteleggen verwandt. Diese Geräte kommen ausschließlich zur Saatbettbereitung zum Einsatz, wobei sie überwiegend mit Drillmaschinen kombiniert sind, sodass die Aussaat damit in einem Arbeitsgang erledigt werden kann. Allen aktiven Geräten gemeinsam ist ein wesentlich intensiveres Lockern und Mischen des Bodens. Dies kann vor allem auf strukturlabilen Standorten aber auch zum Zerstören des Krümelgefüges mit nachfolgenden Verschlämmungen und Verkrustungen führen. Alle aktiv angetriebenen Geräte können darüber hinaus die Bodenmakrofauna und hier insbesondere flach grabende Regen-

Abb. 1.27 Kreiselegge mit Zahnpackerwalze (Werksfoto: Firma Amazone).

wurmarten zum Teil erheblich schädigen, wenn sie in Zeiten eingesetzt werden, in denen diese eine höhere Aktivität haben, wie etwa im Spätsommer oder Frühherbst. Der Einsatz dieser Aggregate muss daher sehr sorgfältig abgewogen werden. Von Nachteil im Vergleich zu passiven Geräten sind der größere Energiebedarf, ein höherer Verschleiß sowie geringere Flächenleistungen aufgrund konstruktiv begrenzter Arbeitsbreiten.

Ein Sonderfall der Bodenbearbeitung ist die Unterbodenlockerung. Zu ihr wird gegriffen, wenn unterhalb des Bearbeitungshorizontes Krumenbasisverdichtungen entstanden sind und beseitigt werden sollen (Kap. 1.2.1.1, Abb. 1.2). Diese sind vor allem auf pleistozänen Standorten verbreitet, kommen aber im Zuge des Einsatzes schwerer Technik zunehmend auch auf allen anderen Standorten, ausgenommen auf reinen Tonböden, vor. Sie stehen unmittelbar unterhalb des Ap-Horizontes mit einer Mächtigkeit von 10–20 cm an und behindern sowohl das Wurzelwachstum der Pflanzen als auch die Wasserbewegung und den Gasaustausch im Profil und sind daher ackerbaulich als sehr ungünstig zu bewerten. Zum Aufbrechen dieser Schichten werden Tieflockerer eingesetzt, die 50–80 cm tief in den Boden eingreifen. Als Werkzeuge dienen starre Zinken, welche denen von Schwergrubbern ähneln, jedoch wesentlich mächtiger ausgelegt und mit größerem Werkzeugabstand (80–100 cm) angeordnet sind. Sie erfordern große Zugkräfte und können nur bei trockenen Bodenbedingungen eingesetzt werden, da sonst im ungünstigsten Fall mehr Schaden als Nutzen entstehen kann (s. Kap. 1.3.5.1). Die Tieflockerung ist ein gravierender Eingriff in das Bodengefüge, welcher nicht immer zum gewünschten Erfolg führt, denn sie beseitigt nicht die Ursachen von Bodenschadverdichtungen. Diese sind im Bearbeiten und Befahren der Böden mit zunehmend schwererer Technik zu suchen, insbesondere wenn dies unter ungünstigen, vor allem zu feuchten Bodenbedingungen geschieht. Diese Probleme können daher nur langfristig mit darauf abgestellten ackerbaulichen Konzepten gelöst werden. Dazu zählen primär die Verringerung der Lasteinträge durch größere Aufstandsflächen (Breitreifen, Gummibandlaufwerke, Reifeninnendruckregulierung), verringerte Bearbeitungstiefe, insbesondere beim Pflugeinsatz, On-land-Fahren beim Pflügen anstelle des Fahrens in der Furche und Bearbeiten bzw. Befahren nur bei ausreichender Tragfähigkeit des Bodens (s. Kap. 1.3.3.4). Darüber hinaus kann der Anbau tiefwurzelnder Fruchtarten wie Luzerne oder Raps zum Auflockern und Stabilisieren des Bodengefüges unterhalb der Ackerkrume beitragen.

Die Erfordernisse der Bodenbearbeitung ergeben sich primär aus den Standortbedingungen und den Fruchtfolgen. Dabei sollen die Anforderungen der jeweiligen Fruchtarten an den physikalisch-mechanischen Bodenzustand bestmöglich erfüllt, Beeinträchtigungen des Bodens infolge von Verdichtungen oder Erosion vermieden und die Kosten niedrig gehalten werden. Um

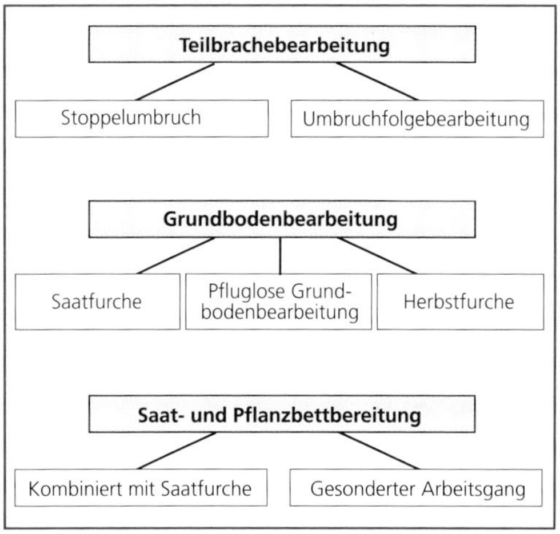

Abb. 1.28 Verfahren der Bodenbearbeitung (Ellmer, unveröffentlicht).

dies alles zu erreichen, sind die einzelnen Bearbeitungsmaßnahmen systematisch aufeinander abzustimmen. Im System der Bodenbearbeitung wird daher unterschieden zwischen den **Verfahren** der Teilbrachebearbeitung, der Grundbodenbearbeitung und der Saat- und Pflanzbettbereitung (Abb. 1.28).

Bei der **Teilbrachebearbeitung** sind die Verfahrensabschnitte Stoppelumbruch und Umbruchfolgebearbeitung zu unterscheiden. Hauptsächlich auf den geräumten Druschfruchtschlägen (Getreide, Körnerleguminosen, Ölfrüchte) ist der Stoppelumbruch die erste Maßnahme nach der Ernte. Dabei wird die oberste Krumenschicht (ca. 5–10 cm) mit Scheibeneggen, Schwergrubbern oder Kombinationsgeräten aus beiden flach abgetrennt sowie gemischt. Dies hat zum Ziel, unproduktive Evaporation durch eine grobporige Sperrschicht einzuschränken und somit die Restfeuchte im Boden zu erhalten und die Rotte von Pflanzenresten, insbesondere von Stoppeln und Stroh, einzuleiten. Damit soll auch zum biologischen Abbau von Krankheitserregern und Schädlingen beigetragen werden. Verlustgetreide sowie Samen von Kulturpflanzen und Unkräutern werden dabei in Keimlage gebracht, können aufwachsen und mit nachfolgenden Bearbeitungsgängen mechanisch bekämpft werden. Außerdem werden Düngemittel, welche auf die Stoppel gestreut wurden (Kalk, P, K, Mg als Grunddüngung) in den Boden eingearbeitet. Alles zusammen verbessert auch die Bearbeitbarkeit und die Krümelfähigkeit des Bodens.

Die erwartete Wirkung der Teilbrachebearbeitung kann nur erreicht werden, wenn der Boden nach dem Umbruch erneut lockernd-mischend bearbeitet wird. Zur **Umbruchfolgebearbeitung** kommen häufig die gleichen Geräte wie zum Stoppelumbruch zum Einsatz, wobei mit 10–15 cm etwas tiefer gearbeitet wird. In Abhängigkeit vom Bodenzustand und den aufgelaufenen Pflanzengesellschaften können aber auch Feingrubber-Eggen-Kombinationen genutzt werden. Sie reißen unerwünschte Pflanzen im Jugendstadium aus, verschütten sie und können Queckenrhizome auskämmen sowie zum Vertrocknen an der Bodenoberfläche ablegen.

Ist der Anbau von Sommerzwischenfrüchten vorgesehen, kann aus Termingründen und zur Sicherung einer raschen Aussaat auf die Teilbrachebearbeitung verzichtet werden und unmittelbar nach der Körnerfruchternte die Grundbodenbearbeitung folgen. Diese wird in der Regel als **pfluglose Grundbodenbearbeitung** mit Schwergrubber-Scheiben-Kombinationen durchgeführt. Der Einsatz des Scharpfluges mit kombinierten Krumenpackern ist hingegen schon aus Zeitgründen mit Blick auf eine rasche Bestellung die Ausnahme. Am ehesten ist dies im Ökologischen Landbau gerechtfertigt, wo die bessere unkrautunterdrückende Wirkung des Pfluges gezielt genutzt wird. Das Gleiche gilt für die Grundbodenbearbeitung unmittelbar vor der Bestellung von Wintergetreide, Winterölfrüchten und der Spätsommeransaat von mehrjährigen Futterpflanzen. Ziele sind in beiden Fällen das Auflockern des durch atmosphärische Einflüsse und Befahren mit Ernte- und Transporttechnik verdichteten Bodens und die Einarbeitung von Pflanzenresten. Gegebenenfalls sind auch Mineraldünger oder organische Düngestoffe einzubringen. Die nach vorhergehender Teilbrachebearbeitung aufgelaufenen Unkräuter oder unerwünschten weiteren Pflanzen werden dabei untergearbeitet und als Konkurrenten der Nutzpflanzen beseitigt. Dabei soll das zukünftige Saatbett schon möglichst gut gekrümelt, eingeebnet und rückverdichtet werden, sodass unmittelbar im Anschluss die Saat erfolgen kann. Dazu wird ein fruchtartspezifisch aggregiertes Saatbett benötigt, welches das störungsfreie Ablegen des Saatgutes in der optimalen Tiefe sowie guten Saatgut-Boden-Kontakt gewährleistet.

Wenn im Folgejahr Sommerungen angebaut werden sollen, können etablierte Bestände von Sommerzwischenfrüchten über Winter stehen bleiben. Sie frieren bei Frost ab –7 bis –10 °C ab und bilden eine erosionshemmende Mulchdecke. Wenn nach späträumenden Fruchtarten wie Kartoffeln oder Zuckerrüben keine Winterkultur folgt, bleibt der Boden nach einem flach lockernden Arbeitsgang mit Grubber- bzw. Scheibengeräten über Winter liegen. Dies soll Fahrspuren der Erntetechnik auflockern und insgesamt eine möglichst grob strukturierte Oberfläche erreichen. Damit wird die Aufnahme der Winterniederschläge begünstigt und die strukturfördernde Wirkung des Frostes insbesondere auf bindigen Böden unterstützt. Von der Möglichkeit, als letzten Arbeitsgang des Jahres eine **Herbstfurche** mit Scharpflügen zu ziehen, wird heute aus den oben beschriebenen Gründen des Bodenschutzes weitgehend Abstand genommen. Anders stellt sich die Situation jedoch nach Silo- bzw. Körnermais dar. Um die Ausbreitung von Schädlingen wie des Maiszünslers *Ostrinia nubilalis* einzudämmen, sollen Stoppeln und Pflanzenreste möglichst vollständig in den Boden eingearbeitet werden. Dafür bieten Scharpflüge die besten Voraussetzungen. Aber auch mit nichtwendenden und energetisch günstigeren Grubber-Scheiben-Kombinationen lässt sich dies erreichen. In Gebieten, die als wind- oder wassererosionsgefährdet ausgewiesen sind, muss der Boden aber auch in diesem Fall bedeckt bleiben. Bei allen Entscheidungen zur Bearbeitung für die winterliche Teilbrache muss gelten, dass dem Schutz vor Erosion das unbedingte Primat vor dem Ordnungsprinzip des „reinen Tisches" vor Winter einzuräumen ist.

Die **Saat- und Pflanzbettbereitung** wird entweder mit der Saatfurche kombiniert oder als gesonderter Arbeitsgang durchgeführt. Im letztgenannten Fall umfasst sie die mechanischen Bearbeitungsgänge, welche für die Aussaat oder das Auspflanzen erforderlich sind. Zielstellungen sind das Einebnen, Lockern, Krümeln und erforderlichenfalls Rückverdichten des Bodens,

Tab. 1.33 Fruchtartspezifische Saatbettparameter (n. Kundler 1989).

Ebenheit der Bodenoberfläche (gemessen als Rautiefe = größte Differenz zwischen der Unterkante einer quer zur Arbeitsrichtung aufgelegten 3-m-Latte und der Bodenoberfläche)

Fruchtarten	**Rautiefe (cm)**
Zuckerrüben	< 4
Getreide und Körnerleguminosen	< 5
Kartoffeln	< 6

Arbeitstiefen der Lockerungswerkzeuge

Fruchtarten	**Arbeitstiefen (cm)**
Roggen, Raps, Rüben, Feinsämereien	4
Weizen, Gerste, Hafer, Lupinen	5
Mais, Erbsen	7
Kartoffeln, Ackerbohnen	12

Aggregatgrößenverteilung (relativer Flächenanteil, den die Aggregate an der Bodenoberfläche nicht überschreiten sollen, %)

Fruchtarten	**Aggregate < 40 mm**	**darunter Aggregate < 10 mm**
Weizen, Mais, Körnerleguminosen	> 75	> 40
Roggen, Gerste, Hafer	> 80	> 45
Raps, Feinsämereien	> 90	> 75
Rüben	> 90	> 50
Kartoffeln	> 90	> 40

Im fertigen Saatbett bzw. an der Bodenoberfläche sollen keine Aggregate > 80 mm vorhanden sein.

was zum Erreichen einer fruchtartspezifisch optimalen Trockenrohdichte und Aggregatgrößenverteilung im Saatbett führen soll (Tab. 1.33).

Auf diese Weise sind ein guter Saatgut-Boden-Kontakt, ausreichende Keimwasserversorgung und letztlich eine hohe Aufgangsrate anzustreben. Außerdem sollen auch bei diesen Maßnahmen Unkräuter bekämpft werden.

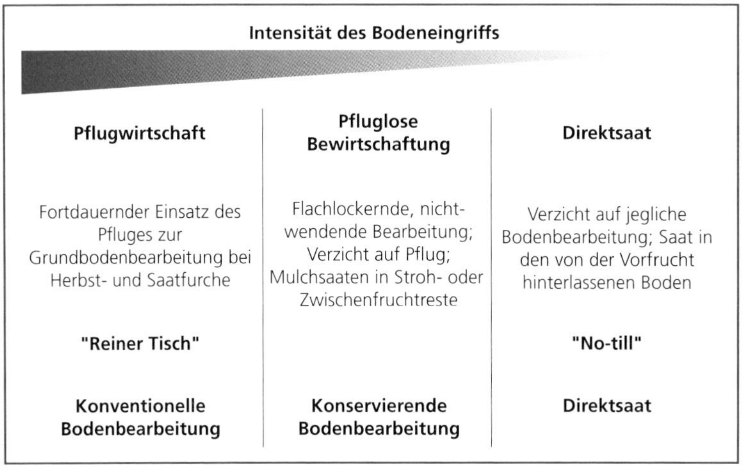

Abb. 1.29 Bodenbearbeitungs- und Bestellsysteme (Ellmer et al. 2001).

1.3.3.4 Bodenbearbeitung und Bodenschutz

Mit der Bodenbearbeitung wird in das komplexe System Boden eingegriffen, um physikalische, chemische und biologische Prozesse im Hinblick auf den Anbau von Kulturpflanzen positiv zu beeinflussen. Dabei bleibt es allerdings nicht aus, dass unerwünschte Nebeneffekte eintreten können. Bodenerosion, Bodenverdichtung, Nährstoffmobilisierung zu unpassenden Zeiten mit nachfolgendem Nährstoffaustrag und Beeinträchtigung des Bodenlebens sind unbeabsichtigte, negative Begleiterscheinungen, die mit der Gestaltung von Bodennutzungssystemen und der dazu durchgeführten Bodenbearbeitung unmittelbar zusammenhängen. Um die Böden für nachfolgende Generationen nachhaltig in ihrer Fruchtbarkeit und ökologischen Leistungsfähigkeit zu erhalten, ist es unerlässlich, Maßnahmen des vorbeugenden Bodenschutzes in die Bodennutzungssysteme zu integrieren und die für die jeweiligen Produktionsverfahren erforderlichen Bearbeitungs- und Bestellsysteme danach auszurichten. Im Hinblick auf den erforderlichen physikalisch-mechanischen Bodeneingriff hat dabei die Regel „So wenig wie möglich und nur so viel wie unbedingt notwendig“ zu gelten.

In Deutschland hat der Gesetzgeber zu diesem Zweck Vorschriften erlassen, welche unter anderem Regeln für die „gute fachliche Praxis“ bei der ackerbaulichen Bodennutzung beinhalten (Bundes-Bodenschutzgesetz vom 17. März 1998 (BGBl. I S. 502), zuletzt geändert 24. Februar 2012).

Diese legen unter anderem fest, dass Bodenabträge durch standortangepasste Nutzung, insbesondere durch Berücksichtigung der Hangneigung, der Wasser- und Windverhältnisse sowie der Bodenbedeckung möglichst vermieden werden. Bodenverdichtungen sollen durch Berücksichtigung der Bodenart, der Bodenfeuchtigkeit und des von den eingesetzten Geräten verursachten Bodendrucks soweit wie möglich verhindert werden. Beim heute fortgeschrittenen Stand der technischen Entwicklung gibt es vielfältige Möglichkeiten, diesen Forderungen nachzukommen. Die Bodenbearbeitungs- und Bestellverfahren werden unter diesem Aspekt in 3 Gruppen eingeteilt, deren Verfahrensabschnitte flexibel in die Fruchtfolgen einzuordnen sind (Abb. 1.29).

Dabei wird die herkömmliche (konventionelle) Bodenbearbeitung und Bestellung auf Basis des Scharpfluges von konservierender Bearbeitung und Direktsaat unterschieden. Zwischen diesen Optionen gibt es vielfältige Übergänge, sodass die Verfahren nicht scharf voneinander getrennt werden können. Die Grundgedanken **konservierender Bodenbearbeitung** sind die Verminderung der Bearbeitungsintensität und der Arbeitstiefe sowie das Belassen von Pflanzen oder Pflanzenresten auf bzw. nahe der Bodenoberfläche. Damit soll sowohl der Bodenverdichtung als auch der Erosion entgegengewirkt werden. Hierbei wird der Scharpflug durch nichtwendende, flach lockernde Werkzeuge (Grubber, Scheibengeräte oder deren Kombinationen) ersetzt. Ein weiterer wichtiger Bestandteil solcher Verfahren ist der Zwischenfruchtanbau zur möglichst lang andauernden Bodenbedeckung. Hierzu werden überwiegend Sommerzwischenfrüchte wie Weißer Senf *(Sinapis alba)*, Ölrettich *(Raphanus sativus* L. var. *oleiformis* Pers.*)* oder Phacelia *(Phacelia tanacetifolia)* genutzt, die über Winter abfrieren und eine bodenschützende Mulchdecke bilden.

In zunehmendem Maße nutzt man dafür auch Zwischenfruchtgemenge aus Kreuzblütlern, Schmetterlingsblütlern, Korbblütlern, Gräsern und weiteren Arten. Deren intensive Durchwurzelung in Verbindung mit biologischer Stickstoffbindung wirkt sich sehr günstig auf die Bodenstruktur aus.

Die Bestellung erfolgt dann im Frühjahr in die an der Oberfläche befindlichen oder flach eingearbeiteten Pflanzenreste mit geeigneten Spezialmaschinen als Mulchsaat. Sie sind mit konstruktiv ausgereiften Räum- und Schneidscheiben ausgestattet und ermöglichen störungsfreies Arbeiten sowie die exakte Ablage des Saatgutes in den Boden. Als **Direktsaat** wird demgegenüber die Bestellung ohne jegliche Bodenbearbeitung nach der vorhergehenden Ernte bezeichnet. Voraussetzung dafür sind Zinkensäschare oder Scheiben, die Säschlitze öffnen, in die das Saatgut abgelegt und anschließend mit Boden bedeckt wird. Unter mitteleuropäischen Standortbedingungen wird dies in jüngerer Zeit teilweise erfolgreich erprobt. Allerdings ist damit häufig ein höheres Ertragsrisiko verbunden, sodass die flächendeckende und dauerhafte Umsetzung fraglich erscheint. Temporär kann die Direktsaat aber bei dafür geeigneten Fruchtfolgepaaren (z. B. Winterraps – Winterweizen; Kartoffeln – Winterroggen) durchaus in die Bodennutzungssysteme integriert werden, wenn die technischen Voraussetzungen in Form von Spezial-Saatmaschinen und Totalherbiziden gegeben sind. Letztere sind in jüngster Zeit jedoch verstärkt in die Kritik geraten, u. a. wegen möglicher negativer Auswirkungen auf die Biodiversität. Stehen aufgrund fehlender Genehmigungen keine wirksamen Totalherbizide mehr zur Verfügung, wird die Etablierung von Direktsaatsystemen in vielen Fällen voraussichtlich nicht mehr realisierbar sein.

In jüngster Zeit gewinnt das Verfahren der **Streifenbearbeitung (Strip-Till oder Strip-Tillage)** zunehmend an Bedeutung. Dieses ist ein neues konservierendes Bodenbearbeitungsverfahren und soll die Vorteile der konventionellen Bodenbearbeitung (Ertragssicherheit) und der Direktsaat (Erosionsschutz) verbinden. Beim Strip-Till-Verfahren, welches sich besonders für die Bestellung von Reihenkulturen eignet, wird der Boden nicht ganzflächig gelockert, sondern es werden nur die späteren Saat- bzw. Pflanzstreifen mit Lockerungswerkzeugen bearbeitet. Somit bleiben bis zu zwei Drittel der Fläche unbearbeitet. Das an der Bodenoberfläche verbleibende abgestorbene Pflanzenmaterial der Vorfrucht oder von Zwischenfrüchten wirkt als Schutz vor Bodenerosion und Austrocknung. Das Verfahren erfordert spezielle Maschinen, die für die verschiedensten Bedingungen verfügbar sind (Abb. 1.30).

Der Problemkreis **Bodenerosion** von ackerbaulich genutzten Flächen durch Wasser oder Wind hat vielfältige Ursachen. Zunehmend größere, einheitlich bewirtschaftete Geländeschläge sowie die Beseitigung von Feldrainen und Schutzzonen bieten dem Wind weite Angriffsflächen. Auch der Anbau spätdeckender Fruchtarten wie Mais und Zuckerrüben leisten der Erosion insbesondere in hängigem Gelände Vorschub, wenn nicht zielgerichtet dagegen vorgegangen wird. Daher sind entsprechende Vorsorgestrategien entwickelt worden, die als integraler Bestandteil der ackerbaulichen Bodennutzung zu verstehen und anzuwenden sind. Der grundlegende Ansatzpunkt zum Vermindern bzw. Vermeiden von Bodenabtrag ist der Grad der Bodenbedeckung (Abb. 1.31).

Zwischen dem Bodenbedeckungsgrad und dem oberflächigen Wasserabfluss besteht ein kausaler Zusammenhang. Bereits 20 % Oberflächendeckung durch lebendes oder abgestorbenes Pflanzenmaterial vermindern den Wasserabfluss in Verbindung mit verbesserter Infiltrabilität etwa um die Hälfte. Je höher und je länger die Bedeckung aufrechterhalten wird, umso geringer ist die Gefahr von Bodenverlusten.

Abb. 1.30 Streifensaat (Werksfoto: Firma Amazone).

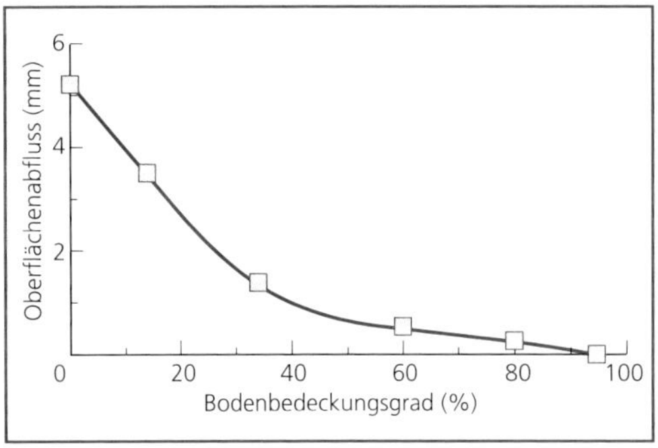

Abb. 1.31 Einfluss des Bodenbedeckungsgrades auf den Oberflächenfluss auf Lößboden (Roth et al. 1990, zit. in Keller et al. 1997, S. 269, oben rechts).

Im praktischen Ackerbau richten sich vorbeugende Maßnahmen zur Minderung von Bodenabtrag auf ganzflächigen oder auf teilflächenspezifischen Schutz der Ackeroberfläche. Dabei ist davon auszugehen, dass der Bedeckungsgrad umso größer sein muss, je höher die potenzielle Gefährdung ist. Im Falle von Wassererosion, die hauptsächlich beim Ackerbau in Hanglagen zu befürchten ist, muss die Bedeckung zwischen 30 und 70 % liegen, wenn Bodenverluste vermieden werden sollen. Mit derartigen Vorgaben können für konkrete Fruchtfolgen unter spezifischen Standortbedingungen erosionsmindernde Bodennutzungsstrategien geplant werden. Am Beispiel des Fruchtfolgepaares Wintergetreide – Zuckerrüben nimmt der Bedeckungsgrad vom konventionellen über das konservierende Bodenbearbeitungs- und Bestellverfahren bis zur Direktsaat stetig zu (Tab. 1.34).

Nach konventioneller Bodenbearbeitung mit dem Pflug zur Herbstfurche ist der Bodenbedeckungsgrad zur Zuckerrübensaat gleich Null und steigt bis zur Direktsaat bis auf 100 % an. Diese ist jedoch mit großen Risiken bei der Bestandesetablierung verbunden und wird daher nicht empfohlen. Praktisch gut realisierbar sind hingegen Mulchsaaten nach über Winter abfrierenden Sommerzwischenfrüchten (Abb. 1.32).

Je nach Einarbeitungsgrad der Pflanzenreste bei der Saatbettbereitung im Frühjahr können damit effiziente Bedeckungsgrade erzielt werden. Der Bodenabtrag wird auf diese Weise stark eingeschränkt, was neben dem Reduzieren der Fließgeschwindigkeit des Oberflächenwassers vor allem auf höhere Infiltrationsraten des Wassers in den Boden zurückzuführen ist (Tab. 1.35).

Die Ursachen für bewirtschaftungsbedingte **Bodenverdichtungen** sind hauptsächlich in den ökonomischen Zwängen zur Rationalisierung des Ackerbaus und dem damit verbundenen Einsatz immer leistungsfähigerer, aber auch schwererer Ackerschlepper, Erntemaschinen und Transportfahrzeuge zu suchen. So werden beispielsweise mit Zuckerrüben-Vollerntern im beladenen Zustand je nach Fahrwerkskonstruktion Radlasten von 5 bis zu 10 t auf den Boden gebracht. In Abhängigkeit von der Größe der Aufstandsfläche

Abb. 1.32 Mulchsaat von Zuckerrüben ohne Saatbettbereitung (Foto: Agroconcept GmbH, Bonn)

Tab. 1.34 Bedeckungsgrade vor der Zuckerrübenbestellung bei verschiedenen Bodenbearbeitungs- und Bestellverfahren (n. Sommer 2003).

Monate	**Konventionelle Bodenbearbeitung**	**Konservierende Bodenbearbeitung**		**Direktsaat**
Juni/Juli	Vorfrucht: Wintergerste/Winterweizen			
Juli/August	Ernte Stoppelumbruch	Ernte Stoppelumbruch (Schwergrubber) Aussaat Sommerzwischenfrucht		Ernte Strohstriegel, zum gleichmäßigen Verteilen
September	Umbruchfolge-bearbeitung			
Oktober/November	Herbstfurche (Scharpflug)			
Dezember bis Februar	Frostgare	Abfrieren der Zwischenfrucht/ Mulchdecke		
April	Saatbettbereitung	mit Saatbett-bereitung	ohne Saatbett-bereitung	
	Konventionelle Saat	Mulchsaat	Mulchsaat	Direktsaat
Potenzieller Bedeckungsgrad (%)	**0**	**25–35**	**50**	**> 70–100**

Tab. 1.35 Infiltration, Wasserabfluss und Bodenabtrag bei konventioneller und konservierender Bodenbearbeitung zu Zuckerrüben (n. Schmidt und Nitzsche 2003).

Parameter	**Bodenbearbeitungs- und Bestellverfahren**		
	Pflug	**Konservierend**	**Direktsaat**
Mulchbedeckungsgrad (%)	1	30	70
Aggregatstabilität (%)	30	43	49
Infiltrationsrate (%)	49	71	92
Bodenabtrag ($g\ m^{-2}$)	318	138	34
Bodenabtrag (%)	100	43	11

Sächsisches Lößhügelland; Regenmenge: 42 mm h^{-1}

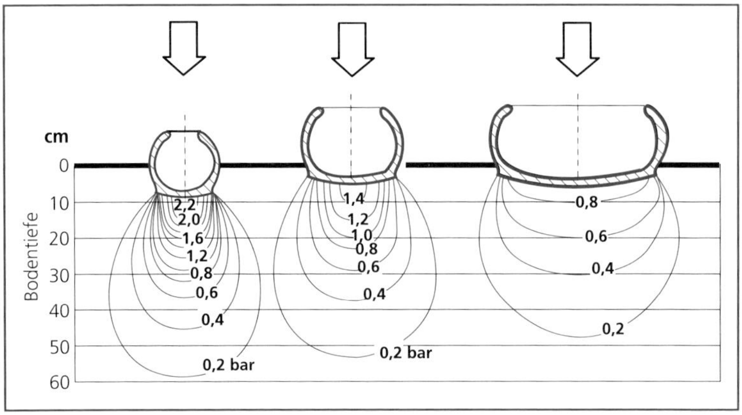

Abb. 1.33 Druckfortpflanzung im Boden bei verschiedenen Reifendimensionen (Sommer 1997, zit. In Keller et al. 1997, S. 270)

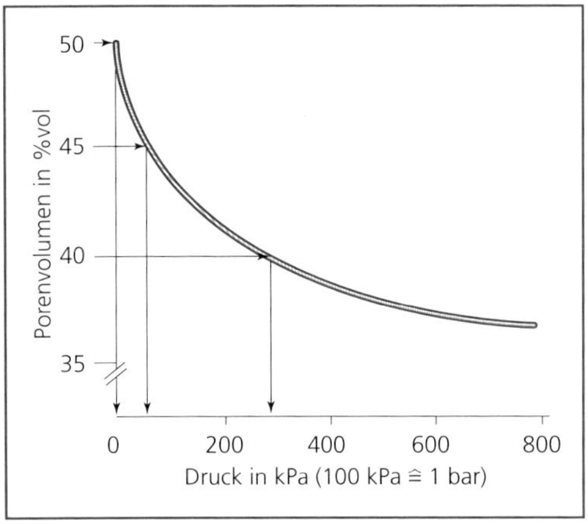

Abb. 1.34 Allgemeiner Verlauf der Verdichtungskurve (Sommer 1997, zit. in Keller et al. 1997, S. 271)

entsteht daraus ein mehr oder minder großer Kontaktflächendruck (mittlerer Wert aus Radlast, dividiert durch die Kontaktfläche Reifen/Boden), der sich als sogenannte Druckzwiebel bis in den Unterboden fortpflanzen kann (Abb. 1.33).

Die Folge sind Schadverdichtungen, deren Gefügeveränderungen negative Auswirkungen auf die Ertragsfunktion (Pflanzenertrag, Kosten), die Regelungsfunktion (Infiltration, Stoffumsatz) und die Lebensraumfunktion des Bodens (Edaphon) haben.

Ein grundsätzlicher bodenphysikalischer Ansatzpunkt zur Vorbeugung gegenüber schädlichen Bodenverdichtungen besteht darin, die Tragfähigkeit des Bodens zu erhöhen. Diese ist umso größer, je geringer das Porenvolumen ist (Abb. 1.34).

Das bedeutet, dass ein lockerer Boden mit hohem Porenvolumen schon durch geringen Druck verdichtet wird. Demgegenüber können bei geringerem Porenvolumen und entsprechend größerer Dichte höhere Drücke aufgefangen werden, ohne dass es zu Verdichtungen kommt. Hieraus entsteht im praktischen Ackerbau ein Zielkonflikt, denn gelockerter Boden ist eine wesentliche Voraussetzung für gutes Pflanzenwachstum. Im Hinblick auf das spätere Befahren sind Maßnahmen der intensiven Bodenlockerung wie etwa Pflügen auf volle Krumentiefe jedoch kritisch zu bewerten. Deshalb soll die Lockerung der Ackerkrume bei konservierender Bodenbearbeitung nicht routinemäßig zu jeder Fruchtart erfolgen, sondern nach Art, Tiefe und Häufigkeit im Verlauf der Fruchtfolge variieren. Der Einsatz nichtwendender Geräte bietet dabei die Gewähr, dass das Bodengefüge schonend gelockert wird. Zusätzlich kann durch den Anbau von Zwischenfrüchten, mehrjährigem Ackerfutter und Einordnung von begrünten Rotationsbrachen zur Strukturstabilisierung beigetragen werden.

Für den ungestörten Übergang vom Oberboden in den Unterboden ist die mechanische Belastung der Ackerkrume, der Krumenbasis sowie der darunter liegenden Horizonte von großer Bedeutung. Je lockerer und/oder feuchter der Boden während des Befahrens ist, umso eher drohen Schadverdichtungen. Daher soll der Boden insbesondere im Frühjahr zur Saatbettbereitung und Saat sowie im Herbst, vor allem zur Hackfruchternte, nur im abgetrockneten Zustand befahren werden. Konservierende Bodenbearbeitung mit schonender und fruchtartspezifischer Lockerung bietet hierfür Vorteile.

Der Kontaktflächendruck ist bestimmend für die Bodenbeanspruchung nahe der Bodenoberfläche während des Befahrens. Über den Bodendruck in tieferen Schichten entscheidet die Radlast. Diesen Bodendruck gilt es somit in Grenzen zu halten. Ein praktikabler Ausweg, um den Kontaktflächendruck zu reduzieren und damit auch die Tiefenwirkung zu mindern, ist die Vergrößerung der Aufstandsfläche. Dazu bieten sich Zwillingsbereifung an Schleppern für das Befahren zur Saatbettbereitung an. Außerdem werden zunehmend Zug- und Erntemaschinen mit Gleisbandlaufwerken entwickelt und eingesetzt. Diese sind zwar teurer als herkömmliche Radfahrwerke, aber sehr effektiv zur Vermeidung von Schadverdichtungen. Bei Radfahrwerken sollen ausschließlich Radialreifen anstelle von herkömmlichen Diagonalreifen eingesetzt werden, da sie bei größeren Luftvolumina niedrigere Reifeninnendrücke und damit größere Aufstandsflächen zulassen. Mittels Reifeninnendruck-Regelanlagen ist es möglich, den Druck an die unterschiedlichsten Bedingungen (Straße, Acker trocken, Acker feucht) anzupassen. So werden zum Zeitpunkt der Bestellung auf lockerem Boden < 1 bar und zur Ernte auf abgesetztem Boden < 2 bar gefordert. Als Richtwert für bodenschonendes Befahren gelten 0,5 bar.

Eine weitere Möglichkeit zu bodenschonender Bodenbearbeitung besteht in dem sogenannten „On-land"-Pflügen. Dabei fährt der Schlepper nicht, wie beim konventionellen Pflügen, mit zwei Rädern in der Furche, sondern bleibt mit allen 4 Rädern auf dem noch unbearbeiteten, tragfähigen Boden. Ein Nachteil dieses Systems ist, neben den höheren Anschaffungskosten, das schlechtere Spurverhalten, das insbesondere bei schwierigen Bodenverhältnissen ständige Aufmerksamkeit beim Fahren verlangt. Dem stehen als Vorteile vor allem die Vermeidung von Bodenverdichtungen, aber auch verbesserter Sitzkomfort durch Vermeidung der Schräglage des Traktors gegenüber.

Ein wesentlicher Aspekt des Bodenschutzes ist die Erhaltung bzw. besser noch die Förderung der bodenbiologischen und insbesondere der makrofaunistischen Aktivität. Auch hierfür ist die Wahl von standort- und fruchtfolgespezifischen Bearbeitungsstrategien ein wesentlicher Ansatz. Artenvielfalt, Abundanz und Biomasse von Regenwürmern sind herausragende Indikatoren für die Wirkungen der Bodenbearbeitung auf das Edaphon. Durch den fortdauernden Pflugeinsatz werden die Populationen im Allgemeinen beeinträchtigt, insbesondere wenn artenarme Fruchtfolgen praktiziert werden, in denen nur wenig leicht abbaubare organische Primärsubstanz anfällt. Demgegenüber entwickeln sie sich nach flacher, nichtwendender Bearbeitung deutlich besser und erreichen bei weitgehender Bodenruhe unter Direktsaaten die höchsten Abundanzen. Damit einher geht die Zunahme des Humusgehaltes in der Oberkrume sowie der mikrobiellen Biomasse. Weiterhin führt eine Erhöhung der Abundanz tiefgrabender Regenwürmer zu einer Zunahme offener, vertikaler Regenwurmröhren, die sich positiv auf die Wasserinfiltration und die Erosionsvermeidung auswirken. Verminderte Bodenbearbeitungsintensität führt also zu deutlich erhöhter bodenbiologischer Aktivität und erfüllt somit eine wichtige Forderung des Bodenschutzes (Tab. 1.36).

Die Verbesserung des Bodenschutzes zur Verminderung bzw. Vermeidung von Erosionen und Bodenverdichtungen sowie zur Erhöhung der biologischen Aktivität durch Reduzierung der Bearbeitungsintensität kann allerdings auch unerwünschte Wirkungen auf Wachstum, Entwicklung und Ertragsbildung von Nutzpflanzenbeständen haben. So muss vor allem bei anspruchsvollen Fruchtarten wie Winterweizen, Wintergerste oder Zuckerrüben eine geringere Ertragsstabilität kalkuliert werden. Diese nimmt mit abnehmender Standortgunst zu, sodass das Risiko von Mindererträgen bei der Wahl der Bearbeitungssysteme in die Kalkulation einbezogen werden muss.

Die Wahl und Gestaltung von standortangepassten Bodennutzungssystemen ist eine immer wiederkehrende Herausforderung an das betriebliche Management. Alle dargestellten Aspekte bodenschonender und bodenschützender Bewirtschaftung müssen dabei integriert werden, was stets die Suche nach dem jeweils machbaren Kompromiss bedeutet.

Tab. 1.36 Mikrobielle Biomasse, Regenwurmbesatz sowie Humusgehalt in Abhängigkeit von unterschiedlicher Bodenbearbeitung (Schmidt et al. 2002).

Parameter	Bodenbearbeitungssysteme		
	Pflug	Konservierend*	Direktsaat
Mikrobielle Biomasse (mg g^{-1} TM)			
0–5 cm	246,7	524,5	677,8
5–10 cm	276,1	438,2	435,2
Regenwurmbesatz (Tiere m^{-2})	64	110	256
Humusgehalt (%)			
0–5 cm	1,9	2,3	2,6
5–10 cm	2,0	2,0	2,1

* Grubber bis 20 cm

Fragen zu Kapitel 1.3.3

- Welche Ziele werden mit der Bodenbearbeitung verfolgt und welche Arbeitswirkungen von Geräten sind dafür erforderlich?
- Wie hat sich die Bodenbearbeitung historisch entwickelt?
- Welche bodenphysikalischen Parameter dienen der Quantifizierung von Gefügeeigenschaften und wie werden sie durch die Bodenbearbeitung beeinflusst?
- Welche Geräte werden in verschiedenen Verfahren der Bodenbearbeitung eingesetzt?
- Wie kann mit konservierender Bodenbearbeitung zum Bodenschutz beigetragen werden?

Weiterführende Literatur

Sommer, C., 1997: Bodenbearbeitung. In: E. R. Keller, H. Hanus und K.-U. Heyland (Hrsg.), Handbuch des Pflanzenbaues, Bd. 1. Verlag E. Ulmer, Stuttgart, 242–275.

Estler, M. und H. Knittel, 1996: Praktische Bodenbearbeitung. DLG-Verlags-GmbH, Frankfurt/Main.

1.3.4 Düngung

Mit der Düngung soll die Bodenfruchtbarkeit verbessert und das Pflanzenwachstum gefördert werden. Primär der Bodenverbesserung dienen der Einsatz von organischen Düngern sowie die Kalkung. Sie sind aber auch unter dem Aspekt der Begünstigung des Pflanzenwachstums und des Bodenlebens zu sehen. Die Grunddüngung mit Phosphor, Kalium, Magnesium und Schwefel sowie der Einsatz von Mikronährelementen und vor allem die Düngung mit Stickstoff dienen in erster Linie dazu, das Pflanzenwachstum zu fördern. Sie haben aber gleichermaßen auch positive Effekte auf den Boden.

Neben den Fruchtfolgen und der Bodenbearbeitung ist die Düngung ein weiteres tragendes Element der Bodennutzungssysteme. Wie die Erstgenannten hat auch sie mit dem Ackerbau eine Jahrtausende währende Entwicklung genommen. Ihre Anfänge sind im Zusammenhang mit dem Sesshaftwerden der Menschen und der damit beginnenden Haltung von Haustieren zu vermuten. Aus der Beobachtung, dass Getreide auf dem Land, welches zuvor als Tierweide diente, besser gedieh, hat sich allmählich das gezielte Ausbringen von Exkrementen entwickelt. Dies wurde mit der aufkommenden Pflugkultur verbunden. Seit dem römischen Altertum gehört die Düngeranwendung zum Kulturwissen der Menschheit. Die heutige Bezeichnung leitet

Tab. 1.37 Nährelementgehalte ausgewählter Nutzpflanzen (n. Schilling 2000).

Fruchtart	Nährstoffgehalt (kg dt^{-1})*			
	N	P	K	Mg
Winterweizen	2,60	0,45	1,43	0,22
Wintergerste	2,10	0,45	1,63	0,22
Winterroggen	1,95	0,47	1,99	0,23
Sommergerste	1,75	0,44	1,49	0,21
Hafer	1,94	0,49	1,78	0,19
Winterraps	4,42	1,06	4,15	0,45
Ackerbohnen	5,60	0,65	3,32	0,36
Körnererbsen	5,10	0,61	3,32	0,42
Lupinen	6,40	0,71	1,72	0,24
Kartoffeln	0,39	0,06	0,56	0,03
Zuckerrüben	0,46	0,08	0,62	0,09
Silomais	0,38	0,07	0,37	0,07
Kleegras	0,53	0,06	0,51	0,06
Luzerne	0,60	0,06	0,54	0,03

* Frischmasse; Hauptprodukt inkl. Nebenprodukt

sich vom Althochdeutschen „tung“ her. Hierunter wurde eine Vorratsgrube verstanden, welche zum Schutz gegen Witterungseinflüsse mit Stallmist abgedeckt war. Daraus ergab sich „tungen“ (= bedecken) und später Dung („Dünger“) als das den Boden Bedeckende. Dieser Begriff ist im Weiteren auf Stoffe ausgedehnt worden, die dem Boden zum Zwecke seiner Verbesserung zugeführt wurden. Heute ist die Düngung ein System von hochentwickelten Verfahren, welche auf den Erkenntnissen der Pflanzenphysiologie beruhen und zum Ziel haben, die bedarfsgerechte Versorgung von Nutzpflanzenbeständen mit essenziellen Nährelementen sicherzustellen.

Düngung
Unter Düngung versteht man die Zufuhr von Pflanzennährelementen zum Ausgleich der bei der ackerbaulichen Bodennutzung entstehenden Entzüge, Verluste und Veränderungen sowie zur Verbesserung der Nährstoffversorgung der Böden. Dazu werden Düngemittel in organischer und mineralischer Form eingesetzt. Dies sind Stoffe, welche Pflanzennährstoffe enthalten und dazu bestimmt sind, unmittelbar oder mittelbar Nutzpflanzen zugeführt zu werden, um deren Wachstum zu fördern, den Ertrag zu erhöhen und die Qualität der Ernteprodukte zu verbessern.

Die Pflanzen bestehen zu etwa 92 % aus Kohlenstoff, Sauerstoff und Wasserstoff. Diese Elemente entstammen der Luft und dem Wasser. Etwa 8 % sind Nährelemente, welche aus dem Boden aufgenommen werden. Unentbehrlich für alle Pflanzenarten sind die Makronährelemente Stickstoff, Phosphor, Kalium, Kalzium, Magnesium und Schwefel sowie die Mikroelemente Eisen, Mangan, Zink, Kupfer, Bor, Molybdän, Chlor und Nickel.

Die benötigten Nährstoffmengen sind für die verschiedenen Nährelemente sehr verschieden und unterscheiden sich ebenso erheblich zwischen verschiedenen Pflanzenarten (Tab. 1.37).

Je Dezitonne Haupt- und Nebenprodukt liegen die Nährelementgehalte bei 0,38–6,40 kg dt^{-1} bei Stickstoff, 0,06–1,06 kg dt^{-1} bei Phosphor, 0,37–4,15 kg dt^{-1} bei Kalium sowie bei 0,03–0,45 kg dt^{-1} bei Magnesium. Aufgabe der Düngung ist es, den Bedarf von Nutzpflanzenbe-

Tab. 1.38 C_{org}- und N_t-Gehalte im Statischen Düngungsversuch Bad Lauchstädt (Mittel der Jahre 1997–2000; n. Körschens et al. 2002).

Düngungs-varianten	C_{org}-Gehalt (%)	N_t-Gehalt (%)
300 dt ha^{-1} Stallmist jedes 2. Jahr		
NPK	2,48	0,22
NP	2,44	0,21
NK	2,41	0,21
N	2,40	0,21
PK	2,33	0,20
Ohne	2,30	0,20
200 dt ha^{-1} Stallmist jedes 2. Jahr		
NPK	2,26	0,20
NP	2,24	0,20
NK	2,21	0,20
N	2,22	0,20
PK	2,09	0,19
Ohne	2,09	0,19
Ohne Stallmist		
NPK	1,82	0,16
NP	1,76	0,16
NK	1,68	0,15
N	1,65	0,15
PK	1,59	0,14
Ohne	1,59	0,14

ständen an den essenziellen Nährelementen im Hinblick auf die Ertrags- und Qualitätsziele bedarfs- und zeitgerecht abzusichern. Unerwünschte Nebeneffekte auf die Umwelt infolge von Nährstoffüberhängen bzw. von Nährstoffausträgen in die Aquifere, insbesondere von Stickstoff und Phosphor, müssen dabei so weit als möglich vermieden werden.

1.3.4.1 Organische Düngung

Die Düngung mit organischen Stoffen dient neben der Zufuhr von Nährstoffen vor allem dazu, die durch Mineralisierung abgebaute organische Substanz zu ersetzen, um die Bodenfruchtbarkeit langfristig zu erhalten bzw. zu verbessern (s. hierzu Kap. 1.2.1.2). Organische Substanz kann dem Boden auf vielfältige Weise zugeführt werden:

- Ernterückstände (Wurzelmasse, Stoppeln, Getreide-, Raps- und Körnerleguminosenstroh, Rübenblatt, Kartoffelkraut)
- Wirtschaftsdünger (Stalldung, Gülle, Gärreste, Geflügeltrockenkot)
- Gründüngung (Sommer- und Winterzwischenfrüchte, Untersaaten, Brachebegrünung)
- Sekundärrohstoffdünger (Grüngutkomposte, Rindenkomposte, Bioabfallkomposte, Klärschlämme)

Die Versorgung der Böden mit organischer Substanz hat grundlegende Bedeutung für den Erhalt ihrer Fruchtbarkeit und somit für die dauerhafte Sicherung ihrer Ertragsfähigkeit. So steht die Verarmung an organischer Substanz durch einseitige, humuszehrende Fruchtfolgen oder durch ungenügende organische Düngung und zu intensive Bodenbearbeitung an erster Stelle von Negativeffekten des Ackerbaus, welche die Bodenfruchtbarkeit beeinträchtigen können (Kap. 1.2.1.2). Die Auswirkungen ungenügender oder unterlassener organischer Düngung können am besten anhand der Ergebnisse von langjährigen Dauerfeldversuchen beurteilt werden. Einer der ältesten derartigen Versuche in Deutschland und weltweit ist der Statische Düngungsversuch Bad Lauchstädt (Sachsen-Anhalt). Er wurde im Jahre 1902 von Schneidewind und Gröbler angelegt und wird bis heute weitergeführt. Mit ihm wird geprüft, welche langfristigen Wirkungen unterschiedlich hohe organische sowie differenzierte mineralische Düngung auf den Boden und auf die Erträge haben. Der Standort ist eine Löß-Schwarzerde mit sehr hoher natürlicher Bodenfruchtbarkeit bei einem durchschnittlichen Gehalt an organischer Bodensubstanz von 3,5 % (2,0 % C_{org}) (Kap. 1.2.1.1, Tab. 1.4). In einer 4-feldrigen Fruchtfolge werden Zuckerrüben – Sommergerste – Kartoffeln – Winterweizen im Fruchtwechsel angebaut. Nach einem Jahrhundert unterschiedlicher Düngung haben sich in diesem Versuch Differenzen im Gehalt an organischem Kohlenstoff zwischen 1,6 % C_{org} (entspricht 2,8 % OBS) ohne jede Düngung und 2,5 % C_{org} (entspricht 4,3 % OBS) bei Düngung mit 300 dt ha^{-1} Stallmist in jedem 2. Jahr in Kombination mit Mineraldüngung eingestellt (Tab. 1.38).

Tab. 1.39 Erträge (dt ha^{-1}) im Statischen Düngungsversuch Bad Lauchstädt (Mittel der Jahre 1998–2001; n. Körschens et al. 2002).

Düngungs-varianten	Zuckerrüben (FM)	Sommergerste (86 % TS)	Kartoffeln (FM)	Winterweizen (86 % TS)
300 dt ha^{-1} Stallmist jedes 2. Jahr				
NPK	626,2	59,4	400,2	85,4
NP	638,0	59,7	369,0	86,4
NK	654,6	59,9	414,9	85,9
N	626,5	58,8	431,8	85,8
PK	516,1	54,8	448,5	84,4
Ohne	535,3	54,7	438,1	82,9
200 dt ha^{-1} Stallmist jedes 2. Jahr				
NPK	616,6	55,3	445,4	91,3
NP	619,7	57,1	422,5	91,7
NK	617,1	57,6	412,4	89,5
N	576,0	55,4	400,4	86,5
PK	450,8	50,7	420,9	69,7
Ohne	436,8	51,3	367,1	70,7
Ohne Stallmist				
NPK	557,6	55,5	387,6	87,8
NP	470,9	46,7	235,2	80,9
NK	369,1	47,8	291,2	79,4
N	298,4	43,0	252,2	74,6
PK	315,3	30,7	299,2	47,8
Ohne	265,9	25,1	141,4	55,5

Vergleicht man die Varianten ohne Mineraldüngung, so ist der Gehalt an organischer Bodensubstanz in der Versuchsreihe ohne Stallmistdüngung um ca. 30 % niedriger als in der Reihe, die in jedem 2. Jahr 300 dt ha^{-1} Stallmist erhält. Der Gesamtstickstoffgehalt des Bodens variiert zwischen 0,14 % und 0,20 %. Der standortspezifisch anzustrebende C_{org}-Gehalt von etwa 2,1 % wird mit 200 dt ha^{-1} Stallmist in jedem 2. Jahr erreicht. Das heißt, dass bei der gegebenen Fruchtfolge im Mittel der Jahre 100 dt ha^{-1} Stallmist ausreichen, um eine sichere Humusreproduktion zu gewährleisten. Dies zeigen auch die Erträge der geprüften Fruchtarten (Tab. 1.39).

Kartoffeln und Winterweizen erreichen in der 2. Versuchsreihe (200 dt ha^{-1} jedes 2. Jahr) in Kombination mit Mineraldüngung die höchsten Erträge. Zuckerrüben und Sommergerste danken hingegen auch die höhere Stallmistdüngung noch mit Mehrerträgen. Die Folgen des Verzichts auf organische Düngung werden anhand der Erträge in den Kontrollvarianten ohne Mineraldüngung deutlich. Gemessen an der höheren Gabe von 300 dt ha^{-1} betragen die Ertragseinbußen bei langjährigem Verzicht auf Stallmistdüngung 269,4 dt ha^{-1} bei Zuckerrüben (–50,3 %), 29,6 dt ha^{-1} bei Sommergerste (–54,1 %), 269,7 dt ha^{-1} bei Kartoffeln (–67,7 %) und 27,4 dt ha^{-1} bei Winterweizen (–33,1 %).

Tab. 1.40 Durchschnittliche Nährstoffgehalte in der Frischmasse ausgewählter organischer Düngestoffe (n. Schweder et al. 1998).

Düngestoffe	TS-Gehalt	Nährstoffgehalte (kg t^{-1} bzw. kg m^{-3})			
	(%)	N	P	K	Mg
Stallmist (t)					
Rinder	25	0,95	0,19	0,96	0,14
Schweine	25	0,89	0,24	0,51	0,21
Schafe	25	2,08	0,34	2,28	0,27
Pferde	25	0,55	0,17	0,43	0,13
Hühnertrockenkot	45	2,51	0,55	1,18	0,27
Gülle (m^3)					
Rinder	10	5,87	0,92	5,74	0,67
Schweine	10	6,89	1,50	2,77	1,19
Geflügel	10	6,24	1,39	2,95	0,68

Das primäre Ziel der organischen Düngung besteht also darin, die infolge der ackerbaulichen Bodennutzung abgebaute organische Bodensubstanz zu ersetzen und somit die standorttypisch optimalen Gehalte dauerhaft zu sichern. Hinsichtlich ihrer diesbezüglichen Wirksamkeit unterscheiden sich die organischen Düngestoffe deutlich voneinander (Kap. 1.2.1.2, Tab. 1.9). Stalldung wird bei einem mittleren Trockensubstanzgehalt von 25 % mit 40 Humusäquivalenten je Tonne Substrat am höchsten bewertet. Trockensubstanzärmere Gülle trägt im Vergleich dazu nur etwa ein Viertel zur Humusreproduktion bei. Anhand derartiger Richtwerte wird der Einsatz von organischen Düngern im Hinblick auf die Reproduktion der organischen Bodensubstanz geplant und organisiert. In dem Zusammenhang sind fruchtfolge- oder schlagbezogene Humusbilanzen ein wesentliches Planungs- und Kontrollinstrument (Kap. 1.3.2.5, Tab. 1.29. S. 46).

Mit den organischen Düngestoffen führt man dem Boden auch bedeutende Mengen an Pflanzennährstoffen zu. Diese sind entweder in der organischen Substanz gebunden (hauptsächlich Stickstoff) und werden auf dem Wege des Ab- und Umbaus erst allmählich pflanzenverfügbar. Andererseits können sie in flüssigen Düngern wie Gülle auch in gelöster und somit unmittelbar pflanzenverfügbarer Form vorliegen (K, NH_4^+-N). Die organischen Wirtschaftsdünger aus der Tierhaltung enthalten unterschiedliche Nährstoffmengen. In Abhängigkeit von Tierart und Aufstallung (Festmist, Gülle) variieren die Gehalte an Makronährstoffen in vergleichsweise weiten Grenzen (Tab. 1.40).

Stallmist ist eine Mischung aus Kot, Harn und Einstreumaterial, die mehr oder weniger verrottet, d. h. mikrobiell umgewandelt ist. Er wird vorwiegend zu Hackfrüchten (Kartoffeln, Rüben, Mais) einschließlich Feldgemüse sowie zu Winteröl- und Winterzwischenfrüchten eingesetzt. Diese haben eine vergleichsweise lange Vegetationszeit, sodass sie die langsam frei werdenden Nährstoffe gut nutzen. Außerdem reagieren sie positiv auf die strukturverbessernde Wirkung der Stallmistdüngung. Die Aufwandmenge sollte im Mittel der Jahre 10 t ha^{-1} betragen. Wenn also in jedem dritten Jahr Stallmist gedüngt wird, können 30 t ha^{-1} eingesetzt werden. Als Ausbringungstermine kommen vorzugsweise Spätsommer und Herbst, aber auch das Frühjahr infrage. Generell sollte Stallmist bei feuchtem und kühlem Wetter ausgebracht werden, um Stickstoffverluste aufgrund von NH_3-Verflüchtigung einzuschränken. Unmittelbar nach dem Ausbringen ist der Dünger in den Boden einzuarbeiten, um seine mikrobielle Zersetzung einzuleiten. Dies kann mit Maßnahmen der

Teilbrachebearbeitung (z. B. Umbruchfolgebearbeitung) oder der Grundbodenbearbeitung (Saatfurche zur Winterung) verbunden werden.

Gülle ist ein fließfähiges Kot-Harn-Gemisch aus Ställen der einstreulosen Rinder- und Schweinehaltung sowie der Eier- und Geflügelproduktion. Sie enthält verschieden hohe Anteile von Produktionsabwässern sowie Futterreste. Der Trockensubstanzgehalt schwankt etwa zwischen 2 und 10 %, bei Geflügelgülle kann er bis zu 20 % betragen. Im Interesse der Ersparnis von Lager- und Transportkapazität ist ein hoher Trockensubstanzgehalt erwünscht. Die Grenze liegt jedoch bei 12 %, da im höheren Bereich die Pumpfähigkeit nicht mehr gegeben ist. Um ökologischen Problemen bei der Gülleanwendung vorzubeugen, hat der Gesetzgeber in Deutschland besondere Vorschriften erlassen. In der Düngeverordnung ist u. a. festgeschrieben, dass Gülle nicht auf wassergesättigten, schneebedeckten oder gefrorenen Boden ausgebracht werden darf, weil sonst mit erhöhter Nitratauswaschung gerechnet werden muss. Zudem sind Sperrfristen definiert, in denen das Ausbringen von Gülle generell verboten ist. In Abhängigkeit von der Hangneigung müssen bei der Gülleausbringung 1–10 m Abstand zu Gewässern eingehalten werden. Die mit organischer Düngung ausgebrachte Gesamtstickstoffmenge darf im Betriebsdurchschnitt auf Ackerland 170 kg ha^{-1} a^{-1} nicht überschreiten. Die Aufwandmengen liegen in Abhängigkeit vom Stickstoffgehalt und der auszubringenden Stickstoffmenge bei 15–40 m^3 ha^{-1}.

Gülle wird vorwiegend zu Hackfrüchten und nichtlegumen Futterpflanzen eingesetzt, weil durch deren lange Vegetationszeit eine relativ gute Nährstoffausnutzung erreicht wird. Allerdings sollte der Stickstoffbedarf nur etwa zur Hälfte aus Gülle gedeckt werden, da der Güllestickstoff aufgrund der witterungsabhängigen Mineralisation in seiner Wirkung nicht sicher kalkulierbar ist. Zum Herabsetzen von Stickstoffverlusten durch Ammoniakverflüchtigung muss Gülle bodennah ausgebracht werden. Dazu haben sich Schleppschläuche und spezielle Injektionsgeräte bewährt. Auf unbestelltem Ackerland ist sie unverzüglich einzuarbeiten, da sonst innerhalb kurzer Zeit große Mengen des NH_4^+-Stickstoffs in die Atmosphäre entweichen können. Dies hat einerseits Umweltbelastungen zur Folge, andererseits gehen dabei wertvolle Pflanzennährstoffe verloren, die im System Boden–Pflanze benötigt und dort gehalten werden müssen. Eine Möglichkeit zum Herabsetzen der N-Verluste ist die kombinierte Stroh-Gülle-Düngung. Dabei werden das weite C/N-Verhältnis des Strohs (40–100) verengt, die Strohrotte im Boden beschleunigt und Teile des Güllestickstoffs zwischenzeitlich in der mikrobiellen Biomasse gebunden.

Die in den organischen Wirtschaftsdüngern enthaltenen Nährstoffmengen sind teilweise nicht sofort durch die Pflanzen aufnehmbar. Insbesondere der Stickstoff ist teilweise in Proteinen gebunden und wird erst durch die Mineralisation freigesetzt. Um die ausgebrachten Nährstoffmengen bei der Düngerbemessung kalkulieren zu können, bedient man sich der Mineraldüngeräquivalente. Bei Stallmistdüngung wird für Stickstoff im Allgemeinen mit einem Wert von 30 zur ersten Frucht gerechnet, das heißt für 100 kg ha^{-1} N aus Stallmist ist eine äquivalente Wirkung anzunehmen wie mit 30 kg ha^{-1} aus mineralischer Stickstoffdüngung. Für Phosphor, Kalium und Magnesium wird 100 angesetzt, also die gleiche Wirksamkeit wie bei Mineraldüngern. Es sollte jedoch bedacht werden, dass die tatsächliche Nährstoffmineralisation zum einen aufgrund variierender Qualität des Stallmists und zum anderen in Abhängigkeit von der Witterung eine erhebliche Spannbreite aufweist.

Bei Gülle unterscheiden sich die Mineraldüngeräquivalente für Stickstoff in Abhängigkeit von Fruchtart und Ausbringungstermin und variieren zwischen 15 und 60 (Tab. 1.41). Für Phosphor und Kalium wird auch hier die gleiche Wirksamkeit wie von Mineraldüngern angenommen.

1.3.4.2 Mineralische Grunddüngung

Die mineralische Grunddüngung bezieht sich auf die Makronährelemente Phosphor, Kalium, Magnesium sowie auf die Kalkung. Auch die Versorgung mit Schwefel wird bei hohem Ertragsniveau zunehmend interessant, weil durch verminderte Lufteinträge die Bodengehalte sinken

Tab. 1.41 Mineraldüngeräquivalente für Güllestickstoff (n. Schilling 2000).

Fruchtarten	Düngungstermin			
	Aug./Sept.	Okt./Mitte Nov.	Mitte Jan./Apr.	Mai/Juli
Wintergetreide, Winterraps	20–40	40	50–60	–
Sommergetreide	–	–	50–60	–
Hackfrüchte, Mais	–	–	50–60	60
Winterzwischenfrüchte	15–40	40	50–60	–
Sommerzwischenfrüchte	40	–	–	–
Ackergras	30–45	45	50	40

und somit ertragsbegrenzend werden können. Ziel der Grunddüngung ist die Einstellung eines optimalen Bodengehaltes bzw. Bodenreaktion sowie der Ersatz der dem Boden durch die Ernten entzogenen Nährstoffe. Dabei müssen Böden mit geringeren Vorräten an Nährstoffen stärker gedüngt werden, während solche mit höherem Nährstoff-Status weniger oder keine Düngung benötigen. Das Pendant zur Grunddüngung ist die fruchtartspezifische mineralische Stickstoffdüngung. Diese wird im Kapitel 2.3.3 behandelt.

Analog zur organischen Düngung lässt sich die Bedeutung der mineralischen Grunddüngung für Fruchtbarkeit und Ertragsfähigkeit der Böden ebenfalls durch die Ergebnisse aus langjährigen Dauerfeldversuchen verdeutlichen. In dem unter Kapitel 1.4.3.1 dargestellten Statischen Düngungsversuch Bad Lauchstädt lassen sich die Effekte der PK-Grunddüngung anhand der Ertragsreaktion quantifizieren (s. Tab. 1.39). Dazu werden die Ergebnisse in der Versuchsreihe ohne Stallmistdüngung herangezogen und die Erträge der Fruchtarten in der Variante mit mineralischer Volldüngung (NPK) mit denen bei ausschließlicher Stickstoffdüngung (N) verglichen. Der langjährige Verzicht auf die PK-Grunddüngung führt auf dem Lößstandort zu Ertragsminderungen von 46,5 % bei Zuckerrüben, 34,9 % bei Kartoffeln, 22,6 % bei Sommergerste und 9,1 % bei Winterweizen. Noch wesentlich stärker treten diese Effekte auf wenig fruchtbaren Sandböden in Erscheinung. Beispielhaft dafür sind Ergebnisse aus dem Statischen Nährstoffmangelversuch Thyrow (Brandenburg). Er wurde im Jahre 1937 von Opiz angelegt und wird seitdem kontinuierlich unverändert weitergeführt. Der Standort ist ein leicht schluffiger Sandboden mit geringer natürlicher Fruchtbarkeit bei einem mittleren Gehalt an organischer Bodensubstanz von 0,8 % (C_{org} 0,5 %) (Kap. 1.2.1.1, Tab. 1.4, S. 16). In einer 4-feldrigen Fruchtfolge werden Kartoffeln – Sommergerste – Silomais – Sommergerste im Fruchtwechsel angebaut. Die Düngung ist 8-fach variiert, wobei einer ungedüngten Kontrolle die Stallmistdüngung sowie kombinierte organisch-mineralische Düngung gegenüberstehen. Hinzu kommen ausschließliche Mineraldüngung sowie Mangelvarianten für Kalk, Phosphor, Kalium und Stickstoff. Nach 8 Jahrzehnten dieser stark unterschiedlichen Bodenbewirtschaftung haben sich erhebliche Differenzen im Humus-, Nährstoff- und pH-Status des Bodens manifestiert, wodurch die Bodenfruchtbarkeit in weiten Bereichen variiert (Tab. 1.42).

Die düngungsinduzierten Differenzen im Fruchtbarkeitsstatus des Bodens wirken sich stark auf die Erträge der geprüften Fruchtarten aus. Verglichen mit Löß-Schwarzerde in Bad Lauchstädt (s. Tab. 1.39) liegen sie zunächst auf einem sehr viel niedrigeren Niveau. Bei Kartoffeln werden in der vergleichbaren Düngungsvariante NPK (ohne organische Düngung) auf dem Sandboden mit 254 dt ha^{-1} lediglich rund zwei Drittel des Ertrages auf Lößboden erreicht und bei Sommergerste ist es mit etwa 20 dt ha^{-1} nur ein Drittel. Dementsprechend wirken sich auf dem wenig fruchtbaren und unzureichend gepufferten Sandboden auch die Defiziteffekte von Nährstoffmangel wesentlich stärker aus (Abb. 1.35).

Dabei reagieren die geprüften Fruchtarten sehr unterschiedlich. Unterlassene Kalkung mit daraus folgender Bodenversauerung beeinträch-

Tab. 1.42 Bodenfruchtbarkeitsstatus im Statischen Nährstoffmangelversuch Thyrow nach langjährig differenzierter Düngung (Mittel 2011–2020; Baumecker, unveröffentlicht).

Varianten	C_{org} [mg 100 g^{-1}]	P [mg 100 g^{-1}]	K [mg/100 g^{-1}]	pH
Ungedüngt	331	5,8	3,3	4,4
PK + Kalk	345	14,9	16,9	6,2
NP + Kalk	379	10,9	3,4	5,8
NPK [1]	416	9,8	9,3	4,3
NK + Kalk	390	4,7	12,7	6,0
Stallmist [2]	634	9,8	9,6	5,0
NPK + Kalk	416	10,9	12,5	5,9
Stallmist + NPK + Kalk	813	19,2	16,9	5,9

[1] Kartoffeln, Silomais: 90 N, 24 P, 100 K; Sommergerste: 60 N, 24 P, 100 K (jeweils kg ha^{-1})
[2] 300 dt ha^{-1} in jedem 2. Jahr

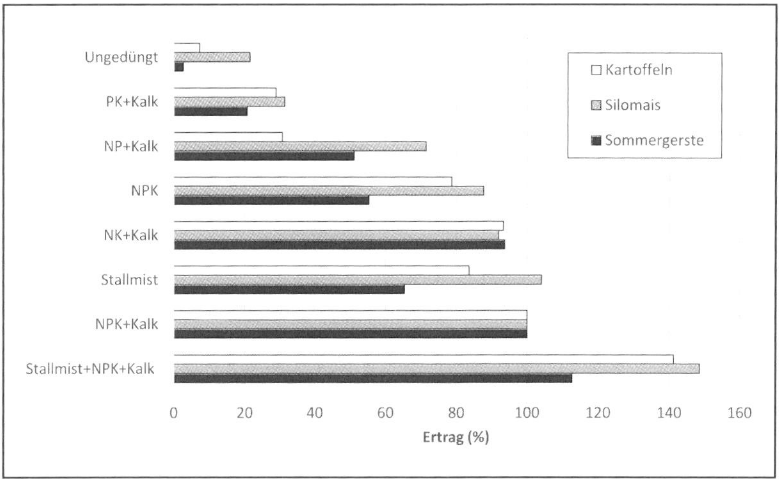

Abb. 1.35 Relativerträge von Kartoffeln, Silomais und Sommergerste im Statischen Nährstoffmangelversuch Thyrow (Mittel 2011–2020; Baumecker, unveröffentlicht). Erträge in der Variante NPK + Kalk (100 %): Kartoffeln 253,6 dt ha^{-1} FM, Silomais 130,0 dt ha^{-1} TM, Sommergerste 19,9 dt ha^{-1} bei 86 % TS.

tigt am stärksten die Sommergerste, welche die Hälfte ihres Ertrages einbüßt. Kaliummangel führt vor allem bei Kartoffeln zu starken Ertragsverlusten von etwa zwei Dritteln. Deutlich geringer sind hingegen die ertraglichen Defizitwirkungen von Phosphormangel.

Extrem negative Effekte hat auf dem schwach schluffigen Sandboden der fortdauernde Verzicht auf die Stickstoffdüngung. In der über mehr als 7 Jahrzehnte nur mit P, K und Kalk versorgten Variante ist der Kartoffelertrag auf ein Viertel der Vergleichsvariante 4 (NPK + Kalk) gefallen, der von Silomais auf ein Drittel und der von Sommergerste sogar unter ein Fünftel. An diesen Beispielen wird deutlich, dass die organische und mineralische Düngung eine grundlegende Voraussetzung für den Erhalt der Bodenfruchtbarkeit und der Ertragsfähigkeit ackerbaulich genutzter Böden ist und demzufolge große Aufmerksamkeit beim Gestalten nachhaltig angelegter Bodennutzungssysteme erfordert.

Grundlage für die Bemessung der Grunddüngung ist der Nährstoff-Status im Boden. Dieser muss durch Bodenuntersuchungen regelmäßig bestimmt werden, um mittelfristig die Reproduktion der Bodenfruchtbarkeit für die Makronährstoffe sicherstellen zu können (Kap. 1.2.1.2, Tab. 1.7). In Deutschland werden die Ergebnisse der Bodenuntersuchung auf den Gehalt an Makronährstoffen in 5 Gehaltsklassen

Tab. 1.43 Gehaltsklassen für pflanzenverfügbare Nährelementgehalte des Bodens und verbale Düngeempfehlung (n. Schilling 2000).

Gehaltsklassen	Definition	Düngeempfehlung	Düngewirkung
A	Sehr niedriger Gehalt	Stark erhöhte Düngung gegenüber der Empfehlung in Gehaltsklasse C	Auf Ertrag: Hoher Mehrertrag Auf Boden: Gehalt im Boden steigt deutlich an
B	Niedriger Gehalt	Erhöhte Düngung gegenüber der Empfehlung in Gehaltsklasse C	Auf Ertrag: Mittlerer Mehrertrag Auf Boden: Gehalt im Boden steigt an
C	Anzustrebender Gehalt	Erhaltungsdüngung nach Nährstoffentzug	Auf Ertrag: geringer Mehrertrag Auf Boden: Gehalt im Boden bleibt erhalten
D	Hoher Gehalt	Verminderte Düngung gegenüber der Empfehlung in Gehaltsklasse C	Auf Ertrag: Mehrertrag meist nur bei Blattfrüchten Auf Boden: Gehalt im Boden nimmt langsam ab
E	Sehr hoher Gehalt	Keine Düngung	Auf Ertrag: keine Auf Boden: Gehalt im Boden nimmt ab

eingeteilt, von denen Düngeempfehlungen abgeleitet werden (Tab. 1.43).

Liegen sehr niedrige Nährstoffgehalte vor (Gehaltsklasse A), ist mit einer erhöhten Düngung dafür zu sorgen, dass diese wachstums-, entwicklungs- und ertragslimitierende Defizitsituation im Boden behoben wird. Angestrebt werden sollen Gehalte, die im Bereich der Bodenfruchtbarkeitskennziffern (Soll) für Phosphor, Kalium, Magnesium und den pH-Wert liegen. Diese sind auf dem jeweiligen Standort für ein ungestörtes Pflanzenwachstum ausreichend (Gehaltsklasse C). Wenn demgegenüber höhere oder sehr hohe Bodengehalte vorliegen (Gehaltsklasse E), soll die Grunddüngung aus ökologischen und ökonomischen Gründen vermindert bzw. zeitweise gänzlich ausgesetzt werden.

Zum Regulieren des pH-Werts der Böden dient die Kalkung. Sie ist in regelmäßigen Abständen erforderlich, weil ackerbaulich genutzte Böden unter humiden Klimabedingungen einer ständigen Versauerung ausgesetzt sind. Ausnahmen sind von Natur aus sehr kalkreiche Böden, wie Kalkverwitterungsstandorte. Ursachen für die Bodenversauerung sind die Ausscheidungen von Pflanzenwurzeln und Mikroorganismen und der Pflanzenentzug, denn Kalzium ist ein unentbehrlicher und wichtiger Pflanzennährstoff. So entziehen Getreide ca. 42 kg ha^{-1} CaO, Zuckerrüben ca. 126 kg ha^{-1} und Rotklee ca. 350 kg ha^{-1} im Jahr. Hinzu kommt, dass durchschnittlich 100–400 kg ha^{-1} CaO je Jahr mit dem Sickerwasser ausgewaschen werden. Auch der Einsatz sauer wirkender Düngemittel (z. B. Ammonsulfatsalpeter) sowie der Eintrag von versauernden Substanzen mit den Niederschlägen tragen zur Versauerung bei. Die Höhe der erforderlichen Kalkdüngung ergibt sich aus dem für den jeweiligen Standort optimalen pH-Wert und dem aktuellen Bodenzustand (Tab. 1.44).

Je nach spezifischer Situation resultiert somit ein Kalkaufwand zwischen 0 und mehr als 170 dt ha^{-1} CaO. Diese Mengen sind für einen Zeitraum von 4 Jahren kalkuliert. Befinden sich die pH-Werte im Optimalbereich, ist in Abständen von 3–4 Jahren eine Erhaltungskalkung erforderlich. Dazu werden auf sandigen Böden 8–10 und auf Lehm- und Tonböden 15–20 dt ha^{-1} CaO eingesetzt.

Die Grunddüngung mit Phosphor, Kalium und Magnesium ist in ihrer Höhe so auszurichten, dass langfristig die Einstellung der Nährstoffgehalte in der Gehaltsklasse C erreicht wird. Liegt diese anzustrebende optimale Nährstoffversor-

Tab. 1.44 Kalkbedarf (dt ha^{-1} CaO) zum Erreichen eines optimalen pH-Werts auf verschiedenen Bodenarten bei unterschiedlichem Ausgangs-pH-Wert (n. Schweder 1998).

Ausgangs-pH-Wert	Sand	Schwach lehmiger Sand	Bodenarten Stark lehmiger Sand	Sandiger/ schluffiger Lehm	Toniger Lehm bis Ton
4,0	52	71	102	133	173
4,5	38	57	87	115	155
5,0	21	39	66	91	128
5,5	8	17	40	62	94
6,0	0	11	22	28	52
6,5	0	0	0	17	20

gung vor, wird die Grunddüngung nach dem Entzug der Fruchtarten bemessen. Die Höhe der durch die Düngung zu ersetzenden Nährstoffmenge ergibt sich aus den Nährstoffinhalten der Haupt- und Nebenernteprodukte (Kap. 1.3.4, Tab. 1.37), dem Ertrag, den verfügbaren Nährstoffresten der Vorfrucht und den vorhandenen pflanzenverfügbaren Nährstoffvorräten des Bodens. Angerechnet werden müssen auch die verfügbaren Nährstoffe aus der organischen Düngung, z. B. mit Wirtschaftsdüngern (Kap. 1.3.4.1, Tab. 1.40). Demzufolge kann der Mineraldüngerbedarf für die Grunddüngung nach folgendem Bilanzierungsschema kalkuliert werden:

Nährstoffbedarf

	der Pflanzen (Zielertrag multipliziert mit dem Nährstoffinhalt der Haupt- und Nebenernteprodukte)
minus	anrechenbare Nährstoffe aus der Vorfrucht
minus	anrechenbare verfügbare Nährstoffe aus der organischen Düngung
plus	Zu- bzw. Abschläge entsprechend der Gehaltsklasse der Nährstoffversorgung des Bodens.

Aus ökonomischen Gründen wird die Grunddüngung nicht immer jährlich zu den einzelnen Fruchtarten gegeben, sondern kann in der Fruchtfolge für mehrere Jahre zusammengefasst werden. Diese sogenannte Vorratsdüngung ist dann für die gesamte Fruchtfolge zu kalkulieren und wird je nach Anzahl der Fruchtfolgefelder ein- oder mehrmals je Rotation vorgenommen. Vorteilhaft ist die Düngung auf die Stoppel von Halmfrüchten. Bei der nachfolgenden Teilbrachebearbeitung werden die Düngemittel dann unmittelbar in den Boden eingearbeitet. Dies trifft auch für die Kalkung zu (s. Kap. 1.3.2.5, Abb. 1.10).

Erst in jüngerer Zeit ist die Düngung von Schwefel aktuell geworden. Er ist ein essenzieller Pflanzennährstoff und muss für hohe Erträge und gute Produktqualität in ausreichendem Maße zur Verfügung stehen. In der Vergangenheit war aufgrund hoher Schwefeleinträge aus der Luft und der Anwendung schwefelhaltiger Düngemittel die Schwefelernährung der Kulturpflanzen zumeist gesichert. Seitdem diese Quellen rückläufig sind (u. a. infolge der Rauchgasentschwefelung bei der Kohleverbrennung) kommt es zunehmend zu Schwefelmangel bei bedürftigen Nutzpflanzen. Unter den landwirtschaftlichen Kulturpflanzen weisen Raps und andere Kruziferen, gefolgt von Weizen und Gerste den höchsten Schwefelbedarf auf. Schwefelmangel tritt bei diesen Arten insbesondere auf nassen, kalten und biologisch inaktiven Böden auf. Problematisch stellen sich auch leichte, humusarme Sandstandorte dar. Darüber hinaus kann fehlende organische Düngung die Schwefelverfügbarkeit einschränken. Um die Notwendigkeit einer ergänzenden Schwefeldüngung einschätzen zu können, bedient man sich der Untersuchung des Bodengehaltes an leichtlöslichem Schwefel (S_{min}) zu Vegetationsbeginn im Frühjahr. Als Richtwerte gelten 40–50 kg ha^{-1} in 0–60 cm Bodentiefe für Raps sowie 30–40 kg ha^{-1} für Getreide und Hackfrüchte. Wenn diese Werte nicht erreicht werden, sollten zu Raps 30–40 kg ha^{-1} und zu Getreide 15–25 kg ha^{-1} Schwefel gedüngt werden. Dazu können entweder schwefelhaltige Stickstoffdünger wie Ammonsulfatsalpeter (14 % S) oder schwefelhaltige Magnesiumdünger wie Kieserit (21 % S) oder Bittersalz (13 % S) genutzt werden.

Neben der Grunddüngung mit Kalk, Phosphor, Kalium und Magnesium ist gelegentlich auch die Düngung mit Mikronährstoffen erforderlich. Im Durchschnitt einer Fruchtfolge mit Hackfrüchten, Raps und Getreide werden je Hektar und Jahr etwa 150–500 g Bor, 70–120 g Kupfer, 400–1000 g Mangan, 5–20 g Molybdän, 250–350 g Zink und 500–1500 g Eisen entzogen. Besonders bedürftig sind Rüben, Raps, andere Kruziferen und Leguminosen. Zum Vorbeugen bzw. Beheben von Mikroelementmangel werden spezielle Blatt- und Spurenelementdünger eingesetzt, welche die erforderlichen Nährelemente in verschiedenen Zusammensetzungen beinhalten. Auch einige Kalkdünger (z. B. Hüttenkalk) enthalten Mikronährstoffe.

Im Zusammenhang mit der Entwicklung, Bereitstellung und praktischen Einführung von Methoden des „Precision Farming" wird im praktischen Ackerbau schrittweise zur teilflächenspezifischen Düngung übergegangen. Damit sollen die aus der Heterogenität der Bodendecke resultierenden Unterschiede im Nährstoffstatus besser berücksichtigt und eine dem Pflanzenbedarf angepasste Nährstoffversorgung sowie eine effizientere Nährstoffverwertung erreicht werden. Voraussetzung dafür ist eine satellitengestützte ortsspezifische Analyse der Nährstoffgehalte bzw. pH-Werte in Rastern, die zwischen 1 und 5 ha gewählt werden können. Auf der Grundlage dieser Daten werden Nährstoffkarten erstellt, deren maschinenlesbare Form die teilflächenspezifische Dosierung der Nährstoffmengen während der Ausbringung ermöglichen.

Fragen zu Kapitel 1.3.4

- Welche Nährstoffmengen benötigen die landwirtschaftlichen Nutzpflanzen?
- Welche Ziele hat die organische Düngung, welche Düngestoffe kommen zum Einsatz und wie wird sie bilanziert?
- Wonach wird die mineralische Grunddüngung mit Phosphor und Kalium sowie die Kalkung bemessen?

Weiterführende Literatur

Knittel, H. und E. Albert, 2003: Praxishandbuch Dünger und Düngung. Agrimedia-Verlag Bergen/Dumme.

Schilling, G., 2000: Pflanzenernährung und Düngung. Verlag E. Ulmer, Stuttgart, 275–430.

1.4 Unkrautkontrolle

Mit dem Überformen von Ökosystemen durch produktionstechnische Eingriffe des Ackerbaus und der Herausbildung von Agrarökosystemen sind selektive Eingriffe in die Pflanzengesellschaften am jeweiligen Standort verbunden. Sie haben zum Ziel, die Wachstums- und Entwicklungsbedingungen für die Nutzpflanzen günstig zu gestalten, unerwünschten Pflanzenwuchs hingegen zurückzudrängen. Dies ist das Grundprinzip des Ackerbaus – seit seinen Anfängen bis heute.

Für die im Ackerbau nicht erwünschten Pflanzen ist im deutschen Sprachraum der Begriff „Unkraut" gebräuchlich. Er ist eine Sammelbezeichnung sowohl für krautige, zweikeimblättrige Pflanzen als auch für einkeimblättrige Gräser. Korrekterweise müssen aber Ungräser und Unkräuter unterschieden werden. Im eigentlichen botanischen Sinne gibt es jedoch kein „Un"-kraut bzw. „Un"-gras. Deshalb wird in jüngster Zeit auch von Ackerwildflora, Ackerbegleitflora oder Ackerwildkräutern gesprochen. Botaniker und Ökologen nutzen diese Termini als Hinweis darauf, dass die auf dem Acker wachsenden und nicht gezielt angebauten Pflanzen ebenfalls Bestandteil von Ökosystemen sind, welche ganzheitlich betrachtet werden müssen. Diese Sichtweise widerspiegelt auch die Definition.

Unkräuter

Unkräuter/Ungräser sind Pflanzen (Wild- und/oder Kulturpflanzen), die an einem bestimmten Ort und zu einer bestimmten Zeit als unerwünscht, wertlos, schädigend oder fehl am Platze gelten und somit mehr schaden als nützen.

In der botanischen und pflanzensoziologischen Literatur haben Begriffe wie „Ackerunkraut“ oder „Ackerunkrautgesellschaften“ nach wie vor Gültigkeit. Deshalb wird hier an der Bezeichnung Unkraut bzw. Ungras festgehalten, da es sich um Begriffe handelt, die seit Langem eingeführt, klar definiert und für alle verständlich sind.

Die Unkrautkontrolle ist eine ganz wesentliche Komponente des Ackerbaus und hat dessen Entwicklung seit den Anfängen maßgeblich mitgeprägt. Sein wirtschaftlicher Erfolg hängt bis heute zu großen Teilen davon ab, wie es gelingt, die Schadwirkungen durch Unkräuter einzuschränken bzw. zu verhindern (s. Kap. 1.4.2). Das fortdauernde Ringen mit dem Unkraut stellt daher auch einen bemerkenswerten Aspekt der Kulturgeschichte der Menschheit dar. So finden sich etwa in den Büchern des Alten und Neuen Testaments verschiedene Hinweise darauf. Im Ersten Buch Moses wird dies nach dem Sündenfall allegorisch umschrieben: „… *verflucht sei der Acker um deinetwillen! Mit Mühsal sollst du dich von ihm nähren dein Leben lang. Dornen und Disteln soll er dir tragen* …“ (Gen 3, 17 f.). Im Lied vom unfruchtbaren Weinberg heißt es: „… *Ich will ihn wüst liegen lassen, dass er nicht beschnitten noch gehackt werde, sondern Disteln und Dornen darauf wachsen* …“ (Jes 5, 6). Und im Brief an die Hebräer findet sich der ackerbauliche Zusammenhang wie folgt: „*Denn die Erde, die den Regen trinkt, der oft auf sie fällt, und nützliche Frucht trägt denen, die sie bebauen, empfängt Segen von Gott. Wenn sie aber Dornen und Disteln trägt, bringt sie keinen Nutzen und ist dem Fluch nahe, so dass man sie zuletzt abbrennt*“ (Hebr 6, 7–8). Dieses synonyme Wortpaar hat sich zum Veranschaulichen von Unwirtlichkeit und Unfruchtbarkeit in der deutschen Sprache fest eingebürgert.

Die Bekämpfung des Unkrautes war bis in die Neuzeit ein mühseliges und häufig auch mehr oder minder erfolgloses Unterfangen. Bescheidene Wirkungen erzielte man ursprünglich durch die Bodenbearbeitung, insbesondere die Bearbeitung der Brachen. Im Übrigen blieb nur das Jäten als Handarbeit.

Heute stehen dem Landwirt im System der Integrierten Unkrautkontrolle vielfältige Mittel und Möglichkeiten zur Verfügung, mit denen er die Unkräuter effizient bekämpfen kann. Trotzdem schätzt man die Ertragsverluste im Mittel der Fruchtarten und Anbausysteme auf etwa 10 %. Somit ist und bleibt diese Komponente der Bodennutzungssysteme eine stets neue Herausforderung an das ackerbauliche Management.

1.4.1 Ackerunkräuter

Die Herausbildung von Unkrautgesellschaften ist parallel zur Entwicklung der Kulturpflanzen auf die Tätigkeit des Menschen zurückzuführen. Mit der weiträumigen Zerstörung der autochthonen Vegetation durch den Ackerbau begann auch die Ausformung einer speziellen Unkrautflora. Etwa jede 5. Art entstammt der ursprünglichen Wildflora. Von den etwa 150 bedeutsamen Unkräutern gelangte ein großer Teil bereits bei der Aufnahme des Ackerbaus zusammen mit den Kulturpflanzen aus Vorderasien nach Mitteleuropa. Weitere Pflanzen wurden im Laufe der Zeit über Handel und Verkehr sowie mit importiertem Saatgut verbreitet und bürgerten sich in der Folge als Unkräuter ein. Sie können auch als Kulturbegleiter bezeichnet werden.

Wichtige Unkrautarten, deren Samen bereits in Funden aus der Jungstein-, Bronze- und Eisenzeit, also seit der Aufnahme ackerbaulicher Tätigkeit nachgewiesen wurden, sind unter anderem Ackerhellerkraut *(Thlaspi arvense)*, Ackersenf *(Sinapis arvensis)*, Gemeiner Erdrauch *(Fumaria officinalis)*, Hirtentäschelkraut *(Capsella bursa-pastoris)*, Klettenlabkraut *(Galium aparine)*, Kornblume *(Centaurea cyanus)*, Schwarzer Nachtschatten *(Solanum nigrum)*, Vogelmiere *(Stellaria media)*, Weißer Gänsefuß *(Chenopodium album)* und Flughafer *(Avena fatua)*. Weitere Arten sind erst in den vergangenen 200 Jahren eingeschleppt worden. Dazu zählen Kanadisches Berufkraut *(Erigeron canadensis)*, Kleinblütiges Franzosenkraut *(Galinsoga parviflora)*, Persischer Ehrenpreis *(Veronica persica)* und Zurückgebogener Fuchsschwanz *(Amaranthus retroflexus)*.

Die Verbreitungsareale der einzelnen Arten sind in Abhängigkeit von ihren Ansprüchen sehr unterschiedlich. Große Verbreitung haben Arten, die gute bzw. in gutem Kulturzustand befindliche Böden bevorzugen, in unterschiedlichen Kulturpflanzenbeständen auftreten können, zu verschiedenen Jahreszeiten keimen und auflaufen und ein hohes Vermehrungspotenzial haben. Dazu zählen Ackerhellerkraut *(Thlaspi arvense)*, Ackerstiefmütterchen *(Viola arvensis)*, Ehrenpreisarten *(Veronica* subsp.*)*, Erdrauch *(Fumaria officinalis)*, Jährige Rispe *(Poa annua)*, Kamillearten *(Matricaria* subsp. und *Anthemis* subsp.*)*, Klettenlabkraut *(Galium aparine)*, Knötericharten *(Polygonum* subsp.*)*, Quecke *(Agropyron repens)*, Taubnesselarten *(Lamium* subsp.*)*, Vogelmiere *(Stellaria media)*.

Bei hohem Wintergetreideanteil sind Windhalm *(Apera spica-venti)* und Ackerfuchsschwanz *(Alopecurus myosuroides)* zu dieser Gruppe zu rechnen. Hühnerhirse *(Echinochloa crus-galli)* und Kleine Brennessel *(Urtica urens)* treten verbreitet auf intensiv für Hackfrucht- und Gemüsebau genutzten Flächen auf.

Arten mit ausgeprägten oder einseitigen Ansprüchen an Bodenart, -struktur und -reaktion, Wasser- und Nährstoffgehalt sowie Temperatur- und Lichtverhältnisse steht jeweils nur ein begrenztes Areal zur Besiedlung zur Verfügung. So treten wärmebeanspruchende, spätkeimende Unkräuter vorwiegend in wärmeren Lagen sowie in spät bestellten Fruchtarten der Sommerung (z. B. Mais) auf. Dazu gehören Einjähriges Bingelkraut *(Mercurialis annua)*, Grüne Borstenhirse *(Setaria viridis)*, Hühnerhirse *(Echinochloa crus-galli)*, Schwarzer Nachtschatten *(Solanum nigrum)*, Zurückgebogener Fuchsschwanz *(Amaranthus retroflexus)*.

Allen Unkräutern gemeinsam ist eine ausgesprochen große Widerstandskraft. Damit sind sie in der Lage, die Art am jeweiligen Standort zu erhalten bzw. sich in weitere Areale zu verbreiten. Diese Fähigkeit beruht auf verschiedenen Ursachen, die für eine erfolgversprechende Kontrolle berücksichtigt werden müssen. Aus genetischer Sicht unterscheiden sich die Unkräuter deutlich von den Kulturpflanzen. Letztgenannte befähigt die züchterische Bearbeitung zu höchsten Leistungen unter bestimmten ökologischen Bedingungen und sie zeichnen sich durch mehr oder minder ausgeprägte genetische Vereinheitlichung ihrer Individuen aus. Damit haben sie nur sehr begrenzte Möglichkeiten zur Anpassung an unterschiedliche Umweltverhältnisse. Im Gegensatz dazu weisen die Unkrautarten – wie alle Wildpflanzen – eine außerordentlich große Typenmannigfaltigkeit auf. Sie stellen Populationen mit großer genetisch bedingter Variabilität dar und können sich somit rasch an unterschiedlichste Verhältnisse anpassen. Viele Unkräuter stehen seit Jahrtausenden in so engem Kontakt mit dem Anbau der Kulturpflanzen, dass sie in ihrer Existenz gänzlich an den Ackerbau gebunden sind. Sie werden deshalb auch als obligate Ackerunkräuter bezeichnet. Solche Arten benötigen bearbeitete Böden und können hohe Nährstoffangebote gut nutzen. Manche sind durch enge Verwandtschaft mit Kulturpflanzen begünstigt, woraus die Vergesellschaftung von Unkrautarten mit Kulturpflanzengruppen resultiert (Tab. 1.45).

Unkräuter, die hingegen nicht streng an das Ackerland gebunden und auch in anderen Pflanzengesellschaften zu finden sind, werden fakultative Ackerunkräuter genannt. Im Feldbestand stehen der angebauten Fruchtart stets Unkrautgemeinschaften aus verschiedenen Pflanzenfamilien gegenüber. Diese zeichnen sich aufgrund ihres wesentlich breiteren genetischen Potenzials durch noch größere Anpassungsfähigkeit und Widerstandskraft vor allem auch gegen Witterungsextreme aus. Aus all dem resultiert eine hohe Leistungs-, Anpassungs- und Entwicklungsfähigkeit der Unkrautflora. Dies führt dazu, dass sie sich zwar verändert, aber auch bei intensiver Unkrautbekämpfung dauerhaft behaupten kann.

Neben genetischen Ursachen basiert die hohe Widerstandskraft der Unkräuter auch auf morphologischen und physiologischen Eigenschaften. Dazu zählen Schutzorgane wie Stacheln und Haare oder auch abstoßende Inhaltsstoffe, welche die Pflanzen vor Schädigung durch Tiere schützen. Die Bildung von Blattrosetten stellt ebenfalls eine Hilfe zur Selbstbehauptung der Arten dar. Außerdem sind viele Unkräuter durch eine ausgeprägte Raschwüchsigkeit gegenüber den Kulturpflanzen im Vorteil. Diese geht mit einer beschleunigten Wasser- und Nährstoffaufnahme einher, sodass das Unkraut in der Entwicklung der langsamer wachsenden Kulturpflanze vorauseilt. Hinzu kommt, dass verschiedene Arten der Unkräuter als Wildpflan-

Tab. 1.45 Vergesellschaftung von Unkrautarten mit Kulturpflanzengruppen (Auswahl n. Kurth 1975).

Kulturpflanzen-gruppen	Unkräuter und Ungräser
Winterung	Ackerstiefmütterchen (*Viola arvensis*), Efeublättriger Ehrenpreis (*Veronica hederifolia*), Geruchlose Kamille (*Tripleurospermum inodorum*), Klatschmohn (*Papaver rhoeas*), Klettenlabkraut (*Galium aparine*), Kornblume (*Centaurea cyanus*), Stengelumfassende Taubnessel (*Lamium amplexicaule*), Unkrautwicken (*Vicia* subsp.), Vogelmiere (*Stellaria media*), Windhalm (*Apera spica-venti*)
Sommerung	Ackerhellerkraut (*Thlaspi arvense*), Ackersenf (*Sinapis arvensis*), Ackerspörgel (*Spergula arvensis*), Hederich (*Raphanus raphanistrum*), Hohlzahnarten (*Galeopsis* subsp.), Saatwucherblume (*Chrysanthemum segetum*), Flughafer (*Avena fatua*), Windenknöterich (*Polygonum convolvulus*)
Hackfrüchte	Erdrauch (*Fumaria officinalis*), Fuchsschwanzarten (*Amaranthus* subsp.), Gänsefußarten (*Chenopodium* subsp.), Hühnerhirse (*Echinochloa crus-galli*), Knopfkrautarten (*Galinsoga* subsp.), Knötericharten (*Polygonum* subsp.), Meldearten (*Atriplex* subsp.), Schwarzer Nachtschatten (*Solanum nigrum*), Vogelmiere (*Stellaria media*)
Klee, Luzerne	Einjährige Rispe (*Poa annua*), Hirtentäschel (*Capsella bursa-pastoris*), Kamillearten (*Matricaria* subsp. und *Tripleurospermum inodorum*), Krauser Ampfer (*Rumex crispus*), Löwenzahn (*Taraxacum officinale*), Quecke (*Agropyron repens*), Storchschnabelarten (*Geranium* subsp.)

Tab. 1.46 Mittlere Spanne der Samenzahl je Pflanze und durchschnittliche Tausendkornmasse (TKM) bei ausgewählten Unkrautarten (n. Korsmo 1930).

Arten	Anzahl Samen bzw. Früchte je Pflanze	Tausendkornmasse (g)
Echte Kamille (*Matricaria chamomilla*)	1000–10 000	0,07
Windhalm (*Apera spica-venti*)	1000–12 000	0,1
Franzosenkraut (*Galinsoga parviflora*)	5000–30 000	0,2
Weißer Gänsefuß (*Chenopodium album*)	200–20 000	1,15
Ackersenf (*Sinapis arvensis*)	200–2000	1,25
Klettenlabkraut (*Galium aparine*)	100–500	3,7
Hederich (*Raphanus raphanistrum*)	100–300	7,9
Flughafer (*Avena fatua*)	50–1000	22,5

zen eine höhere Widerstandskraft gegenüber schädigenden physikalischen Einflüssen wie Frost, Hitze oder Trockenheit aufweisen und sich im Falle der Schädigung rasch zu regenerieren vermögen bzw. andere ihren Platz einnehmen. Mit ihrem Wuchshabitus können sich einige Arten gut auf die jeweils gegebenen Umweltbedingungen einstellen, wodurch sie ihr Fortkommen sowohl bei üppigen als auch bei sehr bescheidenen Wachstums- und Entwicklungsbedingungen gewährleisten können.

Auch die Vermehrung der Unkräuter trägt zu ihrer Widerstandskraft bei. Die dominierende Form der Reproduktion ist die generative Vermehrung. Unkräuter sind typischerweise Pionierarten, die an die schnelle Besiedlung von gestörten Standorten angepasst sind. Charakteristisch dafür ist, dass die meisten Arten eine große Anzahl von kleinen Samen produzieren (Tab. 1.46).

Diese reichen von mehreren Hundert bis über 10 000 Samen je Pflanze, welche mit geringen Tausendkornmassen von zum Teil weniger als 1 g zudem sehr klein und leicht sind. Eine Winterweizenpflanze bringt im Vergleich dazu durchschnittlich 50–100 Früchte mit einer Tausendkornmasse von 40–50 g hervor. Selbst unter ungünstigsten Umweltbedingungen sind Unkrautpflanzen in der Lage, wenigstens einige keimfähige Samen zu entwickeln. Hinzu kommt, dass zahlreiche Unkrautarten über einen längeren Zeitraum fortlaufend zu blühen und zu fruchten vermögen und somit den Samenvorrat des Bodens permanent auffüllen, z. B. Kleine Brennessel *(Urtica urens)*, Vogelmiere *(Stellaria media)*, Gemeines Kreuzkraut *(Senecio vulgaris)*. Die Unkrautsamen weisen eine Reihe von Besonderheiten auf, welche letztlich ebenfalls zur Widerstandskraft der Pflanzengemeinschaften beitragen. Diese sind die relative Unempfindlichkeit gegenüber äußeren Einwirkungen wie Temperatur, Strahlung oder Feuchtigkeit. Aufgrund ihrer geringen Größe und äußerlichen Beschaffenheit können sie vielfach passiv durch Wind, Wasser, Tiere, Menschen, Saatgut, Futtermittel, organische Dünger, Maschinen und Geräte sowohl auf engerem Raum als auch über große Entfernungen verbreitet werden. Sie können über eine ausgeprägte Keimruhe zwischen Samenreife und Keimung (Dormanz) verfügen, welche bewirkt, dass stets nur ein Teil der im Boden vorhandenen Samen keimt und auch in oberen Bodenschichten immer ein Vorrat lebender Samen vorhanden ist. Damit verbunden ist eine allgemein hohe Lebensdauer von Unkrautsamen. Bei der überwiegenden Mehrzahl der Unkräuter verläuft der Absterbeprozess so langsam, dass auch nach 10 Jahren noch genügend keimfähige Samen vorhanden sind, um eine reproduktionsfähige Population entstehen zu lassen. Bei vielen Arten erlischt die Keimfähigkeit sogar erst nach Jahrzehnten. Dies führt dann dazu, dass in der bearbeiteten Ackerkrume große Mengen von Unkrautsamen wie in einem Speicher über längere Zeit lagern können. Damit überbrücken die Unkrautsamen kürzere und längere Perioden mit ungünstigen oder fehlenden Keim- und Wachstumsbedingungen, wie sie durch Jahreszeiten, Bodenbearbeitung und den Wechsel der Kulturpflanzen gegeben sind. Der Bodensamenvorrat liegt auf Flächen mit geringer Verunkrautung im Bereich von 10 000 Samen je m^2, kann aber auch ein Vielfaches bis zu mehreren Hunderttausend betragen. Die im Boden ruhenden Samen sind nur teilweise keimbereit und von diesen erhalten wiederum nur wenige Prozent innerhalb eines Jahres die Chance zum Auflaufen. So ermöglicht der Samenvorrat selbst bei der Unterbindung jeder weiteren Zufuhr wie auf Schwarzbrachen einen jährlichen und nur allmählich zurückgehenden Unkrautaufgang.

Neben der generativen Vermehrung sind verschiedene Arten in der Lage, sich auch vegetativ fortzupflanzen. Dies sind mehrjährige perennierende Unkräuter, die viele Jahre bzw. nahezu unbegrenzt ausdauern können. Sie vermehren sich sowohl generativ als auch vegetativ, wobei eine Form mehr oder weniger vorherrschend ist. Von den perennierenden Unkrautarten leisten vor allem die mit unterirdischen Spross- und Wurzelausläufern großen Widerstand. Sie sind an den Ackerbau gut angepasst und können nur durch intensive und integrierte Bekämpfungsmaßnahmen unter Kontrolle gehalten werden. Flachliegende unterirdische Sprossausläufer entwickeln die Quecke *(Agropyron repens)* und die Große Brennessel *(Urtica dioica)*. Demgegenüber haben Ackerschachtelhalm *(Equisetum arvense)* und Huflattich *(Tussilago farfara)* tiefliegende unterirdische Sprossausläufer. Ackerkratzdistel *(Cirsium arvense)* und Ackerwinde *(Convolvulus arvensis)* vermehren sich vegetativ über Wurzelausläufer. Im Vergleich zur generativen Fortpflanzung hat die vegetative Vermehrung den botanischen Vorteil, dass sie schneller einsetzt und nahezu fortlaufend erfolgt. Die neugebildeten Individuen sind von Anfang an kräftiger sowie besser mit Nährstoffen versorgt. Somit bedarf die Kontrolle dieser Arten besonderer Aufmerksamkeit, insbesondere im Hinblick auf vorausschauendes Handeln nach der Devise *„Bekämpfe das Unkraut, bevor du es siehst.“*

Zwischen der Vermehrung, ihrem Lebensablauf und ihrer Bekämpfbarkeit bestehen bei den Unkräutern enge Zusammenhänge. Es hat sich deshalb als zweckmäßig erwiesen, die Unkräuter der gemäßigten Breiten nach ihrer Lebensdauer zu klassifizieren. So wird zwischen mehrjährigen (perennierenden) und einjährigen (annuellen) Unkräutern unterschieden. Letztere gliedern sich wiederum in winterannuelle und sommerannuelle Arten, welche noch weiter hinsichtlich ihrer Keimzeit unterschieden werden. Tabelle 1.47 zeigt ausgewählte wirtschaftlich bedeutsame Unkrautarten aus den verschiedenen Gruppen. Zu ihrer Kennzeichnung sind der Trivialname, der

Tab. 1.47 Ausgewählte wirtschaftlich bedeutsame Unkrautarten, klassifiziert nach Vermehrung und Lebensdauer (* EPPO = European and Mediterranean Plant Protection Organization, 1 rue Le Nôtre, F-75016 Paris).

Nr. Trivialname	Wissenschaftlicher Name	Pflanzenfamilie	EPPO-Code *
A Ausdauernde (perennierende) Arten			
1 Quecke	*Agropyron repens (Elytrigia repens)*	Süßgräser (Poaceae)	AGRRE
2 Ackerschachtelhalm	*Equisetum arvense*	Gefäß-Sporenpflanzen (Pteridophyta)	EQUAR
3 Huflattich	*Tussilago farfara*	Korbblütengewächse (Asteraceae)	TUSFA
4 Ackerkratzdistel	*Cirsium arvense*	Korbblütengewächse (Asteraceae)	CIRAR
5 Ackerwinde	*Convolvulus arvensis*	Windengewächse (Convolvulaceae)	CONAR
B Winterannuelle Arten mit ganzjähriger Keimung			
6 Jährige Rispe	*Poa annua*	Süßgräser (Poaceae)	POAAN
7 Vogelmiere	*Stellaria media*	Nelkengewächse (Caryophyllaceae)	STEME
8 Hirtentäschelkraut	*Capsella bursa-pastoris*	Kreuzblütengewächse (Brassicaceae)	CAPBP
9 Ackerhellerkraut	*Thlaspi arvense*	Kreuzblütengewächse (Brassicaceae)	THLAR
C Winterannuelle Arten mit vorwiegender Herbstkeimung			
10 Windhalm	*Apera spica-venti*	Süßgräser (Poaceae)	APESV
11 Persischer Ehrenpreis	*Veronica persica*	Braunwurzgewächse (Scrophulariaceae)	VERPE
12 Rote Taubnessel	*Lamium purpureum*	Lippenblütengewächse (Lamiaceae)	LAMPU
13 Kornblume	*Centaurea cyanus*	Korbblütengewächse (Asteraceae)	CENCY
D Winterannuelle Arten mit Herbst- und Frühjahrskeimung			
14 Ackerfuchsschwanz	*Alopecurus myosuroides*	Süßgräser (Poaceae)	ALOMY
15 Klettenlabkraut	*Galium aparine*	Rötegewächse (Rubiaceaea)	GALAP
16 Geruchlose Kamille	*Tripleurospermum perforatum*	Korbblütengewächse (Asteraceae)	TRIPE
17 Ackerstiefmütterchen	*Viola arvensis*	Veilchengewächse (Violaceae)	VIOAR
18 Klatschmohn	*Papaver rhoeas*	Mohngewächse (Papaveraceae)	PAPRH
E Sommerannuelle Arten / Frühkeimer			
19 Flughafer	*Avena fatua*	Süßgräser (Poaceae)	AVEFA
20 Ackersenf	*Sinapis arvensis*	Kreuzblütengewächse (Brassicaceae)	SINAR
21 Hederich	*Raphanus raphanistrum*	Kreuzblütengewächse (Brassicaceae)	RAPRA
22 Weißer Gänsefuß	*Chenopodium album*	Gänsefußgewächse (Chenopodiaceae)	CHEAL
23 Windenknöterich	*Polygonum convolvulus*	Knöterichgewächse (Polygonaceae)	POLCO
24 Hühnerhirse	*Echinochloa crus-galli*	Süßgräser (Poaceae)	ECHCG
25 Vogelknöterich	*Polygonum aviculare*	Knöterichgewächse (Polygonaceae)	POLAV
26 Flohknöterich	*Polygonum persicaria*	Knöterichgewächse (Polygonaceae)	POLPE
27 Kleinblütiges Franzosenkraut	*Galinsoga parviflora*	Korbblütengewächse (Asteraceae)	GALPA
28 Zurückgebogener Fuchsschwanz	*Amaranthus retroflexus*	Fuchsschwanzgewächse (Amaranthaceae)	AMARE
29 Stechender Hohlzahn	*Galeopsis tetrahit*	Lippenblütengewächse (Lamiaceae)	GALTE

wissenschaftliche Name, die Pflanzenfamilie sowie die internationale Kurzbezeichnung angegeben. Details zu den Unkrautarten finden sich in der speziellen weiterführenden Literatur.

1.4.2 Schadwirkungen

Unkräuter führen im Ackerbau zu ökonomischen Schadwirkungen, welche mit geeigneten Mitteln und Maßnahmen auf ein tolerierbares Maß begrenzt werden müssen. Dabei ist zu beachten, dass Wildpflanzen auch positive ökologische Wirkungen haben können. Somit müssen beide Aspekte miteinander in Einklang gebracht werden.

Eine wesentliche Schadwirkung der Unkräuter ergibt sich aus der Beeinträchtigung der vegetativen und generativen Leistungen der Kulturpflanzen, wenn sie mit Unkräutern um die Wachstumsfaktoren konkurrieren müssen. In Pflanzenbeständen bestehen immer Konkurrenzbeziehungen zwischen den Individuen gleicher oder verschiedener Artenzugehörigkeit. Dabei ist die zwischenartliche (interspezifische) von der innerartlichen (intraspezifischen) Konkurrenz zu unterscheiden.

Innerartliche Konkurrenz tritt beispielsweise zwischen den Nutzpflanzen mit gleichen Ansprüchen in einem Reinbestand auf. Sie führt mit zunehmender Ausprägung zur allgemeinen Wuchsminderung sowie zu Kompensationseffekten bei den Ertragskomponenten. So werden bei hoher Bestandesdichte im Getreide und Konkurrenz um Wasser weniger Körner je Ähre mit geringerer Tausendkornmasse ausgebildet.

Zwischenartliche Konkurrenz, wie die von Nutzpflanzen mit Unkräutern, bewirkt aufgrund der sehr unterschiedlichen Partner neben Wachstumsbeeinträchtigungen in erheblichem Umfang das Unterdrücken bzw. Absterben einzelner Arten im Bestand. In artenreichen Pflanzengemeinschaften überlagern sich die Wirkungen beider Konkurrenzformen. Dabei ist im Wettbewerb um die Wachstumsfaktoren fast stets die auf der jeweiligen Fläche etablierte Unkrautgemeinschaft als Gesamtheit, oft aber auch eine größere Anzahl einzelner Unkrautarten den angebauten Nutzpflanzen überlegen. Dazu tragen die Vielzahl der Arten mit ihren Ökotypen, das zumeist rasche Auflaufen, die Massenwüchsigkeit sowie die rasche und hohe Wasser- und Nährstoffaufnahme bei. Mit der Inanspruchnahme von Stand- und Bodenraum durch die Unkräuter setzt die Konkurrenz um Licht, Wasser und Nährstoffe ein, die letztlich in Ertragseinbußen mündet (Tab. 1.48).

Neben dem Flächenertrag kann durch Unkraut auch die Qualität der Ernteprodukte gemindert werden. Bei Körnerfrüchten (Getreide, Ölfrüchte, Körnerleguminosen) betrifft dies vor allem den Schwarzbesatz durch Unkrautsamen oder vegetative Teile von Unkräutern. Er erhöht die Kornfeuchte, verschlechtert somit die Lagereignung und verursacht zusätzliche Kosten für Reinigung und gegebenenfalls Trocknung. Vom Handel wird er bei Überschreiten von vorgegebenen Höchstgrenzen mit Preisabschlägen quittiert. In der Qualitätsweizenerzeugung kann die Unkrautkonkurrenz um Stickstoff darüber hinaus dazu führen, dass die erforderlichen hohen Rohproteingehalte nicht erzielt werden, was ebenfalls Erlöseinbußen nach sich zieht (s. Kap. 2.4.1.1). Rapspartien mit hohem Besatz an Klettenlabkrautsamen *(Galium aparine)* sind für die Verarbeitung in Ölmühlen zu Speisezwecken nicht geeignet. Bei starkem Queckenbesatz *(Agropyron repens)* in Kartoffeln dringen die Rhizome häufig in die Knollen ein und verschlechtern deren Qualität als Speisekartoffeln (s. Kap. 2.4.4.2).

Eine Gefahr für die Haustiere geht von giftigen Unkräutern aus. Hier sind der Sumpfschachtelhalm *(Equisetum palustre)*, auch Duwock genannt, und die Herbstzeitlose *(Colchicum autumnale)* zu erwähnen, die überwiegend auf dem Grünland auftreten. Zu Giftpflanzen auf dem Acker sind verbreitete Unkräuter zu rechnen, wie der Schwarze Nachtschatten *(Solanum nigrum)*, das Bingelkraut *(Mercurialis annua)* und andere Wolfsmilcharten *(Euphorbia* subsp.*)*. Auch das Schwarze Bilsenkraut *(Hyoscyamus niger)* und der Stechapfel *(Datura stramonium)* gehören als Nachtschattengewächse zu den Giftpflanzen.

Für Insekten, Pilze, Bakterien, Viren und Nematoden, die Schaderreger an Kulturpflanzen sind, können Unkräuter als Wirte oder Zwi-

Tab. 1.48 Ertragsverluste durch Unkrautkonkurrenz bei Wintergetreide (n. Pallutt 1992).

Unkrautarten	**Ertragsverluste (kg ha^{-1})***					
	Winterweizen		**Wintergerste**		**Winterroggen**	
	Sand	**Lößs**	**Sand**	**Löß**	**Sand**	**Löß**
Ackergänsedistel (*Sonchus arvensis*)	4	3	4	3	1,5	1
Ackerhellerkraut (*Thlaspi arvense*)	4	2	4	2	1	0,8
Ackersenf (*Sinapis arvensis*)	6	4	–	–	–	–
Ackerstiefmütterchen (*Viola arvensis*)	3	2	3	2	1,5	1
Ehrenpreisarten (*Veronica* subsp.)	2	1	2	1,4	0,8	0,5
Kamille (*Tripleurospermum inodorum*)	12	6	12	6	6	4,5
Kornblume (*Centaurea cyanus*)	12	8	12	8	6	4
Klatschmohn (*Papaver rhoeas*)	8	4	8	6	4	3
Klettenlabkraut (*Galium aparine*)	20	15	30	15	–	–
Stechender Hohlzahn (*Galeopsis tetrahit*)	20	10	20	10	10	5
Taubnesselarten (*Lamium* subsp.)	1,5	1,4	3	2	1,5	1
Vogelmiere (*Stellaria media*)	8	6	8	6	2	1
Wickenarten (*Vicia* subsp.)	8	6	8	6	4	3
Windenknöterich (*Polygonum convolvulus*)	6	4	5	3	3	2

* Die Werte beziehen sich auf 1 Unkrautpflanze je m^2 in Regionen unter 600 mm Jahresniederschlag, mittlerem Ertragsniveau und mittlerer Abundanz (> 80 Pflanzen m^{-2})

schenwirte dienen. Als Infektionsquelle begünstigen sie die Erhaltung und Ausbreitung dieser Schadorganismen und erschweren gleichzeitig ihre Bekämpfung. Ungräser fördern die Schwarzbeinigkeit und die Halmbruchkrankheit bei Wintergetreide und kreuzblütige Unkräuter sind Überhälter für die Kohlhernie bei Raps. Dem Rübenzystenälchen dienen Gänsefußgewächse und Kruziferen als Wirtspflanze; sie begünstigen somit die Populationsentwicklung dieses wirtschaftlich bedeutsamen Schaderregers (s. Kap. 1.3.2.2).

Übermäßiger Unkrautbesatz behindert im Ackerbau den Einsatz von Maschinen und Geräten. So kann es bei der Bodenbearbeitung und der Saat zu Behinderungen durch Rhizome der Quecke *(Agropyron repens)* kommen, wenn diese massenhaft vorliegen. Insbesondere werden aber die Erntearbeiten erschwert. Beim Mähdrusch bedingt die Verunkrautung eingeschränkte Druschzeiten durch späteres Abtrocknen der Bestände in den Morgenstunden und schnelleres Erreichen der Feuchtegrenzen am Abend. Starker Besatz mit windenden Arten (z. B. Windenknöterich *Polygonum convolvulus*) kann die Dreschtrommel blockieren und zu entsprechenden Ausfallzeiten und Reparaturkosten führen. Bei der Kartoffel- und Rübenernte beeinträchtigt hoher Unkrautbesatz erheblich die Funktionssicherheit der Rodetechnik. Daraus resultieren ökonomische Verluste, sodass es Ziel der ackerbaulichen Maßnahmen sein muss, bis zur Ernte unkrautarme Pflanzenbestände zu erhalten.

Die dargestellten Schadwirkungen aus der Sicht des Ackerbaus dürfen aber nicht den Blick für die notwendige ökologische Betrachtung des Phänomens „Unkraut“ verstellen. Viele im Ackerbau unerwünschte Pflanzen enthalten Inhaltsstoffe, die für Mensch und Tier eine heilende und somit nützliche Wirkung besitzen. Sie finden vor allem in der Homöopathie und der Phytotherapie Verwendung (Tab. 1.49).

Tab. 1.49 Verwendungsmöglichkeiten ausgewählter Unkrautarten als Heilpflanzen (n. Pahlow 2000).

Arten	Inhaltsstoffe	Verwendungsmöglichkeiten
Ackerschachtelhalm (*Equisetum arvense*)	Alkaloide, Flavonglycoside Saponin, bis 10 % Kieselsäure	Droge aus den grünen Trieben wirkt harntreibend; Anwendung zur Durchspülungstherapie bei Harnwegsinfektionen
Ackerstiefmütterchen (*Viola arvensis*)	Saponine, ätherisches Öl, Flavonoide, Salicylsäureverbindungen	Droge aus dem Kraut wirkt schleimlösend und entzündungshemmend; Absud wird bei rheumatischen Schmerzen und gegen Hautleiden angewendet
Hirtentäschel (*Capsella bursa-pastoris*)	Cholin, Acetylcholin, Bursin, organische Säuren, Gerbstoffe	Droge aus dem Kraut hat blutstillende Wirkung; wird zum Stillen von Blutungen, z. B. in der Frauenheilkunde eingesetzt
Huflattich (*Tussilago farfara*)	Schleimstoffe, Gerb- und Bitterstoffe, Flavonoide	Droge der Blätter wird als Mittel gegen Entzündungen der Atemwege, bei Bronchialkatarrh und Asthma verwendet
Echte Kamille (*Matricaria chamomilla*)	Ätherische Öle, Bisabolol, Flavonoide, Cumarine	Droge der Blüten wirkt entzündungshemmend, antibakteriell und antimykotisch; wird äußerlich sowie bei Magen- und Darmbeschwerden eingesetzt
Klatschmohn (*Papaver rhoeas*)	Alkaloide (Rhoeadin, Rhoeagenin, Rhoearubin), organische Säuren, Saponine	Droge aus roten Kronblättern wird in der Volksheilkunde als Sedativum zur Beruhigung und als Schlafmittel sowie gegen Reizhusten und Heiserkeit verwendet
Kornblume (*Centaurea cyanus*)	Farbstoffe (Centaurin), Glycosid Cichoriin, Saponine, Schleim- und Gerbstoffe	Droge aus Blüten hat harntreibende Wirkung und unterstützt die Stoffwechselfunktionen; in Teegemischen gegen Verdauungsstörungen
Quecke (*Agropyron repens*)	Saponine, Zucker, Phenolglycosid Avenein, Agropyren, Mineralien K und Fe, Vitamine A, B	Droge aus den Wurzelstöcken wirkt harnfördernd und wird bei Leiden der Harnwege und Nierenentzündungen eingesetzt
Vogelknöterich (*Polygonum aviculare*)	Gerbstoffe, Kieselsäure, Flavonoide	Droge aus dem Kraut hat blutstillende und zusammenziehende Wirkung; wird z. B. gegen leichte Katarrhe der Luftwege sowie Entzündungen der Mund- und Rachenschleimhaut eingesetzt

Ein weiterer ökologisch bedeutsamer Aspekt ist, dass zahlreiche Unkraut- und andere Wildpflanzen Nahrungsgrundlage für Insekten in den Agrarökosystemen sind. Darunter finden sich auch zahlreiche Nützlinge, welche die Ausbreitung von Krankheiten und Schädlingen einschränken können. Deshalb ist es aus ökologischer Sicht durchaus wünschenswert, dass auf und in der Nähe ackerbaulich genutzter Flächen eine möglichst vielfältige Wildkrautflora erhalten bleibt. Damit ist auch das Ziel zu verfolgen, den Artenrückgang und das Aussterben bedrohter Pflanzen- und Tierarten aufzuhalten. Dies ist gerade im Ackerbau von Bedeutung, denn es wird davon ausgegangen, dass 30 % aller Arten durch die Eingriffe der Landwirtschaft gefährdet sind. Für die Landwirte heißt es somit, bei der Unkrautkontrolle die Balance zwischen wirtschaftlichen Interessen und ökologischen Erfordernissen zu wahren. Dafür bietet das System der Integrierten Unkrautkontrolle geeignete Voraussetzungen.

1.4.3 Integrierte Unkrautkontrolle

Im Rahmen des gesamten ackerbaulichen Geschehens müssen alle gegebenen Möglichkeiten zur Unkrautunterdrückung so weit wie möglich ausgeschöpft werden. Dazu zählen ausgewogene Fruchtfolgen, angepasste Bodenbearbeitung, Zwischenfruchtanbau sowie Aufbau und Führung konkurrenzstarker Pflanzenbestände. Ein wesentlicher Baustein dieses integrierten Systems ist die Unkrautbekämpfung mit physikalischen, vor allem mechanischen Maßnahmen. Herbizide sind unter Beachtung ökologischer und ökonomischer Gesichtspunkte nach Bedarf einsetzbar.

Seit Mitte des 20. Jahrhunderts wurden zunehmend effektivere Mittel und Maßnahmen zur Unkrautbekämpfung im Ackerbau entwickelt. Allen voran sind chemisch-synthetische Wirkstoffe zu nennen, die als Herbizide zum selektiven oder auch totalen Abtöten von unerwünschten Pflanzen zum Einsatz gelangen. Damit konnte der Arbeits- und Kostenaufwand drastisch gesenkt, zur Ertragssteigerung und Qualitätsverbesserung beigetragen und der wirtschaftliche Erfolg verbessert werden.

Die massenhafte Anwendung dieser Wirkstoffe hat aber auch eine Reihe von unbeabsichtigten Nebenwirkungen, die heute kritisch beurteilt werden und als Nachteile des Herbizideinsatzes anzusehen sind. So kam es zur Kontamination von Grund- und Oberflächenwässern infolge des Austrags schwer abbaubarer Wirkstoffe. Darüber hinaus hat der selektive Eingriff in die Unkrautpopulationen herbizidresistente Genotypen herausgebildet, deren Kontrolle sich schwierig gestaltet und die Entwicklung immer neuer Wirkstoffe erfordert. Die Artenzusammensetzung der Unkrautpopulationen hat sich im Laufe der Zeit verändert, wobei empfindliche Arten zurückgedrängt wurden oder aus dem Ackerbau inzwischen gänzlich verschwunden sind (z. B. Kornrade *Agrostemma githago*). Demgegenüber treten ausdauernde und schwer bekämpfbare Ungräser und Unkräuter verstärkt auf. Die Applikation der Herbizide wie auch anderer chemischer Mittel kann darüber hinaus Luft und Boden belasten sowie die Biozönosen insgesamt negativ beeinflussen. Von daher wird der Einsatz dieser Stoffe insbesondere in der Öffentlichkeit mehr und mehr kritisch gesehen. Dies hat dazu geführt, die Unkrautkontrolle nicht mehr einseitig auf Herbizide auszurichten, sondern eine sinnvolle Integration aller möglichen Maßnahmen anzustreben. Dabei soll der Einsatz chemischer Mittel so weit wie möglich begrenzt werden.

Integrierte Unkrautkontrolle
Integrierte Unkrautkontrolle ist eine Kombination von Verfahren, bei denen unter vorrangiger Berücksichtigung biologischer, biotechnischer, pflanzenzüchterischer sowie anbau- und kulturtechnischer Maßnahmen die Anwendung chemischer Wirkstoffe auf das unumgängliche Maß beschränkt wird.

Die Begriffe „Unkrautkontrolle" und „Unkrautbekämpfung" werden synonym gebraucht. Während im Schrifttum (s. weiterführende Literatur) überwiegend von Unkrautbekämpfung die Rede ist, soll mit Unkrautkontrolle der gesamtökologische Zusammenhang stärker betont werden.

1.4.3.1 Vorbeugende und ackerbauliche Maßnahmen

Im System der integrierten Unkrautkontrolle steht an erster Stelle die Prophylaxe. Wenngleich damit allein Schadwirkungen durch Unkräuter nicht verhindert werden können, bietet sie doch Ansätze, um den Unkrautdruck mittel- und längerfristig zu verringern. So sollen vorbeugende Maßnahmen der Unkrautkontrolle den Übertritt von Unkräutern in größere, noch nicht befallene Gebiete verhindern sowie die Ausbreitung und den Aufbau hoher Populationsdichten auf bereits besiedelten Flächen eindämmen. Eine wesentliche Voraussetzung dafür ist die Verwendung von unkrautfreiem Saatgut (s. auch Kap. 2.3.1 und 3.1.3). Durch den Fremdbesatz mit Unkrautsamen in Saatgutpartien wird der Verbreitung von Unkräutern ganz erheblicher Vorschub geleistet. Deswegen unterliegen die Saatgutvermehrung und der Saatgutvertrieb strengen Vorschriften und werden in Deutschland im Saatgutverkehrsgesetz geregelt. Im Zuge des Anerkennungsverfahrens müssen die Feldbestände auf den Fremdbesatz und den Gesundheitszustand untersucht werden. Jede zur Anerkennung angemeldete Fläche muss wenigstens einmal vor der Ernte besichtigt werden, wobei die vorgeschriebenen Mindestanforderungen an den Feldbestand hinsichtlich Krankheiten, Schädlingen und den Besatz mit Unkräutern geprüft werden. Im Getreide dürfen dabei je 150 m^2 beispielsweise nicht mehr als 6 Pflanzen anderer Getreidearten und nicht mehr als 10 Pflanzen anderer Arten stehen, deren Samen sich nur schwer oder nicht aus dem Saatgut herausreinigen lassen (z. B. Flughafer). Das gesamte in den Verkehr gebrachte Saatgut muss einer Kontrolle auf Herkunft, Reinheit, Keimfähigkeit, Gesundheit und Besatz mit anderen Arten unterzogen werden. Für den Besatz mit weiteren Pflanzenarten, darunter Unkräuter, gelten verbindliche Höchstgrenzen. So dürfen in 500 g Getreidesaatgut insgesamt höchstens 6 Samen anderer Pflanzenarten vorhanden sein, davon maximal 3 Samen anderer Getreidearten und maximal 4 Samen anderer Arten als Getreide.

Eine weitere Möglichkeit zum Vorbeugen gegen Unkrautverbreitung ist die Feldhygiene. Dies war eine recht wirksame Maßnahme, solange die gesamten Ernten, insbesondere die Körnerfrüchte, vom Feld abgefahren und beim anschließenden Drusch auf dem Hof die Unkrautsamen in der Spreu gesammelt und unschädlich gemacht werden konnten. Seitdem die Ernte mit dem Mähdrusch direkt auf dem Feld erfolgt, werden die Unkrautsamen dort verteilt. Ursprünglich waren Spreusammeleinrichtungen an Mähdreschern gebräuchlich. Im Zuge der Entwicklung immer größerer und leistungsfähigerer Maschinen sind diese Zusatzausrüstungen aber eingestellt worden, sodass die Reproduktion der Unkräuter unmittelbar und sehr gut gewährleistet ist. Dessen ungeachtet kann der Weiterverbreitung doch in gewissen Grenzen Einhalt geboten werden. Dazu ist es erforderlich, die Erntemaschinen nach Abschluss der Arbeit auf jedem Schlag zu reinigen, bevor ein anderer beerntet wird. Damit soll der Weiterverbreitung innerhalb der Feldmark eines Betriebes oder über mehrere Betriebe entgegengewirkt werden. Vornehmlich geht es dabei auch darum, die Ausbreitung von neuen herbizidresistenten Genotypen zu verhindern. Ähnliches gilt für alle weiteren Maschinen und Geräte, mit denen Unkrautsamen oder auch vegetative Pflanzenteile verschleppt werden können. Insbesondere Bodenbearbeitungsgeräte sowie die Saattechnik bedürfen aus diesem Grunde der regelmäßigen Reinigung.

Unkräuter können auch mit den organischen Düngestoffen verbreitet werden. Um dem vorzubeugen, sollten Rottemist bzw. Mistkompost anstelle von Frischmist eingesetzt werden. Bei der Mistrotte entstehen hohe Temperaturen, die dazu führen, dass Unkrautsamen ihre Keimfähigkeit einbüßen. In der Gülle verlieren die Samen nach etwa einem Monat Lagerungsdauer ebenfalls die Lebensfähigkeit. Aus der Sicht der Unkrautprophylaxe sind demzufolge kürzere Lagerungszeiten von Gülle insbesondere im Frühjahr und Spätsommer auszuschließen (s. Kap. 1.3.4.1).

Unter den allgemeinen ackerbaulichen Ansätzen zur Unkrautkontrolle ist zuerst die Fruchtfolge zu nennen, denn sie ist der Rahmen für alle weiteren Maßnahmen. Dabei ist davon auszugehen, dass der Unkrautdruck in dem Maße steigt, je artenärmer und enger die Fruchtfolgen werden. So ist bei ausschließlichem Anbau von Winterungsfrüchten (z. B. Winterraps – Winterweizen – Wintergerste) mit einem verstärkten Auftreten von Problemunkräutern der Winterung zu rechnen. Je größer demgegenüber die Diversität der Fruchtarten ist (Wechsel von Blattfrüchten und Halmfrüchten, Winterung und Sommerung, Hackfrüchten und Futterpflanzen), umso eher treten Problemunkräuter zurück. Dies belegen Ergebnisse aus langjährigen Feldversuchen mit verschieden hohen Getreideanteilen in der Fruchtfolge (Tab. 1.50).

Bei ausschließlichem Getreidebau nimmt der Unkrautdruck im Vergleich zum Fruchtwechsel drastisch zu. Die insgesamt aufgelaufenen Unkräuter haben in der reinen Getreidefolge das Sechsfache des Fruchtwechsels erreicht, Windhalm *(Apera spica-venti)* tritt 15-mal und Quecke *(Agropyron repens)* 19-mal häufiger in Erscheinung. Zur Unkrautminderung trägt neben einer verringerten Anbaukonzentration einzelner Nutzpflanzenarten oder -artengruppen vor allem der Wechsel der Fruchtarten bei. So kann man durch den Anbau von mehrjährigen und mehrschnittigen Ackerfutterpflanzen (Ackergras, Rotklee, Luzerne) die Verunkrautung und insbesondere das Auftreten von perennierenden Arten wie Quecke *(Agropyron repens)* oder Ackerkratzdistel *(Cirsium arvense)* zurückdrängen. Infolge hoher Konkurrenzkraft der Futterpflanzenbestände sowie ihrer mehrmaligen Ernte werden die Unkräuter unterdrückt, kommen nicht zur Blüte und Samenreife und können weniger Reservestoffe einlagern. Ähnliches gilt auch für den Zwischenfruchtanbau. Bei der vorausgehenden Bodenbearbeitung gelangen viele Unkräuter zur Keimung, ohne jedoch die Samenreife zu erreichen. Raschwüchsige und konkurrenzstarke Bestände beschatten den Boden intensiv und entwickeln gute unkrautunterdrückende Wirkung. Sommerzwischenfrüchte mit guter Unkrautkonkurrenz sind Phacelia *(Phacelia tanacetifolia)*, Weißer Senf *(Sinapis alba)* und Ölrettich *(Raphanus sativus* L. var. *oleiformis* Pers.*)*. Als Winterzwischenfrüchte sind Winterraps *(Brassica napus)*, Weidelgräser *(Lolium* subsp.*)* und Winterroggen *(Secale cereale)* zu bevorzugen. Zusätzlich zu seinen ackerbaulichen Vorteilen im Hinblick auf die Bodenfruchtbarkeit und den Bodenschutz (s. Kap. 1.3.3.4) ist der Zwischenfruchtbau also auch aus der Sicht der Unkrautkontrolle als wichtiger Bestandteil der Bodennutzungssysteme anzusehen.

Die Bodenbearbeitung spielt hinsichtlich der Unkrautkontrolle eine ganz wesentliche Rolle. Jede Maßnahme, die in den verschiedenen Verfahren qualitätsgerecht ausgeführt wird, ist auch gleichzeitig eine Maßnahme zur Unkrautkontrolle. Das trifft zuerst auf die Teilbrachebearbeitung zu (s. Kap. 1.3.3.3). Beim Stoppelumbruch gelangen Samen und Früchte unerwünschter Pflanzen im Boden in Keimlage und können bei ausreichender Bodenfeuchte keimen und auflaufen. Mit der Umbruchfolgebearbeitung werden diese Pflanzen dann ausgerissen, verschüttet oder eingearbeitet und somit als Nutzpflanzenkonkurrenten ausgeschaltet (Tab. 1.51).

Die damit erreichbaren Wirkungen hängen von zahlreichen Einflussgrößen wie Fruchtfolge, Bodenzustand und Witterungsverlauf ab. Im Mittel der Jahre lässt sich so aber der Unkrautdruck insbesondere bei perennierenden Arten deutlich mindern.

Tab. 1.50 Einfluss des Getreideanteils in der Fruchtfolge auf den Unkrautauflauf nach 7-jähriger Versuchsdauer (Pflanzen m^{-2}; n. Pallutt 2001).

Unkräuter	Getreideanteil (%)		
	50	80	100
Insgesamt	88	238	536
Quecke *(Agropyron repens)*	16	14	308
Ackerkratzdistel *(Cirsium arvense)*	4	11	12
Windhalm *(Apera spica-venti)*	6	k. A.	92

Tab. 1.51 Einfluss der Teilbrachebearbeitung auf den Unkrautauflauf bei unterschiedlichem Getreideanteil in der Fruchtfolge nach 7-jähriger Versuchsdauer (Pflanzen m^{-2}; n. Pallutt 2002).

Unkräuter	Teilbrache-bearbeitung	Getreideanteil (%)		
		50	80	100
Insgesamt	ohne	88	238	536
	mit	46	100	240
Quecke *(Agropyron repens)*	ohne	16	14	308
	mit	4	4	24
Ackerkratzdistel *(Cirsium arvense)*	ohne	4	11	12
	mit	0,1	2	4

Eine effektive Maßnahme zur Unkrautkontrolle mittels Bodenbearbeitung ist das Abschleppen des Bodens im Frühjahr (s. Kap. 1.3.3.3). Sobald der Boden abgetrocknet, befahrbar und bearbeitbar ist, werden dazu Ackerschleppen in Kombination mit Eggen oder Feingrubbern eingesetzt. Dies dient dem Einebnen des nach Winter noch rauen Bodens, wobei Unkrautsamen zur Keimung angeregt werden. Die Keimpflanzen können dann 10–14 Tage später bei der nachfolgenden Saatbettbereitung unschädlich gemacht werden. Allerdings sind solche Zeiträume zur Bestellung von Sommergetreide oder Körnerleguminosen im zeitigen Frühjahr meist nicht verfügbar. Im Zusammenhang mit der Saatbettbereitung lässt sich eine wirksame Unkrautunterdrückung aber bei den später zu bestellenden

Tab. 1.52 Unkrautauflauf (Pflanzen m^{-2}) in Abhängigkeit von Fruchtfolge und Bodenbearbeitung in Wintergetreide (Mittel von Winterweizen, Wintergerste, Winterroggen und Wintertriticale, 1999–2001; n. Pallutt 2010).

Fruchtwechselfolge (50 % Wintergetreide)		
Unkrautarten	**Bodenbearbeitung**	
	wendend	**nichtwendend**
Dikotyle Arten	261	183
Apera spica-venti	52	38
Getreidebetonte Fruchtfolge (75 % Wintergetreide)		
	Bodenbearbeitung	
	wendend	**nichtwendend**
Dikotyle Arten	312	418
Apera spica-venti	105	181

Kartoffeln bzw. Zuckerrüben und zu Mais realisieren.

Die Art und Weise der Grundbodenbearbeitung hat erheblichen Einfluss auf die Entwicklung der Unkrautpopulationen. Bei der konventionellen Arbeit mit dem Scharpflug wird mit dem Wenden des Bodens das vollständige Unterbringen von wachsenden Unkräutern sowie unerwünschten Nutzpflanzen erreicht. Mit dem „reinen Tisch“ als idealem Arbeitsergebnis des Pflügens (s. Kap. 1.3.3.3) wird aber nicht nur der Bewuchs in den Boden eingebracht, sondern auch Unkrautsamen in tiefere Bodenschichten verlagert, von wo sie vorerst nicht auflaufen können. Dies ermöglicht den Nutzpflanzen einen Konkurrenzvorteil gegenüber den Unkräutern. Bei konservierender nichtwendender Bodenbearbeitung stellt sich das entsprechend anders dar. Unkrautsamen werden mit flach-lockernder Bearbeitung weniger tief in den Boden eingebracht und können von dort vermehrt auskeimen. Dies kann insbesondere dann zu verstärktem Unkrautdruck führen, wenn einseitige Fruchtfolgen mit hohen Getreideanteilen betrieben werden (Tab. 1.52).

Diese Ergebnisse aus einem Dauerfeldversuch zeigen, dass die potenzielle Verunkrautung durch den Pflugverzicht in Fruchtwechselwirtschaft nicht a priori gefördert wird. Bei höheren Getreideanteilen nimmt hingegen der Unkrautauflauf stark zu, wobei sich vor allem der Windhalm (*Apera spica-venti*) überdurchschnittlich ausbreitet. Deswegen sollte in Bodennutzungssystemen mit pflugloser konservierender Bodenbearbeitung der Getreideanteil begrenzt bleiben. Darüber hinaus stützen sich diese Systeme auf den Einsatz von Herbiziden und erfordern speziell angepasste Strategien der Unkrautkontrolle.

1.4.3.2 Physikalische Unkrautkontrolle

Neben den Möglichkeiten der Prophylaxe und der allgemeinen ackerbaulichen Produktionstechnik, welche indirekt auf die Verunkrautung wirken, sind direkte Maßnahmen unumgänglich. Dazu eignen sich physikalische Wirkprinzipien, die zur mechanischen und thermischen Unkrautkontrolle genutzt werden.

Bei den **mechanischen Verfahren** werden Geräte eingesetzt, die flach in den Boden eingreifen und damit das Wachstum und die Entwicklung der Unkräuter im Keimlingsstadium beeinträchtigen und unterbinden können. In Flächenkulturen (Getreide, Körnerleguminosen) kommen dazu Striegel oder Eggen zum Einsatz. Hacken und Rollhacken werden demgegenüber in Reihenkulturen (Hackfrüchte, Mais) genutzt.

Für die mechanische Unkrautkontrolle im Getreide stehen heute Hackstriegel mit Arbeitsbreiten von 8–18 m zur Verfügung, die bei Fahrgeschwindigkeiten von 12–15 km h^{-1} große Flächenleistungen erreichen. Im Wintergetreide können sie bereits im Herbst eingesetzt werden. Im Frühjahr kommen sie zum Einsatz, wenn der Boden abgetrocknet, befahrbar und krümelfähig ist. Dabei wird die über Winter verschlämmte oder verkrustete Bodenoberfläche aufgerissen und als Nebeneffekt eine bessere Durchlüftung und in der Folge auch die raschere Mineralisation des bodengebundenen Stickstoffs erreicht. Die unkrautbekämpfende Wirkung beruht auf intensivem Durchkämmen der obersten Bodenschichten. Dabei wird der Boden seitlich verlagert und gekeimte Unkräuter werden ausgerissen bzw. verschüttet. Der erzielbare Wirkungsgrad ist sehr unterschiedlich und hängt von den auftretenden Unkrautarten, ihrem Entwicklungsstadium, den Bodenverhältnissen und der

Tab. 1.53 Wirkungsgrad der mechanischen Unkrautbekämpfung bei Getreide; zweimaliger Einsatz zu BBCH 12–13 und 29–31 (% zur unbehandelten Kontrolle) (n. Hurle und Kemmer 1992).

Unkraut insgesamt	ALOMY	GALAP	STEME	LAMPU	POLCO
Winterweizen					
51	63	51	49	36	–
Sommergetreide					
59	56	41	70	58	71

nachfolgenden Witterung ab. Gute Ergebnisse mit Bekämpfungsraten um 50 % werden erreicht, wenn der Striegeleinsatz frühzeitig nach Vegetationsbeginn möglich ist und im Anschluss mehrere Tage trockenes und sonniges Wetter herrscht, sodass sich die Unkräuter weniger zu regenerieren vermögen. Mehrmaliges Striegeln bis zum beginnenden Schossen des Getreides verbessert den Erfolg (Tab. 1.53).

Von den Wintergetreidearten sind Weizen, Gerste und Triticale gut für mechanische Maßnahmen geeignet, Winterroggen hingegen weniger. Beim Sommergetreide kann bereits vor dem Auflaufen blind gestriegelt werden. Nach dem Auflaufen ist das Getreide bis zum Dreiblattstadium empfindlich gegenüber mechanischer Bearbeitung, sodass die folgenden Arbeitsgänge erst danach ausgeführt werden dürfen. Ähnlich wie beim Getreide kann auch in Körnererbsen und Ackerbohnen der Striegel eingesetzt werden. Um Beschädigungen der wachsenden Nutzpflanzen gering zu halten, soll bei sonnig-trockenem Wetter um die Mittagszeit gearbeitet werden, wenn der Turgor nachlässt und die Pflanzen somit eine größere Elastizität aufweisen.

Hackfrüchte eignen sich mit ihrem großen Reihenabstand gut für die mechanische Unkrautbekämpfung zwischen den Reihen. Bei Kartoffeln können die Dämme nach dem Legen bis zum Auflaufen mit Flachhäuflern und nachlaufender Gliederegge bearbeitet werden. Mit der Erdbewegung durch Häufeln und Abschleppen wird eine gute Wirkung gegen ein- und mehrjährige Unkräuter erreicht. Gleichzeitig gewährleistet die Lockerung der Dammoberfläche einen guten Verdunstungsschutz. Nach dem Auflaufen der Kartoffeln kann bis kurz vor dem Schließen der Reihen mit Hackgeräten gearbeitet werden. Beim Schlusshäufeln werden dann Unkräuter noch einmal mit Erde bedeckt, sodass der dann geschlossene Kartoffelbestand mit guter Konkurrenzkraft in der Lage ist, das Unkraut zu unterdrücken. In späteren Entwicklungsstadien kann es allerdings zur Spätverunkrautung kommen, wobei sich insbesondere Problemunkräuter wie Klettenlabkraut *(Galium aparine)* und Windenknöterich *(Polygonum convolvulus)*, aber häufig auch Weißer Gänsefuß *(Chenopodium album)* durchsetzen.

In Zuckerrüben besteht das Problem, dass Rüben und Unkräuter etwa zur gleichen Zeit auflaufen. Dadurch kann es frühzeitig zur Beeinträchtigung der Kulturpflanzen kommen. Für die Ertragsbildung ist es wichtig, dass die Unkrautkonkurrenz in den ersten 6–8 Wochen nach Aufgang der Rüben unterdrückt wird. Dazu kann zwischen den Reihen mehrfach bis zum Schließen der Bestände gehackt werden. Mit der späten Hacke vor Bestandesschluss kann man auch der Spätverunkrautung mit Weißem Gänsefuß *(Chenopodium album)*, Franzosenkraut *(Galinsoga parviflora)*, Schwarzem Nachtschatten *(Solanum nigrum)* und ausdauernden Arten vorbeugen.

Auch im Maisanbau sind mit mechanischen Maßnahmen gute Ergebnisse bei der Unkrautkontrolle erreichbar. Dazu sollten sich die Unkräuter im Zwei- bis Vierblattstadium befinden und zwei Bearbeitungsgänge durchgeführt werden. Hierfür eignen sich Scharhacken, Rollhacken und Hackbürsten etwa gleich gut. Allerdings muss darauf geachtet werden, Verletzungen an den Maispflanzen und deren Wurzeln zu vermeiden. Deswegen ist das Einhalten eines Sicherheitsabstandes zu den Maisreihen erforderlich. Somit verbleibt stets eine mehr oder minder große Restverunkrautung in den Reihen. Sie lässt sich durch schräges Anstellen der Rollhacken mit einem gewissen Schütteffekt vermindern. Auch das Anhäufeln der Maisreihen in einem fortgeschrittenen Entwicklungsstadium kann das Unkrautwachstum verringern. Im Allgemeinen ist es aber wie auch bei Zuckerrüben erforderlich, die Restverunkrautung mit Herbiziden zu beseitigen. Zu diesem Zweck eignet sich das Verfahren der Bandspritzung. Dabei werden Herbizide nur in einem 25–30 cm breiten Band auf die Kulturpflanzenreihen ausgebracht. Zwischen den Reihen wird das Unkraut hingegen mechanisch bekämpft. Auf diese Weise kann im Vergleich zu einer ganzflächigen Behandlung der Herbizidaufwand um etwa zwei Drittel vermindert werden.

Verfahren der physikalischen Unkrautkontrolle kommen gegenwärtig vorwiegend in Bodennutzungssystemen des Ökologischen Landbaus zur Anwendung, in denen der Einsatz von herbiziden Wirkstoffen ausgeschlossen ist. Der Integrierte Landbau bedient sich ganz überwiegend der Möglichkeiten chemischer Unkrautkontrolle.

Bei der **thermischen Unkrautkontrolle** werden die Pflanzen oder Pflanzenteile kurzzeitig hoch erwärmt und damit irreversibel geschädigt. Im Mittel ist dafür eine Temperatur von 45 °C ausreichend. Technisch wird dies durch direktes Abflammen mittels einer offenen Flamme oder indirekt mittels Infrarotstrahlern realisiert. Am erfolgreichsten ist die Bekämpfung im Jugendstadium der Unkräuter. Gegen ausdauernde Arten ist sie hingegen wirkungslos. Als Energieträger dient Flüssiggas, dessen Verbrennungsenergie zum Erhitzen der Unkrautblätter genutzt wird. Das Verfahren ist auf Reihenkulturen beschränkt und weist praktische Probleme auf. Dies ist einerseits eine geringe Flächenleistung, da die Arbeitsgeschwindigkeit nur 2–4 km h^{-1} betragen kann. Andererseits ist die Ausnutzung der eingesetzten Energie gering, denn lediglich 15 % kommen beim Erhitzen der Pflanzen zur Wirkung. Praktisch bewährt hat sich der Einsatz der Abflammtechnik in Mais und Zuckerrüben. Bei Mais kann dieses Verfahren nach dem Auflaufen bis zur Streichholzlänge der Kulturpflanzen und später ab einer Wuchshöhe von 20 cm eingesetzt werden. Dazu werden die Maisreihen beflammt und die Unkräuter dabei abgetötet, während zwischen den Reihen gehackt wird.

1.4.3.3 Chemische Unkrautkontrolle

Die chemische Unkrautkontrolle beruht auf dem Einsatz von Herbiziden. Das sind synthetisch hergestellte organische Verbindungen, mit denen Pflanzen abgetötet werden können. Ihre Anwendung im Ackerbau setzt eine selektive Wirkung voraus, sodass nur die unerwünschten Pflanzen absterben, während die Nutzpflanzen im Bestand nicht oder nur wenig geschädigt werden. Dieser Aspekt des Ackerbaus ist im Vergleich mit anderen noch vergleichsweise jung und entwickelte sich erst im Verlauf des 20. Jahrhunderts. Zunächst nutzte man Kupfer- und Eisensulfat als Ätzmittel gegen Unkräuter. Ab den 1930er-Jahren wurden Düngemittel mit herbizider Nebenwirkung (Hederich-Kainit und Kalkstickstoff) eingesetzt, die zur Bekämpfung breitblättriger Unkräuter im Getreide geeignet waren. Demselben Zweck dienten dinitrokresolhaltige Gelbspritzmittel (DNOC). Anfang der 1940er-Jahre kamen Wuchsstoffherbizide auf der Basis von Phenoxyfettsäuren auf den Markt, welche bedeutende Fortschritte bei der Unkrautkontrolle im Getreide ermöglichten. Seitdem ist eine Vielzahl sehr spezifischer herbizider Verbindungen entwickelt worden, die für nahezu alle ackerbaulichen Kulturen verfügbar sind.

Die zahlreichen zugelassenen Herbizide teilt man nach verschiedenen Aspekten unterschiedlichen Gruppen zu. Aufgrund ihrer chemischen Beschaffenheit fasst man einerseits Wirkstoffe mit einer übereinstimmenden Grundkonfiguration zusammen. Andererseits wird unterschieden nach der Art der Aufnahme durch die Pflanzen. Es gibt Herbizide, die über den Boden bzw. die Wurzeln (Bodenherbizide) und andere, die über die Blätter (Blattherbizide) in die Pflanzen gelangen. Wenn eine Kombination aus beiden Wirkungsweisen vorliegt, spricht man von Blatt-Boden-Herbiziden oder Boden-Blatt-Herbiziden. Werden Herbizide unmittelbar nach dem Auftreffen auf die grünen Pflanzenteile wirksam, handelt es sich um Kontaktherbizide (lokal wirkend). Die überwiegende Mehrzahl sind demgegenüber translokal wirkende systemische Herbizide, die im Gefäßsystem der Pflanzen an den

Ort ihrer Wirkung gelangen. Unterschieden werden die Herbizide auch nach dem Zeitpunkt ihrer Anwendung. Es gibt welche, die vor der Aussaat der Kulturpflanzen eingesetzt werden (VS, Vorsaatverfahren) und solche, die nach der Aussaat, aber vor dem Auflaufen (VA, Vorauflaufverfahren) zur Anwendung kommen. Andere wiederum werden erst nach dem Auflaufen der Kulturpflanzen (NA, Nachauflaufverfahren) eingesetzt.

Die Wirkung von Herbiziden auf höhere Pflanzen kommt durch die Beeinflussung lebenswichtiger Stoffwechselprozesse zustande. Im Folgenden werden wesentliche Ansatzpunkte und entsprechende Wirkstoffgruppen bzw. Wirkstoffe angegeben:

- Photosynthese; Hemmung des Elektronentransports im Lichtsystem I (Bipyridilium-Salze)
- Photosynthese; Hemmung des Elektronentransports im Lichtsystem II (Phenylharnstoffe, Triazine, Biscarbamate)
- Biosynthese von verzweigten Aminosäuren; Hemmung des Enzyms Acetolactat-Synthase (Sulfonylharnstoffe)
- Biosynthese von Glutamin; Hemmung der Glutamin-Synthetase (Organophosphorverbindungen)
- Biosynthese von aromatischen Aminosäuren; Hemmung der 3-Phospho-5-enolpyruvylshikimisäure-Synthetase (Organophosphorverbindungen)
- Biosynthese der Fettsäuren; Hemmung der Acetyl-CoA-Carboxylase (Aryloxyphenoxyfettsäuren)
- Zerstörung der Membranlipide durch lichtinduzierte Radikalbildung (Diphenylether)
- Biosynthese der Carotinoide; a) Hemmung der Phytoen-Desaturase (Diflufenican, Flurtamone); b) HPPD-Hemmer (Triketone, Mesotrione)
- Zellteilung (Mitose); Wachstumshemmung durch Beeinflussung der Zellteilung (Dinitroaniline, Carbamate).

Grundlegende Voraussetzung für den Einsatz von Herbiziden in Nutzpflanzenbeständen ist ihre selektive Wirkung. Dafür gibt es verschiedene Ursachen. Dies sind zunächst die morphologisch-anatomischen Unterschiede zwischen Unkräutern und Kulturpflanzen. So wird die Wirkung der Herbizide durch die Oberflächenbeschaffenheit und Stellung der Blätter sowie die Lage der Wachstumszonen beeinflusst. Von den schmalen und steil stehenden Blättern monokotyler Arten (z. B. Getreide) perlen die Spritztropfen ab, während sie auf den sich flach ausbreitenden Blattspreiten der Dikotylen haften bleiben. Auch die Lage des herbizidempfindlichen meristematischen Gewebes beeinflusst die herbizide Wirkung. Bei dikotylen Arten befinden sich die meristematischen Zonen an den Sprossspitzen und in den Blattachselknospen und können somit von applizierten Wirkstoffen leicht erreicht werden. Demgegenüber werden die Wachstumszonen bei den Gräsern durch Blattscheiden geschützt. Weitere Ursachen der Selektivität sind Unterschiede bei der Adsorption, dem Transport und der Verteilung von Wirkstoffen in der Pflanze. So ist bei Nachauflaufapplikation die Oberflächenbeschaffenheit der Blätter und insbesondere die Ausbildung der Kutikula entscheidend für die Aufnahme und spätere Wirkung.

Darüber hinaus sind Kulturpflanzen auch in der Lage, aufgenommene Herbizide zu metabolisieren und dadurch zu inaktivieren. Dabei wird der Wirkstoff auf enzymatischem oder nichtenzymatischem Weg durch Oxidation, Hydrolyse, Reduktion und Konjugatbildung umgebaut, wobei die phytotoxische Wirkung verloren geht. Wenn Herbizide im Vorauflaufverfahren ausgebracht werden, kann die Positionsselektivität genutzt werden. Dabei verbleibt der größte Teil der Wirkstoffe in der obersten Bodenschicht und trifft die dort keimenden Unkräuter. Tiefer keimende Kulturpflanzen kommen mit dem Herbizid hingegen nicht oder nur wenig in Kontakt und werden demzufolge nicht oder nur unbedeutend beeinträchtigt. Selektive Wirkung kann auch durch die zusätzliche Anwendung von Schutzstoffen („Safener") erreicht werden. Das sind Stoffe, die eine Schädigung der Kulturpflanze durch Herbizide verhindern. Sie steigern die Aktivität von Schlüsselenzymen in der Nutzpflanze, sodass herbizide Wirkstoffe inaktiviert werden. Andere Schutzstoffe stimulieren die Lipidsynthese und neutralisieren damit die Wir-

Tab. 1.54 Wirkstoffgruppen, Wirkungsweisen und Einsatzgebiete von Herbiziden (n. Zwerger und Ammon 2002).

Wirkstoffgruppen	Wirkungsweise	Einsatzgebiete
Acetamide	Aufnahme über den Boden in Wurzel und Hypokotyl; Hemmung des Wachstums (Zellteilung und -streckung)	In Mais, Raps, Kartoffeln Getreide gegen monokotyle Arten
Aminosäuren	Aufnahme über Blätter; Eingriff in Aminosäuresynthese, Hemmung der Glutamin-Synthase bzw. 5-Enolpyruvylshikimat-3-phosphat-Synthase	Totalherbizide, nicht-selektiv; Einsatz vor der Saat oder nach der Ernte, insbesondere gegen perennierende Arten
Aromatische Carbonsäuren	Aufnahme über Blätter; Eingriff in Wuchsstoffhaushalt, Beeinflussung der Synthese und des Abbaus von Phytohormonen	In Getreide gegen dikotyle Unkräuter; keine Wirkung gegen monokotyle Arten
Aryloxyaminopropionsäuren, Arylaminopropionsäuren	Aufnahme über Blätter; Hemmung der Fettsäuresynthese	In Zuckerrüben, Kartoffeln, Raps, Getreide gegen monokotyle Arten
Bipyridilium-Salze	Kontaktherbizide; Aufnahme über Blätter; Hemmung des Elektronentransports im Lichtsystem I	Krautabtötung im Kartoffelbau; Vorauflaufbehandlung in Zuckerrüben und Mais
Carbamate	Bodenherbizide; Hemmung der Zellteilung	In Raps, Zuckerrüben, Kartoffeln, Getreide gegen dikotyle Arten
Cyclohexenone	Aufnahme über Blätter; Störung der Acetyl-CoA-Carboxylase	In Raps, Zuckerrüben, Kartoffeln, Getreide gegen monokotyle Arten
Dinitrophenole, Dinitroaniline, Nitrodiphenylether	Kontaktherbizide; Aufnahme über die Blätter, keine Translokation; Hemmung der oxidativen Phosphorylierung, Verhinderung der Synthese von Chlorophyllen	In Getreide, Mais, Raps, Kartoffeln gegen dikotyle Arten, zum Teil gegen monokotyle Arten
Nitrile	Aufnahme über Blätter; Eingriff in das Lichtsystem II, Destabilisierung von Membranen, Störung der Fettsäuresynthese	In Getreide und Mais gegen dikotyle Arten
Phenylharnstoffe	Aufnahme über den Boden; Eingriff in das Lichtsystem II	In Getreide, Raps, Kartoffeln gegen mono- und dikotyle Arten
Sulfonylharnstoffe	Aufnahme über Blätter und Wurzeln; Hemmung der Acetolactat-Synthase	In Getreide, Mais, Kartoffeln gegen dikotyle und teilweise monokotyle Arten
Triazine, Triazinone	Aufnahme über Wurzeln; Beeinflussung des Elektronentransports im Lichtsystem II	In Getreide, Mais, Kartoffeln, Zuckerrüben gegen dikotyle und teilweise monokotyle Arten

kung der in den Lipidstoffwechsel eingreifenden Herbizide. In jüngerer Zeit wird Selektivität auch dadurch erreicht, dass Kulturpflanzen gentechnisch verändert werden. Durch die Übertragung von Genen, die in der Kulturpflanze Herbizidresistenz erzeugen, ist es möglich, Wirkstoffe zur Unkrautbekämpfung einzusetzen, die eigentlich nicht selektiv wirken. Dies ist bisher bei Kartoffeln, Mais, Sojabohne, Raps und Kohl gelungen. Die praktische Nutzung dieser gentechnisch veränderten Organismen (GVO) ist jedoch umstritten und in Deutschland bislang noch nicht erlaubt (s. Kap. 2.3.1 und 3.6.3).

Tab. 1.55 Wirtschaftliche Schadenschwellen (Pflanzen m^{-2}) für Ungräser und Unkräuter im Getreide (n. Börner 1995).

Unkrautarten	Entwicklungsstadien des Getreides		
	Ab 3-Blatt-stadium	**Ende der Vegetationsruhe**	**Vegetationsbeginn bis Ende der Bestockung**
Ackerfuchsschwanz, Windhalm	30–50	20–30	20–30
Vogelmiere	> 40	> 25	> 25
Taubnessel und/oder Ehrenpreis	> 50	–	–
Klettenlabkraut	–	–	> 0,1
Windenknöterich	–	–	> 2
Dikotyle insgesamt	> 90	> 50	> 50
Deckungsgrad (%)	> 5	> 5	> 5–10

Ein neuer Weg wird deshalb in den letzten Jahren mit der CLEARFIELD®-Technologie beschritten. In diesem Produktionssystem werden Sorten mit konventionell erzeugter Imidazolinon-Toleranz ins Feld gestellt. Zur besseren Unterscheidbarkeit ist das Saatgut von „Clearfield-Sorten" mit dem Kürzel „CL" hinter dem Sortennamen zu kennzeichnen. Im Zuge der Unkrautkontrolle werden Breitbandherbizide auf der Grundlage des Wirkstoffes Imazamox eingesetzt, gegen die die Kulturpflanze tolerant ist, nicht aber Unkräuter und Ungräser. Zu den Vorteilen dieses Verfahrens gehören zeitliche Flexibilität in der Nachauflaufbehandlung, ein breites Wirkungsspektrum und der Herbizideinsatz nach Schadenschwellen. Nachteilig kann die ungewollte Verbreitung auf Nachbar- oder Durchwuchsflächen sein, weil „CL"-Pflanzen dort u. U. nicht mehr mit dem üblichen Herbizideinsatz erfasst werden können (s. Kap. 3.6.3).

Aus der Vielzahl von heute verfügbaren Herbiziden sind in Tabelle 1.54 wichtige Gruppen, ihre Wirkungsweise und Einsatzgebiete zusammengestellt. Details sind der weiterführenden Literatur sowie der frei zugänglichen Online-Datenbank der zugelassenen Pflanzenschutzmittel des Bundesamtes für Verbraucherschutz und Lebensmittelsicherheit zu entnehmen.

Der praktische Einsatz von Herbiziden zur Unkrautkontrolle unterliegt in Deutschland Regelungen, die im Gesetz zum Schutz der Kulturpflanzen (Pflanzenschutzgesetz – PflSchG) festgeschrieben sind. Diese legen fest, dass eine sinnvolle Integration aller möglichen Maßnahmen zur Unkrautkontrolle anzustreben ist. Dazu sind vorbeugende Maßnahmen und eine angepasste Produktionstechnik mit den Möglichkeiten mechanischer Unkrautkontrolle zu verbinden. Herbizide werden nur dann eingesetzt, wenn die wirtschaftlichen Schadenschwellen für Unkräuter überschritten sind.

Wirtschaftliche Schadenschwelle

Die wirtschaftliche Schadenschwelle ist die zu einem gegebenen Zeitpunkt vorhandene Populationsdichte eines Schadorganismus (Verunkrautung), die bei Nichtbekämpfung Schäden in gleicher Höhe verursachen würde, wie Kosten für die Bekämpfungsmaßnahme entstehen.

Dies ist das Grundprinzip der integrierten Unkrautkontrolle. Damit kommen Herbizide nur dann zum Einsatz, wenn der durch Unkräuter und Ungräser zu erwartende ökonomische Schaden größer ist als die Aufwendungen für ihre chemische Bekämpfung. Somit wird von vornherein kein unkrautfreier Bestand angestrebt, sondern eine bestimmte Anzahl von Schadpflanzen toleriert (Tab. 1.55).

Damit ist auch verbunden, dass die chemische Unkrautkontrolle zum überwiegenden Teil im Nachauflaufverfahren durchgeführt werden sollte und prophylaktischer Herbizideinsatz unterbleibt. Neben ökonomischen Gründen kommt dieses Prinzip auch den ökologischen

Forderungen nach möglichst weitgehendem Erhalt der Artenvielfalt im Ackerbau entgegen und stellt somit eine wesentliche Komponente des Integrierten Landbaus dar.

Zukünftig können bei der chemischen Unkrautkontrolle auch Methoden des „Precision Farming" zum Einsatz kommen. Deren Ziel ist beispielsweise, die Applikation von Pflanzenschutzmitteln auf betroffene Bereiche zu fokussieren und somit die eingesetzte Wirkstoffmenge deutlich zu reduzieren. Eine weitere Möglichkeit wäre, durch unterlassene Applikation in Bereichen, in denen gefährdete bzw. erhaltenswerte Unkräuter wachsen, einen Beitrag zum Artenschutz zu leisten.

Fragen zu Kapitel 1.4

- Was sind Unkräuter und wie sind sie mit Nutzpflanzen vergesellschaftet?
- Welche Schadwirkungen werden von Unkräutern verursacht und wie kann ihnen vorgebeugt werden?
- Welche ackerbaulichen Maßnahmen dienen der integrierten Unkrautkontrolle?
- Wie können Unkräuter mit physikalischen Verfahren kontrolliert werden?
- Welche Wirkstoffe können zur chemischen Unkrautkontrolle eingesetzt werden und was ist dabei zu beachten?

Weiterführende Literatur

Zwerger, P. und H. U. Ammon, 2002: Unkraut. Ökologie und Bekämpfung. Verlag E. Ulmer, Stuttgart.

Börner, H., 1995: Unkrautbekämpfung. Gustav Fischer Verlag, Jena.

1.5 Nachhaltige Entwicklung im Ackerbau

„Sustainable Development" – in der deutschen Übersetzung „Nachhaltige Entwicklung" – ist seit den 90er-Jahren des 20. Jahrhunderts zu einem markanten Terminus in der Diskussion um die Zukunft der Gesellschaft geworden. Ausgelöst wurde dies unter anderem durch die absehbare Erschöpfung vorratsbegrenzter Rohstoffe, deutlich hervorgetretene Umweltbelastungen und die erkennbare Gefährdung des Klimasystems der Erde. Die Landwirtschaft steht mit diesen Problemen in direktem Zusammenhang – als Verursacher wie auch als Betroffener.

Die Intensivierung der Landnutzung war einerseits eine notwendige Voraussetzung für die Ernährung einer wachsenden Weltbevölkerung. Andererseits kam es dabei aber zu unbeabsichtigten Beeinträchtigungen der Umwelt, die mit einer erheblichen Beeinflussung der in Anspruch genommenen Ressourcen verbunden waren und sind. Vor dem Hintergrund einer weiter sprunghaft wachsenden Weltbevölkerung hat sich die Frage zugespitzt, wie eine langfristige Entwicklung mit einer verantwortungsvollen Nutzung begrenzter Ressourcen einhergehen kann. In diesem Kontext wird nachhaltige Entwicklung heute als Leitbild für die Zukunft gesehen, welches nicht sektoral, sondern gesamtgesellschaftlich und nicht lokal, sondern global ausgerichtet ist.

Bezogen auf die Landwirtschaft müssen die 3 Säulen der Nachhaltigkeit – Ökonomie, Ökologie und Soziales – weiter spezifiziert werden. Daraus ergeben sich Teilaspekte einer nachhaltigen Entwicklung, die das gesamte System Landwirtschaft in seiner Entwicklung reflektieren. Voran steht dabei eine ethische Komponente, die auf intragenerationale und intergenerationale Gerechtigkeit abzielt. Das bedeutet, dass nachhaltiges Wirtschaften die Chancengleichheit heutiger und nachfolgender Generationen gebührend berücksichtigen muss. Berührt wird auch die gesamtgesellschaftliche Verantwortung der Landwirtschaft für die Gewährleistung der Nahrungsversorgung und die Sicherung der Lebensmittel-

Tab. 1.56 Indikatoren zur Analyse der ökologischen Nachhaltigkeit im Ackerbau (n. Hülsbergen 2009).

Indikatoren	Methoden	Umweltbereiche				
		Ressourcen	Boden	Wasser	Luft	Biodiversität
Stickstoffsaldo	Stickstoffbilanz	+	+	++	++	+
Phosphorsaldo	Phosphorbilanz	++	++	++		+
Humussaldo	Humusbilanz		++	+	+	
Energieeffizienz	Energiebilanz	++			+	
Treibhausgase	Emissionsinventur				++	
Bodenschadverdichtung	Verdichtungsindex		++			
Bodenerosion	ABAG [1]		++	+		
Pflanzenschutzintensität	Behandlungsindex			+		++
Biodiversitätspotenzial	Diversitätsindices		+			++
Landschaftselemente	Index					++

[1] Allgemeine Bodenabtragsgleichung

qualität. Ein weiterer wesentlicher Aspekt ist die Ressourcenschonung, welche auf den Erhalt der natürlichen Produktionsgrundlagen Boden, Wasser und Luft sowie auf das Vermeiden bzw. Vermindern von Umweltbelastungen gerichtet sein muss. Dabei geht es im Weiteren auch um den Erhalt der biologischen Vielfalt und eine möglichst geringe Beeinträchtigung natürlicher Ökosysteme. Die sozioökonomische Komponente beinhaltet die Sicherung der ökonomischen Existenzfähigkeit landwirtschaftlicher Betriebe sowie den Erhalt und die Schaffung von Beschäftigungsmöglichkeiten in der Landwirtschaft. Dies alles muss letztlich mit der globalen Komponente nachhaltiger Entwicklung in Einklang stehen. Ackerbauliche Fragestellungen sind dabei faktisch mit allen Teilaspekten verbunden.

Um solche Konzepte in der landwirtschaftlichen Praxis konkret anwenden und ihre Auswirkungen überprüfen zu können, werden Messgrößen (Indikatoren) benötigt (s. auch Kap. 2.5). Sie sind die Voraussetzung, um den Einfluss landwirtschaftlicher Produktionsverfahren auf die biotischen und abiotischen Ressourcen bei gleichzeitiger Berücksichtigung von Ökonomie und sozialen Aspekten quantifizieren zu können. Für den Bereich des Ackerbaus werden Indikatoren zur Analyse der ökologischen Nachhaltigkeit herangezogen, mit denen die von der Landwirtschaft ausgehenden Wirkungen auf die biotische und abiotische Umwelt analysiert und bewertet werden. Dazu zählen Nährstoff- und Humussalden, Wirkungen auf Bodenstruktur und -erosion, aber auch die Pflanzenschutzintensität und Biodiversitätsaspekte (Tab. 1.56). Für die gesamte Betriebsbewertung sind darüber hinaus ökonomische und soziale Indikatoren heranzuziehen, um damit einen Gesamtindex zu bestimmen.

Aufgrund der unterschiedlichen Ziele, die gleichzeitig angestrebt werden, entstehen unvermeidlich Zielkonflikte. Deswegen werden Konzepte benötigt, die den Landwirt in die Lage versetzen, situationsspezifische Lösungen zu finden. Dabei muss es darum gehen, die Produktionsverfahren unter Berücksichtigung von Kriterien der Nachhaltigkeit zu optimieren und dabei die Ressourceneffizienz zu erhöhen sowie gleichzeitig Umweltqualitätsziele einzuhalten. Je nach Skalenebene (Schlag, Betrieb, Erzeugergemeinschaft, Landkreis, Region etc.) müssen spezifische Indikatorsysteme herangezogen werden. Insbesondere auf Betriebsebene gilt es damit zu beurteilen, ob die jeweilige Wirtschaftsweise den Anforderungen nachhaltiger Landwirtschaft gerecht wird. Hier gibt es verschiedene Konzepte, die jeweils für sich in Anspruch nehmen, das Ziel der Erzeugung ausreichender und qualitativ hochwertiger Nahrungsmittel und die Beeinflussung des Naturhaushaltes in ein ausgewogenes Gleichgewicht bringen zu können. Hauptrichtungen sind dabei der Integrierte Landbau und der Ökologische Landbau.

1.5.1 Integrierter Landbau

Das Konzept des Integrierten Landbaus ist seit dem letzten Viertel des 20. Jahrhunderts entwickelt worden, nachdem man erkannt hat, dass eine unkontrolliert intensive Landbewirtschaftung negative Folgewirkungen sowie ökologische Probleme auslösen kann. Mit diesem Bewirtschaftungssystem wird das Ziel verfolgt, ökologische und ökonomische Erfordernisse bei der Bodennutzung zur pflanzlichen Erzeugung in Einklang zu bringen.

Auf der Basis ganzheitlicher Betrachtung orientiert sich der Integrierte Landbau am gesamten Landwirtschaftsbetrieb als Einheit. Umsichtig genutzte Agrarökosysteme, ausgeglichene Stoffkreisläufe und artgerechte Tierhaltung sind dafür die Grundlagen. Mit dem Terminus „Integriert" wird die Wiederherstellung eines übergeordneten Ganzen umschrieben, welches durch verschiedene Elemente getragen wird, die sich gegenseitig bedingen und ergänzen. Dabei handelt es sich nicht um ein bloß summarisches Zusammenfügen einzelner Teile, sondern um Synthese und Synergismus. Dies bedeutet, dass das Ganze mehr als die Summe seiner Teile ist. Bezogen auf die ackerbauliche Bodennutzung wird damit eine Kombination von Verfahren, Maßnahmen und Entscheidungen verbunden, welche darauf abzielen, die Ertragsfähigkeit der Böden dauerhaft zu erhalten sowie gesunde und qualitativ hochwertige Nahrungs- und Futtermittel sowie Rohstoffe zu erzeugen. Eingriffe in Agrarökosysteme sollen auf das unbedingt erforderliche Mindestmaß beschränkt und Belastungen anderer Ökosysteme möglichst gering gehalten oder gänzlich vermieden werden. In diesem System geht es daher auch nicht um das Erreichen von Maximalerträgen ohne Rücksicht auf die Aufwendungen und das Umfeld. Vielmehr wird das Ertragspotenzial des jeweiligen Standortes nur so weit ausgeschöpft, wie es unter Beachtung der ökologischen Folgewirkungen sinnvoll erscheint und toleriert werden kann. Insbesondere die Umwelt wird nicht als frei verfügbares Gut angesehen und der Schutz von Tier- und Pflanzenarten sowie deren Lebensgemeinschaften als eine allgemeine ethische Verpflichtung anerkannt.

Im Integrierten Landbau werden alle geeigneten Verfahren des Acker- und Pflanzenbaus standortgerecht aufeinander abgestimmt. Dazu zählen die Gestaltung der Feldflur und ihres Umfeldes, die Fruchtfolgen, die Bodenbearbeitung, Sorten- und Saatgutwahl, Pflanzenernährung und Düngung sowie der Pflanzenschutz. Mit der Betriebsplanung und Betriebsorganisation werden alle Elemente systematisch verbunden. Damit soll mittel- und langfristig eine Reihe von Zielen erreicht werden, die wesentliche Teilaspekte nachhaltigen Wirtschaftens darstellen. Das sind die Sicherung und Verbesserung der Bodenstruktur, der bodenbiologischen Prozesse und damit der Bodenfruchtbarkeit. Eine ganz grundlegende Voraussetzung dafür ist die Vermeidung von Bodenerosion durch Wasser und/oder Wind. Ebenso sollen Belastungen von Grundwasser und Oberflächengewässern durch den Austrag von Nährstoffen oder Pflanzenschutzmitteln vermieden werden. Natürliche oder naturnahe Biotope, die landwirtschaftlichen Nutzflächen benachbart sind, dürfen nicht durch Folgen von ackerbaulichen Bewirtschaftungsmaßnahmen beeinträchtigt werden. Ziel ist auch eine vielfältige und ökologisch intakte Agrarlandschaft. Dazu ist der Schutz und die Pflege typischer Landschaftselemente wie Hecken, Feldraine, Feldgehölze, Sölle, Gräben usw. eine notwendige Voraussetzung. Eng damit verbunden ist die Berücksichtigung des Natur- und Artenschutzes, insbesondere im Hinblick auf die Erhaltung von ökologisch wertvollen Biotopen im Rahmen einer gesamtökologischen Betrachtung. Nicht zuletzt hat der Integrierte Landbau eine auf die Landbewirtschaftung abgestimmte Nutztierhaltung zum Ziel, welche die Stoffkreisläufe Boden – Pflanze – Tier – Boden gebührend berücksichtigt.

Um diese Ziele erreichen zu können, bedarf es entsprechender Voraussetzungen und Bedingungen. Ausgangspunkt für das Gestalten von Bewirtschaftungssystemen des Integrierten Landbaus sind die fortgeschrittenen Erkenntnisse der natur- und agrarwissenschaftlichen Forschung in allen Zweigen des landwirtschaftlichen Reproduktionsprozesses. Auf dieser Grundlage ist zunächst die Frage einer an den Standort angepassten Betriebsstruktur zu klären. Hierbei reicht die Spanne von ausschließlich pflanzlicher Erzeugung in ackerbaulichen Marktfruchtbetrieben bis zu vielfältig organisierten tierhaltenden Gemischtbetrieben mit einer oder mehreren Nutztierarten. Bestimmend sind dabei vor allem die ökonomischen und agrarpolitischen Rahmenbedingungen.

Die Zielstellungen des Integrierten Landbaus werden in der Regel in vielseitig organisierten Betrieben eher erreicht als in solchen, die nur wenige Fruchtarten in der ackerbaulichen Nutzung haben. Davon werden dann vor allem die Fruchtfolgen berührt. Als Ideal ist eine ausgewogene Fruchtfolge ohne einseitig überhöhte Anteile einzelner Fruchtarten anzusehen. Dabei sollte durch den Wechsel von Blatt- und Halmfrüchten, von Flach- und Tiefwurzlern, von humusmehrenden und humuszehrenden Arten eine belastbare Basis der ackerbaulichen Bodennutzung geschaffen werden. Diese ist Voraussetzung für eine ausgeglichene Humusbilanz, gute Bodenstruktur und hohe bodenbiologische Aktivität sowie die nichtchemische Eindämmung von Unkräutern, Schädlingen und Krankheiten.

Bei der Bodenbearbeitung rücken neben den klassischen Zielen zum Schaffen der Voraussetzungen für den Anbau wechselnder Nutzpflanzenarten zunehmend Aspekte des vorausschauenden Bodenschutzes in den Blickpunkt. Dazu gehören gefügeschonende Bearbeitungs- und Bestellverfahren, um Bodenverdichtungen zu vermeiden bzw. vorhandene möglichst zu sanieren. Dem Schutz vor Wind- und Wassererosion gebührt in diesem Zusammenhang besondere Aufmerksamkeit, denn er ist Grundbedingung für den dauerhaften Erhalt der Böden als Produktionsgrundlage. Verfahren der konservierenden Bodenbearbeitung sind daher ein wesentliches Element des Integrierten Landbaus und gehören unverzichtbar zu den entsprechenden Bodennutzungssystemen. Der Zwischenfruchtanbau ist dabei ein integraler Bestandteil.

Im Hinblick auf die bedarfsgerechte Ernährung der Pflanzenbestände muss die organische und mineralische Düngung so gestaltet werden, dass die standortspezifischen Ertragspotenziale optimal ausgeschöpft werden, ohne dass Nährstoffüberhänge zu ökologischen Folgeproblemen infolge von Auswaschung oder gasförmiger Entbindung in die Atmosphäre führen. Hierzu sind jährliche schlagspezifische Nährstoffbilanzen erforderlich. Die Stickstoffdüngung ist nach dem Bedarf und dem Wachstumsverlauf auszurichten, wozu Boden- und Pflanzenanalysen heranzuziehen sind. In zunehmendem Maße werden hier auch die Möglichkeiten der teilflächenspezifischen Präzisionsbewirtschaftung genutzt, die auf der Basis von Boden- und Pflanzenbestandsdaten eine satellitengestützte ortsspezifische Platzierung unterschiedlicher Nährstoffmengen ermöglicht.

Für die Pflanzenpflege und den Pflanzenschutz wird im Integrierten Landbau eine Kombination von anbautechnischen, physikalischen, biologischen und chemischen Maßnahmen angestrebt. Dabei soll der Einsatz von chemisch-synthetischen Präparaten zur Unkrautkontrolle sowie zur Krankheits- und Schädlingsbekämpfung, wenn immer möglich, anhand von wirtschaftlichen Schadschwellen sowie der Empfehlungen von Prognose- und Warndiensten gesteuert werden. Im Integrierten Landbau wird der Fortschritt in der Pflanzenzüchtung im Hinblick auf das Leistungs- und Resistenzpotenzial von Sorten landwirtschaftlicher Nutzpflanzen fortlaufend in die Praxis übernommen. Dies trägt einerseits zur Aufwandsminderung beim chemischen Pflanzenschutz bei. Andererseits werden damit die Voraussetzungen für die Erzeugung hochwertiger Nahrungs- und Futtermittel sowie Rohstoffe in spezifischer Produkt- bzw. Verarbeitungsqualität verbessert. Solche Aspekte sind dann auch Bestandteile von Qualitätssicherungssystemen, mit denen alle Teile und Phasen des Reproduktionsprozesses dokumentiert und transparent nachvollziehbar gemacht werden. Dies ist eine ganz wesentliche Voraussetzung für die Vermarktung der landwirtschaftlichen Erzeugnisse, für den Schutz der Verbraucher vor qualitativ unzureichenden oder belasteten Produkten und somit für stabile und nachhaltige Entwicklung der landwirtschaftlichen Betriebe.

1.5.2 Ökologischer Landbau

Das Landwirtschaftssystem des Ökologischen Landbaus ist im Sinne der Nachhaltigkeit durch eine Reihe von freiwilligen Selbstbeschränkungen gekennzeichnet. Diese betreffen den Verzicht auf leichtlösliche mineralische Düngemittel, insbesondere die mineralische Stickstoffdüngung, das Verbot von chemisch-synthetischen Pflanzenschutzmitteln sowie den Ausschluss des Anbaus von gentechnisch veränderten Pflanzen.

Ökologischer Landbau orientiert sich am Ideal eines weitgehend in sich geschlossenen, wohl proportionierten Betriebsorganismus. Äußere Kennzeichen und Ziele sind vielseitige Fruchtfolgen, tiergerechte, in den Betriebsorganismus integrierte Nutztierhaltung und damit verbunden der Vorzug von organischen Düngern und natürlichen Ressourcen. Dementsprechend dominiert bei den Betriebstypen der landwirtschaftliche Gemischtbetrieb, es werden aber auch viehlose Ackerbaubetriebe im System des Ökologischen Landbaus bewirtschaftet.

In der Europäischen Union hat die Wirtschaftsweise des Ökologischen Landbaus mit der Verordnung (EWG) 2092/91 eine gesetzliche Basis bekommen. Sie stellt einen verbindlichen Mindeststandard dar, der durch weitergehende Anbau- und Erzeugerrichtlinien verschiedener Verbände ergänzt wird.

Der Terminus „Ökologischer Landbau" ist ein Oberbegriff für verschiedene Varianten. Hauptrichtungen sind der „Biologisch-Dynamische Landbau" und der „Organisch-Biologische Landbau". Ein wesentlicher Unterschied ist, dass sich die Biologisch-Dynamische Richtung auf die Anthroposophie stützt, wobei strenge Produktionsrichtlinien hinsichtlich der Anwendung von Präparaten zur Kompostierung und Pflanzenpflege sowie besondere kosmische Konstellationen zu beachten sind. Diese Wirtschaftsweise geht auf Rudolf Steiner (1861–1925) zurück, der 1924 im Rahmen der Anthroposophischen Gesellschaft einen „Landwirtschaftlichen Kurs" aus 8 Vorträgen abhielt und damit die theoretischen Grundlagen schuf. Anthroposophie wird von ihm als ein Erkenntnisweg beschrieben, der das Geistige im Menschenwesen zum Geistigen im Weltall führen möchte. Eine wesentliche Wurzel dafür ist der Goetheanismus. Er sucht das sinnlich-übersinnliche Wirken in der Natur im unbefangenen Beobachten der Erscheinungen durch „Anschauende Urteilskraft" zu erfassen. Immanent ist dabei der Grundsatz ganzheitlicher Betrachtung. Er zielt darauf ab, sich in ein Verständnis für die organisierenden Kräftezusammenhänge einzuleben, die den Lebenserscheinungen zugrunde liegen. Ziel der Biologisch-Dynamischen Wirtschaftsweise ist ein standortgemäßer, arbeits- und marktgerechter Betriebsorganismus, wobei ökonomische, ökologische und soziale Belange optimiert werden sollen. Ein solcher Betrieb soll den Charakter einer weitgehend in sich geschlossenen „Individualität" aufweisen.

Der Organisch-Biologische Landbau wurde zunächst in der Schweiz von Maria und Hans Müller entwickelt und später durch den Arzt und Mikrobiologen Dr. H. P. Rusch ergänzt. Kennzeichen sind ebenfalls ein weitgehend geschlossener Betriebsorganismus, wobei jedoch die Anwendung von Präparaten und die Beachtung kosmischer Konstellationen nicht vorgeschrieben ist. In den Mittelpunkt wird mehr der gesunde, lebendige Boden und davon ausgehend der Kreislauf lebender Substanzen gestellt. Im System des Organisch-Biologischen Landbaus ist der wesentliche Ausgangspunkt für die Verbreitung des Ökologischen Landbaus in Deutschland zu sehen.

Mit den Verfahren des Ökologischen Landbaus sollen Natur und Landschaft geschützt, die Ökosysteme in ihren Funktionen erhalten und nichterneuerbare Energie- und Rohstoffquellen geschont werden. Durch den Verzicht auf mineralische Stickstoffdüngung und chemisch-synthetische Pflanzenschutzmittel werden bewusst Mindererträge in Kauf genommen, die in Abhängigkeit von Standort, Fruchtart und Jahr 30–50 % ausmachen können. Dies lässt sich aber durch höhere Markterlöse mehr oder minder kompensieren, da die erzeugten Produkte als hochwertig angesehen und mit höheren Preisen bezahlt werden.

Aufgrund der genannten Selbstbeschränkungen ist der Ökologische Landbau im Vergleich zum Integrierten Landbau in viel stärkerem

Maße von den unveränderlichen Standortfaktoren abhängig. Maßnahmen der Steuerung durch den Einsatz externer Produktionshilfsmittel sind kaum oder nicht verfügbar und entsprechen auch nicht den Prinzipien des geschlossenen Betriebsorganismus. Dementsprechend hoch ist die Bedeutung der optimalen Standortanpassung. Fehler bei der Fruchtfolgegestaltung, Bodenbearbeitung sowie Arten- und Sortenwahl wirken sich deutlich negativ auf den Betriebserfolg aus. Kernstück ist daher die Fruchtfolge. Eine möglichst große Diversität ist das wirksamste Mittel zur Nutzung selbstregelnder Prozesse und Kräfte im ökologisch wirtschaftenden Betrieb. Dabei ist zu beachten, dass der Umfang der Viehhaltung den Feldfutteranteil und den Strohbedarf (Getreideanteil) für die Einstreu bestimmt. Die erforderliche Reproduktion bzw. Mehrung der organischen Bodensubstanz entscheidet mit über den Hackfruchtanteil bzw. den Anbauumfang von humusmehrenden Fruchtarten. Das Stickstoffangebot für die nichtlegumen Fruchtarten und damit deren Ertragshöhe ist überwiegend vom Anteil der Leguminosen in der Fruchtfolge und der optimalen Nutzung ihrer positiven Vorfruchtwirkungen abhängig. Dementsprechend wird in Betrieben des Ökologischen Landbaus ein Getreideanteil von 50–60 % nicht überschritten. In viehhaltenden Gemischtbetrieben stehen etwa 25 % Futter- und Körnerleguminosen in den Fruchtfolgen. Zusätzlich wird durch Untersaaten und Zwischenfruchtbau versucht, die Vegetationsperioden maximal zur Biomasseproduktion zu nutzen. Auf diese Weise soll vor allem zur Erhaltung und Mehrung der Bodenfruchtbarkeit beigetragen werden. Dies ist zwar in allen Landbauverfahren erforderlich, spielt aber im Ökologischen Landbau aufgrund geringerer Stickstoffverfügbarkeit eine besonders große Rolle. Dabei geht es vor allem um hohe Aktivität von Bodentieren und Mikroorganismen, da diese den Stoffumsatz im System Boden und somit auch die Nährstoffbereitstellung für die Pflanzenbestände wesentlich beeinflussen. Hinsichtlich der Pflanzenernährung geht es daher darum, den Kreislauf der lebendigen Substanz im Betrieb in Gang zu halten und Nährstoffkreisläufe möglichst zu schließen. Priorität haben dabei die betriebseigenen organischen Substanzen, vor allem die Wirtschaftsdünger. Synthetische Stickstoffverbindungen, leicht lösliche Phosphate sowie hochprozentige Kalisalze sind von jeder Verwendung ausgeschlossen. Die Mineralstoffversorgung der Pflanzen soll vorwiegend über den Bodenvorrat durch Verwitterung von Urgestein sichergestellt und durch den mikrobiellen Aufschluss der Nährstoffe bei der Mistrotte und der Kompostbereitung unterstützt werden. Somit ist die Humuswirtschaft im Ökologischen Landbau von zentraler Bedeutung. Sie basiert auf mehrjährigem Futterbau im Gemenge von Leguminosen und Gräsern und der organischen Düngung. Um einerseits eine ausreichende Versorgung mit organischer Substanz zu sichern, andererseits aber Nährstoffüberhänge auszuschließen, sind Kohlenstoff- und Stickstoffbilanzen als Entscheidungshilfen erforderlich.

Zur Verbesserung der Mineralstoffversorgung können nährstoffhaltige Mineralien und Gesteine (Gesteinsmehl) eingesetzt werden, die nicht durch chemisch-synthetische Aufbereitung in lösliche Form überführt oder zusätzlich mit Nährstoffen angereichert wurden. Sie unterliegen im Boden bei entsprechend hoher mikrobieller Aktivität der biologischen Verwitterung und geben Nährstoffe langsam und anhaltend frei. Nach diesen Erfordernissen richtet sich auch die Bodenbearbeitung. Sie soll die biologische Krumen- und Unterbodenbearbeitung durch die Pflanzenwurzeln unterstützen und zu einer stabilen Bodenkrümelung sowie tiefreichenden Bioporung durch die Regenwurmtätigkeit beitragen. Zu diesem Zweck wird auf flaches Wenden der Ackerkrume mit dem Pflug und gelegentlich tieferes Lockern mit Zinkenwerkzeugen orientiert. Davon wird auch die Unkrautkontrolle berührt. Sie basiert im Ökologischen Landbau auf dem Einarbeiten von Unkräutern bei der Pflugarbeit und dem Bedecken und Ausreißen von Keimpflanzen beim Striegeln. Die Konkurrenz von rasch und hochwachsenden Nutzpflanzenarten mit guter Beschattung muss in der Fruchtfolge von Haupt- und Zwischenfrüchten gezielt genutzt werden. Durch einen sinnvollen Wechsel von Winterungs- und Sommerungsarten können die speziell vergesellschafteten Unkräuter in den jeweiligen Teilbrachezeiten gezielt mechanisch bekämpft werden. Einen wichtigen Beitrag zur Unkrautregulierung leistet auch der mehrmalige Schnitt von Futterpflanzen bzw. das Mulchen von Grünbrachen, wenn dies vor der Samenreife der in den Beständen enthaltenen Unkräuter erfolgt.

Die Kunst des Ackerbaus im Ökologischen Landbau basiert auf der richtigen Kombination von Haupt- und Zwischenfrüchten in der Fruchtfolge, organischer Düngung zur Versorgung des Bodenlebens und folglich zur Bereitstellung von Nährstoffen für die Pflanzenbestände sowie standortgerechter technisch-mechanischer Bodenbearbeitung. Damit soll auch dem starken Auftreten von Krankheiten und Schädlingen begegnet werden, die als Symptom eines gestörten Ordnungsgefüges angesehen werden. Im Vordergrund steht die Prävention durch Optimierung von acker- und pflanzenbaulichen Maßnahmen zur Förderung der Gesundheit und Widerstandskraft der Kulturpflanzen, um die Entwicklung von Krankheiten und Schädlingen zu hemmen. Der Förderung von Selbstregulation und Systemstabilität sollen unter anderem auch landschaftsökologische Elemente wie Hecken, Feldgehölze, Raine, Säume und Krautstreifen als Refugien zur Förderung von Nützlingen dienen (s. auch Kap. 2.5, Abb. 2.31). Allerdings kann damit allein der Krankheits- und Schädlingsbefall nicht verhindert werden. Deswegen sind für den Ökologischen Landbau auch verschiedene kurative Maßnahmen entwickelt und zugelassen worden, die aber ausschließlich auf biologischen und biotechnischen Prinzipien beruhen.

Ein wesentlicher Aspekt für die Beurteilung des Ökologischen Landbaus ist die Qualität der Erzeugnisse. Pflanzliche Produkte werden im Vergleich zu denen des Integrierten Landbaus häufig als qualitativ hochwertiger angesehen. Dabei liegen allerdings im Allgemeinen verschiedene Maßstäbe zugrunde. Während üblicherweise die äußerliche und inhaltsstoffliche Beschaffenheit als quantifizierbare Kriterien für die Qualitätsbeurteilung herangezogen werden, hat sich im Ökologischen Landbau ein erweiterter Qualitätsbegriff etabliert. Dazu zählen neben äußerlicher Beschaffenheit und Eignungswert in der Verarbeitung die ernährungsphysiologische Qualität. Darunter wird die Freiheit der Ernteprodukte von Rückständen chemisch-synthetischer Wirkstoffe ebenso verstanden wie geringe Nitratgehalte in Produkten für den Direktverzehr, vor allem bei Gemüse. Zur gesamtheitlichen Qualitätsbeurteilung bedient man sich auch sogenannter Qualitätsindizes. Dazu werden verschiedene Parameter verknüpft, womit eine größere Aussagefähigkeit erreicht werden soll. Letztlich fließt in die Qualitätsbeurteilung auch die Prozessqualität ein. Darunter wird das Erbringen von ökologischen Leistungen in Verbindung mit der Nahrungsmittelerzeugung verstanden. Die im Ökologischen Landbau erzielbaren positiven Umweltleistungen wie Artenvielfalt, Biotopschutz, Landschaftsgestaltung, Energieverbrauch oder Schadgasemissionen stellen Größen der Prozessqualität dar, die vom Verbraucher auch als „Ökologischer Wert" wahrgenommen werden und in die Beurteilung dieser Landbauweise einfließen.

Im Hinblick auf nachhaltige Entwicklung können jedoch weder das Konzept des Ökologischen noch des Integrierten Landbaus a priori mit dem Prinzip der Nachhaltigkeit gleichgesetzt werden. Beide Leitbilder weisen in diesem Kontext sowohl Stärken als auch Schwächen auf. So werden etwa im Konzept der nachhaltigen Entwicklung die wirtschaftlichen und sozialen Folgen der landwirtschaftlichen Produktion stärker betont als dies der Integrierte Landbau bisher getan hat. Damit hängt auch die Forderung nach Nahrungssicherung im globalen Maßstab zusammen. Dem Ökologischen Landbau wird aus der Sicht der Welternährung eine unzureichende Nachhaltigkeit unterstellt, wobei insbesondere der grundsätzliche Verzicht auf eine Reihe von anbautechnischen Möglichkeiten als nicht vereinbar mit dem Prinzip einer nachhaltigen Entwicklung angesehen wird. Allerdings führt die vielfach zu beobachtende kontroverse Gegenüberstellung beider Leitbilder nicht weiter. Hilfreich können eher quantifizierbare Indikatoren sein, mit denen etwa die Energieeffizienz, die Wassernutzungseffizienz, die Nitratbelastung des Grund- und Trinkwassers, die Möglichkeiten der Erosionsvermeidung und landschaftspflegerische Maßnahmen beurteilt werden. Daraus können sich zukünftig Wirtschaftsweisen entwickeln, welche die Vorzüge der heutigen Leitbilder in sich vereinen und somit dem Nachhaltigkeitsprinzip auf einer neuen Stufe näher kommen.

Fragen zu Kapitel 1.5

- Wie kann eine nachhaltige Entwicklung im Ackerbau erreicht werden?
- Auf welchen Prinzipien beruht das Konzept des Integrierten Landbaus?
- Welche Regeln werden im Ökologischen Landbau befolgt?

Weiterführende Literatur

Grimm, C. und K.-J. Hülsbergen (Hrsg.), 2009: Nachhaltige Landwirtschaft. Indikatoren, Bilanzierungsansätze, Modelle. Erich Schmidt Verlag Berlin.

Köpke, U., E. R. Keller und G. Kahnt, 1997: Ökologischer Landbau. In: E. R. Keller, H. Hanus und K.-U. Heyland (Hrsg.), Handbuch des Pflanzenbaues, Bd. 1. Verlag E. Ulmer, Stuttgart, 625–702.

2 Pflanzenbau

2.1 Einführung

Unter dem Begriff Pflanzenbau versteht man traditionell die **landwirtschaftliche Primärproduktion auf dem Acker- und Grünland**. Im Landwirtschaftsbetrieb werden Nutzpflanzen angebaut, die Nahrung für den Menschen, Futter für die Nutztiere, Rohstoffe für die industrielle Nutzung und biogene Energieträger liefern.

Heute stellen wir fest, dass es dem Pflanzenbau durch wissenschaftliche Kreativität sowie Nutzung des technischen Fortschrittes gelungen ist, in Nordamerika und Australien sowie in Mittel- und Westeuropa über die Selbstversorgung hinaus beträchtliche **Nahrungsüberschüsse** zu erzeugen. Somit ist in diesen Gebieten die ursprüngliche Aufgabe des Pflanzenbaus zunächst erfüllt. Allerdings hat die damit verbundene Intensivierung der Pflanzenproduktion teilweise zu einem übersteigerten Einsatz von Dünge- und Pflanzenschutzmitteln geführt. Ferner haben sich eine Verarmung von Flora und Fauna auf der landwirtschaftlich genutzten Fläche und in Einzelfällen auch eine Rückstandsbelastung der Nahrungsmittel und der natürlichen Ressourcen bemerkbar gemacht. Zudem ging die Bodenfruchtbarkeit zurück. Aus diesen Gründen basiert die heutige Landnutzung hauptsächlich auf den Verfahren des Integrierten Pflanzenbaus (s. auch Kap. 1.5.1). Er nutzt die natürlichen Regelkräfte der Agrarökosysteme unter Beachtung ökologischer und ökonomischer Anforderungen und durch Einbeziehung von biologisch-technischen Fortschritten in der Pflanzenzüchtung, der Pflanzenernährung, der Agrartechnik und im Pflanzenschutz, um nachhaltig sichere Erträge und betriebswirtschaftlichen Erfolg zu gewährleisten, ohne natürliche Ressourcen übermäßig zu beeinträchtigen.

In den letzten Jahren ist die **Flächenkonkurrenz** verschiedener Nutzungsformen des Pflanzenbaus weltweit in den gesellschaftlichen Diskurs geraten. Insbesondere die Bioenergie- und Nahrungsmittelerzeugung stehen im Wettbewerb zu einander, der zu massiven Preissteigerungen für Grundnahrungsmittel führen kann. Die Knappheit des Produktionsfaktors Boden bestimmt diese Konkurrenz.

Die sogenannte Tortilla-Krise im Jahre 2007 in Mexiko kann in diesem Zusammenhang als markanter Beginn gesellschaftlicher Auseinandersetzungen im globalen Maßstab verstanden werden. Im Jahr 2007 wurden in den USA 80 Mio. t Mais zu Bioethanol verarbeitet. Der Maispreis stieg dort in einem Jahr um 54,3 % und verursachte schließlich auch drastische Preiserhöhungen bei Tortillas in Mexiko, dem wichtigen Grundnahrungsmittel der armen Bevölkerungsschichten. Weitere Beispiele sind die Verarbeitung von Zuckerrohr (Brasilien), Pflanzenöl (EU) und Sojabohne (USA) zu Biokraftstoffen und in der Folge gewalttätige Aufstände in über 30 Ländern wegen der damit einhergehenden gestiegenen Lebensmittelpreise. Der Pflanzenbau steht derzeit vor der Aufgabe einer nachhaltigen Intensivierung, also der Steigerung der Rohstofferträge bei weiterer Reduktion von Umweltschäden. Dabei hat das Recht auf Nahrung Vorrang.

Die **Wissenschaft des Pflanzenbaus** trägt starke naturwissenschaftlich-disziplinäre Züge, sie hat aber auch eine systemorientierte und damit integrierende Seite. Die Pflanzenbauwissenschaften richten sich zunächst auf die kausalen Zusammenhänge zwischen Wachstum, Entwicklung und Ertragsbildung der Nutzpflanzen, mit dem Ziel, das genetisch vorgegebene Ertragspotenzial der Pflanzenbestände im Wechselspiel mit der Umwelt so gut wie möglich auszuschöpfen. Die ertragsbildenden biologischen Prozesse stellen in diesem Sinne die Grundlage der pflanzenbaulichen Produktionstechnik dar.

Die integrierende Funktion des Pflanzenbaus ergibt sich aus der Zusammenführung der Inhalte solcher Fächer, die sich im Verlauf der Wissenschaftsgeschichte aus der Pflanzenbauwissenschaft entwickelt haben. Es sind somit der Pflanzenbauwissenschaftler bzw. die Pflanzenbauwissenschaftlerin, die das harmonische Zusammenspiel Vieler lenken. Diese holistische Sicht befähigt sie zur Beherrschung pflanzenbaulicher Einzelmaßnahmen, zur Gestaltung von Anbausystemen und zur Erfassung und Bewertung von Wechselwirkungen innerhalb des Agrarökosystems.

Um diesen Ansprüchen in der akademischen Ausbildung gerecht zu werden, vermittelt die vorliegende Lektüre des Pflanzenbaus die Fähigkeit zum Verstehen von Kausalzusammenhängen und zur Quantifizierung funktionaler Beziehungen unter zahlreichen variierenden äußeren Bedingungen. Dabei gliedert sich der Pflanzenbau in seine biologischen und agrotechnischen Grundlagen sowie die Nutzpflanzenkunde, die auch die Anbauverfahren der in Mitteleuropa anbauwürdigen Pflanzen einschließt.

Weiterführende Literatur

Diepenbrock, W., H.-P. Kaul und P. von Fragstein, 2001: Pflanzenbau – Was ist das und warum studiert man es? Gesellschaft für Pflanzenbauwissenschaften e. V. (Hrsg.): Status und Zukunft der Pflanzenbauwissenschaften an den Universitäten. Workshop, 19./20. 03. 2001, Lutherstadt Wittenberg.

2.2 Biologische Grundlagen des Pflanzenbaus

Die in Pflanzenbeständen ablaufenden biologischen Prozesse sind die Grundlage der Ertragsbildung im Vegetationsverlauf. Ertrag und Qualität entwickeln sich in Abhängigkeit von dem genetisch vorgegebenen Ertragspotenzial unter Einwirkung der Faktoren der Spross- und Wurzelumwelt. Die Ertragsbildungsprozesse lassen sich zum großen Teil durch den Landwirt in seinem Betrieb kulturartenspezifisch beeinflussen. Das dafür notwendige Verständnis der physiologischen Ertrags- und Qualitätsbildung setzt die Kenntnis der Morphologie und Ertragsbildung der Kulturarten sowie der Qualität der Ernteprodukte voraus.

Biologische Grundlagen des Pflanzenbaus

Die Beherrschung der biologischen Grundlagen des Pflanzenbaus bildet die Voraussetzung zum Verständnis der Ertragsbildungsprozesse von Kulturpflanzen. Mit der pflanzenbaulichen Produktionstechnik wird versucht, in die Wachstums- und Entwicklungsprozesse von Pflanzenbeständen einzugreifen, um die gewünschten Ertrags- und Qualitätsziele zu erreichen.

2.2.1 Morphologie der Kulturpflanzen

Die überwiegende Zahl der landwirtschaftlich genutzten Kulturarten gehört den angiospermen Kormophyten an, die trotz einer großen Vielfalt unterschiedlicher Formen einen gemeinsamen Bauplan aufweisen. Das äußere Erscheinungsbild gliedert sich in Spross (entsteht aus dem Sprossvegetationspunkt des Embryos) und Wurzel (aus dem Wurzelvegetationspunkt des Embryos).

In der Klasse der Angiospermen (neu: Magnoliopsida) finden sich die einkeimblättrigen Pflanzen (Monocotyledonae; neu: Liliidae) und die zweikeimblättrigen Pflanzen (Dicotyledonae; neu: Magnoliidae). Sie stimmen in der allgemeinen Aufteilung der Grundorgane Wurzel, Hypokotyl (Abschnitt zwischen Wurzel und Stängel), Epikotyl (Abschnitt zwischen Keimblättern und erstem Laubblatt) und Spross (Sprossachse und Blätter) überein.

Die am Spross angeordneten Blüten dienen der geschlechtlichen Fortpflanzung, werden aber nicht als eigenständige Organe aufgefasst, sondern als Metamorphosen (= gestaltliche Änderungen) von Spross und Blättern (Abb. 2.1).

Die oberirdischen Wuchsformen sind durch das arttypische Verzweigungssystem des **Sprosses** gekennzeichnet, der aus der Sprossachse und den Blättern gebildet wird. Angiosperme Pflanzenarten zeigen stets eine gleichartige und sich wiederholende Unterteilung des Sprosses in sogenannte Phytomere. Diese bestehen je aus einem Nodium (Knoten) mit Blattansatz, einer meristematischen Knospe in der Blattachsel und einem Internodium. Die Verzweigungen des Sprosses gehen aus diesen Seitenknospen hervor. Nicht jede Seitentriebanlage kommt zur

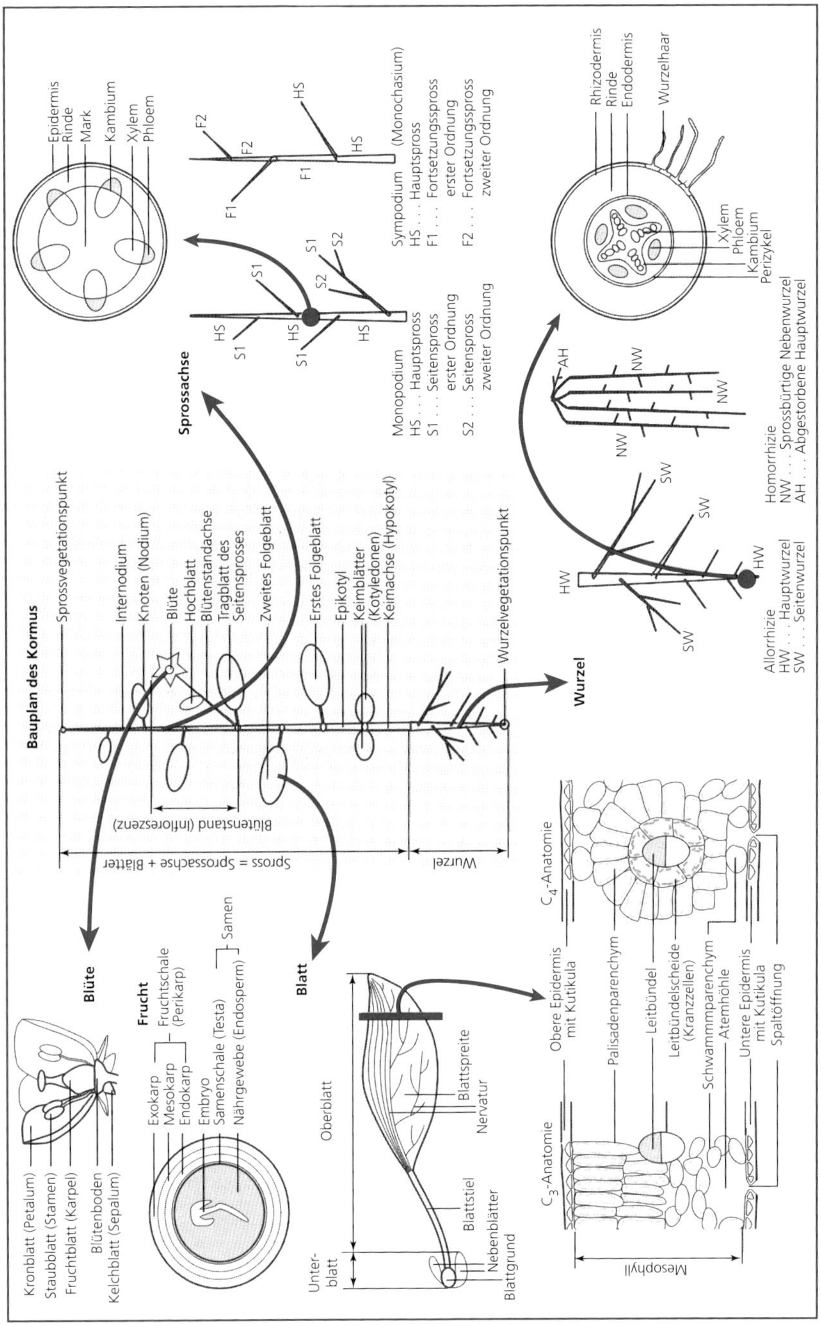

Abb. 2.1 Morphologie und Anatomie der höheren Pflanze (Entwurf: E. Grimm).

Ausbildung, weil deren Aktivierung artspezifisch und vom Entwicklungsstand der Gesamtpflanze abhängig ist. Differenzierung und Bildung von Dauergewebe sind aber nicht ausschließlich auf die Meristeme der Vegetationspunkte beschränkt, sondern laufen auch in den interkalaren Wachstumszonen ab, die sich an der Basis der Internodien befinden und auf die beispielsweise die Streckung bzw. Wiederaufrichtung des Getreidehalmes zurückgeht (s. auch Kap. 2.4.1).

Grundsätzlich wird zwischen monopodialen und sympodialen Sprossen unterschieden. Ein monopodialer Spross entsteht unter fortgesetzt dominantem Wachstum der Hauptachse (z. B. Raps). Beim sympodialen Spross treten ein oder zwei (auch zahlreiche) Achselknospen eines Knotens hervor, sodass die Hauptachse nacheinander aus dominanten (Neben-)Achsen mit begrenztem Wachstum zusammengesetzt ist (z. B. Lupine). Am Ende einer solchen Achse bildet sich eine Terminalknospe, mit der das Wachstum eingestellt wird. Aus darunter liegenden Verzweigungen gehen (eine bis viele) neue Achsen hervor, die ihrerseits die Hauptachsenfunktion übernehmen.

Die **Pflanzenwurzel** unterscheidet sich vom Spross durch die Blattlosigkeit, die radiale Anordnung der Leitbündel im Zentralzylinder, die Wurzelhaube und die endogene Verzweigung. Wachstum und Entwicklung des Wurzelsystems variieren stark in Abhängigkeit von den Faktoren der Wurzelumwelt. Das Wurzelwachstum geht von einem unter der Wurzelhaube liegenden Wurzelmeristem aus, während die Seitenbewurzelung aus meristematischem Gewebe der äußersten Zellschicht des Zentralzylinders, dem Perizykel, entsteht. Bei dikotylen Pflanzenarten wird das Wurzelsystem getrennt vom Sprosssystem ausgebildet (allorrhizes Wurzelsystem). Die Keimwurzel entwickelt sich meist zu einer Hauptwurzel, die vertikal in den Boden vordringt und von der Seitenwurzeln erster und höherer Ordnung in hierarchischer Gliederung abzweigen. Monokotyle Arten bilden dagegen ein Büschelwurzelsystem, welches ohne hierarchische Gliederung bleibt (homorrhizes Wurzelsystem). Neben das schon aus mehreren Keimwurzeln bestehende Primärwurzelsystem tritt ein zumindest gleichrangiges System von Adventiv (Neben-)wurzeln, die sich büschelartig aus meristematischen Zonen der basalen Nodien des Sprosssystems entwickeln. Unterschiedlich ausgebildete Wurzelsysteme können gleiche Leistungen in der Wasser- und Nährstoffaufnahme erbringen.

Die **Laubblätter** werden am Vegetationskegel (s. auch Abb. 2.15, S. 145) angelegt und sind im mikroskopischen Bild zunächst als kleine Höcker, d. h. Blattprimordien, zu erkennen. Das vollständige Laubblatt besteht aus Oberblatt mit Blattspreite und Blattstiel sowie Unterblatt mit Blattgrund und gegebenenfalls Nebenblättern. Bei Monokotyledonen sind die Gefäßsysteme streifenartig, bei Dikotyledonen netzartig verteilt. In der Blattanatomie kann zwischen C_3- und C_4-Pflanzen (vgl. Kap. 2.2.2) unterschieden werden. Bei C_3-Pflanzen liegt eine horizontale Schichtung des Assimilationsgewebes vor, während bei C_4-Pflanzen eine kranzartige Anordnung chlorophyllhaltiger Zellen um das Leitbündelsystem der Blätter typisch ist. Damit ist die Fähigkeit verbunden, auch bei vermindertem Transpirationsstrom die Photosynthese unter Nutzung des durch Lichtatmung freigesetzten Kohlendioxids fortzusetzen. C_4-Pflanzen zeigen dadurch eine vergleichsweise hohe Wassernutzungseffizienz.

Bei den monokotylen Pflanzenarten sind die aufeinander folgenden Blattanlagen stets wechselständig im Winkel von 180° angeordnet, sodass die Blätter in 2 Zeilen stehen (Distichie). Dikotyle Arten können davon abweichen und ihre Blätter in kleineren Winkelabständen inserieren, sodass sich die Blätter nicht gegenseitig bedecken. Sie erscheinen dann meist in 3, 5 oder 8 Reihen längs der Achse (Dispersion). Bei gegenständiger Blattstellung vieler Dikotylen treten 2 Blätter je Nodium auf, und die Blattpaare sind jeweils um 90° versetzt (Dekussion). Sind mehr als 2 Blätter an einem Nodium angeordnet, liegt eine wirtelige Blattstellung vor.

Blüten werden erst nach Umsteuerung des Sprossvegetationspunktes vom vegetativen zum generativen Zustand angelegt. Unter dem Einfluss regulativer Umweltfaktoren (vgl. Kap. 2.2.2) ändern die Blattanlagen ihre Funktion und dienen jetzt der Entwicklung der verschiedenen Blütenteile, d. h. Kelch-, Blüten-, Staub- und Fruchtblätter. Dabei sind Kelchblätter (Sepalen) wie auch Blütenblätter (Petalen) meist auf das Unterblatt reduzierte Organe, die sowohl aus Hochblättern (z. B. Kelch) als auch aus umgewandelten Staubblättern (z. B. bei Blütenblättern) hervorgegangen sind. Zusammen bilden sie die Blütenhülle. Die Staubblätter sind die männlichen Blütenorgane, die zusammen das Androezeum darstellen. Die Fruchtblätter

(Gynoezeum) sind meist zum Fruchtknoten zusammengewachsen und repräsentieren die weiblichen Organe. Männliche und weibliche Organe stehen meist in einer Blüte zusammen. Es handelt sich dann um monözische (einhäusige) Pflanzen mit zwittriger Blüte (hermaphrodite Pflanzen). Pflanzen mit getrennt geschlechtlichen Blüten (Blüten mit Staubblättern oder mit Fruchtblättern auf der gleichen Pflanze) sind ebenfalls monoezisch. Diözische Pflanzen tragen dagegen männliche bzw. weibliche Blüten auf verschiedenen Individuen (vgl. Kap. 3.3.2).

Einige bis zahlreiche Blüten befinden sich in einem Blütenstand (Infloreszenz), der racemös oder cymös ausgebildet sein kann. Racemöse Blütenstände entstehen aus monopodialer Verzweigung mit deutlich ausgeprägter Hauptsprossachse. Cymöse Blütenstände leiten sich von der sympodialen Verzweigung der Sprossachse ab, sodass der terminale Vegetationspunkt des Haupttriebes für die Endknospe verbraucht wird. Ein (oder zwei) Seitensprosse übernehmen dann das weitere Wachstum und überragen dabei die Endknospe.

Befindet sich die Blüte im Zustand der Samenreife, so ist eine **Frucht** entstanden. Gelegentlich sind noch vertrocknete Blütenorgane wie Kelch- und Staubblätter sowie Griffel zu erkennen. Während der Fruchtreife ist der Fruchtknoten stark herangewachsen, in seinem Inneren haben sich ein bis mehrere Samen entwickelt. Die Frucht bildet das Perikarp mit Exo-, Meso- und Endokarp und stellt den Schutz für die Samen mit dem Embryo dar. Die verschiedenen Fruchtformen werden oft nach dem Verbreitungsmechanismus der Samen klassifiziert, die sich zur Samenreife entweder öffnen oder geschlossen bleiben. So wird zwischen Öffnungs- (Balg, Hülse, Kapsel, Schote) und Schließfrüchten (Beeren, Steinfrüchte, Nüsse) unterschieden. Sammelfrüchte bestehen aus einer einzelnen Blüte mit mehreren nicht verwachsenen (apokarpen) Fruchtblättern, während Fruchtverbände aus ganzen, miteinander verwachsenen Blütenständen bestehen.

Der eigentliche Fortpflanzungskörper ist der **Samen**, der sich aus Samenschale, Nährgewebe und Embryo mit Wurzel- (Radicula), Spross- und Blattanlage (Plumula) zusammensetzt. Ein mächtiges Nährgewebe (Endosperm) für die Keimung des Embryos findet sich in den Getreidekörnern (= Karyopse). In den Samen der Kruziferen oder Leguminosen ist das Endosperm nur rudimentär vorhanden. In diesen Fällen sind die Reservestoffe im Embryo selbst, in den Kotyledonen eingelagert.

2.2.2 Ertragsbildung der Kulturpflanzen

Entscheidend für die Produktionsleistung des Pflanzenbestandes ist die Fähigkeit der Pflanzen, die Energie elektromagnetischer Strahlung in organische Verbindungen zu überführen, die für die anschließenden Stoffwechselvorgänge genutzt werden.

Der **Ertrag des Kulturpflanzenbestandes** wird durch bestimmte Pflanzenorgane erbracht, die im Entwicklungsverlauf angelegt und durch pflanzenbauliche Eingriffe in ihrem Wachstum gefördert werden. Bei den Körnerfrüchten handelt es sich um Samen bzw. Früchte, die Kohlenhydrate, Eiweiß und/oder Öl in hoher Konzentration enthalten. Im Futterbau hingegen sind es Futterpflanzen, die meist mit ihrem gesamten Spross geerntet werden. Vegetative Ertragsorgane weisen starke Hypertrophierungen im Spross- bzw. Wurzelbereich auf. Hierzu zählen die zu einem Rübenkörper hypertrophierten Wurzelorgane z. B. der *Beta*-Rüben . Bei *Beta*- und *Brassica*-Rüben ist als zusätzlicher Speicherkörper auch das Hypokotyl beteiligt. Reine Hypokotyl- bzw. Sprossknollen sind bei Radieschen bzw. Kohlrabi ausgebildet. Als Metamorphosen der Sprossachse sind Sprossknollen und Rhizomsprosse anzusehen. So entwickelt sich die Kartoffelknolle durch Verdickung am Ende eines unterirdisch und horizontal wachsenden Seitensprosses. Sie ist also eine plagiotrope Sprossknolle. Rhizome sind unterirdisch wachsende Sprossachsen, die verdickte Achsenabschnitte aufweisen. Monopodiale Rhizome wachsen zeitlebens aus ihrem terminalen Sprossscheitel horizontal im Boden. Sympodiale Rhizome richten sich mit ihrer terminalen Knospe zum Luftspross auf (bei Spargel auch mehrere in einer Vegetationsperiode), während sich die Rhizomachse aus einer Blattknospe plagiotrop fortsetzt.

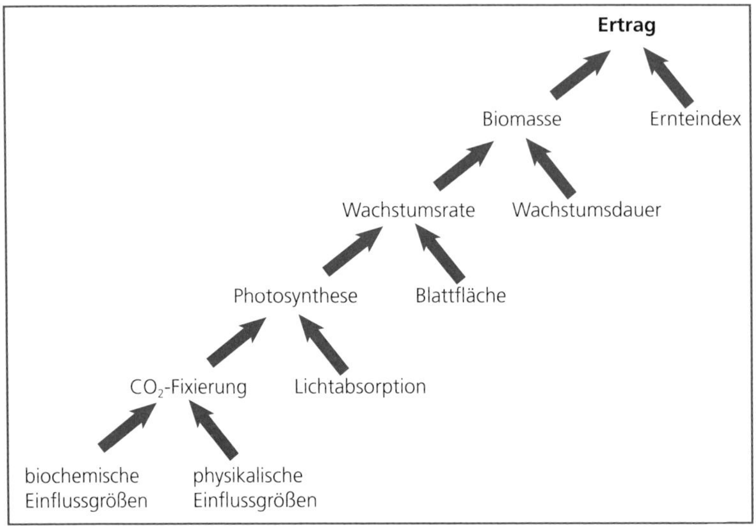

Abb. 2.2 Hierarchie der Ertragsbildung (Mahon 1983).

Auch Blätter können Ertragsorgane sein. Die Blattmetamorphosen sind bei den Nutzpflanzen sehr vielgestaltig. Besonders auffällig ist die Ausbildung von Kohlköpfen, an der auch die Sprossachse beteiligt ist. Grünkohl und Blattgemüse wie Mangold, Salat oder Spinat liefern Laubblätter als wertgebende Pflanzenteile. Blätter werden auch bei Tabak und Tee wegen speziell angereicherter sekundärer Inhaltsstoffe genutzt. Blüten bzw. Blütenstände stellen bei Gemüsearten wie Blumenkohl, Brokkoli, Artischocke oder auch beim Hopfen die Ertragsorgane dar.

Bis zum Ertrag durchläuft die **Ertragsbildung** verschiedene Hierarchieebenen (Abb. 2.2).

Die in der Vegetationsperiode ablaufenden Ertragsbildungsprozesse sind von der genetischen Information in der Pflanze und den regulativen Umweltbedingungen abhängig und bestimmen den Ertrag als flächenbezogene Produktionsleistung des Pflanzenbestandes.

Die potenzielle Ertragsleistung ist in der genetischen Information verankert und stellt eine umweltunabhängige Größe dar, deren Ausschöpfung jedoch von der Konstellation der Umwelteffekte bestimmt wird. Das Ertragspotenzial ist also das Ergebnis pflanzenzüchterischer Eingriffe in das Erbgut. Dabei wird der pflanzliche Genotyp an Nutzungsziel und landwirtschaftliche Produktionstechnik angepasst. Pflanzenbauliche Eingriffe gestalten die Umweltbedingungen so, dass das Ertragspotenzial möglichst weit ausgeschöpft wird. Zu den Umweltfaktoren werden abiotische Witterungs- und Bodenfaktoren, aber auch sämtliche parasitierenden, kooperierenden und konkurrierenden Lebewesen, wie Krankheitserreger, Symbionten, Schädlinge und Unkräuter, gezählt (s. auch Kap. 1.2 und 1.4).

Neben dem Energiebedarf zur Erhaltung, beanspruchen **Wachstums- und Entwicklungsvorgänge** den größten Teil der Stoffwechselaktivität einer Pflanze. Wachstum wird dabei als irreversible Substanzzunahme der Pflanze bzw. ihrer Einzelorgane bezeichnet, während Entwicklung die Differenzierung zu funktional unterschiedlichen Geweben bzw. Organen kennzeichnet. Der Wachstumsverlauf folgt einer s-förmigen Kurve (Abb. 2.3).

Da das Wachstum einer einzelnen Zelle sehr schnell an die Grenzen der Volumen- und Trockensubstanzzunahme stößt, ist die Zellteilungsaktivität meristematischer Gewebe für alle Wachstumsprozesse entscheidend. Schon nach wenigen Teilungszyklen sind Differenzierungsprozesse erkennbar, die zu einer funktionsgerechten Einordnung in die unterschiedlichen Gewebe der heranwachsenden Pflanzenorgane führen. Dabei steht die Teilungsaktivität eines Meristems unter der Kontrolle von Phytohormonen wie Auxin, Gibberellinen, Cytokininen sowie Abscisinsäure und Ethylen. Sie steuern die Auslösung von Organbildungsprozessen und nehmen auch Einfluss auf die relative Größe der Organe. Phytohormone sind ferner an Alterungs- bzw. Reifungsprozessen beteiligt. Auxin, Gibberelline, Brassinosteroide und Cytokinine haben überwiegend stoffwechselfördernde Wirkungen, während Ethylen und besonders Abscisinsäure stoffwechselhemmende Prozesse einleiten. Auch synthetisch hergestellte Wirkstoffe können phytohormonale Effekte auslösen oder aber blockieren. Sie werden in der Praxis als Wachstumsregulatoren gezielt eingesetzt. Wenn auch Wachstum und Entwicklung zeitlich meist parallel verlaufen, so sind die Prozesse doch sehr unterschiedlich in ihren Charakteristika und Auswirkungen (Tab. 2.1).

Die genetisch programmierte Entwicklung der Pflanze wird durch äußere Faktoren gesteuert (s. auch Kap. 1.2.2). So hängen insbesondere die Formbildungsprozesse wachsender Pflanzen von den morphogenetischen **Wirkungen des Lichtes** ab (Abb. 2.4).

Der entsprechende Lichtreiz wird vom Phytochromsystem aufgenommen, welches unter (auch schon geringer) Energieaufnahme seine Molekülstruktur mittels Protonenübergängen ändert und damit jeweils Rezeptor für Wellenlängen mit Absorptionsmaxima um 660 nm (hellrot) oder um 730 nm (dunkelrot) wird. Das Phytochromsystem reagiert unter natürlichen Bedingungen auf den Tag-Nacht-Wechsel, indem es einerseits die Morgendämmerung (hellrotes Licht), andererseits die Abenddämmerung (dunkelrotes Licht) erfasst. Dunkelheit wirkt analog zu dunkelrotem Licht. Pflanzenbaulich relevante Reaktionen auf diesen Lichtreiz finden sich bei Keimungs- und vegetativen Wachstumsprozessen sowie der Blühinduktion.

Bei sogenannten Lichtkeimern (meist kleinsamige Kultur- und Unkrautarten) ist hellrotes Licht Voraussetzung für die Einleitung des Keimprozesses und bei allen Pflanzen ausschlaggebend für die Morphologie der Keimpflanze. Für Dunkelkeimer (meist großsamige Arten) ist die Keimung unter Lichtausschluss charakteristisch. In pflanzenbaulich genutzte Böden dringt, abhängig von der Textur, Licht kaum mehr als 1 cm tief ein. Viele Kulturarten sind jedoch lichtneutral, d. h. die Keimung erfolgt unabhängig von der Lichtwirkung.

Dunkelrotes Licht hemmt die Blattentwicklung, veranlasst aber ein beschleunigtes Streckungs- und Längenwachstum (Etiolierung). So entwickeln Kartoffelkeime unter Lichtabschluss Sprosse, die extrem lange Internodien und zugleich sehr kleine, chlorophyllfreie Laubblätter

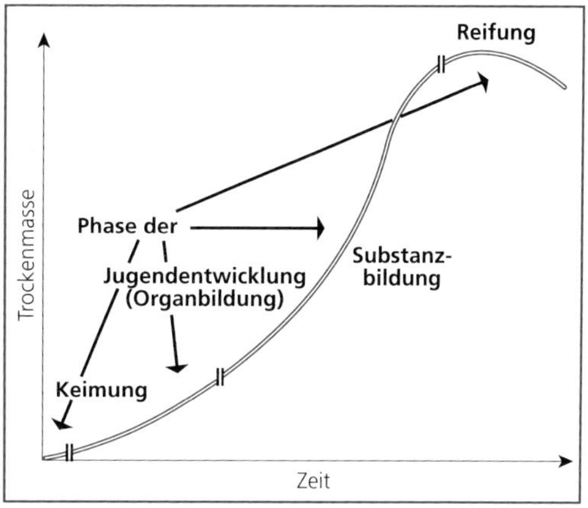

Abb. 2.3 Wachstumskurve.

Tab. 2.1 Charakteristika der Prozesse Wachstum vs. Entwicklung.

Betrachtungsebene	Wachstum	Entwicklung
Zellulär	Zellteilung, -streckung	Zelldifferenzierung
(Physikal.) Einheiten	Masse pro Fläche (z. B. g m^{-2}, dt ha^{-1})	(dezimale) Skalen und verbale Beschreibung
Physiologische Prozesse	Strahlungsaufnahme und Photosynthese Wasser- und Nährstoffaufnahme	Phytohormonsynthese bzw. -metabolisierung (häufig nach Umweltreizen wie Vernalisation, Photoperiode)
Primärer „Treiber“	Strahlung	Temperatur

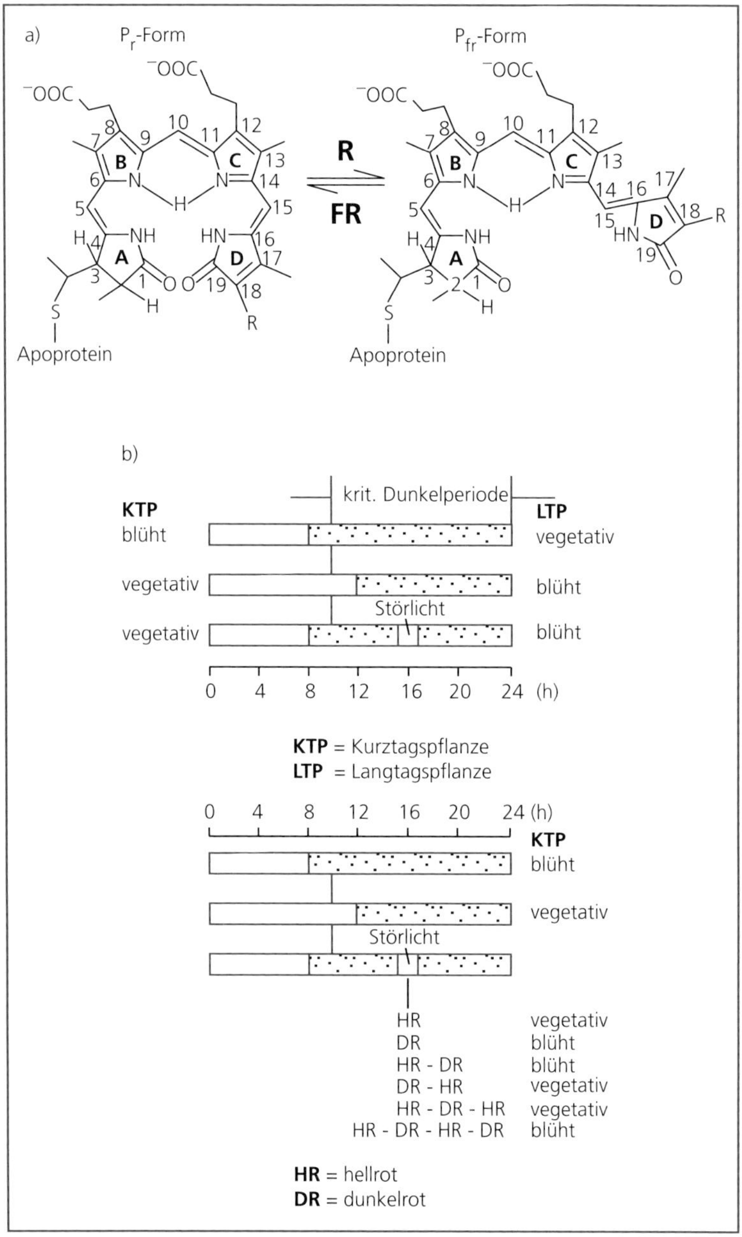

Abb. 2.4 Die morphogenetische Wirkung des Lichtes.
a) Die beiden Zustandsformen des Phytochroms (Wang and Deng 2004) Rotes Licht (R) löst die cis-trans-Isomerisierung der C-15-Doppelbindung zwischen dem C- und D-Ring des Phytochroms (P_r) aus. Damit ist eine Konformationsänderung am Apoprotein verbunden, welche für die physiologischen Wirkungen des Phytochroms (P_{fr}) verantwortlich ist. Dunkelrotes Licht (FR) macht diese Photokonversion rückgängig.
b) Nachweis photoperiodischer Reaktionen (nach Heß 1976).

ausbilden. Dies führt im Anbau zu einer schnellen Überbrückung der Distanz zwischen gepflanzter Knolle und der Erdoberfläche. Auch das angeregte Längenwachstum von Koleoptile und Halmheber von Getreidepflanzen und die beschleunigte Hypokotylstreckung zweikeimblättriger Arten lässt sich auf diese Weise erklären.

Der an die Vegetationsperiode angepasste Ablauf von Entwicklungsprozessen wird entscheidend durch den Übergang des Vegetationskegels von einer reinen Blattbildungsphase in die generative Phase der Entwicklung von Blütenständen bestimmt. Dieser Übergang ist eine erblich verankerte Reaktion auf Veränderungen der Tageslänge bzw. einer kritischen Nachtlänge (Photoperiodismus). Bei Langtagspflanzen liegt diesem Photoperiodismus die Erfassung der Dauer der Tageslänge, bei Kurztagspflanzen die Registrierung der Dauer der Dunkelphase zugrunde. Zur Förderung des Übergangs zur generativen Entwicklung ist für Langtagspflanzen eine Tageslänge von mehr als 14 Stunden, für Kurztagspflanzen eine Dunkelphase von mehr als 14 Stunden notwendig. Diese Grenzen treffen grob zu für die meisten Kulturpflanzen mit photoperiodischer Reaktion in unseren Breiten. Die wirksamen Längen von Nacht bzw. Tag sind artspezifisch, und meist ist die Reaktion quantitativ, sodass eine ungünstige Photoperiode den Übergang verzögert, aber nicht verhindert.

Die Tageslängenreaktion ermöglicht die Anpassung des Entwicklungsverlaufes an die jahreszeitlichen (durch die Änderung der Tageslänge angezeigten) Veränderungen der Wachstumsverhältnisse unterschiedlicher Standorte.

Viele Entwicklungs- und sämtliche Wachstumsprozesse stehen unter **Temperatureinfluss** (s. auch Kap. 1.2.2). Vorrangig ist dabei die Regelung der Wachstumsintensität. Diese Temperaturabhängigkeit stellt sich in Form einer Optimumkurve dar, die artspezifische Minima, Optima und Maxima ausweist. Die von der Temperatur abhängige Wachstumsdauer und Wachstumsrate von Pflanzen bzw. Pflanzenteilen bestimmen deren Produktionsleistung. Die Substanzproduktion in der Zeiteinheit wird als Wachstumsrate mit steigender Temperatur erhöht. Die Wachstumsdauer nimmt jedoch ab, weil die Pflanze sich schneller entwickelt und reif wird. Innerhalb des Bereiches günstiger Wachstumstemperaturen wird die Produktionsleistung mehr durch die Wachstumsdauer als durch die Wachstumsrate bestimmt, sodass niedrige Temperaturen sich günstig auf Ertragsleistungen auswirken. Ferner können Temperaturverhältnisse während eines vorausgehenden Entwicklungsabschnittes modifizierenden Einfluss auf die Temperaturreaktionen in einem nachfolgenden Vegetationsstadium ausüben. So erhöhen vorwinterliche Abhärtungsvorgänge die Widerstandsfähigkeit der Pflanzen gegen Frosteinwirkungen im nachfolgenden Winter.

Ähnlich der photoperiodischen Reaktion können Temperaturen im unteren Bereich der

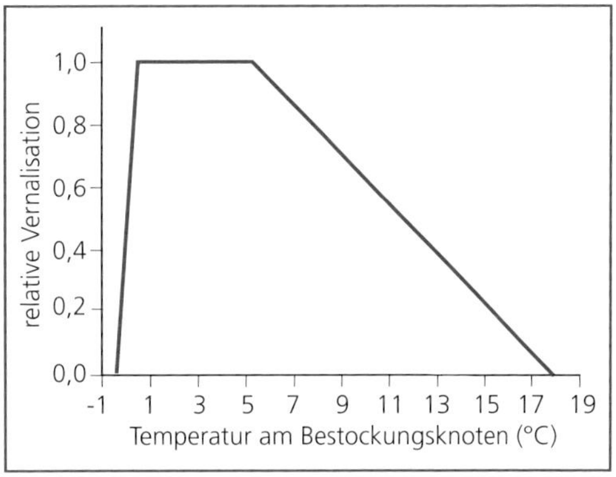

Abb. 2.5 Einfluss der Temperatur auf den Vernalisationseffekt (Hanks and Ritchie 1991).

Wirkungsskala der Stoffwechselintensität den Übergang von vegetativer zu generativer Entwicklung auslösen. Dafür ist die Einwirkung niedriger Temperaturen im Bereich ca. 0 bis + 8 °C erforderlich, um den als Vernalisation bzw. Jarowisation bezeichneten Prozess abzuschließen (Abb. 2.5).

Das Vernalisationsbedürfnis ist als die Dauer der Einwirkung vernalisierender Temperaturen definiert, wobei selbst zwischen Genotypen einer Art erhebliche Unterschiede bestehen. Für Winterweizen werden 40–70 Tage, für Winterraps um 60 Tage angegeben. Die Vernalisation ist eine ökologische Anpassung winterjähriger Formen der Kulturarten, weil sie den vorzeitigen Übergang in die generative Entwicklungsphase unter höheren Temperaturen nach Herbstaussaat verhindert.

Neben den Produktionsleistungen des Sprosses ist das **Wurzelsystem** als Organ der Wasser- und Nährstoffaufnahme für die Ertragsbildung entscheidend. Bei Wurzelfrüchten ist der hypertrophierte Teil der Wurzel zudem das ökonomisch nutzbare Erntegut. Die Effizienz des Wurzelsystems hängt von der Gleichmäßigkeit der Verteilung der Wurzelorgane im Bodenraum sowie von der Dichte der Durchwurzelung ab (s. auch Kap. 1.3.3.2). Obwohl der Radius der Wasseraufnahme und damit auch der Nährstoffaufnahme um die funktionsfähige Wurzel herum sehr begrenzt ist, können relativ wenige tiefreichende Wurzeln die Wasserversorgung der Pflanze in Trockenzeiten sicherstellen. Das Nährstoffaneignungsvermögen kann aktiv durch Ver-

Abb. 2.6 Gaswechselmessung in einem Sommergerstenbestand.

größerung der Wurzelhaaroberfläche verbessert werden. Außerdem werden chelatisierende Verbindungen bzw. Protonen ausgeschieden, um insbesondere die Phosphatlöslichkeit in der Rhizosphäre zu erhöhen. Schließlich ist in symbiontischer Verbindung mit einer Mykorrhiza die Nährstoffverfügbarkeit erhöht. An Wurzeln der Leguminosen kommt es zum Aufbau einer symbiontischen Beziehung mit Knöllchenbakterien der Gattungen *Rhizobium* und *Bradyrhizobium*. Im Austausch gegen Assimilate des Sprosses machen diese Bakterien molekularen Luftstickstoff für das Pflanzenwachstum verfügbar und bringen ihn damit in den Stickstoffkreislauf der belebten Natur ein. Dieser Prozess ist die Grundlage aller extensiven Landnutzungssysteme. Weitere Prokaryoten mit biologischer N-Fixierung sind Cyanobakterien als Symbiosepartner für Flechten, der mit Reiskulturen vergesellschaftete Schwimmfarn *Azolla* oder Actinomyceten in Symbiose mit Bäumen, wie z. B. Erlen.

Produktion und Verteilung der Trockenmasse sind die entscheidenden innerpflanzlichen Vorgänge für die Produktionsleistung landwirtschaftlicher Kulturarten. In diesen Eigenschaften lassen sich die Körnerfrüchte in 3 Ertragsbildungstypen einteilen. Bei den in den Ertragsanlagen terminierten Arten (z. B. Gräser und Getreide) wird mit dem Eintritt in die reproduktive Phase die neu gebildete Trockenmasse überwiegend in die Ertragsorgane verlagert. Bei semi-terminierten Arten unterliegt die Stoffverteilung nach der „Sink"-Differenzierung (sink = Verbrauchsorte für Assimilate) der innerpflanzlichen Konkurrenz zwischen vegetativen und reproduktiven „Sinks" mit einer leichten Dominanz der reproduktiven Organe (z. B. *Brassica napus* L.). Nicht-terminierte Arten (z. B. *Vicia faba* L.) verteilen die Assimilate nach Blühbeginn längerfristig gleichmäßig in vegetative und generative Strukturen.

Den Anteil des Erntegutes an der Biomasse (hier wird in der Regel die Wurzel nicht einbezogen) bezeichnet man als Ernteindex. Nur mit einem vollständig verwertbaren oberirdischen Aufwuchs von Futterpflanzen ist ein Ernteindex von nahezu 1 zu erzielen, ansonsten ergibt sich ein geringerer Wert. Im heutigen Winterweizensortiment werden z. B. Ernteindizes von 0,5 erreicht. Bei gleichbleibendem Biomasseertrag ist die Erhöhung des Ernteindexes allerdings begrenzt, weil für die Stofffüllung von Ertragsorganen zuvor immer ein ausreichender Assimilat-Pool durch die vegetativen Organe gebildet werden muss.

Grundsätzlich ist davon auszugehen, dass Kulturpflanzenbestände nur eine geringe Effizienz der Lichtnutzung haben. Die auf die Blätter eines Pflanzenbestandes auftreffende Gesamtstrahlung wird in der Photosynthese nur zu ca. 2 % ausgenutzt. Der größte Teil der Energie geht durch Reflexion, Transmission sowie interne Stoffwechselverluste verloren. Moderne Messsysteme erlauben es, die **Photosyntheseleistung** von Einzelblättern bzw. Pflanzenbeständen zu bestimmen (Abb. 2.6).

Die Photosynthese des Einzelblattes nimmt in nichtlinearer Sättigungsfunktion mit der Intensität photosynthetisch aktiver Lichteinstrahlung (PAR, 400–700 nm) zu. Die Photosyntheseleistung hängt auch von der internen CO_2-Konzentration der belichteten Blätter ab. Manche Pflanzenarten tropisch/subtropischer Herkunft haben in der Evolution einen Mechanismus entwickelt, der eine dem Calvin-Zyklus vorgeschaltete CO_2-Fixierung erlaubt und zu einer blattinternen Erhöhung der CO_2-Konzentration führt (s. auch Kap. 2.4.5.1). Dabei kommt es biochemisch zu einer Primärsynthese von C_4-Körpern, die in Mesophyllzellen gebildet werden. Die anschließende CO_2-Abgabe in den Calvin-Zyklus erfolgt in Bündelscheidenzellen. Bei hoher Einstrahlung verbunden mit ebenfalls hohen Temperaturen sind die C_4-Pflanzen den C_3-Pflanzen in der Netto-Photosyntheserate deutlich überlegen. C_4-Pflanzen reagieren auf steigende Lichtintensitäten mit noch weiter ansteigenden Photosyntheseraten. Während bei C_3-Pflanzen der Assimilationsgewinn durch Lichtatmung teilweise wieder verloren geht, liegt bei C_4-Pflanzen keine messbare Lichtatmung vor. Ökophysiologisch sind C_4-Pflanzen überwiegend an Regionen mit hoher Einstrahlung und vergleichsweise ungünstiger Wasser- und Stickstoffversorgung angepasst (Tab. 2.2).

Pflanzen wie Hirse, Mais oder Zuckerrohr können deshalb mit relativ geringem Wasservorrat hohe Trockenmassegewinne erzielen. Darüber hinaus zeigen C_4-Pflanzen auch eine bessere N-Nutzung im Photosyntheseprozess. So weisen C_4-Arten bei einem gegebenen Gehalt an organischem Stickstoff im Blatt stets eine höhere CO_2-Fixierung auf als Vertreter der C_3-Gruppe (Abb. 2.7).

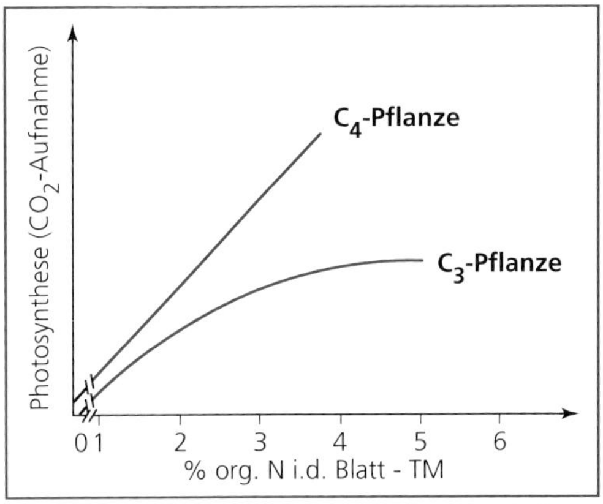

Abb. 2.7 Beziehung zwischen dem Gehalt an organischem Stickstoff (% org. N) und der CO_2-Aufnahme bei C_3- und C_4-Pflanzen (Brown 1978, verändert).

Die Photosyntheseleistung eines Pflanzenbestandes unterliegt komplexeren Zusammenhängen als diejenige eines Einzelblattes. Im Bestand bestehen zahlreiche Wechselwirkungen zwischen der den Boden mehrfach überdeckenden Blattfläche, deren Verteilung innerhalb des Bestandes, ihrem im vertikalen Bestandesaufbau unterschiedlichen physiologischen Alter und der in einzelnen Blättern verfügbaren Lichtintensität und dem CO_2-Gehalt der umgebenden Luftschicht. Für die innerpflanzliche Stoffbildung ist ferner der von den Spaltöffnungen beeinflusste Widerstand gegen den Gasaustausch und die aktuelle Sink-Kapazität für die Einlagerung von Photosyntheseprodukten von entscheidender Bedeutung. Die entsprechend große Vielfalt der organbezogenen Assimilationsleistung darf aber nicht darüber hinwegtäuschen, dass in geschlossenen Pflanzenbeständen die täglichen Zuwachsraten an Trockenmasse bei annuellen Kulturarten relativ konstant sind.

Da Wachstumsfaktoren nur begrenzt zur Verfügung stehen, sind **Konkurrenzwirkungen** im Pflanzenbestand unvermeidlich, die inter- (zwischenartlich) oder intraspezifisch (innerartlich) sein können. Konkurrenz entsteht mit zunehmender Pflanzenentwicklung hauptsächlich um Wasser, Nährstoffe und Licht. Im Keimpflanzenstadium gibt es kaum intraspezifische Konkurrenzbeziehungen. In dieser Phase ist die gebildete Trockenmasse auf der Fläche unmittelbar von der Anzahl der Individuen abhängig. Setzt im weiteren Wachstumsverlauf Konkurrenz ein, so wird die je Flächeneinheit gebildete Trockenmasse zunehmend unabhängig von der Pflanzenzahl. Mit Erreichen der vollen Konkurrenz werden die Wachstumsfaktoren vollständig ausgeschöpft, sodass sich bis zur Ernte der Bestände keine weiteren Trockenmassezuwächse nachweisen lassen. Da in den meisten Fällen nur einzelne Organe der Pflanzen genutzt werden, müssen die Konkurrenzverhältnisse durch pflanzenbauliche Maßnahmen so gestaltet werden, dass

Tab. 2.2 Ökophysiologische Anpassung von C_3- und C_4-Pflanzen (Buschmann und Grumbach 1985, erweitert).

Merkmale und Erläuterungen	C_3-Pflanzen	C_4-Pflanzen
Wachstumsbedingungen am natürlichen Standort	Gemäßigtes Klima (z. B. 15–20 °C), 60 % rel. Luftfeuchte, hoher N-Vorrat	Trockenes Klima, hohe Lichtintensität, geringe Luftfeuchte, niedriger N-Vorrat
Photosynthese begrenzende Faktoren	CO_2	Licht
Maximale Netto-Photosyntheserate (krautige Blütenpflanzen, Nutzpflanzen; m^{-2} einseitige Blattfläche) Die Werte von Schattenpflanzen, von C_3- Pflanzen spezieller Habitate (z. B. Gebirge u. a.) und von Holzpflanzen sind geringer	20–40 µmol (CO_2) m^{-2} s^{-1}	30–60 µmol (CO_2) m^{-2} s^{-1}
Wert der photosynthetisch aktiven Strahlung (PAR) (oder exakter der „Photonenflussdichte der photosynthetisch aktiven Strahlung"), bei der die maximale Netto-Photosyntheserate (Lichtsättigung) erreicht wird (Werte für Schattenpflanzen und Holzpflanzen sind geringer) Zum Vergleich: Maximale PAR im Sommer gegen Mittag in Mitteleuropa 2000 µmol (Photonen) m^{-2} s^{-1}	1300–1600 µmol m^{-2} s^{-1}	≥ 1600 µmol m^{-2} s^{-1} Häufig wird Lichtsättigung nicht erreicht
CO_2-Konzentration, bei der maximale Netto-Photosyntheserate („CO_2-Sättigung") erreicht wird	500–700 ppm = 0,05–0,07 Vol.-%	100–200 ppm = 0,01–0,02 Vol.-%
CO_2-Kompensationspunkt bei ≈ 25 °C (temperaturabhängig)	30–60 ppm = 0,003–0,006 Vol.-%	≤ 10 ppm; ≤ 0,001 Vol.-%
Kältegrenze der Netto-Photosyntheserate	–2 °C bis 0 °C	–5 °C bis 10 °C
Temperaturoptimum der Netto-Photosyntheserate	10–30 °C, vorrangig bei 15–25 °C	30–40 °C
Hitzegrenze der Netto-Photosyntheserate	30–50 °C	40–60 °C
Transpirationskoeffizient (Wasserverbrauch pro Einheit gebildeter Trockenmasse)	500–700 l kg^{-1}	200–400 l kg^{-1}

Anmerkung zu den Konzentrationsangaben: Der aktuelle CO_2-Gehalt der Atmosphäre liegt bei 0,041 Vol.-%. Dies entspricht 410 ppm („parts per million"). Die Abkürzung ppm ist zwar gebräuchlich, aber keine SI-Einheit. In neuerer physiologischer Literatur (bei gleichem Zahlenwert): µmol (CO_2) / mol (Luft), dies ist aber für allgemeinen Gebrauch wenig anschaulich. Vol.-% ist korrekt, aber wegen der Vorkomma-Nullen unhandlich.

die den Ertrag bildenden Ertragskomponenten in ihrer Entwicklung gefördert werden. Im Ergebnis tritt unter Konkurrenzbedingungen die Bildung von Biomasse in ihrer Bedeutung hinter die Stoffverteilung zugunsten des pflanzenbaulichen Ertrages zurück.

Zur physiologischen Charakterisierung von Pflanzenbeständen dient die **Wachstumsanalyse**. Mit 3 Größen können Wachstumsprozesse in Pflanzenbeständen quantitativ beschrieben werden:

- Wachstumsrate (WR) = Zuwachs je Zeiteinheit

$$WR = \frac{\Delta W}{\Delta t}$$

- Relative Wachstumsrate (RWR) = relativer Zuwachs von Pflanzenmasse je Zeiteinheit bezogen auf eine vorhandene Pflanzenmasse

  $$RWR = \frac{1}{W} \times \frac{\Delta W}{\Delta t}$$

- Nettoassimilationsrate (NAR) = Zuwachs von Pflanzenmasse je Zeiteinheit bezogen auf die Einheit assimilierender Fläche

  $$NAR = \frac{1}{BF} \times \frac{\Delta W}{\Delta t}$$

  W = Gewicht, t = Zeit, BF = Blattfläche

Die NAR ist auf die Blattfläche bezogen, die als Blattflächenindex (BFI, englisch: Leaf Area Index = LAI) ermittelt wird. Hierzu wird die zur Photosynthese befähigte Blattfläche eines Pflanzenbestandes auf seinen Standraum an Bodenfläche bezogen. In voll entwickelten Pflanzenbeständen werden Werte von mindestens 3–4 gemessen, d. h. die Blattfläche bedeckt die Bodenfläche 3- bis 4-fach. In dieser Größenordnung kann mit der weitgehenden Ausnutzung der eingestrahlten Lichtenergie gerechnet werden.

Ein solch optimaler Blattflächenindex beschränkt sich jedoch nur auf einen kurzen Zeitraum innerhalb der gesamten Vegetationszeit, weil über lange Perioden keine oder eine nur schwache Vegetationsdecke ausgebildet ist. Aus diesem Grund werden meist der durchschnittliche BFI und die Vegetationsdauer zur Bemessung der BFI-Dauer (BFI-D) herangezogen. Dies geschieht entweder für die gesamte Vegetationszeit oder für einzelne Wachstums- bzw. Entwicklungsabschnitte. Die BFI-Dauer steht in enger Beziehung zur Biomasseleistung des Pflanzenbestandes. Im Gegensatz dazu werden bei den Wachstumsraten im Vergleich verschiedener Kulturarten kaum Unterschiede festgestellt. Unter optimalen Wachstumsbedingungen Mitteleuropas werden 150–200 kg TM je ha und Tag erreicht. Zuckerrübenbestände können in der Hauptwachstumsphase allerdings bis zu 250 kg TM je ha und Tag bilden.

Neben der Wachstumsanalyse *ex post* wurden für Prognosezwecke auch **Wachstumsmodelle** entwickelt, die auf einem mechanistischen Verständnis der wesentlichen Prozesse für Wachstum und Entwicklung aufbauen und die Prognose der Biomassebildung und -verteilung von Nutzpflanzenbeständen ermöglichen. Im Zentrum der diversen veröffentlichten Modellansätze stehen jeweils dieselben elementaren mathematischen Beziehungen. Wachstum (W) ist demnach das Produkt der von einem Bestand aufgenommenen Strahlungsenergie (I) und der Strahlungsnutzungseffizienz (ε), integriert über einen Simulationszeitraum.

$$W = \int I \times \varepsilon$$

Dabei lässt sich die Strahlungsaufnahme physikalisch erklären als das Produkt von Strahlungsangebot (I_0) und Blattfläche (BFI). Die Beziehung verläuft allerdings nicht linear, sondern mit zunehmendem BFI tritt eine Sättigung ein, die zudem noch von der Blattstellung beeinflusst wird. Letztere wird durch den dimensionslosen Extinktionskoeffizienten k dargestellt. Dieser bewegt sich für Nutzpflanzenbestände zwischen ca. 0,5 (steile Blattstellung, typisch für Monokotyle) und 1,5 (horizontale Blattstellung, typisch für Dikotyle).

$$I = I_0 \times (1 - e^{-k \times BFI})$$

Dieses Modell erklärt das Wachstum der vegetativen Trockenmasse eines potenziell unbegrenzt wachsenden Pflanzenbestandes. Zur Beschreibung der phänologischen Entwicklung mit der Ausbildung generativer Organe und schließlich von Körnerfrüchten sowie dem Absterben annueller Pflanzen müssen die Entwicklungs- und die daraus resultierende Trockenmasseverteilungsdynamik einbezogen werden. Diese werden in der Regel durch Temperatursummen gut erklärt, die für bestimmte Entwicklungsabschnitte jeweils akkumuliert werden müssen. Um ein solches Modell für praktische Anwendungen realistischer zu gestalten, werden in der Folge Submodelle für das Angebot, die Aufnahme und die Nutzung von Wasser sowie Nährstoffen, primär Stickstoff, mit dem Basismodell für strahlungslimitiertes Wachstum verknüpft.

2.2.3 Qualität der Ernteprodukte

Die Qualität von Lebensmitteln pflanzlicher Herkunft orientiert sich an Nährwert (Eiweiß, Fett, Kohlenhydrate, neuerdings auch Ballaststoffe), Gesundheitswert (z. B. Rückstände an Pflanzenschutzmitteln, Schwermetallen), sensorischem Wert (frisch, ansprechend aussehend und gut schmeckend), Eignungswert (Hauptfaktor Mindesthaltbarkeit) und an der Transparenz der landwirtschaftlichen Produktion (z. B. Integrierter versus Ökologischer Landbau). In den letzten Jahren sind die der Landwirtschaft nachgelagerten Prozesse der Lebensmittelherstellung zusätzlich in die Qualitätsbewertung aufgenommen worden. Dabei stehen Fragen nach Art der Rohstoffe und weiterer Zusatzstoffe sowie nach Herstellungsprozessen und deren Kontrolle im Vordergrund des Interesses.

Nachfolgend wird die **Pflanzenqualität** nach den dominierenden Stoffklassen und den technologischen Qualitätsmerkmalen dargestellt, soweit diese pflanzenbaulich zu beeinflussen sind.

Pflanzenbauliche Produktionsleistungen beruhen auf dem Gewinn an Trockensubstanz durch Photosynthese der angebauten Kulturpflanzenbestände und den daran anschließenden Stoffwechselvorgängen. Das Produkt der Photosynthese ist ausnahmslos Glucose. Zum Primär- oder Grundstoffwechsel jeder Pflanze gehören diejenigen Prozesse, welche die Biogenese für die Funktionsfähigkeit lebenswichtiger Moleküle ermöglichen. Besondere Erbinformationen lenken den Sekundärstoffwechsel. Er bringt eine sehr große Zahl von Inhaltsstoffen hervor, die oft nur in sehr geringen Mengen und regelmäßig auch nur in bestimmten Organen oder zu bestimmten Zeitpunkten und in großer genotypischer Variabilität synthetisiert werden.

Aus landwirtschaftlicher Sicht ist die Reservestoffeinlagerung in die ökonomisch wichtigen Speicherorgane (= Ernteprodukte) von entscheidender Bedeutung. Auf dieser Grundlage unterscheidet man zwischen Körnerfrüchten, Wurzel- und Knollenfrüchten, Futterpflanzen und Sonderkulturen (s. auch Kap. 2.4).

Die auf der Biosynthese der wichtigsten Inhaltsstoffe beruhende Stoffeinlagerung bei **Körnerfrüchten** teilt diese landwirtschaftlichen Kulturpflanzen in 3 Hauptgruppen ein:

1. **Getreidearten** (hoher Kohlenhydratgehalt; geringer Protein- und Lipidgehalt; niedriger Energiegehalt, hohe Biomasseproduktion pro g Assimilat aus dem Stoffwechsel).
2. **Ölfrüchte** (hoher Lipid- und Proteingehalt; hoher Energiegehalt, niedrige Biomasseproduktion pro g Assimilat).
3. **Körnerleguminosen** (hoher Protein- und geringer Lipidgehalt; mittlerer Energiegehalt, mittlere Biomasseproduktion pro g Assimilat).

In der Gruppe der **Wurzel- und Knollenfrüchte** finden sich dagegen sehr wasserreiche, unterirdisch wachsende Ernteorgane, welche Kohlenhydrate speichern (z. B. Zuckerrübe: Saccharose; Kartoffeln: Stärke). Dabei kann es sich um spross- oder wurzelbürtige Organe handeln, deren Lagerungsdauer außerordentlich begrenzt ist.

Der Wert der **Futterpflanzen** lässt sich meist aus der gesamten oberirdischen Biomasse ableiten. Sie werden in frischem Zustand oder als Futterkonserve nach entsprechender Behandlung und Lagerung des Erntegutes genutzt.

Neben den Hauptkulturen des Ackerlandes werden in begrenztem Umfang auch Pflanzen angebaut, die wegen der spezifischen Eigenschaften der Ernteprodukte (z. B. Wasserreichtum von Feldgemüsearten, Notwendigkeit der Frischverarbeitung, Gehalt an Wirkstoffen etc.) von den überwiegend genutzten landwirtschaftlichen Kulturpflanzen abweichen. Sie fallen in die Kategorie der **Sonderkulturen**.

Werden mehr als 50 % der Wertschöpfung aus dem Haupternteprodukt außerhalb der Lebens- und Futtermittelproduktion erbracht, so wird die jeweilige Fruchtart als **Rohstoff- oder Energiepflanze** bezeichnet. Die wertbestimmenden Inhaltsstoffe sind Öle mit spezifischem Fettsäuremuster, Kohlenhydrate wie Zucker oder Stärke, Lignocellulose (in pflanzlichen Fasern oder Holz) oder Reserveproteine.

Die pflanzenbaulichen Eingriffe in die Pflanzenqualität zielen auf bestimmte **Stoffgruppen** (Mineralstoffe, Kohlenhydrate, Proteine, Öle, Wirk- und Geschmacksstoffe) oder technologische Qualitätsmerkmale (Back- und Mahlfähigkeit, Mälzungs- und Braueigenschaften, Zuckerausbeute u. a.) ab. In Abbildung 2.8 ist der chemische Aufbau der Hauptreservestoffe landwirtschaftlicher Kulturpflanzen zusammengefasst.

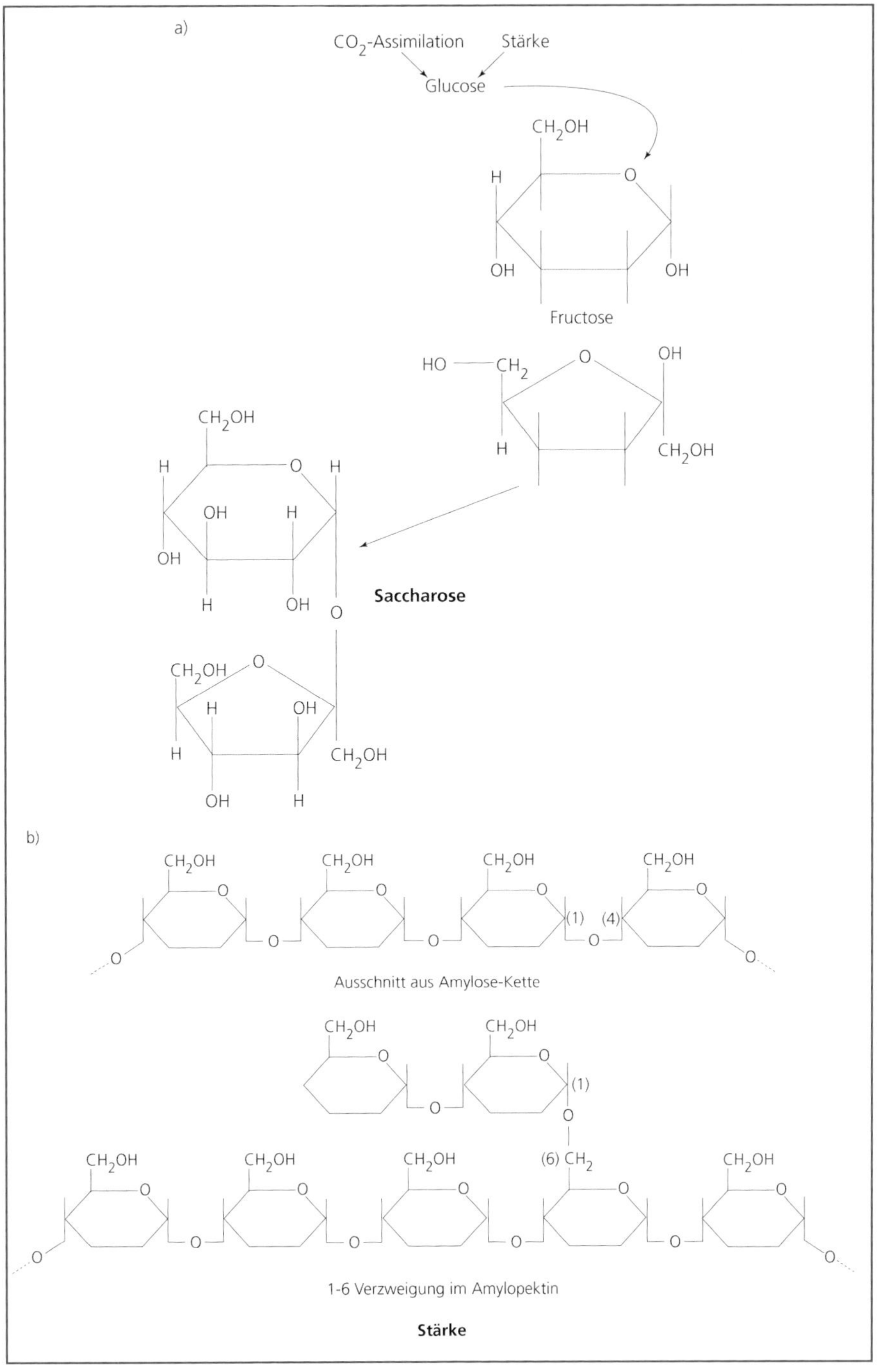

Abb. 2.8a, b Die Hauptreservestoffe der landwirtschaftlichen Kulturpflanzen.

Abb. 2.8c–e

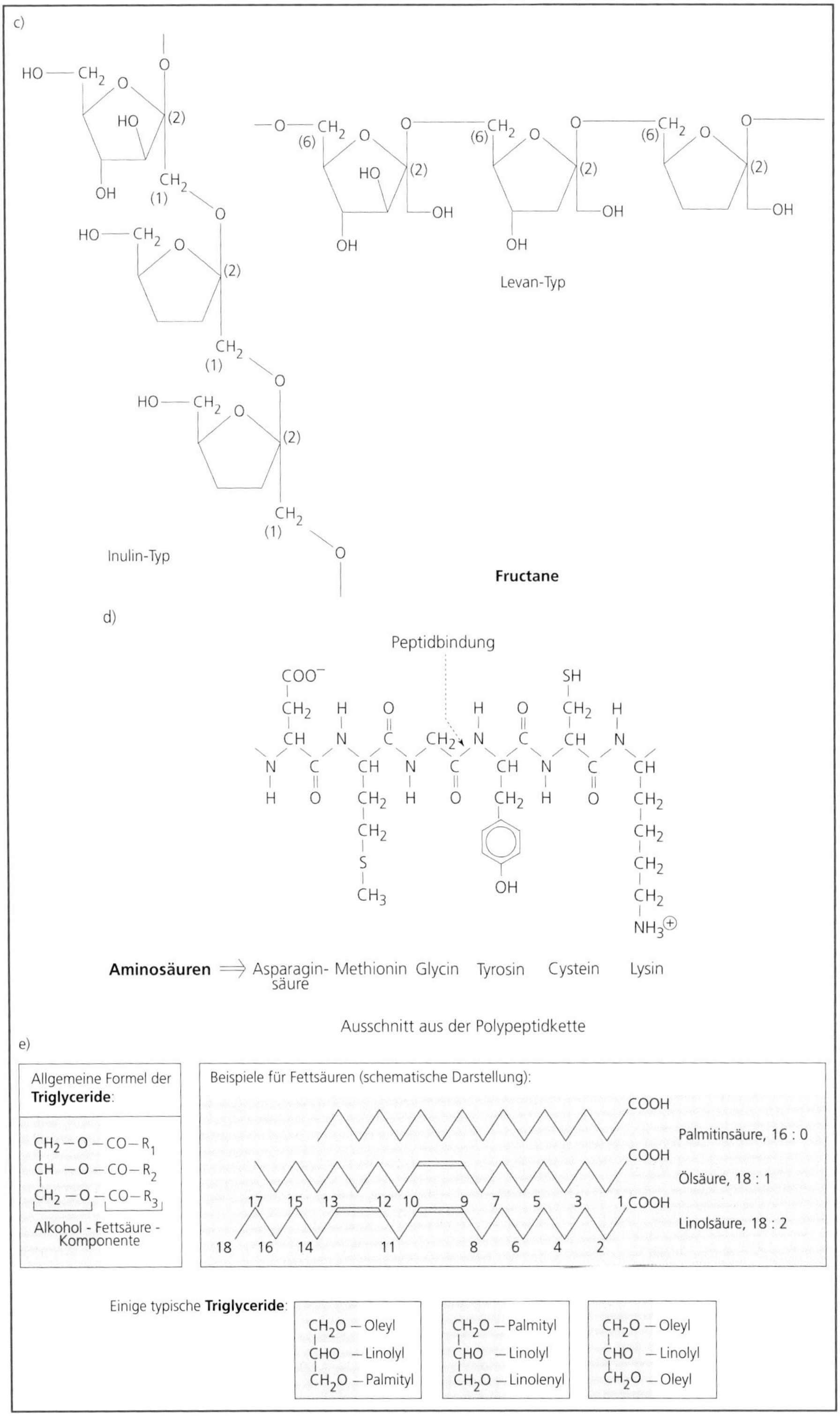
c)
Inulin-Typ
Levan-Typ
Fructane
d)
Peptidbindung
Aminosäuren ⟹ Asparaginsäure Methionin Glycin Tyrosin Cystein Lysin
Ausschnitt aus der Polypeptidkette
e)
Allgemeine Formel der Triglyceride:
CH2 – O – CO – R1
CH – O – CO – R2
CH2 – O – CO – R3
Alkohol - Fettsäure - Komponente
Beispiele für Fettsäuren (schematische Darstellung):
COOH
Palmitinsäure, 16 : 0
COOH
Ölsäure, 18 : 1
COOH
Linolsäure, 18 : 2
Einige typische Triglyceride:
CH2O – Oleyl
CHO – Linolyl
CH2O – Palmityl
CH2O – Palmityl
CHO – Linolyl
CH2O – Linolenyl
CH2O – Oleyl
CHO – Linolyl
CH2O – Oleyl

Kohlenhydrate sind im Wesentlichen Energieträger. Neben organischen Säuren und Sekundärstoffen sind sie als freie Zucker, aber auch als geschmacksbeeinflussende Inhaltsstoffe einzustufen und können so den Wert vieler pflanzlicher Produkte mitbestimmen. Phosphorylierte Glucose ist eines der wichtigsten organischen Moleküle im Stoffwechsel. Glucose ist aber auch Grundbaustein der Stärke, des am häufigsten auftretenden Reservepolysaccharids der Pflanzen, welches für Mensch und Tier ein wichtiger Nahrungsstoff ist. Stärke ist osmotisch unwirksam und wird innerhalb der Speicherorgane in den Amyloplasten (Zellorganellen) synthetisiert, aus denen die typischen Stärkekörner hervorgehen. Deren Form, Größe und ggf. Schichtung kennzeichnet die Herkunft der Stärke aus der jeweiligen Pflanzenart (z. B. Kartoffelstärke). Stärke ist ein Gemisch aus Amylose und Amylopektin.

Aus Fructoseeinheiten sind die Fructane aufgebaut. In diese Gruppe gehört das Inulin als typisches Reservekohlenhydrat der Asteraceae (z. B. Schwarzwurzeln, Topinambur). Es ist im menschlichen Verdauungstrakt kaum verwertbar, weil das abbauende Enzym fehlt, die Inulase. Nach Isolierung von reinem Inulin kann daraus Fructose gewonnen werden, z. B. für Diabetiker und die Zuckerindustrie.

Ein weiterer wichtiger Reservestoff ist die Saccharose (Rohrzucker), die sich als Disaccharid aus Glucose und Fructose zusammensetzt. Sie wird hauptsächlich aus Zuckerrohr, Zuckerrüben oder Zuckerhirse gewonnen. Entscheidend für die Rentabilität des Anbaus ist die Gewinnbarkeit (Auskristallisation) des Zuckers, die bei Zuckerrohr und Zuckerrübe gut, bei Zuckerhirse aber nur mühsam gelingt.

Bei nur etwa 20 verbreitet vorkommenden Aminosäuren ergibt die Peptidbindung eine kaum überschaubare Vielfalt verschiedener **Eiweiße** (Proteine). Entscheidend ist die Sequenz der Aminosäuren im Molekül. Pflanzen sind vollkommen autotroph in der Synthese der Eiweiße, während Mensch und Tier auf die Zufuhr von Nahrungseiweiß angewiesen sind. Dafür sind in der menschlichen Ernährung (Erwachsene) 0,8 g Eiweiß pro kg Körpergewicht und Tag notwendig. Da die meisten Pflanzen lediglich 1–3 % Eiweiß enthalten, ist rein vegetarische Kost gelegentlich nicht ausreichend. Deshalb sollten tierische Eiweiße zur Ergänzung beitragen, auch wegen des qualitativen Unterschiedes zwischen pflanzlichem und tierischem Eiweiß. Solche Unterschiede sind anhand der biologischen Wertigkeit der Eiweiße zu erkennen, die sich auf den Anteil essenzieller (unentbehrlicher) Aminosäuren (Histidin, Lysin, Leucin, Isoleucin, Methionin, Phenylalanin, Threonin, Tryptophan, Valin) gründet. Wenn tierisches Eiweiß nicht ausreichend zur Verfügung steht (oder nicht akzeptiert wird), kommt dem pflanzlichen Eiweiß größere Bedeutung zu. Insbesondere in den Entwicklungsländern bilden die proteinreichen Samen der Hülsenfrüchte (20–40 % Rohprotein) dann die entscheidende Grundlage der Proteinversorgung. Aufgrund weltweit latenter Unterversorgung von Mensch und Tier mit Proteinen sind diese nur begrenzt als Nachwachsende Rohstoffe nutzbar.

Fette und Öle sind die 3. wichtige Gruppe an Reservestoffen. Ihr Kaloriengehalt ist besonders hoch. So beträgt der physiologische Energiegehalt bei Fetten rund 37 KJ pro g Trockenmasse gegenüber rund 17 KJ bei Eiweiß und Kohlenhydraten. Fette sind in geringen Mengen in jeder lebenden Zelle nachzuweisen, die höchsten Konzentrationen finden sich aber in den reproduktiven Organen einiger Kulturpflanzen. Dort liegen sie als Triglyceride (Ester aus Glycerin und Fettsäuren) vor, deren Diversität sich aus der Kettenlänge der Fettsäuren und dem Desaturierungsgrad ergibt. Darüber hinaus kommen Fette auch als Körperbausteine und ubiquitär als Membranlipide vor.

Im Non-Food-Bereich haben Öle bzw. Fette als Ausgangssubstanzen für Treibstoffe (Biodiesel), Schmierstoffe, Produkte auf Ölsäurebasis, oberflächenaktive Substanzen (Tenside, Shampoos, Seifen), Grundstoffe der Lack- und Farbenindustrie (Firnis) sowie Bodenbeläge (Linoleum) große Bedeutung.

Die **technologische Qualität** der Ernteprodukte ist maßgebend sowohl für die Weiterverarbeitung zu Nahrungs- und Futtermitteln als auch für eine direkte technische Verwendung.

Das geerntete Pflanzengut entspricht nur in seltenen Fällen den Qualitätsanforderungen des

Marktes. Es ist eine Rohware, die mit dem Ziel behandelt werden muss, den Qualitätsvorgaben des Handels zu entsprechen. Wird z. B. Getreide zu Mehl verarbeitet, so sind zunächst die müllereitechnischen Anforderungen zu erfüllen. Dabei geht es um die Herstellung einer bestimmten Mehlqualität unter möglichst geringem Energieaufwand und mit geringen Verlusten. Für den Backprozess hingegen treten bei Weizen die Klebermenge und -qualität, bei Roggen die Verkleisterungsfähigkeit der Stärke in den Vordergrund. Futtergetreide soll eine hohe Eiweiß- bzw. Energiekonzentration aufweisen, während Braugetreide nach einer Vielzahl von Malz- und Würzequalitätsparametern beurteilt wird und wenig Protein enthalten soll (s. auch Kap. 2.4.1). Für die Gewinnung von Zucker aus Zuckerrüben ist es wichtig, dass 65–85 % der löslichen Trockensubstanz als Saccharose vorliegen und andere Kohlenhydrate (Invertzucker, Raffinose, Polysaccharide) nur in geringem Umfang vorhanden sind. Entscheidend für die Qualität ist aber die Gewinnbarkeit des Zuckers. Dabei sind die verschiedenen technischen Verfahrensabschnitte zu optimieren, beginnend mit der Reinigung der Rübenkörper über deren Zerkleinerung bis zur Gewinnung des zuckerhaltigen Saftes und schließlich dem Auskristallisieren des Zuckers (s. auch Kap. 2.4.4.1). Bei Kartoffeln sind die Qualitätseigenschaften besonders zahlreich entsprechend der großen Verwendungsvielfalt. Für Speisekartoffeln sind Knollengröße und -form sowie Fleischfarbe wesentliche Qualitätsfaktoren. Für die Stärke- und Alkoholproduktion sind Stärkegehalt und Größe der Stärkekörner wichtig, während frittierte Erzeugnisse aus Kartoffeln bestimmte Qualitätseigenschaften wie Trockensubstanzgehalt, geringen Gehalt an reduzierenden Zuckern und ovale Knollenform verlangen (s. auch Kap. 2.4.4.2). Die Gewinnung von pflanzlichen Ölen erfolgt in Ölmühlen. Dort wird das Erntegut gereinigt, zerkleinert, erhitzt, abgepresst und/oder extrahiert und das Öl schließlich raffiniert. Dabei dürfen keine Oxidationsprozesse einsetzen, die Haltbarkeit und Geschmack des Öles beeinträchtigen. Ein besonders schonendes Verfahren ist die Kaltpressung. Im Zuge der Raffination wird das rohe Öl entschleimt, neutralisiert und von Wachsteilen befreit. In der Margarineherstellung werden Öle verfestigt (gehärtet). Dabei erfolgt eine chemische Anlagerung von Wasserstoff an die Doppelbindungen der Fettsäuren, die damit in den gesättigten Zustand übergehen. Im Ergebnis dieser Härtung wird die Konsistenz fester und das Produkt schließlich streichfähig (s. auch Kap. 2.4.3).

Produktionsbegleitende Kontrolltätigkeiten zur Einhaltung von Qualitätsvorgaben sowie von umweltverträglichen Bewirtschaftungs- und Verarbeitungsweisen werden zunehmend als erforderlich angesehen, ebenso wie die systematische Kontrolle der Produktion und der Produkte nach Standards.

Während die Qualität bei den hier beschriebenen Körner-, Wurzel- und Knollenfrüchten sowie Futterpflanzen durch analytische, objektiv bestimmbare und damit direkt vergleichbare Inhaltsstoffe (Gebrauchswerte der Produktqualität) beschrieben wird und Basis für die Züchtung bzw. Sortenwahl ist, trifft dies für das Gemüse (Feldgemüse) weniger zu. Hier dominieren die Kriterien Frische, Aussehen und Verarbeitungseigenschaften. Der hohe ernährungsphysiologische Wert von Gemüse, gegeben durch Ballaststoffe und Wirkstoffe, kann jedoch (noch) nicht durch einzelne Inhaltstoffe beschrieben werden und ist deshalb auch kein konkret bewertetes Qualitätskriterium im Handel und beim Verbraucher.

Wegen des hohen Verzehrs sollte Gemüse ungeachtet dessen weitestgehend rückstandsfrei sein. Entsprechende Regelungen sind in Deutschland besonders für die einheimische Erzeugung im Feldgemüsebau gegeben bzw. zu erwarten.

Entsprechend den **Qualitätsanforderungen** von Bevölkerung und Ernährungsindustrie werden Inhaltsstoffe mit speziellen Gebrauchswerten im Pflanzenbau gezielt produziert. Die Hauptkriterien der Pflanzenqualität sind in Tabelle 2.3 zusammengefasst.

Die Qualitätskontrolle der Primärproduktion pflanzlicher Rohstoffe erfolgt vorwiegend anhand dieser Kriterien mit dem Verkauf jeweiliger Ernten beim Handel bzw. in der Verarbeitungsindustrie. Das Qualitätsniveau (einschließlich Lebensmittelsicherheit) wird zudem von staatlichen Behörden überwacht.

Tab. 2.3 Kriterien der Pflanzenqualität.

Kriterien der Produktqualität	Kriterien der Verarbeitung sowie Akzeptanz	Kriterien der Prozessqualität
• sensorische Beschaffenheit (Struktur, Frische, Geschmack) • spezielle Inhaltsstoffe • ernährungsphysiologisch relevante Nähr-, Mineral-, Wirkstoffe sowie Schwermetalle, PSM-Rückstände, antinutritive Inhaltsstoffe	• Haltbarkeit • Verarbeitungseignung (z. B. Frische bei Gemüse, Mahl- und Backfähigkeit von Brotgetreide)	• im konventionellen, integrierten oder ökologischen Landbau erzeugtes Produkt • Herkunftsnachweis

Fragen zu Kapitel 2.2

- Wie unterscheiden sich monopodiale und sympodiale Sprosse?
- Wie gliedern sich homorrhize und allorrhize Wurzelsysteme und wo kommen sie beispielsweise vor?
- Wo erfolgt die Hauptreservestoffeinlagerung in a) Getreidekörnern, b) Kruziferensamen, c) Zuckerrüben?
- Welches sind die morphogenetischen Wirkungen des Lichtes?
- Worin unterscheiden sich C_3- und C_4-Pflanzen hinsichtlich ihrer agrarökologischen Anpassung?
- Wie ist die Nettoassimilationsrate definiert?
- Welches sind die 3 Hauptkriterien der Pflanzenqualität?

Weiterführende Literatur

Boote, K. J., J. M. Bennett, T. S. Sinclair, and G. M. Paulsen, 1994: Physiology and Determination of Crop Yield. ASA, CSSA, SSSA, Inc., Madison, Wisconsin, USA.

Evans, L. T., 1993: Crop Evolution, Adaptation and Yield. Cambridge Univ. Press, Cambridge, UK.

Keller, E. R., H. Hanus und K.-U. Heyland (Hrsg.), 1997: Handbuch des Pflanzenbaues. Bd. 1, Grundlagen der landwirtschaftlichen Pflanzenproduktion. Verlag E. Ulmer, Stuttgart.

Pessarakli, M. (Ed.), 1994: Handbook of Plant and Crop Physiology. Marcel Dekker, Inc., New York, Basel, Hong Kong.

Sadras, V., and D. Calderini, 2014: Crop Physiology. 2nd ed. Academic Press, San Diego.

2.3 Agrotechnische Grundlagen des Pflanzenbaus

Die agrotechnischen Grundlagen des Pflanzenbaus sind die Basis zur Beherrschung der Anbauverfahren landwirtschaftlicher Kulturpflanzen. Mit der pflanzenbaulichen Produktionstechnik (auch Anbautechnik) wird das Produktionspotenzial des Pflanzenstandortes durch den Anbau von Kulturarten in Rein- oder Mischbeständen genutzt.

Dazu wird regelmäßig ein Anbauverfahren entwickelt, welches der Spezifik des Standortes, des Anbausystems, der Kulturart und des Produktionsziels Rechnung tragen muss.

Die angebauten Kulturarten sind überwiegend Bestandteil einer Fruchtfolge (s. Kap. 1.3.2). Auf die gesamte Fruchtfolge sind auch die Grundbodenbearbeitung (s. Kap. 1.3.3), Grunddüngung (s. Kap. 1.3.4) und die Regulierung von Schadorganismen mit langfristigen („bodenbürtigen“) Wirkungen (s. Kap. 1.4) ausgerichtet. Im Einzelnen sind aber immer kulturartspezifische Anforderungen im Anbauverfahren selbst zu erfüllen. Dazu gehören Arten- und Sortenwahl, Saat, N-Düngung, Beregnung, Ernte sowie Nachbehandlung und Lagerung. Die Kontrolle von Schaderregern und die Bestandespflege, dazu zählt insbesondere die Unkrautkontrolle, sind hier ebenfalls einzuordnen. Entsprechende Hinweise finden sich in Kapitel 1.4 bzw. bei den einzelnen Kulturarten (Kap. 2.4). Dabei wird auf einzelne Pflanzenschutzmittel wegen der rasch wechselnden Aktualität nicht eingegangen.

Eine standortgerechte Pflanzenproduktion bedient sich verschiedener Bodennutzungssysteme, die an die natürliche, nachhaltige Leistungsfähigkeit des Bodens und die klimatischen Bedingungen angepasst sind (vgl. Kap. 1.2, Kap. 1.3). Grundsätzlich gilt, dass pflanzenbauliche Nutzung auf Dauer möglich sein muss. Die hierfür zweckmäßigen Anbauverfahren dürfen daher nicht auf Kosten der natürlichen Bodenfruchtbarkeit gehen. Darüber hinaus ist die Produktionstechnik auf eine langfristig wirksame Standortverbesserung ausgerichtet. Hierbei handelt es sich um meliorative Bodenbearbeitung und Düngung, Regulierung des Wasserhaushalts und Windschutzmaßnahmen.

Schädliche Auswirkungen pflanzenbaulicher Maßnahmen sind nicht nur auf dem Produktionsstandort selbst, sondern auch in dessen engerem und weiterem Umfeld zu vermeiden. Dazu gehören Bodenerosion durch nicht an den Standort angepasste Nutzungssysteme, Bodenstrukturschäden durch schwere Maschinen, Überdüngung insbesondere durch mineralische und organische N-Dünger oder Belastung des Ökosystems durch Pflanzenschutzmittel und deren Rückstände. Was schließlich unter schädlich verstanden werden muss, ist eine Frage der Bewertung (vgl. Kap. 2.5, Bewertung der Landbewirtschaftung).

In jüngster Zeit ist ein starker Trend zur **Digitalisierung** feststellbar. Digitale Überwachung und Steuerung von Produktionsprozessen gewinnen, wie in den meisten Bereichen der Wirtschaft, auch im Acker- und Pflanzenbau zunehmend Bedeutung. Solche Verfahren werden als „Smart Farming“ oder „Precision Farming“ bezeichnet. **„Smart Farming“** basiert auf Daten, die auf den Produktionsflächen und teils auch auf dem gesamten Betrieb mittels elektronischer Techniken erhoben oder nach anderweitiger Erfassung digitalisiert werden. Zusätzlich fließen häufig Wetterdaten ein. Die Daten werden schließlich über empirische Beziehungen und Algorithmen in Handlungsempfehlungen übersetzt, die den Landwirt bei seinen produktionstechnischen Entscheidungen unterstützen sollen. Mögliche Einsatzfelder bestehen bei der Bodenbearbeitung (Intensitäts- und Tiefensteuerung), der Aussaat (Saatdichte) sowie bei Düngung und Pflanzenschutz (jeweils Ausbringungstermin und -menge). Während die technischen Entwicklungen in den letzten Jahren rasch fortgeschritten sind, wurden die verwendeten Algorithmen wissenschaftlich wenig betrachtet. Sie werden meist von Unternehmen im Paket mit der Geräte- und Sensorausstattung entwickelt und vermarktet.

Der Begriff „Precision Farming“ betont, dass die pflanzenbaulichen Maßnahmen teilflächenspezifisch variabel gesetzt werden, indem die gesamte Fläche in Behandlungszonen eingeteilt wird. In Zukunft kann dieses Konzept weiter verfeinert werden, indem mit autonomen Kleinfahrzeugen Behandlungen bis hinunter zur Einzelpflanze differenziert vorgenommen werden können (Spot Farming).

Ein weiteres Anwendungsfeld der Digitalisierung liegt in der Automation von Arbeitsabläufen bis hin zu vollständig autonom operierenden Robotern. Derzeit sind bereits selbstfahrende Schlepper verbreitet im Einsatz; die zusätzliche Automatisierung der Prozessteuerung entwickelt sich rasch, allerdings ist auch aus haftungsrechtlichen Gründen die menschliche Überwachung der Maschinen auf absehbare Zeit noch erforderlich.

Grundsätzlich versprechen all die genannten Technologien der Digitalisierung einen effizienteren Einsatz von pflanzenbaulichen Maßnahmen zur nachhaltigen Intensivierung der Produktion, also der Steigerung der Ertragsleistungen bei zugleich verminderten variablen Kosten und Umweltbelastungen. Allerdings sind dafür teils beachtliche Investitionen erforderlich.

Agrotechnische Grundlagen des Pflanzenbaus
Die agrotechnischen Grundlagen des Pflanzenbaus schaffen die Voraussetzungen für die Produktionsverfahren im Landwirtschaftsbetrieb. Während im Ackerbau alle querschnittsbezogenen Maßnahmen wie Fruchtfolgegestaltung, Grundbodenbearbeitung, Grunddüngung und Unkrautkontrolle im Rahmen der Fruchtfolge und Melioration verankert sind, konzentriert sich der Pflanzenbau auf die kulturartenspezifischen Anbauverfahren.

2.3.1 Arten- und Sortenwahl

Die Artenwahl innerhalb der Kulturpflanzengruppen wird ausschließlich vom Landwirt getroffen. Er entscheidet abhängig von Erzeugungszielen und Verwertungsmöglichkeiten (Marktfruchtbau, Futterbau), der Betriebsorganisation (Betriebsgröße, Arbeitskraft- und Maschinenbesatz, Anbauverträge und -kontingente, administrative Vorgaben), den Standortverhältnissen (Boden, Klima) sowie von Fruchtfolgebeschränkungen (s. auch Kap. 1.3). Das Produktionsziel wird vom Verbraucher festgelegt. Er bestimmt die gewünschten und die unerwünschten Inhaltsstoffe, Geruchs-, Geschmacks- und optischen Merkmale sowie die Haltbarkeitsdauer.

Für die **Arbeits- und Fruchtfolgeplanung im Landwirtschaftsbetrieb** sind die artenabhängige Wachstumsdauer mit den darin enthaltenen Vegetationsabschnitten und die in diesen Phasen herrschenden Licht-, Temperatur- und Niederschlagsverhältnisse entscheidend (s. auch Kap. 1.2.1 und 1.2.2). Von der Pflanzenentwicklung und den Witterungsbedingungen hängt schließlich die Einsatzmöglichkeit von Maschinen und Geräten ab. Durch die Kombination der Bedingungen (i) „Feldarbeit aufgrund der Witterung nicht möglich“ und (ii) „Termin der Pflanzenentwicklung noch nicht erreicht“ sind 40–50 % der möglichen Arbeitszeit während der Vegetation nicht nutzbar. Folglich ist die Artenwahl im Verbund mit der optimalen Schlagkraft beim Technikeinsatz einer der wichtigsten Faktoren für die Planung im Landwirtschaftsbetrieb.

Neben Reinbeständen werden im Hauptfrucht-Ackerbau, insbesondere im Ökologischen Landbau, zunehmend **Mischkulturen** erprobt. In arten- oder sortengemischten Beständen ist die Biodiversität der Nutzpflanzen und in der Folge auch jene der dort vorkommenden natürlichen Fauna und Flora in der Regel erhöht. Mischbestände zeigen meist stabilere Erträge als die Reinkulturen, da sich unter biotischem oder abiotischem Stress die Mischungspartner gegenseitig unterstützen (z. B. Stützfrüchte für lageranfällige Arten) oder in der Ertragsleistung untereinander kompensieren können. Im günstigsten Fall erreichen so die Mischungen Erträge, die über dem Mittelwert von entsprechenden Reinbeständen der Mischungspartner liegen. Die Land Use Efficiency (LUE) als Parameter zur Beschreibung der relativen Flächennutzungseffizienz liegt in diesem Fall > 1. Produktionstechnisch sind Mischkulturen allerdings herausfordernd, da Kompromisse hinsichtlich artenspezifischer Ansprüche, z. B. an den Saattermin und die Saattechnik, die Düngung, den Pflanzenschutz und den Erntetermin, gefunden werden müssen. Auch die Vermarktung bzw. Sortierung des gemischten Erntegutes stellen Probleme dar.

Die Ansprüche einer Kulturpflanzenart an den Standort und ihre Reaktion auf anbautechnische Maßnahmen beruhen auf der Differenzierung von Erbanlagen, die sich auch innerhalb der Art fortsetzt. Die daraus abgeleitete **Sorten-**

wahl entscheidet maßgeblich über den Anbauerfolg in Hinblick auf Ertrag, Qualitätseigenschaften, Erntetermin und mechanische Erntbarkeit sowie Resistenz gegenüber biotischen und abiotischen Stressfaktoren. Landessortenversuche geben Landwirten ein objektives Bild über die Abstufung agronomisch wichtiger Eigenschaften des anbauwürdigen Sortenspektrums (s. auch Kap. 3.1.3).

Unter dem Einfluss von Klima, Anbau und Ernteverfahren haben sich **Landsorten** entwickelt, die ein Gemisch unterschiedlicher Genotypen darstellen, welche erbliche Unterschiede in den für den Anbau erforderlichen Anpassungsmerkmalen aufweisen. Landsorten enthalten deshalb ein wertvolles Reservoir für genetische Vielfalt. In den heute üblichen Landnutzungssystemen sind Landsorten weitgehend durch **Zuchtsorten** verdrängt. Sie sind aus züchterischer Kombination und Selektion hervorgegangen und unterscheiden sich in ihren Leistungseigenschaften durch erblich bedingte Unterschiede. Eine fortschreitende Verbesserung des Leistungsspektrums wird durch züchterische Neukombination von Erbeigenschaften angestrebt.

Mittels **Gentechnik** gelingt es heute, besonders nützliche Erbeigenschaften auch über die Artgrenzen hinaus in den Rekombinationsprozess einzubeziehen (s. auch Kap. 3.6.3). In der Landwirtschaft werden weltweit auf ungefähr 190 Mio. ha gentechnisch veränderte Pflanzen (GVO) angebaut, hauptsächlich in Nord- und Südamerika sowie Indien. Diese Fläche entspricht etwa der 16-fachen Ackerfläche Deutschlands. Von der weltweiten Anbaufläche entfallen 49 % auf Soja, 32 % auf Mais, 14 % auf Baumwolle und 5 % auf Raps. Die GVO-Anbaufläche beträgt bei Baumwolle 79 %, bei Soja 74 %, bei Mais 31 % und bei Raps 27 %.

Im Pflanzenbau erwartet man Fortschritte durch Gentechnik vor allem in 2 Bereichen: Erhöhung und Sicherung von Ertrag und Qualität sowie Schaffung neuer landwirtschaftlicher Produkte. Eine Ertragssteigerung ist mithilfe von gentechnisch erzeugten Hybridsorten möglich, während die Sicherung und Erhaltung von Erträgen durch die Etablierung von innovativem Unkrautmanagement sowie Resistenzen der Pflanzen gegenüber Insekten, Viren, Pilzen, Bakterien oder auch Nematoden zu erreichen ist.

Der Anbau von gentechnisch veränderten Pflanzen ist besonders in Europa immer noch stark umstritten. 63 % aller Freisetzungsversuche in Europa sind dem Herbizidmanagement gewidmet, 9 % der Versuche dienen der Überprüfung gentechnisch erzeugter männlicher Sterilität.

Für Freisetzungen und das Inverkehrbringen von gentechnisch veränderten Pflanzen (GVP) bestehen in der EU Genehmigungspflichten. Eine damit verbundene vorsorgliche Kontrolle steht im engen Zusammenhang mit den möglichen Risiken der Gentechnik. Aus pflanzenbaulicher Sicht stehen dabei die Risiken der unbeabsichtigten Verbreitung der gentechnisch veränderten Pflanzen inner- und außerhalb der landwirtschaftlichen Anbaufläche und der Auskreuzung mit verwandten Wildarten im Vordergrund. Heute steht der Nutzung transgener Pflanzen in Deutschland die juristisch umstrittene Haftungsfrage im Wege. Entwicklung und Freisetzung transgener Pflanzen müssen deshalb auch in Zukunft von wissenschaftlichen Untersuchungen zur Risikoabschätzung begleitet werden. Seit 2013 fanden allerdings in Deutschland keine Freisetzungen mehr statt.

Nach den Blüh- und Vermehrungseigenschaften, der genetischen Variabilität des Bestandes und der genetischen Struktur der einzelnen Pflanze können die Kulturpflanzenarten in verschiedene Sortentypen eingeordnet werden (s. auch Kap. 3.7).

Schutz und Nutzung, d. h. Inverkehrbringen einer **Sorte** zu gewerblichen Zwecken und deren Anbau sowie des daraus erzeugten **Saat- oder Pflanzgutes**, sind für landwirtschaftliche und gärtnerische Arten weltweit geregelt. Das EU-Recht wird in Deutschland durch das Sortenschutzgesetz (s. auch Kap. 3.1.3) und das Saatgutverkehrsgesetz mit den dazugehörigen Verordnungen umgesetzt. Das Saatgutverkehrsgesetz dient dem Schutz des Verbrauchers, indem es z. B. den Stufenaufbau (Vorstufen-, Basis-, Zertifiziertes Saatgut 1., 2. oder 3. Generation) des in den Handel gelangenden Zertifizierten Saatgutes unter Berücksichtigung des Befruchtungstyps der Kulturart festlegt und für jede Stufe bzw. Generation des Saatgutes Bedingungen für seine Erzeugung sowie Qualitätsparameter für die Beschaffenheit des Feldbestandes und des daraus erwachsenen Saatgutes festlegt.

Anträge auf Sortenschutz und Sortenzulassung können auf EU- oder Bundesebene gestellt werden. Auf Bundesebene werden diese Anträge durch das Bundessortenamt geprüft (Sitz in Hannover). Dagegen erfolgt die Saatgutanerkennung durch staatliche Stellen der Länder bzw. im Auftrag der Länderbehörde, z. T. unter Einbeziehung externer Sachverständiger. Die Anerkennung von Saatgut einer Sortenpartie kann ausgesprochen werden, wenn die Mindestanforderungen an den Feldbestand sowie die an das Saatgut erfüllt sind, wie Sortenechtheit, Sortenreinheit, technische Reinheit, Besatz mit anderen Arten, Keimfähigkeit der reinen Samen, Kornfeuchte und Gesundheitszustand. Zertifiziertes Saatgut darf nur gekennzeichnet in den Handel gebracht werden. Die Prüfung der Qualitätskriterien erfolgt mittels standardisierter Methoden, wie sie z. B. von der International Seed Testing Association (ISTA) veröffentlicht werden. Die für die Berechnung der Aussaatmenge wichtige Tausendkornmasse ist nicht Gegenstand der Anerkennung. Sie wird aber geprüft und in der Regel auf dem Etikett angegeben.

Für den weltweiten Handel sind die Qualitätsanforderungen der OECD und in einigen Fällen zusätzliche spezifische Länderregelungen zu beachten.

Aktuelle Übersichten über geltende Gesetze und Anforderungen befinden sich auf den Internetseiten des Bundessortenamtes (www.bundessortenamt.de) und der Arbeitsgemeinschaft der Anerkennungsstellen (www.ag-akst.de).

2.3.2 Saat

Ist die Arten- bzw. Sortenwahl entschieden, wird eine bestimmte Menge Saat- oder Pflanzgut in definierter Verteilung in den Boden abgelegt, um eine gleichmäßige Bestandesetablierung erreichen zu können.

Angestrebt wird eine ausreichende Verbindung des Saat- bzw. Pflanzgutes zur wasserführenden Bodenschicht, welche in gleichmäßiger Struktur in den Unterboden übergehen soll, sodass ein kapillarer Aufstieg des Wassers erfolgen kann. Ferner müssen günstige Temperaturbedingungen und ausreichend Sauerstoff vorhanden und Schutz gegenüber Austrocknung sowie Vogel- und Wildfraß gewährleistet sein. Dementsprechend sind die Ziele der Saatbettbereitung als Teil des Systems „Stoppelbearbeitung – Grundbodenbearbeitung – Saatbettbereitung" auf die Schaffung und Erhaltung optimaler physikalischer Bodeneigenschaften ausgerichtet, mit der Möglichkeit, Unkräuter mechanisch zu bekämpfen und Agrochemikalien einzuarbeiten (s. auch Kap. 1.3.3).

Die Saat selbst erfolgt in 3 Dimensionen, der Saattiefe und Ablagefläche. Dabei ergibt sich die **Verteilung von Saat- und Pflanzgut** auf der Fläche aus dem Abstand innerhalb der Reihen und dem Abstand zwischen den Reihen (Abb. 2.9).

Bereits die Gleichmäßigkeit der Tiefenablage beeinflusst die spätere Bestandesbildung, weil schon geringe Unterschiede in der frühen Entwicklung der Einzelpflanzen zu unterschiedlichem Wachstum führen. Mit zunehmender Vegetationsdauer vergrößern sich derartige Unterschiede, sodass benachteiligte Pflanzen ihren Lebenszyklus oft nicht mehr vollenden können. Die Saattiefe wird so gewählt, dass der Samen Kontakt zu der feuchten Bodenschicht hat. Bei hohem Keimwasserbedarf (großkörnige Samen) und auf leichten Böden muss tiefer gesät werden als bei geringem Keimwasserbedarf (kleinkörnige Samen und Feinsämereien) und bei ausreichender Bodenfeuchte (s. auch Kap. 1.3.3.2).

Die unterschiedlichen Saatverfahren bestimmen die Verteilung der Pflanzen auf der Fläche. Das gängigste Saatverfahren ist das **Drillen**. Dabei wird das Saatgut in Reihen abgelegt und der Boden unter dem Samen mit Säscharen leicht angedrückt, um durch die entstehende Kapillarität Wasser an den Samen heranzuführen. Lockerer Boden wird durch Zustreicher auf dem Samen abgelegt, womit die Wasserführung zur Oberfläche erschwert und Verdunstung verhindert wird, sich der Boden aber gleichzeitig rascher erwärmt. Dieses Verfahren zeichnet sich durch gleichmäßige Tiefenablage des Saatgutes aus und erlaubt die Anlage von Fahrgassen. Diese paarig angelegten unbedrillten Streifen er-

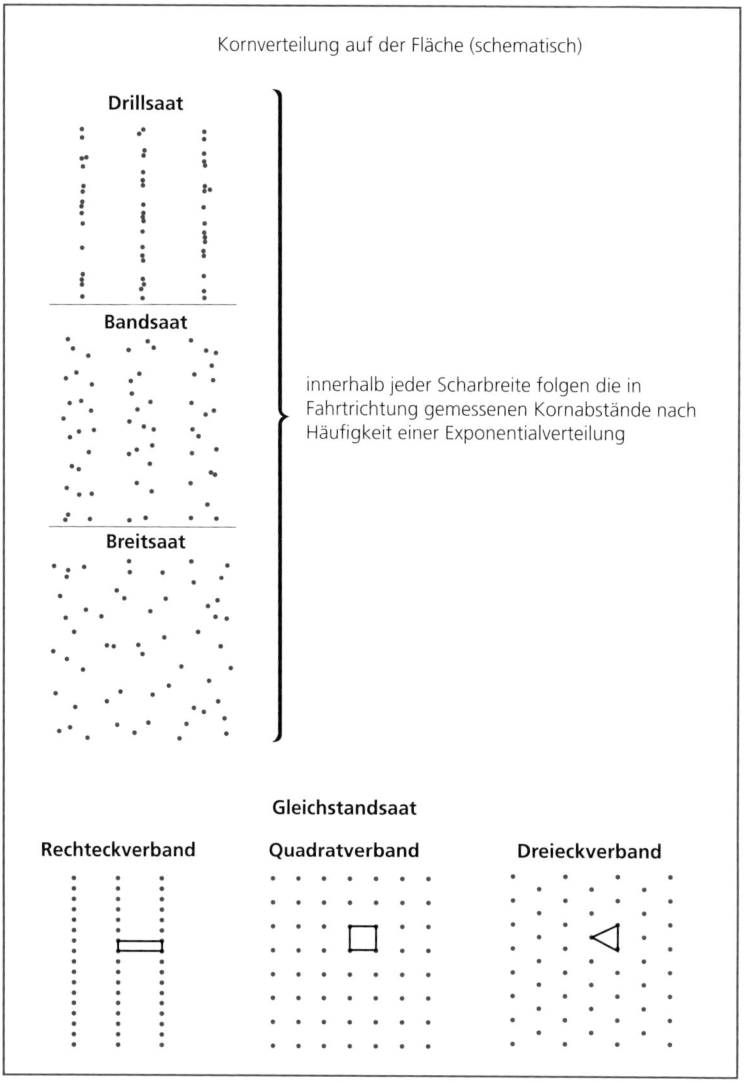

Abb. 2.9 Saatgutverteilung auf der Fläche (Aid 1998).

möglichen das Befahren der Bestände ohne wesentliche Pflanzenbeschädigungen über die gesamte Vegetationszeit. Dadurch ist eine hohe Qualität der nachfolgenden Arbeiten durch Einhalten der Arbeitsbreite, eine Verminderung des Anteils befahrener Bodenfläche und eine Verminderung von Rollwiderstand und Schlupf und damit die Einsparung von Dieselkraftstoff gewährleistet.

Bei kombinierter Bodenbearbeitung und Aussaat ist die **Breitsaat** angezeigt. Das Saatgut wird hier entweder mit einer Sämaschine auf den Bearbeitungshorizont abgelegt oder in den fließenden Erdstrom eines rotierenden Bearbeitungswerkzeuges eingemischt. Die Ungleichmäßigkeit der Tiefenablage, Verluste durch Tierfraß, hoher Saatgutaufwand und der eingeschränkte Maschineneinsatz in der Bestandsführung sprechen gegen das Verfahren. Noch ungleichmäßiger wird die Verteilung der Samen beim historischen Verfahren, die Samen oberflächlich aufzustreuen und anschließend einzueggen.

Mit der **Einzelkornsaat** kann sehr präzise, aber mit relativ hohem Zeitaufwand gesät werden. Die exakte Saatgutverteilung verlangt zuvor eine Vereinheitlichung des Saatgutes durch Sortierung bzw. Kalibrierung. So erfolgt, z. B. bei Zuckerrüben, eine Pillierung mittels einer Hüllmasse, die zudem fungizide und insektizide Wirkstoffe enthalten kann. Dabei ist die ursprüngliche Form und Größe des Samens, anders als bei inkrustiertem Saatgut, nicht mehr erkennbar. Um Saatgutpillen im Mulchsaatverfahren exakt ablegen zu können, kommen zunehmend Stempel- und Spatensägeräte zum Einsatz. Besondere Ansaatformen sind Gemenge-, Unter- und Stoppelsaaten. Sie dienen der Erstellung von Pflanzengemengen, Einsaaten in Deckfrüchte und der Aussaat von Zwischenfrüchten.

Aus den jeweiligen Standortbedingungen und Anbauverfahren resultiert die Berechnung für die gewünschte **Saatmenge (SM) und Saatdichte (SD)** :

$$SM = \frac{\mathrm{KD} \times \mathrm{TKM} \times 100}{\mathrm{KF} \times \mathrm{FA}} \qquad SD = \frac{\mathrm{KD} \times 10\,000}{\mathrm{KF} \times \mathrm{FA}}$$

SM = Saatmenge in kg ha^{-1}
SD = Saatkörner m^{-2}
KD = Keimdichte (aufgelaufene Pflanzen m^{-2})
TKM = Tausendkornmasse in g
KF = Keimfähigkeit in %
FA = Feldaufgang in % der keimfähigen Körner

In einem Pflanzenbestand muss der Standraum für die Einzelpflanze im Hinblick auf das Wasser-, Nährstoff- und Lichtangebot vollständig ausgenutzt werden, um die Ertragsleistung des Gesamtbestandes sicherzustellen. Um dieses Ziel zu erreichen, ist eine möglichst gleichmäßige Verteilung der Saatkörner auf der Fläche anzustreben. Damit ist gewährleistet, dass die Wachstumsbedingungen für die Einzelpflanzen im Bestand nur wenig voneinander abweichen und die individuelle Unausgeglichenheit gering bleibt. Konkurrenzfreies Wachstum der Einzelpflanzen ist lediglich während der frühen Anfangsentwicklung möglich; danach treten die unvermeidlichen intraspezifischen (innerartlichen) **Konkurrenzeffekte** auf. Sie zeigen sich in einer veränderten innerpflanzlichen Verteilung der Photosyntheseprodukte sowie in den damit verbundenen Massenänderungen der Ernteorgane (s. auch Kap. 2.2.2). Generell gibt es artspezifische Optimalbereiche der Pflanzendichte. Interspezifische (zwischenartliche) Konkurrenz tritt in Ackerkulturen durch die Vergesellschaftung von Begleit- und Kulturpflanzenflora oder in Mischkulturen auf. Von besonderem Interesse ist sie ferner für die Artenzusammensetzung des Dauergrünlandes, welche sich über mehrere Jahre unabhängig von der ursprünglichen Aussaatdichte standort- und nutzungsangepasst einreguliert (s. auch Kap. 2.4.7).

Neben der Bestandesetablierung durch das gewählte Saatverfahren ist für die Pflanzenentwicklung der **Saattermin** von entscheidender Bedeutung. Sommerannuelle Arten sind möglichst früh auszusäen, um die juvenile Entwicklung dem Zeitraum mit Kurztagsbedingungen anzupassen. Nur auf diese Weise können die innerpflanzlichen Differenzierungsprozesse und das vegetative Wachstum im Hinblick auf die Ertragsbildung optimal verlaufen. Winterannuelle Pflanzen erfordern einen Saattermin so, dass sie die herbstlichen Entwicklungsschritte durchlaufen bis eine maximale Winterhärte erreicht wird und für die vegetative und generative Frühjahrsentwicklung ausreichend Zeit zur Verfügung steht.

2.3.3 N-Düngung

Von den 17 essenziellen Nährelementen kommt dem Stickstoff (N) im Pflanzenbau eine besondere Bedeutung zu. Er beeinflusst die Wachstums- und Entwicklungsprozesse der Pflanzen und deren Ertragskomponenten spezifisch. Weil die N-Nachlieferung aus dem Boden starken Schwankungen unterliegt und kaum kontrolliert werden kann, ist die N-Düngung für Ertrag und Qualität unmittelbar bedeutsam und hat gleichzeitig eine hohe Umweltrelevanz. Die Ernährung etwa der Hälfte der Weltbevölkerung hängt von der mineralischen N-Düngung ab (Erisman et al. 2008).

Die Grunddüngung ergänzt langfristig die Bodenvorräte und richtet sich im Wesentlichen nach der Standortgüte und der Fruchtfolge bzw. der Fruchtart. Es handelt sich in diesem Sinne also um eine Maßnahme des Ackerbaus. Auch die organische Düngung ist darauf ausgerichtet, die Bodenfruchtbarkeit langfristig zu erhalten bzw. zu verbessern (vgl. Kap. 1.3.4), sie kann jedoch in begrenztem Maße auch zur kurzfristigen N-Zufuhr genutzt werden.

Bei der **mineralischen Stickstoffdüngung** steht die unmittelbare Ertragswirkung im Mittelpunkt; sie ist daher eine fruchtartenbezogene Maßnahme. Dabei ist die N-Gabe präzise basierend auf dem Pflanzenbedarf zu kalkulieren und auszubringen, weil bereits geringe Abweichungen vom Düngungsoptimum sich auf Ertrag, Qualität und Umwelt negativ auswirken können. Die Ermittlung der notwendigen Düngermenge muss so erfolgen, dass ein Gleichgewicht zwischen dem voraussichtlichen Nährstoffbedarf und der Nährstoffversorgung gewährleistet ist. So kann eine zu hohe bzw. unzeitige N-Düngung verstärkt zu N-Verlusten (Nitrat-Auswaschung, Denitrifikation) führen, was die Düngereffizienz wesentlich mindert. Gleichzeitig kann das Pflanzenwachstum negativ beeinflusst werden, indem der Wasserverbrauch erhöht, der Befall mit Krankheiten und Schaderregern begünstigt, qualitätsbestimmende Bestandteile (Zucker, Stärke, Geschmacksstoffe, Vitamine) verringert und der Verarbeitungswert (Alpha-Amino-N in Zuckerrüben, Proteingehalt in der Braugerste, Ölgehalt in Raps und Sonnenblumen, Stärkegehalt von Kartoffeln) verschlechtert werden.

Während die Grunddüngung mit P und K in einer Gabe vor Vegetationsbeginn mit Wirkung über mehrere Jahre gegeben werden kann, orientiert sich die Stickstoffgabe am Fortschritt des wachsenden Bestandes und wird daher in vielen Fällen entsprechend aufgeteilt.

Der ausgebrachte Düngerstickstoff (mineralisch und organisch), aber auch die in Humus und Vorfruchtresten gebundenen N-Mengen unterliegen im Boden dynamischen Veränderungen, die nur schwer zu kontrollieren sind. Neben einer Immobilisierung durch organische Bindung kommt es zu Freisetzungsprozessen unter Bildung von pflanzenaufnehmbarem Ammonium bzw. Nitrat nach Mineralisierung und von gasförmigen N-Verbindungen wie Ammoniak bzw. Stickoxid, Lachgas oder elementarem Stickstoff nach Denitrifikation. Besonders nichtaufgenommenes Nitrat belastet die Umwelt. Da es am Sorptionskomplex des Bodens nicht gebunden wird, kann gelöstes Nitrat mit dem Sickerwasser das Grundwasser sowie Seen und Fließgewässer kontaminieren. Gasförmige N-Verluste enthalten klimarelevante Gase. So können der pflanzenaufnehmbare anorganische N-Gehalt im Boden je nach Standort, Witterung und Bewirtschaftung sehr variabel und N-Verluste im Gefolge von Umsetzungen der organischen Stoffe bzw. nach Düngung erheblich sein.

Aus diesen Gründen hat die **Ermittlung des Stickstoffdüngebedarfs** viel größere Bedeutung als bei der Düngung mit anderen Nährstoffen; sie bereitet aber auch die größten Schwierigkeiten, weil die Ab- und Umbauprozesse von N-Verbindungen im Boden in Höhe und Verlauf von vielfältigen Faktoren (Witterung, Bodeneigenschaften, Bewirtschaftung) beeinflusst werden (Tab. 2.4).

Neben der Orientierung an Stickstoffentzügen und Nährstoffbilanzen sind die organisch gebundenen Bodenvorräte und ihr Umsatz in pflanzenverfügbare Formen zu berücksichtigen. Mithilfe der N_{min}-Analyse werden die pflanzenaufnehmbaren N-Vorräte zu Beginn der Vegetationsperiode im Frühjahr (bei winterannuellen Pflanzen) bzw. kurz vor der Bestellung (bei sommerannuellen Pflanzen) bestimmt und als Korrekturglied in die Berechnung der Stickstoffgabe zur jeweiligen Fruchtart einbezogen (Abb. 2.10).

In der ersten Jugendphase ernährt sich der Pflanzenbestand zunächst von den N_{min}-Bodenvorräten (mineralischer NO_3^-- und NH_4^+- Stickstoff), die in den vertikalen Bodenschichten 0–30 und 30–60 cm (teilweise auch 60–90 cm) erfasst und bei der Düngebedarfsermittlung vom fruchtartenspezifischen Sollwert abgezogen werden (N_{min}-Methode). Die Sollwerte sind hauptsächlich von der Fruchtart abhängig. Sie werden zusätzlich in Bezug auf Ertragserwartung, Vorfrucht sowie Zwischenfrucht und/oder organischer Düngung präzisiert. Aus der Differenz zwischen Soll- und Messwert wird die Düngermenge der ersten N-Gabe ermittelt. Unter ungünstigen Bedingungen kann es bis zu diesem Düngetermin zu Nitratauswaschung kommen.

Tab. 2.4 Methoden zur Bestimmung der Höhe von Stickstoffgaben bei Getreidebeständen (nach Aufhammer 1998, Baumgärtel und Scharpf 2002, Knittel und Albert 2003).

Methoden	Basis
Analytische Methoden	**Messungen am Bestand**
• N_{min}-Methode	• Bodenanalyse
• EUF-Methode	• Bodenanalyse
• Analyse Gesamt-N-Gehalt	• Gesamtpflanze (Spross)
• Nitratschnelltest	• Halmanalyse
• Chlorophyllmessung (N-Tester)	• Blattanalyse
• Messung Chlorophyll und Pflanzenmasse (N-Sensoren)	• Gesamtbestand/Schlag
Indirekte Methoden	**Beurteilung der Bedingungen**
• Bestandesbeobachtung (Düngefenster)	• Zustand des Bestandes (Entwicklung + Grünfärbung)
• Hilfstabellen	• Witterung, Aufwuchsbedingungen
Kombinationsmethoden	**Einbezug versch. Parameter**
• Anbauverfahren	• Bestand, Boden, einzelne Schritte des Anbauverfahrens etc.
• Prognose-/Beratungsverfahren	• Beziehung zwischen Witterungs-, Boden-, Bestandesparametern
• Simulationsmodelle	• Nachbildung von N-Aufnahme und Einzelprozessen des N-Haushalts in Abhängigkeit von der Witterung

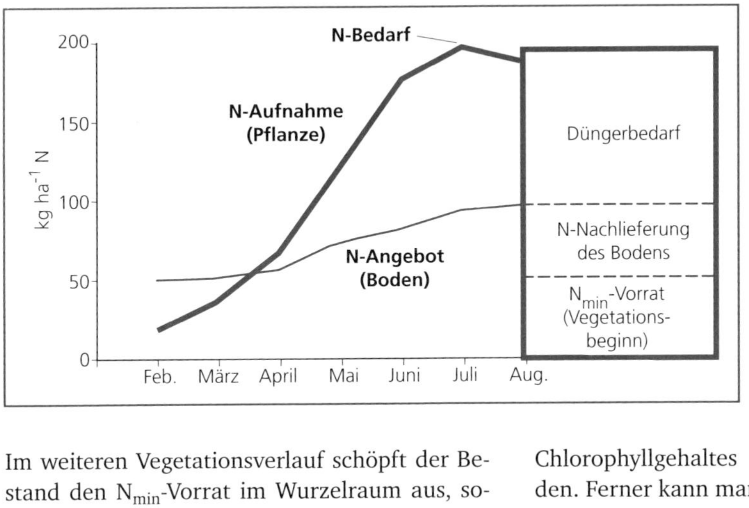

Abb. 2.10 N-Düngerbedarfsermittlung nach Bodenvorrat.

Im weiteren Vegetationsverlauf schöpft der Bestand den N_{min}-Vorrat im Wurzelraum aus, sodass ihm danach nur noch der Stickstoff aus der Mineralisation und dem zugeführten Dünger zur Verfügung steht. Die Höhe der zweiten N-Gabe, die bei Körnerfrüchten während des Schossens verabreicht wird, orientiert sich am aktuellen Bedarf der Pflanzen selbst. So kann der Düngebedarf durch die Bestimmung des Nitratgehaltes in der Halmbasis oder durch die Messung des Chlorophyllgehaltes der Blätter ermittelt werden. Ferner kann man im Feldbestand Beobachtungsparzellen (Düngefenster) anlegen. Die mit um 20–40 kg N ha^{-1} weniger gedüngten Teilflächen hellen sich im Vergleich zur voll gedüngten Fläche schneller auf und indizieren den weitgehenden Verbrauch des vorhandenen Stickstoffs.

In jüngster Zeit gewinnt die **sensorbasierte N-Düngung** an Bedeutung. Optische Sensoren können anhand der Strahlungsreflexion den

Stickstoffgehalt in Pflanzenbeständen abschätzen. Die Basis hierfür ist die Reflexion von Chlorophyll im grünen Spektralbereich und der hohe Gehalt von Stickstoff im Chlorophyll-Molekül. Daneben kann auch die Pflanzen-Biomasse anhand von Reflexionsspektren abgeschätzt werden. Hierfür werden zusätzlich Bereiche im nahen Infrarotspektrum herangezogen. Für eine zuverlässige Abschätzung ist es wichtig, dass die Reflexionswerte nicht durch andere Einflussfaktoren, wie z. B. Mangel an Schwefel oder Mangan, Trockenstress oder auch Pflanzenkrankheiten, beeinträchtigt werden. Derartige Sensoren können von Hand geführt, auf Schleppern montiert sowie von Drohnen oder Satelliten getragen werden. Sie können die natürliche Beleuchtung nutzen, oder sie verfügen über eine eigene Strahlungsquelle, was die Genauigkeit verbessert und den Einsatz bei ungleichmäßiger Beleuchtung bzw. nachts ermöglicht. Die von ihnen gemessenen Zustandsgrößen der Bestände werden über Algorithmen in Soll-Düngermengen übersetzt. Am Ende entsteht eine Applikationskarte, welche in einer folgenden Überfahrt mit dem Düngerstreuer zur Steuerung der teilflächenspezifischen Ausbringungsmenge genutzt wird. Alternativ kann eine Messung im Vorfeld des Schleppers während der Überfahrt „online“ in eine Applikationsmenge für die gerade eben gemessene Teilfläche übersetzt werden. Derzeit sind mehrere derartige Systeme kommerziell verfügbar, wobei die meisten auf die N-Düngung bei Körnerfrüchten abzielen. Sie erfordern eine arten-, meist auch sortenspezifische Kalibrierung. Es können zusätzliche Informationen, die flächenorientiert vorliegen, wie Boden- und Ertragskarten, oder auch Simulationsergebnisse von Wachstumsmodellen, in die Berechnungen einbezogen werden. Während die technische Umsetzung bereits seit einigen Jahren Praxisreife erlangt hat, besteht immer noch Forschungsbedarf hinsichtlich der Algorithmen, also der optimalen Düngermenge bei einem bestimmten Reflexionsspektrum. Die Vorteile bei Einsatz der Technologie liegen in den in Summe geringeren N-Düngermengen bei gleichzeitig ertragsoptimierter Verteilung sowie reduzierten Verlusten und Umweltbelastungen. In der Zukunft verspricht auch die mit der Technologie verbundene einfache Dokumentation der Anbaumaßnahmen für Kontrollzwecke („Gläserne Produktion“) zusätzlichen Nutzen. Außerdem wird sich das Einsatzfeld erweitern, z. B. für die Applikation von Pflanzenschutzmitteln oder Wachstumsreglern.

Eine Aufteilung der N-Gaben in der Vegetationszeit ist bei vielen Kulturarten üblich, um bestimmte Ertrags- und Qualitätsbildungsprozesse gezielt zu fördern. Pflanzenbestände mit langer Vegetationsperiode und solche, deren Wachstum mit Phasen von schwacher N-Nachlieferung aus dem Boden zusammenfällt, benötigen u. U. eine größere Anzahl von Teilgaben. Eine spezielle Qualität, die für bestimmte Gebrauchswerte gefordert wird, lässt sich ebenfalls nur durch die Aufteilung der Stickstoffdüngung erreichen. So ist die Erzeugung der Backweizenqualität durch eine sehr späte N-Düngung sicherzustellen (vgl. Kap. 2.4.1.1). Für andere Kulturarten wie Braugerste und Zuckerrübe hingegen sinkt der Verarbeitungswert mit hohen N- bzw. Proteingehalten im Erntegut, sodass hier häufig eine einmalige, relativ niedrige Gabe angezeigt ist (vgl. Kap. 2.4.1.6 und 2.4.4.1).

Die mineralischen **N-Düngerformen** lassen sich nach der Wirkungsgeschwindigkeit ihrer Komponenten einteilen. Es ist zwischen Nitratdüngern (schnell wirksam; u. a. Kalksalpeter, Chilesalpeter, Natronsalpeter), Ammoniumdüngern (mäßig schnell wirksam; u. a. Ammoniumsulfat), Ammonnitratdüngern (teils schnell, teils langsamer wirksam; u. a. Kalkammonsalpeter, Ammoniumsulfatsalpeter) und Amiddüngern (langsam und temperaturabhängig wirksam; Harnstoff, Ammoniumsulfat-Harnstoff) zu unterscheiden. Die Ammon-Nitrat-Harnstofflösung (AHL) ist eine Kombination der 3 N-Formen, die als Boden- und als Blattdünger eingesetzt wird.

Um N-Verluste so weit wie möglich auszuschließen, werden ammoniumhaltige Dünger mit Nitrifikations- oder harnstoffhaltige Dünger mit Ureaseinhibitoren zunehmend eingesetzt. Wesentliche Vorteile dieser Spezialdünger sind eine Verbesserung der N-Effizienz durch Reduktion von N-Verlusten (Nitrifikationshemmstoffe: Reduktion der NO_3^--Auswaschung und N_2O-Emission, Ureaseinhibitoren: Reduktion der NH_3-Emission) und die Zusammenlegung von

N-Düngergaben, wodurch der höhere Preis kompensiert werden kann.

Besonders langsam wirkende Dünger sind die Depotdünger, die zum Schutz vor einer zu schnellen Nährstofffreisetzung den Stickstoff in nicht pflanzenverfügbarer, schwer mineralisierbarer Bindungsform (z. B. Formaldehydharnstoff, Isobutylidendiharnstoff) oder eine wasserlösliche N-Form in Folienumhüllung (u. a. polymere oder thermoplastische Harze, Schwefel, Polyurethan) enthalten. Aus ökonomischen Gründen sind sie im landwirtschaftlichen Pflanzenbau nur von geringer Bedeutung.

Die ökonomischen und ökologischen Rahmenbedingungen fordern einen hohen Grad der **Stickstoffnutzungseffizienz**. Sie gliedert sich in die Aufnahmeeffizienz, die durch die Größe und Aktivität der aufnehmenden Wurzeloberfläche des Pflanzenbestandes bestimmt wird, und die Verwertungseffizienz, welche die N-Verteilung in der Pflanze und schließlich das je aufgenommener N-Einheit gebildete Erntegut kennzeichnet. Zu einer hohen Dünger-N-Effizienz tragen Düngerart, Applikationstermin, Düngermenge und Düngerplatzierung gemäß den Prinzipien der guten fachlichen Praxis bei.

2.3.4 Ernte

Die Ernte als letzter Verfahrensabschnitt im Pflanzenbau umfasst die Bergung und Verladung des Erntegutes. Gleichzeitig wird das Feld zur nachfolgenden Bestellung geräumt.

Die Erntezeitspanne variiert art- und teilweise sortenabhängig und wird von den gewünschten Eigenschaften des Erntegutes bestimmt. Sie kann von einem Tag (Gemüseerbsen) über 8–16 Tage (Weizen) bis hin zu 100 Tagen (Zuckerrüben) reichen.

Neben der Bergung der Haupternteprodukte sind in den Ernteverfahren auch die Arbeitsgänge zur Erfassung der Nebenernteprodukte enthalten. Lediglich die Ernterückstände wie Wurzeln oder Stoppeln werden durch die Erntemaschinen nicht erfasst.

An die **technischen Verfahrensabschnitte** zur Bergung des Erntegutes sind folgende Anforderungen gestellt:

- Qualitätsgerechte und verlustarme Bergung der Haupternteprodukte zum optimalen Reifezeitpunkt, ohne Verluste, Beschädigungen und Beimengungen
- Bergung bzw. flächendeckende Verteilung der Nebenernteprodukte
- Hohe Schlagkraft der Erntemaschinen zur Ausnutzung der optimalen Erntezeitspanne
- Verlustarme Übergabe des Erntegutes auf die Transportmittel

Ausgehend von den biologischen, physikalischen und technologischen Eigenschaften der erntereifen Pflanzenbestände steht eine Vielzahl von Mechanisierungsmitteln und Verfahren zur Verfügung, deren zeitlicher Einsatz sich aus den verfügbaren Feldarbeitstagen (FAT) ergibt. Die FAT errechnen sich aus der Erntezeitspanne abzüglich Sonn-, Feier- und Schlechtwettertage (Tagesniederschlag > 5 mm). Schließlich ergeben sich daraus bestimmte Einzelzeitspannen für termingebundene Erntearbeiten, aus denen sich der Arbeitskraftanspruch (AK-Besatz und AKh-Bedarf) ableitet. Für die Ernte von Winterweizen ergibt sich ein Arbeitszeitbedarf von etwa 0,6–3,1 AKh ha^{-1}, für die Hackfruchternte ein Bedarf von etwa 2,2–5,6 AKh ha^{-1}.

Das Erntegut ist den Erntegeräten unterschiedlich zugänglich in Hinblick auf Abtrennen und Aufnahme, Verluste und Beschädigungen sowie Reinigung und Transport. Dies wirkt sich auf die Leistung der Maschine und schließlich auf die Kosten der Arbeitserledigung aus. Die arbeitswirtschaftlichen Parameter werden durch den Mechanisierungsgrad bestimmt, der den Zeitanteil mechanisierter Arbeitsgänge am gesamten Ernteprozess angibt und von 0 % (Handernte) über zahlreiche Zwischenstufen bis 100 % (vollmechanische Ernte) reicht. Der Mechanisierungsgrad hängt von der Fruchtart, der Verwertung des Erntegutes sowie von der Verfügbarkeit von Arbeitskräften, Technik und Energie ab.

Ein Arbeitsverfahren lässt sich in mehrere Arbeitsgänge unterteilen. Im Landwirtschaftsbetrieb wird nach der Unterbrechung des Masseflusses zwischen absätzigen (Vorratsarbeit) und kontinuierlichen Arbeitsverfahren (Fließarbeit) unterschieden. Die Trennung der Teilprozesse ist

Tab. 2.5 Arbeitsverfahren und Mechanisierungsmittel bei der Ernte (Auswahl) (Diepenbrock et al. 1999).

Oberirdische Ernteorgane			Unterirdische Ernteorgane		
Arbeitsart	Maschine	Fruchtart	Arbeitsart	Maschine	Fruchtart
Mähen, Dreschen	Mähdrescher	Getreide, Raps	Roden, Beimengungen abtrennen	Rodetrennlader	Kartoffel
Häckseln	Feldhäcksler	Silomais	Köpfen, Roden	Köpfrodelader	Zuckerrübe
Mähen	Schwadmäher	Futtergräser	Roden, Erdanhang abtrennen	Rodelader	Zuckerrübe
Aufnehmen, Pressen	Rundballenpresse	Getreide (Stroh)			
Aufnehmen, Verdichten	Ladewagen	Futterpflanzen (Heu)			
Köpfen	Köpflader	Zuckerrübe (Blatt)			

durch Schlaggröße, Feldentfernung und Verwertungsstruktur vorgegeben.

In Abhängigkeit vom Wuchsraum der Ernteorgane und damit vom Ort ihrer Bergung werden die Arbeitsverfahren und Mechanisierungsmittel zur Bergung von oberirdischem oder unterirdischem Erntegut unterteilt. Eine Auswahl solcher **Arbeitsverfahren und Mechanisierungsmittel** ist in Tabelle 2.5 enthalten.

Anzahl und Anteile der Ernteorgane bestimmen das Trennprinzip und die verwendeten technischen Vorrichtungen. Die Erntemaschinen und Verfahren sind nach den Trennvorgängen benannt, z. B. Mähdrescher bei der Körnerfruchternte oder Köpfrodelader bei der Rübenernte. Die Qualität des Trennvorganges hängt von den Stoffeigenschaften und dem technischen Aufwand ab. Nach Abtrennen und Reinigung des Erntegutes von der Restbiomasse erfolgen Förder- und Lagerprozesse, die entweder in die Maschine integriert sind (Bunker, Tank), oder im Parallelverfahren einen Ladevorgang auf ein Transportmedium erfordern. Transport- und Lagerraumbedarf orientieren sich an Flächenertrag sowie Schütt- und Lagerraumdichte und anderen Kenndaten (Tab. 2.6).

In den gemäßigten Klimabreiten fällt die Ernte häufig in Zeiten, in denen das Erntegut zu feucht bzw. technologisch nicht ganz reif ist. Aus diesem Grund muss die Ernte immer schonend durchgeführt werden, um Beschädigungen zu vermeiden. Entsprechend wichtig ist deshalb auch die Nachbehandlung und Lagerung der Erntepartien. Die als Nacherntetechnologie bezeichneten Prozesse nach der Ernte verdienen wegen der zeitlichen und räumlichen Distanz zum Verbraucher sowie der unterschiedlichen Qualitätsansprüche von der Ernte bis zur Vermarktung eine besondere Aufmerksamkeit.

2.3.5 Nacherntebehandlung und Lagerung

Das Erntegut entspricht unmittelbar meist nicht den Qualitätsanforderungen des Marktes oder der innerbetrieblichen Verwertung. Es ist vielmehr eine Rohware, die nachbehandelt werden muss, um den entsprechenden Qualitätsvorgaben und -normen zu entsprechen und eine sichere Lagerfähigkeit herzustellen bzw. die Frischhaltung zu sichern.

Aus diesem Grund sind die im Erntegut ablaufenden **physiologischen Prozesse**, einschließlich des Übergangs in eine Ruhephase, zu überwachen bzw. zu fördern, um eine hohe Lagerstabilität bei Minimierung der Verluste zu erreichen. Konservierung und Haltbarmachung der pflanzlichen Biomasse können nur gelingen

Tab. 2.6 Erträge, Bereich der Ernteverluste, Schüttdichte und Gutfeuchte verschiedener Feldfrüchte (Kromer 1997, verändert).

Pflanzenart bzw. Erntegut	Ertrag (dt ha^{-1})	Ernteverluste (%)	Schüttdichte (kg m^{-3})	Erntefeuchte (%)	Lagerfeuchte (%)
Getreide	40–110	1–2	400–820	10–20	14
Körnermais	50–120	1–2	680–720	20–35	14
Raps	20–40	1–2	700–750	12–15	8
Ackerbohnen	40–50	1–2	760–820	14–16	14
Kartoffeln	250–500	3–4	650–725	70–80	70–80
Zuckerrüben	500–850	2–3	580–675	85	85
Silomais	350	1–2	500–830	65–70	65–70
Grünfutter	160–380	2–10	315–345	85–90	55–65[2]
Raufutter	30–80	8–25	80–250[1]	15–30[3]	15–20
Stroh	30–100	5–20	80–150[1]	15–20	15–20

[1] gepresst [2] Anwelksilage [3] Belüftungsheu

Abb. 2.11 Lagerndes Korngut der Wintergerste. Feuchtes Getreide (> 14,0 % Feuchte) muss getrocknet werden. Dazu wird trockene Außenluft über Siebkanäle durch den Getreidestapel geblasen. 1 m^3 Luft nimmt ca. 2 g Wasser auf bei < 60 % Luftfeuchtigkeit und ca. 20 °C der Trocknungsluft. Nach dem Trocknen wird das Getreide gekühlt, indem kalte Außenluft durch das Getreide geblasen wird, bis der Getreidestapel auf ca. 7 °C heruntergekühlt ist. Das Getreide ist jetzt vor Mikroorganismen und Schädlingen geschützt, soweit das Lager auch gegen Eindringen von Insekten und Mäusen abgesichert ist.

unter Inaktivierung der Enzymsysteme der Zellatmung und der Proteolyse sowie der Verhinderung unerwünschter mikrobieller Aktivität bei gleichzeitiger Förderung einer nützlichen Lagerflora. Dies gilt für Nahrungsgüter bzw. industrielle Rohstoffe, bei denen mehr oder weniger lange Zeiträume durch Zwischenlagerung überbrückt werden müssen, ganz besonders aber auch für Futterstoffe, um innerbetrieblich den Nährstoffbedarf der Tierbestände mit dem saisonalen Futteranfall zeitlich in Einklang zu bringen (Abb. 2.11).

Qualitätsabbau, Masseverlust und Verderb gehen auf verschiedene physiologische Prozesse zurück.

Atmung ist der wichtigste Stoffwechselprozess, der metabolische Energie bereit stellt und dabei Atmungswärme freisetzt. Stoffwechselaktives Erntegut wird deshalb regelmäßig zur Wärmeabfuhr belüftet.

Transpiration ist ein passiver Prozess, welcher durch das Wasserdampfdruckdefizit zwischen Produkt und umgebender Luft angetrieben wird. Dabei wird Zellwasser aus den Frischprodukten an die umgebende Stapelluft abgegeben. Der Wasserverlust führt zum Schrumpfen der Pflanzenorgane.

Reifungsvorgänge sind im biologischen System darauf angelegt, den Lebenszyklus mit der Ausdifferenzierung und Vollendung von generativen Organen zur Absicherung der Vermehrung zum Abschluss zu bringen. Folglich kommt es zu abbauenden (Apfel, Birne, Pfirsich, Tomate, u. a.) oder aufbauenden Prozessen (Samenanlagen von Gemüsebohnen und -erbsen, u. a.). Stets geht mit Überschreiten des für die Ernährung bevorzugten Reifezustandes die Genussfähigkeit verloren.

Von Alterungserscheinungen, die durch Phytohormone gesteuert werden, sind vorzugsweise Blätter, Stängel und Stiele betroffen (z. B. Blatt- und Stängelgemüse, in geringem Maße auch Kartoffelknollen).

Knospen- und Wurzelaustreiben finden sich bei 2- und mehrjährigen Pflanzenarten nach Beendigung einer Ruhephase (Dormanz). Ausgetriebene Produkte haben stets einen verminderten Marktwert (Dauerzwiebeln, Kopfkohl, Kartoffeln, u. a.).

Parasitär bedingte Verluste lassen sich auf die Tätigkeit verschiedener Mikroorganismen, jedoch auch auf Fraßschäden von Insekten und Nagern zurückführen. Mikroorganismen (z. B. *Aspergillus*, *Fusarium* spp.) können darüber hinaus bedenklich hohe Mengen an Mykotoxinen bilden. Nichtparasitär bedingte Verluste entstehen aus Veränderungen des Erntegutes als Reaktion auf veränderte Umweltbedingungen. Dazu zählen z. B. falsche Lagertemperatur oder Nährstoffmangel (oftmals Ca) im Pflanzenorgan selbst. Die Symptome zeigen sich häufig als partielle Nekrosen während längerer Lagerungsdauer oder nach dem Auslagern.

Aus diesen Gründen wird die pflanzliche Biomasse zweckmäßigerweise nach ihrem Trockenmassegehalt und damit ihrer physiologischen Aktivität unterteilt, weil hiervon auch die Verfahren der Aufbereitung, der Nachbehandlung und des Lagerns abhängen. Erzeugnisse mit **hohem Trockenmassegehalt** (≥ 75 % TM) bezeichnet man als Trockenfrucht oder -produkt. Hierzu zählt das Erntegut von Getreide, Ölsaaten, Hülsenfrüchten; auch Nüsse, Stroh, Heu sowie Körnerdrogen aus Arznei- und Gewürzpflanzen sind hier einzuordnen. Wegen der sehr geringen bzw. kaum vorhandenen Atmungsintensität sind solche Produkte über mehrere Jahre haltbar und verändern ihre Verwertungseigenschaften nur unwesentlich (z. B. Mehl-, Stärke- oder Futtermittelgewinnung).

Zur Produktgruppe mit **geringem Trockenmassegehalt** (≤ 25 % TM) gehören Frischerzeugnisse wie Kartoffel, Zuckerrübe, alle Gemüse- und Obstarten sowie Arznei- und Gewürzpflanzen zur Nutzung als Blatt-, Stängel- oder Wurzeldrogen. Das Erntegut befindet sich regelmäßig in einer intensiven oder auch abklingenden Wachstumsphase und entspricht in diesem Zustand dem Verwendungszweck für Ernährung bzw. Verarbeitung. Zum Erntezeitpunkt ist der hohe Wassergehalt mit einer noch hohen Stoffwechselaktivität der Atmung verbunden, wodurch erhebliche Wärmemengen freigesetzt werden. Früchte als Erntegut durchlaufen zudem typische Reifungsprozesse (Apfel, Birne, Tomate, u. a.).

Vor der Einlagerung muss den Trockenfrüchten Wasser entzogen werden, wenn mit einem Feuchtegehalt geerntet wurde, der eine längere Lagerung nicht zulässt. Als Grenzwert für schnelles Wachstum von Mikroorganismen kann 60 % relative Luftfeuchtigkeit angenommen werden. Die Kornfeuchte muss mit diesem Wert in einem Gleichgewichtszustand stehen. Bei Getreide werden dazu 13–14 %, bei Raps und anderen Ölfrüchten 8–9 % Kornfeuchte benötigt. Liegt der Wassergehalt leicht über diesen Werten, kann mit Außenluft belüftet werden, während bei höheren Feuchtigkeitsgehalten technisch erwärmte Luft (Warmlufttrocknung) eingesetzt wird. Über die Lagerfähigkeit von Getreide in Abhän-

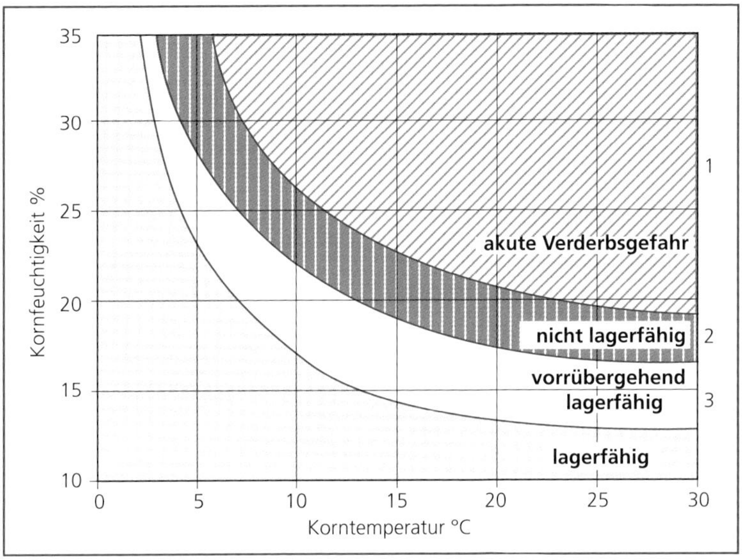

Abb. 2.12
Die Lagerfähigkeit von Getreide
1. umgehend trocknen
2. innerhalb von 10 Tagen trocknen; in der Zwischenzeit belüften und zweitägig umarbeiten
3. täglich kontrollieren und wöchentlich umarbeiten; Zwischenlagerung bis zu 21 Tagen möglich.

gigkeit von Korntemperatur und Kornfeuchtigkeit informiert Abbildung 2.12.

Besonders Frischeprodukte erfordern eine schnelle Abführung der Eigenwärme. Für Kartoffeln, Zuckerrüben und Zwiebeln kann dafür ausreichend kalte Außenluft während der Nachtstunden genutzt werden. Für die meisten Obst- und Gemüsearten sind Vorkühleinrichtungen zur Frischhaltung und kontrollierte Gaszusammensetzung der Lageratmosphäre unverzichtbar. Um vorzeitigen Austrieb zu verhindern, können keimhemmende Chemikalien angewandt werden. Durch ionisierende oder energiereiche Strahlen werden Keim- und Reifehemmung, Abtötung von Insekten und pathogenen Parasiten, Pasteurisation und Sterilisation erreicht.

Für die Futtererzeugung werden **Gärverfahren** zur Haltbarmachung des Erntegutes genutzt. Dabei sorgen anhaftende Mikroorganismen für die Bildung von Milchsäure aus leicht löslichen Kohlenhydraten, senken damit den pH-Wert der entstehenden Silage auf unter 4 ab und bestimmen schließlich den Abschluss der Gärung. Die energieeffiziente Milchsäuregärung wird unter Sauerstoffabschluss, einem Mindesttrockensubstanzgehalt des Erntegutes von 30 %, einer Optimaltemperatur von 25–30 °C und einem finalen pH-Wert von 3,5–4 so geführt, dass Buttersäure-, Fäulnis- und Coli-Bakterien sowie Hefe- und Schimmelpilze sich nicht entfalten können.

Die chemische Konservierung durch Säurezusätze (z. B. Propionsäure) bezweckt ebenfalls eine pH-Absenkung im Siliergut.

Fragen zu Kapitel 2.3

- Welche Vorteile können im Pflanzenbau von der Gentechnik erwartet werden?
- Welche Vorteile können im Pflanzenbau von Mischkulturen erwartet werden?
- Welches sind die Mindestanforderungen an die Beschaffenheit von anerkannten Saatgutpartien?
- Wie werden Saatmenge und Saatdichte berechnet?
- Wie wird die Düngermenge der ersten N-Gabe nach N_{min}-Sollwertmethode berechnet?
- Welche Anforderungen werden an die technischen Verfahrensabschnitte zur Bergung des Erntegutes gestellt?
- Welche Lagerfeuchte des Erntegutes soll für a) Getreide, b) Raps, c) Kartoffeln und d) Raufutter eingehalten werden? Woraus ergeben sich die Höchstwerte?

Weiterführende Literatur

Lütke Entrup, N. und J. Oehmichen (Hrsg.), 2006: Lehrbuch des Pflanzenbaues, Bd. 1, Grundlagen. AgroConcept, Bonn.

Lütke Entrup, N. und B. Schäfer (Hrsg.), 2011: Lehrbuch des Pflanzenbaues, Bd. 2, Kulturpflanzen. AgroConcept, Bonn.

Keller, E.R., H. Hanus und K.-U. Heyland (Hrsg.), 1997: Handbuch des Pflanzenbaues. Bd. 1, Grundlagen der landwirtschaftlichen Pflanzenproduktion. Verlag E. Ulmer, Stuttgart.

2.4 Landwirtschaftliche Kulturpflanzen des gemäßigten Klimas

Die landwirtschaftlichen Kulturpflanzen werden in Artengruppen zusammengefasst. Dabei entspricht die Einteilung in Getreide (2.4.1), Körnerleguminosen (2.4.2), Öl- und Faserpflanzen (Handelsgewächse) (2.4.3), Wurzel- und Knollenfrüchte (Hackfrüchte) (2.4.4), Ackerfutterpflanzen (2.4.5), Dauergrünland (2.4.6) und Sonderkulturen einschließlich Energie- und Industriepflanzen (2.4.7) im Wesentlichen der Gliederung der amtlichen Statistik. Botanische Gemeinsamkeiten gibt es lediglich in den Gruppen Getreide (Poaceae) und Körnerleguminosen (Fabaceae).

Der Pflanzenbau als landwirtschaftliche Primärproduktion auf dem Ackerland hat nicht nur seine ursprüngliche Funktion zu erfüllen, Nahrung für den Menschen und Futter für die Nutztiere bereit zu stellen, er liefert in zunehmendem Maße auch Rohstoffe für die industrielle Nutzung und biogene Energieträger (Nachwachsende Rohstoffe). Die flächenmäßige Verbreitung verschiedener Artengruppen weltweit und in Deutschland zeigt Tabelle 2.7.

Tab. 2.7 Landnutzung durch verschiedene Artengruppen 2019 (in 1000 ha) (FAO 2021).

Artengruppe	Welt	Deutschland
Getreide	724 262	6373
Körnerleguminosen	89 064	167
Ölsaaten	324 479	917
Wurzel- und Knollenfrüchte*	64 334	272
Faserpflanzen	41 659	4
Dauergrünland	319 6029	4751

*Zuckerrüben sind nicht enthalten

In Mitteleuropa finden sich unterschiedliche **Anbaubedingungen** für landwirtschaftliche Kulturpflanzen. Abgesehen von soziologischen und ökonomischen Rahmenbedingungen, sind es die Klimaverhältnisse, die über Anbau und Nutzung entscheiden. Insbesondere Temperaturverlauf, Niederschlagsmenge und -verteilung, aber auch das Unwetterrisiko sind von zentraler Bedeutung. Die Variabilität des Wetterablaufes zwischen den Jahren ist sehr groß. Diese als Witterung eines Jahres bezeichneten Wetterphänomene entziehen sich weitgehend der Einflussnahme des Landwirtes. Er kann nur entweder auf der Basis einer Wahrscheinlichkeitsannahme prophylaktisch oder nach Eintritt des Witterungsereignisses kurativ Maßnahmen ergreifen. Hieraus ergeben sich schließlich die Grenzen in der Artenwahl sowie für eine termingerechte Arbeitserledigung.

Die einzelnen Kulturarten sind stets Bestandteile einer **Fruchtfolge** des Landwirtschaftsbetriebes, die als Aufeinanderfolge der Kulturpflanzen auf einer Fläche ein grundlegendes Ordnungsprinzip des Pflanzenbaus darstellt (s. auch Kap. 1.3.2). Als Bodennutzungssystem verleiht die Fruchtfolge dem Agrarökosystem eine große, allerdings vom Menschen organisierte und kontrollierte Stabilität. Wenngleich ökonomische Zwänge die Fruchtfolgegestaltung heute immer stärker einschränken, müssen die verschiedenen Fruchtfolgeeffekte, die positiver oder negativer Art sein können, beachtet werden.

Aus dem Anbauverfahren der einzelnen Kulturpflanzen ergibt sich die **Bewertung der Landbewirtschaftung** (s. auch Kap. 2.5) als zukünftige Voraussetzung für die langfristige Nutzung des Standortes durch den Produzenten, wie auch den Konsens zwischen dem Produzenten und der Gesellschaft.

2.4.1 Getreide

Getreidearten gehören kulturgeschichtlich zu den ältesten Nutzpflanzen, deren Anbau sich bis ca. 10 000 v. Chr. im vorderasiatischen Raum zurückverfolgen lässt. Sie haben die größte Verbreitung in der Weltlandwirtschaft. Die Voraussetzungen für diese überragende Rolle liegen in den biologischen Besonderheiten der Getreidearten, die einen systematischen Anbau mit ertragreichen Pflanzenbeständen, den effizienten Einsatz moderner Produktionstechnik sowie die leichte Verarbeitbarkeit des Erntegutes, die gute Transport- und Lagerfähigkeit der Ernte- und Verarbeitungsprodukte sowie eine vielfältige Verwendung erlauben.

Getreide

Die Getreidearten gehören zu der Pflanzenfamilie der Poaceae. Sie sind unsere wichtigsten Nahrungslieferanten für Kohlenhydrate. Weltweit tragen sie mit 68 % auch maßgeblich zur Eiweißversorgung bei. Im landwirtschaftlichen Produktionssystem sind sie durch hohe Ertragsleistung auf der Fläche, große Anpassungsfähigkeit an Klima und Boden sowie gute Transportfähigkeit und Haltbarkeit des Erntegutes gekennzeichnet. In Mitteleuropa werden als Hauptvertreter Weizen (*Triticum aestivum* L.), Roggen (*Secale cereale* L.), Triticale (*Triticosecale* Wittm.), Gerste (*Hordeum vulgare* L.) und Hafer (*Avena sativa* L.) angebaut.

Innerhalb der Familie der **Poaceae**, in der Unterfamilie der Pooideae, finden sich die Getreidearten des gemäßigten Klimas. Sie verfügen über eine einheitliche genetische Basis mit einer Chromosomengrundzahl von $\times = 7$. Generell wird zwischen diploiden, tetraploiden und hexaploiden Arten unterschieden. Viele Gräser tropischer Herkunft gehören der Unterfamilie der Panicoideae an, wie z. B. Mais (vgl. Kap. 2.4.5.1) und Hirsearten.

Die Getreidearten haben einen gemeinsamen **Spross- und Wurzelaufbau.** Der Embryo entwickelt ein Büschelwurzelsystem. Die Sprossverzweigung erfolgt in Form der Bestockung, die ausschließlich im basalen, extrem gestauchten Sprossteil, dem dicht unter der Erdoberfläche liegenden Bestockungsknoten, stattfindet (Abb. 2.13).

Die Einzelhalme bestehen aus Knoten und hohlen Zwischengliedern, den Internodien, an deren basalem Ende interkalare Wachstumszonen ausgebildet sind, von denen die Halmstreckung ausgeht. An den unteren Knoten bilden sich sprossbürtige Adventivwurzeln. Die Blätter sind an den Halmknoten inseriert und unterglie-

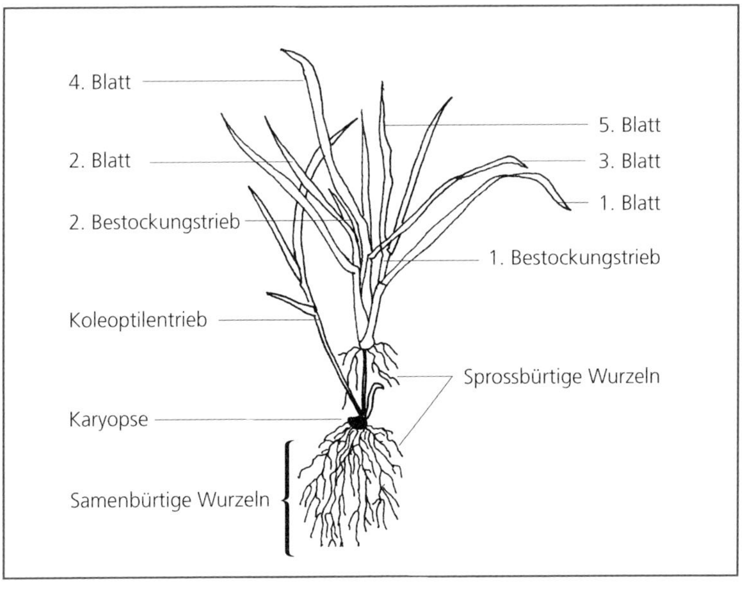

Abb. 2.13 Getreidepflanze in der Bestockung.

dern sich in die den Halm umfassende Blattscheide und die Blattspreite, welche die Hauptassimilationsfläche darstellt. An der Übergangsstelle von Blattscheide und -spreite findet man Blatthäutchen (Verlängerung der inneren Epidermis der Blattscheide) und Blattöhrchen (Bestandteil der Blattscheide), die artspezifisch ausgebildet sind. Die Blüten sind endständig angeordnet und bilden eine Ähre (Weizen, Roggen, Triticale, Gerste) oder eine Rispe (Hafer). Die Blütenstände setzen sich aus Ährchen zusammen, die jeweils eine bestimmte Anzahl Blütchen hervorbringen. Weizen weist 2–3, Roggen 2 und Hafer 2–3 (Nackthafer bis 6) fertile Blütchen je Ährchen auf. Bei Gerste findet sich immer nur eine fertile Blüte je Ährchen. Das Getreidekorn ist eine Frucht, die Karyopse, bei der Frucht- und Samenschale miteinander verwachsen sind (Abb. 2.14 a–g). Darunter finden sich die Aleuronschicht, das große Endosperm (Nährgewebe, Mehlkörper) und der Embryo (Keimling). Die Keimung des Korns beginnt nach Überwindung der natürlichen Keimruhe bei einem Wassergehalt von 30–35 % und einer minimalen Keimtemperatur von 2–4 °C.

Junge Getreidepflanzen tolerieren niedrige **Temperaturen** und garantieren die Überwinterung der winterannuellen Arten (s. auch Kap. 1.2.2). Winterroggen erträgt Kältegrade von –25 bis –30 °C , Winterweizen und Triticale von –15 bis –25 °C und Wintergerste von –15 bis –20 °C. Neben dem Kältetod gehen die komplexeren Auswinterungsschäden auch auf mechanische Verletzungen, Frosttrocknis (fehlende Wassernachlieferung aus gefrorenem Boden) sowie Sauerstoffmangel unter Schneedecken bzw. Wasserstau über gefrorenem und in verdichtetem Boden zurück. Pathologische Auswinterung findet unter lang dauernder Schneedecke statt.

Die Unterscheidung der **Entwicklungsstadien** des Getreides orientiert sich an den makroskopisch erkennbaren Entwicklungsschritten der Organbildung (Tab. 2.8).

Bereits während der Bestockungsphase beginnen die Differenzierungsvorgänge zur Anlage der generativen Organe an den Vegetationskegeln der einzelnen Triebe (Abb. 2.15).

Die Gesamtzahl der Bestockungstriebe übertrifft die Zahl der späteren ähren- bzw. rispentragenden Halme um ein Mehrfaches. So können bei Wintergerste für 580 ährentragende Halme pro m^2 zur Reife zuvor 1600 Triebe je m^2 ausgebildet worden sein. Ein Großteil dieser Bestockungstriebe geht mit dem Eintritt in die Schossphase durch Reduktionsvorgänge verloren. Im Stadium des Schossens findet die Halmbildung unter Internodienstreckung statt. In rascher Folge entwickelt der Einzeltrieb 4–7 Knoten. Parallel dazu vollzieht sich in dem nach oben schiebenden Vegetationskegel die Ähren- bzw. Rispenentwicklung. Kurz nach Entfaltung der letzten Blattspreite (Fahnenblatt) tritt aus der Blattscheide die voll entwickelte Ähre bzw. Rispe mit allen Ährchen und Blütchen hervor. Dieses Ährenschieben bewirkt aber noch nicht automatisch den Eintritt in die Blüte. In den meisten Fällen beginnt der Blühvorgang einige Tage nach dem Austritt der Ähre bzw. Rispe, er kann aber auch schon vor Erreichen des Ährenschiebens stattfinden (z. B. bei Sommergerste). Während der Blüte findet auf verschiedene Weise die Befruchtung statt. Bei Weizen, Gerste und Hafer platzen die reifen Antheren vor dem Öffnen der Blüte, sodass bei diesen Arten regelmäßig Selbstbefruchtung auftritt. Bei Roggen wird die Selbstbefruchtung durch hochgradige Selbstinkompatibilität verhindert und die Befruchtung erfolgt mit Pollen über die Luft.

Die befruchteten Kornanlagen werden unter zunehmender Kornfüllung mit Assimilaten aus dem Stoffwechsel zu den wichtigsten Attraktionszentren („sinks") im innerpflanzlichen Stofftransport. Die neu gebildeten Assimilate sowie die in den vegetativen Organen zwischengespeicherten mobilisierbaren Stoffe strömen mit zunehmender Kornentwicklung immer stärker in die reproduktiven Organe. Bereits kurz vor der Milchreife erreichen die Körner ihr maximales Volumen, welches sie in diesem Reifungsabschnitt noch beibehalten. In der anschließenden Teigreife kommt es zu einer Verminderung des Wassergehaltes, die als stoffwechselphysiologischer Prozess weitgehend unabhängig von den Witterungsbedingungen ist. Dies gilt bis zum Überschreiten der physiologischen Reife (Gelbreife), welche erreicht ist, wenn die Stoffeinlagerung endet. Mit Eintritt in die Vollreife erfolgt die Wasserabgabe passiv, also in Abhängigkeit

Abb. 2.14a Korngut von Weichweizen.

Abb. 2.14b Vesen und Einzelkörner des Dinkels.

Abb. 2.14c Korngut von Hartweizen.

Abb. 2.14d Korngut von Roggen.

Abb. 2.14e Korngut von Triticale.

Abb. 2.14f Korngut von Gerste (bespelzt).

Abb. 2.14g Korngut von Hafer (bespelzt).

von der relativen Luftfeuchte. Jetzt liegt der Wassergehalt des Korns unter 20 %. In der Totreife ist das Korn hart und der Wassergehalt liegt unter 15 %. Die Gefahr von Ernteverlusten steigt in dieser Phase durch Kornausfall, Ährenknicken und Strohzusammenbruch.

2.4.1.1 Saatweizen, Weichweizen (*Triticum aestivum* L.)

Neben Reis und Mais haben die Weizenarten die größte Bedeutung für die menschliche Ernährung. Weltweit belief sich 2019 die Weizenanbaufläche auf 216 Mio. ha, die Weizenerzeugung

Tab. 2.8 Codes für die Beobachtung von Entwicklungsstadien des Getreides (Witzenberger et al. 1989).

Allgemeine Beschreibung	BBCH-Code
0 Keimung	
Trockenes Samenkorn	00
Beginn der Quellung	01
Ende der Quellung	03
Austritt Keimwurzel	05
Austritt Koleoptile	07
Blatt an der Spitze der Koleoptile sichtbar	09
1 Blattbildung	
1. Blatt tritt aus der Koleoptile aus (Auflaufen)	10
1. Blatt entfaltet	11
2. Blatt entfaltet	12
3. Blatt entfaltet	13
...8. Blatt entfaltet	18
≥ 9 Blätter entfaltet	19
2 Bestockung	
Spross und	
1 Nebentrieb	21
2 Nebentriebe	22
3 Nebentriebe	23
...8 Nebentriebe	28
≥ 9 Nebentriebe	29
3 Schossen	
Aufrichten der Blattscheide und Bildung des Pseudostängels	30
1. Knoten	31
2. Knoten	32
3. Knoten	33
... 6. Knoten	
Fahnenblatt gerade sichtbar Ligula	37
Fahnenblatt gerade sichtbar	39
4 Ährenschwellen	
Fahnenblattscheide verlängert sich	41
Fahnenblattscheide sichtbar geschwollen	43
Fahnenblattscheide ausgewachsen und stark geschwollen	45
Öffnen Fahnenblattscheide	47
Erste Grannen sichtbar (nur bei begrannten Formen)	49
5 Ährenschieben	
Beginn Ährenschieben (Terminalährchen über die Ligula des Fahnenblattes hinausgeschoben)	51
1/4 Ährenschieben	
1/2 Ährenschieben	55
3/4 Ährenschieben	
Ende Ährenschieben	59
6 Blüte	
Beginn Blüte (erste Staubbeutel sichtbar)	61
Vollblüte	65
Ende Blüte	69
7 Kornbildung	
Karyopse wasserreif (erste Körner 1/2 endgültige Größe)	71
Mitte Milchreife (erste Körner endgültige Größe erreicht)	75
Späte Milchreife (Korninhalt breiig)	77
8 Reife	
Teigreife (Korn zwischen Fingern zerreibbar)	85
Gelbreife (Korn über Daumennagel brechbar)	87
9 Reife	
Vollreife	89
Totreife (Halmknoten eingetrocknet)	92

auf ca. 766 Mio. t und der Kornertrag auf rund 35 dt ha^{-1}. In jedem Monat eines Jahres fällt in einer der Anbauregionen der Erde eine Weizenernte an (Abb. 2.16).

Die größte Anbaudichte mit der höchsten Erzeugungsleistung ist zwischen dem 30. und 60. nördlichen Breitengrad zu verzeichnen. Auf der südlichen Halbkugel wird Weizen zwischen dem 27. und 40. Breitengrad angebaut. Haupterzeugerländer sind China, USA, Indien und Russland. Die EU-Länder wiesen 2019 einen Flächenanteil von 12,1 % und einen Erzeugeranteil von 20,3 % am globalen Weizenanbau aus.

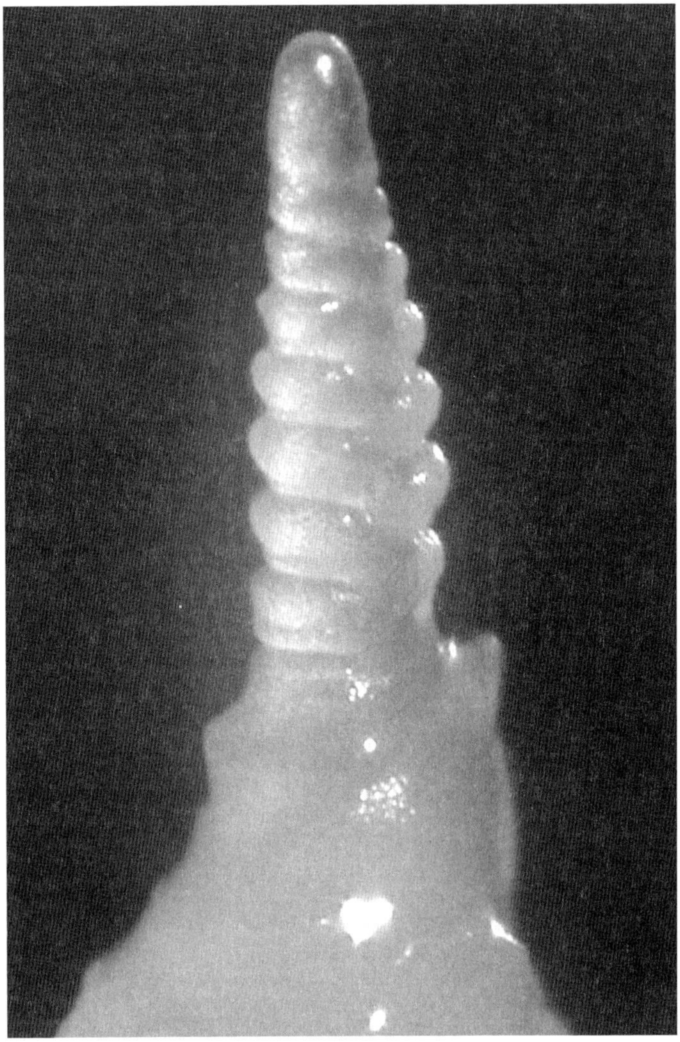

Abb. 2.15 Vegetationskegel der Sommergerste im Doppelring-Stadium (Ährchen- und Blattringe) (Foto: K. Förster).

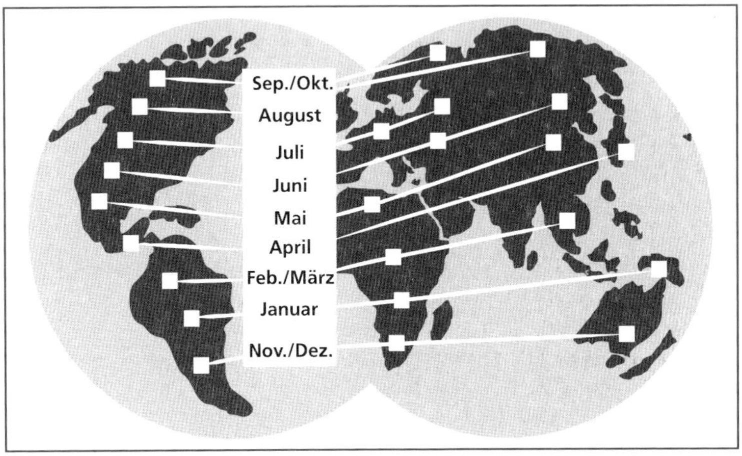

Abb. 2.16 Die Erntezeit des Getreides in der Welt.

Auch in Deutschland nimmt der Winterweichweizen (*Triticum aestivum* L.) die Spitzenstellung unter den Getreidearten ein. Er wird zur Herstellung von Mehl, Backwaren, Teigwaren und Stärke verwendet, dient als Rohstoff in Brennerei und Brauerei und schließlich als wertvolles Konzentratfutter in der Tierernährung. Die Inlandsverwertung teilt sich auf in 25 % Nahrungs- und 32 % Futtermittel. Der Rest ist der Saatguterzeugung, der Energiegewinnung, der Industrie und dem Export gewidmet.

Der in den 1960er- und 1970er-Jahren wegen der guten Backeigenschaften geschätzte Sommerweizen (Aufmischweizen) ist im Anbau stark zurückgegangen, weil die Winterform deutlich höhere Erträge (Ertragsdifferenz ca. 15 dt ha^{-1}) bei jetzt ebenfalls guter Qualität liefert. Deshalb ist Sommerweizen lediglich bei unterbliebener Winterweizenaussaat oder bei Auswinterung noch von Interesse. Er nimmt kaum mehr als 0,5 % der Getreidefläche ein.

In Deutschland hat die Winterweizenanbaufläche in den letzten Jahrzehnten kontinuierlich zugenommen und liegt bei etwa 3,12 Mio. ha, entsprechend 49 % der Getreidefläche (ohne Mais). Die durchschnittlichen Flächenerträge übertreffen den Durchschnitt der EU (28) Länder um etwa 36 %; dennoch bleiben sie um etwa 20 % hinter den in den Niederlanden erzielten Durchschnittserträgen zurück. Ein kontinuierlicher Ertragsanstieg von geschätzt 1,2 dt ha^{-1} $Jahr^{-1}$ hat zu einem Feldversuchs-Ertragspotenzial von 110 dt ha^{-1} und einem nutzbaren Ertragspotenzial von 95 dt ha^{-1} auf günstigen Standorten geführt. Der Durchschnittsertrag beträgt > 75 dt ha^{-1}. Damit liegt Winterweizen meist an der Spitze der Getreidearten, in trockeneren Lagen bzw. Jahren wird er aber von Wintergerste übertroffen und von Triticale und Hybridroggen erreicht.

Die Qualitätsanforderungen des Erntegutes richten sich nach dem Verwendungszweck.

Wichtige Qualitätskriterien für **Backweizen** sind Mehlausbeute, Rohproteingehalt (≥ 12–15 %), Fallzahl (≥ 220–250 s) und Sedimentationswert (≥ 30–50 ml) sowie Volumenausbeute, Wasseraufnahme, Elastizität und Oberflächenbeschaffenheit des Teiges.

Den Rohproteingehalt errechnet man aus dem Stickstoffgehalt des geschroteten Kornmaterials multipliziert mit dem Faktor 5,7. Er korreliert eng mit dem Klebergehalt, welcher die nicht wasserlöslichen, aus Mehl auswaschbaren Proteine bezeichnet. Klebermenge und -qualität bestimmen das Quell- und Gashaltevermögen sowie die Elastizität und – zusammen mit der Aktivität an stärkelösenden Enzymen – die Wasseraufnahme des Teiges. Der Sedimentationswert nach Zeleny beschreibt die Menge und Quellfähigkeit der Kleberproteine. Mit dem entsprechenden Test wird das Volumen des Bodensatzes einer Mehlaufschwemmung in Milchsäurelösung bestimmt und in ml angegeben. Ein Wert von 20 ml stellt die untere Grenze für Brotweizen dar, während für Aufmischweizen mindestens 50 ml verlangt werden.

Mit der Fallzahl nach Hagberg werden Struktur und Beschädigung der in das Reservegewebe (Endosperm) eingelagerten Stärke charakterisiert. Mittels eines Fallstabes wird in einem Mehlkleister die Viskositätsabnahme von auswuchsgeschädigten Weizenpartien bestimmt. Werte ≤ 100 s kennzeichnen stark auswuchsgeschädigte Partien, Werte ≥ 300 s eine Triebarmut des Teiges. Hauptursache für Stärkeschäden sind bereits auf der ausreifenden Pflanze einsetzende Keimungsprozesse, welche zu Auswuchs führen. Im Ergebnis zeigen sich schlechte Teigausbeute, geringes Wasseraufnahmevermögen und schließlich kleines Gebäck mit löchriger, harter Krume.

Gesetzliche Regelungen unterscheiden verschiedene Mehltypen hinsichtlich des Aschegehaltes des Mehles als Maß für den Ausmahlungsgrad. Aus dem Aschegehalt ergibt sich die Typennummer des Mehls. Die Typenbezeichnung W550 entspricht einem Aschegehalt von 0,55 %, bezogen auf wasserfreies Mehl.

Eine umfassende Bewertung des Mehls erfolgt über den unmittelbaren Backversuch, den Rapid-Mix-Test (RMT). In einem standardisierten Verfahren wird für Brotweizen ein Mindestvolumen von über 600 cm^3 aus 100 g Mehl erwartet. Werte über 700 cm^3 kennzeichnen gute Aufmischweizen (E-Weizen).

Für **Brau- und Brennweizen** werden niedriger Rohproteingehalt (≤ 11,5 %) und große Körner gefordert; die Ware muss frei von Fusarium-

Tab. 2.9 Die Arten der Gattung *Triticum* (Auswahl).

	diploide Weizen (Einkornreihe) 2n = 14	**tetraploide Weizen (Emmerreihe) 2n = 28**	**hexaploide Weizen (Dinkelreihe) 2n = 42**
Wildformen			
bespelzt	***T. boeoticum*** Wildeinkorn ***T. urartu*** Roter Wildeinkorn	***T. dicoccoides*** Gemeiner Wildemmer ***T. timopheevii*** Kaukasischer Wildemmer	nicht bekannt
nackt	fehlend	fehlend	fehlend
Kulturformen			
bespelzt	***T. monococcum*** Kultureinkorn	***T. dicoccum*** Kulturemmer, Zweikorn	***T. spelta*** Dinkel, Spelz
nackt	nicht bekannt	***T. durum*** Hartweizen ***T. turgidum*** Rauweizen ***T. polonicum*** Gommer	***T. aestivum*** Saat- oder Weichweizen ***T. compactum*** Zwerg- oder Binkelweizen ***T. sphaerococcum*** Indischer Kugelweizen

befall sein. Für die Stärkegewinnung sind gute Gluten(Feuchtkleber)eigenschaften erwünscht.

Sortenwahl und Anbauverfahren sind auf das jeweilige Qualitätsziel auszurichten.

In der **systematischen Zuordnung** ist Weichweizen die unbespelzte Kulturform der hexaploiden Weizenreihe (Dinkelreihe). Eine Wildform ist nicht bekannt. Es wird angenommen, dass *Triticum aestivum* durch spontane Einkreuzung von *Triticum tauschii* (= *Aegilops squarrosa*, diploid) in primitive tetraploide Kulturformen des Weizens entstanden ist (Tab. 2.9).

Die **Ertragsbildung**sprozesse bei Weizen gleichen denen der übrigen Getreidearten. Charakteristisch ist jedoch die Umweltabhängigkeit der Ährchenzahl pro Ähre. Die Ährchenanzahl nimmt unter ungünstigen äußeren Bedingungen (Wasser, Nährstoffe) regelmäßig ab. Die Blütenzahlen je Ährchen werden zunächst im Überschuss (> 6 je Ährchen) angelegt und kurz vor Blühbeginn im Zuge von Reduktionsprozessen vermindert. Häufig verbleiben 2–4 befruchtungsfähige Blütchen je Ährchen. Schließlich werden selten mehr als 3 Körner je Ährchen ausgebildet. Die optimale Ertragsstruktur ist abhängig von Standort, Sortentyp und Ertragsziel und bewegt sich in den Bereichen von 200–500 Keimpflanzen m^{-2}, 600–1400 Trieben m^{-2}, 350–700 Ähren m^{-2}, 24–42 Körnern Ähre^{-1} und 40–50 g TKM.

Die hohen **Standortansprüche** des Weizens bestehen in einem ausgeglichenen Wasser- und Lufthaushalt sowie einem hohen Nährstoffnachlieferungsvermögen des Bodens. Wintermildes, sommerwarmes und strahlungsintensives Klima schafft günstige Wuchsbedingungen. Die typischen Weizenböden sind Löß-Lehmböden, kalkreiche Böden der Flussauen und Marschen sowie bessere Verwitterungsböden. Von den Klimafaktoren werden besonders Temperatur und Niederschläge ertragswirksam. Die Keimung beginnt nach Überwindung der natürlichen Keimruhe, wenn ein Wassergehalt des Samens von 30–35 % und die minimale Keimtemperatur von 2–4 °C überschritten werden. Gleichmäßige und zügige Keimung erfolgt bei 6–8 °C. Der für die Schoss- und Blühbereitschaft entscheidende Vernalisationsreiz wird durch kühle Temperaturen von 1–5 °C bei einer Dauer von 40–80 Tagen in der Jugendphase wirksam. Für Sommerweizen beträgt die Einwirkungsdauer lediglich 1–14 Tage. Wechselweizen hat keinen oder nur einen sehr schwachen Vernalisationsanspruch und kann deshalb sowohl im Herbst als auch im Frühjahr gesät werden. Die Winterfestigkeit als komplexe Größe liegt zwischen der des Roggens und der Gerste. Die Frosthärte, also das Tolerieren niedriger Temperaturen, liegt zwischen –15 und –25 °C mit erheblicher Sortenabhängigkeit. Nach der Winterruhe setzen die Wachstumsprozesse bei 5–6 °C wieder ein, und es beginnt eine Enthärtung. Infolgedessen werden die Bestände gegen plötzliche Kälterückschläge empfindlich, die sich in der Ertragsstruktur durch geringeren Kornansatz bemerkbar machen (partielle Sterilität). Im weiteren Wachstumsverlauf liegen die Optimaltemperaturen zwischen 15 und 20 °C. In den Reifestadien sind hohe Temperaturen und trockene Witterung ab der Gelbreife für den Ausreifprozess entscheidend, weil in dieser Phase die Austrocknung der Körner passiver Natur ist.

Die Wasservorräte des Bodens werden hauptsächlich in der Hauptwachstumsphase während des Schossens mit bis zu 5 mm täglich beansprucht. Bei Kornerträgen von 100 dt ha^{-1} und einem Ernteindex von 50 % bildet sich eine oberirdische Trockenmasse von 200 dt ha^{-1}. Unter solchen Bedingungen wird das Bodenwasser zu einem ertragsbegrenzenden Faktor auf vielen Standorten, sodass der Niederschlagsverteilung entscheidende Bedeutung für die Ausschöpfung des Standortpotenzials zukommt.

Weizen reagiert sehr stark auf die **Fruchtfolgestellung**. Als Vorfrüchte am besten geeignet sind Blattfrüchte wie Körnerleguminosen, Raps oder Wurzel- und Knollenfrüchte, mittel geeignet sind mehrjährige Futterpflanzen und Silomais (nicht für Brauweizen), schlecht geeignet sind Wintergetreidearten (wegen der Befallsgefährdung mit fruchtfolgeabhängigen Schaderregern). Mit dem hohen Weizenanteil in heutigen Fruchtfolgen steigen die Anbaurisiken insbesondere durch den Befall mit den Erregern der Schwarzbeinigkeit (*Gaeumannomyces graminis*) und des Halmbruchs (*Pseudocercosporella herpotrichoides*) (s. auch Kap. 1.3.2.2). Die Problematik verschärft sich drastisch, wenn Weizen auf Weizen (Stoppelweizen) folgt. Winterweizen selbst ist eine brauchbare Vorfrucht für andere Getreide und die meisten übrigen Arten.

Im Rahmen der **Bodenbearbeitung** erfolgt traditionell eine Saatfurche möglichst 2–3 Wochen vor der Aussaat und die Saatbettbereitung für ein nicht zu feines Saatbett. Mittlerweile ist auch die pfluglose Grundbodenbearbeitung nach Blattfrüchten ein Standardverfahren bis hin zu Direktsaaten (s. auch Kap. 1.3.3). Nach Getreide sollte nach intensiver Stoppelbearbeitung aus phytosanitären Gründen zum Weizen stets gepflügt werden.

Jegliche Qualitätsweizenproduktion basiert auf der Eigenbackfähigkeit der angebauten **Weizensorte**. Diese wird von einer Kommission des Bundessortenamtes auf der Grundlage mehrjähriger Ergebnisse aus standardisierten Backversuchen (RMT = Rapid-Mix-Test) und anderen Kriterien festgelegt. Danach gruppiert sich das Sortenbild in erster Linie nach der Backqualität in Elite- [E], Qualitäts- [A], Brot- [B] und sonstige [C] Weizen (Tab. 2.10). Eine hohe Qualitätseinstufung ist durchweg mit einem geringeren Ertragspotenzial verbunden. Die zugelassenen Sommerweizensorten gehören zu über 90 % zu den Qualitätsgruppen E und A. Der Rohproteingehalt wird seit 2019 nicht mehr für die Zuordnung berücksichtigt, da Handelsproben eine große Spannweite von Praxispartien einer Sorte zeigen. Er ist jedoch weiterhin ein wichtiges Handelskriterium.

Auf der Grundlage besonders ausgeprägter Ertragskomponenten bzw. der Plastizität der Ertragsstruktur lassen sich Einzelährenertrags-, Kompensations-, Korndichte- und Bestandesdichtetypen unterscheiden. Das Sortiment differenziert sich ferner nach der Spät- bzw. Frühsaattoleranz, nach der Reifezeit, nach dem Resistenzniveau gegenüber diversen Krankheiten und nach der Stickstoffeffizienz. Sortenmischungen können im Futterweizenanbau Bedeutung erlangen. Hybridweizen mit einem durchschnittlichen Mehrertrag von 5–10 dt ha^{-1} drängen zunehmend auf den Markt.

Der Winterweizen besitzt von allen Wintergetreidearten die geringste Empfindlichkeit gegenüber der **Saatzeit**. Sie erfolgt standortabhängig durchweg zwischen Ende September und Ende Oktober. Ab Dezember kann Wechselweizen gesät werden, aber auch Winterweizen verträgt eine späte Saat. Grund hierfür ist die relativ träge photoperiodische Reaktion im Frühjahr auf die zunehmende Tageslänge, die eine Bestockung im Frühjahr erlaubt. Sommerweizen wird im Frühjahr so früh wie möglich gesät.

Tab. 2.10 Anforderungen für die Zuordnung zu den Qualitätsgruppen bei Weichweizen (Bundessortenamt 2020).

Ausprägungsstufen					**Absolutwerte der Ausprägungsstufe 5 (mittel)**
Qualitätsgruppe Eigenschaften	E-Gruppe Eliteweizen	A-Gruppe Qualitätsweizen	B-Gruppe Brotweizen	C-Gruppe sonstiger Weizen	
Volumenausbeute (RMT)	mind. 8	mind. 6	mind. 4	–	589 – 617 ml
Elastizität des Teiges	normal etwas zäh zäh	normal etwas kurz etwas zäh	geschmeidig[1] normal etwas kurz etwas zäh zäh	–	
Oberflächenbeschaffenheit des Teiges	feucht etwas feucht normal	feucht etwas feucht normal	feucht etwas feucht normal etwas trocken	–	
Fallzahl	mind. 6	mind. 5	mind. 4	–	242 – 271 s
Sedimentationswert	mind. 7	mind. 5	mind. 3	–	31 – 37 ml
Wasseraufnahme	mind. 4	mind. 3	mind. 2	–	57,7 – 59,2 %
Mehlausbeute (T550)	mind. 5	mind. 5/ mind. 4 So. Weizen	mind. 4/ mind. 3 So. Weizen	–	74,0 – 75,9 %

[1] ohne Tendenz zu nachlassend
Ausprägungsstufen nach BSA: 1 = sehr niedrig, 3 = niedrig, 5 = mittel, 7 = hoch, 9 = sehr hoch

Mit zunehmender Ausdehnung der Winterweizenfläche und damit engeren Fruchtfolgen sind die Ackerbaubetriebe zur weiteren Verlängerung der Aussaatzeitspanne im Herbst gezwungen. Somit kann eine Frühsaat, die regelmäßig 2–4 Wochen vor dem ortsüblichen Saattermin liegt, durchaus einen arbeitswirtschaftlichen Vorteil bringen. Viele Versuche bestätigen sogar Ertragsvorteile, die neben einer Einsparung von Saatgut auch zu ökonomischen Vorteilen gegenüber der Normalsaat führen. Andererseits entstehen unkalkulierbare Risiken durch Auswinterung, erhöhte Verunkrautung, verstärkte Krankheitsprobleme, insbesondere Virosen, und eine schwierige Bestandesführung im Frühjahr. Um solche Risiken abzumildern, wird ein höherer Aufwand mit Pflanzenschutzmitteln erforderlich. Eine einheitliche Empfehlung kann es daher nicht geben. Vor- und Nachteile einer frühen Saat sind stets im Einzelbetrieb gegeneinander abzuwägen.

Die **Saatmenge** wird standortabhängig mit 300–500 Körnern m^{-2} gewählt. Bei Frühsaaten kann die Saatmenge bis auf 180 Körner m^{-2} abgesenkt werden. Die **Saattiefe** beträgt 2–3 cm, wobei sich Weizen bei mäßiger Qualität der Aussaat (grobes, feuchtes Saatbett, ungleichmäßige Ablagetiefe) relativ tolerant erweist.

Die mineralische **PK-Ergänzungsdüngung** erfolgt nach Nährstoffentzug (Ertrag) und Versorgungszustand des Bodens (s. auch Kap. 1.3.4.2). Hohe Ansprüche bestehen an Cu und Mn. Von ertragsentscheidender Bedeutung ist aber die Handhabung der Stickstoffdüngung. Die wichtigsten Zeitpunkte für die Ausbringung von Teilgaben sind in Tabelle 2.11 zusammengefasst.

Die Bemessung der ersten Stickstoffgabe zu Vegetationsbeginn im Frühjahr kann nach ver-

Tab. 2.11 Zeitpunkte für N-Teilgaben bei Winterweizen.

- Wiederbeginn der Vegetation nach Winterruhe. Förderung der Bestockung, Auffüllen der Bodenvorräte. Auswaschungsgefahr!!
- Gegen Ende der Bestockung. Förderung schwacher Bestockungstriebe, Abminderung der Reduktion von Bestockungstrieben.
- Bei Ausbildung des 2. Halmknotens (Schossen). Förderung der Kornzahl pro Ähre.
- Kurz vor oder nach dem Ährenschieben. Steigerung der Korngröße (TKG).
- 10–14 Tage nach Ährenschieben. Steigerung des Proteingehalts.

schiedenen Methoden erfolgen, die vom Bedarf des Pflanzenbestandes ausgehen, den im Frühjahr im Boden mineralisierten und pflanzenverfügbaren NO_3- und NH_4-Stickstoff in Rechnung stellen und die voraussichtliche N-Nachlieferung durch Zu- und Abschläge berücksichtigen (s. auch Kap. 2.3.3). Die zweite N-Gabe erfolgt zum Schossen und eine evtl. dritte N-Gabe (Qualitätsgabe) zu Ährenschieben/Blüte nach Nitratschnelltest. In letzter Zeit gewinnt auch die Gülledüngung zu Winterweizen mit neuen bodennahen Verteilsystemen an Bedeutung. Mit der Aufteilung der N-Düngung werden Ertragskomponenten und Qualität gezielt beeinflusst. Die erste N-Gabe (Bestockungsphase) dient dem Auffüllen der Bodenvorräte, der Förderung der Bestockung, der Beährung von Nebentrieben und der Ährchenanlage, die zweite (Schossphase) der Abminderung der Triebreduktion, dem Ausgleich von Bodenunterschieden, der Verringerung der Ährchen- und Blütchenreduktion sowie der Förderung der Fertilität und die dritte (Kornanlage- und Kornbildungsphase) der Förderung der Fertilität, der Kornmasse und des Rohproteingehaltes (Backfähigkeit).

In Kombination mit einer hohen Stickstoffdüngung ist der Einsatz von **Wachstumsreglern** unverzichtbar, um Lager zu vermeiden. Hierfür stehen verschiedene Produkte zur Verfügung, häufig werden Präparate auf Chlormequat-Basis (CCC) in Abhängigkeit von Standort, Lagerneigung der Sorte, Wachstumszustand, Vegetationsbeginn und Witterung ab Mitte Bestockung (BBCH 25) bis ins Schossen (BBCH 31–37) eingesetzt.

Für den **pflegebedürftigen** Winterweizen erfolgen bei Bedarf Walzen und Striegeln im Frühjahr. Herbizideinsatz ist im Vorauflauf und bei Frühsaaten im Nachauflauf im Herbst möglich. Verbreitet ist jedoch der Frühjahrseinsatz. Er orientiert sich nach Schadschwellen an Ungräsern (20–30 Windhalm-/Ackerfuchsschwanzpflanzen m^{-2}), breitblättrigen Unkräutern insgesamt (50 Pflanzen m^{-2}), Vogelmiere (25 Pflanzen m^{-2}), Klettenlabkraut (0,1 Pflanzen m^{-2}), Windenknöterich (2 Pflanzen m^{-2}) und dem Unkrautdeckungsgrad (5–10 %). Bei Sommerweizen sind Blind- und Bestandesstriegeln (ab Dreiblattstadium) von größerer Bedeutung als bei Winterweizen. Herbizide werden durchweg im Nachauflauf ab Dreiblattstadium bis zum Bestockungsende eingesetzt.

Die **Pflanzenschutzmaßnahmen** zielen hauptsächlich auf die Bekämpfung pilzlicher Erreger durch Beizung (*Microdochium, Fusarium*, Flug-, Stein- und Zwergsteinbrand, *Septoria*) und Bestandesbehandlung (Fuß-, Blatt- und Ährenkrankheiten) nach Bekämpfungsschwellen. Nach dem Hauptauftreten bzw. Bekämpfungszeitpunkt können die wichtigsten Erreger in früh (*Pseudocercosporella, Erysiphe graminis, Puccinia striiformis*), mittel (*Septoria tritici, Puccinia triticina*) und spät (*Fusarium graminearum, Septoria nodorum, Puccinia triticina, Helminthosporium*) unterteilt werden. Prognosemodelle unterstützen zunehmend die Bekämpfung und es werden zunehmend breit- und langwirkende Präparate eingesetzt. Von den tierischen Schaderregern können Brachfliege, Getreideblattläuse (als Vektoren für Gelbverzwergungsvirus) und Getreidehähnchen bekämpfungswürdige Bedeutung erlangen.

Eine **Beregnung** kann in Trockenjahren im Zeitraum Schossbeginn bis Beginn Gelbreife erfolgen, ist aber oft nicht wirtschaftlich.

Die **Ernte** von Winterweizen findet regelmäßig Ende Juli bis Anfang August statt. Der Mähdrusch erfolgt bei 14–17 % Kornfeuchte (rel. Luftfeuchte < 70 %). Die optimale Druschzeitspanne beträgt (auch sortenabhängig) 8–16 Tage. Günstig ist der Mähdrusch bei Kornfeuchten unter 15 %, weil das Erntegut in solchen Fällen lagersicher geerntet wird. Mit weiterer Austrocknung steigt die Gefährdung durch Druschverletzungen (Bruchkorn). Bei feuchter Erntewitterung kann der Mähdrusch auch bei Kornfeuchten zwischen 16 und 25 % durchgeführt werden. Das Erntegut wird dann mittels technischer Trocknung lagersicher gemacht (Abb. 2.14a).

2.4.1.2 Spelzweizen, Dinkel (*Triticum spelta* L.)

Dinkel zeichnet sich durch Anspruchslosigkeit, Robustheit, Winterhärte und geringe Krankheitsanfälligkeit aus und findet deshalb zunehmende Beachtung im extensiven bzw. ökologischen Anbau. Das reife Korn wird zu Brot- und Kleingebäck, Teigwaren (Spätzle), Zusatz in Naturkost und zur Herstellung von Dinkelbier verarbeitet. Das trockene unausgereifte Korn (Grünkern) dient als Ganzkorn, Schrot oder Mehl zur Bereitung von Suppen, Süßspeisen und Kuchen.

Der Druschertrag besteht aus Vesen (oder Veesen), die sich aus Spindelgliedern mit je einem Ährchen zusammensetzen (Abb. 2.14b). Bei Angabe des Vesenertrages sind 25–35 % Spelzenanteil einzurechnen. Der Ertrag an Kernen (= Körner ohne Spelzen) beträgt zwischen 30 und 40 dt ha^{-1}, in Einzelfällen bis zu 70 dt ha^{-1}. Bei den Qualitätsanforderungen steht die schonende Behandlung beim Gerben (= Entspelzen) zur Vermeidung von Beschädigungen der Kerne im Mittelpunkt. Die Grünkernqualität wird durch Erntezeitpunkt und Darrprozess bestimmt.

2.4.1.3 Durumweizen, Hartweizen (*Triticum durum* Desf.)

Hartweizen ist wärmeliebend und trockentolerant. Er ist durch sein glasiges Korn zur Herstellung von Grieß, insbesondere für Teigwaren geeignet (Abb. 2.14c).

Nur etwa 7 % des in Deutschland vermahlenen Hartweizens werden aus heimischer Produktion gedeckt. Obwohl der Markt noch aufnahmefähig ist, lohnt der Anbau nur unter vertraglichen Absatzgarantien mit entsprechenden Preisvereinbarungen. In Deutschland liegt die Anbaufläche in den letzten Jahren bei 20 000–30 000 ha mit deutlichem Anstieg der Erzeugung von Winterhartweizen.

Die Erträge liegen im direkten Vergleich bei 100 % von Sommer- und 70–80 % von Winterweichweizen. Der niedrigere Ertrag beruht auf geringerer Ährendichte und geringerer Kornzahl pro Ähre. Die Tausendkornmasse (TKM) hingegen liegt im Vergleich zu Weichweizen um 20–30 % höher aufgrund der kompakten Dichtlagerung der Reservestoffe im Endosperm. Als Qualitätskriterien gelten gute Kornausbildung und hoher Anteil Glasigkeit der Körner (gefördert durch trocken-warme Abreife). Hieraus ergibt sich eine hohe Grießausbeute. Daneben sind wichtig: kein Pilzbefall (Dunkelfleckigkeit bewirkt schwarze Stippen auf Teigwaren), hohe Fallzahl (Auswuchs vermindert die Glasigkeit), Farbpotenzial (Gelbpigmente) und hohe Kochfestigkeit (Bedingung > 14,5 % Rohprotein).

2.4.1.4 Roggen (*Secale cereale* L.)

Das Korngut des Winterroggens wird als Nahrungsmittel für Roggen- und Roggenmischbrot (Verbrauch an Weizenmehl in Deutschland 8-fach höher als der von Roggenmehl), als Brennroggen sowie als Konzentratfutter in der Schweinemast eingesetzt (Abb. 2.14d).

Nach Jahren des Rückganges war bis Ende der 1990er-Jahre die Anbaufläche auf > 800 000 ha angestiegen, entsprechend 12–13 % der Getreidefläche. Im Zuge des Wegfalls der Roggenintervention ging die Anbaufläche zwischen 2001 und 2006 stark zurück. Im Jahre 2019 wurden wieder 636 300 ha erreicht.

Nahezu ein Viertel des Anbaus findet sich jeweils in Brandenburg und Niedersachsen; Sachsen-Anhalt und Mecklenburg-Vorpommern folgen mit jeweils 11 %. Im Anbau ist überwiegend Winterroggen. Die Sommerform ist als Körnerroggen bedeutungslos. Bei einem Feldversuchsertragspotenzial > 110 dt ha^{-1} und einem nutzbaren Ertragspotenzial > 85 dt ha^{-1} liegt Winterroggen hinter Winterweichweizen. Da Roggen keinen Kleber bildet, werden seine Backeigenschaften von der Viskosität und den Verkleisterungseigenschaften der Stärke während des Backvorganges bestimmt. Erwünscht sind hoher Pentosangehalt, hohe Stärkequalität und mittlere Enzymaktivität (Fallzahl 120–150 s). Die

Backerzeugnisse des Roggens zeichnen sich durch hohe Gehalte an Mineralstoffen, Vitaminen und Ballaststoffen aus.

2.4.1.5 Triticale (*Triticosecale* Wittm.)

Der **Gattungsbastard** aus Weizen und Roggen wird erst seit Ende des 19. Jahrhunderts züchterisch bearbeitet. 1888 gelang Wilhelm Rimpau die Schaffung des ersten fertilen Triticale. Vorrangiges Zuchtziel ist die Kombination der Ertragsfähigkeit und Kornqualität des Weizens mit der Anspruchslosigkeit und Winterfestigkeit des Roggens. Triticale wird wegen seines hohen Futterwertes als Futtergetreide eingesetzt; als Backgetreide ist er kaum nutzbar. In Deutschland ist die Anbaufläche von 20 000 im Jahre 1987 auf 341 400 ha in 2020, vornehmlich in Gebieten mit hoher tierischer Veredlungsdichte, angestiegen. Im Vergleich zwischen Weizen, Roggen und Triticale ist auf leichten Standorten (AZ < 25–30) der Winterroggen die ertragsstärkste und -sicherste Getreideart. Wintertriticale dominiert auf Sl (AZ 25–32) sowie lS (AZ 40–55). Auf Löß und besseren Verwitterungsböden (AZ 60–100) liegen Winterweizen und -gerste an der Spitze. Wichtigster Qualitätsparameter für das Futtergetreide ist der Rohproteingehalt (13–15 %). Triticale weist hinsichtlich Morphologie, Wuchshöhe, Ährenform und TKM eine hohe Diversität auf. Typisch ist die große Ähre, ein geringer Besatz an Körnern je Ährchen und eine hohe TKM (Abb. 2.14e). Triticale ist sehr auswuchsgefährdet.

2.4.1.6 Gerste (*Hordeum vulgare* L.)

Wintergerste ist in Deutschland nach dem Winterweizen die bedeutendste Getreideart. Das Erntegut wird in erster Linie verfüttert, vorrangig in der Schweinemast. Sommergerste wird hauptsächlich im Vertragsanbau für die Malz- und Brauindustrie verwendet. Nicht braufähige Ware ist ein wertvolles Konzentratfutter. In den letzten 40 Jahren hat sich die Wintergerstenanbaufläche auf bis zu 20 % (2020: 1,28 Mio. ha) der Getreidefläche ausgedehnt. Die sehr viel geringere Sommergerstenfläche schwankt aus marktpolitischen Gründen stark.

Die **Erträge** der Wintergerste stehen hinter denen des Winterweizens an zweiter Stelle. In Regionen mit ausgeprägter Vorsommertrockenheit liegt Wintergerste jedoch an der Spitze der Getreidearten. Bei einem Feldversuchsertragspotenzial von > 110 dt ha^{-1} und einem nutzbaren Ertragspotenzial > 85 dt ha^{-1} werden im Bundesdurchschnitt etwa 68 dt ha^{-1} erreicht. Für Sommergerste kann ein Durchschnittsertrag von 49 dt ha^{-1} angegeben werden, der allerdings starken Jahresschwankungen unterliegt.

Die **Qualitätsanforderungen** bei Futtergerste richten sich nach Hektolitergewicht (mind. 63 kg hl^{-1}), Vollgersten- (>2,5 mm) und Marktwarenanteil (> 2,2 mm). Erwünscht ist ein hoher Rohproteingehalt. Bei Braugerste sind organoleptische Merkmale (Farbe, Geruch), Spelzenfeinheit, Rohproteingehalt (< 11,5 %), Vollgerstenanteil (> 90 %) und Keimfähigkeit (> 95 %) die wichtigsten Kriterien. Zur Charakterisierung von Partien (Sorte, Jahrgang, Herkunft) dienen eine große Zahl von Malz- und Würzequalitätsparametern. Neuerdings werden auch Kornrissigkeit, Pilzbefall und Schwermetallbelastung bewertet.

Die Konvarietäten der Gerste unterscheiden sich im **Ährenaufbau**. Grundsätzlich wird je Ährchen stets nur ein Korn gebildet. Es befinden sich 3 Ährchen an jedem Nodium, von denen bei Zweizeiligkeit jedoch die beiden äußeren steril sind, sodass nur ein Korn je Nodium ausgebildet wird. Mehrzeilige Gersten haben je Spindelstufe 3 fertile Ährchen, also 3 Einzelkörner (Abb. 2.14f).

Die Spelzen sind mit der Frucht- und Samenschale verwachsen, der Spelzenanteil beträgt 8–10 %. Die optimale Ertragsstruktur besteht in 450–700 Ähren m^{-2}, 32–42 Körnern $Ähre^{-1}$ und 35–45 g TKM bei mehrzeiligen sowie 700–1000 Ähren m^{-2}, 15–22 Körnern $Ähre^{-1}$ und 45–55 g TKM bei zweizeiligen Formen (Tab. 2.12).

In der Vermehrung stehen je zu 50 % mehrzeilige und zweizeilige Sorten, die sich in Standorteignung, Winterfestigkeit, Resistenzniveau, Standfestigkeit, Reifezeit und Qualitätseigenschaften unterscheiden. Bei den Braugersten findet sich eine relativ kleine Zahl von Sorten, die bevorzugt von der Brauwirtschaft nachgefragt werden. Sortenmischungen können wegen ihrer ökologischen Vorteile (Resistenzen) den Reinbeständen überlegen sein, wie langjährige Erfahrungen in der ehemaligen DDR zeigten.

Tab. 2.12 Ertrag und Ertragskomponenten von mehr- und zweizeiliger Wintergerste sowie von Sommergerste auf dem D 5c-Standort Seehausen, Landkreis Leipzig (Mittel der Jahre 1985–1988).

Merkmal	Mehrzeilige Wintergerste	Zweizeilige Wintergerste	Sommergerste*
Keimpflanzen m^{-2}	287	304	319
Triebe m^{-2}	1356	1710	1237
Ähren m^{-2}	417	682	692
Kornzahl je Ähre	39,0	19,8	17,2
TKM in g	46,9	54,2	42,6
Kornertrag dt ha^{-1}	75,5	72,5	51,3
Relativertrag	100	96	68

*indirekter Vergleich

Die **Bodenansprüche** der Wintergerste sind gering. Generell ist Gerste trockenheitstoleranter als Weizen. Bei ausreichendem Kalkzustand ist der Anbau ab Ackerzahl 25 möglich, weil durch Ausnutzung der Winterfeuchte die trockeneren Bedingungen gut toleriert werden. Für Braugerste ist geringe N-Nachlieferung, kontinuierliche Wasserversorgung und die Möglichkeit einer frühen Aussaat vorteilhaft.

Der wichtigste **Fruchtfolge**anspruch der Wintergerste ist die Sicherung der termingerechten Aussaat. Obwohl Erbsen, Frühkartoffeln und Winterraps bessere Vorfrüchte sind, folgt der Anbau meist nach Winterweizen. Die frühe Feldräumung der Wintergerste ermöglicht den Nachbau von Winterraps oder Zwischenfrüchten. Für Braugerste ist die begrenzte N-Nachlieferung der Vorfrucht entscheidend. Hackfrüchte, Silomais und Winterweizen sind als Vorfrüchte geeignet. Bei Weizenvorfrucht sind zur Ausfallbekämpfung intensive Stoppelbearbeitung oder sofortige relativ tiefe Saatfurche erforderlich. Rechtzeitige Herbstfurche und strukturschonende, nicht zu frühe Saatbettbereitung (< 80 % nFK) sind für Sommergerste vorteilhaft.

Die **Saat**zeit liegt bei Wintergerste je nach Standort zwischen 5. und 25. September, bei Sommergerste ab Ende Februar so früh wie möglich. Die Saatmengen liegen je nach Standort bei mehrzeiligen Formen zwischen 200 und 350 Körnern m^{-2} und bei zweizeiligen Sorten zwischen 280 bis 450 Körnern m^{-2}. Die Saattiefe beträgt 2–4 cm.

Bei der **Düngung** ist die Kalkversorgung besonders zu berücksichtigen. Für Futtergerste wird die erste N-Gabe zu Vegetationsbeginn mit 55–85 kg N ha^{-1} (Sollwerte 100–120 kg N ha^{-1}) gegeben. Zweizeilige Wintergerste ist stärker anzudüngen. Die zweite Gabe erfolgt zum Schossen. Für Braugerstenqualität ist verhaltene N-Düngung von entscheidender Bedeutung. Zur Saat der Sommerbraugerste werden 30–60 kg N ha^{-1} gegeben. Sollwerte von 90–120 kg N ha^{-1} werden durch Zu- und Abschläge korrigiert und um N_{min}-Messwerte vermindert.

Ethephonhaltige **Wachstumsregler** sind nur bei Lagergefährdung wegen hoher Ertragserwartung zu empfehlen.

Die mechanische **Unkrautbekämpfung** beschränkt sich auf Walzen zu Vegetationsbeginn. Bei Sommergerste ist Blindstriegeln bis zum Spitzen und Bestandesstriegeln nach dem Dreiblattstadium zweckmäßig. Beim Herbizideinsatz hat für Wintergerste die rechtzeitige Herbstbehandlung Vorrang. **Fungizideinsatz** nach Schwellenwerten richtet sich hauptsächlich gegen Blattkrankheiten. Befall mit Gelbverzwergungsvirus ist über Vektorenbekämpfung (Blattläuse), mit Gelbmosaikvirus durch resistente Sorten einzudämmen.

Die **Ernte** der Gerste ist besonders verlustgefährdet (Ährenknicken). Die optimale Mähdruschzeitspanne beträgt nur 5–7 Tage in der Voll- bis Totreife (Kornfeuchte 14–16 %).

2.4.1.7 Hafer, Saathafer, Spelzhafer (*Avena sativa* L.)

Wegen des hohen ernährungsphysiologischen Wertes, insbesondere des hohen Fettgehaltes, wird Hafer sowohl für Futterzwecke als auch in der menschlichen Ernährung (Industriehafer) eingesetzt (Abb. 2.14g). Angebaut wird hauptsächlich die Sommerform auf Standorten mit hohen Niederschlägen. Winterhafersorten sind verfügbar. Niedrige Ertragsfähigkeit, Rückgang der Pferdehaltung und geringe Mähdruscheignung haben zu einer Anbauabnahme von 16 % der Ackerfläche (1906/10) auf 3 % (1990/92) und weiter auf heute 1,2 % geführt. Hafer bringt etwa gleiche Erträge (Durchschnitt 51 dt ha^{-1}) wie Sommergerste. Für Industriehafer werden neben ausgezeichneter sensorischer Qualität hohe Kernenausbeute und leichte Schälbarkeit gefordert (hl-Gewicht mind. 54 kg hl^{-1}, TKM mind. 27 g, Spelzenanteil max. 26 %, Vollkornanteil > 2 mm mind. 90 %, > 2,5 mm mind. 50 %).

Fragen zu Kapitel 2.4.1

- Wie erfolgt die Sprossverzweigung der Getreidearten?
- Auf welcher Ploidiestufe stehen a) Hartweizen (*Triticum durum* L.), b) Weichweizen (*Triticum aestivum* L.) und c) Dinkel (*Triticum spelta* L.)?
- In welchem Zeitfenster liegen die Saatzeiten von a) Winterweizen und b) Wintergerste?
- Was kann aus der Fallzahl nach Hagberg abgeleitet werden?
- Auf welche Entwicklungsstadien des Winterweizens werden die Einzelgaben der mineralischen N-Düngung üblicherweise verteilt werden?
- Welches sind die wichtigsten Qualitätsanforderungen an a) Backweizen, b) Futtergerste, c) Braugerste, d) Industriehafer?

2.4.2 Körnerleguminosen

In der landwirtschaftlichen Nutzung kann zwischen Speisehülsenfrüchten (Trockenspeiseerbse, Trockenspeisebohne, Linse) und Futterhülsenfrüchten (Futtererbse, Ackerbohne, Wicke, Lupine) unterschieden werden. Gemeinsam mit den Getreidearten und Ölfrüchten zählen sie zu den Druschfrüchten. Zur Grün- und Raufuttergewinnung werden die kleinsamigen Arten aus den Gattungen *Trifolium, Medicago, Ornithopus, Onobrychis, Lotus* etc. angebaut. Sie gehören nicht zu den Körnerleguminosen, sondern werden den Ackerfutterpflanzen zugeordnet (s. auch Kap. 2.4.5) (Abb. 2.17).

Körnerleguminosen

Leguminosen (Familie Fabaceae) sind eine der vielfältigsten Familien der Samenpflanzen überhaupt. Auf ihrer Fähigkeit zur Luftstickstoffbindung mittels bakterieller Symbiose beruhen alle naturnahen, extensiven Landnutzungssysteme. Körnerleguminosen sind typische Eiweißpflanzen, die 11 % des pflanzlichen Nahrungseiweißes der Welt liefern. Die Sojabohne hat weltweit die größte Anbaubedeutung. Da sie neben dem hohen Eiweißgehalt (40 %) mit 18–20 % einen ebenfalls hohen Ölgehalt aufweist, wird sie in der Handelsstatistik aber bei den Ölfrüchten geführt. In der gemäßigten Klimazone finden sich im landwirtschaftlichen Anbau großkörnige Arten wie Erbse (*Pisum sativum* L.), Ackerbohne (*Vicia faba* L.), Lupine (*Lupinus* spp.), Phaseolusbohne (*Phaseolus vulgaris* L.), Sojabohne (*Glycine max.* [L.] Merr.) und Linse (*Lens culinaris* Medicus). Kleinkörnige Leguminosen dienen der Grün- und Raufuttergewinnung und sind daher den Ackerfutter- bzw. Grünlandleguminosen zugeordnet.

Die Leguminosen sind mit etwa 12 000 Arten eine der artenreichsten Familien der Samenpflanzen. Als Körnerleguminosen fasst man die großsamigen Gattungen *Pisum, Vicia, Lupinus, Phaseolus, Lens* und *Glycine* zusammen (Tab. 2.13).

Die **Morphologie** der Leguminosen setzt sich deutlich von der anderer Kulturartengruppen ab. Als Tiefwurzler lassen sich Leguminosen anhand dreier Wurzeltypen unterscheiden. Der Lupinentyp weist eine besonders kräftige, tief in

Abb. 2.17 Samen der Ackerbohne (links) und des Rotklees (rechts).

Tab. 2.13 Genera in der Familie der Fabaceae, die Kulturarten (der gemäßigten Klimazone) enthalten.

Hedysareae	Vicieae (Wickenartige)
Ornithopus (Serradella)	*Vicia* (Wicken, Ackerbohne)
Onobrychis (Esparsette)	*Pisum* (Erbse)
Genisteae (Ginsterartige)	*Lens* (Linse)
Lupinus (Lupinen)	*Lathyrus* (Platterbse)
Trifolieae (Kleeartige)	*Cicer* (Kichererbse)
Trifolium (Klee)	Phaseoleae (Bohnenartige)
Medicago (Luzerne)	*Phaseolus* (Busch-/Stangenbohne)
Melilotus (Steinklee)	*Glycine* (Sojabohne)

den Boden reichende Pfahlwurzel auf, die mit wenigen Seitenwurzeln besetzt ist. In Abhängigkeit von den Bodenverhältnissen kann der Tiefgang 1,50 m und mehr betragen. Der Ackerbohnen- und Wickentyp weist eine weniger deutlich, aber noch kräftig ausgebildete, tiefgehende Pfahlwurzel auf, die schon eine beträchtliche Seitenbewurzelung zeigt. Erbse und Linse mit insgesamt schwächerer Wurzelentwicklung gehören ebenfalls in diese Gruppe. Der Phaseolus- und Sojabohnentyp zeigt nur geringen Wurzeltiefgang. Die Hauptwurzel wird von den Seitenwurzeln in der Länge deutlich übertroffen. Die Wurzelknöllchen sind kennzeichnend für das Wurzelsystem. Sie entstehen in der Symbiose zwischen Bodenbakterien und der Leguminosenpflanze und bilden die funktionale Grundlage für die **Bindung des Luftstickstoffs** (s. auch Kap. 1.2.1.2). Die Knöllchen entstehen etwa 10–14 Tage nach der Keimung und der Besiedelung der Wurzeln durch die Bakterien (Nodulation). Kleine kugelige Anschwellungen sind an der Hauptwurzel der Lupine und an den Seitenwurzeln der *Phaseolus*-Bohne zu finden. An Erbsen- und Ackerbohnenwurzeln erscheinen korallenartige bzw. zapfenförmige Wucherungen. In den Knöllchen wird Luftstickstoff (N_2) reduziert und kann in dieser Form von der Wirtspflanze assimiliert werden. Leguminosen benötigen zur Fixierung von 1 g N etwa 6 g C, den die Wirtspflanze aus Assimilaten bereitstellt. Folglich beansprucht die Luftstickstoffbindung den Stoff- und Energiehaushalt der Pflanze erheblich. Die Menge des jährlich über Knöllchenbakterien gebundenen Stickstoffs ist arttypisch und extrem umweltabhängig (Tab. 2.14). Das Aufkommen der artspezifischen Bakterienrasse in ausreichender Populationsdichte lässt sich durch Impfung des Saatgutes sichern.

Die Morphologie des Sprosssystems variiert sehr stark zwischen den Leguminosenarten. Ackerbohne und Lupine bilden aufrechte, stand-

Tab. 2.14 Jährliche N_2-Fixierung durch Leguminosen (nach Heichel 1987).

Art	kg ha^{-1}	Standort	Methode
Medicago sativa L.	212	Lexington, KY, USA	Differenz
	0–324	GB	Differenz
	114–224	Rosemount, MN, USA	Isotop
	79–104	Schweden	Isotop
Vicia villosa Roth.	111	New Jersey, USA	Differenz
Trifolium pratense L.	50–61	Rothamsted, GB	Isotop
	22–59	Rothamsted, GB	Differenz
	69–113	Rosemount, MN, USA	Isotop
Vicia faba L.	121–171	Ägypten	Differenz
	20–34	Ägypten	Isotop
	125–144	Seibersdorf, Österreich	Isotop
	160–174	Rothamsted, GB	Isotop
	196–238	Rothamsted, GB	Differenz
Phaseolus vulgaris L.	25–65	Brasilien	Isotop
	84–95	Rothamsted, GB	Isotop
	93–131	Rothamsted, GB	Differenz
	12–121	Alberta, Kanada	Isotop
	2–110	Alberta, Kanada	Differenz
Lupinus angustifolius L.	151–157	Ägypten	Differenz
	81–250	New South Wales, Australien	Differenz
Pisum sativum L.	67–83	Rothamsted, GB	Isotop
	53–97	Rothamsted, GB	Differenz
Glycine max (L.) Merr.	40	Ägypten	Differenz
	14–75	Iowa, USA	Differenz
	22–80	Minnesota, USA	Differenz
	55–161	Arkansas, USA	Differenz
	263–311	Washington, USA	Differenz
	55–129	Minnesota, USA	Differenz
	7–71	Ungarn	Isotop
	3–41	Sri Lanka	Isotop
	79–102	Indien	Isotop
	104	Nebraska, USA	Differenz

feste Stängel aus. Sie werden daher auch als Stützfrüchte in Gemengen genutzt. Buschbohne und Soja weisen einen mehr oder weniger gedrungenen, buschigen Habitus auf, während Erbse, Wicke und Linse als Rankenbildner biegsame, teils kriechende oder windende Sprosse besitzen, die im Bestand nur durch gegenseitige Verrankung eine begrenzte Standfestigkeit erlangen können.

Die Schmetterlings**blüte** der Leguminosen besteht aus der Fahne, den Flügeln und dem aus 2 Blütenblättern zusammengewachsenen Schiffchen, welches ein säulenförmiges Gebilde aus 10 Staubblättern, dem oberständigen Fruchtknoten, dem Griffel und der Narbe umschließt. Die Blütenstände sind ein- oder mehrblütig und sitzen meist in Blattachseln, oder sind wie bei den Lupinen endständig angeordnet. Die Frucht der Leguminosen ist eine Hülse, die für die reifenden Samen die Rolle eines Assimilatproduzenten bzw. -zwischenspeichers und Nährstoffvermittlers übernimmt. Die Hülse geht aus nur einem

Fruchtblatt hervor und ist ein- oder mehrsamig. Es handelt sich zwar um eine Öffnungsfrucht, moderne Zuchtsorten weisen aber platzfeste Hülsen auf.

Der Leguminosen**samen** variiert sehr stark in Form, Größe, TKM, Oberflächenbeschaffenheit und Färbung in Abhängigkeit von Pflanzenart und -sorte. Das Leguminoseneiweiß ist deutlich lysinreicher als Getreideprotein. Die 3 Bestandteile der Samenschale haben Bedeutung für den Keimungsvorgang und die Nutzung des Erntegutes. Die Palisadenschicht mit ihren Pektinablagerungen behindert die Keimung durch ‚Hartschaligkeit'. In den darunter liegenden Sanduhrzellen befinden sich antinutritive Bitterstoffe in Form von polyphenolischen Tanninen und in der Parenchymschicht sind Proteasehemmer enthalten, die gegenüber Schädlingen im Pflanzenbestand abweisend wirken, im Tiermagen aber den Eiweißaufschluss behindern. Darüber hinaus kommen weitere antinutritive Inhaltsstoffe in den Samen vor, die den Einsatz in der Tierernährung limitieren (Tab. 2.15).

Die Konsistenz des Sameninhaltes kennzeichnet die Reifestadien des Pflanzenbestandes. In der Grünreife sind Blätter, Hülsen und Samen im oberen Teil der Pflanze noch grün; der Sameninhalt ist weich. In der Gelbreife wird Chlorophyll in Folge der Alterung in allen Pflanzenteilen abgebaut; der Samen ist wachsartig. Das Stadium der Vollreife ist durch zunehmenden Blattverlust, lederne, zähe Hülsen und harten Sameninhalt gekennzeichnet. In der Totreife hat die Pflanze den größten Teil der Blätter verloren. Alle Pflanzenteile, einschließlich der Hülsen, nehmen eine gelb-braun-schwarze Farbe an. Die Samen sind jetzt bis auf die Restfeuchte trocken.

2.4.2.1 Erbsen (*Pisum sativum* L.)

Die Saat- oder Speiseerbse (*Pisum sativum* ssp. *sativum* convar. *sativum*; früher *P. sativum*) wird im landwirtschaftlichen Pflanzenbau in erster Linie als Körnerfuttererbse (Tierfutter) und im Gemüsebau als Trockenspeiseerbse (Erbsensuppe, Püree etc.) angebaut (Tab. 2.16).

Die Feld- oder Futtererbse (convar. *speciosum*; früher *P. arvense*) dient hauptsächlich der Grünfutter-, Silage- und Heuproduktion, wenngleich sich die Nutzungsform nicht immer mit der botanischen Zuordnung deckt. Zucker- (convar. *axiphium*), Mark- (convar. *medullare*) und Zuckermark- (convar. *medullo-saccharatum*) erbsen werden im Gemüsebau genutzt. Ein neuer Verwendungszweck im Bereich der Nachwachsenden Rohstoffe wird mit der Amylosegewinnung aus Markerbsen zur Herstellung kompostierbarer Polymere verfolgt.

In Deutschland wird traditionell die Sommerform angebaut. Wintererbsen zum Anbau in wintermilden Lagen werden vermehrt geprüft. Weltweit beträgt die Trockenerbsenanbaufläche 7,2 Mio. ha und steht damit an 6. Stelle unter den eiweißreichen Körnerfruchtarten. In Deutschland war ab 1993 eine steigende Tendenz auf > 160 000 ha zu beobachten, entsprechend > 65 % der Körnerleguminosenfläche. Nach 2000 war bis 2012 aber ein Rückgang auf 45 000 ha zu verzeichnen. Gemüseerbsen stehen auf etwa 5400 ha (5 % der Freilandgemüsefläche).

Das im Feldversuch ermittelte **Ertragspotenzial** der Körnerfuttererbse liegt bei > 70 dt ha^{-1}. In der Praxis werden Spitzenerträge um 50 dt ha^{-1} geerntet. Von den Qualitätsanforderungen spielt der Rohproteingehalt mit 26–29 % die größte Rolle. Der Futterwert wird hauptsächlich von der Aminosäurezusammensetzung des Proteins bestimmt. Im Vergleich zum Getreide ist das Erbseneiweiß sehr lysinreich. Wertbegrenzend ist der niedrige Gehalt an Thioaminosäuren, insbesondere Methionin, welches die Konzentration im Getreideeiweiß unterschreitet. Erbsen und Getreide gelten deshalb als ideale Ergänzungspartner in Futtermittelrationen. Bei Trockenspeiseerbsen richten sich die Qualitätsansprüche hauptsächlich an Gesundheit, Geschmack, Kochzeit und Zustand nach dem Kochen.

Die Erbse stammt ursprünglich aus Zentralasien und dem mediterranen Raum. Um 6000 v. Chr. wurde sie bereits in Zentralasien und Ägypten genutzt. Mit den jungsteinzeitlichen Ackerbauern kam sie später nach Mitteleuropa. Heute ist die Pflanze in allen pflanzenbaulich relevanten Klimaten verbreitet.

Das **Wurzelsystem** der Erbse besteht aus einer spindelförmigen und nur mitteltief rei-

Tab. 2.15 Antinutritive Inhaltsstoffe in Körnerleguminosen (Jeroch et al. 2008).

Stoffgruppe	Chemische Verbindung(en)	Wirkungen	Vorkommen	Bewertung	Gegenmaßnahmen
Phenolderivate	Tannine	Futteraufnahmesenkung, Hemmung proteolytischer Enzyme, herabgesetzte Protein verdaulichkeit	Ackerbohnen, Erbsen	Nachteilige Effekte erst bei relativ hohen Anteilen in Schweine- und Geflügelrationen	Anbau weißblühender Sorten, deutlich tanninärmer als buntblühende Herkünfte
Proteine	Lectine	Koagulierung der Erythrozyten, Beeinträchtigung körpereigener Abwehrmechanismen	*Phaseolus*-Arten, Ackerbohnen, Erbsen	Konzentration in Ackerbohnen und Erbsen gering	Thermische Behandlung von *Phaseolus*-Arten
	Proteaseinhibitoren	Trypsin- und chymotrypsinhemmende Wirkung, Pankreashypertrophie und -plasie, Wachstumsdepression	Ackerbohnen, Erbsen, Lupinen	Kaum Bedeutung in Lupinen, etwas stärker in Ackerbohnen und Erbsen	Bei praxisüblichen Einsatzmengen nicht erforderlich
Glucoside	Pyrimidinglucoside (Vicin, Convicin)	Störung des Fettstoffwechsels, verminderte Legeleistung und Einzeleimasse, Befruchtungs- und Schlupfleistungsdepression	Ackerbohnen, Wicken	Nachteilige Effekte insbesondere bei Zuchthennen und Zuchtsauen festgestellt	Einsatzrestriktionen bei Legehennen und Zuchthennen sowie Zuchtsauen
	Saponine	Oberflächenaktive und hämolytische Eigenschaften, Anti-Vitamin-D-Wirkung	Ackerbohnen, Erbsen, Lupinen	Über nachteilige Wirkungen bisher nichts bekannt	Nicht erforderlich
	α-Galactoside	Störung der Verdauungsvorgänge durch übermäßige Bildung von Gärgasen	Lupinen, Ackerbohnen, Erbsen	Nachteilige Effekte erst bei höheren Anteilen festgestellt	Ergänzung mit geeigneten Futterenzympräparaten
	Cyanogene Glucoside	Vergiftungserscheinungen durch freigesetzte Blausäure	Wicken, *Phaseolus*-Arten	Mangels neuerer Experimente nicht möglich	Thermische Behandlung von *Phaseolus*-Arten, Einsatzrestriktion (Wicken)
Alkaloide	Spartein, Lupinin, Lupanin, Hydroxylupanin, Angustifolin	Leberschädigung, Atemlähmung, Futteraufnahmesenkung	Bitterlupinen, nur Spuren in Süßlupinen	Bereits geringe Gehalte können Akzeptanz und Leistung beeinflussen	Restalkaloidgehalt ≤ 0,04 %, Alkaloidgehalt im Züchtungsprozess überwachen
Chelatbildner	Phytinsäure	Bindung von Mengen (P, Ca)- und Spurenelementen, dadurch schlechtere Verdauung	In allen Leguminosen	Herabgesetzte Verfügbarkeit (insbesondere P)	Ergänzung der Futterrationen mit mikrobieller Phytase
Antivitamine		Aktivitätsminderung von Niacin	Ackerbohnen	Für Fütterungspraxis bedeutungslos	Wenn erforderlich (d. h. höherer Ackerbohnenanteil in der Ration), Ausgleich durch Niacinzusatz

Tab. 2.16 Konvarietäten der Erbse (***Pisum sativum*** L.).

Pisum sativum ssp. sativum
1. convar. *axiphium* (= *Pisum saccharatum*) – Zuckererbse
2. convar. *medullare* – Markerbse
3. convar. *medullo-saccharatum* – Zuckermarkerbse
4. convar. *sativum* – Trockenspeiseerbse (= Körnerfuttererbse)
5. convar. *speciosum* (veraltet: *Pisum arvense*) – Futtererbse, Peluschke

chenden Pfahlwurzel mit intensiver Seitenbewurzelung und ist unregelmäßig mit Bakterienknöllchen besetzt. Die Wurzelmasse im Oberboden beträgt etwa 9 dt ha^{-1}. Im Unterboden befindet sich regelmäßig nur 1 % der Gesamtwurzelmasse.

Der kriechend-windende **Erbsenstängel** besitzt keine Festigungselemente, sodass es den Beständen an Standfestigkeit fehlt. Der leicht vierkantige Stängel misst sortentypisch 20–160 cm und mehr. Sorten der Körnerfuttererbse erreichen eine Stängellänge zwischen 60 und 100 cm, während Futtererbsen länger als 160 cm werden können. Der Stängel ist in den Nodien im 45°-Winkel zur Vertikalen geknickt. Die Zahl der Nodien schwankt zwischen 15 und 20, die Internodienlänge zwischen 5 und 20 cm. An den Nodien setzen die gegliederten Blätter an, die sich aus dem Blattstiel (Petiolus), je 2 Nebenblättern (Stipula) und den Fiederblättern (Lamina) zusammensetzen. Die **Fiederblätter** der Erbse unterteilen sich nochmals in einen proximalen Bereich aus 1–4 Paaren Laubfiedern und in einen distalen Bereich mit 1–3 Paaren Rankenfiedern sowie einer endständigen Ranke. In der Fiederblattform gibt es eine pflanzenbaulich bedeutsame Vielfalt. Bei den halbblattlosen (semileafless) Typen sind die Laubfiedern vollständig durch Rankenfiedern ersetzt, die Nebenblätter aber bleiben erhalten und übernehmen einen großen Teil der Bestandesassimilation. Im Ergebnis sind die Photosyntheseleistung kaum vermindert, die Transpiration aber eingeschränkt (Erhöhung der Trockenheitsresistenz), die Standfestigkeit über die bessere Verrankung der Pflanzen, die Pflanzengesundheit wegen besserer Durchlüftung und schließlich die Erntbarkeit erhöht. Demzufolge haben sich im Körnerfuttererbsenanbau die Semileafless-Formen durchgesetzt. Daneben gibt es im Ertrag unbefriedigende Leafless-Formen, bei denen auch die Niederblätter zu Ranken umgewandelt sind.

Der **Blütenstand** der Erbse ist eine reduzierte Traube, die in den Blattachseln steht. Bei der Konvarietät *sativum* ist der Blütenstand auf zwei oder eine Blüte beschränkt und die Blütenblätter sind weiß (Abb. 2.18).

Die rosa bis violett blühende Konvarietät *speciosum* hat immer eine mehrblütige Infloreszenz und trägt einen roten Blattachselfleck. Noch vor Öffnen der Knospe springen die Antheren auf und entlassen den Pollen zur Selbstbefruchtung. Mit Abwurf der ersten Kronblätter ist das Stadium des Blühbeginns eines Bestandes festgelegt. Zu diesem Zeitpunkt blühen mindestens 10 % aller Pflanzen.

Hülsenform und -dicke sind sortentypisch ausgeprägt. In der **Hülse** entwickeln sich bis zu 10 Samen.

Die Vegetationszeit moderner Sorten beträgt 115–125 Tage. Die Zeit bis zum Blühbeginn am ersten generativen Nodium beträgt etwa 60 Tage, die Blühdauer des Bestandes je nach Witterung 20–30 Tage und die anschließende Reifungsphase nochmals 30–40 Tage. Zur Vollblüte des Bestandes liegen Knospen, Blüten und Hülsen etwa zu gleichen Teilen vor. Das Blühende (noch 10 % blühende Pflanzen vorhanden) ist erreicht, wenn sich die basalen Hülsen in der Grünreife befinden. Mit Beginn der Reife wird die Stoffeinlagerung in die Hülsen unterbrochen und bis zur Reife verlieren die Hülsenwände einen großen Teil ihrer Trockenmasse an die **Samen**. In der Gelbreife wird die Hülsenoberfläche lederartig und runzelig, die Samen bleiben noch quetschbar. Bald darauf geht die Feuchtigkeit der Samen so weit zurück, dass sie nicht mehr mit den Fingern zerdrückt werden können. Die Triebspitzen des Bestandes sind zu diesem Zeitpunkt immer noch grün. Im folgenden Reifesta-

Abb. 2.18 Blütenstand der Erbse.

dium sind die Hülsen ledrig trocken. Die Samen erreichen einen Wassergehalt ≤ 20 %.

Der Ertrag bildet sich aus 40–60 Pflanzen m^{-2} × 6–8 Hülsen je Pflanze × 5 Samen pro Hülse × 250 g TKM. Von der Blütenzahl der Gesamtpflanze werden etwa 80 % für die Hülsenbildung benötigt. Grundsätzlich ist der Hülsenansatz an den basalen Nodien höher als an den apikalen. Mit zunehmender Bestandesdichte gehen nicht nur die Seitentriebbildung, sondern auch die Anzahl blütentragender Nodien pro Pflanze und der Hülsenansatz zurück. Im Bestandesdurchschnitt kommen 4–8 Samen je Hülse zur Ausbildung. Die durchschnittliche TKM des anbauwürdigen Sortimentes beträgt 250 g.

Die bevorzugten **Standorte** für den Körnererbsenanbau liegen im kontinental beeinflussten trocken-warmen Klima und im Bereich der mittelschweren, leicht sauren Böden. Erbsen haben einen geringeren Wasserbedarf als etwa Ackerbohnen wegen der geringeren Trockenmassebildung und Vegetationsdauer. Feuchte Lagen begünstigen den Befall mit pilzlichen Krankheitserregern, insbesondere dem Erregerkreis der Brennfleckenkrankheit sowie Grauschimmel (*Botrytis cinerea*). Sehr leichte, steinige und staunasse Böden, schwere Auentone und Höhenlagen > 500 m sollten gemieden werden. Kühle und feuchte Bedingungen fördern eine unerwünscht lange Reifezeit und erschweren den Drusch.

In der **Fruchtfolge** hinterlässt die Erbse gut zersetzbare, N-reiche Ernte- und Wurzelrückstände, sodass die Nachfrucht regelmäßig höhere Erträge als bei anderen Vorfrüchten erbringt. Die Wurzelrückstände zeichnen sich durch ein sehr enges C:N-Verhältnis (< 10:1) aus (vgl. Kap. 1.3.2.3). Die hohe Selbstunverträglichkeit der Erbse geht auf bodenbürtige Pathogene zurück, insbesondere *Fusarium oxysporum*. Das Syndrom der Wurzelfäule und Welkekrankheiten wird zusätzlich durch *Aphanomyces enteiches*, *Rhizoctonia* sp., *Botrytis* sp., *Fusarium graminearum*, *F. culmorum*, *Phoma* sp., *Pleospora* sp. und *Pythium* sp. verursacht. Unter kühlen Witterungsbedingungen kann die Brennfleckenkrankheit schwere Schäden hervorrufen. Als Krankheitserreger treten *Ascochyta pisi*, *Phoma medicaginis* var. *pinodella* und *Mycosphaerella pinodes* auf, welche durch längere Anbaupausen (> 4 Jahre) sowie durch gesundes bzw. gebeiztes Saatgut zu kontrollieren sind. Als Vorfrüchte eignen sich Zuckerrüben und Kartoffeln, weil sie den Acker weitgehend unkrautfrei hinterlassen; aber auch nach Getreide und Mais wird die Erbse gestellt. Als Nachfrüchte werden Wintergetreide oder Winterraps gewählt, weil sie die N-Hinterlassenschaft gut nutzen können.

Die **Bodenbearbeitung** muss rechtzeitig im Herbst und in guter Qualität erfolgen. Da Erbsen keine Staunässe vertragen, bewährt sich eine 25–30 cm tiefe Pflugfurche ohne Verdichtungen. Zur Saatbettbereitung auf dem abgetrockneten Boden erfolgt im zeitigen Frühjahr die Einebnung und Lockerung auf etwas unter die Saattiefe. Angestrebt wird die Schaffung einer ebenen, steinfreien Oberfläche als wichtige Voraussetzung für den Mähdrusch, der einen tiefen Schnitt erfordert. In vielen Fällen wird die Saat nochmals angewalzt. Lediglich auf verschlämmungsgefährdeten Böden wird darauf verzichtet.

Die **Erbsenaussaat** erfolgt ab März bis Mitte April. Der Wasserbedarf für die Keimung beträgt 100 % des Ausgangsgewichtes des Samens. Körnerfuttererbsen können schon ab 1–2 °C keimen, bei allerdings verzögertem Feldaufgang. Beispielsweise dauert bei 5 °C die Zeit bis zum Feldaufgang 27 Tage, bei 10 °C jedoch nur 14 Tage. Der aus niedrigen Temperaturen resultierende geringe Feldaufgang geht in erster Linie auf den Befall mit bodenbürtigen Pilzkrankheitserregern während der langen Auflaufphase zurück. Insgesamt stellt aber ein früher Saattermin eine ausreichende vegetative Entwicklung, eine genügende Wasserversorgung aus den Winterniederschlägen, eine Verlängerung der Vernalisationsphase und damit einen tieferen Ansatz der ersten Hülsen und eine größere Hülsenzahl sicher. Die Frostempfindlichkeit der Jungpflanzen liegt unterhalb –5 °C. Das Saatgut wird auf 4–6 cm Tiefe und in einem Reihenabstand von 12 bis maximal 20 cm abgelegt (Tab. 2.17).

Auf leichten Böden sind auch größere Saattiefen geeignet, um den hohen Keimwasserbedarf abzudecken. Auf schwereren Böden wird das Saatgut flacher gedrillt, ist dann jedoch anfällig gegen Vogelfraß. Eine gleichmäßige Lockerungstiefe und eine Belastung der Drillschare durch Gewichte bzw. Federn gewährleisten die optimale Ablagetiefe, die eine Voraussetzung für die zuverlässige Wirkung von Bodenherbiziden mit räumlicher Selektivität darstellt.

Erbsen verfügen nur über eine schwache Verzweigungsneigung, sodass für eine physiologisch optimale Ertragsstruktur 70–90 Pflanzen m^{-2} ideal wären. Dazu wäre bei durchschnittlichem Feldaufgang eine Aussaatmenge von 80–

Tab. 2.17 Saatbedingungen für Erbse.

Saattermin		März – Mitte April
Saatdichte	max.	70–90 Pflanzen m^{-2}
	min.	50–60 Pflanzen m^{-2}
Saattiefe		4–6 cm

105 keimfähigen Körnern m^{-2} notwendig. Da aber bis zu 10 % des Ertrages als Saatmenge ausgebracht werden, wird der ökonomische Ertrag durch die hohen Saatgutkosten deutlich geschmälert. Deshalb werden in der Praxis reduzierte Saatmengen gewählt und Sorten mit geringer TKM bevorzugt. Da über mehrere Jahre und Standorte ein signifikanter Ertragsabfall erst ab 70 keimfähigen Körnern m^{-2} bzw. 50–60 Pflanzen m^{-2} beobachtet wurde, sollte eine Mindestzahl von 50 Pflanzen m^{-2} nicht unterschritten werden. Ansonsten drohen im konkurrenzschwachen Erbsenbestand eine starke Verunkrautung und nachfolgend Ernteerschwernisse.

Etwa 80 % des Stickstoffbedarfs werden aus der Luftstickstoffbindung, der Rest aus dem Bodenvorrat bereitgestellt, sodass die Erbse ohne N-Düngung auskommt. Deshalb sind die **Düngungsmaßnahmen** in erster Linie auf einen guten Kalkzustand sowie eine Entzugsdüngung mit P, K und Mg unter Beachtung der jeweiligen Versorgungsstufe ausgerichtet. Die Effizienz der Symbiose mit *Rhizobium* ist besonders von der Bodenreaktion abhängig. Um den erforderlichen pH-Wert von 6,2–7,0 einzustellen, ist im Rahmen der Fruchtfolge entsprechend aufzukalken. Eine Stoppelkalkung mit 20–30 dt ha^{-1} Branntkalk nach Räumung der Vorfrucht hat sich bei Bedarf bewährt. Im Vergleich zu Weizen ist der P-Bedarf der Erbse gering, der K- und Mg- Bedarf jedoch vergleichsweise hoch. In Versorgungsstufe C werden bei einer Ertragserwartung von 60 dt ha^{-1} Korngut 30–35 kg P ha^{-1} und 100–160 kg K ha^{-1} als PK-Düngung vor der Herbstfurche verabreicht. Unter den Spurennährelementen sind Molybdän, Mangan, Bor und Kupfer für die Prozesse der Luftstickstoffbindung besonders wichtig. Bei sehr hoher Ertragserwartung erfolgt die entsprechende Zufuhr über Blattspritzung.

Im Erbsenanbau können durch starke **Unkrautkonkurrenz** Schäden bis hin zum Total-

Tab. 2.18 Erbsenernte.

- Vollreife bei 16–18 % Kornfeuchte
- Tiefer Schnitt, auf Steine achten
- Mahd mit Ährenheber gegen Lagerrichtung
- Optimale Druschzeitspanne 4–5 Tage
- Trocknung auf 14 % Kornfeuchte

ausfall auftreten. Die Bestände sind zunächst durch ihre langsame Jugendentwicklung bis zum Reihenschluss unkrautgefährdet. Besonders bei Semileafless-Sorten verstärkt sich mit fortschreitender Reifung die Lichtdurchlässigkeit des Bestandes, sodass mit beginnendem Lager eine Spätverunkrautung auftritt. In extrem feuchten Jahren sind solche Bestände nicht erntbar. Aus diesen Gründen ist die Unkrautbekämpfung eine der Schlüsselmaßnahmen im Anbauverfahren. Bei einem Unkrautdeckungsgrad von 10 % durch die wichtigsten Unkräuter ist eine Bekämpfung angezeigt. Mechanische Bekämpfungsverfahren reichen meist nicht zur Unkrautkontrolle aus. Im Vorauflauf und ab einer Wuchshöhe von 10 cm kann gestriegelt werden. Effektiver ist der Einsatz von Herbiziden im Vorsaat-, Vorauflauf- und Nachauflaufverfahren. Die Behandlung im Vorauflauf soll besonders die Ungräser treffen. Im Nachauflauf wird die chemische Unkrautbekämpfung zum Stadium 21 bei einer Pflanzenhöhe zwischen 5 und 10 cm eingesetzt. Die Ausbildung einer ausreichenden Wachsschicht der Erbsenblätter während 2–3 trockener Tage vor dem Behandlungstermin erhöht die Kulturverträglichkeit der Spritzmittel. Bodenherbizide können Rhizobien schädigen.

Von den **tierischen Schädlingen** verursachen Vögel (Fasan, Krähe, Taube) kaum zu verhindernde Schäden an den auflaufenden Beständen. Der Blattrandkäfer (*Sitona lineata*) schädigt zunächst durch Blattfraß unter Bildung von halbrunden Fraßkerben. Nach Eiablage und Larvenschlupf befällt das Larvenstadium die jungen Wurzeln einschließlich Wurzelknöllchen. Bis zu 10 % Blattverlust können toleriert werden. Die Grüne Erbsenblattlaus (*Acyrthosiphon pisum*) verursacht Saugschäden und dient als Virusvektor. Erhebliche wirtschaftliche Schäden sind die Folge. Mit dem Grünknospenstadium beginnt der Befall, der sich durch Triebstauchungen, Blütenabwurf sowie verringerten Hülsen- und Samenansatz bemerkbar macht. Der Schwellenwert für die Bekämpfungsmaßnahme ist mit 10–15 Läusen je Trieb erreicht. Erbsenwickler (*Cydia nigricana*) und -käfer (*Bruchus pisorum*) können mit ihren Raupen bzw. Larven durch Samenfraß schädigen. Wenn auch im Konsumanbau die Bekämpfungswürdigkeit oft fehlt, so werden bei der Saatguterzeugung regelmäßig Insektizide eingesetzt.

Im Betriebsablauf liegt die Erbsen- nach der Rapsernte und unmittelbar vor der Weizenernte (Tab. 2.18).

Die optimale **Erntezeitspanne** ist sehr kurz. Bei 40 % Wassergehalt des Samens ist nach 3–5 Tagen die Druschreife erreicht. Der Bestand ist abgestorben, die Hülsen sind hellbraun und die Samen hart. Der Mähdrusch erfolgt entgegen oder schräg zur Lagerrichtung, mit großem Dreschkorb, weitem Trommelabstand und möglichst niedriger Drehzahl sowie mit einem Teleskopährenheber und sehr schonendem Haspeleinsatz. Erbsen können problemlos bei 16 % Feuchtigkeit gedroschen werden. Geringere Erntefeuchten werden gemieden, um Bruchkorn zu verhindern. Saatgut wird schon bei 17–19 % Feuchtigkeit geerntet, um die Keimfähigkeit zu erhalten. Feucht geerntete Erbsen werden auf 14 % heruntergetrocknet, um das Erntegut lagerfähig zu machen. Es wird bei maximal 50 °C getrocknet, um das Platzen der Samenschale zu vermeiden. Der Trocknungsaufwand ist sehr groß, weil die Feuchtigkeit im Sameninneren nur sehr langsam abgegeben wird.

2.4.2.2 Ackerbohne (*Vicia faba* L.)

Die Ackerbohne wird in erster Linie als Körnerfutterpflanze, in geringerem Maße auch als Grünfutterpflanze genutzt. Die Hauptverwendung erfolgt als hochwertiges, eiweißreiches Kraftfutter in der Tierernährung. Wegen einer Reihe antinutritiver Inhaltsstoffe ist das Erntegut aber nur bis zu bestimmten Höchstgrenzen in der Futterration einsetzbar (s. Tab. 2.15). Die Versorgung der Mischfutterindustrie wird überwiegend aus Importen abgedeckt.

Der Anbauumfang für die Ackerbohne war immer sehr starken Schwankungen unterworfen. Seit 1994 waren in Deutschland konstant

20 000–30 000 ha, seit 2004 10 000–20 000 ha im Anbau auf niederschlagreichen Standorten. Zuletzt ist die Anbaufläche wieder deutlich auf über 55 000 ha in 2020 angestiegen.

Das **Ertragspotenzial** beträgt > 60 dt ha^{-1}, das nutzbare Ertragspotenzial > 50 dt ha^{-1}. Spitzenerträge liegen standortabhängig in einer weiten Spannbreite (40–50 dt ha^{-1}).

Die **Qualitätsanforderungen** beziehen sich im Wesentlichen auf Reinheit, Gesundheit, hohen Eiweißgehalt (≥ 28 %) und niedrigen Tanningehalt (vgl. Tab. 2.15) .

2.4.2.3 Lupinen (*Lupinus* spp.)

In Deutschland werden als landwirtschaftliche Kulturpflanzen die 3 einjährigen Arten **Gelbe Lupine, GL** (*Lupinus luteus* L.), **Schmalblättrige oder Blaue Lupine, BL** (*Lupinus angustifolius* L.), und **Weiße Lupine, WL** (*Lupinus albus* L.), auf über 25 000 ha angebaut.

Die Ausdauernde Lupine (*Lupinus polyphyllus* Lindl.) dient als Böschungsbegrüner und als Zierpflanze. Die Andenlupine (*Lupinus mutabilis* Sweet) steht z. Zt. in züchterischer Bearbeitung, weil sie einen hohen Proteingehalt mit einem ebenfalls hohen Ölgehalt kombiniert. Das Auftreten der Anthraknose-Krankheit gefährdet den Lupinenanbau. **Praxiserträge** belaufen sich bei großer Schwankungsbreite auf 15 dt ha^{-1} (GL, ärmere Standorte), 25 dt ha^{-1} (BL, mittlere Standorte) bzw. 40 dt ha^{-1} (WL, gute Standorte). Als Qualitätseigenschaften sind hoher Rohproteingehalt (44 % bei GL bzw. 35 % bei WL) und für Fütterung und Ernährung Alkaloidgehalte < 0,025 % (alkaloidfrei) bzw. 0,025–0,05 % (alkaloidarm) erwünscht.

2.4.2.4 Sojabohne (*Glycine max* [L.] Merr.)

Die Sojabohne wurde in China bereits vor 3000 Jahren angebaut. In den USA und Europa wird sie jedoch erst seit Beginn des 20. Jahrhunderts landwirtschaftlich genutzt. Weltweit steht sie an der Spitze aller Körnerleguminosen und Ölsaaten. Verwendet wird das Erntegut zur Speiseöl-/Margarineherstellung, sodass Soja in Produktionsstatistiken den Ölsaaten zugerechnet wird. Die Press- und Extraktionsrückstände sind ein hochwertiges Eiweißkonzentrat in der Tierernährung.

Die beiden wichtigsten Erzeugerländer sind USA und Brasilien. In Deutschland hat sich die Anbaufläche von 5000 ha im Jahre 2012 auf fast 30 000 ha im Jahre 2019 gesteigert, dabei standen unter den Bundesländern Bayern (16 000 ha) und Baden-Württemberg (8000 ha) an der Spitze der Erzeugung. Dort kann ein Kornertrag von > 35dt ha^{-1}, sonst um 20–25 dt ha^{-1} erwartet werden. Die Basiswerte für den Aufkauf sind 18 % Ölgehalt, 14 % Feuchtigkeit und 2 % Fremdbesatz. Zunehmend wird Sojakorngut für Speisezwecke genutzt (Tofu, Milchersatz), wobei dann ein hoher Proteingehalt wesentlich ist.

Fragen zu Kapitel 2.4.2

- Welche 3 Wurzeltypen lassen sich bei den Leguminosen unterscheiden?
- Wo liegen im Erbsenanbau die Optima für Saattermin, Saattiefe und Reihenabstand?
- Wodurch wird der Feldaufgang eines Erbsenbestandes beeinträchtigt?
- Wie hoch liegt bei großkörnigen Leguminosen a) die Erntefeuchte und b) die Lagerfeuchte?
- Welches sind die Hauptqualitätskriterien der Ackerbohne?
- Welche Lupinenarten sind in Mitteleuropa anbauwürdig?

2.4.3 Öl- und Faserpflanzen

Die Arten dieser Kulturpflanzengruppe gehören botanisch weit entfernten Familien an. An der Spitze weltweiter Erzeugung auf Ackerland steht die Sojabohne (*Glycine max* [L.] Merr.; Fabaceae) mit >50 %, gefolgt von Rapssaat (*Brassica spp.*; Brassicaceae) und Baumwollsaat (*Gossypium* spp.; Malvaceae), Erdnuss (*Arachis hypogaea* L.; Fabaceae) und Sonnenblume (*Helianthus annuus* L.; Asteraceae) und anderen Vertretern, zu denen Sesam (*Sesamum indicum* L.; Pedaliaceae), Lein (*Linum usitatissimum* L.; Linaceae), Rizinus (*Ricinus communis* L.; Euphorbiaceae), Saflor (*Carthamus tinctorius* L.; Asteraceae) u. a. zählen (Abb. 2.19).

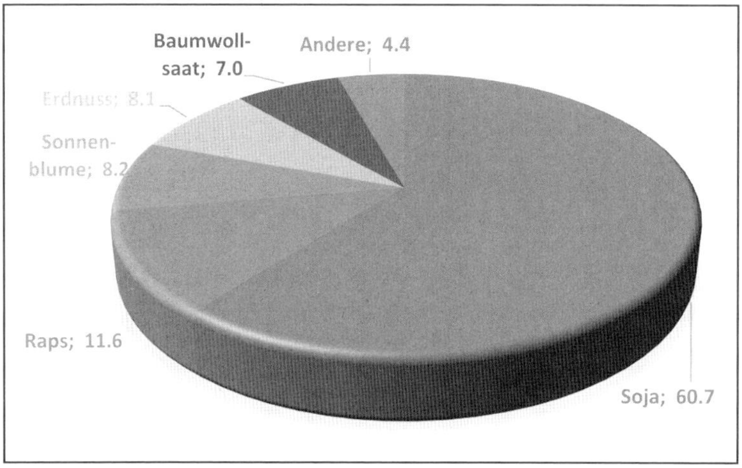

Abb. 2.19 Weltproduktion von Ölsaaten 2020/21 in % (596 Mio. t = 100 %).

Bei der Weltproduktion von pflanzlichen Ölen und Fetten (2017: 184 Mio. t) liegt Palmöl (aus Dauerkultur) mit 41 % an der Spitze, gefolgt von Sojaöl (29 %), Rapsöl (14 %) und Sonnenblumenöl (10 %).

In Tabelle 2.19 ist die Zusammensetzung ölreicher Pflanzenrohstoffe angegeben.

Öl- und Faserpflanzen

In der Gruppe der Öl- und Faserpflanzen findet sich eine große botanische Diversität. Die Spanne reicht von einjährigen (z. B. Sojabohne, Baumwolle, Raps/Rübsen, Sonnenblume, Erdnuss, Lein) bis langlebigen Vertretern (z. B. Ölbaum, Ölpalme). Kennzeichnend für die Ölpflanzen ist die Speicherung von Reservefett meist in Form von Triglyceriden. Die wertgebenden Komponenten sind Fettsäuren mit einer Kettenlänge von 10–22 C-Atomen. Die Nutzungseigenschaften werden hauptsächlich durch den unterschiedlichen Sättigungsgrad der Fettsäuren bestimmt. Faserpflanzen sind von geringerer wirtschaftlicher Bedeutung. Fasern werden aus reproduktiven Organen (z. B. Samen- bzw. Fruchthaare von Baumwolle bzw. Kokospalme), aus Sprossachsen (z. B. Bastfasern aus Lein, Hanf, Brennnessel, Jute, Kenaf, Ramie) und aus Blättern (z. B. Manilahanf, Sisalagave) gewonnen.

In Mitteleuropa haben von den Ölpflanzen Winterraps (*Brassica napus* L.), Sonnenblume (*Helianthus annuus* L.) und Öllein (*Linum usitatissimum* L.), von den Faserpflanzen Hanf (*Cannabis sativa* L.) und Faserlein (*Linum usitatissimum* L.) die größte Anbaubedeutung.

Allen Ölsaaten gemeinsam ist die **Speicherung von Triglyceriden** in Samen bzw. Früchten. Fettspeicherung findet nicht nur in Samen statt, sondern auch in Sprossknollen (Erdmandel, *Cyperus esculentus* L.) oder im Fruchtfleisch (Ölpalme, *Elaeis guineensis* L.; Ölbaum, *Olea europaea* L.; Avocadobirne, *Persea americana* Mill.). Triglyceride als Ester aus dem 3-wertigen Alkohol Glycerin und Fettsäuren bilden im Reservegewebe der Pflanzen ein Gemisch, dessen Diversität sich aus der Kettenlänge der Fettsäuren (ggf. auch der sehr seltenen Kettenverzweigung) und deren Desaturierungsgrad (Anzahl und räumliche Anordnung der Doppelbindungen) ergibt. Fettsäuren sind gewöhnlich geradzahlige C-Ketten und schließen das Molekül mit einer Carboxylgruppe (-COOH) ab; sie tragen 10–22 C-Atome. Die meist unverzweigten Kohlenstoffketten sind gesättigt (ohne Doppelbindung) oder ungesättigt (1–4 Doppelbindungen). Die wechselnde Konsistenz der Fette bei unterschiedlichen Temperaturen wird durch die Fettsäurezusammensetzung bestimmt (s. auch Kap. 2.2.3). Hohe Anteile an ungesättigten und mittel- und langkettigen (C12–C18) Fettsäuren bedingen eine hohe Fluidität des Öles, welches bereits bei Zimmertemperatur flüssig ist. Die mehrfach ungesättigten Fettsäuren Linolsäure (18:2) und Linolensäure (18:3) sind als essenzielle Fettsäuren ernährungsphysiologisch besonders bedeutsam. Ungesättigte Fettsäuren spielen auch bei der technischen Verwendung

Tab. 2.19 Zusammensetzung ölreicher Pflanzenrohstoffe in % der Trockensubstanz (nach Schöne 1993).

	Roh-fett	**Roh-protein**	**Roh-faser**	**N-freie Extraktstoffe**	**Roh-asche**	**Antinutritive Inhaltsstoffe**
Sojabohne	22	39	6	28	5	Trypsinhemmstoffe
Raps- und Rübsensaat	43	24	6	22	5	Glucosinolate, Sinapin
Sonnenblumensamen (Neuzüchtungen)	42	22	19	11	6	(Phenole)
Baumwollsaat	25	25	18	28	4	Gossypol
Erdnuss	50	32	2	13	3	Mykotoxine, besonders Aflatoxine
Babassu- und Palmkerne	70	10	6	12	2	nicht bekannt
Kopra (aus Kokosnuss)	71	9	4	14	2	nicht bekannt
Leinsaat	36	25	8	25	6	Cyanogene Glycoside

eine wichtige Rolle. So sind trocknende Öle reich an ungesättigten Fettsäuren, die unter Luftsauerstoff zu hochmolekularen Verbindungen polymerisieren und sich dabei verfestigen und eintrocknen. Diese Eigenschaften werden besonders bei Öl- und Druckfarben sowie Lacken geschätzt. Nicht trocknende Öle sind dagegen hochgradig gesättigt und eignen sich deshalb bevorzugt als Schmierstoffe, die keinesfalls trocknen bzw. verharzen dürfen.

Über die Fettsäurezusammensetzung wichtiger Ölsaaten informiert Tabelle 2.20.

In der Pflanzenzüchtung nutzt man zunehmend die Möglichkeit, maßgeschneiderte Öle innerhalb einer Kulturart zu generieren. So kann z. B. Rapsöl in Richtung eines hohen Anteils an mittel- und kurzkettigen Fettsäuren verändert werden, die sonst nur in Ölen tropischer Herkunft zu finden sind. Für die technische Verwertung gibt es ferner Typen mit hohen Anteilen an Erucasäure (> 60 %) oder Ölsäure (> 90 %). Von den Umweltfaktoren beeinflussen hauptsächlich Stickstoff und Temperatur den Ölgehalt bzw. das Fettsäurespektrum. Mit zunehmendem N-Angebot sinkt der Ölgehalt, der Proteingehalt nimmt zu. Niedrige Temperaturen erhöhen den Desaturierungsgrad der Reservefette.

Zur **Ölgewinnung** wird das Erntegut in der Ölmühle gereinigt, zerkleinert, erhitzt, abgepresst und/oder extrahiert, das Öl schließlich raffiniert. Es wird teils nach Warmpressung, teils nach chemischer Extraktion mit organischen Lösungsmitteln gewonnen. Für Speisezwecke gilt die Kaltpressung von Ölsaaten als schonendes Verfahren, bei der allerdings die Ölausbeute vermindert ist. Im Zuge der Raffination wird das rohe Öl entschleimt (Entfernen von Trubstoffen und Lecithin), neutralisiert (Verseifung von freien Fettsäuren) und von Wachsteilen befreit. Den unerwünschten Eigengeruch von Ölen und Fetten beseitigt man in der Speiseölherstellung durch Desodorierung mittels Wasserdampf, der die flüchtigen Geruchs- und Geschmackstoffe erfasst und abtrennt. Nach der Ölausbeute verbleiben die eiweißreichen Press- bzw. Extraktionsrückstände, die mit einem Restfettgehalt von < 2 % ein wertvolles Tierfutter darstellen. Viele ölreiche Samen enthalten darin aber auch antinutritive Inhaltsstoffe.

In Mitteleuropa haben **Raps, Sonnenblume und Lein** von den Ölfrüchten die größte Anbaubedeutung; an deren Korngut werden spezielle Anforderungen gestellt (Tab. 2.21 und Abb. 2.20).

Da Raps, Sonnenblume und Lein keine botanischen Gemeinsamkeiten aufweisen, zeigen sie auch in der Ertragsstruktur einige Unterschiede (Abb. 2.21).

Unter den zahlreichen Faserpflanzen sind nur wenige von wirtschaftlicher Bedeutung, weil die Aufwendungen für den Anbau, das Mengenpotenzial für den Absatz von Fasern und die Technik der Fasergewinnung und -verarbeitung ökonomisch enge Grenzen setzen. Baumwolle (Samenhaare) ist die wichtigste Faserpflanze

Tab. 2.20 Fettsäurezusammensetzung landwirtschaftlich bedeutender Ölpflanzen (modifiziert nach Lühs und Friedt 1994).

Kulturart	Palmitinsäure C16:0	Stearinsäure C18:0	Ölsäure C18:1	Linolsäure C18:2	Linolensäure C18:3	Eicosensäure C20:1	Erucasäure C22:1	Übrige Fettsäuren
Sojabohne	**8–13**	**2–5**	**18–26**	**50–57**	**5–10**			0–1
Zuchtstämme	4–20	2–30	17–51	28–61	3–21			
Genbankmaterial	3–28	2–30	7–70	8–64	2–33			
Raps	**3**	**1**	**12**	**13**	**8**	**8**	**52**	**3**
(erucasäurehaltig)	2–6	1–3	8–60	11–23	5–13	3–15	5–60	0–3
Zuchtstämme	1–5	1–3	7–50	9–23	4–13	3–16	5–61	0–3
Genbankmaterial	2–11	0–5	6–50	7–48	2–21	2–23	5–63	0–5
Raps	**4**	**2**	**60**	**20**	**10**	**2**	**2**	**< 1**
(erucasäurearm)	3–6	1–3	50–66	18–28	6–14	0–3	0–5	0–1
Zuchtstämme	2–13	1–6	27–80	9–51	2–25	0–2	0–1	
Genbankmaterial	0–13	1–7	27–87	4–51	2–25	0–1		
Sonnenblume	**6–8**	**3–7**	**14–39**	**48–78**	0–1			**0–1**
Zuchtstämme	3–14	1–10	14–19	1–76				0–1
Genbankmaterial	3–30	1–14	9–95	1–84				
Lein	**4–7**	**2–8**	**12–38**	**5–27**	**26–65**			
Zuchtstämme	4–13	2–10	12–44	5–70	2–70			
Genbankmaterial	4–28	2–10	8–44	5–75	2–70			

Tab. 2.21 Anforderungen an das Korngut von Raps und Rübsen, Sonnenblume und Öllein.

Kriterien	Raps, Rübsen	Sonnenblume	Öllein
Ölgehalt (%)	40	44	38
Wassergehalt (%)	9	9	9
Besatz (%, Basis/max.)	2	2/4	2,5
FFA[1] (%, Basis/max.)	2	2/5	2
Erucasäuregehalt (max. %)[2]	5	–	–
Gesamt-Glucosinolatgehalt (μmol g^{-1})[2]	25	–	–

Gesunde Ware
- frei von Schimmel, Geruch sowie unreifen, verbrannten und beschädigten Körnern
- frei von lebenden und toten Schädlingen

[1] FFA = freie Fettsäuren
[2] 00-Qualität

der Welt; in Mitteleuropa dominieren Lein und Hanf (Bastfasern).

2.4.3.1 Winterraps (*Brassica napus* L. ssp. *oleifera* (Metzg.) Sinsk.)

Winterraps ist die bedeutendste Ölfrucht des gemäßigten Klimas und dient in erster Linie zur Speiseöl- und Margarineherstellung, ferner zur Gewinnung von Schmier-, Hydraulik- und Schalungsöl und zunehmend auch zur Kraftstofferzeugung, entweder als Rapsmethylester (RME) für Dieselmotoren oder als natives Öl für Pflanzenölmotoren sowie als Rohstoff in der Oleochemie (z. B. Erucasäure). Die Rückstände aus der Ölgewinnung fallen als Raps(press)kuchen oder als Rapsextraktionsschrot an und sind ein wertvolles Eiweißfuttermittel.

Global erbringen China, die EU, Kanada und Indien (v. a. *Brassica juncea* L.) > 90 % der Rapsproduktion.

In Deutschland nahm im 19. Jahrhundert der Bedarf an technischen Ölen und Chemierohstoffen zu und ebenso die Rapsanbaufläche. Später

Abb. 2.20 Korngut von Sonnenblume (links), Lein (Mitte) und Raps (rechts).

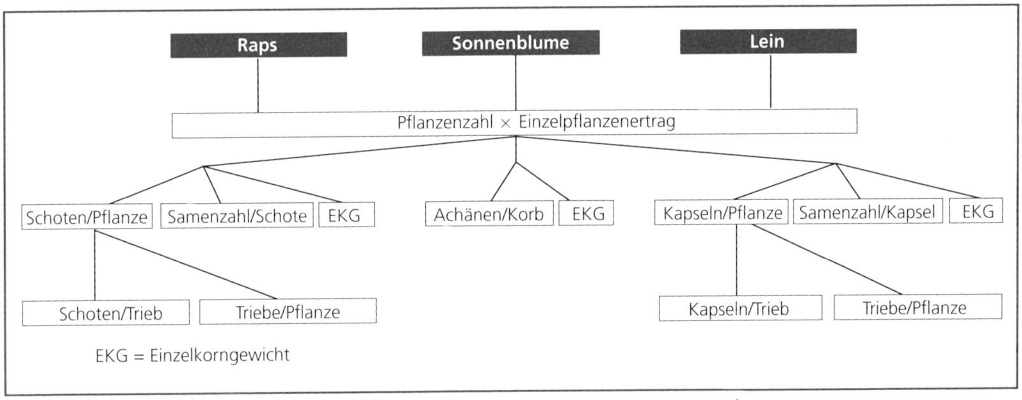

Abb. 2.21 Ertragsstruktur von Raps, Sonnenblume und Lein (Diepenbrock und Becker 1995).

schwankte der Anbau sehr stark in Abhängigkeit von der Selbstversorgungsnotwendigkeit. Ab etwa 1970 erlebte der Rapsanbau schließlich einen nachhaltigen Aufschwung, der sich auf das relativ attraktive Preisniveau, neue Qualitätssorten (erucasäure- und glucosinolatarm) sowie die Umsetzung des biologisch-technischen Fortschrittes in höheres Ertragsniveau gründete. Heute wird der Winterrapsanbau vorwiegend durch die ökonomischen Rahmenbedingungen bestimmt und liegt in Deutschland mit leicht abnehmender Tendenz bei 850 000 ha (2019, < 10 % der Ackerfläche) mit erheblichen regionalen Unterschieden.

Der **amphidiploide Bastard** aus Kohl und Rübsen bildet eine kräftige Pfahlwurzel, die im oberen Teil mit zahlreichen kurzen und darunter mit längeren Seitenwurzeln besetzt ist. Die junge **Wurzel** ist glasig-weiß, die Oberfläche der älteren Wurzel erscheint weißlich-gelb. Im ungestörten, tiefgründigen Boden wächst das Wurzelsystem bis in 1,80 m Tiefe. Gegen Bodenwiderstände reagiert es empfindlich, sodass es auf verdichteten Böden zu einer Verkrümmung und Stauchung der Pfahlwurzel kommt, verbunden mit einer verstärkten Seitenwurzelbildung. Die Wurzelhaare sind außergewöhnlich lang. Wie auch andere Brassicaceen geht Raps keine Symbiose mit Mykorrhiza-Pilzen ein. Raps bildet ein monopodiales **Sprosssystem**. Die vollständig entwickelten Rosettenblätter sind dunkelgrün, bereift, schwach behaart, gestielt, leierförmig-fiederspaltig und weisen große Endlappen auf. Nach Abschluss der vorwinterlichen Entwicklung ist mit 8–10 Blättern und gestauchter Sprossachse die maximale Winterhärte erreicht. Die jungen Blätter bedecken den empfindlichen Vegetationskegel, an dem sich bereits weitere Blattanlagen sowie Verzweigungs- und Blütenknospenanlagen ausdifferenziert haben.

Im Frühjahr bildet sich mit einsetzender Internodienstreckung und unter Auflösung der Rosette die Sprossachse aus. Nach dem Haupttrieb entwickeln sich sukzessive Verzweigungen erster, zweiter und ggf. höherer Ordnung mit deutlicher Ausprägung einer apikalen Dominanz. In der wechselständigen Blattfolge sind die unteren Laubblätter gestielt, leierförmig-fiederspaltig und schwach behaart mit verhältnismäßig großen Endlappen. Die mittleren und oberen Stängelblätter sind unbehaart, ungeteilt und mit dem herzförmigen Blattgrund in unterschiedlichem Ausmaß stängelumfassend. Die Morphologie der Rapspflanze wird in der reproduktiven Phase stark durch die Verzweigung bestimmt, welche durch Sorte, Bestandesdichte und N-Versorgung erhebliche Modifikationen erfährt.

Die einzelne **Kreuzblüte** ist disymmetrisch aufgebaut. Die Blütenhülle besteht aus 4 freien Kelchblättern, die mit 4 freien, meist sattgelben Kronblättern alternieren. Die 6 Staubblätter sind in 2 Kreisen angeordnet, der äußere mit 2 kurzen, der innere mit 4 langen Staubblättern, die den Stempel in der Mitte einschließen. Für eine gelenkte Bestäubung ist es wichtig, dass die Narbe schon 1–2 Tage vor Entfaltung der Blütenblätter, also noch im Knospenstadium, befruchtungsfähig ist. Im Blühverlauf einer Pflanze öffnen sich die Knospen an den einzelnen Trieben von unten nach oben, beginnend am Haupttrieb, gefolgt von den Nebentrieben in der Reihenfolge ihrer Ausbildung. Entsprechend der unterschiedlichen Entwicklungszustände der Knospen bzw. Blüten einer Pflanze blüht ein Rapsbestand 3–4 Wochen. Die Gesamtblühzeit kann sich bei niedrigen Temperaturen und regnerischer Witterung noch deutlich verlängern.

Die **Pollenverbreitung** im angebauten Rapsbestand ist für die Saatgutvermehrung, die Einhaltung von Qualitätszielen im Erntegut und neuerdings auch die Verbreitung von Transgenen entscheidend. In vielen Experimenten zeigte sich eine außerordentlich große Variabilität des Fremdbefruchtungsanteils in Abhängigkeit von den Versuchsbedingungen und insbesondere von der Abstandsentfernung. In unmittelbarer Nähe kann die Fremdbefruchtung bis zu 50 % ausmachen, allerdings kommt sie auch noch in einigen Hundert Metern Entfernung vor.

Der Rapspollen ist vergleichsweise schwer und verklebt leicht zu Klumpen. Er wird durch Direktkontakt benachbarter Pflanzen, Wind und Insektenflug verbreitet. Die Verbreitung hängt von der Pollendichte des Ausgangsbestandes, den Witterungsbedingungen, der Aktivität der Bestäuberinsekten sowie der Größe und Lage des Empfängerbestandes ab.

Die **Frucht** ist eine 5–10 cm langgestreckte, unbehaarte Schote mit 2 einnervigen, netzartigen Fruchtblättern und einem mittellangen kegelförmigen Schnabel. Sie ist durch eine falsche Scheidewand in 2 Räume unterteilt, die mit je 5–12 Samen gefüllt sind. Im Praxisanbau findet man je Schote 15–20 Samen. Zur Reife verbleibt die Scheidewand mit den anhängenden Samen am Fruchtstiel, während die Fruchtblätter abfallen. Für die Schotenreifung werden 4 Reifegrade beschrieben. In der Grünreife sind die Schoten hellgrün und die Samen grün und weich. In der folgenden Braunreife vergilben die Schoten und die Samen verbräunen. In der Vollreife werden die Fruchtblätter graugelb und spröde, die Samen schwarz. In der Totreife beginnen die Schoten aufzuplatzen. Ursache dafür sind Gewebespannungen innerhalb der Fruchtwand, weil sich im Perikarp lignifizierte und dünnwandige Zellschichten abwechseln, sodass es unter starker Wasserabgabe zu einem Aufplatzen der Schoten kommt.

Der **Rapssamen** ist kugelig und misst 1,8–2,8 mm im Durchmesser (Abb. 2.20 rechts). Die TKM beträgt je nach Sorte und Ausreifegrad zwischen 4 und 6 g. Zur Reife ist die Samenoberfläche fein genetzt, die Farbe blau-schwarz bis braun-schwarz. Der Schalenanteil beträgt 12–16 %, mit einem Ligningehalt von 30–40 %, der

Tab. 2.22 Codes für die Beobachtung von Entwicklungsstadien des Rapses (Baudis et al. 1990).

Allgemeine Beschreibung	KDC-Code
0 Keimung	
Trockener Samen (Saattermin)	01
Beginn der Samenquellung	02
Austritt Keimwurzel	05
Austritt des Blattkeimes (Hypokotyl)	07
Aufgang: Hypokotyl durchbricht Bodenoberfläche	09
1 Auflaufen	
Aufgang: Keimblätter haben Bodenoberfläche durchbrochen	11
Keimblätter entfaltet	14
2 Blattbildung im Herbst	
1. Laubblatt entfaltet	21
2. Laubblatt entfaltet	22
3. Laubblatt entfaltet	23
…	
≥ 8. Laubblatt entfaltet	28
3 Blattbildung im Frühjahr	
Blattneubildung sichtbar	31
2. Blatt entfaltet	32
…	
≥ 8. Blatt entfaltet	38
4 Längenwachstum/Sprossstreckung	
Sprosslänge 2 cm, Vegetationskegel erkennbar	41
Sprosslänge 5 cm	42
Sprosslänge 10 cm	43
Sprosslänge 20 cm, Beginn Bildung Blütenknospen	45
5 Knospenbildung	
Blütenknospen verdeckt, unter Hochblättern erkennbar	52
Blütenknospen sichtbar	53
Kleinknospenstadium: Mehrzahl der Blütenknospen freistehend	
Großknospenstadium: Knospen noch geschlossen,	55
gelbe Blütenblätter zwischen den Kelchblättern sichtbar	59
6 Blüte	
Vorblüher: an einigen Pflanzen erste Blüten geöffnet	61.1
Blühbeginn: 10 % der Blüten geöffnet	61.2
Vollblüte: Blüten und Schoten zu gleichen Anteilen vorhanden	65
Blühende: alle Blüten verblüht	69
7 Schotenbildung	
10 % ausgebildete Schoten mit sichtbarer Gliederung	71
50 % Schoten, erste Schoten an Seitentrieben	75
100 % Schoten, auch in Schoten der Nebentriebe Samenbildung erkennbar	79
8 Reife	
Reifebeginn: 10 % der Schoten aufgehellt; Samen glasig-grün	81
Samen halbseitig braun/schwarz	85
Samen dunkelbraun/schwarz	89
Vollreife: Samen schwarz u. hart (Mähdruschreife)	91
Totreife: Spross brüchig; Schoten bei Berührung platzend	94

Ölgehalt beträgt 40–50 % und der Rohproteingehalt um 25 %.

Als Hauptphasen der **Entwicklung** unterscheidet man die Stadien „Keimung und Feldaufgang", „Jugendphase", „Blüte" und „Reifung" (Tab. 2.22).

Der Rapssamen keimt epigäisch, d. h. die Keimblätter, die zuvor im Embryo als Reservestoffspeicher gedient haben, ergrünen und entfalten sich über der Erdoberfläche. Danach entwickelt sich bei Winterraps eine Blattfolge, die vor Eintritt des Winters das 6- bis 8-Blattstadium unter Bildung einer tiefliegenden Rosette erreicht haben soll. Der Wurzelhalsdurchmesser sollte > 5 mm betragen. In diesem Stadium ist die maximale Winterhärte gegeben.

In homogenen Rapsbeständen bildet sich bis zum Spätherbst ein Blattflächenindex (BFI) von

3–3,5 aus, der sich während des Winters bei niedrigen Temperaturen und schwacher Lichtintensität bis auf 0,5 reduzieren kann. Das Abfrieren der Blätter hat einen Trockenmasseverlust von durchschnittlich 50 % zur Folge. Mit dem Blattverlust nimmt auch der in der Pflanzenmasse gebundene Stickstoff von etwa 60 kg ha^{-1} im Spätherbst auf 20 kg ha^{-1} im Frühjahr ab.

Im Frühjahr beginnt die Rapspflanze zunächst mit dem Austrieb der Laubblätter, die die Photosyntheseleistung des Bestandes in dieser Phase maßgeblich bestimmen. Das Blattwachstum muss gleich nach Vegetationsbeginn in hohen Raten erfolgen, sodass zu Blühbeginn – also weit vor Erreichen der maximalen Trockenmasse des Bestandes – die maximale Blattfläche erreicht ist. Der Bestand bringt innerhalb weniger Wochen nach Vegetationsbeginn BFI-Werte von 3–4 hervor. Neben dem intensiven Blattwachstum setzt im Frühjahr auch das Streckungswachstum (Schossen) der Hauptsprossachse und die Ausbildung von Seitentrieben ein. In dem Entwicklungsabschnitt von Vegetationsbeginn bis Vollblüte wird der überwiegende Teil der Gesamttrockenmasse eines Rapsbestandes mit ca. 100 dt ha^{-1} Sprosstrockenmasse und ca. 8 dt ha^{-1} Wurzeltrockenmasse produziert.

Im gleichen Zeitraum ist auch die **Nährstoffaufnahme** sehr hoch. Die Maximalwerte der Nährstoffakkumulation werden kurz vor Blühende erreicht. Sie betragen etwa 250 kg N ha^{-1}, 50 kg P ha^{-1}, 280 kg K ha^{-1}, 220 kg Ca ha^{-1}, 25 kg Mg ha^{-1} und 90 kg S ha^{-1}.

Die entsprechenden Entzugswerte durch die Samenernte sind vergleichsweise gering. Sie betragen bei einem Ertragsniveau von 40 dt ha^{-1} etwa 160–180 kg N ha^{-1}, 30 kg P ha^{-1}, 35 kg K ha^{-1}, 16 kg Ca ha^{-1}, 15 kg Mg ha^{-1} und 35 kg S ha^{-1} (0-Sorten) bzw. 17 kg S ha^{-1} (00-Sorten). Folglich verbleiben nach einer Rapsvorfrucht erhebliche Nährstoffmengen auf dem Acker, sodass die Dynamik der Mineralisation bzw. Nährstofffreisetzung aus den Ernte- und Wurzelrückständen des Rapses für die Versorgung der Nachfrucht, aber auch hinsichtlich potenzieller Nährstoffverluste, von großer Bedeutung ist.

Im Entwicklungsverlauf der Rapspflanze ist der Blütezeitraum für die Ausprägung der **Ertragskomponenten** Schotenzahl je Pflanze und Samenzahl pro Schote entscheidend. In dieser Phase laufen vegetatives Wachstum (weitere Trockenmassezunahme) sowie reproduktive Prozesse parallel ab. Innerhalb von 4 Wochen wird die endgültige Schotenzahl fixiert, die von einer kontinuierlichen Assimilatversorgung abhängt.

Von den Blütenanlagen entwickeln sich insgesamt nur etwa 10–20 % zu fertilen Blüten weiter. Von den befruchtungsfähigen Blüten gehen abermals 50 % kurz vor oder nach der Bestäubung verloren. Dieser Reduktionsprozess ist – außer in Extremsituationen – nicht unmittelbar ertragslimitierend. Noch während der Blüte beginnt die Schotenentwicklung an der Pflanze, sodass in einem Rapsbestand Blüte und Schotenentwicklung über einen längeren Zeitraum parallel verlaufen. Entsprechend dem zeitversetzten Blühverlauf befinden sich Blüten sowie Schoten und Samen unterschiedlicher Reifestadien an der Pflanze. Innerhalb eines Triebes schreitet die Entwicklung in apikaler Richtung voran. Mit der Befruchtung ist die Grundlage für die Entwicklung der Einzelschote gelegt. In den ersten 16 Tagen nach der Bestäubung wird hauptsächlich die Schotenwand (Perikarp) aufgebaut und die endgültige Schotenlänge erreicht. In dieser Phase wird die Samenanzahl/Schote anfangs stark reduziert und hat sich bis spätestens 20 Tage nach der Befruchtung stabilisiert. Es werden sowohl Samenanlagen als auch Samen im Anfangsstadium zurückgebildet.

Als **Basisqualität** werden 41 % Ölgehalt (je % Ölgehaltsabweichung 1,5 % Preisänderung), 9 % Feuchte und 98 % Reinheit erwartet. Konsumraps mit weniger als 25 µmol Glucosinolate g^{-1} lufttrockener Saat gilt nach der EU-Marktordnung als glucosinolatarm. In der EU werden überwiegend Sorten angebaut, die erucasäurefrei und glucosinolatarm (< 18 µmol) sind. Es handelt sich dann um sogenannte 00-Sorten.

Der Rapsertrag setzt sich aus den Komponenten 40–60 Pflanzen pro m^2, 80–160 Schoten pro Pflanze, 16–22 Samen pro Schote und 4–6 g TKM zusammen.

Aus diesen primären Ertragskomponenten lassen sich abgeleitete Größen errechnen. Das Resultat der Verknüpfung dieser Merkmale ist der Flächenertrag. Im Vegetationsverlauf können Defizite in der Ausbildung einer Ertragskomponente durch eine andere ausgeglichen werden. Durch derartige Kompensationen können z. B. Fehlstellen im Pflanzenbestand oder ein reduzierter Ansatz von Schoten oder von Samenanlagen in den Schoten in ihren Auswirkungen auf den Flächenertrag abgemindert werden.

Für die **Standortwahl** ist eine ausreichende Wasserversorgung wichtiger als die Bodenqualität. Tiefgründige Böden ohne Staunässe und Verdichtungen, mit hoher Feldkapazität und einem pH zwischen 6,5 und 7 sind für den Rapsanbau besonders gut geeignet. Selbst lehmige und humose Sande mit Ackerzahlen unter 45 kommen in Betracht, wenn eine ausgeglichene Niederschlagsverteilung gegeben ist. Mit einem Blühbeginn ab Ende April/Anfang Mai nutzt der Winterraps die Winterfeuchte in der Hauptwachstumsphase sehr gut aus.

Wegen einer Reihe pilzlicher Fruchtfolgekrankheiten und Schädlinge gilt der Raps in der **Fruchtfolge** als selbstunverträglich. Es ist eine 3- besser 4-jährige Anbaupause einzuhalten. Aus ökonomischen Gründen kann der Rapsanteil in der Fruchtfolge gegenüber der 3-feldrigen Fruchtfolge erhöht werden, während er aus phytosanitären Gründen in einigen Regionen vermindert werden muss (Tab. 2.23).

Winterraps fordert frühräumende Vorfrüchte. Da Frühkartoffeln, Erbsen, Grüngetreide und Brache nicht ausreichend verfügbar sind, wird meist Getreide (am besten Wintergerste) gewählt. Andere Kruziferen und Rüben sind wegen des gleichen Krankheits- bzw. Schaderregerpotenzials möglichst in getrennte Fruchtfolgen zu stellen. Raps selbst ist eine ausgezeichnete Vorfrucht für Wintergetreide. Die lange Vegetationszeit garantiert eine gute Bodenbedeckung verbunden mit einer Strukturverbesserung. Die nach der Ernte auf dem Feld verbleibenden vegetativen Pflanzenteile sind nährstoffreich und leicht mineralisierbar. Für die **Saatbettbereitung** steht zwischen Stoppelbearbeitung der Vorfrucht und der Rapsaussaat oft nur eine sehr kurze Zeitspanne zur Verfügung. Im Allgemeinen erfolgen Stoppelbearbeitung mit intensiver flacher Einmischung exakt kurz gehäckselten und gut verteilten Strohs, 20–25 cm tiefe Saatfurche oder gleich tiefe Grubberbearbeitung sowie Schaffung eines feinkrümeligen und abgesetzten Saatbettes. Die pfluglose Bearbeitung erfordert bei Raps eine große Sorgfalt.

Tab. 2.23 Mögliche intensive Fruchtfolgen mit unterschiedlichen Rapsanteilen.

Arten: Raps (RA), Winterweizen (WW), Wintergerste (WG), Erbse (E)	
I. Erhöhung des Rapsanteils vs. Dreifelderfolge:	
RA, WW, WG, RA, WW RA, WW, WG, RA, WG RA, WW, WW, RA, WG RA, WW, E, RA, WW	40 % Raps
RA, WW **oder** RA, RA, WW, WW RA, WW, RA, WG **oder** RA, RA, WW, WG	50 % Raps
II. Verringerung des Rapsanteils vs. Dreifelderfolge:	
RA, WW, E, WW **oder** E, RA, WW, WW	25 % Raps
RA, WW, E, WW, WG	20 % Raps

Tab. 2.24 Empfehlungen für den Anbau von Hybridraps.

Saatgut	Saatstärke um 30–50 % verringern
N-Düngung	ortsüblich + Ausgleich für höhere Entzüge → + 10–30 kg N ha^{-1}
Fungizide und Wachstumsregler im Herbst und Frühjahr	gleiche Entscheidungskriterien wie bei konventionellen Sorten; sortenspezifische Intensität beim Einsatz von Wachstumsreglern

Für die **Sortenwahl** stehen erucasäure- und glucosinolathaltige, erucasäurehaltige und glucosinolatarme sowie erucasäure- und glucosinolatfreie Sorten zur Verfügung. Neben Liniensorten sind Verbundhybriden (CHL; männlich sterile Hybriden mit 2–3 zu 20–30 % beigemischten Bestäuberlinien) und restaurierte Hybriden (RFH; mit vollständig fertilen Pflanzen) im Angebot (Tab. 2.24).

Das **Saatgut** ist inkrustiert gegen frühen Rapserdflohbefall, Kleine Kohlfliege und pilzliche Auflaufkrankheiten. Der **Saattermin** richtet sich nach der erwarteten vorwinterlichen Entwicklung, die mit dem 6- bis 8-Blattstadium enden soll. Dafür benötigt Winterraps 80–100 Tage zwischen Aussaat und Eintritt einer Pentade mit

Tab. 2.25 Einfluss der Saatmenge auf Wurzelhalsdurchmesser, Sprossachsenlänge, Bestandesdichten und Ertrag von Winterraps (Makowski 2000, verändert).

Saatmenge (keimfähige Körner m^{-2})	180	100	60
Wurzelhalsdurchmesser (mm)	5,4	6,3	7,0
Sprossachsenlänge (mm) im Spätherbst	23	20	16
Bestandesdichten (Pfl. m^{-2})			
Herbst	165	95	60
Frühjahr	90	65	45
Ernte	75	55	45
Ertrag (dt ha^{-1})	38,7	39,8	42,2

weniger als 2 °C, nach der das Wachstum eingestellt wird. Mit regionaler Differenzierung wird zwischen 20. und 30. August gedrillt. Hybridsorten können ab 15. August und bis in den September hinein gesät werden. Die optimale Bestandesdichte im Herbst beträgt 40–60 Pflanzen pro m^2, zur Ernte mindestens 30 Pflanzen je m^2 (Tab. 2.25 und Tab. 2.26).

Der Umbruch nach Auswinterung wird ab einer Frühjahrsbestandesdichte < 15 Pflanzen pro m^2 durchgeführt, vorausgesetzt, dass die Pflanzen ungleichmäßig auf der Fläche verteilt sind. In manchen Fällen wird auch nur auf Teilschlägen umgebrochen. Die Saattiefe beträgt 1–2 cm, bei Einsatz von Bodenherbiziden 3 cm. Die Reihenweite orientiert sich am Getreide. Bei der Saat ist das Einrichten von Fahrspuren durch Nichtbedrillen der Radspur üblich.

Im Vergleich zu anderen Kulturarten, insbesondere zu Getreide, weist Raps einen hohen **Nährstoffbedarf** vor allem an Stickstoff (N), Kalium (K) und Bor (B) auf. Seit etwa 1980 kommt zusätzlich der direkten Versorgung mit Schwefel (S) eine gesteigerte Bedeutung zu. Die Gesamt-N-Aufnahme des wachsenden Bestandes liegt bei 250 kg N ha^{-1}, bei einem Entzug von lediglich 160–180 kg N ha^{-1} durch die geernteten Samen. Eine Herbstgabe kommt selten vor. Die Frühjahrs-N-Düngung erfolgt als erste Gabe (100–120 kg N ha^{-1}) sehr zeitig und als zweite Gabe (50–80 kg N ha^{-1}) etwa 4–6 Wochen später bis kurz vor Blühbeginn. Die N-Düngung ist teilweise auch über Güllegaben gut möglich. Winterraps benötigt eine Schwefeldüngung im Frühjahr von 20–40 kg S ha^{-1} in Form eines kombinierten Stickstoff-Schwefel-Düngers.

Bei zum Überwachsen neigenden Beständen können azolhaltige Fungizide bzw. Tankmischungen mit Trinexapac oder Mepiquat-Chlorid das herbstliche Längenwachstum bremsen. Während des Streckungswachstums sind ebenfalls Azole (auch in Kombination mit Trinexapac) als Wachstumsregler wirksam.

Trotz guter Konkurrenzkraft gegenüber **Unkräutern** reagiert Raps empfindlich auf hohen Unkrautdeckungsgrad. Der gezielte Herbizideinsatz erfolgt als VSE, VA und NA (NAK, NA Herbst, Winter, Frühjahr) nach Bestandesrichtwerten oder Schadenschwellenmodellen (s. auch Kap. 1.4.3.3). Einige Mittel sind durchgehend von VA bis NA anwendbar. Wichtige Voraussetzung für eine gezielte Bekämpfung ist eine fachgerechte Bestandsaufnahme der vorhandenen Unkräuter/-gräser. In Rapsbeständen kommen ca. 30 Unkraut- und Ungrasarten vor, von denen am einzelnen Standort aber nur wenige dominieren. Die wichtigsten Vertreter lassen sich nach den relativen Ertragseinbußen je 10 Unkräuter/-gräser pro m^2 einschätzen. Vogelmiere (*Stellaria media*) mindert den Ertrag um etwa 3 %, Ackerfuchsschwanz (*Alopecurus myosuroides*) um 0,8 %, Geruchlose Kamille (*Matricaria maritima*) um 0,5 %, Taubnessel (*Lamium* spp.), Ackerstiefmütterchen (*Viola tricolor*) und Ackervergissmeinnicht (*Myosotis arvensis*) je um 0,3 %. Besonders stark wirkt sich die Verunkrautung mit Klettenlabkraut aus wegen der Ernteerschwernisse und der Verunreinigung des Erntegutes (Besatz).

Pflanzenschutzmaßnahmen richten sich im Winterrapsanbau in erster Linie gegen die während der gesamten Vegetationszeit nacheinander auftretenden tierischen Schaderreger wie Rapserdfloh, Kleine Kohlfliege, Rapsstängelrüssler, Kohltriebrüssler, Rapsglanzkäfer, Kohlschotenrüssler und -mücke. Sie werden, wenn möglich, nach Bestandesrichtwerten bekämpft, wobei Bienenschutz zu beachten ist. Als sehr wirksames Hilfsmittel der Schädlingskontrolle hat sich die Gelbschale zur Kontrolle des Erstanfluges und der Flugaktivität von Schadinsekten bewährt. Erreicht der Befall die Schadenschwelle, ist eine Bekämpfung angezeigt. Im Zuge der konservieren-

Tab. 2.26 Optimaler Rapsbestand vor dem Winter.

Bestandeseigenschaften		optimal für
Bestandesdichte	40–80 Pflanzen m^{-2}	Pflanzenverteilung auf der Fläche, interspezifische Konkurrenz
Zahl der Laubblätter	6–8	Winterhärte, Vegetationskegel im generativen Zustand
Wurzelhalsdurchmesser	6–10 mm	Wiederaustrieb im Frühjahr
Wurzellänge	> 20 cm	Nährstoffaneignung vor dem Winter
Sprossachsenlänge	< 2 cm	Winterhärte
Trockenmasse	20–30 dt ha^{-1}	Bodenbedeckung, Nährstoffaufnahme, Wiederaustrieb im Frühjahr und Ertragsanlagen

den Bodenbearbeitung nimmt in letzter Zeit die Schädigung durch Schnecken stark zu.

Der Fungizideinsatz gegen *Phoma* (Wurzelhals- und Stängelfäule) und *Cylindrosporium* (Weißfleckigkeit) im Herbst und Frühjahr ist unsicher, gegen *Peronospora* (Falscher Mehltau) ist Zusatzbeizung möglich. Gegen *Sclerotinia* (Weißstängeligkeit) ist in den Rapsanbauregionen regelmäßig in der Vollblüte vorzugehen. Außerdem lassen sich die aus der Dauerform gebildeten Apothecien auf dem Boden mit biologischen Präparaten bekämpfen.

Vom Beginn der Blüte bis zur Reife vergehen etwa 60 Tage. Wenn die Samen hart und dunkelbraun bis schwarz sind und in der Schote rasseln (Kornfeuchte < 12 %), erfolgt **Mähdrusch** mit hoher Stoppel zweckmäßigerweise mit vertikalem Trenn-Schneidwerk, minimiertem Haspeleinsatz, weit geöffnetem Korb und gesonderten Rapssieben. Sikkation ist nur in Ausnahmefällen (Verunkrautung, ungleichmäßige Abreife) angebracht, soweit es überhaupt zugelassene Mittel gibt. Auch Schwaddrusch ist die Ausnahme für dünne (Windschlag) und/oder verunkrautete Bestände. Die Ertragserwartung bei Winterraps liegt bei 30–40, teils sogar 50 dt je ha.

Die Tendenz zur eigenständigen Vermarktung des Rapses verstärkt das Interesse an der hofeigenen Trocknung, Reinigung und Lagerung des Erntegutes. Zur Trocknung eignen sich Durchlauf- und Satztrockner sowie für kleinere Betriebe Lagerbelüftungstrocknungen. Die Lagerfeuchte beträgt 9 %. Lagerung von feuchteren Partien führt zu deren Verkleben und Verkrusten, sodass eine Entnahme des Erntegutes äußerst schwierig wird.

2.4.3.2 Sonnenblume (*Helianthus annuus* L.)

Durch Einführung der Hybridsorten bei der Sonnenblume gelang eine Erhöhung von Ertrag und Ölgehalt (von 30 auf 50 %) und damit eine Steigerung des Anteils dieser Ölfrucht an der Weltölsaatenproduktion. Hauptanbauländer sind die Ukraine und Russland. Die Verwendung erfolgt als hochwertiges Speiseöl (70 % Linolsäure) und zur Margarineherstellung. Expeller und Extraktionsschrot werden als Eiweißkonzentratfutter gehandelt. High-oleic-Formen (HO; Soll-Grenzwert > 90 % Ölsäure) sind für Frittierfett und als Industrierohstoff in der Oleochemie gefragt. In Deutschland liegen **Praxiserträge** in Gunstlagen bei 35 dt ha^{-1}, der Durchschnittsertrag betrug 2017–2019 20,2 dt ha^{-1}. Die bundesweite Anbaufläche schwankte in den letzten Jahren zwischen 18 000 und 23 000 ha. HO-Sorten sind den Normaltypen im Ertrag um etwa 5 % unterlegen. Als Qualitätsstandard gelten 9 % Wassergehalt, mind. 44 % Ölgehalt, 2 % Fremdbesatz und höchstens 5 % freie Fettsäuren (bei HO-Sorten 2 %). Die Sonnenblume ist eine wärmeliebende Pflanze.

2.4.3.3 Lein (*Linum usitatissimum* L.)

Die Art- und Gattungsbezeichnung *Linum usitatissimum* L. bedeutet „der äußerst nützliche Lein" und weist auf die große Vielfalt der Leinprodukte hin. Heute steht der Lein in zwei Hauptnutzungsrichtungen: **Faserlein (Flachs) und Öllein**. In Deutschland ist der Flachsanbau trotz vielfacher Bemühungen unbedeutend geblieben, weil die hohen Investitionskosten für Ernte- und Verarbeitungstechnik sowie der schwankende Faserpreis hohe ökonomische Risiken bedingen.

Öllein hingegen wird in Deutschland in erheblichem Umfang verarbeitet und u. a. als industrieller Grundstoff zur Herstellung von Farben, Lacken und Linoleum verwendet. In regional begrenztem Umfang werden Leinsamen auch zu Nähr- und Heilmitteln sowie zu Speiseöl verarbeitet. Das Extraktionsschrot dient der Futtermittelherstellung. Im Jahre 2000 wurden mehr als 200 000 ha dem Ölleinanbau gewidmet, eine Anbaufläche, die seit dieser Zeit nicht mehr erreicht wurde und heute nur noch weniger als 5000 ha beträgt. In Parzellenversuchen beträgt der **Ölleinertrag** bis zu 40 dt ha^{-1}. In der Praxis werden je nach Standort Spitzenerträge von 25–30 dt ha^{-1} und im Durchschnitt von 2015–2017 14,5 dt ha^{-1} erzielt. Der Anbau von Faserlein beschränkt sich auf < 10 ha. Faserlein bringt 7–18 dt Fasern ha^{-1}. Unter günstigen Standortvoraussetzungen werden bis zu 25 dt Fasern ha^{-1} geerntet.

2.4.3.4 Hanf (*Cannabis sativa* L. ssp. *sativa*)

Bereits vor 6000 Jahren wurde Hanf zur Herstellung von gewebten Stoffen genutzt. 800 n. Chr. wurden die für Flachs bekannten Röstverfahren auch auf Hanf übertragen. Wegen der hohen Nassfestigkeit der Faser diente Hanf als Rohstoff für Seile, Taue, Segeltuch und Textilien, ab dem 14. Jahrhundert auch als Papierrohstoff. Im 18. Jahrhundert verlor der Hanfanbau an Bedeutung, bis er schließlich 1982 wegen der Gefahr einer missbräuchlichen Nutzung zur Rauschgiftgewinnung in Deutschland völlig zum Erliegen kam. Erst seit 1996 ist der Anbau unter Einhaltung bestimmter Vorgaben mit **wirkstoffarmen Sorten** (THC-Gehalt <0,2 %) wieder erlaubt. Die heutige Nutzung erstreckt sich auf Langfasern für Textilien (z. B. Jeans-Bekleidung), Kurzfasern für Feintextilien, technische Textilien (Geotextilien, Planen), Baumaterialien (Dämmvliese, Faserzement) und Formpressteile, Fasern zur Papierherstellung (Hauptmarktsegment in der EU), Schäben (Holzteile des Stängels) für Baumaterialien sowie als Brennstoff und Stalleinstreu, Samen als Nahrungsmittel (Müslizutat), Vogelfutter, Fischköder und zur Ölgewinnung, Hanfkuchen als Konzentratfutter sowie Ganzpflanzen für die thermische Energiegewinnung.

Nach der Wiederzulassung des Hanfanbaus ist in Deutschland eine Anbaufläche von ca. 5000 ha (2020) nachzuweisen. Die **Ertragsleistungen** schwanken sehr stark in Abhängigkeit von der Jahreswitterung. Stroherträge zwischen 60 und 150 dt ha^{-1} und Fasergehalte von 15–32 % ergeben Fasererträge von 15–50 dt ha^{-1}. Der Samenertrag kann im günstigsten Fall 30 dt ha^{-1} bei einem Ölgehalt von 35 % erreichen.

Fragen zu Kapitel 2.4.3

- Welches sind die Hauptfettsäuren von a) Raps, b) Sonnenblume, c) Lein und d) Sojabohne?
- Wie ist die Rapsschote aufgebaut?
- Wie ist die Basisqualität des Rapserntegutes definiert?
- Warum ist die optimale Aussaat von Raps relativ eng auf Ende August begrenzt?
- Wie viel Stickstoff nimmt ein Rapsbestand circa bis zur Ernte auf?
- Welche tierischen Schädlinge treten im Rapsbestand auf?
- Welche besonderen Einstellungen am Mähdrescher sind für die Rapsernte notwendig?

2.4.4 Wurzel- und Knollenfrüchte

In der landwirtschaftlichen Nomenklatur gehören die Wurzel- und Knollenfrüchte zur Gruppe der Hackfrüchte. Als mechanische Pflege- und Unkrautbekämpfungsmaßnahmen wurden traditionell die Hand- bzw. Maschinenhacke im Anbauverfahren benötigt, weil die durch weiten Standraum und langsame Jugendentwicklung geförderte Verunkrautung gezielt kontrolliert und die notwendige Bodenlockerung für die wachsenden Ernteorgane gesichert werden musste. Wegen der mehrfachen mechanischen Eingriffe in den unterirdischen Wuchsraum der Speicherorgane, die mit Humusabbau einhergehen, und der geringen Ernte- und Wurzelrückstände galten Wurzel- und Knollenfrüchte stets als Humuszehrer. Andererseits zeichnen sie sich durch eine lang dauernde und intensive Bodenbedeckung aus, verbunden mit einer effizienten Unkrautunterdrückung nach Reihenschluss sowie Unkrautfreiheit und gute Bodengare nach der Ernte.

Wurzel- und Knollenfrüchte
Wurzel- und Knollenfrüchte stammen aus unterschiedlichen botanischen Familien. Von den Wurzelfrüchten gehören die *Beta*-Rüben den Gänsefußgewächsen, die *Brassica*-Rüben den Kreuzblütlern, die Möhre den Doldengewächsen und die Zichorie den Korbblütlern an. Von den Knollenfrüchten sind die Kartoffel den Nachtschattengewächsen und der Topinambur den Korbblütlern zuzuordnen. Die Ernteorgane entwickeln sich im unterirdischen Wuchsraum und liefern hauptsächlich Kohlenhydrate in Form von Polysacchariden (Stärke, Inulin) und Saccharose (vgl. Kap. 2.2.3). In Mitteleuropa dominieren Zuckerrübe (*Beta vulgaris* L.) als Wurzelfrucht und Kartoffel (*Solanum tuberosum* L.) als Knollenfrucht. In der landwirtschaftlichen Zuordnung gehören sie zu den Hackfrüchten.

Wurzelfrüchte sind Pflanzen, die zur Nutzung ihrer Speicherwurzeln angebaut werden. Es handelt sich dabei meist um zweijährig wachsende Rübenpflanzen, deren Speicherorgan nach dem ersten Jahr geerntet wird. Nach Vernalisation und unter Langtageinfluss tritt die Pflanze im zweiten Jahr in die Schossphase und damit in die generative Entwicklung ein, welche mit der Ausbildung von Samen zum Abschluss kommt. Wichtige Vertreter unter den in Mitteleuropa angebauten Kulturpflanzen sind Zucker- und Futterrübe (*Beta vulgaris* L.), Kohl- und Stoppelrübe (*Brassica napus* L. var. *napobrassica* [L.] Rehb. bzw. *Brassica rapa* L. var. *rapa*) sowie Möhre (*Daucus carota* L.). Das Speicherorgan der Wurzelfrüchte setzt sich aus der Primärwurzel, dem Hypokotyl und Teilen der Sprossachse in artenspezifisch unterschiedlichen Anteilen zusammen. Bei Zucker- und Futterrübe sowie Möhre sind in erster Linie die Hauptwurzel und das Hypokotyl an der Ausbildung des Rübenkörpers beteiligt, während bei der Kohlrübe das Hypokotyl und der untere verdickte Teil der Sprossachse ertragsbestimmend sind.

Als **Knollenfrüchte** werden ein- oder mehrjährige krautige Pflanzen bezeichnet, die zahlreiche im Boden wachsende, verdickte Spross- oder Wurzelorgane als Erntegut mit hohen Gehalten an Polysacchariden (Stärke, Inulin) ausbilden. In vielen tropischen und warmen Regionen der Erde sind Wurzelknollenfrüchte die Hauptnahrungsgrundlage der Bevölkerung. Dabei handelt es sich hauptsächlich um Maniok (*Manihot esculenta* Crantz; Euphorbiaceae), Batate (*Ipomoea batatas* L.; Convolvulaceae) und Yamswurzel (*Dioscorea* spp.; Dioscoreaceae).

In Mitteleuropa haben von den Knollenpflanzen die Kartoffel (*Solanum tuberosum* L.; Solanaceae) große, der Topinambur (*Helianthus tuberosus* L.; Asteraceae) nur sehr geringe Anbaubedeutung erlangt.

Entsprechend der wirtschaftlichen Bedeutung in Mitteleuropa werden nachfolgend Zuckerrübe (*Beta vulgaris* L. var. *altissima* Döll) und Kartoffel (*Solanum tuberosum* L.) ausführlicher behandelt.

2.4.4.1 Zuckerrübe (*Beta vulgaris* L. var. *altissima* Döll)

Der feldmäßige Anbau von *Beta*-Rüben lässt sich in Deutschland bis in das Jahr 1700 zurückverfolgen. Im Jahre 1747 entdeckte der Physiker Marggraf, dass *Beta*-Arten in ihren Wurzeln „wahren, vollkommenen Zucker“ enthalten (s. auch Kap. 1.3.1). Aus Runkelrübenpopulationen beginnt dessen Schüler Achard im Jahre 1784 mit der erfolgreichen Selektion weißer Zuckerrübenformen, gewinnt daraus erstmalig 6 % Rübenzucker und errichtet im schlesischen Cunern 1802 die erste Zuckerfabrik. 1850 wendet Leveque de Vilmorin (Frankreich) die Halbgeschwisterselektion auf hohen Zuckergehalt an. In der Dekade zwischen 1881 und 1890 war schließlich die Zuckerausbeute auf 11 % bei einem Rübenertrag von 300 dt ha^{-1} angestiegen. Der Grundstein für den voll mechanisierten Anbau wird 1934 in Russland durch die Entdeckung monokarper Samenträger gelegt. Weitere Ertragssteigerungen gehen auf die züchterische Nutzung der Heterosis mit der Entdeckung von männlich sterilen Samenträgern durch Owen (USA) im Jahre 1942 zurück.

Die **Weltzuckererzeugung** betrug 2018/19 176 Mio. t aufgeteilt in 79 % Rohrzucker und 21 % Rübenzucker. Die Anbauflächen und Produktionsmengen in Deutschland waren zuletzt schwankend, nachdem die jahrzehntelang den Markt bestimmende EU-weite Quotenregelung für die Zucker- und Isoglukoseproduktion zum

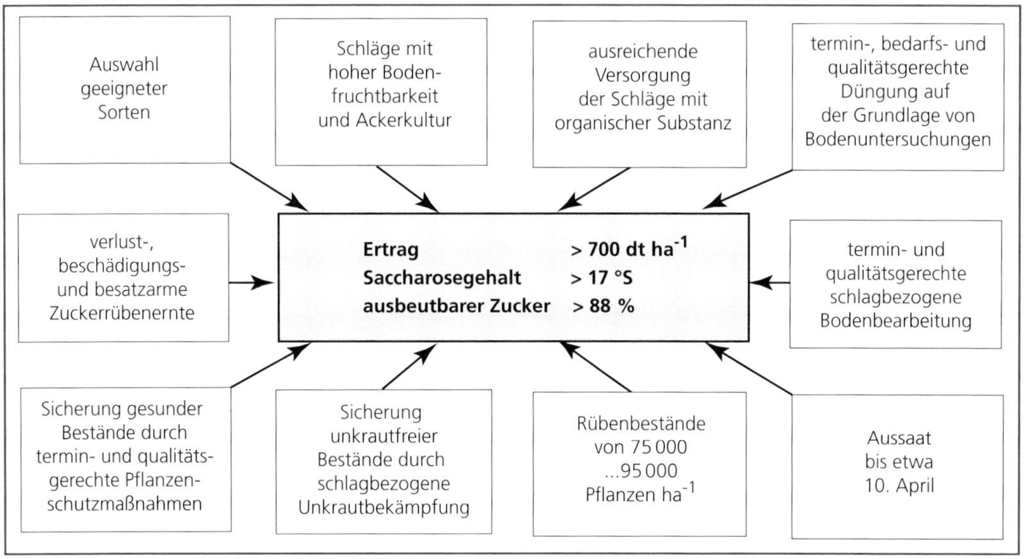

Abb. 2.22 Voraussetzungen für hohe und sichere Zuckerrübenerträge bei guter Rübenqualität.

30. September 2017 ausgelaufen ist. Der Preis wird nun vom Weltmarkt bestimmt.

Beabsichtigt ist eine stärker marktwirtschaftliche Orientierung des Zuckersektors. Je nach Weltmarktpreis für Zucker, Konkurrenz anderer Süßungsmittel sowie Deckungsbeiträgen von Konkurrenzkulturen muss sich noch herausstellen, ob die Zuckerrübe unter den neuen Bedingungen ihre relative Vorzüglichkeit gegenüber Getreide, Raps oder Biogasmais beibehalten kann. Die Anbauflächen sind derzeit aber stabil.

Der **Durchschnittsertrag** liegt in Deutschland auf ca. 400 000 ha Anbaufläche bei ca. 100 dt Zucker ha^{-1}. Führende Betriebe produzieren jedoch schon 200 dt Zucker ha^{-1}. Vor allem durch exakt kalibriertes und pilliertes Monogermsaatgut, verbesserte Keimfähigkeit und Triebkraft, Endabstandssaat, verträgliche Herbizide und leistungsfähige Erntetechnik ist der Zuckerrübenanbau in Europa auf einer hohen Mechanisierungsstufe etabliert (s. auch Kap. 2.3.4). Bis heute ist die Produktivität von ehemals 600 AKh ha^{-1} (mit hohem Anteil Handarbeit) auf < 10 AKh ha^{-1} verbessert worden. Die acker- und pflanzenbaulichen Voraussetzungen für hohe und sichere Erträge stehen in einem komplexen Zusammenhang (Abb. 2.22).

Die **Qualitätsanforderungen** richten sich an äußere und innere Merkmale. Zu der äußeren Qualität gehören Ausformung des Rübenkörpers, Besatz als Erd-, Stein- und Schmutzanteil sowie Beschädigungen, Kopf- und Unkrautanteile sowie Schosserbeimengungen. Das Köpfen der Rüben erfolgt, um den qualitativ schlechten gestauchten Spross mit den Blättern zu beseitigen. Schosserrüben sind solche Pflanzen, die bereits im Anbaujahr in die generative Schossphase gehen. Nach den Neuregelungen des Abfallbeseitigungsgesetzes ist der Erdanhang besonders wichtig, weil er sich unmittelbar auf die Rentabilität des Fabrikationsprozesses auswirkt. Die innere Qualität bestimmten Zuckergehalt und Ausbeutbarkeit des Zuckers als Kristallzucker. Der Rübenkörper enthält ca. 75 % Wasser und 25 % Trockensubstanz. Die lösliche Trockensubstanz besteht aus 65–85 % Saccharose. Dieser Rohzuckeranteil, gemessen in Grad Polarisation (°S), liegt bei 14–20 % bezogen auf die saubere Rübe. Die Auskristallisation der Saccharose im Zuckergewinnungsprozess der Fabrik wird durch lösliche Asche (v. a. K, Na) und schädlichen Stickstoff als sogenannte Melassebildner gestört, sodass der bereinigte Zuckergehalt (Weißzucker) um etwa 2–3 Prozentpunkte darunter liegt.

Die Kriterien der technologischen Qualität setzen sich aus Werten der Laboruntersuchungen und standardisierten Umrechnungsformeln zusammen (Tab. 2.27).

Tab. 2.27 Leistungsmerkmale zur Kennzeichnung von Ertrag und Qualität der Zuckerrübe.

Merkmal	Kurzbezeichnung	Maßeinheit	Bestimmung
Rübenertrag	RE	dt ha^{-1}	Wägung
Zuckergehalt	ZG	°S (% auf Rübe)	polarimetrisch
Kaliumgehalt	K	mmol/1000 g Rb.	flammenphotometrisch
Natriumgehalt	Na	mmol/1000 g Rb.	flammenphotometrisch
Amino-N-Gehalt	AmN	mmol/1000 g Rb.	kolorimetrisch
Zuckerertrag	ZE	dt ha^{-1}	errechnet
Standard-Melasseverlust	SMV	% auf Rübe	errechnet
Ausbeuteverlust	AV	% auf Rübe	errechnet
Ber. Zuckergehalt	BZG	% auf Rübe	errechnet
Ber. Zuckerertrag	BZE	dt ha^{-1}	errechnet
Ausbeutbarer Zucker	AZ	% auf Saccharose	errechnet

ZE = RE × ZG : 100
BZG = ZG – AV
SMV = 0,12 (K* + Na*) + 0,24 AmN* + 0,48
*mmol 100 g $Rüben^{-1}$

BZE = RE x BZG : 100
AV = SMV + 0,6 (pauschalierte Fabrikverluste)
AZ = BZG : ZG x 100

In der löslichen Trockensubstanz wird zunächst der Zuckergehalt (ZG) bestimmt. Gemessen wird der Saccharosegehalt mittels Polarimeter. Dabei wird die durch die Zuckerkonzentration bedingte Drehung der Ebene des linear polarisierten Lichtes in Grad Polarisation (°S) angegeben. Ferner werden die Gehalte an Kalium (K), Natrium (Na) und Amino-Stickstoff (AmN) in mmol je kg Rüben ermittelt und zur Gruppe der Melassebildner zusammengefasst, die mit steigenden Anteilen im Dicksaft die Auskristallisation der Saccharose behindern.

Der Standardmelasseverlust (SMV% auf Rübe) errechnet sich aus:

$$SMV = 0{,}12 \times \text{mmol}\ (K + Na) + 0{,}24 \times \text{mmol}\ AmN + 0{,}48.$$

Der Ausbeuteverlust (AV% auf Rübe) berücksichtigt zusätzlich den durchschnittlichen Fabrikverlust:

$$AV = SMV + 0{,}6.$$

Der Ausbeuteverlust geht in die Berechnungen von Bereinigtem Zuckerertrag (BZE in dt ha^{-1}) und Bereinigtem Zuckergehalt (BZG in % auf Rübe) ein:

$$BZE = RE \times (ZG - AV)/100$$
$$BZG = ZG - AV.$$

Dabei ist der Rübenertrag (RE in dt ha^{-1}):

$$RE = \text{Angelieferte Masse in dt ha}^{-1} \times [100 - (\text{Erd- und Nichtrübenanteil in \%})]/100.$$

Auf dieser Grundlage erfolgt eine qualitätsbezogene Bezahlung.

Die Stammform der Zuckerrübe ist *Beta vulgaris* L. ssp. *maritima* (L.) Thell., von der u. a. die Futter-(Runkel-)rübe, Rote Rübe und Mangold abstammen. In Tabelle 2.28 sind die Entwicklungsstadien der *Beta*-Rüben zusammengefasst.

Die *Beta*-Rüben sind **zweijährige, fremdbefruchtende Pflanzen**, die regelmäßig im ersten Vegetationsjahr den konisch geformten Rübenkörper und grundständige, langstielige, löffelförmige (diploide Formen) bis herzförmige (tetraploide Formen) Blätter ausbilden. Der Rübenkörper durchläuft verschiedene Stadien sekundären Dickenwachstums. Kurz nach der Entfaltung der Keimblätter bildet sich aus der äußeren Schicht des Zentralzylinders ein Kambium, welches das sekundäre Dickenwachstum einleitet. Die Anlage weiterer Holz- und Bastringe setzt sich fort, bis im Querschnitt des Rübenkörpers 8–12 Gefäßbündelringe zu erkennen sind, die als Ort der Saccharoseanlieferung aus dem Phloem fungieren. Das Speichergewebe bilden die dem Bastparenchym benachbarten Zellen. Die technologische Reife des Rübenkörpers wird ab der 2. Septemberhälfte erreicht. Im 2.

Tab. 2.28 Codes für die Beobachtung von Entwicklungsstadien der Zuckerrübe (***Beta vulgaris*** L.) (Stauss et al. 1994, Meier et al. 1993).

Allgemeine Beschreibung	BBCH-Code
1. Vegetationsjahr	
0 Keimung/Keimpflanzenentwicklung	
Trockener Samen	00
Beginn der Quellung	01
Ende der Quellung/Pille geplatzt	03
Keimwurzel ausgetreten	05
Keimspross ausgetreten	07
Auflaufen: Keimspross durchbricht die Bodenoberfläche	09
1 Blattentwicklung/Jugendentwicklung	
Keimblattstadium	10
1. Laubblatt erbsengroß	11
2 Blätter (1. Blattpaar) entfaltet	12
4 Blätter (2. Blattpaar) entfaltet	14
5 Blätter entfaltet	15
fortlaufend bis …	1…
9 und mehr Blätter entfaltet	19
3 Rosettenwachstum (Schließen des Bestandes)	
Beginn Bestandesschluss: 10 % der Pflanzen berühren sich	31
30 % der benachbarten Pflanzen berühren sich	33
Bestandesschluss: über 90 % der Pflanzen berühren sich	39
4 Entwicklung Rübenkörper	
Rübenkörper hat erntefähige Größe erreicht	49
2. Vegetationsjahr	
5 Blütenstand-/Blütenknospenentwicklung	
Beginn der Streckung des Hauptsprosses	51
Hauptspross 20 cm lang	52
Ansätze von Nebentrieben am Hauptspross sichtbar	53
Nebentriebe am Hauptspross deutlich sichtbar	54
Erste Blütenknospen an Nebentrieben sichtbar	55
Erste Blütenhüllblätter deutlich sichtbar; Blüten noch geschlossen	59
6 Blüte	
Erste Blüten am unteren Teil des Blütenstandes offen	60
Beginn der Blüte: 10 % der Blüten offen	61
30 % der Blüten offen	63
Vollblüte: 50 % der Blüten offen	65
Abgehende Blüte: 70 % der Blüten verblüht	67
Ende der Blüte: alle Blüten verblüht; Fruchtansatz sichtbar	69
7 Fruchtentwicklung	
Beginn der Fruchtbildung; Samen in der Fruchthöhlung sichtbar	71
(Perisperm) milchig, Samenschale beige	75
8 Samenreife	
Beginn der Reife; Perikarp grün-braun, Samenschale hellbraun	81
Perikarp hellbraun; Samenschale rotbraun	85
Perikarp hart, Samenschale dunkelbraun	87
Vollreife: Samenschale sorten- oder arttypisch ausgefärbt, Perisperm hart	89
9 Absterben	
Beginn der Blattverfärbung	91
Mehrzahl der Blätter gelb verfärbt	93
50 % der Blätter braun verfärbt	95
Pflanze abgestorben	97
Erntegut (Samen)	99

Jahr wird eine 2 m hohe Infloreszenz gebildet, welche zwittrige Blüten mit einfachem Perianth in ursprünglich knäueligen Teilblütenständen trägt. Bei diesen polykarpen Formen sind meist 3–5 Blüten und später Früchte zu einem Knäuel verwachsen, sodass nach Aussaat entsprechend viele Keimpflanzen auflaufen, die manuell vereinzelt werden müssen. In den meisten Ländern ist deshalb die Umstellung auf monokarpe (einfrüchtige) Sorten erfolgt, welche nach Pillierung zur gleichmäßig runden Ausformung die Ablage auf Endabstand ohne Vereinzelung erlauben.

Dank züchterischer Verbesserung hinsichtlich Schossfestigkeit, Trockenheits- und Krankheitsresistenz können Zuckerrüben in vielen Regionen vom 60. bis 30. Breitengrad angebaut werden. In 180–220 Vegetationstagen wird eine **Wärmesumme** von 2500–2900 °C benötigt. Im Frühjahr muss sich der Boden auf 5 °C erwärmen, damit die Mindestkeimtemperatur erreicht wird. Bereits wenige Temperaturgrade darüber beschleunigen den Keimprozess und fördern Höhe und Gleichmäßigkeit des Feldaufganges. Eine ausgeprägte sortentypische Empfindlichkeit besteht gegenüber Spätfrösten im Frühjahr, die durch Vernalisation die Schosshemmung im ersten Entwicklungsjahr abbauen können. Durch den Temperaturreiz kommt es zu Frühschossern, deren Auftreten zu Konkurrenz im Pflanzenbestand und zu starken Ernteerschwernissen führt (s. auch Kap. 1.2.2). In der Jugendphase sind für die Blattbildung und die Differenzierungsprozesse im sekundären Dickenwachstum der Rüben Temperaturen von 15–25 °C optimal. Ab Ende August wirkt sich auch die Amplitude zwischen Tag- und Nachttemperatur auf die Zuckereinlagerung aus. In der Kombination von Tagestemperaturen um 20 °C und hoher Einstrahlung bei Nachttemperaturen zwischen 14 und 17 °C (verminderte Atmung) wird der höchste Zuckergehalt und -ertrag erreicht.

Licht wird vom Zuckerrübenbestand im Vergleich zu anderen Kulturarten besonders gut ausgenutzt. Mit Reihenschluss erreichen die Bestände einen optimalen Blattflächenindex von 3–4 (s. auch Kap. 2.2.2), sodass am Boden nur noch 1 % der eingestrahlten Lichtmenge nachzuweisen ist. In einem Zeitraum von 6–7 Wochen werden unter günstigen Umweltbedingungen Trockenmassezuwachsraten von bis zu 250 kg TM je ha und Tag erzielt. Eine Einzelpflanze bildet dann bis zu 60 Blätter, wobei die Blattbildungsrate sowohl einer genetischen als auch einer Temperaturregulierung unterliegt. Eine stabile Blattbildungsrate wird zwischen 15 und 25 °C beobachtet. Oberhalb eines Blattflächenindexes von 4 setzt das Absterben unterer Blätter ein, sodass im Verlauf des Sommers etwa 30 % der gebildeten Blattmasse wieder verloren gehen. Ab Ende August bis Anfang Oktober verringert sich der Blattflächenindex auf ca. 2. In dieser Phase dominiert das Rübenwachstum bei vermindertem Blattwachstum. Jetzt werden 60–70 % der gebildeten Assimilate in den Rübenkörper eingelagert. Bei einer Abnahme der Lichtintensität in diesem Zeitraum wird die volle Photosyntheseleistung des Blattwerkes nicht erreicht bei unverändert hoher Nährstoffaufnahme. Im Ergebnis kommt es zu einer schlechteren technologischen Qualität, weil die Melassebildner stärker akkumuliert werden als die Saccharose. Da die photosynthetische Hochleistungsphase nur bis zu einem Drittel der gesamten Vegetationsphase andauert, ist man pflanzenbaulich und züchterisch darum bemüht, die Stoffproduktion durch eine schnellere Blattbildungsphase während der Anfangsentwicklung und durch eine Verzögerung der Blattseneszenz während der Hauptphase der Zuckereinlagerung zu steigern.

Häufig ertragsbegrenzend ist die **Wasserversorgung**. Je nach Temperatur, Einstrahlung, Boden- und Blattwasserpotenzial sowie Düngung und Bestandesdichte variiert der Transpirationskoeffizient zwischen 250 und 500 l H_2O (kg TM)$^{-1}$. Der höchste Bedarf besteht während der maximalen Blattbildung und dem höchsten Massenzuwachs. Im Juli/August sollte den Rübenbeständen 1/3 des gesamten Wasserbedarfs zur Verfügung stehen. Kurzfristige Mangelsituationen werden ohne Ertragseinbußen überstanden. Nach längerer Trockenheit werden jedoch in der Erholungsphase der Blattapparat und das Feinwurzelsystem durch Assimilatverlagerung auf Kosten der Reservekohlenhydrate des Rübenkörpers gefördert. Entsprechend weit variiert das Rübe : Blatt-Verhältnis von 1 : 0,8–1,6.

Zur Beurteilung der Rübenfähigkeit eines **Standortes** werden hauptsächlich bodentypi-

Tab. 2.29 Kriterien für die Rübenfähigkeit eines Standortes.

Kennwert	Rübenfähig	Nicht rübenfähig
Bodenart	lS, SL, sL, L	S, LT, T, Mo
Steinbesatz (Vol.-%)	< 2,0	> 2,0
Krumentiefe (cm)	> 25	< 25
pH-Wert	optimal um 7	< 5,6 auf leichten Böden
Wasserverhältnisse	normal	stauende Nässe
Hangneigung (%) 3-reihige Erntetechnik 6-reihige Erntetechnik	 bis 12 bis 9	 > 12 > 9
Vegetationszeit (Wachstumszeit in Tagen)	> 170	< 170
Nematodenbesatz (Larven und Eier in 100 g Boden)	bis 500	> 500[1]

[1] bedingt rübenfähig, mit Ertragsverlusten ist zu rechnen bzw. Anbaupausen > 4 Jahre

sche Kennwerte und die Dauer der Vegetationszeit herangezogen (Tab. 2.29).

In der **Fruchtfolge** ist die Zuckerrübe die tragende Blattfrucht. Rübenblatt (Rübenköpfe und Blätter) wird heute durchweg nach kurzer Anwelke eingepflügt bzw. pfluglos eingearbeitet. Die darin enthaltenen Nährstoffe werden leicht mineralisiert und stehen der Nachfrucht hauptsächlich als N- und K-Quelle zur Verfügung. Die Zuckerrübe hinterlässt einen unkrautarmen Acker. Strukturstörungen des Bodens nach späten Rodeterminen und nach Ernte und Transport bei regenreicher Witterung schränken den ansonsten hohen Vorfruchtwert ein. Als Nachfrüchte sind alle Arten mit später Herbst- oder einer Frühjahrsaussaat geeignet.

Die geringe Selbstverträglichkeit beruht vor allem auf dem Befall mit Rübenzystennematoden (Rübenmüdigkeit) (s. auch Kap. 1.3.2.2). Am wirksamsten sind Anbaupausen > 4 Jahre. Kreuzblütler in der Fruchtfolge, wie Raps, Kohl oder Hederich, unterbrechen die Anbaupause, weil sie selbst zu den Wirtspflanzen der zystenbildenden Nematoden gehören. Die Infektion der Felder kann über alle mit Erde behaftete Samen oder Pflanzen, Fahrzeuge sowie durch Aufbringen fremder Erde nach Rücklieferung aus der Fabrik erfolgen. Getreide als Neutralpflanzen bieten den Schädlingen weder Nahrung, noch üben sie einen Schlupfreiz aus. Feindpflanzen wie Lein, Luzerne, Mais, Roggen oder Zichorie hemmen die Populationsentwicklung stärker, werden aus ökonomischen Gründen aber selten berücksichtigt. In der Praxis werden nematodenresistente Zwischenfrüchte (Ölrettich-, Buchweizen-, Senfsorten) angebaut, die zwar befallen werden, aber die Entwicklung neuer Zysten und Larven unterdrücken. Schließlich ist auch der Anbau nematodenresistenter und -toleranter Zuckerrübensorten möglich.

In *Rizomania*-Befallslagen ist die Anbauhäufigkeit ebenso deutlich einzuschränken. *Rizomania*, die viröse Wurzelbärtigkeit, wird verursacht durch das vom Pilz *Polymyxa betae* übertragene Beet Necrotic Yellow Vein Virus (BNYV) und ist nicht direkt bekämpfbar. Auch bodenbürtige Krankheitserreger der Gattungen *Pythium, Aphanomyces* und *Rhizoctonia*, die den gefürchteten Wurzelbrand an Jungpflanzen hervorrufen, sowie Blattkrankheiten wie *Cercospora*- und *Ramularia*-Blattfleckenkrankheit nehmen mit der Anbauhäufigkeit der Zuckerrübe zu.

Bei der **Bodenbearbeitung** unterscheidet man zwischen konventionellen und konservierenden Verfahren (Tab. 2.30). Generell sind Verdichtungen zu vermeiden, weil sie zur Beinigkeit der Rüben führen können.

Innerhalb der beiden Bearbeitungssysteme gibt es zahlreiche Varianten bis hin zur Direktsaat, bei der die Aussaat direkt in die Stoppel der

Tab. 2.30 Verfahren der Bodenbearbeitung und Saatbettbereitung im Zuckerrübenanbau (Vorfrucht Getreide).

Ablauf der konventionellen Bodenbearbeitung		
Termin	**Arbeitsgang**	**Bemerkungen**
unmittelbar nach der Getreideernte	PK-Düngung Stoppelumbruch	gleichmäßige Strohverteilung 6–8 cm tief
Ende Oktober	Herbstfurche (Pflug)	ca. 30 cm tief mit Vorschäler
Ende Oktober	Grobe Herbsteinebnung	auf strukturstabilen Böden
April	Saatbettbereitung	flach bis auf Aussaattiefe
Ablauf des Mulchsaatverfahrens		
Termin	**Arbeitsgang**	
Juli/August	Grunddüngung Stoppelumbruch Grundbodenbearbeitung	
August	Bestellung von Sommer-Zwischenfrüchten evtl. N-Düngung der Zwischenfrüchte	
September bis März	Bodenbedeckung durch abfrierende Zwischenfrüchte	
April	Beseitigung von Altunkräutern Zuckerrübenaussaat • nach Saatbettbereitung • ohne Saatbettbereitung (Direktsaat)	

Vor- bzw. Zwischenfrucht erfolgt. Die Wahl des jeweiligen Verfahrens hängt von der Maschinenausstattung des Betriebes, den Kosten und wesentlich auch von den Bodeneigenschaften, der Oberflächenbeschaffenheit des Geländes und der Klimalage des Standortes ab (s. auch Kap. 1.3.3.4).

Das **Sortenbild** war lange Zeit durch die negative Korrelation zwischen Ertrag und Zuckergehalt geprägt. Dementsprechend wurde das Sortiment nach sehr zuckerreich (ZZ), zuckerreich (Z), normal (N) und ertragsbetont (E) unterteilt. Ab 1970 war es aber der Züchtung gelungen, diese Korrelation abzuschwächen und Sorten zu entwickeln mit verbessertem Ertrag und gleichzeitig erhöhtem Zuckergehalt. Diese Kombinationstypen bestimmen das heutige Zuckerrübensortiment. Ferner sind Toleranzen gegenüber *Rizomania*, Vergilbungsvirus und zystenbildenden Nematoden teilweise im Sortiment vorhanden. Weitere Zuchtziele sind Blattgesundheit, Schossresistenz, kleiner Kopf und gleichmäßige Rübenform mit flacher Wurzelrinne zur Minderung des Erdbesatzes. Triploide Sorten aus diploiden, monokarpen, männlich-sterilen Mutterlinien und tetraploiden, polykarpen Bestäuberlinien sind am weitesten verbreitet, weil sie hohe Saatgutqualität und Leistungsfähigkeit im ersten Vegetationsjahr in sich vereinen. Auf der Grundlage von Sortenprüfungen geben Zuckerfabriken und Anbauverbände Empfehlungen zur Sortenwahl heraus. Das Monogermsaatgut zugelassener Sorten erreicht eine Einkeimigkeit von > 98 %. Die Kalibrierung beträgt 3,25–4,75 mm, die Keimfähigkeit > 90 %. Die Abpackung des Saatgutes erfolgt in Einheiten (U = unit) zu je 100 000 Samen.

Die **Bestellung** erfolgt in Präzisionseinzelkornsaat auf Endabstand. 70 000–95 000 Pflanzen je ha bei einem Feldaufgang > 80 % werden angestrebt (Abb. 2.23).

Höchsterträge an ausbeutbarem Zucker werden nur mit hohen Bestandesdichten erreicht, weil die durchschnittliche Rübenkörpergröße mit zunehmender Bestandesdichte abnimmt und damit der Zuckergehalt ansteigt bei gleichzeitiger Reduzierung der Melassebildner. Da bei Endabstandssaat niemals ein Feldaufgang von

Abb. 2.23 Zuckerrübenbestand nach Mulchsaat mit Saatbettbereitung (links) und ohne Saatbettbereitung (Direktsaat, rechts) (Foto: J. Bischoff).

100 % erreicht wird, ist immer mit Lücken im Bestand zu rechnen. Fehlt nur eine Pflanze in der Reihe, so können die Nachbarrüben den Ertragsausfall kompensieren. Allerdings nehmen in den Randrüben der Zuckergehalt ab und die Melassebildner zu. Fallen 3 oder mehr benachbarte Rüben aus, so kommt es zu Reifeunterschieden, verstärkten Qualitätseinbußen, höherer Befallsgefahr durch Schädlinge an den Randpflanzen, einer Lückenverunkrautung sowie wegen ungleich großer Rüben zu Köpf- und Ernteverlusten.

Der Reihenabstand liegt bei 40–50 cm, der Pflanzenabstand in der Reihe bei 18–20 cm. Die Aussaat beginnt frühestens ab 5 °C Bodentemperatur. Vor angesagten Niederschlägen sollte nicht gesät werden, weil bei Verschlämmung entsprechend niedriger Feldaufgang droht. Andererseits benötigt das pillierte Saatgut relativ viel Wasser zur Keimung. Die Saattiefe beträgt 2–3 cm.

Die **Grunddüngung** mit P, K und Kalk erfolgt im Herbst nach Bodenuntersuchung. Die Abschätzung der N-Düngung ergibt sich aus der erwarteten Rübenfrischmasse × 0,14 + Blattfrischmasse × 0,2, abzüglich N_{min}- bzw. EUF-Wert als Schätzgrößen für den Bodenvorrat. Das Verfahren der Elektro-Ultra-Filtration (EUF) ist in den Anbaugebieten Süddeutschlands und Österreichs weit verbreitet, weil es neben dem aktuellen Bodenvorrat auch eine Einschätzung der Nährstoffnachlieferung in der Vegetationsperiode erlaubt.

Die **Unkrautbekämpfung** bzw. -unterdrückung ist bereits im Zuge der Bodenbearbeitung, durch Mulchauflage und bei der Saatbettbereitung möglich. Chemische Bekämpfung wird im Vorsaat-, Vorauflauf- und Nachauflaufverfahren im Keimblattstadium der Unkräuter realisiert. Nachauflaufbehandlungen sind mehrfach entsprechend dem wellenartigen zeitversetzen Auflaufen der Unkräuter in möglichst geringer Teildosierung zu wiederholen. Die Maschinenhacke wird sehr wirksam gegen Unkräuter und gleichzeitig gegen Verschlämmung eingesetzt.

Bei den **Pflanzenschutzmaßnahmen** haben sich vorbeugend mit dem Saatgut ausgebrachte systemische Insektizide gegen Rübenfliege, Blattläuse (Virusvektoren) und Moosknopfkäfer sowie Fungizide bewährt. Damit ist ein Befallsschutz bis zum Bestandesschluss gewährleistet. Die weitere Bekämpfung von Blattkrankheiten (v. a. *Cercospora beticola, Ramularia beticola*) erfolgt nach Feldkontrolle ab Anfang/Mitte August.

Beregnung von Zuckerrübenbeständen kann ökonomisch sinnvoll sein. Auf Praxisschlägen sind mehrjährig ca. 90 dt ha^{-1}, in Jahren mit hoher Beregnungsbedürftigkeit ca. 130 dt ha^{-1} Rübenmehrertrag (Frischmasse) durch Beregnung möglich.

Zur **Ernte** von ca. 500–900 dt Rübenfrischmasse ha^{-1} gibt es diverse maschinelle Erntemethoden. Dazu gehören Köpfen und Roden mit Bunkern oder Schwadablage und Schwadladung, Blattbergung oder -einarbeitung bis zum

Bunkerköpfroden. Weit verbreitet ist heute die 6-reihige selbstfahrende Köpfrodebunkermaschine, die mehrere Arbeitsgänge zusammenfasst und die höchste Mechanisierungsstufe bei der Rübenernte darstellt. 9- und 12-reihige Erntegeräte sind seit Kurzem am Markt. Der Transport der Rüben zur Fabrik ist regelmäßig überbetrieblich unter Einsatz von Lastkraftwagen oder der Bahn bei möglichst geringen Verweilzeiten der Fahrzeuge in der Fabrik organisiert.

2.4.4.2 Kartoffel (*Solanum tuberosum* L.)

Die Kartoffelanbaufläche hat sich über 5 Dekaden von ca. 14 % der Ackerfläche in der alten Bundesrepublik auf ca. 2,4 % im vereinten Deutschland reduziert. Der Ertragsanstieg von 220 dt ha^{-1} in den 1950er-Jahren auf jetzt 370–440 dt ha^{-1} hat dafür nur einen geringen Ausgleich schaffen können. Im gleichen Zeitraum ist der Pro-Kopf-Verbrauch pro Jahr von mehr als 120 kg auf weniger als 60 kg zurückgefallen.

Die **Verwertung** der Kartoffel erfolgt als Speise-, Pflanz- oder Futterkartoffel sowie als Rohstoff für Veredlungsprodukte, Stärkegewinnung und Alkoholproduktion. Während vor 70 Jahren der Hauptanteil der Ernte mit 45 % auf Futterkartoffeln und 34 % auf Speisefrischkartoffeln entfiel, dominieren heute Veredlungsprodukte und Industriekartoffeln mit jeweils 25 %, gefolgt von Frischkartoffeln mit 17 %, Futterkartoffeln mit 7,6 % und Pflanzkartoffeln mit 4,7 %. Dies ist Ausdruck veränderter Verzehrs- und Nutzungsgewohnheiten zugunsten von Veredlungs- und Industriekartoffeln. Die **Anbaufläche** in Deutschland lag 2019 bei 272 000 ha mit einem durchschnittlichen Flächenertrag von etwa 390 dt ha^{-1}.

Die Jahresschwankungen der Durchschnittserträge können 50 dt ha^{-1} betragen, sodass Kalkulationen der Rentabilität auf den Durchschnittserträgen von mindestens 5 Jahren beruhen sollten. Aufgrund der extrem hohen Preis- und Ertragsschwankungen hat sich bei Kartoffeln der Vertragsanbau bewährt.

Knollenertrag und Stärkegehalt sind bei spätreifen **Sorten** stets höher als bei frühen und mittelfrühen Sorten, weil die Ertragshöhe und Stärkeeinlagerung in enger Beziehung zur Blattflächendauer stehen.

Die **Qualitätsanforderungen** sind je nach Verwendungszweck unterschiedlich zu beeinflussen (Tab. 2.31).

Entscheidend sind für die äußere Qualität Knollengröße, -form, -gleichmäßigkeit und -zustand, für die innere Qualität Stärkegehalt, Kocheigenschaften, Trockensubstanzgehalt und Anteil reduzierender Zucker. Speisekartoffeln durften bis zum 01. Juli 2011 nach der Handelsklassenverordnung nur in den Klassen Extra und I angeboten werden. Die vorgeschriebene Mindestgröße war von der Knollenform der jeweiligen Sorte abhängig. Mindestgrößen für langovale bis lange Sorten betrugen 30 mm, für runde und ovale Sorten 35 mm. Ein Größenunterschied von max. 30 mm war als Sortierbreite bei Packungen mit einem Füllgewicht bis zu 5 kg vorgeschrieben. Die innere Qualität bezog sich nach der Handelsklassenverordnung auf die Differenzierung des Kochtyps in 3 Kategorien. Festkochende Speisekartoffeln haben beim Kochen nicht aufspringendes, festes Fleisch, milden bis angenehm kräftigen Geschmack und sind feinkörnig und feucht. Vorwiegend festkochende Speisekartoffeln haben beim Kochen nur wenig aufspringendes, mäßig festes Fleisch und sind mäßig feucht, feinkörnig und im Geschmack mild bis angenehm kräftig. Mehlige Speisekartoffeln haben beim Kochen stärker aufspringendes, lockeres und etwas grobkörniges Fleisch und sind im Geschmack angenehm kräftig.

Mit der Abschaffung der Verordnung über gesetzliche Handelsklassen für Speisekartoffeln am 01. Juli 2011 sind die national geltenden Handelsverordnungen außer Kraft getreten. Parallel zu der Handelsklassenverordnung gibt es aber seit über 90 Jahren die „Deutschen Kartoffelgeschäftsbedingungen", die als „Berliner Vereinbarung" die allgemeinen Geschäftsbedingungen des innerdeutschen Kartoffelhandels regeln. Mit Wegfall der Handelsklassenverordnung wurden diese Geschäftsbedingungen überarbeitet, damit weiterhin ein gültiges Regelwerk für den Handel mit Speisekartoffeln existiert. Die Anwendung der Regelung ist freiwillig und unterscheidet sich kaum von der bisherigen Handelsklassenverordnung. Nach der „Berliner Vereinbarung" wird der Begriff „Klasse" durch den Begriff „Qualität Extra oder I gem. Berliner

Tab. 2.31 Beeinflussung der Kartoffelqualität durch pflanzenbauliche Maßnahmen.

Qualitätsanspruch	Maßnahme
1. Pflanzkartoffeln	
• Sortenechtheit	• Erhaltungszüchtung
• Gesundes Pflanzgut	• Krautabtötung, Beizen, Vektorbekämpfung, Gesundlagen, zertifiziertes Pflanzgut
• Nicht zu große Knollen (35–55 mm)	• Vorkeimung, Pflanzabstand, Erntezeitpunkt
• Keine Verletzungen (Risse, Wunden)	• Sortierung
• Keine Kälteschäden	• Erntetechnik, Lagerung
• Reifezeit	• Sortenwahl (4 Reifegruppen)
2. Speisekartoffeln	
• Geschmacks- und Kocheigenschaften	• Sortenwahl (Kochtyp)
• Größe und Form	• Vorkeimung, Pflanz-/Erntetermin, Sortierung (> 30 mm, Sortierbreite max. 30 mm)
• Schälbarkeit/Augenlage	• Haushalte: groß, Großküchen: klein, rund; flache Augenlage
• Keine Grünverfärbung	• Vollständige Erdabdeckung
3. Pommes Frites/Chipskartoffeln	
• Form	• Frites: oval-groß, möglichst viele Knollen > 50 mm; Chips: rund, 40–70 mm
• Trockensubstanzgehalt	• Sortenwahl, Lagerung, Erntezeitpunkt; Frites 14–18 %, Chips 16–20 % Stärke
• Wenig reduzierende Zucker	• Düngung, Lagerung; Frites: ≤ 0,5 %, Chips: ≤ 0,20 % Zucker
4. Stärkekartoffeln	
• Hoher Stärkegehalt	• Sortenwahl, Lagerung
• Ausreifung und Lagerfähigkeit	• Düngung, Pflanzenschutz, Erntezeitpunkt

Vereinbarung“ ersetzt. Sortennamen werden nicht mehr angegeben. Die Ware muss jedoch sortenrein und die Kocheigenschaft beschrieben sein. Ferner können Erzeuger unsortierte Ware mit dem Zusatz „Feldware“ oder „feldgewachsen“ vermarkten.

Veredlungserzeugnisse setzen für jedes Produkt noch weitere, produktspezifische Qualitätseigenschaften voraus. Hoher Trockensubstanzgehalt und geringer Gehalt an reduzierenden Zuckern werden für die Erzeugung von Trockenprodukten, Pommes frites, Chips und Reibekuchen verlangt. Verfärbungen wie Blaufleckigkeit, Rohbreiverfärbung und Kochdunkelung sowie Verbräunungen an Frittiergut dürfen nicht auftreten.

Die Stärke- und Alkoholproduktion verlangt in erster Linie einen hohen Stärkegehalt. Daneben sind Lagerfähigkeit, geringer Schalenanteil, wenig Beschädigungen und Schmutzanteile und große Stärkekörner wichtig.

Bei Pflanzkartoffeln sind Triebkraft und Keimfähigkeit sowie Gesundheit (Virus- und Knollenkrankheiten) entscheidend. Großer Wert wird auch auf eine relativ kleine Sortierung gelegt.

Bei Futterkartoffeln sind neben einem hohen Ertrag der Stärke- und Eiweißgehalt besonders wichtig.

Die **Entwicklungsstadien** der Kartoffel sind Tabelle 2.32 zu entnehmen.

Die **Kartoffelstaude** setzt sich aus 3–8 bis zu 1 m langen, sehr unterschiedlichen Einzeltrieben zusammen, die aus den Augen der Mutterknolle hervorgegangen sind. Neben den oberirdischen Trieben werden unterirdische Seiten-

Tab. 2.32 Codes für die Beobachtung von Entwicklungsstadien der Kartoffel.

Allgemeine Beschreibung	BBCH-Code[1]
0 Austrieb/Keimung	
Keime < 1 mm	01
Keime gespitzt, max. 2 mm lang	02
Beginnende Wurzelbildung	05
Auflaufen	09
1 Blattentwicklung	
Erstes Laubblatt > 4 cm am Hauptspross	11
Neuntes Laubblatt und mehr am Hauptspross	19
2 Entwicklung von Seitensprossen	
Erster basaler Seitentrieb > 5 cm	21
9 und mehr basale Seitentriebe	29
3 Längenwachstum des Hauptsprosses	
Beginn Bestandesschluss, 10 % der Pflanzen benachbarter Reihen berühren sich	31
Bestandesschluss, > 90 % der Pflanzen benachbarter Reihen berühren sich	39
4 Entwicklung der Knollen	
10 % der max. Knollenmasse erreicht	41
Maximale Knollenmasse erreicht, Knollen lösen sich von Stolonen	48
Knollen schalenfest	49
5 Entwicklung der Blütenanlagen	
Pflanze beginnt mit Knospenbildung	51
Erste farbige Blütenblätter sichtbar	59
6 Blüte	
Beginn der Blüte, 10 % der Blüten des 1. Blütenstandes offen	61
Vollblüte, 50 % der Blüten des 1. Blütenstandes offen	65
Ende der Blüte des 1. Blütenstandes	69
7 Ausbildung der Beeren	
10 % der Beeren des 1. Fruchtstandes haben endgültige Größe	71
90 % der Beeren des 1. Fruchtstandes haben endgültige Größe	79
8 Frucht- und Samenreife	
Beeren des 1. Fruchtstandes noch grün, Samen hell	81
Beeren des 1. Fruchtstandes ocker bis fahlbraun	85
Beeren des 1. Fruchtstandes welk, Samen sortentypisch dunkel	89
9 Absterben	
Beginn der Laubblattvergilbung	91
50 % der Laubblätter braun	95
Laubblätter und Stängel abgestorben	97
Erntegut (Knollen)	99

[1] Code der Biologischen Bundesanstalt für Land- und Forstwirtschaft Braunschweig (2001)

triebe (Stolonen) gebildet, die ihr Längenwachstum durch parenchymatisches Dickenwachstum mit der Bildung einer Knolle abschließen. Die junge Knolle ist von einer Epidermis umgeben, die während der Reifung durch ein ledriges, die Lagerfähigkeit verbesserndes Periderm ersetzt wird. Auf Verletzung reagiert die Knolle mit der Bildung einer Korkschicht, die vor Krankheitserregern schützt. Die Schale färbt sich sortentypisch und kann von weiß über rot bis blau zahlreiche Zwischentönungen annehmen. Das Mark (Fleisch) ist sortenabhängig weiß bis sattgelb gefärbt; rot- und blaufleischige Klone kommen ebenfalls vor. Im Reifezustand befindet sich die Knolle im Stadium der Keimruhe, deren Ausprägung sortentypisch ist und mit zunehmendem physiologischen Alter der Knolle zur Ernte abnimmt. Die Keimhemmung wird vor allem durch in der Knollenperipherie gelagerte Hemmstoffe kontrolliert. Sie wird durch Temperaturabsenkung auf 4 °C verstärkt, durch zunehmende Temperaturen und steigenden Sauerstoffgehalt der Umgebungsluft sowie durch Knollenbewegung verkürzt bzw. aufgehoben. Etwa 3–4 Wochen vor dem Pflanztermin wird die Keimung durch langsame Temperaturerhöhung auf 12–14 °C ausgelöst. Keimgestimmte Knollen haben 2–3 mm lange Keime, die bei vorgekeimten Knollen nicht länger als 2–3 cm werden dürfen, da sie sonst leicht abbrechen. Aus den Augen einer Knolle

Tab. 2.33 Temperaturansprüche der Kartoffel.

Parameter	Wert	Bemerkung
Bodentemperatur		
Schneller und sicherer Aufgang		
• nicht vorbehandelter Kartoffeln	ab 8–10 °C	Temperaturen, welche bei der
• vorgekeimter und keimgestimmter Kartoffeln	ab 4–6 °C	Pflanzung herrschen sollten
Knollenbildung und -wachstum		
• optimal	bei 17 °C	Tagesmitteltemperatur (20 °C am Tag, 12 °C in der Nacht)
• stark gehemmt bzw. Hitzeschäden	ab 29–30 °C	Hitzenekrosen, Fadenkeimigkeit
Lufttemperatur		
Optimum für hohe Assimilation	bei 20 °C (16–20 °C)	
Temperaturgrenzen		
Erfrieren des Krautes	–1,5 bis –1,7 °C	
Erfrieren der Knollen	–1,0 bis –2,0 °C	Bei sehr langsamer Abkühlung und Wiedererwärmung ist vorübergehende Unterkühlung der Knollen auf –4 bis –5 °C möglich
Roden	bei 12–15 °C	Schäden (insbes. Blaufleckigkeit) bei 5 °C doppelt so hoch wie bei 15 °C
Sortieren	nicht unter 8 °C	
Lagern	3–5 °C	

bilden sich 3–8 Sprossachsen, von denen jede 2–5 Knollen hervorbringt. Die **Knolleninduktion** wird im Kurztag gefördert, während das Knollenwachstum, wie auch die Blüte, unter Langtagbedingungen gefördert werden. Die Bindung an die Tageslänge ist bei sehr frühen Sorten etwas abgeschwächt. Die zuerst angelegten Knollen einer Staude erreichen stets ein überdurchschnittliches Gewicht. Lediglich die innerhalb von 2–3 Wochen nach Beginn des Knollenansatzes gebildeten Knollen kommen zur vollen Ausbildung. Später gebildete Knollen werden überwiegend resorbiert. Der **Blütenstand** der Kartoffel ist ein Doppelwickel. Die Blüte selbst besteht aus 5 verwachsenen Kelch-, Blüten- und Staubblättern. Die **Frucht** ist eine ungenießbare Beere mit etwa 150 Samen.

Von den **klimatischen Gegebenheiten** wird der Kartoffelanbau schon durch geringe Frosttemperaturen sowie durch sehr hohe Temperaturen begrenzt (Tab. 2.33).

Das Kraut stirbt bei –1,5 bis –1,7 °C, die Knollen zwischen –1 bis –2 °C ab. Über 32 °C wird das Knollenwachstum eingestellt. Wegen der großen Sortenunterschiede in der Vegetationsdauer ist aber die Anpassung an unterschiedliche Standorte erstaunlich groß. Kurzlebige Sorten sind bis nach Skandinavien sowie in die Mittelgebirge anbaubar. Die hohe Ertragsunsicherheit wird sehr stark bestimmt vom Temperatur- und Niederschlagsverlauf in den Vegetationsabschnitten nach der Pflanzung (Temperatur) und kurz vor und während der Blüte sowie während der Stärkeeinlagerung (Niederschlag). Schwere tonige, steinhaltige und verdichtete **Böden** scheiden für den Kartoffelanbau aus. Für die Ernte ist ein auch unter schlechten Witterungsbedingungen siebfähiger Boden besonders wichtig.

In der **Fruchtfolge** hat die Kartoffel nur geringe Ansprüche an die Vorfrucht. Der Boden muss unkraut- und verdichtungsfrei sein und eine klutenfreie Dammbildung erlauben. Die N-Freisetzung aus der organischen Substanz der

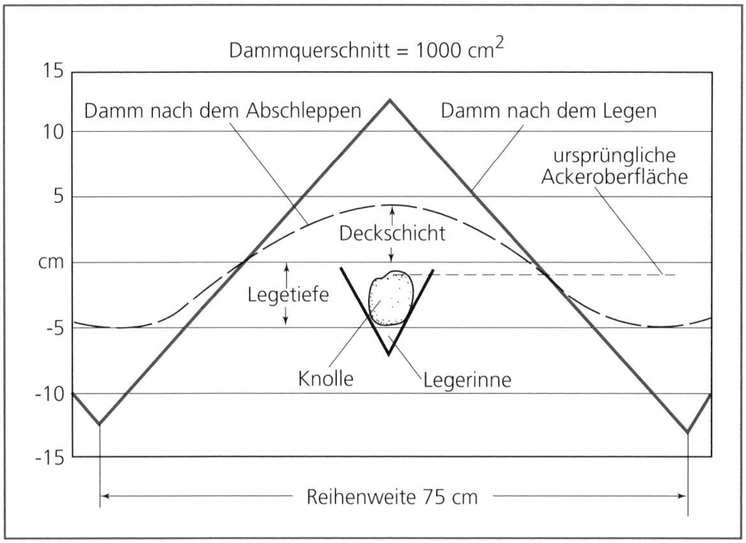

Abb. 2.24 Idealer Kartoffeldamm (Specht 1999).

Vorfrucht bzw. Düngung darf nicht erst im Sommer wirksam werden wegen der Gefahr einer späten N-Anlieferung. Die Kartoffel hinterlässt der Nachfrucht einen lockeren und unkrautfreien Boden mit der Möglichkeit der pfluglosen Bestellung der Getreide- oder Rapsnachfrucht. Nach spätreifenden Sorten kommt meist eine spätsaatverträgliche Winterung oder eine Frühjahrsbestellung (z. B. Sommergerste, Lein) in Betracht. Obwohl die Kartoffel weitgehend selbstverträglich ist, droht bei wiederholter Selbstfolge bzw. Durchwuchs die Vermehrung zystenbildender Nematoden, sodass eine 3- bis 4-jährige Anbaupause notwendig wird.

Der Anbau erfolgt in **Dammkultur**, selten in Beetkultur (mit 3 Reihen je Beet). Nach intensiver Bearbeitung der Getreidestoppel wird durch Herbstfurche ein 25–35 cm tief gelockerter, gleichmäßig abgesetzter Boden hergerichtet. Frühjahrsfurche ist nur auf frühzeitig abtrocknenden sehr leichten Böden möglich. Dammvorformung zur frühzeitigen Trennung von Wuchs- und Fahrraum im Herbst oder Winter hat sich auf schwereren Böden zur Minderung des Klutenanteils und für eine störungsfreie Befahrbarkeit der Schläge bewährt. Der angestrebte Dammquerschnitt beträgt 1000 cm^2 (Abb. 2.24).

Unter speziellen Anbaubedingungen kommen Beetformer meist in Kombination mit Dammfräsen und auf steinhaltigen Böden zudem Mehrsiebketten-Separatoren zur Entsteinung der Dämme zum Einsatz.

Im Kartoffelsortiment gibt es bezüglich Reifezeit und Verwendungszweck eine große Vielfalt. Die **Sortenwahl** ist deshalb eine entscheidende Maßnahme im Anbauverfahren. Die sehr frühen Sorten (Reifegruppe I mit 90–110 Vegetationstagen) sind dem Frühkartoffelanbau gewidmet. Frühe und mittelfrühe Sorten (Reifegruppen II mit 110–120 und III mit 120–140 Vegetationstagen) dienen der Speisefrischkartoffelerzeugung. Mittelspäte bis späte Sorten (Reifegruppe IV mit 140–160 Vegetationstagen) werden hauptsächlich für die stärkeverarbeitende Industrie, Brennereien und für Futterzwecke angebaut. In den Reifegruppen I–IV unterscheidet man zwischen Speisesorten, zu denen auch ein Teil der Verarbeitungssorten gehört, und Wirtschaftssorten (Brennerei-, Futter- und Stärkekartoffeln). Die **Pflanzung** erfolgt möglichst früh in Abhängigkeit von der Vorbehandlung des Pflanzgutes (unbehandelt, keimgestimmt, vorgekeimt). Die optimale Bodentemperatur beträgt für unbehandelte Knollen 8–10 °C, für vorgekeimtes und keimgestimmtes Material 4–6 °C. Der heute übliche Reihenabstand von 75 cm und eine Pflanzdichte von 4 Pflanzen m^{-2} ergeben im Speisekartoffelanbau einen Legeabstand von 33,3 cm. Sollen Knollenübergrößen (z. B. Verarbeitung zu Pommes frites) erzeugt werden,

Tab. 2.34 Ertragsstruktur der Kartoffel.

Große Pflanzknollen → mehr Triebe je Staude → höherer Knollenansatz je Staude → geringerer Knollenansatz je Trieb → insgesamt kleinere bzw. ungleichmäßigere Sortierung Kleine Pflanzknollen → weniger Triebe je Staude → geringerer Knollenansatz je Staude → höherer Knollenansatz je Trieb → insgesamt größere bzw. gleichmäßigere Sortierung
Pflanzgutgröße durch Abnahme des Nettoertrages (Knollenertrag minus Pflanzgutaufwand) begrenzt

sind kleinere Pflanzknollengrößen mit geringerer Pflanzdichte zu bevorzugen. Bis zu 6 Pflanzen m^{-2} werden in der Pflanzguterzeugung ausgebracht, um einen möglichst hohen Nettoertrag (Ernteertrag minus Pflanzgutmenge) zu erzielen. Die Variation der Ertragsstruktur der Kartoffel in Abhängigkeit von der Größe der Pflanzknollen ist in Tabelle 2.34 dargestellt.

Nach Ernte der Vorfrucht sollte die bodenlockernde Wirkung **organischer Dünger** genutzt werden. Innere und äußere Qualität werden in erster Linie durch die **N-Düngung** beeinflusst. Da die N-Aufnahme zur Blüte beinahe abgeschlossen ist, muss eine rechtzeitige N-Düngung vor der Pflanzung bzw. kurz danach eingeplant werden. Von einer Spätdüngung mit Stickstoff ist wegen möglicher Qualitätsminderungen bei jedem Produktionsziel abzuraten. Die K-Versorgung erfolgt bevorzugt mit sulfathaltigen Düngern. Für hohe Ertrags- und Qualitätserwartung ist der P-Bedarf relativ hoch. Nach der Blüte besteht ein hoher Mg-Bedarf, der ggf. durch Blattdüngung abgedeckt wird.

Die Ziele der **Pflege und Unkrautbekämpfung** sind Erhaltung eines klutenfreien und siebfähigen Bodens, Reduzierung des Unkraut- und Ungräserbesatzes, Verbesserung des Wasser-, Wärme- und Lufthaushaltes durch Oberflächenbearbeitung der Dämme und Sicherung der Abdeckung des Knollennestes, um das Ergrünen und die Braunfäule an den Knollen zu verhindern. Die Pflegemaßnahmen bestehen aus Lockern der Furche sowie Häufeln und Striegeln vor Aufgang, Herbizidapplikation, Hacken und Striegeln nach Aufgang sowie Schlusshäufeln.

Unter den Pflanzenschutzmaßnahmen kommt der Bekämpfung der Kraut- und Knollenfäule mit bis zu 5-maliger, im intensiven Anbau noch häufigerer Behandlung besondere Bedeutung zu. Befallsprognosemodelle können die Bekämpfungsentscheidungen unterstützen. Die Vorbeugung vor weiteren Krankheiten erfolgt durch Vermeidung von Knollenverletzungen, Ausbringung physiologisch saurer Dünger, Einhaltung von Anbauabständen und Verwendung gesunden Pflanzgutes. Die Verwendung von eigenem Nachbau-Pflanzgut ist wegen der Virusverbreitung nicht empfehlenswert. Insektizideinsatz gegen Kartoffelkäfer zum Zeitpunkt des Larvenschlüpfens ist oft wirtschaftlich. Im Pflanzkartoffelanbau erfolgt die Bekämpfung der Blattläuse als Virusvektoren.

Beregnungsgaben dienen dem Ausgleich von Ertragsschwankungen. Je mm Beregnungsgabe wird standortabhängig ein Mehrertrag von 80–115 dt ha^{-1} erzielt.

Der **Erntetermin** richtet sich nach dem Produktionsziel. Frühkartoffeln werden entsprechend der Marktentwicklung gerodet, sobald die Knollen marktfähige Größe erreichen. Chipskartoffeln werden wegen des dann geringen Gehaltes an reduzierenden Zuckern vor und während des Krautabsterbens, Einlagerungskartoffeln wegen der dann besten Haltbarkeit bei hohem Ertrag nach dem Krautabsterben geerntet. 2–3 Wochen vor der Ernte erfolgt die Krautminderung auf mechanischem (Krautschlagen) oder chemischem (mehrere Präparate zu Auswahl) Wege bzw. in Kombination beider Verfahren. Eine schonende Ernte ist bei siebfähigem Boden, trockener Witterung und einer Knollentemperatur > 10 °C durchzuführen.

Pflanzkartoffeln werden bei 2–4 °C, Speisefrischkartoffeln bei 4–6 °C, Ware für Pommes frites bei 6–8 °C sowie Chips- und Stärkekartoffeln bei 8–12 °C gelagert.

Fragen zu Kapitel 2.4.4

- Wodurch wurde im Zuckerrübenanbau in den letzten Jahrzehnten die hohe pflanzenbauliche Produktivität erreicht?
- Wie heißt der Hauptreservestoff der *Beta*-Rübe?
- Wie hoch ist der Blattflächenindex eines Zuckerrübenbestandes bei Reihenschluss?
- Aus wie vielen Zuckerrübensamen besteht eine Saatguteinheit (U)?
- Wie viele Zuckerrübenpflanzen je ha werden angestrebt?
- Welche Auswirkungen sind mit den unvermeidlichen Bestandeslücken im Zuckerrübenanbau mit Endabstandssaat verbunden?
- Welche Zuckermenge je ha kann in Spitzenbetrieben erzeugt werden?
- Aus welchen Pflanzenteilen besteht eine Kartoffelstaude?
- Auf welche Reifegruppen verteilt sich das Sortenspektrum der Kartoffel?
- Welche Fläche hat der ideale Querschnitt des Kartoffeldamms?
- Bei welchen Temperaturen werden a) Pflanzkartoffeln, b) Speisefrischkartoffeln, c) Veredlungskartoffeln und d) Stärkekartoffeln gelagert?

2.4.5 Ackerfutterpflanzen

Der Ackerfutterbau dient hauptsächlich der kontinuierlichen Versorgung der Nutztierbestände mit hochwertigem Grundfutter in Ergänzung zum Futteranfall auf dem Dauergrünland. Daneben fördern die meisten Ackerfutterpflanzen aufgrund ihrer biologischen und ackerbaulichen Eigenschaften (Humusmehrung, lang andauernde Beschattung, Nährstofferschließung, Durchwurzelung und Bodenlockerung) die Erhaltung und Steigerung der Bodenfruchtbarkeit sowie die Biodiversität und tragen so zur nachhaltigen Entwicklung der Agrarlandschaft bei. Durch eine standort- und nutzungsorientierte Auswahl geeigneter Futterpflanzen in Kombination mit den verschiedenen Anbauformen und dem fruchtartengerechten Anbau werden diese komplexen Ziele erreicht.

Ackerfutterpflanzen

Zusammen mit den Pflanzengesellschaften des Dauergrünlandes stellen die Ackerfutterpflanzen die kontinuierliche Versorgung der Nutztierbestände mit hochwertigem Grundfutter sicher. Die wichtigste Ackerfutterpflanze ist der Silomais (*Zea mays* L.). Die Leguminosen Rotklee (*Trifolium pratense* L.) und Luzerne (*Medicago* spp.) rücken in letzter Zeit wieder stärker ins Blickfeld des Landwirtes, weil sie die Erhaltung bzw. Förderung der Bodenfruchtbarkeit sichern. Gleiches gilt für die Ackergräser wie Weidelgräser (*Lolium* spp.), Knaulgras (*Dactylis glomerata* L.), Wiesenschwingel (*Festuca pratensis* Huds.) oder Wiesenlieschgras (*Phleum pratense* L.) sowie Kleegras als Gemisch aus Gras- und Kleearten.

Die bedeutendste Form des Feldfutterbaus ist der Hauptfruchtfutterbau. Weitere Anbauformen sind der Zweitfruchtfutterbau und der Zwischenfruchtfutterbau, der sich nochmals in Winter- und Sommerzwischenfruchtfutterbau untergliedert. Auf der Grundlage der Ansaatverfahren kann zwischen Stoppel-, Blanksaaten und Untersaaten in Deckfrüchte unterschieden werden. Im **Hauptfruchtfutterbau** werden ein-, über- und mehrjährige Kulturen genutzt. Während noch vor 30 Jahren Ackergräser und Leguminosen die wichtigsten Vertreter waren, dominiert heute der Silomais, weil er in Menge und Qualität eine gut vorhersagbare Futtergrundlage bietet und im Artenvergleich bezogen auf die Energieeinheit im Futter am kostengünstigsten produziert werden kann. Der wesentliche Vorteil des Silomaisanbaus ergibt sich aus der hohen Mechanisierungsstufe und der hohen Energiedichte des Erntegutes. Im **Zweitfruchtfutterbau** stehen Grünmais, Futterkohl (Markstammkohl) sowie verschiedene Ackerfuttergräser zur Verfügung. Als **Sommer- und Winterzwischenfrüchte** können zahlreiche Arten genutzt werden. Die Auswahl richtet sich auch nach der **Ansaatmethode**. Für Untersaaten sind z. B. Weißklee, Weidelgräser, Klee/Gras-Gemische, Perserklee und Serradella geeignet. Als Stoppelsaaten sind großkörnige Leguminosen, Einjähriges Weidelgras, Perser- und Gelbklee sowie die Kruziferen Raps, Rübsen, Ölrettich, Stoppelrübe und Senfarten gut geeignet. Weitere Kulturarten, wie z. B. Phacelia, Buchweizen, Sonnenblume oder Fut-

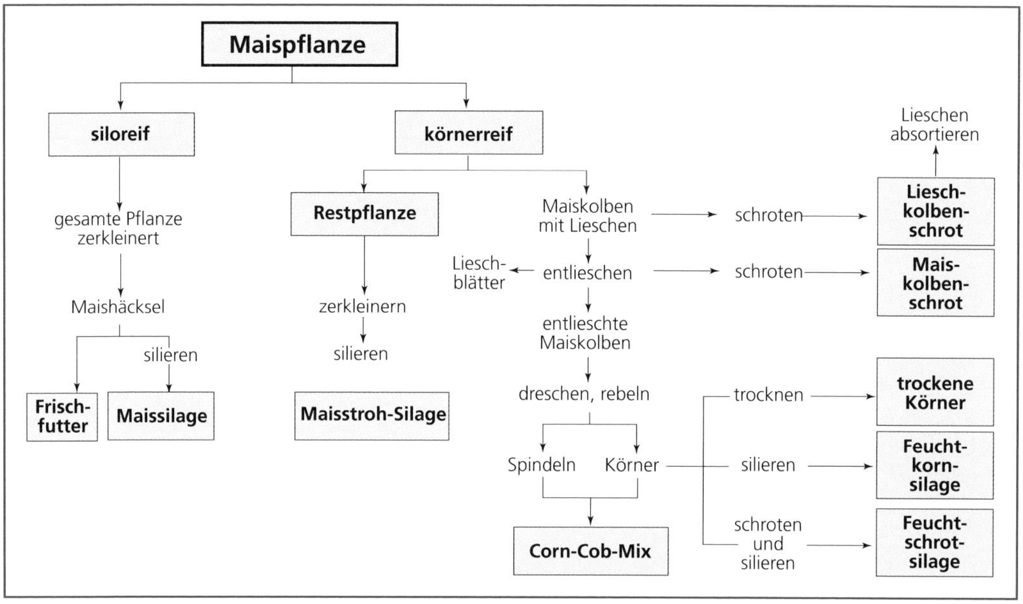

Abb. 2.25 Verwertungsformen für silo- und körnerreifen Mais sowie Maisstroh (Zscheischler et al. 1990).

terkohl, werden hierfür ebenfalls genutzt. Als Winterzwischenfrüchte dienen die Winterformen von Raps, Rübsen, Weizen und Roggen (Grünfutterroggen). Wick-Roggen und Landsberger Gemenge (Welsches Weidelgras, Inkarnatklee, Zottelwicke) sind geschätzte Gemische. Generell baut man im Zwischenfruchtanbau zunehmend standort- und nutzungsoptimierte Gemenge an, die zusätzlich ökosystemische Leistungen erbringen.

2.4.5.1 Mais (*Zea mays* L.)

Mais gehört zusammen mit Weizen und Reis zu den landwirtschaftlichen Kulturpflanzen, die weltweit etwa 65 % der Nahrungsenergie und der Nahrungsproteine liefern. Körnermais dient besonders in wärmeren Breiten als Nahrungsmittel, während er sonst vorwiegend als energiereiches Futtermittel genutzt wird. In der EU ist der **Anbauumfang** für Körnermais vergleichsweise gering und konzentriert sich auf bevorzugte Standorte in Frankreich und Italien. In der kühl-gemäßigten Klimazone der nördlichen Erdhalbkugel dominiert mit zunehmender geografischer Breite der Silomais zur Erzeugung von Grundfutter für intensive Formen der Rinderhaltung. In Deutschland betrug die Maisfläche 2020 insgesamt 2,7 Mio. ha entsprechend 23 % der Ackerfläche. Davon sind 85 % dem Silomaisanbau gewidmet.

Die **Erträge** im Maisanbau haben in den letzten 50 Jahren durch Bereitstellung standortangepasster Hybriden erhebliche Zuwächse erreicht. In diesem Zeitraum ist der durchschnittliche Kornertrag (einschl. Corn-Cob-Mix) von ca. 30 dt ha^{-1} auf weit über 90 dt ha^{-1}, der durchschnittliche Silomaisertrag (einschl. Lieschkolbenschrot) von 200 dt ha^{-1} auf über 445 dt ha^{-1} Frischmasse gestiegen. Spitzenerträge werden in den südlichen Bundesländern erzielt.

Die Qualitätsanforderungen sind von dem jeweiligen Verwertungszweck abhängig. Der in sehr dichten Beständen angebaute **Grünmais** findet sich gelegentlich noch in Kleinbetrieben, oft als Zweitfrucht nach Getreide. Grünmais wird bis zur Milchreife frisch verfüttert und stellt ein kohlenhydratreiches Futtermittel mit hohen Zuckeranteilen dar. Die höchsten Erträge an verwertbarer Trockensubstanz (TS) werden um das Rispenschieben erzielt.

Im Laufe der Zeit haben sich verschiedene Verwertungsverfahren für Mais entwickelt (Abb. 2.25). Die Silagebereitung aus dem ganzen Maisspross hat sich in den meisten viehhaltenden Betrieben durchgesetzt.

Der Futterwert von **Silomais** wird vom Kolbenanteil (%), der im Korn enthaltenen Stärke und der Verdaulichkeit der Restpflanze bestimmt. Der dafür optimale Erntetermin ist bei maximaler Kornmasse und einem TS-Gehalt der Restpflanze von 25–30 % erreicht. Dieser Zustand stellt sich gegen Ende der Teigreife ein, d. h. kurz vor der physiologischen Reife, wenn die Stärkeakkumulation im Korn so weit vorangeschritten ist, dass der höchste Energiegehalt bei einem Kolbenanteil von 50 % an der Sprossmasse beobachtet wird. Die vollständige Zerkleinerung der Körner gilt als Voraussetzung für eine hohe Verdaulichkeit. Die Silierbarkeit hängt dagegen vom Trockensubstanzgehalt (28–35 %) der Gesamtpflanze und dem Sortentyp ab (z. B. Abreifeverhalten konventionell, dry down oder stay green). Angestrebt wird eine Häcksellänge zwischen 4 und 7 mm, um die notwendige Dichtlagerung im Siloraum als Voraussetzung für einen fehlerfreien Gärverlauf erzielen zu können.

In **Biogasanlagen** repräsentiert Silomais heute das wichtigste Substrat unter den Energiepflanzen. Selbst bei alleiniger Nutzung von Silomais treten keine Prozessstörungen in den Anlagen auf. Auf günstigen Standorten und mit spätreifen Sorten lässt sich eine Leistung von über 8000 m^3 Methan ha^{-1} erzielen. Die Gasausbeute schwankt zwischen 300 und 380 Liter kg^{-1} org. Trockensubstanz.

Einsilierte Futtermittel mit hoher Nährstoffkonzentration werden aus Maiskolben gewonnen. Lieschkolbenschrotsilage (LKS) bezieht den gesamten Kolben einschließlich der Lieschblätter ein. Der Rohfasergehalt beträgt zwischen 10 und 14 %. Die Hauptverwendung liegt in der Rinderfütterung als energiereiches Kraftfutter. Wird nur das Korn-Spindel-Gemisch (Corn-Cob-Mix) genutzt, so enthält das Erntegut 60 % Trockensubstanz und einen Rohfasergehalt von 4–5 %. CCM kann daher sehr gut in der Schweinefütterung genutzt werden.

Körnermais muss zur Ernte zumindest die physiologische Reife (< 40 % Kornfeuchte) erreicht haben. Dieses Stadium lässt sich an der sogenannten „black layer" erkennen, einer Zellschicht, die die Anbindung des Korns an das Leitbahnsystem der Pflanze und damit die Assimilateinlagerung irreversibel unterbricht. Das Maiskorn enthält als Hauptkomponenten 70 % Stärke, 10,6 % Rohprotein (lysin- und tryptophanarm) und 4,6 % Rohfett. Für besondere industriell-technische Verwertungen der Stärke stehen Waxy-Mais (99 % Amylopektin in der Stärke) bzw. Amylo-Mais (50–80 % Amylose in der Stärke) zur Verfügung.

In ihrer **Herkunft und Botanik** weicht die Maispflanze deutlich vom übrigen Getreide ab (s. auch Kap. 2.4.1). Mais (*Zea mays* ssp. *mays*) stammt aus den tropischen Klimagebieten Mittel- und Südamerikas und stellt die einzige botanische Art der Gattung *Zea* mit einer Chromosomenzahl n = 10 dar. Die botanischen Varietäten der kultivierten Maisformen werden nach dem Korntyp unterteilt, der zugleich Hinweise auf den Nutzungszweck gibt. In Europa sind Zahnmais (convar. *indentata*; dent) und Hartmais (convar. *indurata*; flint) von wirtschaftlicher Bedeutung. Die den Anbau dominierenden Hybriden gehen in ihrer Entstehung auf Hart- und Zahnmaislinien zurück. In der Karyopse des Zahnmaises umschließen die hornartigen Seiten das weiche Nährgewebe, während beim Hartmais die glasige Kornstruktur den weichen Mehlkörper vollkommen ummantelt. Stärkemais hat eine durchgehend mehlige Kornstruktur und wird deshalb leicht zu Mehl verarbeitet. Bei Zuckermais ist die Umwandlung von Zucker zu Stärke verlangsamt. Das im Reifungsverlauf geschrumpfte, zuckerreiche Korn wird in der Konservenindustrie verwendet. Puffmais hat ein weitgehend glasiges Korn, welches zur Erzeugung von Popcorn dient.

Das Wurzelsystem der Maispflanze entwickelt sich sehr früh aus der primären Keimwurzel, die sehr schnell um 3–4 mesophyllbürtige Wurzeln ergänzt wird, welche in der zeitlichen Anlage und Funktion ebenfalls als Keimwurzeln betrachtet werden können. Die ersten adventiven Wurzeln entstehen aus den unteren, gestaucht angeordneten, unterirdisch wachsenden Nodien, aus denen später weitere zahlreiche Kronenwurzeln hervorgehen. Eine flächendeckende Bewurzelung ist im 6- bis 8-Blattstadium, die volle Durchwurzelungstiefe mit mehr als 1 m aber erst zum Rispenschieben zu beobachten. Vereinzelte Wurzeln reichen bis in 2,50 m Tiefe.

Die Maispflanze hat in aller Regel nur einen Hauptstängel mit 8–12 (bis zu 20) Internodien, der im Durchschnitt des deutschen Sortimentes eine Höhe von 2,20 m erlangt. Der Stängel ist markgefüllt, was hinsichtlich der vorübergehenden Assimilatspeicherung und des Futterwertes von Bedeutung ist. Die Blätter stehen wechselständig an den Nodien, sind lanzettförmig, werden 30–150 cm lang und bis 15 cm breit. Die Maisblätter zeigen besonders unter höherer Temperatur und Lichtintensität eine bessere photosynthetische Leistung als die heimischen Gräser, weil die Assimilation dem C_4 (Dicarbonsäure)-Zyklus folgt (s. auch Kap. 2.2.2). Bei der monözischen Pflanze (s. auch Kap. 2.2.1) sind die männlichen Blütenorgane als 2-blütige Ährchen in einer endständigen Rispe angeordnet, die bereits in der Jugendphase angelegt wird. Die Blühdauer der Rispe beträgt 10–14 Tage. Die weiblichen Blütenorgane werden in Kolben an gestauchten Seitentrieben in den Blattachseln ausgebildet. Die Blüte der Rispe liegt 2–4 Tage vor dem Erscheinen der Narbenfäden der weiblichen Blüten. Diese Vormännlichkeit (Protandrie) bedingt die hohe Fremdbefruchtungsrate von über 90 %. Je Pflanze kommt es zur Entwicklung von 1 oder 2 Kolben in halber Stängelhöhe, die von den Lieschblättern als umgebildete Blattscheiden umhüllt werden. Die 2-blütigen, paarweise angeordneten Ährchen bilden regelmäßig nur eine Karyopse, sodass im reifen Kolben ein reihenförmiger Kornsitz zu erkennen ist. Ein gut ausgebildeter Kolben trägt 18–20 Kornreihen mit je 15–20 Körnern bei einer TKM von 200–600 g.

Mais ist auf den meisten **Böden** anbauwürdig. Zu kalte, untätige Ton- oder staunasse Böden sind allerdings zu meiden, ebenso frostgefährdete Lagen (z. B. Moorböden). Obwohl Mais einen niedrigen Transpirationskoeffizienten aufweist, ist der absolute Wasseranspruch in der Hauptwachstumsphase hoch. Insbesondere auf leichten Böden ist der Vorrat in den Phasen starken Massenwachstums vor und während der Blüte oftmals erschöpft. So beträgt der tägliche Wasserbedarf in den Monaten Juli und August an mehreren Tagen bis zu 6 mm. In trockenen Lagen werden deshalb Lehmböden mit gutem Wasserhaltevermögen für den Anbau bevorzugt. Der pH-Wert des Bodens darf 5,6 nicht unterschreiten. Bereits bei schwacher Hangneigung besteht die Gefahr der Bodenerosion. Erosionsschäden lassen sich durch pfluglose Bearbeitung vermindern. Auch durch Klee- oder Grasuntersaaten im Mais werden Oberflächenabfluss und Erosion eingedämmt. Die reduzierte Bodenbearbeitung in Form von Streifenfräs- (25–30 cm) oder Rillensaat (3–4 cm) in Stroh und abgestorbene bzw. mit Herbiziden abgetötete Winterzwischenfrüchte führt zu einer starken Erosionsminderung, die auf den hohen Bodenbedeckungsgrad, die aggregatstabilisierende Durchwurzelung der Zwischenfrucht und die erhöhte Infiltrationsrate („Regenverdaulichkeit") durch hohen Besatz an Regenwürmern zurückzuführen ist. In den Grenzlagen des Maisanbaus kann allerdings die verzögerte Bodenerwärmung nach konservierendem Bestellverfahren die Jugendentwicklung in ertragsrelevantem Ausmaß hemmen. In Trockenlagen ist zu beachten, dass Zwischenfrüchte den Wasserhaushalt zusätzlich belasten.

Besonders kennzeichnend für die Standortanpassung ist der hohe **Temperaturanspruch** der wärmeliebenden Maispflanze. Da der größte Teil der landwirtschaftlichen Nutzfläche in Deutschland zu den Grenzlagen des Maisanbaus gehört, dominiert die Erzeugung von Silomais, bei der die volle Kornreife nicht abgewartet werden muss. Die Züchtung von frühreifen und kühletoleranten Hybriden und auf den jeweiligen Nutzungszweck angepasste Ernteverfahren haben zu der weiten Verbreitung von Silomais geführt. Im Gegensatz dazu sind im Körnermaisanbau die Standortunterschiede stärker ausgeprägt. Selbst sehr frühreife Hybriden benötigen mehr als 13,5 °C Durchschnittstemperatur zwischen Mai und September und 900 h Sonnenscheindauer für die vollständige Ausreife. Bereits die Keimminimumtemperatur ist mit 8–10 °C vergleichsweise hoch. Der Wachstumsbeginn setzt erst oberhalb 14–15 °C ein und die volle Photosyntheseleistung wird über 25 °C erreicht. Der Spross ist sehr frostempfindlich; schon bei –3 °C erfrieren die Blätter. Ist auch der Vegetationskegel frostgeschädigt, so kommt es zum Totalausfall des Bestandes. Werden in der Jugendphase 12–15 °C unterschritten, zeigen die jüngeren Blattorgane die für C_4-Pflanzen typische Kühlechlorose, die mit verminderter Photosynthese und allgemeiner Wuchsdepression verbunden ist. Die schnelle Überwindung dieses Temperaturstresses kann für die Trockenmasseakkumulation des Bestandes und damit für die spätere Ausreife von Bedeutung sein. Körnermais ist zudem in den späten Wachstumsstadien gegenüber niedrigen Herbsttemperaturen, insbesondere Nachtfrösten, sehr empfindlich, solange der Trockensubstanzgehalt der Körner von 50–55 % nicht überschritten wurde. Ursache ist der für die Jahreszeit relativ hohe Temperaturanspruch von mehr als 13 °C für die Verlagerung der im Halm zwischengespeicherten Assimilate in den Kolben, die nach Frosttemperaturen sogar irreversibel unterbunden sein kann. Frostereignisse von wenigen Stunden unter –2 °C können die Abreife abrupt beenden.

Mais ist in die **Fruchtfolge** auch viehloser Betriebe problemlos einzuordnen. Aufgrund der späten Saat im Frühjahr verursacht die Saatbettbereitung selbst nach extrem späträumenden Vorfrüchten keine Schwierigkeiten, weil als Grundbodenbearbeitung ggf. die Frühjahrsfurche gewählt werden kann. Da Mais die meisten Fruchtfolgekrankheiten der anderen Getreidearten (vgl. Kap. 2.4.1.1) nicht überträgt, gilt er als tragendes Glied in getreidereichen Fruchtfolgen, zu deren Auflockerung er heute in vielen Regionen beiträgt. Auch mehrjähriger Anbau auf demselben Feld ist ohne Ertragseinbußen möglich und oft üblich. Die in solchen Fällen zunehmend auftretende spezifische Verunkrautung lässt sich mit speziellen Herbiziden unterdrücken. Zuletzt schränkt ein invasiver Schädling, der Mais-Wurzelbohrer, langjährige Selbstfolgen aber stark ein. Generell sollte der Maisanteil auf verdichtungs- und erosionsgefährdeten Standorten einen Flächenanteil von 30 % nicht überschreiten. Körner- und CCM-Mais sind humusmehrend, weil sie neben 20–25 dt ha^{-1} Stoppel- und Wurzelrückständen auch etwa 80–100 dt TM ha^{-1} an Stroh hinterlassen. In diesem Zusammenhang ist zu beachten, dass die Ernterückstände bei mangelhafter Zerkleinerung und ungleichmäßiger Verteilung den häufig nachfolgenden Winterweizen in seiner Entwicklung beeinträchtigen können. Besondere Beachtung verlangt das Maisstroh zudem als Infektionsquelle für toxinbildende Ährenfusariosen eines folgenden Weizens und anderer Getreidearten, sodass Stroh- und Stoppelreste stets gründlich einzuarbeiten sind. Silomais gilt als humuszehrend, sodass der Anbau von Zwischenfrüchten angezeigt ist. Selbst nach Silomais ist die verbleibende Vegetationszeit hierfür aber zu kurz; Mais kann jedoch gut in den Mulch von durch Frosteinwirkung abgestorbenen Pflanzendecken aus Senf- oder Phaceliabewuchs gesät werden.

Die **Bodenbearbeitung** im Maisanbau orientiert sich hauptsächlich an den Standortbedingungen, wobei sich oft widersprechende Anforderungen stellen. Einerseits muss auf schluffreichen Böden in hängigem Gelände der Erosion vorgebeugt und in vielen Regionen der Vorrat an pflanzenverfügbarem Wasser geschont werden, sodass Eingriffe in den Boden minimiert werden sollten. Andererseits muss das Bodenvolumen für die zügige Entwicklung des jungen Wurzelsystems schnell erschließbar und das Saatbett rasch erwärmbar sein, was für eine tiefgreifende Primärbodenbearbeitung spricht.

Die konventionelle Bearbeitung unter Einsatz des Pfluges ist auf leicht bearbeitbaren, sandigen und damit zugleich strukturschwachen Böden als Frühjahrsfurche zu empfehlen. Schwerere Böden insbesondere mit Verdichtungszonen werden regelmäßig im Herbst gepflügt, um die Frostgare zu nutzen. Nach der Maisernte werden Ernte- und Wurzelrückstände sauber eingearbeitet und so das Risiko der Fusarieninfektion gemindert, aber auch die Ausbreitung des Maiszünslers eingeschränkt. Im konservierenden Verfahren erfolgen nach der Ernte der Vorfrucht die Stoppelbearbeitung und die Einsaat der Zwischenfrucht. Im Winter erfriert die Zwischenfrucht, sodass im Frühjahr die Maisaussaat in den mit einer Mulchauflage abgedeckten Boden erfolgen kann. Dieses Verfahren eignet sich besonders auf schwer bearbeitbaren Böden und in Hanglagen. Soll sich der Boden schneller erwärmen, wird die Mulchsaat nach einer Saatbettbereitung mit rotierenden Geräten durchgeführt.

Im Anbau befinden sich durchweg **Hybridsorten** (s. Kap. 3.7.5), deren Eignung sich an der Einstufung nach der Reifezeit orientiert. Die 3-stellige Reifezahl (FAO-Zahl) gibt in der 1. Ziffer die Reifegruppe, in der 2. die Stellung der Sorte innerhalb der Reifegruppe und in der 3. die Kornfarbe (0 für einheitlich gelbe Farbe) an. Die Einteilung erfolgt nach Unterschieden im Wassergehalt der reifenden Kolben im Vergleich mit bereits eingestuften Referenzsorten, deren Reifezeit jedoch in verschiedenen Ländern nach unterschiedlichen Systemen festgelegt wird. Folglich kann eine Sorte in den jeweils nationalen Listen unterschiedlicher Länder verschiedene FAO-Zahlen führen. Eine hohe FAO-Zahl im Sortiment weist auf einen hohen Wassergehalt der zum gleichen Zeitpunkt geernteten Pflanzen und damit auf eine spätere Reife hin. Ein Prozentpunkt Unterschied in der TS bedingt die Veränderung um 10 Reifezahleinheiten. International reicht die Skala der FAO-Zahlen bis 900. In Deutschland liegen die anbauwürdigen Sorten unter 350. Die FAO-Zahl berücksichtigt nicht die Unterschiede in der technologischen Reife, die sich in der sortenspezifischen Abreife der Körner und der Restpflanze zeigen. Daher erhält jede Sorte für die deutsche Zulassung nach 2-jähriger Wertprüfung bzw. EU-Sortenprüfung eine Siloreifezahl (S) für Silonutzung und eine Körnerreifezahl (K) für Körnernutzung. S basiert auf der Trockensubstanz (TS) der Gesamtpflanze, K auf der Korn-TS. Energiemaissorten haben eine standorttypische Siloreifezahl, die 40–50 Punkte über den Werten für Silofuttermais liegt, da für die Biogasgewinnung die Gesamttrockenmasse wichtiger ist als ein hoher Kolbenanteil.

Bereits mit der **Aussaat** wird über das spätere Ertragsbildungsvermögen entschieden, weil die Maispflanze nur einen Haupttrieb ausbildet und somit Pflanzendichte und Gleichmäßigkeit des Bestandes von der exakten Kornablage abhängig sind. Auch die Einhaltung der optimalen Saatzeit ist für minimale Pflanzenverluste bzw. das Erreichen der nutzungsspezifischen Ausreife entscheidend. Die Bestandesdichte richtet sich nach dem Wasserhaushalt des Standortes und der Nutzungsrichtung. Bei Reihenabständen von 62,5–80 cm und einer Saattiefe von 4–6 cm reicht sie von 6–12 Pflanzen m^{-2}. Für spätreife Sorten ist eine geringe Pflanzenzahl angezeigt, weil sie zur Ausnutzung des Ertragspotenzials mehr Platz pro Einzelpflanze benötigen als frühreife Sorten. Insbesondere sind frühzeitige Konkurrenzeffekte zu vermeiden, wenn die Kolbenausbildung gefördert werden soll. Das Maissaatgut ist in Einheiten von 50 000 Körnern abgepackt und regelmäßig mit Spezialbeize behandelt, um die Gefährdung der Keimpflanze durch Krankheiten und Schädlinge besonders nach Kältestress zu mindern. Die Kornablage erfolgt mit Einzelkornsägeräten, die mit ihrer pneumatischen Steuerung eine hohe Ablagegenauigkeit bei Fahrgeschwindigkeiten zwischen 6 und 8 km h^{-1} erlauben. Die Saatzeit orientiert sich in erster Linie an der Bodentemperatur, die zur Aussaat 8–10 °C betragen muss, damit ein hoher Feldaufgang erreicht werden kann. Die optimale Saatzeit liegt in den meisten deutschen Anbaugebieten in der letzten Aprildekade. Verfrühte Saat führt zu einer Verzögerung und Verminderung des Feldaufgangs, zu geschwächtem Keimpflanzenwachstum und zu höheren Verlusten und Schäden durch Vogelfraß und Fritfliegenbefall. Als Gegenmaßnahmen kommen Saatgutbeizung, Unterfußdüngung und gelegentlich Folienmulch zum Einsatz. Ein verzögerter Saattermin erschwert die Wasserversorgung des spät wurzelnden Bestandes und verzögert die generative und reproduktive Entwicklung unter Förderung des Längenwachstums und damit der Lagergefahr. In diesem Fall sollten frühreife Sorten, verringerte Bestandesdichte und reduziertes N-Angebot gewählt werden.

Die **Düngung** muss der verzögerten Anfangsentwicklung, der intensiven Nährstoffaufnahme in der Hauptwachstumsphase und der hohen Trockenmasseleistung auf der Fläche Rechnung tragen. Die PK-Grunddüngung erfolgt nach Entzug und Versorgungszustand des Bodens. In der frühen Jugendentwicklung fördert eine Unterfußdüngung mit leicht aufnehmbaren Phosphat- und Stickstoffformen das Jungpflanzenwachstum. Die Düngerausbringung ist mit speziellen Maissägeräten einige Zentimeter unterhalb und seitlich der Saatkörner in bandförmiger Ablage möglich. Die gesamte N-Gabe wird aufgeteilt in 70 % zur Saat und 30 % bei ca. 40 cm Bestandeshöhe. In Regionen mit intensiver Viehhaltung sind Güllegaben zu Mais üblich, ergänzt durch mineralische Düngung. Dabei ist es häufig zu einer Überdüngung mit Stickstoff und Phosphor gekommen. Insbesondere sind Gaben vor der Aussaat und als erste Teilgabe im

Tab. 2.35 Wichtige Krankheiten und Schädlinge des Maises und deren Bekämpfung.

Wurzel- und Stängelfäule (*Fusarium* spp.)	
Symptome:	Stängelverbräunung, Lager
Bekämpfung:	Beizung, Fruchtfolge
Maisbeulenbrand (*Ustilago maydis*)	
Symptome:	Beulen- bzw. Gallenbildung
Bekämpfung:	Vorbeugend durch Vermeidung von Verletzungen
Maiswurzelbohrer (*Diabrotica virgifera*)	
Symptome:	Fraßschäden vor allem an Wurzeln (Larven), auch an Pollen, Narbenfäden, Blättern (Adulte); Lager
Bekämpfung:	Fruchtfolge, Beizung bzw. Bodeninsektizide
Fritfliege (*Oscinella frit*)	
Symptome:	Wuchsdepression und -anomalie der Jungpflanze (Blätter); Zerstörung des Stängels und Vegetationskegels
Bekämpfung:	Beizung
Maiszünsler (*Ostrinia nubilalis*)	
Symptome:	Fraßgänge durch Raupe
Bekämpfung:	

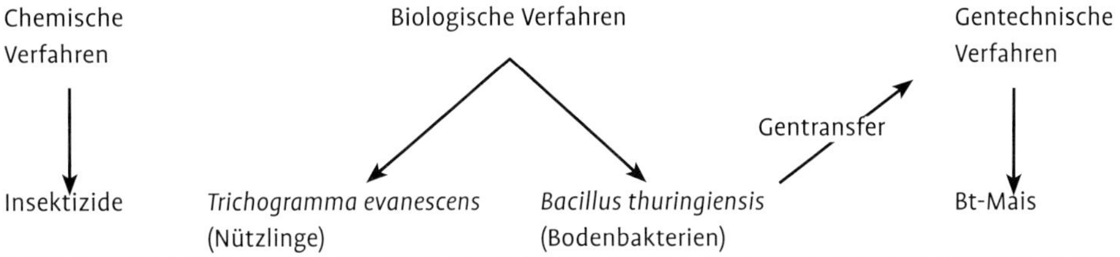

Bestand auf durchlässigen Böden sehr auswaschungsgefährdet.

Die Unkrautbekämpfung ist die wichtigste **Pflanzenschutzmaßnahme** im Maisanbau (s. auch Kap. 1.4.3.2 und 1.4.3.3). Die zögerliche Jugendentwicklung, weite Reihenabstände und eine spezifische, wärmeliebende Unkrautflora begünstigen das Unkrautaufkommen. Die Anwendung spezieller Maisherbizide beginnt mit der Aussaat und reicht bis in das 4- bis 6-Blattstadium. Bei Spätverunkrautung mit Hühnerhirse ist auch eine Unterblattspritzung bei über 40 cm Wuchshöhe möglich. Nach dem Atrazinverbot sind derzeit verschiedene Wirkstoffe verfügbar, die meist miteinander kombiniert im Nachauflaufverfahren eingesetzt werden. Die mechanische Unkrautbekämpfung zwischen den Drillreihen wird meist mit einer Bandspritzung in den Reihen verbunden. An Geräten werden Hackstriegel, Schar- und Rollhacken sowie Bürstenhackgeräte eingesetzt. Auf steinigen und erosionsgefährdeten Böden sollte die mechanische Bekämpfung vermieden, in Wasserschutzgebieten bevorzugt werden.

Mais gilt als relativ gesunde Kulturpflanze. Die wichtigsten Krankheiten und Schädlinge und deren Bekämpfung sind in Tabelle 2.35 angegeben.

Gegen Auflaufkrankheiten, Bodenschädlinge und Schadvögel wird das Saatgut gebeizt. Die direkten Bekämpfungsmaßnahmen sind schwerpunktmäßig auf den Maiszünsler ausgerichtet und werden nach Warndienst ergriffen. Bei stärkerem Maisanbau sind auch Schäden durch Wurzelfäulen, Drahtwurm, Engerling, Erdraupen, Vogelfraß, Ackerschnecken, Fritfliege, Blattläuse, Stängelälchen, Virosen sowie Stängel- und Kolbenfäulen zu erwarten. Seit 2007 richtet der Westliche Maiswurzelbohrer (*Diabrotica virgifera*) auch in Deutschland Schäden an. Der Schädling ist als Quarantäneschadorganismus eingestuft und seine Bekämpfung unterliegt EU-weiten Regelungen, die in nationales Recht umgesetzt werden. Dieses schreibt ein amtliches Monitoring und im Falle des Nachweises des Käfers Quarantänemaßnahmen vor.

Die eingesetzten **Ernteverfahren** orientieren sich an der Verwendung des Erntegutes. Bei der Silomaisernte (Teigreife; 45 % Kornfeuchte) müssen die Häckselgeräte eine gleichmäßige Zerkleinerung aller Pflanzenteile gewährleisten, um die notwendige Dichtlagerung im Siloraum zu schaffen (vgl. Kap. 2.3.5). Beim Pflückschroten werden Spindel und Körner zerschlagen, während die Lieschen unzerkleinert mit dem Kolbenschrot ebenfalls siliert werden. Beim Korn-Spindelschrot wird vor oder nach der Silierung tiergerecht geschrotet, die Lieschblätter verbleiben auf dem Acker. Die Körnermaisernte erfolgt bei weniger als 40 % Kornfeuchte im Mähdruschverfahren mit Pflückvorsatz. Die Trocknung des Erntegutes ist sehr energie- und kostenaufwendig. Während der Erntekampagne wird auch Nassmais direkt zu Stärke oder Bioethanol verarbeitet.

2.4.5.2 Ackergräser

Zu den wichtigsten Ackergräsern gehören die ein- bis überjährigen Weidelgräser (Welsches Weidelgras, *Lolium multiflorum* Lam.; Bastardweidelgras, *L. hybridum* Hausskn.; Einjähriges Weidelgras, *L. multiflorum* Lam. ssp. *westerwoldicum*) und das mehrjährige Deutsche Weidelgras (*L. perenne* L.). Von **Anbaubedeutung** sind darüber hinaus das früh austreibende und ausdauernde Knaulgras (*Dactylis glomerata* L.) und die meist in mehrjährigen Gemengen stehenden Wiesenschwingel (*Festuca pratensis* Huds.), Wiesenschweidel (*Festulolium braunii* K. Richt.) und Wiesenlieschgras (*Phleum pratense* L.) sowie der in trockenen Lagen genutzte Glatthafer (*Arrhenatherum elatius* [L.] Presl.). Im Ackerfutterbau sind die Ackergräser dem Mais auf kühl-feuchten und hängigen Standorten vorzuziehen. Dem Ackergrasanbau waren 2020 in Deutschland etwa 315 000 ha (2,6 % der Ackerfläche), dem Futterleguminosenanbau 335 000 ha (2,8 %) gewidmet.

Besonders hohe **Erträge** mit 200 dt ha^{-1} TM pro Jahr liefert das Welsche Weidelgras bei 5-maligem Schnitt. Die relative Ertragsverteilung nimmt dabei im Jahresverlauf deutlich ab (45 %, 20 %, 14 %, 10 %, 11 %).

2.4.5.3 Luzerne (*Medicago* spp.)

Luzerne ist eine der ertragreichsten Futterleguminosen der gemäßigten bis subhumiden tropischen Klimate mit Winterniederschlägen. Durch die hohe Ertragsleistung in Verbindung mit hohem Eiweiß- und Mineralstoffgehalt ist die Luzerne als Grundfutter in der Rinderhaltung hervorragend geeignet. Sie wird deshalb auch als „Königin der Futterpflanzen" bezeichnet.

Weltweit beträgt die **Luzerneanbaufläche** etwa 15 Mio. ha. In Deutschland ist der Anbau infolge des schnellen Rückganges in den Neuen Bundesländern in den letzten Jahren von mehr als 150 000 ha auf etwa 40 000 ha zurückgefallen.

Die Futterqualität bestimmt die **Verwertung** als Grünfutter, Heu oder Welksilage. Als Grundfutter wird physiologisch junges Pflanzenmaterial benötigt, mit hohen Gehalten an Proteinen, Mineralstoffen, Vitaminen und Energie und zugleich geringen Rohfaseranteilen. Diese Qualitätsanforderungen werden bei ein- oder zweijähriger Nutzung (ohne Ansaatjahr) mit 4 Nutzungen pro Jahr erfüllt. Mit Luzernegrasanbau werden regelmäßig Ertrags- und Qualitätsvorteile erzielt.

2.4.5.4 Ackerrotklee (*Trifolium pratense* L. var. *sativum*)

Rotklee ist von den Subtropen bis nach Nordskandinavien und in die Zentralalpen bis 2500 m ü. NN verbreitet. Die weite klimatische Anpassung kann in der landwirtschaftlichen Produktion durch eine entsprechende Sortenwahl ausgenutzt werden. Besonders günstige Anbaubedingungen findet der Rotklee aber in den feuchtkühlen Gebieten Mitteleuropas.

Die **Ertragsleistung** kann 250 dt TM ha^{-1} betragen. Dazu muss ein mittlerer Tageszuwachs von mehr als 150 kg TM ha^{-1} erreicht werden. Als Einsaat in Deckfrüchte wachsen bis zur Getreidedeckfruchternte 5–10 dt TM ha^{-1} im Ansaatjahr auf. Die optimale Nutzungszeitspanne wird insbesondere von den Ansprüchen an die Futterqualität bestimmt, welche durch den Verwendungszweck definiert ist. Dabei spielen die Nutztierart und deren Leistungsniveau sowie die Verfütterung gleich nach der Ernte als Frischfutter oder als Futterkonservat die entscheidende Rolle.

Fragen zu Kapitel 2.4.5

- In welchen Formen wird der Anbau von Ackerfutterpflanzen durchgeführt?
- Bei welchem Trockensubstanzgehalt der Gesamtpflanze ist die Silierbarkeit von Mais gegeben?
- Wie viele Kornreihen mit wie vielen Körnern bildet ein Maiskolben typischerweise aus?
- Was gibt die FAO-Zahl an und wie wird sie ermittelt?
- Welche a) Saatzeit, b) Saattiefe und c) Reihenweite ist im Maisanbau üblich?
- Welche Ackergräser sind in Mitteleuropa anbauwürdig?
- Welche Verwertungsmöglichkeiten gibt es für das Erntegut der Luzerne?

2.4.6 Grünland

Grünlandbestände sind Pflanzengesellschaften aus einer vielseitig zusammengesetzten Narbe mit ausdauernden Gräsern, Leguminosen und Kräutern. Je nach Standortbedingungen und wirtschaftlichen Gegebenheiten unterscheidet man zwischen absolutem und fakultativem Grünland. Absolutes Grünland (Zwangsgrünland) umfasst Flächen mit ungünstigem Bodenwasserhaushalt (standortbedingte Staunässe, Trockenheit, Überflutungsgefahr), erschwerter Bodenbearbeitung (Hangneigung, Erosion, Steinbesatz) und ungünstigen Klimaverhältnissen (Höhenlagen mit kurzer Vegetationszeit und hohen Niederschlägen). Fakultatives Grünland (Wahlgrünland) bezeichnet Flächen, die zwar ackerfähig sind, aber aus ökonomischen Gründen (z. B. Betriebsgröße und -struktur, günstige Erzeugungs- und Absatzbedingungen von Nutztieren oder tierischen Produkten, Flurzersplitterung) als Grünland genutzt werden.

Grünland
Grünland nimmt in Europa (EU-27) über 30 % der landwirtschaftlichen Nutzfläche ein und ist daher nicht nur ein wichtiges landwirtschaftliches Produktionssystem, sondern erfüllt auch wichtige ökologische Funktionen. Wir sprechen heute deshalb auch von der Multifunktionalität des Grünlandes. Die wichtigsten Nutzungsformen sind Wiesen (Heu- und Silagegewinnung) und Weiden (Beweidung durch Nutztiere). Die ökologische Bedeutung ergibt sich aus der Ansiedlung zahlreicher Tier- und Pflanzenarten sowie der Funktion als Landschaftselement, in dem elementare ökosystemare Prozesse wie Stoffspeicherung und -transport oder Grundwasserneubildung ablaufen.

Die **Grünlandfläche** in Deutschland umfasste 2020 4,5 Mio. ha bzw. 27 % der landwirtschaftlich genutzten Fläche und ist zwischen den Bundesländern ungleichmäßig verteilt. Die höchsten Grünlandanteile finden sich in Küstennähe und Gebirgslagen. Das Hauptziel der Grünlandbewirtschaftung ist die Bereitstellung von ausreichend qualitativ hochwertigem Futter im Jahresablauf mit möglichst geringen Produktionskosten. Grünland hat daneben auch wichtige ökologische Funktionen im Naturhaushalt zu erfüllen, wie etwa im biotischen, abiotischen und ästhetischen Ressourcenschutz.

Die beiden wichtigsten **Nutzungsformen** des Grünlandes sind Wiesen und Weiden. Wiesen werden vorwiegend durch Mahd zur Heu- oder Silagebereitung genutzt, bei intensiver Bewirtschaftung auch zur täglichen Frischverfütterung im Stall. Der Aufwuchs von Weiden ist den Weidetieren vorbehalten, wobei die Nutzungsfrequenz der Weiden höher als die der Wiesen ist. Auf Mähweiden wechselt die Nutzung zwischen Beweidung und Mahd, wobei meist zumindest der 1. Schnitt konserviert wird. Seltenere Nutzungsformen sind Streuwiesen, Almen, Hutungen und Ödlandrasen.

Von den **Umweltfaktoren** haben Wasser, Nährstoffangebot, Temperatur und Licht die größte Wirkung auf Wachstum und Entwicklung von Grünlandbeständen. Wegen der ganzjährigen Bodenbedeckung verbraucht die Grünlandvegetation für die Stoffbildung wesentlich mehr Wasser als die Kulturarten auf dem Ackerland.

Verlauf und Intensität der Biomassebildung werden von der Höhe des Wasserangebotes und der zeitlichen Verteilung der Wasserzufuhr bestimmt. Auf Standorten mit periodischem oder kontinuierlichem Wassermangel ist die Biomassebildung begrenzt, während auf nassen und feuchten Standorten bei hohen Niederschlägen, hohem Grundwasserstand oder Stauwasser die Bewirtschaftung erschwert ist. Im Temperaturbereich zwischen 8 und 10 °C zeigen die wichtigsten Grasarten bereits deutliche Zuwachsraten; die optimalen Wachstumstemperaturen liegen aber erst im Bereich zwischen 17 und 25 °C. Die von der geografischen Lage abhängige Lichteinstrahlung beeinflusst den Wuchshabitus der Pflanzen und damit auch die Qualität des Futters. Mit zunehmender Lichtintensität steigen der Trockensubstanzgehalt und der Gehalt an energetisch umsetzbaren Futterbestandteilen, während Rohprotein und Rohfasergehalt absinken. Weitere relevante Einflussfaktoren sind der Boden, die Höhenlage (verkürzte Vegetationsperiode), das Geländeklima (z. B. Hangneigung) und das Kleinklima.

Im Gegensatz zum Ackerland mit meist einer Kulturart und ihrer Begleitflora zeichnet sich das Grünland durch eine gleichzeitige **Vergesellschaftung verschiedener Arten** aus. Die aus der interspezifischen Konkurrenz resultierende Artenzusammensetzung des Pflanzenbestandes ist abhängig vom Standort und der Bewirtschaftung. So können hochwüchsige Obergräser (Glatthafer, Lieschgras) unter günstigen Umständen übrige Arten unterdrücken. Wegen ihrer hohen Ertragsleistung sind sie auf Wiesen erwünscht, doch zur Beweidung weniger geeignet. Niedriger wachsende Untergräser sind blattreicher und kommen hauptsächlich auf Weiden und Mähweiden vor (Deutsches Weidelgras, Wiesenrispe). Neben den Gräsern sind im Pflanzenbestand auch Kräuter und Leguminosen verbreitet. Die Futterkräuter (z. B. Löwenzahn, Spitzwegerich) werden von den Tieren gern gefressen, können aber durch starkes Konkurrenzverhalten die Bestandeszusammensetzung ggf. stark dominieren; es können auch giftige Kräuter (z. B. Herbstzeitlose) vorkommen. Besonders wertvoll sind die Leguminosen, die durch die Fähigkeit der symbiontischen Luftstickstoffbindung pflanzenaufnehmbaren Stickstoff für die Gräser und Kräuter bereitstellen. Insbesondere Weißklee weist eine gute Weideverträglichkeit mit hohem Regenerationsvermögen auf, weil die Ausläufersprosse durch die Weidetiere in den Boden eingetreten werden, sich an den Nodien bewurzeln und damit Bestandeslücken schließen können.

Die **Bewertung des Grünlandes** erfolgt nach der anteilmäßigen Zusammensetzung des Bestandes, wobei der Futterwert der einzelnen Arten in Form einer Futterwertzahl abgeschätzt wird. Die höchste Wertzahl 8 erhalten Arten, die von den Tieren gern aufgenommen werden; die Wertzahl 0 wird Arten ohne jeden Futterwert zugeordnet.

Für die **Anlage von Grünland** ist die Artenwahl entscheidend. In Abhängigkeit vom Verwendungszweck erfolgt eine Bewertung der Ansaatwürdigkeit von Futtergräsern und kleinkörnigen Leguminosen entsprechend ihres Anpassungsvermögens an den jeweiligen Standort, ihrer Nutzungseigenschaften (Futterqualität und Masse) sowie ihrer Ausdauer und Konkurrenzkraft in den Mischbeständen. Zu den uneingeschränkt anbauwürdigen Arten für Wiesen und Mähweiden zählen Wiesenlieschgras, Wiesenschwingel, Wiesenrispe und Weißklee. Hoch anbauwürdig für die Intensivweide ist das Deutsche Weidelgras mit seiner guten Anpassung an hohe Nutzungsfrequenzen und Tritt der Tiere. Ansaaten oder Nachsaaten von Grünland werden regelmäßig als Artengemische vorgenommen, um phytosanitäre Risiken zu mindern und negative Standort- und Bewirtschaftungsfaktoren abzupuffern. Die dominierende Art in der Saatgutmischung mit dem größten Ertragsanteil wird als „Hauptbestandsbildner" bezeichnet; mehrere andere Arten bilden die „begleitenden Mischungspartner" und sichern die Bestandesvielfalt (Tab. 2.36).

Die Aussaatmenge variiert stark in Abhängigkeit von der Zusammensetzung der Mischung und beträgt 25–35 kg ha^{-1}.

Die Anlage von Grünland erfolgt entweder als Neuanlage (z. B. auf Rekultivierungsflächen) oder als Neuansaat in vorhandene Grünlandflächen, bei welchen die Altnarbe zuvor mechanisch (Pflug, Fräse) oder chemisch (Totalherbi-

Tab. 2.36 Beispiele für Ansaat- und Nachsaatmischungen für Grünland unter verschiedenen Standortbedingungen (Arbeitsgemeinschaft der norddeutschen Landwirtschaftskammern, Empfehlung 2010–2012).

Arten	Teilsaatmengen in %							
	Ansaatmischungen					Nachsaatmischungen		
	G I	G II	G III	G III-S	G IV	G V	G V-Klee	G V-spät
Deutsches Weidelgras								
früh	3	13	20	20	–	25	20	–
mittel	3	17	20	20	–	25	20	50
spät	4	17	27	37	27	50	50	50
Wiesenlieschgras	17	17	17	17	17	–	–	–
Wiesenrispe	10	10	10	–	10	–	–	–
Wiesenschwingel	47	20	–	–	–	–	–	–
Rotschwingel	10	–	–	–	–	–	–	–
Knaulgras	–	–	–	–	40	–	–	–
Weißklee	6	6	6	6	6	–	10	–
Aussaatmenge	30 kg ha^{-1}					10–30 kg ha^{-1}		

G I = Mähweide für frische bis mäßig feuchte Standorte mit mittlerer bis extensiver Nutzung
G II = Mähweide für alle Standorte und intensive Bewirtschaftung geeignet
G III, G III-S = Mähweide für weidelgrassichere Standorte mit hoher Nutzung bei überwiegender Beweidung
G IV = Mähweide für sommertrockene Standorte und extensive Nutzung geeignet
G V = Mähweide für alle Grünlandstandorte mit Mäh- und Weidenutzung
G V -Klee = Mähweide speziell für Weidenutzung sowie bei verhaltener N-Düngung
G V -spät = Wechselgrünland bei intensiver Bewirtschaftung

zid, anschließend Bodenbearbeitung oder Direktsaat) vernichtet wird. Die Anforderungen an das Saatbett für die Feinsämereien sind sehr hoch. Die Aussaat erfolgt in ein feinkrümeliges Saatbett mit einer Saattiefe von 1–2 cm als Breit- oder Drillsaat. Zur Gewährleistung des kapillaren Wasseraufstieges sollte der Boden mit Glatt- oder Ringelwalzen verdichtet werden. Die Aussaat ist von Vegetationsbeginn ca. Ende März bis Ende August möglich. Frühjahrsansaaten können die Winterfeuchte des Bodens nutzen – bei allerdings hohem Verunkrautungsgrad. Das Risiko für Neuansaaten in den Sommermonaten sind lange Trockenperioden. Ansaaten im Frühjahr können als Blanksaat oder in eine Deckfrucht erfolgen. Die Deckfrucht (z. B. Grünhafer, Einjähriges Weidelgras) darf jedoch nicht mit der Neuansaat konkurrieren und muss deshalb früh geerntet werden.

Die optimale **Düngung des Grünlandes** orientiert sich am Versorgungszustand des Bodens und dem Nutzungsregime. Auch die Nutzungsform ist entscheidend. So werden bei der Mahd der Wiesen mit dem Futter vergleichsweise hohe Nährstoffmengen von der Grünlandfläche entzogen, während der Nährstoffentzug unter Beweidung relativ gering ist, weil 70–95 % der mit dem Weidefutter aufgenommenen Nährstoffe Kalzium, Phosphor, Kalium, Magnesium und Stickstoff mit den tierischen Exkrementen auf der Fläche verbleiben.

Die Bodenreaktion unter Grünland ist regelmäßig leicht sauer. In diesem pH-Bereich sind je nach Standort jährlich 150–350 kg ha^{-1} CaO-Verluste über Pflanzenentzug und Auswaschung durch eine Kalkung mit 10–20 dt $CaCO_3$ ha^{-1} im 3- bis 4-jährigen Turnus auszugleichen.

Nach den Ergebnissen der Bodenuntersuchung werden Grünlandflächen für die Nährstoffe Phosphor, Kalium und Magnesium in 5 Gehaltsklassen (A – niedrig, B – mittel, C – optimal, D – hoch, E – sehr hoch) eingeteilt. In der Gehaltsklasse C (optimale Versorgung) wird eine Erhaltungsdüngung nach Nährstoffentzug durchgeführt. In den niedrigeren Versorgungsstufen wird über, in den höheren Stufen unter

Tab. 2.37 Berechnungsbeispiel für die Bilanzierung des N-Bedarfs auf Grünland (Neff 2001).

Weide mit Milchkühen 4 Umtriebe und 3 Großvieheinheiten (GV) ha^{-1}		Wiese 3 Nutzungen	
ZUFUHR		**ZUFUHR**	
Rücklieferung durch Weidetiere 85 kg N GV^{-1} und Jahr 180 Weidetage, Halbtagsweide, davon 50 % pflanzenverfügbar	32 kg ha^{-1}		
Leguminosen-Stickstoff 15 % Leguminosen 1 % = 2 kg N ha^{-1}	30 kg ha^{-1}	Leguminosen-Stickstoff 5 % Leguminosen 1 % = 2 kg N ha^{-1}	10 kg ha^{-1}
N aus Mineralisation	50 kg ha^{-1}	N aus Mineralisation	50 kg ha^{-1}
Gesamt	112 kg ha^{-1}	Gesamt	60 kg ha^{-1}
ENTZUG*		**ENTZUG***	
Ernteentzug 90 dt TM ha^{-1} (× 2,5)	225 kg ha^{-1}	Ernteentzug 90 dt TM ha^{-1} (× 2,5)	225 kg ha^{-1}
N-DÜNGEBEDARF	113 kg ha^{-1}	**N-DÜNGEBEDARF**	165 kg ha^{-1}

*Richtwerte für N-Entzüge:

Ertrag (dt TM ha^{-1})	60	80	100	120
Entzug (N kg ha^{-1})	96	192	260	336

dem Entzug gedüngt. Die Düngermenge ist abhängig von der Ertragserwartung und den entsprechenden Nährstoffentzügen, die im Wesentlichen durch Nutzungsart und -intensität bestimmt werden. Natrium kann die Schmackhaftigkeit und damit die Futteraufnahme erhöhen. Mit einer gezielten Schwefeldüngung lassen sich Mehrerträge erzielen (Richtwerte: Weidenutzung 10–20 kg S ha^{-1}, Schnittnutzung 20–30 kg S ha^{-1}). Eine Düngung mit Spurennährelementen ist meist nicht notwendig.

Die **Stickstoffdüngung** wird zur Steuerung des Massenertrages und der Qualität eingesetzt. Höhe und Verteilung der N-Gaben richten sich nach der Leistungsfähigkeit des Bestandes, der Nutzungsform und den jahreszeitlichen Ertragsschwankungen. Die Ermittlung des N-Bedarfes erfolgt durch Bilanzierung von N-Entzug und N-Nachlieferung (Tab. 2.37).

Quellen der N-Nachlieferung sind die Exkremente der Weidetiere, die symbiontische Stickstoffbindung der Leguminosen und die Mineralisation der organischen Substanz des Bodens. Bei der Verteilung der N-Gaben ist die besondere Frühjahrswüchsigkeit des Grünlandbestandes zu beachten. Es wird angestrebt, einen hohen Ertrag vom ersten Aufwuchs zu erzielen und durch einen frühen Schnitt energie- und proteinreiches Futter zu ernten. Einzelgaben sollten 80 kg N ha^{-1} nicht überschreiten.

Die Wirksamkeit der Nährstoffe aus Exkrementen im Vergleich zur Mineraldüngung hängt neben der chemischen Bindungsform auch von der Gleichmäßigkeit der Verteilung der Ausscheidungen auf der Weidefläche ab. Für eine intensiv bewirtschaftete Milchkuhweide ist eine Wirksamkeit von 60 % anzusetzen, für eine extensiv bewirtschaftete Mutterkuhweide etwa 20–30 %. Bei der Gülleausbringung ist zu beachten, dass unter ungünstigen Bedingungen (warm, sonnig) N-Verluste als NH_3 von bis zu 25 % auftreten können. Gülle sollte bevorzugt im zeitigen Frühjahr auf schnee- und frostfreien Flächen ausgebracht werden unter Einhaltung einer Mengenbegrenzung von 25 m^3 ha^{-1} je Güllegabe.

Das Ziel der **Pflege des Grünlandes** ist die Erhaltung bzw. Erlangung einer geschlossenen

Abb. 2.26 Maßnahmen zur Pflege des Grünlandes.

und trittfesten Grasnarbe, die sich durch hohe Leistungsfähigkeit in Futterqualität und -ertrag einerseits sowie Ausdauer andererseits auszeichnet. Zahlreiche Faktoren können sich negativ auf den Pflanzenbestand auswirken und eine Narbenverschlechterung bewirken. Dazu zählen unangepasste Düngung einschließlich ungleichmäßiger Verteilung der organischen Substanz, ungünstiger Wasserhaushalt, Schädlingsbefall, Befahren und Beweiden zu feuchter Flächen, zu geringe Nutzungsfrequenz sowie zu späte Nutzung. Die Pflege des Grünlandes erfordert entsprechend vielfältige Maßnahmen (Abb. 2.26).

Bei der Entscheidung für einen Grünlandumbruch mit nachfolgender Neuansaat oder einer Nachsaat (umbruchlose Grünlanderneuerung) sind die Vor- und Nachteile beider Verfahren gegeneinander abzuwägen. Ein Grünlandumbruch ist ein radikaler Eingriff in das bestehende Ökosystem. Jede Neuansaat ist mit einem hohen Ansaatrisiko verbunden. Andererseits kann in relativ kurzer Zeit ein leistungsfähiger Bestand in der gewünschten Bestandeszusammensetzung etabliert werden. Im Vergleich zur Neuansaat entstehen aber bei der risikoärmeren Nachsaat wesentlich geringere Kosten. Außerdem steht die Nachsaatfläche dem Betrieb durchgehend zur Verfügung, sodass keine Futterausfälle auftreten. Jedoch stellt sich der Erfolg der Bestandeserneuerung nur langfristig und bei Einhaltung weiterer Pflegemaßnahmen ein.

Qualität und Ertrag des Futters hängen wesentlich vom **Nutzungstermin** und von der **Nutzungshäufigkeit** ab. Der Nutzungstermin wird weitgehend durch das Nutzungsziel bestimmt. Für die Weidenutzung liegt der optimale Termin früher als bei Mahd. Ein Aufwuchs ist weidereif im Schossstadium der bestandesbildenden Gräser. Zu diesem Zeitpunkt sind eine Aufwuchshöhe von 15–20 cm und ein Ertrag von 15–20 dt TM ha^{-1} erreicht. Für die Mähnutzung mit anschließender Silierung sollte der Schnitt zum Ährenschieben der Hauptbestandesbildner angestrebt werden. In diesem Stadium liegt der Ertrag mit 35–45 dt TM ha^{-1} deutlich höher, bei einem Rohfasergehalt von 23–35 % und einem Rohproteingehalt von 16–18 % in der TM. Bei späterer Nutzung nimmt der Bruttoertrag zwar zu, die Qualität verringert sich dann jedoch rasch, weil die Rohproteingehalte und die Verdaulichkeit absinken, während die Rohfasergehalte ansteigen.

Die Nutzungshäufigkeit (Mahd, Weide) verursacht Eingriffe in den Reservestoffhaushalt der Pflanzen, deren Stoffbildung und -einlagerung dem Wachstumsrhythmus in der Vegetationszeit folgen. Entscheidend ist die ungestörte Regeneration aus zwischengespeicherten Reservestoffen, die im Entwicklungsverlauf temporär stark abnehmen können. Bei den Gräsern ist in der Phase der Bestockung zunächst eine Reservestoffspeicherung nachzuweisen. Der resultierende Stoffpool nimmt während des Hauptmassenwachstums (Schossphase) ab, um danach zwischen Blüte und Samenreife erneut anzusteigen. Kommt es nach der Nutzung wiederum zu Bestockung und Schossen wiederholt sich dieser Zyklus. Mit dem Nutzungsregime wird die Einzelpflanze also stark belastet, insbesondere in Phasen mit geringer Reservestoffeinlagerung. Im Ergebnis kann die Regeneration erheblich gestört und die Ertragsleistung folgender Nutzungstermine stark geschwächt sein.

Fragen zu Kapitel 2.4.6

- Was wird unter a) absolutem, b) fakultativem Grünland verstanden?
- Welche artspezifischen Eigenschaften sind für die Anlage von Grünlandbeständen entscheidend?
- Welche Arten sind in Mitteleuropa auf Grünlandflächen uneingeschränkt anbauwürdig?
- Was ist bei der Aufteilung der N-Gaben bei der Grünlanddüngung zu beachten?
- Welche Ziele werden mit der Pflege des Grünlandes verfolgt?
- Was beeinflusst a) Nutzungstermine und b) Nutzungshäufigkeit von Grünlandbeständen, und wie wirken sie auf den Bestand zurück?

2.4.7 Sonderkulturen und Nachwachsende Rohstoffe

Neben den Hauptkulturen des Ackerlandes werden in begrenztem Umfang auch Pflanzen angebaut, die wegen der besonderen Produktionstechnik (z. B. Anzucht unter Glas mit nachfolgender Verpflanzung ins Freiland, handarbeitsintensive Pflege etc.), der abweichenden Nutzungsdauer (z. B. langjährige Nutzung) oder der spezifischen Eigenschaften der Ernteprodukte (z. B. Wasserreichtum von Gemüsearten, Frischverarbeitung, Gehalt von Wirkstoffen bei Arzneipflanzen etc.) von den überwiegend genutzten landwirtschaftlichen Kulturpflanzen abweichen. Hierzu gehören Tabak (*Nicotiana tabacum* L.), Hopfen (*Humulus lupulus* L.), Heil- und Gewürzpflanzen, Feldgemüsearten sowie mehrjährige Biomassepflanzen, wie beispielsweise Kurzumtriebsbaumarten (Pappeln und Weiden) oder Chinaschilf (*Miscanthus x giganteus* [Greef et Deu.]), die zu den nachwachsenden Rohstoffpflanzen zählen.

Pflanzliche, aber auch tierische Produkte, die chemisch/technisch und/oder energetisch genutzt werden, sind unter dem Begriff „Nachwachsende Rohstoffe“ zusammengefasst. In dieser Kategorie befinden sich alle pflanzlichen und tierischen Produkte, die nicht als Nahrungs- oder Futtermittel, sondern im Non-Food-Bereich zur Herstellung von Produktionsmitteln, industriellen Konsumgütern und zur Gewinnung von Energie verwendet werden. Während der Pro-Kopf-Verbrauch an Nahrungsmitteln quantitativ begrenzt ist, besitzt der Non-Food-Bereich ein dynamisches Wachstum und kann daher ein bedeutendes Absatzpotenzial für die Landwirtschaft darstellen.

2.4.7.1 Sonderkulturen

Die pflanzenbaulichen Besonderheiten bei Sonderkulturen liegen in den Ansprüchen an die Anbaudauer, die Fruchtfolgegestaltung, die Bestellung und Pflege, die Schaderregerbekämpfung, die verschiedenen Wachstumsfaktoren wie Temperatursumme, Sonnenscheindauer, Niederschlagsverteilung oder Nährstoffversorgung sowie die Erntetechnik hinsichtlich der Trennung von Frucht-, Blüten-, Blatt-, Stängel- oder Wurzelteilen.

Sonderkulturen
Sonderkulturen beanspruchen im Vergleich zu den Hauptkulturen nur einen geringen Teil des Ackerlandes. In Spezialbetrieben oder Spezialeinrichtungen eines Betriebes sichern sie besonders Kleinbetrieben den ökonomischen Erfolg. Allerdings gibt es auch beispielhafte größere Betriebe, in denen der relativ hohe Handarbeitsaufwand bzw. die schwierige Technisierbarkeit des Anbauverfahrens effizient organisiert sind. Zu den Sonderkulturen werden Kulturarten gezählt, die durch besondere Produktionstechnik, abweichende Nutzungsdauer und/oder spezifische Eigenschaften der Ernteprodukte von den überwiegend genutzten Pflanzenarten abweichen. Hierzu gehören v. a. Feldgemüsearten, Heil- und Gewürzpflanzen, Hopfen (*Humulus lupulus* L.) und Tabak (*Nicotiana tabacum* L.).

Mit den spezifischen Anbaubedingungen haben sich vielfach kleinere Spezialbetriebe etabliert, die den besonderen Ansprüchen, wie höherer Handarbeitsaufwand oder schwierigere Technisierbarkeit des Anbauverfahrens, in besonderer Weise Rechnung tragen. Allerdings gibt es auch schon beispielhafte Großbetriebe, die mit entsprechender Bestell-, Pflege- und Erntetechnik den Anbau von Sonderkulturen effizient betreiben.

Die verschiedenen Arten lassen sich anhand pflanzenbaulicher Besonderheiten unterschiedlichen Kategorien zuordnen:

- Arten mit hohen Ansprüchen an das Saatbett (Feinsämereien), an hohe Keimtemperaturen oder mit langsamer Jugendentwicklung und geringer Konkurrenzkraft werden in der Regel in Warmbeeten unter Glas oder in Freilandsaatbeeten aufgezogen, später pikiert und danach ins Freiland ausgepflanzt. Wichtige Vertreter sind Tabak, Freilandgemüsearten und einige Heil- und Gewürzpflanzen. Die Hauptschwierigkeit liegt in der Abstimmung von Saatzeit, Keimdauer sowie Jugendentwicklung auf die Pflanzzeit, welche im Freiland durch Vorfrucht, Witterung und die spezifischen Artenansprüche festgelegt ist.
- Arten mit besonderen Ansprüchen an Bestellung und Pflege müssen in spezifischen Pflanzabständen und nach Herstellung von Pflanzgut aus vorhandenen Mutterpflanzen (Stecklinge bei Hopfen, Wurzelteilung bei Rhabarber, Steckhölzer bei Pappeln und Weiden, Rhizome bei *Miscanthus*) ins Feld gestellt werden. Wegen der langsamen Jugendentwicklung erfordern viele dieser Arten besondere Pflegemaßnahmen, die teils wegen der großen Empfindlichkeit der Pflanzen gegen mechanische Beschädigungen als Handarbeit anfallen. Auch sind Pflegearbeiten an der Pflanze selbst vorzunehmen, wie die Befestigung der Sprosse des Hopfens an den Gerüsten, die Entfernung von Seitentrieben (Ausgeizen) bei Tabak, die Abdeckung der gestauchten Infloreszenz des Blumenkohls durch Einbrechen der inneren Blätter.
- Die Ernte vieler Arten ist wegen des hohen Wassergehaltes, der Sicherung der äußeren Beschaffenheit oder wegen des besonderen Fruchtsitzes schwer oder gar nicht mechanisierbar. Beispiele hierfür sind Tabak, Gurke oder Tomate. Die Ernte der meisten Heil- und Gewürzpflanzen erfordert neben der Berücksichtigung der nur in engen Grenzen verschiebbaren Erntezeit hauptsächlich eine Anpassung der Erntetechnik an die Gewinnung von Frucht-/Samen-, Blüten-, Blatt-/Kraut- oder Wurzeldrogen. Seitens der züchterischen Bearbeitung von Sonderkulturen ist darauf zu achten, dass möglichst Sorten selektiert werden, die eine einheitliche Bestandesentwicklung und Abreife sowie einen festen Frucht- und Samensitz aufweisen.
- Arten mit langer Anbaudauer wie Rhabarber, Spargel, Hopfen, Kurzumtriebsbäume oder *Miscanthus* erfordern eine Ausgliederung der Anbaufläche aus der Fruchtfolge. Wie bei den mehrjährigen und mehrschnittig genutzten Futterpflanzen muss auf die artspezifische Ruhezeit Rücksicht genommen werden, damit eine ausreichende Speicherung von Reservestoffen für den Wiederaustrieb gewährleistet ist. Für den Anbau von Dauerkulturen bedarf es einer sorgfältigen Auswahl und Vorbereitung der Ackerfläche hinsichtlich der Bodenbearbeitung (Tiefenlockerung, Einbringen organischer Substanz), der Minderung des Unkrautdruckes vor der Pflanzung bzw.

Bestellung sowie der artspezifischen Nährstoffversorgung und pH-Wert-Einstellung.

2.4.7.2 Nachwachsende Rohstoffe

Die Rückbesinnung auf Nachwachsende Rohstoffe hat verschiedene Ursachen:

- Verschiedene endliche Ressourcen, insbesondere fossile Rohstoffe, werden unwiederbringlich beansprucht, wodurch deren Erschöpfung absehbar wird.
- Der fortschreitende Verbrauch fossiler Kohlenstoffvorkommen und deren hauptsächlich energetische Verwertung reichert die erdnahe Atmosphäre mit CO_2 an. Dies führt über den „Treibhauseffekt“ zu globalen klimatischen Veränderungen, die sich auf die Menschheit in vielerlei Hinsicht negativ auswirken.
- Nicht wiederverwertbare und biologisch nicht abbaubare Kunststoffe vergrößern das Abfallaufkommen; deshalb wird die Verwendung von recyclierbaren oder biologisch abbaubaren Naturstoffen angestrebt.
- Umwelt- und gesundheitsgefährdende Produkte (z. B. Mineralöle bei Verlustschmierung, synthetische Pflanzenschutzmittel, Asbest) sind durch geeignete biobasierte Produkte zu ersetzen, die sich in das Ökosystem mit natürlichen Stoffkreisläufen besser einpassen.
- Durch den Anbau von Rohstoff- und Energiepflanzen können in der pflanzlichen Produktion einseitige Fruchtfolgen aufgelockert werden, was zu einer Bereicherung der Kulturlandschaft, zum Klimaschutz sowie zum abiotischen und biotischen Ressourcenschutz beiträgt.
- Mehrjährige Nachwachsende Rohstoffe verbessern durch eine geringe Bodenbearbeitung den Boden (Humusaufbau, C-Bindung, geringe Nitratverlagerung) und bieten für zahlreiche Nützlinge im Winter Unterschlupf (ökologische Aufwertung landwirtschaftlich genutzter Räume).
- Der Anbau von Sonderkulturen hat ökonomische Vorteile gegenüber dem klassischen Marktfrucht- oder Feldfutterbau insbesondere auf Grenzertragsstandorten oder nach Aufgabe der Viehhaltung.

Nachwachsende Rohstoffe

Nachwachsende Rohstoffe sind alle pflanzlichen (und tierischen) Produkte, die nicht als Nahrungs- oder Futtermittel, sondern zur Herstellung von Produktionsmitteln, industriellen Konsumgütern und zur Gewinnung von Nutzenergie verwendet werden. Eine angebaute Kulturart wird als Rohstoff- oder Energiepflanze bezeichnet, wenn deren Haupternteprodukt mit mehr als 50 % der Wertschöpfung im Non-Food-Bereich verwertet wird. Die oft gebräuchliche Unterteilung in Industrie- (Rohstoff-) und Energiepflanzen resultiert aus der unterschiedlichen Verwertung der Biomasse – stofflich oder energetisch.

Der rasante Anstieg der Flächennutzung für Nachwachsende Rohstoffe hat zu einer weltweiten Diskussion über die Flächenkonkurrenz mit Nahrungs- und Futterpflanzen geführt. Insgesamt wurden 2005 in der Europäischen Union auf ca. 5,1 Mio. ha Nachwachsende Rohstoffe angebaut. Im Rahmen dieses Marktes spielt der Anbau von Energiepflanzen eine entscheidende Rolle, da im Energiesektor die größten Zuwachsraten zu erwarten sind. Aktuell werden allein in Deutschland auf etwa 2,577 Mio. ha nachwachsende Rohstoffpflanzen angebaut, was insgesamt einen Anteil von 22 % der Ackerfläche ausmacht (Tab. 2.38). Dieser stagniert allerdings seit einigen Jahren.

Hingegen wächst der Endenergieanteil der erneuerbaren Energien insgesamt. Innerhalb der erneuerbaren Energien trugen 2019 die Biomassen mit knapp 23 % zur Stromerzeugung, 86 % zum Verbrauch für Wärme und Kälte und 88 % zum Verbrauch im Verkehr bei.

Nachwachsende Rohstoffe fallen als native Substanzen wie pflanzliche Reservestoffe, Stützsubstanzen oder die gesamte oberirdische Biomasse zur industriellen oder energetischen Nutzung an. Industriepflanzen sollen den von der Industrie nachgefragten Inhaltsstoff in möglichst hoch angereicherter, reiner und homogener Form enthalten, während beim Energiepflanzenanbau die effiziente Erzeugung eines hohen Biomasseertrages im Vordergrund steht.

Bei den biogenen Industrierohstoffen dominieren Öle und Fette (mit produktspezifischen Fettsäuren), Lignocellulose (Zellstoff- und Papierproduktion), Fasern (Substitution von

Tab. 2.38 Anbau von Industrie- und Energiepflanzen in Deutschland (FNR 2021).

Pflanzen	**Rohstoff**	**2010 ha**	**2020* ha**
Industriepflanzen	Industriestärke	160 000	113 000
	Industriezucker	10 000	10 400
	technisches Rapsöl	125 000	83 000
	technisches Sonnenblumenöl	8500	7800
	technisches Leinöl	2500	3400
	Pflanzenfasern	1000	4700
	Arznei- und Farbstoffe	10 000	12 000
	Summe Industriepflanzen	**317 000**	**234 300**
Energiepflanzen	Rapsöl für Biodiesel/Pflanzenöl	940 000	575 000
	Pflanzen für Bioethanol	240 000	207 000
	Pflanzen für Biogas	650 000	1 550 000
	Pflanzen für Festbrennstoffe (u. a. Agrarholz, *Miscanthus*)	4000	11 200
	Summe Energiepflanzen	**1 834 000**	**2 343 200**
Gesamtanbaufläche nachwachsender Rohstoffe		**2 151 000**	**2 577 500**

* Werte für 2020 geschätzt

Glasfasern), Stärke und Zucker (Polyole, organische Säuren, Feinchemikalien, Tenside, Polymere), Proteine (Etikettierklebstoffe, Kosmetikazusätze, Zusätze in Papierstreichfarben) und Sekundäre Pflanzenstoffe (Gerb- und Farbstoffe, Kautschuk, Harze, Arznei- und Aromastoffe).

Beim überwiegenden Teil der energetisch genutzten Biomasse handelt es sich um Rest- und Altholz aus Forstwirtschaft und Industrie. Aus landwirtschaftlichem Anbau wird sie von Getreide- und Ölpflanzen sowie Mais (s. auch Kap. 2.4.1, 2.4.3 und 2.4.5.1), perennierenden Gräsern (z. B. *Miscanthus*) und schnellwachsenden Baumarten geliefert (Abb. 2.27 und Abb. 2.28).

Die Möglichkeiten der Energiebereitstellung aus biogenen Rohstoffen sind in Abbildung 2.29 skizziert.

Qualität und Quantität Nachwachsender Rohstoffe werden in unterschiedlichem Maße durch den Genotyp innerhalb der Pflanzenart sowie durch Bewirtschaftungsmaßnahmen im Anbauverfahren beeinflusst. Die Wahl der Kulturart bestimmt Art und Potenzial, mit dem ein Industrierohstoff oder Energieträger produziert werden kann. Durch den Anbau bzw. die Züchtung spezieller Sorten von Raps und Sonnenblumen (Ölertrag bzw. -qualität), Mais (Biogasertrag) oder Hanf, Flachs sowie Öllein (Faser- und/oder Ölertrag) kann die hohe, produktspezifische Biosynthesevorleistung genutzt werden. Beispielsweise liefert Flachs (Faserlein) hochwertige Fasern, die den weitreichenden Ansprüchen einer Verarbeitung zu Bekleidungstextilien genügen, während Öllein in erster Linie Rohstoffquelle eines schnelltrocknenden Öls ist, in zweiter Linie aber auch von Kurzfasern, die in modernen Faserverbundwerkstoffen eingesetzt werden können. Ein weiteres Beispiel ist der Silomais zur Nutzung in Biogasanlagen. Hierfür werden spezielle Sorten gezüchtet, die ca. 50 Reifepunkte über dem ortsüblichen Reifebereich liegen (s. auch Kap. 2.4.5.1) und entsprechend höhere Masse- bzw. Methanerträge liefern.

Zur Analyse und Bewertung der Effizienz des Anbaus Nachwachsender Rohstoffe eignet sich die Energiebilanz, weil sie unabhängig von ökonomischen Parametern ist und gleichzeitig öko-

Abb. 2.27 Hemisphärische Sicht aus einem *Miscanthus*-bestand.
Eine schnell aufgebaute und lang andauernde Blattbedeckung ist eine Voraussetzung für eine hohe Strahlungsaufnahme.

Abb. 2.28 3-jähriger Pappelbestand im Wiederaustrieb.

logische Kenngrößen einschließt. Sie berücksichtigt den Verbrauch an Energieträgern, zumeist aus fossilen Quellen stammend, als Input sowie innerbetriebliche Energieflüsse und die Energieabfuhr als Output.

Die Höhe des gesamten fossilen Energieeinsatzes hängt stark von der angebauten Kulturart und der Produktionstechnik ab. Der Energieoutput umfasst alle Produkte, die das System verlassen. Im Falle der stofflichen Nutzung Nachwachsender Rohstoffe ist eine Produktökobilanz zu erstellen, die die gesamte Produktlinie von der Primärproduktion, ggf. einschließlich Vorleistungen, bis zum Endverbrauch umfasst. Aufgrund der speziellen Eigenschaften, ihrer leichten Reproduzier- und Wiederverwertbarkeit treten Naturstoffe verstärkt in den Wettbewerb mit petrochemischen Rohstoffen, gegen deren Ge-

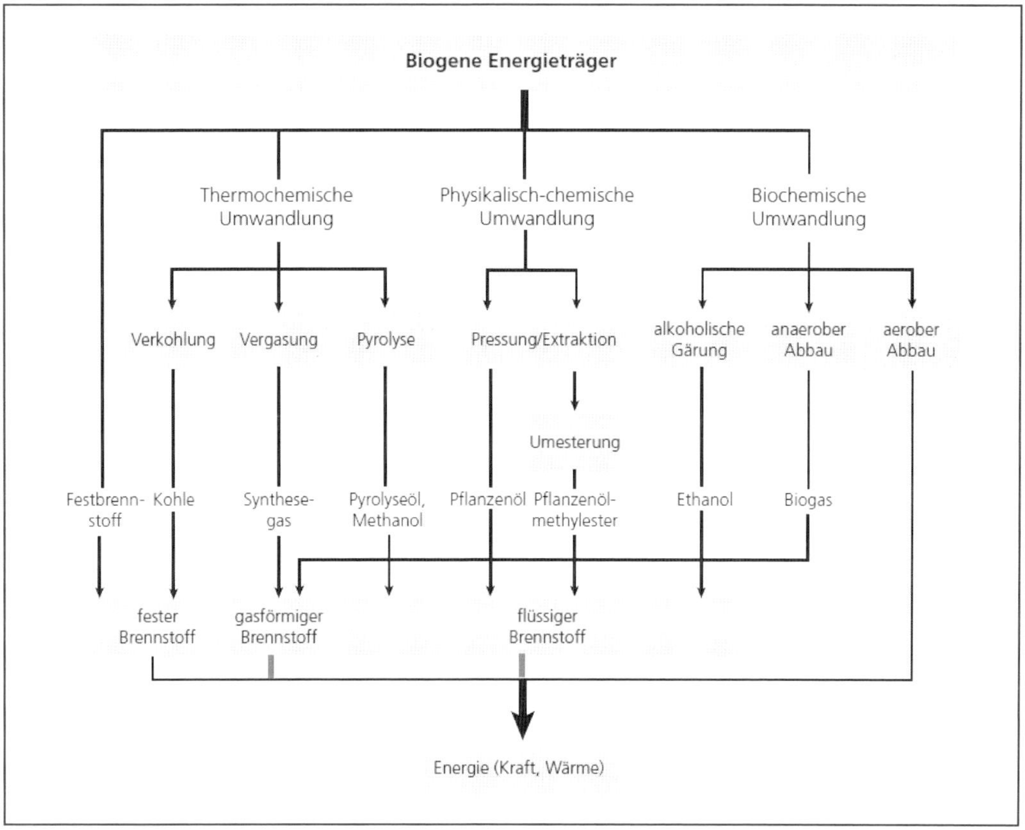

Abb. 2.29 Möglichkeiten der Energiebereitstellung aus biogenen Rohstoffen (Rathke und Diepenbrock 2003).

Tab. 2.39 Definition energetischer Kenngrößen im Pflanzenbau (nach Hülsbergen et al. 2001).

Kenngröße	Definition	Einheit
Direkter Energieinput (Ed)	Kraftstoffverbrauch[a]	$GJ\ ha^{-1}\ a^{-1}$
Indirekter Energieinput (Ei)	Saatgut, PSM, Dünger, Investitionsgüter	$GJ\ ha^{-1}\ a^{-1}$
Energieinput (E)	E = Ed + Ei	$GJ\ ha^{-1}\ a^{-1}$
Energieoutput (EO)	Energie im Erntegut[b]	$GJ\ ha^{-1}\ a^{-1}$
Energiegewinn (EG)	EG = EO – E	$GJ\ ha^{-1}\ a^{-1}$
Energieintensität (EI)	EI = E / GE[c]	$MJ\ GE^{-1}$
Output/Input-Verhältnis (OI)	OI = EO / E	

[a] abhängig von Standort, Produktionsmanagement und Ertrag
[b] je nach Betrachtungsgrundlage nur Haupternteprodukt oder Haupt- und Nebenernteprodukt
[c] Energieinput je Einheit Produkt, hier je Getreideeinheit (GE)

winnungsprozess, Nutzung und Entsorgung (Umweltrelevanz) sie schließlich bilanziert werden müssen.

Für die Anbauverfahren landwirtschaftlicher Kulturpflanzen sind verschiedene Energiekenngrößen definiert (Tab. 2.39).

Unter ökonomischen Aspekten und bei limitierter Anbaufläche ist ein hoher Energieoutput bzw. Energiegewinn anzustreben. Energieintensität und Output/Input-Verhältnis werden dagegen zur Quantifizierung der Intensität und Umweltverträglichkeit eines Anbausystems herangezogen. Niedrige Intensitätswerte sowie ein hohes Output/Input-Verhältnis kennzeichnen extensive Landnutzungssysteme.

Fragen zu Kapitel 2.4.7

- Was sind a) Sonderkulturen, b) Nachwachsende Rohstoffe?
- Welche pflanzenbaulichen Besonderheiten sind beim Anbau von Sonderkulturen zu beachten?
- Was ist das Erzeugungsziel bei a) Industriepflanzen, b) Energiepflanzen?
- Welche biogenen Industrierohstoffe können im Pflanzenbau erzeugt werden?
- Welches sind die wichtigsten Energiekenngrößen zur Bilanzierung von Anbauverfahren?

Weiterführende Literatur

Aufhammer, W., 1998: Getreide- und andere Körnerfruchtarten. Verlag E. Ulmer, Stuttgart.

Diepenbrock, W., 2014: Nachwachsende Rohstoffe. Verlag E. Ulmer, Stuttgart.

Diepenbrock, W., G. Fischbeck, K.-U. Heyland und N. Knauer, 1999: Spezieller Pflanzenbau (UTB 111). Verlag E. Ulmer, Stuttgart.

Hanus, H., K-U. Heyland und E. Keller (Hrsg.), 2008: Handbuch des Pflanzenbaus. Bd. 2, Getreide und Futterpflanzen. Verlag E. Ulmer, Stuttgart.

Heyland, K.-U., H. Hanus und E. Keller (Hrsg.), 2006: Handbuch des Pflanzenbaus. Bd. 4, Ölfrüchte, Faserpflanzen, Arzneipflanzen und Sonderkulturen. Verlag E. Ulmer, Stuttgart.

Keller, E. R., H. Hanus und K.-U. Heyland (Hrsg.), 1997: Handbuch des Pflanzenbaus. Bd. 1, Grundlagen der landwirtschaftlichen Pflanzenproduktion. Verlag E. Ulmer, Stuttgart.

Keller, E. R., H. Hanus und K.-U. Heyland (Hrsg.), 1999: Handbuch des Pflanzenbaus. Bd. 3, Knollen- und Wurzelfrüchte, Körner- und Futterleguminosen. Verlag E. Ulmer, Stuttgart.

Lieberei, R. und C. Reisdorff, 2012: Nutzpflanzen. 8. überarbeitete Auflage. Georg Thieme Verlag, Stuttgart, New York.

Nösberger, J. und W. Opitz von Boberfeld, 1986: Grundfutterproduktion, Verlag P. Parey, Berlin und Hamburg.

Voigtländer, G. und H. Jacob (Hrsg.), 1987: Grünlandwirtschaft und Futterbau. Verlag E. Ulmer, Stuttgart.

2.5 Bewertung der Landbewirtschaftung

Die anhaltende Debatte über Umweltwirkungen der Landwirtschaft zwingt die Agrarwissenschaften dazu, Instrumente zu schaffen, mit denen die Nachhaltigkeit landwirtschaftlicher Betriebssysteme anhand wissenschaftlich begründeter und nachprüfbarer Kriterien beurteilt werden kann. Agrarbetriebe, die über kombinierte Umwelt- und Qualitätsmanagementsysteme verfügen oder ökologische Leistungen zertifizieren lassen, dürften künftig Wettbewerbsvorteile erzielen. Es liegt also im Interesse des Landwirtes selbst, aktiven Umwelt- und Verbraucherschutz zu betreiben und dies auch zu dokumentieren.

Bewertung der Landbewirtschaftung

Weltweit wird versucht, die Einflüsse der Landwirtschaft auf die belebte und unbelebte Umwelt zu quantifizieren und zu bewerten. Auch im ökonomisch wirtschaftenden Betrieb wird die Bewertung von Umweltwirkungen immer wichtiger, weil Kaufentscheidungen des Verbrauchers zunehmend auch von der umweltverträglichen landwirtschaftlichen Produktion abhängig gemacht werden. Ein entscheidender methodischer Ansatz ist die Analyse und Verwendung von Agrar-Umweltindikatoren. Auf der Grundlage solcher Indikatoren sind zahlreiche Modelle und Bewertungsansätze geschaffen worden. Für die Bewertung landwirtschaftlicher Produktionssysteme auf der Ebene des Agrarbetriebes wurde das Modell REPRO entwickelt.

Dazu sind verschiedene Voraussetzungen notwendig. Zunächst ist eine praktikable Methode zu implementieren, mit der Umweltwirkungen im Landwirtschaftsbetrieb umfassend sowie mess- und reproduzierbar dargestellt werden können. Es müssen dann Toleranzbereiche standortspezifisch im gesellschaftlichen Konsens vorgegeben werden, um Betriebe auf eventuelle Schwachstellen hinweisen zu können und computer-operable Verfahren zu entwickeln, mit denen auf dieser Grundlage die Umweltwirkungen beschrieben werden können. Um diese Ziele zu erreichen, sind Kriterien zu definieren und Bewertungsverfahren zu erarbeiten.

Auf internationaler Ebene werden seit Anfang der 1990er-Jahre Rahmenkonzepte für die Entwicklung und Anwendung von Agrar-Umweltindikatoren entwickelt; größere Bedeutung erlangte das **Driving Force-State-Response-Modell** der OECD. Im Bereich „Force“ stehen Produktions- und Konsumaktivitäten im Vordergrund. Sie können über die Nutzung natürlicher Ressourcen eine Belastung auf die Umwelt ausüben. Im Wirkungskreis „State“ wird der Zustand eben dieser natürlichen Ressourcen gemessen. Die zunächst naturwissenschaftlich begründeten Informationen, die in den Bereichen „Force“ und „State“ gewonnen werden, dienen politischen Entscheidungsträgern zur Vorbereitung einer „Response“. Damit ist eine politische Aktion gemeint, die entweder direkt den Umweltsektor betrifft oder aber die entsprechend darauf ausgerichteten ökonomischen Aktivitäten versucht zu beeinflussen. Abgestimmte Indikatoren-Kataloge erhalten eine zunehmende Verbindlichkeit in der Europäischen Union, z. B. bei der Düngeverordnung (DVO) oder der EU-Wasserrahmenrichtlinie.

Umweltwirkungen der Landwirtschaft hängen entscheidend von den praktizierten Anbauverfahren der Kulturpflanzenarten (s. Kap. 2.4) sowie den jeweiligen Standortbedingungen (s. Kap. 1.2) ab.

Rahmenkonzepte wie das der OECD müssen daher durch regionsbezogene Bewertungskriterien und Modelle untersetzt werden. Dies erklärt auch die Vielfalt der Modellansätze. Nicht nur in Deutschland, sondern weltweit wird an Methoden zur Bewertung der Nachhaltigkeit landwirtschaftlicher Betriebssysteme gearbeitet.

Am Beispiel des Modells REPRO zur **Bewertung der Nachhaltigkeit** landwirtschaftlicher Betriebssysteme wird deutlich, dass derartige Modelle den Landwirtschaftsbetrieb als Teil eines Agrarökosystems mit seinen dynamischen Prozessen abbilden müssen. REPRO basiert auf langjährigen Forschungsarbeiten in Feldexperimenten und in Betrieben. Es wurde damit ein modular aufgebautes und flexibel einsetzbares Instrument geschaffen, das wissenschaftlich fundiert, zugleich aber praxisanwendbar ist.

REPRO weist einige konzeptionelle Besonderheiten auf. Der Modellentwicklung war eine Phase der Evaluierung von **Agrar-Umweltindikatoren** vorangestellt, um eine begründete Indikatorenauswahl treffen zu können. Die dem Modell zugrunde liegenden naturwissenschaftlichen Methoden wurden aus Feldexperimenten abgeleitet und für diverse Standorte validiert.

Das Modell REPRO bildet den Betrieb „als Ganzes” mit der Vernetzung der einzelnen Betriebszweige ab (Systemansatz):

- Es erlaubt damit nicht nur die Einschätzung der IST-Situation eines Betriebes, sondern die Berechnung von Planvarianten bzw. möglichen Zukunftsszenarien.
- Durch den modularen Aufbau kann der Bearbeitungsaufwand den jeweiligen Anwendungszielen und der Datenlage angepasst werden.
- In das Modell sind ökonomische Berechnungen integriert, um Betriebssysteme und Varianten komplex beurteilen zu können.
- Die Bewertung mit Indikatoren und Zielwerten kann regional differenziert werden.
- Die Umsetzung erfolgte als PC-Programm, sodass die Software direkt in den Betrieben installiert und angewendet werden kann.

REPRO wurde als modulares PC-Programm entwickelt; die einzelnen Module sind miteinander vernetzt (Abb. 2.30) und haben folgende Funktionen:

Im Modul **„Bewirtschaftungssystem“** erfolgt die Abbildung der Betriebsstruktur und der Produktionsverfahren; es ist die zentrale Modellkomponente, auf die alle Auswertungsverfahren zurückgreifen. Die Dateneingaben beziehen sich auf den Teilschlag, die Fruchtart, das Produkt, den Arbeitsgang. Aussagen für Fruchtfolgen, das Acker- und Grünland oder den Gesamtbetrieb

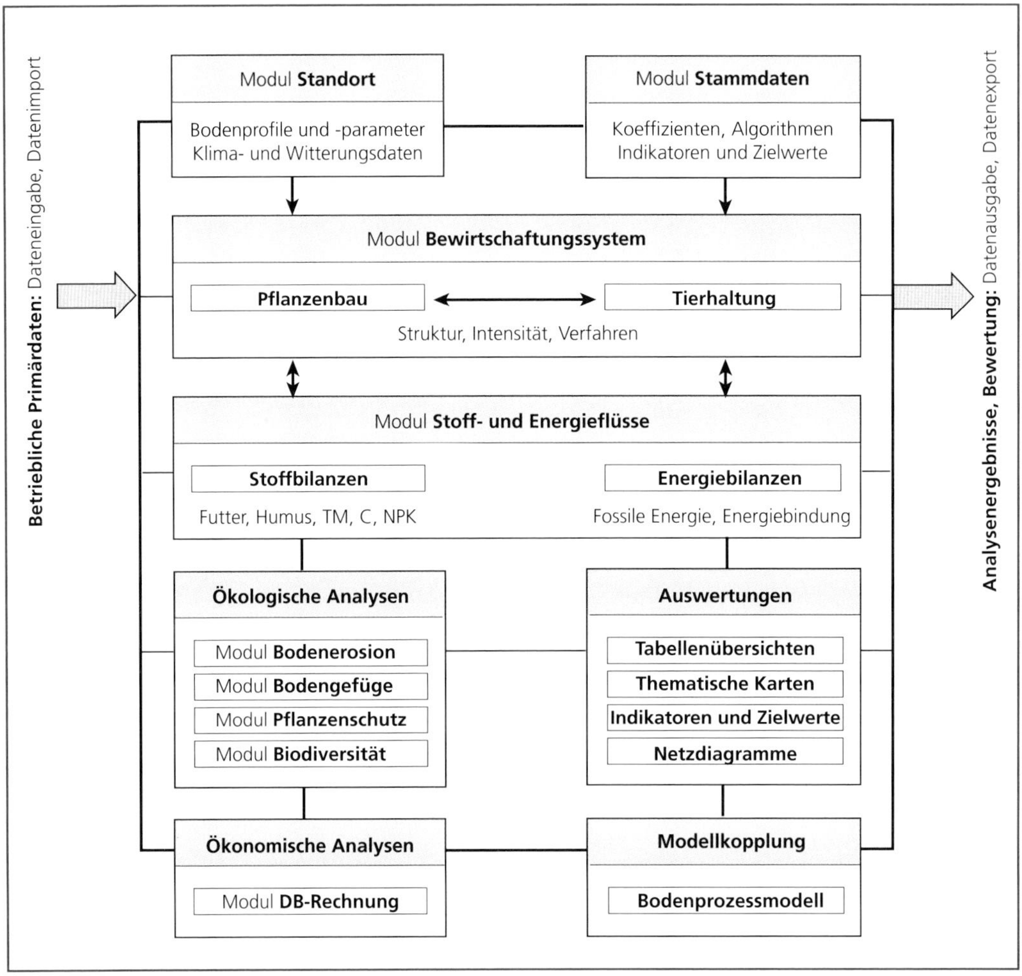

Abb. 2.30 Struktur des Modells REPRO (Hülsbergen 2003).

kommen durch die Aggregation von Daten zustande. Betriebliche Primärdaten werden grundsätzlich nur einmal erfasst und dann untereinander bzw. mit Modellparametern so verknüpft, dass schrittweise ein virtueller Betrieb entsteht.

Im Modul **„Stammdaten"** ist umfangreiches Expertenwissen in Form von naturwissenschaftlichen Modellparametern, ökonomischen Koeffizienten und Gleichungssystemen gespeichert. Beginnend mit dem Aufbau einer Betriebsvariante bis zur abschließenden Bewertung wird der Nutzer durch diesen Datenpool unterstützt. Um die Rechengänge nachvollziehbar zu halten, werden die Modellparameter in Tabellenübersichten dargestellt; die verwendeten Algorithmen werden in einem Formeleditor angezeigt. Die Stammdaten sind erweiterungsfähig und editierbar; das Modell kann dadurch an Bewirtschaftungsvarianten angepasst werden. Datenspeicher mit Boden- und Witterungsdaten unterstützen die Programmnutzer bei der Standortkennzeichnung. Das **„Standort-Modul"** enthält eine Schlagverwaltung mit GPS/GIS-Kopplung .

Im Modul **„Stoff- und Energieflüsse"** werden Nährstoff-, Humus-, Futter- und Energiebilanzen berechnet. Über die Stoff- und Energieflüsse sind alle Modellkomponenten miteinander verbunden; die komplexe Auswertung erfolgt mit der Programmfunktion *„Betrieblicher Stoffkreislauf"*. Im Modul *„N-Umsatz"* werden

Abb. 2.31 Flurgehölz in einer großflächig genutzten Agrarlandschaft.
Hecken sind Lebensraum für viele wildwachsende Pflanzen- und wildlebende Tierarten. Hierher ziehen sich viele Tierarten der Agrarlandschaft zur Überdauerung jener Zeiträume zurück, in denen die landwirtschaftlichen Nutzflächen aus verschiedenen Gründen ein für sie ungünstiges Biotop sind.

beispielsweise die potenzielle Nitratkonzentration des Sickerwassers und gasförmige N-Emissionen berechnet.

Im Modul **„Ökonomische Analysen“** erfolgt eine Deckungsbeitrags- und Vollkostenrechnung. Kostenrichtwerte werden nur bei Grobkalkulationen in Ansatz gebracht; für Detailberechnungen werden die Betriebsmittelkosten vom erfassten Betriebsmitteleinsatz abgeleitet; die Maschinen- und Arbeitskosten werden auf der Grundlage der zu Produktionsverfahren zusammengestellten Arbeitsgänge unter Berücksichtigung definierter Randbedingungen (Arbeitsbreiten, Ausbringmengen, Transportentfernungen etc.) kalkuliert.

Indikatoren-Modelle erreichen zumeist ihre Aussagegrenze dadurch, dass sie nicht prozessorientiert sind oder nur ausgewählte Aspekte der Verfahrensgestaltung erfassen. Im einfachsten Fall, dem „Blackbox-Ansatz“, bleiben die innere Struktur des Betriebes und die Produktionsverfahren völlig verdeckt; es werden lediglich In- und Outputs bestimmt und Effizienzen berechnet. Im Modell REPRO besteht hingegen der Anspruch, Produktionsverfahren detailliert abzubilden. Werden Anbauverfahren modifiziert, so hat das Konsequenzen für alle ökologisch-ökonomischen Bewertungen. Die Analyse konkreter Verfahren ist aber auch deshalb so wichtig, weil auf diesem Gebiet derzeit die größten Gestaltungsspielräume in den Betrieben zur Verbesserung ihrer Umweltsituation und ein enormes Innovationspotenzial bestehen. Wären diese Zusammenhänge nicht darstellbar, so könnten sie auch nicht in die Bewertung einfließen. Bei vollständiger Beschreibung der Verfahren sind mit geringem Aufwand weitere Auswertungsfunktionen zu integrieren.

Eine Voraussetzung für die praktische Anwendung ist, dass die Eingangsdaten in den Betrieben tatsächlich verfügbar sind. Der Datenerfassungsaufwand umfasst die Bereiche Pflanzenbau (Ackerschlagkartei), Nutztierhaltung und Lagerung.

Ein weiterer wichtiger Aspekt bei der Beurteilung von Umweltwirkungen landwirtschaftlicher Betriebe ist die Wahl der problemadäquaten Betrachtungsebene – im Pflanzenbau ist dies zumeist der Ackerschlag. Eine größere Betrachtungsebene wird in den Betrieben nicht akzeptiert, da die Verfahrensgestaltung auf den konkreten Schlag sowie die jeweiligen Standortbedingungen ausgerichtet ist und überwiegend in Form von Ackerschlagkarteien dokumentiert wird. In der Praxis ist vielfach sogar der Trend zur teilflächenspezifischen Bewirtschaftung erkennbar. Es werden damit ökonomische (Reduzierung von Dünger- und Pflanzenschutzmittelaufwand sowie Umweltkosten) und ökologische (Reduzierung des N- und Wirkstoffaustrages und der Belastung von Mikroflora und -fauna) Ziele verfolgt. Summarische Bewertungen ganzer Betriebe mit teilweise mehreren 1000 ha Betriebsfläche sind auch deshalb abzulehnen, weil die wirklichen Probleme, bedingt durch Standort- und Bewirtschaftungsunterschiede, verdeckt bleiben.

In verschiedenen Umweltbereichen, speziell der **„Biodiversität"**, ist es schwierig, Bewertungen allein auf Modelldaten zu stützen, weil Einschätzungen zu wildlebenden Pflanzen und Tieren in aller Regel aufwendige Freilanduntersuchungen erfordern. Andererseits dürfen wichtige Umweltbereiche wie die Biodiversität nicht einfach ausgeblendet werden, nur weil die Bewertung schwer quantifizierbar ist (Abb. 2.31).

Das Modellsystem ist daher offen und erweiterungsfähig; nicht alle Indikatoren müssen selbst bestimmt werden. In die Bewertung können prinzipiell auch Ergebnisse aus Freilanduntersuchungen einfließen – wie Erhebungen zu Indikatorarten, zur Grünlandvegetation oder Segetalflora. Über Schnittstellen zu externen Modellen werden spezielle Indikatoren und Detailprobleme bearbeitet (z. B. Simulation der N_{min}-Dynamik, Verhalten von PSM im Boden).

Im Ergebnis dient das Modell in erster Linie als Werkzeug für das Management in Landwirtschaftsbetrieben, daneben aber auch als Instrument für Nachweisverpflichtungen.

Fragen zu Kapitel 2.5

- Welche naturwissenschaftlichen bzw. gesellschaftlichen Größen bzw. Aktivitäten sind im „Driving Force-State-Response-Modell" der OECD berücksichtigt?
- Welche Teilmodule des Modells REPRO sind für die Nachhaltigkeitsbewertung von Landwirtschaftsbetrieben entscheidend?

Weiterführende Literatur

Hülsbergen, K.-J., 2003: Entwicklung und Anwendung eines Bilanzierungsmodells zur Bewertung der Nachhaltigkeit landwirtschaftlicher Systeme. Shaker Verlag, Aachen.

Rickerl, D. and Ch. Francis (Eds.), 2004: Agroecosystems Analysis. ASA, CSSA, SSSA Agronomy Monograph 43, ISBN 0-89118-153-9.

3 Pflanzenzüchtung

3.1 Einführung

Mit dem Beginn der Domestikation veränderte der Mensch erstmals die genetische Konstitution der Pflanzen. Dieser Prozess führte zu vielen lokal angepassten Landsorten. Im Folgenden wird dieser Prozess kurz beschrieben und gezeigt, wie sich mit der Entdeckung der Mendelschen Regeln und der darauf aufgebauten Genetik die Pflanzenzüchtung als Spezialisierungsrichtung der Landwirtschaft herausbildete, die die Landsorten zu einer Vielzahl von leistungsfähigen und qualitativ hochwertigen Sorten entwickelte.

Definition

Pflanzenzüchtung ist die Wissenschaft, Kunst und wirtschaftliche Unternehmung, die genetische Konstitution der Pflanzen so zu verändern, dass diese an die Anforderungen des Menschen besser angepasst sind.

Pflanzen bereichern auf vielfältige Art und Weise das menschliche Dasein. Ein Leben ohne Pflanzen scheint nicht vorstellbar zu sein bzw. ist nicht vorstellbar. Man mag bei dem Nutzen von Pflanzen zuerst an die wichtige Nahrungs- oder Futtermittelproduktion denken, aber darüber hinaus erfüllen die verschiedensten Pflanzenarten weit mehr Funktionen, ja auch Freude. So dienen Pflanzen als Genussmittel wie Kaffee, Mate, Tee, Cola etc. oder zu medizinischen Zwecken. Freude bringen Pflanzen in Form von Blumen und eingesetzt als Werkstoff für viele Musikinstrumente. Viele Baumarten dienen als Grundstoff für Bauwerke, für Papier und Pappe oder zum Möbelbau. Seit Anbeginn eines gezielten Anbaus von Pflanzen wurden diese für die Fasergewinnung genutzt, um Kleidung oder Werkstoffe zu fertigen. Lange Zeit war ein Lagerfeuer ohne pflanzliche Brennstoffe undenkbar und noch heute erfüllen Pflanzen viele Funktionen wie Deich- und Dünenschutz, aber auch als Sichtschutz bei Hecken und zur Reduzierung des Windes. Neue Funktionen kommen hinzu wie eine CO_2-Speicherung, umgewandelt als Zusatz zu Kraftstoffen oder die Aufnahme von Schadstoffen aus belasteten Böden durch bestimmte Pflanzenarten. Diese Liste der Einsatzgebiete und Funktionen von Pflanzen ist nicht abgeschlossen, doch zeigt sie schon jetzt eine bedeutende Vielfalt an. Im Englischen wird die Vielgestaltigkeit der Nutzung von Pflanzen mit Faktor F (Food, Feed, Fiber, Fuel, Flowers, Function, Future Farming and Fun) gekennzeichnet. Um die Bereitstellung all dieser Funktionen in ausreichendem Maße zu gewährleisten, ist ein Anbau dieser Pflanzen erforderlich. Hierzu leistet die Pflanzenzüchtung einen immensen Beitrag, indem die Pflanzenpopulationen so beeinflusst werden, dass diese die Erwartungen bestmöglich erfüllen. Die pflanzenzüchterische Tätigkeit wird aufgrund enormer klimatischer, ökologischer und gesellschaftlicher Veränderungen immer notwendiger. Die Pflanzenproduktion wird sich durch veränderte Verzehrsgewohnheiten, durch ein Umdenken in der Notwendigkeit des Pflanzenschutzes und der Düngung, durch neue Anforderungen in der Landschaftsbewirtschaftung und vor allem durch den rasanten Klimawandel deutlich verändern. Das noch einige Jahrzehnte andauernde Bevölkerungswachstum und die globalen Unterschiede in der Ressourcenverteilung (z. B. Niederschlag und Temperatur) werden darüber hinaus weiter deutliche Spuren in der zukünftigen Landwirtschaft hinterlassen. Hier wird die Pflanzenzüchtung stärker als bisher gefordert sein, national oder regional angepasste Sorten bereitzustellen. Während einige Eigenschaften global für eine Verbesserung der Pflanzenbestände sorgen, sind Umweltbedingungen, wie beispielsweise die Tageslängen, nicht änderbar und die Pflanzenzüchtung muss dafür sorgen, dass zum Beispiel Resistenzen auch regional in angepassten Sorten zur Verfügung stehen, weil eine globale Nutzung von Sorten aufgrund der vielen regionalspezifischen Bedingungen nicht möglich ist. Somit ist eine effiziente Pflanzenzüchtung für den erfolgreichen Anbau von Kulturarten unverzichtbar.

Obwohl die Pflanzenzüchtung stets eine sehr erfolgreiche empirische Komponente besaß und noch besitzt, steht die erfolgreiche Pflanzenzüchtung heute auf einer bedeutenden wissenschaftlichen Grundlage, die vornehmlich auf der Genetik beruht. Diese **wissenschaftliche Grundlage** hilft den Pflanzenzüchtern bei vielen Entscheidungen, wie z. B. die Auswahl der geeignetsten Selektionsmethoden oder die Auswahl der besten Kreuzungseltern. Entscheidungen der Pflanzenzüchter und Pflanzenzüchterinnen hinsichtlich der Auswahl der geeigneten Zuchtmethoden, der besten Genotypen zur Weiterführung oder der besten Eltern bleiben letztlich subjektive Bewertungen und stellen damit den **Kunstaspekt** der Pflanzenzüchtung unter Beweis. Im praktischen Betrieb wird dieser künstlerische Teil der Arbeit oft als Intuition oder als „Züchterblick“ bezeichnet. Bei dem heutigen Leistungsniveau der Kulturpflanzen erfordert jede Verbesserung eine enorme Investition an Ressourcen. Es reicht längst nicht mehr aus, die Pflanzen in einer Eigenschaft zu verbessern, denn es werden viele Merkmale betrachtet und in diesen dürfen die Leistungen keineswegs schlechter werden. Diese Anforderungen können nur durch eine Kombination von geeigneter Zuchtmethodik und intensiver Prüfung der Sortenkandidaten erreicht werden. Damit wird die Pflanzenzüchtung zu einer **wirtschaftlichen Unternehmung**, deren wirtschaftliche Ressource über das Budget die Möglichkeiten der Pflanzenzüchter bestimmt. Die Pflanzenzüchtung als Unternehmen ist gleichzeitig ein wichtiger Zweig der Agrarwirtschaft, der als Spezialisierung von landwirtschaftlichen Betrieben begonnen hat und noch immer stark mit der landwirtschaftlichen Produktionstechnik und Praxis verwurzelt ist.

3.1.1 Tätigkeitsfeld der Züchter

Die pflanzenzüchterische Tätigkeit lässt sich grob in 3 Phasen unterteilen. Die erste Phase besteht in der **„Aufstellung des spezifischen Zuchtziels“**. Klassischerweise folgt danach eine Stufe, die mit den Worten **„Schaffung von Variabilität“** umschrieben wird. Hierunter ist zu verstehen, dass der Pflanzenzüchter sicherstellen muss, dass eine genetische Unterschiedlichkeit zwischen den Pflanzen, die genetische Varianz, zunächst einmal vorhanden ist. Danach folgt eine der wichtigsten Tätigkeiten der Pflanzenzüchtung, die **„Nutzung der Variabilität“**, also die Selektion zwischen Genotypen. Hinter dem abstrakten Begriff „Schaffung von Variabilität“ verbirgt sich eine ganze Gruppe von Methoden. Während noch vor einem Jahrhundert paradiesische Zustände für die Pflanzenzüchter herrschten, da sie davon ausgehen konnten, dass innerhalb der angebauten Pflanzenbestände eine erhebliche Variabilität existiert, führte schon schnell die eigene Arbeit, die Konzentration auf einige wenige Pflanzen als Ausgangsmaterial für eine Sorte, dazu, dass innerhalb der Sorten keine oder nur eine unbedeutende genetische Variabilität verblieb. Um diesem Dilemma zu entgehen, half die Einbeziehung der folgenden biologischen Prozesse. Innerhalb einer Art kommunizieren die Pflanzen untereinander mithilfe der sexuellen Prozesse, also durch die Übergabe der männlichen und weiblichen Gameten und deren Verschmelzung. Diese Rekombination der genetischen Information führt zu einer Aufrechterhaltung der genetischen Unterschiedlichkeit innerhalb der Population bzw. auch zu einer Erhöhung der Unterschiedlichkeit bei der Paarung von grundverschiedenen Eltern. Diese Erkenntnis machen sich die Züchter natürlich auch bei der Schaffung von genetischer Variabilität zunutze. Die Anpaarung von ausgesuchten Eltern wird als Kreuzung bezeichnet und die Nachkommen zeigen häufig eine große genetische Variabilität, die dann in Auswahlverfahren genutzt werden kann. In der pflanzenzüchterischen Fachsprache wird der Begriff **Kreuzung** nicht nur auf die Anpaarung zweier Pflanzen, also die Kastration, die Entfernung der Antheren mit den darin enthaltenen männlichen Gameten, und die Bestäubung bezogen. Häufig bezeichnet man auch die gesamte Kreuzungsnachkommenschaft dieser Anpaarung als Kreuzung – unabhängig davon, wie viele Generationen vergangen sind. Insgesamt bildet die Kreuzung von verschiedenen Eltern die **bedeutendste Möglichkeit**, die **genetische Variabilität zu erhöhen** oder zu schaffen.

Diese Bewertung steht eigentlich im Gegensatz zur evolutionären Bedeutung eines anderen Mechanismus zur Variabilitätserschaffung, der Mutation. Bei einer langfristigen Betrachtung sind es nämlich die Mutationen, die sprunghaften Veränderungen der genetischen Information, die entscheidend zur Unterschiedlichkeit beigetragen haben. Natürlich stellt auch eine künstliche Mutationsauslösung durch Strahlung oder Chemikalien eine Quelle zur neuen Variabilität in der Pflanzenzüchtung dar. Aber diese Mutationsauslösung, so die Lehren aus der Vergangenheit, verläuft ungerichtet, d. h. die Zielmerkmale, die Zielgene, werden nur zufällig und häufig in eine unerwünschte Richtung beeinflusst. Die Nutzung von Mutationen, seien es die natürlich vorkommenden Mutationen oder eine künstlich ausgelöste Mutation, wird also bei vielen Pflanzenarten als nur zweite und ungeliebte Wahl zur Variabilitätserschaffung gesehen, weil diese Möglichkeit erst viel später Früchte trägt als eine Kreuzung, da die vielen negativen Mutationen zunächst in einer intensiven Selektion ausgemerzt werden müssen. Allerdings sind Pflanzenzüchter auf natürlich auftretende Mutationen oder auf eine Mutationsauslösung angewiesen, wenn z. B. eine gewünschte Variabilität im natürlich vorkommenden Spektrum der eigenen und verwandten Arten nicht zu finden wäre oder wenn eine Sorte in allen Eigenschaften genauso erhalten werden muss und trotzdem einige wenige Gene oder nur ein Gen verändert werden soll. Als Beispiel soll hier die Züchtung von Wein oder Zierpflanzen genannt werden. Hier ist es zum Teil wichtig, die sortentypische Geschmackskomposition oder das Aussehen der Pflanze bei gleichzeitiger Verbesserung der Eigenschaften zu bewahren. Dieses ist durch eine Kreuzung zweier Eltern mit der dann massiven Veränderung der Eigenschaftskomposition durch die unvermeidliche Neukombination der Gene nicht zu erreichen. In diesem Fall darf keine Rekombination der Genvarianten erfolgen, womit nur die Nutzung von Mutationsereignissen verbleibt. Mit diesem Verfahren sind allerdings wichtige Merkmale wie Krankheitsresistenzen nicht einzuführen.

Durch die heute verfügbaren molekulargenetischen Methoden gewinnt die Pflanzenzüchtung eine weitere bedeutende Möglichkeit, die genetische Variabilität zu erhöhen. Hierzu gibt es zahlreiche Verfahren, aber herausragend ist, dass artfremde Gene in das Pflanzengenom überführt werden können. Wenn auch heute noch die gleichzeitige Übertragung von Genen auf eine kleine Anzahl beschränkt bleibt und eigentlich so wichtige Merkmale wie der Ertrag durch sehr viele Gene beeinflusst werden, so ist die Produktion von diesen **genetisch modifizierten Pflanzen** (GMO für genetisch modifizierte Organismen, häufig auch GVO für genetisch veränderte Organismen, den transgenen Pflanzen) zweifellos eine entscheidende Möglichkeit, die genetische Variabilität zu erhöhen (s. auch Kap. 2.3.1 und 3.6). Seit wenigen Jahren wird das Methodenspektrum der Pflanzenzüchtung noch durch das Genome-Editing erweitert, wobei die Chancen dieser Methode heute kaum abschätzbar sind.

Die Formulierung eines **Zuchtziels** stellt den Beginn einer züchterischen Arbeit dar und dazu muss der Pflanzenzüchter eine erhebliche Kenntnis über die zu bearbeitende Kulturart, die derzeitige Variabilität, die Möglichkeiten einer Erweiterung der Variabilität und über die geplanten Auswahlstrategien besitzen.

Zuchtziele

Aufgrund der Langwierigkeit der züchterischen Arbeit berücksichtigen Zuchtziele die langfristige Erwartung an die Anforderungen an die Kulturart. Bei Aufstellung von Zuchtzielen muss grundsätzlich in Verwertungsketten gedacht werden. Die Zuchtziele folgen 2 Grundsätzen:

1. Senkung der spezifischen Produktionskosten
2. Erschaffung neuer Produkte

Wie sehen nun diese Ziele aus und welche Grundsätze muss ein Pflanzenzüchter beachten, um Zuchtziele aufstellen zu können? Wie schon weiter oben beschrieben, ist die pflanzenzüchterische Tätigkeit sehr aufwendig und, wie noch gezeigt wird, sehr langwierig. Die erheblichen Investitionen müssen sich, von einigen wenigen öffentlich geförderten Zuchtprogrammen abgesehen, über die Vermarkung von Sorten bezahlt machen. Die Wirtschaftlichkeit der zu erwartenden Sorte ist ein Schlüssel für die Aufstellung der Zuchtziele. Neue Sorten müssen die zukünftigen Anforderungen der Kunden, sehr häufig gleichbedeutend mit den Landwirten, besser erfüllen als bisherige Sorten. Hierbei ist es durchaus sinnvoll, die gesamte Verwertungskette zu betrachten und nicht nur die Bedürfnisse der Erstkunden. Eine Verbesserung der Qualität des Ernteproduktes (s. Kap. 2.2.3) kann dem Landwirt eine bessere Vermarktungschance bieten, sodass die Sorte hierdurch eine stärkere Nachfrage erfährt. Unter dem Hinweis „in Verwertungsketten zu denken", soll auch verstanden werden, dass z. B. bei der Züchtung von Futterpflanzen nicht nur die Produktion, sondern die gesamte Produktionskette über Ernte, Konservierungsverluste etc. bis hin zur Futterration zu berücksichtigen ist. Die **Aufstellung von Zuchtzielen** kann grob vereinfacht 2 Grundsätzen folgen:

1. **Senkung der spezifischen Produktkosten** (sowohl der ökonomischen und ökologischen Kosten der Produktion als auch der gesellschaftlichen Kosten durch Umweltbelastungen)
2. **Schaffung neuer Produkte**

Der Begriff „Senkung der spezifischen Produktkosten" ist abstrakt und kann nur als Grundsatz zur Aufstellung konkreter Zuchtziele dienen. Prinzipiell muss der Züchter die Produktionsweise der Kunden kennen. Durch die neue Sorte muss der Produktionsablauf so modifiziert werden, dass entweder bei gleichem Aufwand mehr Ertrag bzw. eine höhere Qualität erzielt wird, oder dass die Produktionskosten reduziert werden. In der heutigen Diskussion wird ein höherer Ertrag häufig mit einer industriellen Wirtschaftsweise verbunden und es wird argumentiert, dass eine Änderung des Konsumverhaltes mit verringerter Tierproduktion auch die Nachfrage decken würde. Ohne das Argument einer zunehmenden Nachfrage nach Nahrungsmitteln durch das noch anhaltende Bevölkerungswachstum überstrapazieren zu wollen, führt ein höherer Ertrag in der Regel auch zu besseren Betriebsergebnissen. Und die Pflanzenzüchter sind gut beraten, die Bedürfnisse ihrer Kunden zu kennen und zu bedienen. Immer deutlicher wird auch das Argument, dass bei höheren Erträgen gleichzeitig mehr Flächen für den Natur- und Landschaftsschutz inklusive von Saumbiotopen zur Verfügung stehen. Ein Argument für die Vorteilhaftigkeit eines hohen Ertrags (immer verbunden mit einer effizienten Ressourcennutzung) besteht darin, dass dadurch mehr Raum für eine hohe Biodiversität auch bei steigender Weltbevölkerung verbleiben würde und dass dadurch Landnutzungsänderungen zu landwirtschaftlicher Nutzfläche vermieden oder rückgängig gemacht werden könnten. Dieses Argument ist insbesondere unter der hohen und schädlichen Treibhausgasfreisetzung durch diese Landnutzungsänderungen zu bewerten.

Gleichwohl bestehen weitere Möglichkeiten, die Produktionskosten pro Menge erzeugten Ernteguts zu senken, indem z. B. die neuen Sorten weniger Nährstoffe benötigen, wodurch Düngermittel eingespart werden könnten. Im Falle von Stickstoffdünger würde gleichzeitig weniger CO_2 für die Produktion der Düngemittel benötigt und auch die Lachgas-Emissionen nach der Düngerausbringung wären reduziert, womit auch die ökologischen Kosten sinken würden. Auch bei den Pflanzenschutzmitteln führt dieselbe Überlegung zum Ziel. Krankheitsresistente Sorten benötigen wesentlich weniger Pflanzenschutz. Hierdurch sinken sowohl die Kosten für die Pflanzenschutzmittel als auch für deren Ausbringung. Zugleich sinken wiederum die ökologischen Kosten. Damit führt der Grundsatz der Zuchtzieldefinition auch zu einer konkreten Umsetzung in z. B. Einbringung von Resistenzen und/oder Nährstoffeffizienz in Sorten. Da in der Pflanzenzüchtung von Aufstellung des Zuchtziels bis zu dessen Realisierung eine lange Zeit benötigt wird, muss die Aufstellung der Zuchtziele vorausschauend sein. In diesem Zusammenhang müssen die immer deutlicher werdenden Umwelteffekte auch der Landwirtschaft und Nahrungsmittelproduktion vorausschauend berücksichtigt werden. Laut Umweltbundesamt entfallen ca. 8,2 % der Treibhausgasemissionen in Deutschland (Zahlen für 2020) auf die landwirtschaftliche Produktion. Bei diesen Emissionen spielen die Lachgas-Emissionen mit einem Anteil von 45,6 % eine bedeutende Rolle, wobei diese hauptsächlich bei der Ausbringung von mineralischen und organischen Düngern auf landwirtschaftlichen Böden, beim Wirtschaftsdüngermanagement sowie aus Lagerungsprozessen von Gärresten entstehen. Für die Pflanzenzüchtung sind sichere Modellierungen der jeweiligen Systemwirkungen wichtig, um schon jetzt Entscheidungen treffen zu können. Am Beispiel vom Winterweizen wurde gezeigt, dass nicht nur die Produktion selbst betrachtet werden kann, um die Treibhausgas-Emissionen (THG-Emission) insgesamt zu erfassen. So trägt neben der Lachgas-Emission auch die energieaufwendige Produktion von Stickstoffdüngern im entscheidenden Maß zu einer THG-Emission bei. Dabei übersteigt die THG-Emission der Düngerproduktion noch den Lachgasanteil an der THG-Emission. Daher sind zukünftige Zuchtziele noch mehr an einer hohen Ressourceneffizienz zu orientieren, als dies schon jetzt angestrebt wird. All diese Überlegungen müssen für die Zuchtzielgestaltung angestellt werden. Ergebnisse solcher Überlegungen führen zu konkreten Teilzielen wie Ertragssteigerung (Kap. 2.2.2), Verbesserung der Nährstoffeffizienz (Kap. 1.3.4), Krankheits- und Schädlingsresistenz, Hitze-, Dürre- und Frosttoleranz (Kap. 1.2.2).

Einen anderen faszinierenden und oft erfolgreichen Weg kann der Pflanzenzüchter einschlagen, wenn er es schafft, die Innovationsführerschaft für die Produkte zu erlangen. Das Stichwort hierzu ist die Qualitätsverbesserung, für die es zahlreiche Beispiele gibt. Eine Verbesserung der Qualität kann durchaus zu höheren Preisen, selbst noch bei dem Endverbraucher führen, wie das Beispiel der kernlosen Wassermelonen zeigt, die durch komplizierte Kreuzungen zwischen diploiden und tetraploiden Pflanzen hergestellt werden. Häufiger jedoch führt eine höhere Qualität nicht zu einer Erhöhung der Verkaufspreise der Produkte. Der Vorteil für den Pflanzenzüchter liegt in den höheren Marktanteilen, die er mit diesen Sorten erreichen kann. Die konkreten Qualitätskriterien können z. B. bei Ölpflanzen in einem spezifischen Fettsäuremuster (Kap. 2.4.3), bei Weizen in einer besonderen Backqualität (Kap. 2.4.1.1), bei Gerste in einer hohen Brauqualität (Kap. 2.4.1.6) usw. liegen.

Bei der Aufstellung der Zuchtziele achtet der Pflanzenzüchter natürlich auf die biologischen Gegebenheiten der entsprechenden Kulturart und auf die Bedürfnisse seiner Kunden, der Landwirte, der Gärtner oder der Vermehrungsbetriebe als Erstverbraucher, aber auch auf die gesamte Vermarktungskette. Eines sollte jedoch klar sein: Die Zeitdauer von der Aufstellung eines Zuchtziels bis zur Realisierung ist länger, als es in vielen anderen Wirtschaftszweigen überhaupt denkbar wäre. Als konkreter Anhaltspunkt für diese Zeitspanne wird häufig die Dauer von der Erstellung einer Kreuzung bis zur möglichen Zulassung einer Sorte aus dieser Kreuzung genannt. Wenngleich der Pflanzenzüchter auch Zuchtzieländerungen schneller umsetzen kann, vermittelt diese Dauer einen Eindruck der Langfristigkeit der pflanzenzüchterischen Arbeit. Bei annuellen Arten beträgt die Zeitdauer von der Kreuzung bis zur möglichen Sorte ca. 7–15 Jahre. Bei Obst, Wein etc. kann der Zeitraum 20–30 Jahre betragen und bei Forstpflanzen ist der Zeitraum naturgemäß noch viel länger. Hieraus wird klar, dass bei der Aufstellung der Zuchtziele eine vorausschauende Sicht erforderlich ist.

3.1.2 Domestikation der Kulturarten

Der Beginn der genetischen Veränderung von Pflanzen durch den Menschen fängt mit dem gezielten Anbau von Arten bzw. Artengemischen an. Damit startet die Pflanzenzüchtung zeitgleich mit dem Ackerbau. Die Domestikation von Wildformen zu Kulturformen einer Pflanzenart beinhaltet neben der Inkulturnahme auch immer eine Selektion und damit eine genetische Veränderung. Diese verlief häufig parallel zur Inkulturnahme, aber bei einigen Arten ging die genetische Veränderung auch der Inkulturnahme voraus, wie es für eine Reihe von Leguminosen nachgewiesen wurde, bei denen zunächst eine Verkürzung der ausgesprochen langen Keimruhe erfolgen musste. Ein weiterer Hinweis beleuchtet die Bedeutung von auch heute noch gebräuchlichen pflanzenzüchterischen Kategorien schon während der Domestikation. Während nur ca. 20–30 % aller Wildarten zu den Selbstbefruchtern zählen, beträgt der Anteil bei den Kulturarten ca. 80 %. Sicher ist dieser Anstieg auch mit den Bestäuberinsekten in Verbindung zu bringen, die bei Handelsbeziehungen und Wanderungsbewegungen nicht immer mit den Kulturarten mitwanderten. Ein wesentlicher

Anteil dürfte auch der höhere Selektionserfolg der Selbstbefruchter haben, der für die damaligen Selektionsverfahren anzunehmen ist (vgl. hierzu Kap. 3.5). Die Ursprungsgebiete unserer Kulturarten sind auch heute noch von züchterischem Interesse, denn dort finden sich immer auch die Wildformen, die Vorfahren unserer Kulturarten. Diese Wildformen und verwandte Wildarten dienen auch heute noch als Quelle für neue genetische Variationen, insbesondere im Bereich der Resistenzzüchtung. Bei dieser Betrachtung darf allerdings nicht der Schluss gezogen werden, dass alle Wildformen gesund und alle Kulturformen anfällig für Krankheiten sind. Vielmehr sind auch die Wildformen sehr häufig krankheitsanfällig. Allerdings besteht die Chance, unter den Wildformen einige Pflanzen zu finden, die neue, noch nicht verwendete Resistenzgene enthalten. Diese können dann zur Verbesserung der Krankheitsresistenzen von Kulturformen mit verwendet werden.

Seit der Domestikation haben sich die Kulturarten weiterentwickelt. Hier wirkten neben einer eher milden züchterischen Auslese natürliche Anpassungsprozesse an den Standort und an klimatische Gegebenheiten als Kräfte der Selektion. Darüber hinaus kam es in vielen Teilen auch zu isolierten und häufig kleinen Populationen von Kulturarten. Alle diese Prozesse führten über Jahrhunderte zu den lokal angepassten **Landsorten** bzw. **Landrassen**. Der Begriff Landsorte und die Bezeichnung Landrasse wird häufig synonym verwendet. Im Englischen wird der Begriff „Landrace" verwendet. Im Deutschen hat sich der Begriff Landsorte durchgesetzt, obwohl viele damit eine Verwechselung zu einer Sorte (Zucht-Sorte) befürchten. Allerdings gibt es nun auch den Begriff Erhaltungssorte und Amateursorte, beide Kategorien werden auch vom Bundessortenamt zugelassen und überwacht. Auf der anderen Seite wären Rassen Populationen, die sich im Genbestand und damit in ihrer Merkmalsausprägung von anderen Populationen derselben Art unterscheiden, aber dieses Ausmaß der Unterscheidung rechtfertigt in der Regel keine taxonomische Abtrennung. Daher wird hier der Begriff Landsorte verwendet.

Diese Landsorten wurden züchterisch kaum bearbeitet, zeichnen sich aber durch ein hohes Maß an Adaptation an den jeweiligen Standort aus. Landsorten weisen viele genetisch verschiedene Pflanzen auf, von denen nur wenige als potenzielle Hochertragspflanzen anzusprechen sind. Landsorten waren durch die lange natürliche Selektion gut an einzelne Umweltbedingungen angepasst. Noch heute stellen sie eine Quelle an Variationen für spezifische Anpassungen und für weitere wichtige Merkmale dar, wie z. B. Hitzetoleranz, Trockenheitstoleranz etc. Gleichzeitig existierten in einer Region nicht nur mehr Kulturpflanzen als heute, auch die genetische Variabilität zwischen und innerhalb der Landsorten war weit höher, als wir sie gegenwärtig im Anbau finden. Wir hatten also eine hohe **genetische Diversität**, die wir jetzt im Anbau vermissen. Bei dieser Diskussion müssen wir uns vergegenwärtigen, dass diese genetische Diversität nur im Hinblick auf den Raum als Basis der Betrachtung existierte. Die Landwirte waren damals nicht in der Lage, die Sorten schnell und effizient in kurzer Zeit zu wechseln. Heute befindet sich die genetische Vielfalt außerhalb des Standortes in den **Genbanken**, die Sammelmuster der einzelnen Wildformen, Landsorten und Sorten als Saatgut eingelagert haben, oder auf kleineren Flächen, die von Gärtnern oder Landwirten bewusst als „Kulturerbe" gepflegt werden. Auch die Pflanzenzüchter haben in Zuchtgärten eine erstaunliche Anzahl an alten Sorten, exotischen Sorten aus anderen Erdteilen und Züchtungslinien im Anbau. Die genetische Diversität wurde also quasi aus dem großflächigen Anbau genommen und in Reservate (Genbanken, On-Farm-Erhaltung, Zuchtgärten, Schaugärten etc.) verbracht. Für den großflächigen Anbau wurde die Dimension **räumliche Diversität** gegen die **zeitliche Diversität** getauscht, denn im Anbau werden jetzt Sorten schnell gewechselt, während früher eine Reaktion auf veränderte Bedingungen nicht zeitnah erfolgen konnte.

Noch bevor die Wiederentdeckung der Mendelschen Regeln eine Basis für die Züchtungstheorie legte, haben viele landwirtschaftliche Betriebe Züchtungsprogramme entwickelt. Zunächst waren diese Züchter Saatgutproduzenten, die sich intensiv um die Verbesserung ihres Saatguts bemühten. Hierbei wurde auch intensive Auslesearbeit betrieben. Im Hinblick auf die genetische Struktur der Landsorten mit ihrer hohen Variabilität sogar innerhalb der Selbstbefruchterpopulationen zeigten diese Ausleseverfahren auch Erfolge. Eine heute übliche Methode zur Variabilitätserschaffung, das Kreuzen von Genotypen, wurde erst langsam und teils erst nach heftigen Diskussionen akzeptiert. Im Folgenden haben sich aus den landwirtschaftlichen Betrieben, welche die Pflanzenzüchtung als einen Betriebszweig geführt haben, hochspezialisierte Züchterhäuser entwickelt, die zwar heute zum Teil noch in die Landbewirtschaftung eingebunden sind, aber den wesentlichsten Teil ihrer Einkünfte aus dem Saatguthandel und aus den Lizenzeinnahmen bestreiten. Wie in allen anderen Wirtschaftszweigen auch, haben sich die Züchterhäuser unterschiedlich entwickelt, sodass wir heute eine Vielzahl an mittelständischen, aber auch einige große Unternehmen finden.

Eine wichtige Frage stellt sich hinsichtlich der Entwicklung der Landsorten zu dem heutigen und zukünftigen Sortenspektrum. Landsorten sind die Vorfahren unserer heutigen Sorten. Eine stabile landwirtschaftliche Produktion im Wechselspiel von veränderten und auch veränderlichen Verbraucherwünschen, veränderten Umweltbedingungen, aber auch veränderten Produktionsbedingungen erfordert eine große genetische Diversität auch unter den Spitzensorten. Hierbei stellt sich die Frage der genetischen Vielfalt einmal aus Sicht des Verbrauchers, aber zum anderen auch aus Sicht des Pflanzenzüchters, der die heutigen Sorten als Eltern der Sorten von morgen ansieht.

In den letzten Jahren und Jahrzehnten wurde die Gefahr, die von einem Verlust an Sortenvielfalt ausgeht, immer wieder betont. In diesem Zusammenhang wird stets auch die **genetische Erosion** genannt, der Verlust von Genvarianten. Die Züchtungspraxis des letzten Jahrhunderts zeigt jedoch, dass innerhalb des heutigen Sortenspektrums die Variabilität im Vergleich zu den Landsorten nicht abgenommen hat. Moderne molekulargenetische Methoden zeigen hier unterschiedliche Resultate. Für einige Genregionen wurde ein Verlust an Genvarianten nachgewiesen, während dieser Mangel in anderen Bereichen durch neue Genvarianten kompensiert wurde. Dieses Ergebnis spiegelt die vorgenommene züchterische Praxis wider. Es erfolgte zweifellos eine Selektion, die zumindest bei den Selbstbefruchtern zum Verlust von Genvarianten (Allelen) führte. Demgegenüber standen immer wieder Einkreuzungen mit Sorten aus anderen Gebieten oder mit Wildformen, die insbesondere im Zuge der Resistenzzüchtung erfolgten. Bei einer Betrachtung von morphologischen Merkmalen konnten allerdings immer wieder Generosionen nachgewiesen werden. Diese unterschiedlichen Befunde gilt es, zu sammeln und nach nun möglichen Sequenzierungen von vielen Sorten neu zu bewerten.

3.1.3 Sortenwesen

Am Anfang dieses Kapitels wurde betont, dass die Pflanzenzüchtung auch eine wirtschaftliche Unternehmung ist. Die Pflanzenzüchter handeln im Gegensatz zu vielen anderen Unternehmen mit einer Ware, die sich selbst reproduziert. Bei guter technischer Voraussetzung ist es möglich, ein einmal gekauftes Saatgut mehrfach zu vermehren und das Erntegut als Saatgut im eigenen Betrieb zu verwenden (Nachbau). Gäbe es keinen Schutz für Saatgut, dann wäre es möglich, einmalig Saatgut von einer guten Auslese oder Population zu kaufen und dieses dann als eigene Züchtung zu verkaufen. Bevor ein Sortenschutz existierte, war es durchaus häufig, dass ein und dieselbe Auslese aus einer Landsorte unter verschiedenen Namen verkauft wurde. Dies war ein ungleicher Wettbewerb, denn nur einer der Anbieter hatte die Investition der Züchtungsarbeit getätigt, also die Population verbessert. Der Saatguthandel war in manchen Bereichen noch ungleich härter. So wurden von einigen Händlern auch Hederichsamen, der den Samen von *Brassica*-Arten sehr ähnlich ist, durch Erhitzen abgetötet und unter Saatgut von *Brassica*-Arten gemengt, denn Saatgut wurde nach Menge verkauft. Eine Untermischung konnte nicht durch die Zunahme von Hederichpflanzen auf dem Feld nachgewiesen werden und ein unzureichender Auflauf konnte vom Verkäufer leicht als Fehler des Landwirts dargestellt werden. Eine andere Variante des Betrugs gab es bei Klee. In

Großbritannien existierte sogar ein Handel mit sogenannten Kleesteinen, größere Sandkörner, die in Form und Farbe den Kleesamen glichen, aber schwerer waren. Diese Kleesteine wurden dem Klee-Saatgut beigemischt, wodurch das so gestreckte Saatgut viel zu teuer verkauft wurde.

Diese Beispiele verdeutlichen, dass schon bald nach dem Beginn einer intensiven Züchtungstätigkeit ein Gesetzeswerk zum Schutz der Züchter und zum Schutz der Verbraucher notwendig war (s. auch Kap. 2.3.1). Noch heute basieren die Gesetze auf diesen beiden Prinzipien. Das **Sortenschutzgesetz** behandelt schwerpunktmäßig den Schutz der Züchter, während das **Saatgutverkehrsgesetz** den Schutz des Verbrauchers, also des Landwirts, in den Vordergrund stellt.

Der **Sortenschutz** wird im Sortenschutzgesetz geregelt. Hier wird auch eine Legaldefinition des Begriffs Sorte gegeben. Vereinfacht versteht man unter einer Sorte eine Gruppe von Pflanzen einer Art, die sich untereinander sehr ähnlich sind und die man von anderen Pflanzen der gleichen Art unterscheiden kann. Der Sortenschutz regelt die Frage des geistigen Eigentums an einer Sorte. Dem Eigentümer steht bei einer Nutzung dieser Sorte eine Lizenzgebühr zu. Im Grunde wahrt dieses Gesetz die Ansprüche der Züchter. Allerdings kann nicht jede Population geschützt werden. Bei einer schützenswerten Sorte muss nachgewiesen werden, dass der Züchter intensive Züchtungsarbeit vor der Sortenanmeldung geleistet hat. Deswegen muss eine Sorte folgende Bedingungen erfüllen, bevor ein Sortenschutz erteilt werden kann: Die Sorte muss **neu**, **unterscheidbar**, **homogen** sowie **beständig** sein und eine eintragungsfähige Bezeichnung (**Name**) besitzen. Durch die Forderungen wird klargestellt, dass eine schon bekannte Sorte nicht ein zweites Mal geschützt werden kann (Neuheitskriterium). Hierbei tritt natürlich ein Problem auf: Die Sorten müssen sich voneinander unterscheiden lassen. Um dieses zu beurteilen wird eine umfangreiche Prüfung (**Registerprüfung**) durchgeführt, in welcher vorwiegend morphologische Merkmale erhoben werden, die zunehmend durch molekulargenetische Merkmale ergänzt werden können. Die geforderte Unterscheidung muss wenigstens in einem Merkmal vorhanden sein. Die Sorte muss zudem homogen sein, d. h. die Sorte muss in wesentlichen Eigenschaften einheitlich sein. Hierbei wird berücksichtigt, dass Fremdbefruchter anders zu beurteilen sind als Selbstbefruchter (vgl. Kap. 3.3). Weiterhin muss eine Sorte beständig sein, d. h. der Züchter muss dafür sorgen, dass keine Veränderungen von Generation zu Generation auftreten und dass die Sorte auch nach Jahren noch die gleiche ist. Die weitere Forderung nach einer eintragungsfähigen Bezeichnung ist vielleicht vordergründig am einfachsten zu lösen, aber im modernen Marketing kommt auch dieser Eigenschaft eine große Bedeutung zu.

Unter einem starken Sortenschutz können sich sowohl Züchterhäuser als auch die Verbraucher, die Landwirte, zum gegenseitigen Vorteil entwickeln. In Ländern ohne ausreichenden Schutz fehlt der Anreiz, eine Investition zu tätigen, wenn ein Zweiter dieses Saatgut vermarkten kann, ohne die Investitionen getätigt zu haben. Dabei ist es wichtig zu wissen, dass der Schutz nur die Sorte und nicht die Produkte und auch nicht Kreuzungsnachkommenschaften hieraus umfasst. Noch existiert das **„Züchterprivileg"**, dass eine eingetragene Sorte als Kreuzungselter auch von anderen Züchtern eingesetzt werden kann. Auch das **„Landwirteprivileg"** existiert, indem der Landwirt das Recht hat, das Erntegut einer Sorte als Saatgut für seine eigenen Flächen zu verwenden. Allerdings steht dem Züchter die Züchterlizenz für dieses nachgebaute Saatgut zu, wobei die Züchterlizenz nur einen kleinen Anteil des Saatgutpreises ausmacht, denn die Kosten für das Erntegut, die Aufbereitung, die Beizung und die Handelsspanne sind hiervon nicht betroffen.

Durch die Gentechnik kommt ein weiteres Schutzprinzip auf diejenigen Sorten zu, die transgene Eigenschaften besitzen. Gene, die isoliert und deren Funktion beschrieben wurden, können patentiert werden, wobei der **Patentschutz** weiter reicht als der Sortenschutz. Es ist eine gesellschaftspolitische Frage, wie weit dieser Schutz der Gene gehen darf. So ist es vorstellbar, dass Patente auf Gene oder Genkombinationen beantragt werden, die in der Natur vorkommen und deren Entwicklung auf Landsorten zurückgeht. Der Patentinhaber sollte nicht in die Lage versetzt werden, von den Züchtern bzw. von den Erschaffern dieser Landsorten Lizenzgebühren verlangen zu können. Demgegenüber wird der Patentinhaber die Nutzung des isolierten Gens für transgene Pflanzen kontrollieren können. Neben den Patenten auf die Gene selbst sind auch viele gentechnische Verfahren patentiert. Hierdurch entsteht die Situation, dass transgene Pflanzen neben den Patenten der Gene auch weitere Patente, z. B. die Genübertragung etc., berühren. Dieser Patentschutz verbietet aber die Weiterverwendung der transgenen Pflanzen in Form von weiteren Kreuzungen oder den Nachbau dieser Pflanzen, wie es nach dem Sortenschutz für nicht-transgene Pflanzen möglich ist. Um diese transgenen Pflanzen weiter zu nutzen, muss also eine Einigung mit dem Patentinhaber erzielt werden. Das Patent auf transgene Pflanzen ist also strenger als der Sortenschutz. Auch ersetzen sich die Rechte nicht gegenseitig, sondern ergänzen sich. Das bedeutet, dass ein transgener Sortenkandidat vor dem Anbau zusätzlich eine Sortenzulassung mit dem dann vorhandenen Sortenschutz benötigt.

Der Sortenschutz allein berechtigt aber noch nicht zum Saatgutverkauf. Nur Sorten, die eine Sortenzulassung erhalten haben, dürfen gehandelt werden. Die Sortenzulassung regelt das Saatgutverkehrsgesetz. Neben den Kriterien des Sortenschutzes ist zusätzlich ein **landeskultureller Wert** für eine Zulassung wichtig. Im Zuge der 2-jährigen und für Getreide, Winterraps und Futterpflanzen 3-jährigen **Wertprüfungen** wird der landeskulturelle Wert geprüft, der angibt, ob die Gesamtheit der wertbestimmenden Eigenschaften gegenüber den zugelassenen vergleichbaren Sorten eine deutliche Verbesserung für den Pflanzenbau, für die Verwendung des Ernteguts oder die Verwertung der aus dem Erntegut gewonnenen Erzeugnisse besteht. Diese Sortenzulassung wird in der Regel für 10 Jahre erteilt und kann danach verlängert werden. Die Eintragung in die **Beschreibende Sortenliste** dokumentiert die Sortenzulassung. Für die Erteilung des Sortenschutzes, die Sortenzulassung und die weiteren Prüfungen im Rahmen der vorhandenen Gesetze ist das Bundessortenamt zuständig. Neben den national zugelassenen Sorten sind aber auch Sorten aufgrund einer EU-Sortenliste vertriebsfähig, sprich handelbar. Diese Sorten sind in den jeweiligen EU-Mitgliedsländern geprüft und zugelassen worden.

Fragen zu Kapitel 3.1

- Was unterscheidet die Pflanzenzüchtung vom Pflanzenbau?
- Inwieweit hilft das Wissen um die Domestikation für die heutige Erweiterung der genetischen Diversität?
- Welche Prinzipien sind für die Aufstellung von Zuchtzielen zu beachten?
- Welcher Schutzgedanke steht im Sortenschutzgesetz und welcher im Saatgutverkehrsgesetz im Vordergrund?

Weiterführende Literatur

Becker, H. C., 2019: Pflanzenzüchtung, 3. Aufl. Verlag E. Ulmer, Stuttgart.

Connor, D. J. et al., 2011: Crop Ecology: Productivity and Management in Agricultural Systems. Cambridge Univ. Press, Cambridge, UK.

3.2 Biologische Grundlagen

Die genetischen Unterschiede zwischen den Pflanzen bilden die Basis für alle pflanzenzüchterischen Arbeiten. Im Folgenden werden die biologischen Prozesse, die zu Unterschieden zwischen Pflanzen führen, kurz angesprochen.

Die genetischen Unterschiede zwischen Pflanzen oder zwischen Populationen bilden die Basis für alle pflanzenzüchterischen Arbeiten. Obwohl es heute mit den molekulargenetischen Methoden möglich ist, Gene in eine Art zu transferieren und damit eine gewünschte Merkmalsausprägung zu erzeugen, bleibt die natürliche Variation innerhalb einer Art noch lange das Fundament der Pflanzenzüchter. Diese natürliche Variation begründet die Leistungsfähigkeit und die Qualitätsausprägung der Sorten. Es stellt sich die Frage, welche Mechanismen zu genetischer Variation führen und welche Regeln hierbei aufgestellt werden können. Im langfristigen Bereich sind es die Mutationen, die zu Veränderungen führen. In Verbindung mit der Auslese während vieler Generationen, der natürlichen Selektion, quasi dem „Fegefeuer", müssen die Mutanten beweisen, dass sie in der Lage sind, sich in der Population zu halten. Dabei sind zufällige Ereignisse, wie sporadisch auftretende Hitze-, Trockenheits- oder Frostperioden, und im großen Maßstab auch die Fitness, die Fähigkeit, viele Nachkommen zu produzieren, wesentliche Faktoren für das Schicksal der Mutanten. Betrachten wir kürzere zeitliche Intervalle, stellt die sexuelle Rekombination eine wesentliche Ursache für die Unterschiede zwischen den Pflanzen dar. Pflanzenzüchter benutzen beide Gruppen, also Mutationen in Verbindung mit Selektion und die sexuelle Rekombination für ihre Arbeit, wobei die sexuelle Rekombination die wichtigere Methode zur Variabilitätserschaffung darstellt. Die Pflanzenzüchter wählen aus zahlreichen Landsorten, Populationen etc. ihr Ausgangsmaterial und nutzen hierbei die Kombination aus alten Mutationen mit folgender Selektion, die in diesem Material noch vorhanden ist, und kreuzen dieses Elternmaterial, wobei nun die Variabilitätserschaffung mit der sexuellen Rekombination gezielt eingesetzt wird.

3.2.1 Mutation

Bei den Mutationen unterscheidet man zwischen **Gen-, Chromosomen-** und **Genommutationen**. Genmutationen liegen dann vor, wenn nur einzelne Basen (Nukleotide) der DNA betroffen sind. Viele der auch als Punktmutationen bezeichneten Ereignisse sind im Erscheinungsbild der Pflanze nicht zu bemerken, da sie z. B. in einem nichtkodierenden DNA-Abschnitt liegen oder die Mutation im kodierenden Bereich keine Veränderung der Aminosäurenabfolge bewirkt. Andere führen zu graduellen Verschiebungen und einige gar zu drastischen Ergebnissen. Beide Gruppen werden inzwischen in der Pflanzenzüchtung genutzt. Während diejenigen Mutanten, die auch zu veränderten Phänotypen führen, hinsichtlich ihrer Merkmalsausprägung bewertet werden können, werden die Mutanten, die „nur" eine DNA-Veränderung besitzen, heute und in Zukunft noch stärker zu Identifizierungszwecken genutzt. Mittels aller DNA-Veränderungen können nämlich genetische Marker (vgl. Kap. 3.6.5) entwickelt werden, die durchaus eine Rolle für die Selektion spielen. Chromosomenmutationen fanden in der Evolution häufig statt. So unterscheidet man hier zwischen Deletion, Duplikation, Inversion und Translokation. Der Unterschied zu Punktmutationen besteht darin, dass ein größerer Abschnitt innerhalb eines Chromosoms von dieser Mutation betroffen ist. Durch die Genommutation wird schließlich die Gesamtheit der Gene eines Genoms betroffen.

Genommutationen spielten eine wichtige Rolle bei der Artenbildung. Dies gilt ganz besonders für die Kulturpflanzen. Viele Arten entstanden durch die spontane Kreuzung zweier nah verwandter Arten. Normalerweise entstehen hierbei sterile Nachkommen, da die neuformierten Genome keine geregelte Meiose durchlaufen. In seltenen Fällen muss es aber zu spontanen Verdopplungen der Chromosomensätze gekommen sein, die dann zu fertilen Nachkommen führten. So entstanden beispielsweise der Brotweizen aus einer Kreuzung zwischen Emmer und Ziegengras, Raps aus Kohl und Rübsen. Viele weitere Kulturpflanzen sind **polyploid,** d. h. sie besitzen einen vielfachen Chromosomensatz (z. B. Hafer, Zuckerrohr usw.). Man spricht von Allopolyploidie, wenn 2 verschiedene Genome sich vereinigt haben. Es gibt aber zudem noch eine Autopolyploidie; dieses ist der Fall, wenn ein Genom eine Selbstverdoppelung durchführt (z. B. Kartoffel). Im Gegensatz zur Allopolyploidie kommt es beispielsweise bei Autotetraploiden auch zu dem tetraploiden Vererbungsmodus, der etwas komplexer verläuft als der diploide. Beispielsweise sind die Chromosomenpaarungen jetzt zwischen 4 anstatt 2 Chromosomen möglich und jedes Individuum kann weit mehr verschiedene Allele tragen als bei Diploidie.

In der Züchtung kann sowohl die Kreuzung zwischen Arten nachempfunden werden als auch eine Chromosomenverdopplung. So konnten viele autotetraploide Populationen (z. B. Zuckerrüben, Futtergräser etc.), aber auch eine neue Kulturgattung erzeugt werden: Triticale, eine Kreuzung zwischen Weizen und Roggen. Auch zur Resynthese der bekannten Arten, z. B. Weizen und Raps, können diese Techniken verwendet werden. Hierdurch lassen sich die Ursprungsarten als genetische Ressourcen für die Züchtung nutzen.

Eine faszinierende Möglichkeit ergibt sich bei der Nutzung der Genommutation in einer Haploidenpassage. Durch Gewebekulturtechniken kann man aus wachsenden Gameten, meist den männlichen Pollen, haploide Pflanzen entwickeln, die selbst steril sind (vgl. Kap. 3.6.1). Durch eine Chromosomensatzverdopplung bei diesen Pflanzen können Doppelhaploide entstehen, die vollständig homozygot sind.

3.2.2 Sexuelle Rekombination

Neben den Mutationen trägt die Rekombination von genetischen Informationen durch die sexuellen Prozesse wesentlich dazu bei, eine Variabilität innerhalb der Population zu erhalten. Diese Prozesse bergen Möglichkeiten, die Unterschiede in der genetischen Information sehr deutlich zutage treten zu lassen oder quasi im Schutz der Heterozygoten unbemerkt in der Population für lange Zeit zu konservieren (vgl. Kap. 3.3.2). Die Prozesse der Gametenbildung, der Befruchtung und Befruchtungsregulierung führen kurzfristig zu bemerkenswerten Unterschieden zwischen den Genotypen innerhalb der Züchterpopulationen, sodass die gezielte Kreuzung eine nicht mehr wegzudenkende Methode zur Variabilitätserzeugung in der Pflanzenzüchtung wurde.

Bei der Beschreibung dieser Vorgänge ist als erstes die Meiose zu nennen, in der 2 wichtige Rekombinationsprozesse ablaufen. Generell wird die Gesamtheit aller Gene, die auf einem Chromosom lokalisiert sind, auf die Tochterzellen verteilt. Hierbei bestimmt der Zufall, welches der beiden homologen Chromosomen auf die eine oder andere Tochterzelle verteilt wird. Gene, die auf 2 verschiedenen Chromosomen im Genom lokalisiert sind, werden also unabhängig voneinander weitergegeben, während Gene, die auf ein und demselben Chromosom lokalisiert sind, zusammen vererbt werden. Diese Regel wird durch einen Prozess, dem Crossing-over, aber eingeschränkt, indem in einer frühen Phase der Meiose eine Chromosomenpaarung der jeweiligen homologen Chromosomen stattfindet, bei der ein Austausch innerhalb eines Chromosomenpaares erfolgt. Da in der Regel jedes Chromosom mehrere Crossing-over pro Meiose besitzt, werden häufig nur eng benachbarte Gene zusammen auf die Nachkommen weitergegeben. Insgesamt hilft diese Beziehung sehr, um in genetischen Studien die Gene relativ zueinander zu lokalisieren.

Für das Verständnis der genetischen Unterschiede zwischen den Nachkommen ist noch ein weiterer Faktor wichtig, nämlich die Verschmelzung der männlichen und weiblichen Gameten. Je nach der Verschiedenheit der Erbinformationen zwischen Vater- und Mutterpflanze gestaltet sich auch die Unterschiedlichkeit zwischen den Nachkommen. Obwohl sich diese Aussage recht banal anhört, liegt gerade in diesem Prozess eine planbare und bedeutende Möglichkeit, mit der die Variabilität zwischen Individuen entscheidend beeinflusst werden kann.

Da die Verschmelzung der Gameten nur hinsichtlich der kerngenetischen Erbinformation gilt, liegt auch hierin ein weiterer Grund für die Unterschiedlichkeit der Pflanzen, denn auch die Mitochondrien und Plastiden tragen Erbinformationen, die häufig sogar in Kombination mit den Genprodukten der Kerngene zu den merkmalsbeeinflussenden Enzymen führen. Die Information der Mitochondrien und Plastiden wird nur von der weiblichen Eizelle auf die Nachkommen übertragen. Diese zytoplasmatischen Unterschiede können in der Hybridzüchtung, einer sehr wichtigen Zuchtmethode, verwendet werden.

3.2.3 Befruchtungsregulierung

Eine entscheidende Rolle in der Ausprägung der genetischen Varianz spielt schließlich die Befruchtungsregulierung. Hier ist zunächst die für die Zuchtmethodik sehr wichtige Unterscheidung in fremdbefruchtende Arten (allogame Arten), selbstbefruchtende Arten (autogame Arten) und den Zwischenformen mit teilweise fremd- bzw. selbstbefruchtenden Arten (partiell allogame Arten) zu treffen. Bei den fremdbefruchtenden Arten gibt es wiederum große Unterschiede, die für die Zuchtmethodik beachtet werden müssen. So sichern sich einige Arten einen hohen Anteil an Fremdbefruchtung durch die Ausbildung von **rein weiblichen** und **rein männlichen Blüten** (**Diklinie**). Liegen diese auf verschiedenen Pflanzen, die damit entweder als weiblich oder männlich anzusprechen sind, spricht man von **Diözie** (**Zweihäusigkeit**). Hanf, Hopfen, Spargel und Spinat sind Beispiele für diözische Pflanzen. Befinden sich die männlichen und weiblichen Blüten auf einer Pflanze, allerdings hier räumlich voneinander getrennt, so handelt es sich um **Monözie** (**Einhäusigkeit**). Als Beispiele für monözische Pflanzen ist der Mais, die Gurke und der mit der Gurke eng verwandte Kürbis zu nennen.

Auch bei hermaphroditen (**zwittrigen**) Blüten können Gestaltsveränderungen dazu führen, dass die männlichen und weiblichen Organe getrennt werden. Dieses wird z. B. durch verschiedene Griffellängen (Heterostylie) innerhalb der Population erreicht, wie es etwa beim Buchweizen oder der Primel vorkommt. Auch kann die Fremdbefruchtung erhöht werden, wenn die männlichen und weiblichen Organe einer Pflanze **zu unterschiedlichen Zeiten blühen**. Hier wäre die Protandrie zu nennen, bei der die Pollenkörner entlassen werden, bevor die Befruchtungsreife der weiblichen Organe erreicht ist. Diese ist bei den Getreidearten üblich. Das umgekehrte Bild zeigt sich bei der Protogynie, bei der die Narbe befruchtungsfähig ist, bevor der Pollen entlassen wird (z. B. Raps). Diese Systeme erhöhen teilweise recht deutlich den Fremdbefruchtungsanteil, aber Selbstbefruchtungen (Selbstungen) können hier noch vorkommen (Ausnahme Diözie). Ein sehr wirkungsvolles System zur Vermeidung von Selbstbefruchtung liegt bei den **Selbstinkompatibilitätssystemen** vor, bei denen entweder die Pollenkörner von der Narbe erkannt werden (sporophytisches System) oder der Pollenkeimschlauch vom Griffelgewebe am Durchwachsen des Gewebes gehindert wird (gametophytisches System). Dadurch werden natürliche Selbstbefruchtungen und auch künstlich durchgeführte Selbstungen effizient verhindert.

Häufig sind Selbstbefruchtung bzw. Fremdbefruchtung auch noch mit einer geschlossenen Abblüte (Kleistogamie) oder offenen Abblüte (Chasmogamie) verbunden. Diese Formen der Abblüte sind gut an die bestehenden Befruchtungsregulierungen angepasst, müssen aber bedacht werden, wenn in bestimmten Zuchtmethoden die Befruchtungsregulierung verändert werden soll. Bei der Hybridsaatgutproduktion vom üblicherweise kleistogamen (geschlossen abblühenden) Weizen ist es beispielsweise wichtig, eine gute Pollenschüttung und eine offene Abblüte in den Elternlinien zu haben.

Insgesamt ist eine Kenntnis der botanischen und blühbiologischen Grundlagen wichtig, um die individuellen Möglichkeiten einer jeden Kulturart in die Zuchtmethodik einbringen zu können.

Fragen zu Kapitel 3.2

- Welche biologischen Prozesse begründen die Unterschiede zwischen Pflanzen?
- Welche Systeme gibt es bei Pflanzen zur Regulierung der Fremdbefruchtungsrate?
- Welches Verfahren zur Erzeugung genetischer Unterschiede ist das bedeutendste in der Pflanzenzüchtung?

Weiterführende Literatur

Becker, H. C., 2019: Pflanzenzüchtung, 3. Aufl. Verlag E. Ulmer, Stuttgart.

Leins, P., 2000: Blüte und Frucht. E. Schweizerbart'sche Verlagsbuchhandlung (Nägele und Obermiller), Stuttgart.

3.3 Populationsgenetik

Die Populationsgenetik beschreibt die Prozesse innerhalb und zwischen Populationen. Damit rückt das Zusammenwirken von Einzelpflanzen in ihrer Abhängigkeit von Paarungssystemen und weiteren Einflussfaktoren in den Vordergrund. Im Folgenden wird der Einfluss der Paarungssysteme wie Selbst- und Fremdbefruchtung beschrieben, aber auch weitere Faktoren wie Mutation, Selektion, Ein- und Auswanderungen aus Populationen und zufällige Effekte, die entstehen, wenn eine Population klein ist. Die Kenntnis der jeweiligen Populationszusammensetzung und deren möglicher Änderung ist für spätere Selektionsentscheidungen sehr wichtig.

Eines der wesentlichsten Instrumente zur Realisierung der Zuchtziele besteht in der Auswahl von geeigneten Pflanzen. Obwohl sich dieses sehr einfach anhört, kann dieser Teil der Arbeit schnell zur unlösbaren Aufgabe heranwachsen. In der Pflanzenzüchtung können Tausende von möglichen Eltern für Kreuzungen oder Abertausende von Nachkommen zur Beurteilung anstehen, wodurch es notwendig ist, diesen Teil der Selektion systematisch, intelligent und effizient zu gestalten.

Hier helfen als theoretisches Fundament einer Selektionstheorie die **Populationsgenetik** und die **Quantitative Genetik**. Diese Wissenschaftsdisziplinen basieren beide auf der Mendelgenetik. In der Populationsgenetik werden die Prozesse innerhalb der Populationen in Abhängigkeit von zahlreichen Einflussgrößen beschrieben, in der Quantitativen Genetik wird darüber hinaus noch berücksichtigt, dass die betrachteten Gene einen Effekt auf die quantitative Merkmalsausprägung haben. Hierbei bestehen in der Regel komplexe Wechselwirkungen zwischen den Genen, aber auch mit der Umwelt. Insgesamt setzt das Verständnis der Populationsgenetik und der Quantitativen Genetik ein gewisses Maß an mathematischer Kenntnis voraus.

3.3.1 Allel- und Genotypfrequenz

Die Populationsgenetik betrachtet den Ablauf von Prozessen innerhalb von Populationen. Die Einzelpflanze, so wichtig sie auch sein mag, stellt nur einen Teil der Population dar. Unter einer Population verstehen wir eine Gruppe von Individuen, die zur selben Zeit im selben geografischen Raum leben und miteinander kommunizieren (z. B. Pflanzen, die Gameten miteinander austauschen). Um nun Populationen beschreiben zu können, werden verschiedene Größen herangezogen. Die **Genotypfrequenz**, welche die Häufigkeit bestimmter Genotypen in einer Population beschreibt, stellt eine wichtige Basis dar. Ihr wird als weitere wichtige Größe die **Allelfrequenz** zur Seite gestellt. Unter einem **Allel** versteht man die Variante eines Gens. Jedes Gen muss einen Genort, auch **Genlocus** genannt, auf dem Chromosom besitzen. Zur Ausprägung eines Phänotyps, z. B. im Merkmal Blütenfarbe, wirkt das Gen des entsprechenden Genlocus. Da bei höheren Pflanzen ein Sporophyt in der Regel diploid ist, befinden sich auf dem Genlocus nun 2 Kopien der Information. Sind die Kopien gleich, so spricht man von homozygoten Genotypen bzw. einem Allel. Sind die Kopien verschieden, so ist der Genotyp heterozygot und besitzt 2 Allele. Während ein diploides Individuum an einem Genlocus maximal 2 Allele tragen kann, gilt dieses für eine Population nicht. Die Anzahl an Allelen kann durchaus weit höher sein. Man spricht hierbei von multipler Allelie. In der Regel herrscht in natürlichen Populationen die multiple Allelie vor.

Pflanzenzüchter wählen zwischen Pflanzen, also Genotypen, aus. Hieraus ließe sich schlussfolgern, dass nur die Genotypfrequenzen von Belang sind. Alle **Änderungen der Allelfrequenzen** ziehen **Änderungen in Genotypfrequenzen** nach sich. Trotzdem werden in der Populationsgenetik beide Größen benötigt, um Populationen zu beschreiben, denn die Genotypfrequenzen werden zusätzlich durch das Paarungssystem beeinflusst. Deshalb sind die Allelfrequenz und die Genotypfrequenz nur unter Kenntnis des Paarungssystems ineinander umrechenbar.

Allelfrequenzen von Populationen können durch die Faktoren **Mutation**, **Migration**, **Drift** und **Selektion** verändert werden. Es ist für die Züchtung wichtig, die Wirkung dieser Größen einzeln und in Kombination zueinander zu verstehen, damit die Effekte abgeschätzt und bewertet werden können.

Mutationen wurden kurz in Kapitel 3.2.1 dargestellt, an dieser Stelle soll ihre populationsgenetische Konsequenz näher beschrieben werden, wobei beachtet wird, dass eine im Vergleich zur Evolution nur sehr kleine Anzahl an Generationen genutzt werden kann.

Mutationen treten stets auch in züchterisch bearbeiteten Populationen auf. Die Häufigkeit dieser Mutationen ist von Pflanze zu Pflanze durchaus unterschiedlich, aber auch abhängig von der jeweiligen Genomregion. Es gibt Bereiche im Genom, in denen offensichtlich mehr Mutationen als in anderen auftreten, sog. „Hotspots“. Die durchschnittliche Mutationsrate wird mit 1×10^{-6} pro Gen und Generation nur grob geschätzt. Damit ist die natürliche Mutationsrate in einer gegebenen Population einerseits nicht hoch genug, um eine gezielte Selektion auf neue Merkmalsausprägungen erfolgreich durchzuführen; andererseits können Mutationen in einer bestehenden Sorte kaum zu Veränderungen des Sortenbildes beitragen.

Ein weiterer wichtiger Einflussfaktor, der zu Allelfrequenzänderungen führt, ist die **Migration**, die **Zu- oder Abwanderung** von Individuen aus der Population. Bei Pflanzen erfolgt in der Regel eine Auswanderung nur durch die männlichen Gameten, die Pollen, die im Überschuss gebildet werden. Einwanderungen hingegen sind ein ernsthaftes Problem in Züchtungspopulationen. Als Beispiel für solche Einwanderungen soll die Übertragung der Pollen über Insekten oder Wind in andere Populationen genannt werden. Obwohl die meisten Pollenkörner nur kurze Distanzen überwinden, kann ein kleiner Teil auch zu weiter entfernt liegenden Populationen gelangen. Neben den Pollen können auch ganze Pflanzen in andere Populationen einwandern. So besteht z. B. bei ölhaltigen Samen eine langandauernde Keimfähigkeit, selbst wenn sie schon lange im Boden liegen (vgl. Kapitel 2.4.3). Der Durchwuchs von bodenbürtigen Samen wird ein züchterisches Problem, wenn z. B. Rapssamen noch nach Jahren keimen und dieses Auflaufen unbemerkt in einem Rapsbestand stattfindet. Hier wäre auch von einer Einwanderung zu sprechen, die zu einer Allelfrequenzänderung führt. Die Konsequenzen einer solchen Einwanderung müssen im Einzelfall bewertet werden. Es gibt durchaus Situationen, bei denen die eingewanderten Allele erhebliche Allelfrequenzveränderungen auslösen können. Dieses wäre z. B. der Fall, wenn die eingewanderten Gameten neue Sterilitätsallele für ein Inkompatibilitätssystem einbringen (vgl. Kap. 3.2.3). Ein gänzlich neues Problem entsteht durch die Einführung von transgenen Pflanzen. Solange transgene Pflanzen nicht als männlich sterile Pflanzen konstruiert sind, können Pollen dieser Pflanzen in andere Populationen auswandern. Da auch geringste Mengen dieser Allele in fremden Populationen nachweisbar sind, können diese Einwanderungen beobachtet werden. Die Bedeutung der Migration für die Pflanzenzüchtung und den Pflanzenbau muss durch die transgenen Pflanzen neu bewertet werden.

Allelfrequenzen können auch verändert werden, wenn die Population klein ist. Dieser Effekt der **zufälligen Schwankungen bei kleinen Populationen** wird **Drift** genannt. Am eindringlichsten lässt sich die Auswirkung bei extrem kleinen Populationen zeigen. Die übliche Spaltungsregel nach Mendel erfordert mindestens 4 Individuen. Besteht eine Nachkommenschaft aber nur aus 3 Pflanzen, so muss der Zufall über die Allelfrequenz der Nachkommenschaft entscheiden. Während der Effekt bei so wenig Pflanzen geradezu einleuchtend ist, setzt der Einfluss einer zufälligen Allelfrequenzveränderung aber schon weit früher ein. Eigentlich sind nur unendlich große Populationen von Drifteffekten unbeeinflusst. Je kleiner eine Population ist, umso stärker wirkt sich der zufällige Faktor aus.

Während Drift zufällige Änderungen der Allelfrequenz bewirkt, ist eine **Selektion** gerichtet. Die Selektion, eine **Auswahl an Phänotypen**, kann in Züchtungspopulationen als die wesentlichste Veränderungsmöglichkeit angesehen werden. Im Falle der züchterischen Selektion wird das erwünschte Allel bzw. werden die erwünschten Allele in der Population angehäuft. Neben dieser gewollten **„künstlichen Selektion"** wirkt noch die **„natürliche" Selektion** auf die Populationen. Hierunter wird die Wirkung der Umwelt auf die Allelfrequenzen verstanden. So bringen z. B. kälteempfindliche Pflanzen weniger Nachkommen in die nächste Generation ein, wenn Kälte oder Frost ein- oder mehrmals auftreten. Beruht diese Kälteempfindlichkeit auf genetischen Faktoren, dann wird die Häufigkeit der Allele, die für die Kälteempfindlichkeit verantwortlich sind, in dieser Umwelt sehr schnell abnehmen. Solche Beispiele gibt es natürlich für fast alle Umweltbedingungen, sodass die natürliche Selektion regelmäßig zu einer Allelfrequenzveränderung beiträgt.

Die Genotypfrequenz lässt sich in einer fiktiven Population leicht berechnen, da die Häufigkeiten der jeweiligen Genotypklassen (z. B. A_1A_1, A_1A_2 und A_2A_2) berechnet werden, indem die Anzahl der Individuen einer Genotypklasse durch die Anzahl der Individuen der Population dividiert wird. Die Allelfrequenz kann nun als relative Häufigkeit des jeweiligen Allels berechnet werden. In der Regel dienen die Kleinbuchstaben p und q zur Charakterisierung der Allelfrequenz, z. B. von den Allelen A_1 und A_2. Wenn N_{11} die relative Häufigkeit der homozygoten Genotypen A_1A_1, N_{12} die der heterozygoten Genotypen A_1A_2 und N_{22} die der homozygoten Genotypen A_2A_2 ist, dann errechnet sich die relative **Häufigkeit des Allels A_1** (p) als:

$$p = N_{11} + \tfrac{1}{2} N_{12} \qquad (1)$$

und die **Häufigkeit des Allels A_2** (q) als:

$$q = N_{22} + \tfrac{1}{2} N_{12} \qquad (2)$$

Es ist nun interessant zu sehen, ob die Kenntnis der Allelfrequenzen für die Vorhersage einer zukünftigen Generation herangezogen werden kann. Wir wollen hierzu folgende Überlegung anstellen: Eine diploide Pflanze bildet infolge der Meiose haploide Gameten. Durch die Verschmelzung jeweils einer männlichen und einer weiblichen Gamete entstehen die diploiden Pflanzen der nächsten Generation. Mithilfe des bekannten Kreuzungsquadrats (Abb. 3.1) wird dieser Vorgang nachempfunden und die möglichen Genotypen werden dargestellt. Die Addition der Symbole für die Gameten repräsentiert die Verschmelzung der Gameten. Aus einer Gamete mit dem Allel A_1 und einer weiteren Gamete mit dem Allel A_2 wird der Genotyp A_1A_2. Um die Häufigkeit der Genotypen zu erhalten, werden die Häufigkeiten der Gametenklassen (hier A_1, A_2) miteinander multipliziert. Um die nächste Generation vorhersagen zu können, benötigen wir die Antworten auf folgende Fragen:

- Welche Gametentypen (z. B. A_1 oder A_2) werden gebildet?
- In welchen Häufigkeiten liegen diese Gametentypen vor?
- Welches Paarungssystem und welche Restriktionen bestehen in der Population?

3.3.2 Fremdbefruchtung

Zunächst einmal soll für eine zufallspaarende Population dargestellt werden, welche Erwartungen an die nächste Generation bestehen. Dabei bedeutet die Zufallspaarung, dass jede Paarungskombination zwischen 2 Pflanzen gleich wahrscheinlich ist. Werden für diese zufallspaarende Population die vorher definierten Fragen nach den Gametentypen und deren Häufigkeiten gestellt, so können z. B. für eine heterozygote F_1-Generation (zahlreiche A_1A_2-Pflanzen) aus einer Kreuzung von 2 homozygoten Individuen (P_1: A_1A_1; P_2 : A_2A_2) folgende Antworten leicht benannt werden:

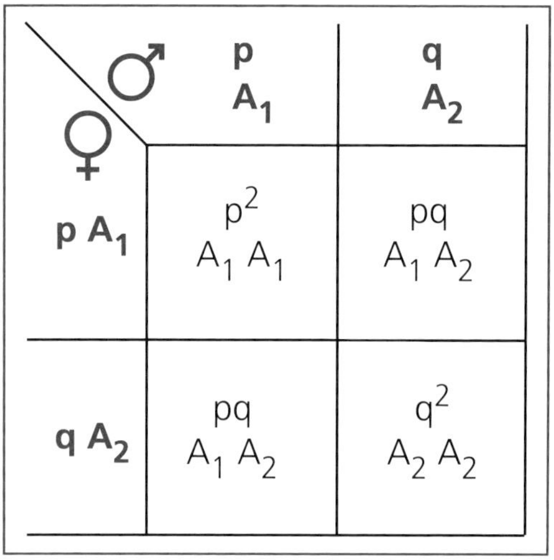

Abb. 3.1 Im Kreuzungsquadrat werden die Allele bzw. bei mehreren Genloci die Allelkombinationen der männlichen und weiblichen Gameten symbolisch zu den Genotypen verschmolzen. Die Häufigkeiten (p, q) werden hierbei multipliziert.

Gametentypen A_1 und A_2 mit den Allelfrequenzen von $p = 0{,}5$ und $q = 0{,}5$.

Eingesetzt in ein Kreuzungsquadrat ergibt sich folgendes Ergebnis als Genotypenfrequenz:

$$p^2\, A_1A_1 + 2pq\, A_1A_2 + q^2\, A_2A_2 \qquad (3)$$

In dem Kreuzungsquadrat wurde die Gametenverschmelzung durch Addition der jeweiligen Gametentypen nachempfunden, während die jeweiligen Häufigkeiten der Gametentypen multipliziert werden müssen. Wir können hier erkennen, dass die Zufallspaarung die Genotypfrequenzen in dem Beispiel verändert hat. Danach stellt sich die Frage nach dem Aussehen in der nächsten Generation. Bei einer Überprüfung mithilfe des Kreuzungsquadrats sieht man, dass diese Fragen mit den gleichen Antworten wie in

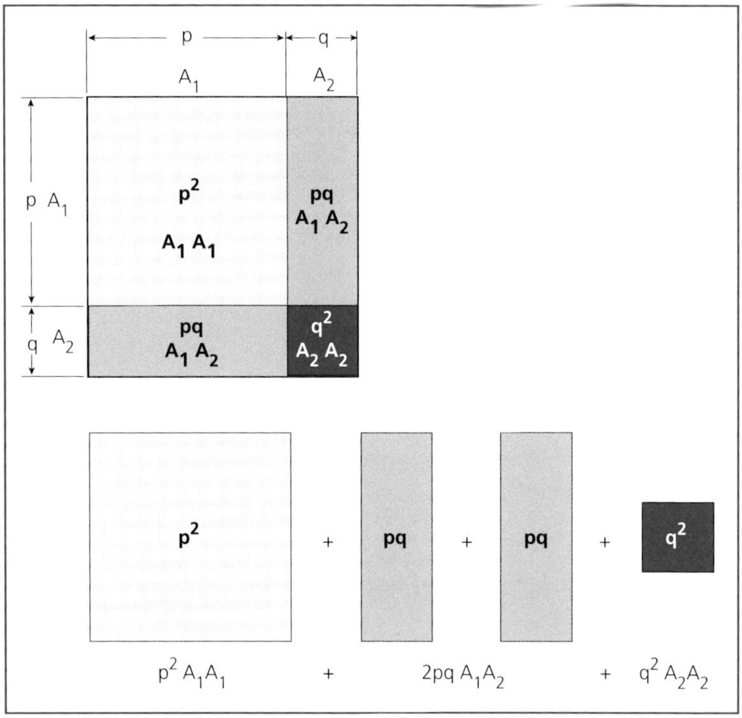

Abb. 3.2 Grafische Darstellung des Hardy-Weinberg-Gleichgewichts.

der vorhergehenden Generation beantwortet werden können. In der Konsequenz verändert sich die Genotypenfrequenz fortan nicht mehr. Diese Einstellung eines Gleichgewichts nach nur einer Generation Zufallspaarung haben unabhängig voneinander 1908 der Engländer G. H. Hardy und der Deutsche G. Weinberg gefunden. In Unkenntnis einer noch früheren Formulierung durch W. E. Castle (1903) ging das Gesetz als **Hardy-Weinberg-Gleichgewicht** in die Literatur ein. Das Hardy-Weinberg-Gleichgewicht erlaubt eine Reihe von Aussagen für zufallspaarende Populationen. So ist die Tatsache, dass die Populationen sich in ihrer Genotypzusammensetzung nicht mehr ändern, ein wichtiges Ergebnis für die Züchtung, denn die Sorten sollten konstant bleiben. Allerdings müssen hierzu auch einige Voraussetzungen genannt werden, wie z. B. Zufallspaarung und keine Allelfrequenzänderung. Hinsichtlich dieser Voraussetzungen gibt es durchaus Erweiterungen des Hardy-Weinberg-Gleichgewichts unter gleichzeitigem Vorliegen von Fremd- und Selbstbefruchtung oder bei Selbstinkompatibilitätssystemen (vgl. Kap. 3.2.3). Auch unter diesen Restriktionen bilden sich Gleichgewichte heraus, wenngleich kompliziertere.

Ein anderes wichtiges Ergebnis des Hardy-Weinberg-Gleichgewichts ist die Darstellung der Häufigkeiten der einzelnen Genotypklassen, insbesondere von heterozygoten Genotypen. Abbildung 3.2 zeigt, dass die heterozygot besetzten Genotypen jeweils mehr der seltenen Allele beherbergen als die entsprechende homozygote Klasse. In Abbildung 3.3 ist dieser Zusammenhang noch einmal systematisch aufgezeigt. Die Abbildung zeigt, dass der Anteil heterozygoter Individuen bei $p = q = 0{,}5$ am größten ist. Der Anteil heterozygoter Individuen sinkt beim Überschreiten des Maximums nur langsam und ist auch bei Werten von $p = 0{,}95$ oder $0{,}99$ noch relativ hoch. Es deutet sich an, dass bei Fremdbefruchtern der wesentliche Anteil der seltenen Allele heterozygot vorliegt. Damit lässt sich die Aussage begründen, dass die seltenen Allele im Schutz der Heterozygotie sind und lange in einer Population erhalten bleiben. Insbesondere bei rezessiv wirkenden Allelen ist es schwer, diese

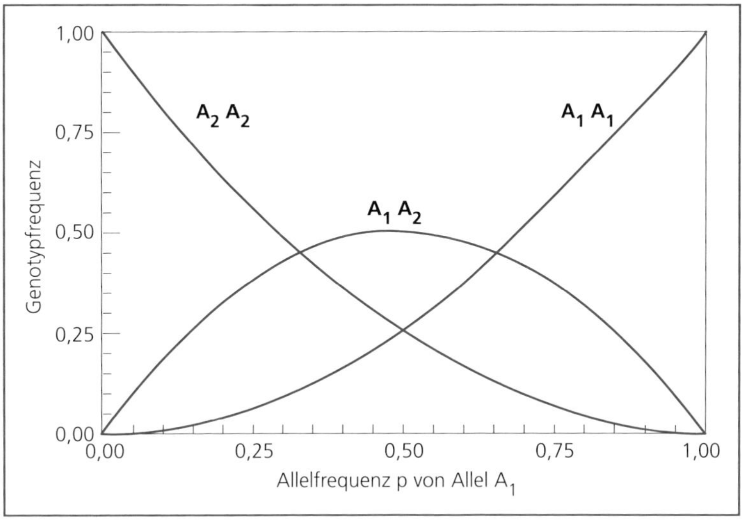

Abb. 3.3 Genotypfrequenzen im Hardy-Weinberg-Gleichgewicht in Abhängigkeit von der Allelfrequenz des Allels A_1.

durch Selektion aus der Population zu entfernen, da die meisten Allele im Schutz der heterozygoten Pflanzen phänotypisch nicht zu erkennen sind. Damit ist zu erwarten, dass in fremdbefruchtenden Populationen unter anderem viele ungünstig wirkende Allele vorhanden sind. Diese Tatsache wird als **genetische Bürde** bezeichnet.

Nach dem Hardy-Weinberg-Gleichgewicht stellt sich ein Gleichgewicht schon nach nur einer Generation Zufallspaarung ein. Dieses gilt aber streng genommen nur, wenn wir einen einzelnen Genlocus isoliert betrachten. Werden mehrere Genloci gleichzeitig betrachtet, so stellt sich für die jeweiligen Allelkombinationen ebenfalls ein Gleichgewicht innerhalb der Genotypen ein. Allerdings werden hierzu weitere Generationen benötigt, bei denen die Annäherung an das Gleichgewicht in der ersten Generation am stärksten ist. Liegen die betrachteten Genloci auf einem Chromosom und werden gekoppelt vererbt, dann führt dieses ebenso zu einer Verzögerung des Erreichens des Gleichgewichts. Hierbei ist natürlich die Rekombinationsrate für die Angleichung an das Gleichgewicht maßgeblich. Je enger die Kopplung, umso später wird das Gleichgewicht erreicht. Theoretisch stellt sich nach unendlich vielen Generationen immer ein Gleichgewicht ein. Allerdings besteht bei den heute bearbeiteten Zuchtpopulationen seit der Domestikation die Situation, in der das oben beschriebene **Kopplungs-Ungleichgewicht** noch existiert und damit für Auswertungen von eng gekoppelten Genloci herangezogen werden kann.

Allelfrequenzänderungen führen folglich auch zu Änderungen im Hardy-Weinberg-Gleichgewicht. Hierbei tritt an die Stelle des ursprünglichen Gleichgewichts eine neue Gleichgewichtssituation. Gänzlich andere Ergebnisse erhalten wir, wenn das Paarungssystem verändert wird. Formal gilt das Hardy-Weinberg-Gleichgewicht nur für Zufallspaarung, allerdings können auch für Fremdbefruchter, die eine Selbstung ausschließen, Gleichgewichtsfunktionen abgeleitet werden, sodass die Grundsätze des Hardy-Weinberg-Gleichgewichts für alle fremdbefruchtenden Kulturarten gelten. Ein sehr häufiges Phänomen bei den Kulturarten ist die Selbstbefruchtung, wobei die zwittrige Pflanze Nachkommen aus den eigenen männlichen und weiblichen Gameten bildet. Diese sogenannte **Selbstung** stellt die **stärkste Form der Inzucht** dar, wobei unter **Inzucht** die **Paarung von Verwandten** verstanden wird.

Fazit

Selbst- und fremdbefruchtende Arten unterscheiden sich in der genetischen Struktur der Populationen entscheidend.

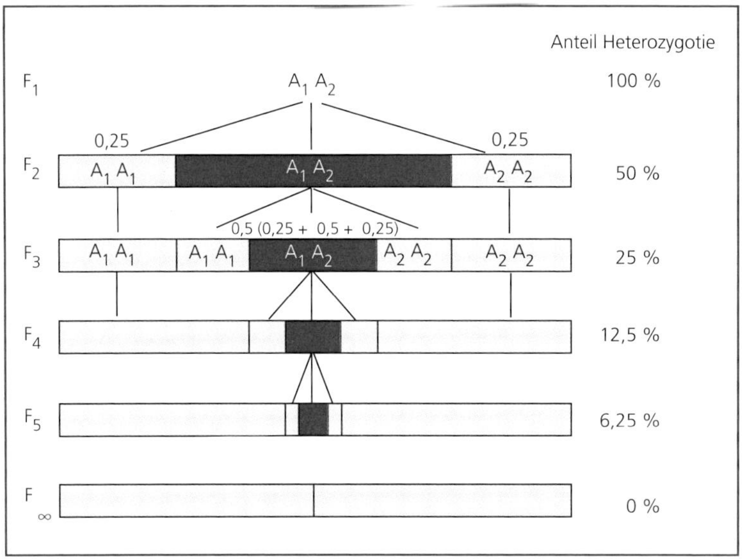

Abb. 3.4 Entwicklung von Selbstbefruchterpopulationen. Mit jeder Generation Selbstung sinkt der Anteil heterozygot besetzter Loci auf die Hälfte.

3.3.3 Selbstbefruchtung

Wir wollen im Folgenden verstehen, welche Auswirkungen eine Selbstung auf die Genotypfrequenz hat. Hierbei hilft uns wiederum die Betrachtung eines Kreuzungsquadrats, mit dem die jeweils nächste Generation gebildet werden soll. Im Unterschied zur Zufallspaarung muss jedoch berücksichtigt werden, dass die Bestäubung nicht für die ganze Population gemeinsam, sondern getrennt für die einzelnen Genotypklassen betrachtet werden muss.

In Abbildung 3.4 ist dieser Gedankengang exemplarisch dargestellt. Für die jeweiligen homozygoten Genotypen ändert sich nichts durch Selbstung, weil die männlichen und weiblichen Gameten die gleichen Allele tragen. Nur die heterozygoten Pflanzen führen zu Aufspaltungen in der nächsten Generation. Aus einer heterozygoten Pflanze entstehen in der Folgegeneration wiederum homozygote und heterozygote Pflanzen nach der bekannten Spaltungsregel von Mendel 0,25 A_1A_1 : 0,50 A_1A_2 : 0,25 A_2A_2. Betrachtet man diese Regel näher, so beträgt der Anteil der heterozygot besetzten Pflanzen in der Nachkommenschaft genau die Hälfte. Da bei einer Selbstung nur die heterozygot besetzten Pflanzen zu heterozygoten Nachkommen führen und da deren Anteil genau bei 50 % liegt, haben wir schon eine wichtige Regel: **Bei einer Selbstbefruchtung nimmt der Anteil heterozygot besetzter Loci in jeder Generation um die Hälfte ab.** Dieses gilt formal nur bei der Betrachtung eines Genlocus, ist aber auf den Heterozygotiegrad eines Individuums oder der Population übertragbar. Nach unendlich vielen Generationen haben wir also eine Population aus homozygoten Pflanzen. Der Züchter kann aber nicht auf die F_∞ warten. Andererseits ist erkennbar, dass es sehr schwer sein wird, vollständig homozygote Pflanzen in z. B. einer F_6 zu finden. An irgendwelchen Genloci wird jede F_6-Pflanze noch heterozygot sein und deren Nachkommen werden dort Aufspaltungen zeigen. In diesem Zusammenhang hilft eine biotechnologische Entwicklung, um aus den Gameten direkt lebensfähige, vollständig homozygote Pflanzen (**Doppelhaploiden**) zu entwickeln. Hierbei verdoppeln die aus den Gameten entstandenen Haploiden entweder spontan oder mittels spezieller Chemikalien (z. B. Colchizin, vgl. Kap. 3.6.1) ihren Chromosomensatz. Die so entstandenen Pflanzen können damit als „personifizierte Gameten" angesprochen werden. Die Züchter können für weitere Arbeiten direkt auf vollständig homozygote Pflanzen zurückgreifen. Allerdings unterscheiden sich diese doppelhaploiden Linien (**DH-Linien**) von den Inzuchtlinien, die über die normale Selbstung entstehen, da mit jeder sexuellen Phase auch Kopplungsbrüche bei Inzuchtlinien während der Meiose verbunden sind. Bei Selbstungen führen nur diejenigen Kopplungsbrüche zu Änderungen in der Genotypfrequenz, bei denen die betreffenden Chromosomenabschnitte nicht vollständig homozygot sind.

Um die Unterschiede zwischen DH-Linien und konventionell erzeugten Inzuchtlinien darzustellen, werden diese als **rekombinante Inzuchtlinien (RI-Linien)** bezeichnet.

Bei der Betrachtung von Kopplungen unterscheiden sich die Genotypfrequenzen der Selbstungen von denen der Zufallspaarungen, indem bei der Selbstung die gekoppelten Bereiche länger konserviert werden. Bei vielen Pflanzenarten existieren auch Übergänge von reiner Fremd- oder Selbstbefruchtung. In solchen Populationen kommen diese Befruchtungssysteme in unterschiedlichen Anteilen vor. Andere Populationen können etwa durch Isolation zu verstärkter Paarung von Verwandten bewegt worden sein. In beiden Beispielen besteht eine Tendenz zur Inzucht. Da Inzucht immer zu einer Zunahme des Homozygotiegrades bzw. zu einer Abnahme des Heterozygotiegrades führt, wurde diese Verschiebung herangezogen, um die Inzucht zu messen. Um nun für beliebige Populationen den Grad der Inzucht quantifizieren zu können, wurde der **Inzuchtkoeffizient (F)** eingeführt. Die Größe F beschreibt den Grad der Heterozygotie (H_t) einer Generation t im Verhältnis zur Heterozygotie der Ausgangspopulation (H_0), wodurch dieses Maß als relatives Maß einzuordnen ist. Im Grunde wird durch den Inzuchtkoeffizient F die Abnahme der Heterozygotie festgestellt:

$$F_t = (H_0 - H_t) / H_0 \qquad (4)$$

wobei t der Index für die Anzahl der Generationen seit der Ausgangspopulation ist (t = 1, 2, ...). Der Inzuchtkoeffizient nimmt Werte zwischen 0 und 1 an. Besteht in einer Population keine Inzucht, so findet keine Abnahme der Heterozygotie statt und damit entstehen keine Veränderungen im Heterozygotiegrad, F nimmt dann den Wert 0 an. Im stärksten Fall einer fortgesetzten Selbstung findet eine starke Änderung statt. Es entsteht eine hochgradige oder vollständige Homozygotie und F erreicht den Wert 1. Dieser Inzuchtkoeffizient ist eine wichtige Größe zur Beschreibung von Populationen. Unter anderem ist es auch möglich, mithilfe des Inzuchtkoeffizienten eine Gleichgewichtsbeziehung bei gleichzeitigem Auftreten von Fremd- und Selbstbefruchtung zu beschreiben. Für diese Populationen ergibt sich folgendes Gleichgewicht:

$$(p^2 + Fpq)\,A_1A_1 + (2pq - 2Fpq)\,A_1A_2 + (q^2 + Fpq)\,A_2A_2 \qquad (5)$$

Aus dieser Beziehung, die erstmals von Wright (1921) angegeben wurde, ist ersichtlich, dass mit steigendem F, also zunehmender Inzucht, der Anteil heterozygot besetzter Genloci sinkt. Wird F = 1, so erhalten wir die Genotypfrequenz einer Selbstbefruchterpopulation in der F_∞. Wird F = 0, so erhalten wir wiederum das Hardy-Weinberg-Gleichgewicht. Der von Wright dargestellte Zusammenhang stellt damit eine Verallgemeinerung des Hardy-Weinberg-Gleichgewichts für jeden beliebigen Inzuchtgrad in der Population dar. Damit ergibt sich auch eine Erwartung an Populationen, die züchterisch noch nicht bearbeitet wurden. Es ist nachvollziehbar, dass in Wildpopulationen solche Beziehungen zu erwarten sind, aber auch bei den Kulturarten gibt es mit den Landsorten solche Populationen (vgl. Kap. 3.1.2). Diese sind zwar an die jeweiligen Anbaubedingungen angepasst, aber noch nicht weiter züchterisch bearbeitet. Aufgrund unserer Erwartung bestehen solche Populationen bei Fremdbefruchtern, also aus einer Gruppe von hochgradig heterozygoten Pflanzen. Da die Pflanzen verschieden voneinander sind, wird die Population zusätzlich als heterogen bezeichnet. Solche **fremdbefruchtenden Landsorten** sind also hochgradig **heterozygot** (bei 2 Allelen bis zu 50 %) und **heterogen**. Bei Selbstbefruchtern hingegen erwarten wir durch die zahlreichen Selbstungen eine hochgradig homozygote Population, allerdings unterscheiden sich die Pflanzen stark voneinander, sodass eine solche **selbstbefruchtende Landsorte** als **homozygot** und **heterogen** einzuordnen ist.

Da bei Fremdbefruchtern die meisten der seltenen Allele im Zustand der Heterozygotie vorliegen und damit zumindest bei einem dominant-rezessiven Erbgang nicht klar angesprochen werden können, zeigt Wrights Gleichgewicht die Möglichkeit auf, durch eine starke oder gegebenenfalls milde Form der Inzucht die Genotypfrequenzen so zu verändern, dass diese Allele über die homozygoten Genotypen einer Selektion zugänglich sind.

3.3.4 Pan-Genom-Konzept

Durch die Erfahrungen, die von den Sequenzierungen kommt, muss sich die Populationsgenetik nicht nur mit 2 oder mehreren Allelen bei diploiden Organismen auseinandersetzten und diese theoretischen Erwartungen auf komplizierte Situationen wie polyploide Pflanzen (s. Kap. 3.2) übertragen, sondern nun wurde deutlich, dass weitere Unterschiede zwischen Pflanzen existieren. Zahlreiche Sequenzvergleiche haben gezeigt, dass in den Kulturarten eben diese Varianten wie Copy Number Variants (CNV) und auch Present/Absent-Variationen (PAV) regelmäßig vorkommen. Das bedeutet, dass bei den CNV in den verschiedenen Pflanzen durchaus unterschiedlich viele vervielfachte Gene vorliegen können. Hierbei gibt es durchaus große Unterschiede zwischen den Pflanzen. Auch wurden viele Gene gefunden, die nicht in allen Mitgliedern einer Pflanzenart vorhanden sind, die PAV. Aus diesen Befunden wurde das Konzept der Pan-Genome entwickelt, wobei ein Pan-Genom 2 unterschiedliche Komponenten enthält. Einmal sind es die Gene, die in jedem Mitglied der Art zu finden sind, den Core Pan-Genom-Genen und dann diejenigen, die nur in einigen Individuen vorhanden sind, den entbehrlichen (dispensable) Pan-Genom-Genen.

Populationsgenetisch gibt es bei Kreuzungen von Pflanzen mit unterschiedlichen Anteilen bei den entbehrlichen Genen keine klassischen heterozygoten Pflanzen. Zumindest bei einigen Genen dürfte der Zustand nun als hemizygot anzusprechen sein, das bedeutet, dass an den betreffenden Genloci nur eine Kopie eines Allels vorhanden ist. Diese Entwicklung ist noch relativ neu, aber die ersten Vergleiche von Genen des Pan-Genoms zeigen deutlich an, dass der Anteil der entbehrlichen Gene bedeutend sein kann.

Zusammenfassung

Ziel der Pflanzenzüchtung ist es, die Populationen hinsichtlich der jeweiligen Ansprüche zu verbessern und eine der wesentlichen Maßnahmen hierbei ist die Selektion der geeigneten Pflanzen.

Damit stellt sich die Frage, welche Kenntnisse aus der Populationsgenetik die Selektion erfolgreicher machen oder welche Konsequenzen gezogen werden können.

Bei Fremdbefruchtern besteht immer ein hohes Risiko, dass unbeabsichtigte Einträge von Fremdpflanzen durch Durchwuchs und vor allem über Pollenflug und Bestäuber die Population verändern. Dieses ist im Züchtungsprozess, aber auch während der gesamten Vermehrungsphase bis zur endgültigen Saatgutproduktion immer im Auge zu behalten. Aber auch während einer geplanten züchterischen Selektion muss die Veränderung der selektierten Fraktion immer berücksichtigt werden, da eine Selektion häufig nur aufgrund der Mutterpflanze durchgeführt wird oder bei gezielten Kreuzungen die Allelfrequenzen und damit die Genotypfrequenzen doch erheblich verändert werden können. Inwieweit dieses zu einer Änderung der Merkmalsausprägung beiträgt, wird im Kapitel über die Quantitative Genetik (Kap. 3.4) besprochen. Festzuhalten bleibt, dass sich bei einer Selektion von Fremdbefruchtern die Nachkommen im Verhältnis zur Vorgeneration in den Allel- und Genotypfrequenzen ändern.

Bei Selbstbefruchtern gibt es Selektionsverfahren (bzw. Generationen), in denen eine Veränderung von Generation zu Generation vernachlässigbar gering ausfällt. Die populationsgenetischen Grundlagen zeigen nämlich deutlich, dass bei Selbstbefruchtern die Populationen mit jeder Generation seit einer Kreuzung zunehmend stärker homozygot werden. Mit jeder Generation verringert sich der Anteil heterozygot besetzter Loci um die Hälfte. Das bedeutet, dass sich nach einer schon geringen Anzahl an Generationen die Pflanzen von Eltern zu Nachkommen nicht mehr stark ändern. Das gilt zumindest, wenn die Generationsanzahl etwa 8 überschritten hat. Insbesondere für doppelhaploide Pflanzen gilt dieses uneingeschränkt. Die Nachkommen bei Selbstbefruchtern sind also ab F_8 oder DH fast oder vollständig identisch zur Vorgeneration. Daher verwendet man in zunehmenden Maße Selektionsmethoden, die von dieser Situation ausgehen. Nur noch wenige Züchter führen eine Selektion mit der Pedigree-Methode (auch als Stammbaummethode bezeichnet) in stark spaltenden Generationen durch, in denen auch bei Selbstbefruchten von einer Veränderung der Population von Generation zu Generation ausgegangen werden muss. Vielmehr versuchen viele Züchter, den Vorteil einer vollständigen Homozygotie mittels verschiedener Techniken zu nutzen und die Doppelhaploiden-Linien zu produzieren, die sich nicht mehr von einem Vermehrungsschritt zum nächsten verändern. Alternativ werden Verfahren angewandt, in denen zunächst viele F_2-Pflanzen produziert werden und dann jeweils ein Nachkomme pro Pflanze (Single Seed Descent, SSD) weitergeführt wird. In der Praxis wird wohl die Vorgabe, dass ein Same pro Pflanze (oder zumindest die gleiche Anzahl pro Pflanze) weitergeführt wird, nicht immer exakt eingehalten. Aber es bleibt bei der starken Reduzierung der Heterozygotie, bevor die Linien auf eine Eigenschaft, z. B. auf Ertrag, getestet werden. Damit entsteht nach wenigen Generationen eine Gruppe von Pflanzen, die zwar hochgradig divers ist, aber bei der die Einzelpflanzen jeweils einen hohen Grad an Homozygotie aufweisen. Der Trend zu dieser Vermehrung verstärkt sich durch die Verfahren, bei denen im Zuge eines Speed-Breeding-Ansatzes im Gewächshaus unter besonderer LED-Beleuchtung und durch angepasste Anbauprotokolle 4 und mehr Generationen pro Jahr erzeugt werden können. Durch diesen Speed-Breeding-Ansatz in Verbindung mit dem SSD-Verfahren können in kurzer Zeit viele nahezu homozygote Pflanzen erschaffen werden.

Bei einer vegetativen Fortpflanzung ändert sich die Pflanze, abgesehen von zufälligen Mutationen, von einem Fortpflanzungszyklus zum nächsten genetisch nicht. Somit kann zusammengefasst werden, dass sich in der Selektion innerhalb von Populationen 2 Verfahren herausbilden:

1. Die Pflanzen verändern sich genetisch von Mutterpflanze zu Tochterpflanze.
2. Die Pflanzen sind genetisch vollständig oder fast vollständig fixiert hinsichtlich einer Beurteilung von Eltern und Nachkommen (generative Vermehrung bei homozygoten Selbstbefruchtern) oder von Fortpflanzungszyklus zu Fortpflanzungszyklus (vegetative Fortpflanzung).

Fragen zu Kapitel 3.3

- Was wird in der Populationsgenetik beschrieben?
- Wie verändert die Selbstbefruchtung den Heterozygotiegrad?
- Welche Bedingungen müssen erfüllt sein, damit das Hardy-Weinberg-Gleichgewicht gilt?
- Ändert sich die Allelfrequenz bei einer Veränderung des Paarungssystems?

Weiterführende Literatur

Allard, R. W., 1999: Principles of plant breeding. John Wiley & Sons, Inc., New York.

Falconer, D. S., 1984: Einführung in die Quantitative Genetik. Verlag E. Ulmer, Stuttgart.

Lynch, M. and B. Walsh, 1998: Genetics and analysis of quantitative traits. Sinauer Associates, Inc. Sunderland, Massachusetts.

3.4 Quantitative Genetik

Während die Populationsgenetik die Prozesse innerhalb und zwischen Populationen in Abhängigkeit von den relevanten Einflussgrößen beschreibt, wird in der Quantitativen Genetik berücksichtigt, dass die betrachteten Gene und Allele sich auf quantitative Merkmale auswirken. Die Beschäftigung mit dieser Thematik ist insbesondere für landwirtschaftlich genutzte Arten von großer Bedeutung, weil viele Veränderungen sich auf Verbesserungen von Ertragsmerkmalen und ertragssichernden Merkmalen beziehen.

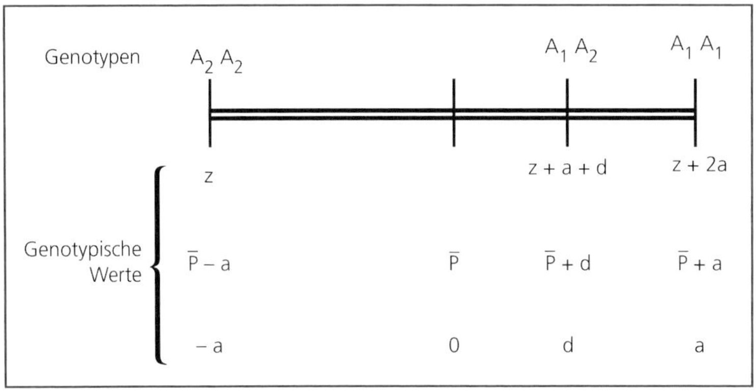

Abb. 3.5 Werte der Genotypen A_1A_1, A_1A_2 und A_2A_2 für 3 verschiedene Skalen. In der unteren Zeile wird die Abweichung vom Mittelwert betrachtet, so reichen 2 Parameter (a und d) für die Beschreibung aus.

Die bisher dargestellten Aussagen beziehen sich auf einzelne Genloci. Bei einigen Merkmalen kann die Merkmalsvariation direkt durch die Allelvariation erklärt werden. Sie werden als **qualitative Merkmale** bezeichnet, deren Kennzeichen es ist, dass die jeweiligen Merkmalswerte bzw. -klassen klar voneinander getrennt sind. In anderen Worten weist ein solches Merkmal also eine **diskontinuierliche Variation** auf. Demgegenüber steht eine sehr große Gruppe von Merkmalen, die eine **kontinuierliche Variation** aufweisen. Der Flächenertrag ist z. B. eine solche Variable, bei der die einzelnen Merkmalsklassen nicht mehr voneinander unterscheidbar sind. Solche Merkmale werden als **quantitative Merkmale** bezeichnet. Während qualitative Merkmale nur durch einen Genlocus oder nur durch wenige Genloci beeinflusst werden, sind es in der Regel viele Genloci, die zur Variation bei den quantitativen Merkmalen beitragen. Auch Umweltfaktoren können eine Variation der Merkmalswerte nach sich ziehen. Damit ist die Umwelt eine zweite Ursache für das Auftreten der kontinuierlichen Variation, wobei in den meisten Fällen beide Faktoren gleichzeitig wirken. In der Konsequenz weisen quantitative Merkmale in der Regel eine Häufigkeitsverteilung auf, die mit der Normalverteilung direkt oder nach Umwandlung beschrieben werden kann.

Da für diese Normalverteilung viele mathematisch-statistische Beziehungen schon bekannt sind, liegt es nahe, diese für die Züchtung zu nutzen. Wesentliche Beschreibungen für die Häufigkeitsverteilungen von Populationen basieren daher auf Größen wie dem Mittelwert und der Varianz. Diese Größen lassen sich auch für genetisch verschiedene Populationen verwenden. Im Folgenden soll ein einfaches genetisches Modell mit nur einem Genlocus und 2 Allelen zur Erklärung dienen (s. Abb. 3.5). Ein solches Modell kann durch die beiden Parameter a und d beschrieben werden, wobei die Größe a die Hälfte der Merkmalsunterschiede zwischen den beiden Homozygoten A_1A_1 und A_2A_2 angibt. Die Größe d beschreibt die Abweichung, wenn die Merkmalsausprägung der Heterozygoten A_1A_2 nicht genau auf der Hälfte des Merkmalsunterschieds der beiden Homozygoten liegt, also wenn die Allelkombination Dominanzeffekte aufweist. Mit dem Verhältnis der Größen d zu a kann die Wirkung der Dominanz näher charakterisiert werden. Ist **d = 0**, so liegt **keine Dominanz** vor; für diesen Genlocus spricht man von einer intermediären Vererbung. Ist **d = a**, so liegt **vollständige Dominanz** vor; man spricht von einem dominant-rezessiven Erbgang. Die Größe d kann aber auch größer als 0 und kleiner als a sein; hierbei handelt es sich um **unvollständige Dominanz**. Eine besondere Beachtung findet die **Überdominanz**, d. h. d ist größer als a, da in diesem Fall die Heterozygote eine stärkere Merkmalsausprägung aufweist als die Homozygote. Diese Größen a und d, die den einzelnen Genotypklassen zugeordnet werden können, dienen auch dazu, Aussagen über die Mittelwerte von Populationen zu machen. Im einfachen Fall des Hardy-Weinberg-Gleichgewichts mit nur einem Genlocus kann der Mittelwert (M) dieser Population durch die Multiplikation der Häufigkeiten mit den entsprechenden Größen a und d sowie anschließender Division mit der Gesamtzahl an Individuen ermittelt werden:

$$M = \frac{p^2a + 2pqd + q^2(-a)}{(p^2 + 2pq + q^2)} \qquad (6)$$

Diese Gleichung entsteht einfach durch die Überlegung, dass die Genotypen in der Formel des Hardy-Weinberg Gleichgewichtes durch die Leistungsgrößen a, d und –a ersetzt werden. Wie für einen Mittelwert üblich, muss nun noch durch die Anzahl der Individuen geteilt werden. Die Häufigkeiten der Individuen werden mit p und q angegeben und ergeben nun in deren Summe 1, weil $p + q = 1$ gilt, was zu einer wesentlichen Vereinfachung der Formel beiträgt. Unter Anwendung der Kenntnis aus der 3. binomischen Formel $(p + q) * (p - q) = p^2 - q^2$ ergibt sich weiter für den Zähler $p^2a - q^2a + 2pqd$, dass bei $(p + q) = 1$ sich die Formel wesentlich vereinfacht in:

$$M = a\,(p - q) + 2pqd \qquad (7)$$

Hierbei wird deutlich, dass der Term a (p – q) den Beitrag der Homozygoten und 2 pqd den Beitrag der Heterozygoten zum Populationsmittel beschreibt. Wird ein Merkmal von mehr als einem Genlocus kontrolliert und berücksichtigt man die Wechselwirkungen zwischen den Genloci zunächst nicht, so kann die Gleichung durch die Summation über die Genloci erweitert werden. Die Mittelwerte von Populationen können herangezogen werden, um die Größen a und d zu schätzen. Hierzu dienen experimentell hergestellte Populationen, für die beispielsweise $p = q = 0{,}5$ gilt. Dieses wäre z. B. bei einer F_2-Population der Fall, die von einer Kreuzung zweier Inzuchtlinien aus derselben Basispopulation abstammt. Hier wäre:

$$M_{F2} = P + \tfrac{1}{2}\,d \qquad (8)$$

wobei P der Elternmittelwert ist. Durch Konstruktion von weiteren Generationen wie den Rückkreuzungsgenerationen können in einer solchen Generationsmittelanalyse die Größen a und d geschätzt werden.

An der Formel für die F_2-Population ist auch zu sehen, dass das Elternmittel eine wichtige Größe darstellt, um Aussagen über die Population zu treffen. Dieses gilt insbesondere bei Selbstbefruchtern, denn hier sinkt der Beitrag der Heterozygoten zum Mittelwert sehr schnell auf eine unbedeutende Größe. Für geplante Kreuzungen ergibt sich damit, dass der Mittelwert der Leistung der Eltern eine erste und durchaus zuverlässige Vorhersage für die mittlere Leistung der Nachkommen darstellt. Aber in der Züchtung möchte man die Populationen verbessern, also ist es wichtig, die Unterschiede zwischen den Nachkommen zu kennen.

3.4.1 Genetische Varianz

Der Erfolg der Selektion basiert entscheidend auf den Unterschieden zwischen den Genotypen. Die Varianz, eine statistische Kennzahl, beschreibt diese Unterschiede. Daher sind Pflanzenzüchter besonders daran interessiert, Populationen mit großen Varianzen verwenden zu können oder die Selektionsgruppen so zu gestalten, dass ein möglichst hoher Anteil der genetischen Varianz für die Selektion ausgenutzt werden kann. Die **genetische Varianz (V_G)** für die oben beschriebene Population im Hardy-Weinberg-Gleichgewicht kann wie folgt berechnet werden:

$$V_G = p^2\,(a - M)^2 + 2\,pq\,(d - M)^2 + q^2\,(-a-M)^2$$
$$= 2\,pq\,(a + d(q - p))^2 + (2\,pqd)^2 \qquad (9)$$

Wie der Mittelwert, der in Formel (6) berechnet wurde, leitet sich auch die Formel für die Varianz vom Hardy-Weinberg-Gleichgewicht ab, nur, dass nun die Genotypen nicht durch deren Leistung (a, d oder –a), sondern durch deren quadrierte Abweichung vom Populationsmittelwert (a – M; d – M, oder –a – M) ersetzt werden. Nach Ausmultiplizieren und Vereinfachen wird deutlich, dass die Unterschiede in der Population ganz wesentlich von den Allelfrequenzen p und q sowie den Größen a und d abhängen. Diese Gleichung beschreibt die Unterschiede zwischen Genotypen, die Varianz. Allerdings werden nicht Genotypen, sondern Allele von den Eltern auf die Nachkommen übertragen und deshalb kann diese Schätzung der genetischen Varianz auch nur in denjenigen Selektionsfällen ausreichend sein, in denen sich die Populationen von einer

Generation zur nächsten oder von einem Vermehrungszyklus zum nächsten nicht mehr verändern. In dem vorhergehenden Kapitel haben wir gesehen, dass diese Fälle nicht mehr selten sind, sondern in der Selektionsmethodik zwischenzeitlich den Hauptteil der Fälle darstellen. Es sind alle Fälle, in denen z. B. Selbstungen eine wesentliche Rolle spielen. Diese Situationen sind nicht nur auf die Selbstbefruchter beschränkt, denn auch in der Hybridzüchtung (vgl. Kap. 3.7) wird die Inzucht in einem so starken Maße eingesetzt, dass die Inzuchtlinien vollständig oder fast vollständig homozygot sind. Teilweise werden hierzu auch doppelhomozygote Inzuchtlinien eingesetzt, die sich als vollständig homozygote Pflanzen nicht mehr genetisch verändern. In der Hybridzüchtung werden in einem zweiten Selektionsschritt die besten Experimentalhybriden gesucht. Nun, diese stammen von den zuvor benannten Inzuchtlinien ab, die wie schon beschrieben vollständig oder fast vollständig homozygot sind. Damit gilt für die Experimentalhybriden, dass diese auch genetisch stabil und unveränderlich sind, wenn sie wie vorgesehen immer wieder aus den Inzuchtlinien erschaffen werden. Damit gilt auch für die Hybridzüchtung, dass während der Selektionsphase sich die Inzuchtlinien bzw. die Experimentalhybriden nicht verändern. Und für die vegetativ vermehrbaren Arten gilt dieser Grundsatz erst recht. So existieren also viele Situationen in der Selektionsphase, bei denen die Schätzung der Varianz der aktuell vorhandenen Prüfglieder ($V_{Kandidaten}$) ausreicht, um Planungen für die Selektionsdimensionierung durchzuführen.

Was ist nun in all den anderen Situationen, in denen sich die Genotypen von einer Generation zur nächsten verändern? Es gibt ja viele Fälle, in denen nicht die Genotypen unverändert von einer Generation an die nächste gereicht werden, sondern in denen die Allele nach Maßgabe der Befruchtungssituation oder der teilweise oder hochgradigen Heterozygotie der Genotypen nach den bekannten Mendelschen Regeln an die Nachkommen übergeben werden.

Um die Auswirkung eines Allels auf eine Population zu beschreiben, wurde der **Durchschnittseffekt eines Allels** (α) als Auswirkung eines Allels auf den Mittelwert von Individuen beschrieben, die mit diesen Allelen gekreuzt wurden. Dieses klingt sehr abstrakt, lässt sich aber in einem Gedankenexperiment leicht erklären. Wird die oben beschriebene Population im Hardy-Weinberg-Gleichgewicht mit einer homozygoten Pflanze mit dem Allel A_1 angekreuzt, so erhalten wir von einem Elter nur den Gametentyp A_1, während aus der Population beide Allele A_1 und A_2 entsprechend ihrer Allelfrequenzen gebildet werden. Diese Population würde folgendermaßen lauten:

$$p\,A_1A_1 + q\,A_1A_2 \qquad (10)$$

In dieser Population können keine A_2A_2-Genotypen vorkommen, da der eine Elter definitionsgemäß nur A_1-Allele besitzt. Der Mittelwert dieser neuen Population (M_1) lautet:

$$M_1 = p\,a + q\,d \qquad (11)$$

α_1, der durchschnittliche Effekt des Allels A_1, ergibt sich unter Berücksichtigung von $(p + q) = 1$ aus der Differenz der Mittelwerte M_1 und M:

$$\begin{aligned} \alpha_1 &= pa + qd - [a(p-q) + 2pqd] \qquad (12) \\ &= q\,[a + d(q-p)] \end{aligned}$$

Analog ergibt sich für das Allel A_2 die Größe α_2:

$$\alpha_2 = -p[a + d(q-p)] \qquad (13)$$

Nach dieser Definition kann der Wert eines Individuums, den es an die Nachkommen weitergibt, wie folgt aus den jeweiligen Allelbesetzungen des Genotyps durch die Addition der Alleleffekte bestimmt werden:

$$A_1A_1 = 2\,\alpha_1 \qquad (14)$$

$$A_1A_2 = \alpha_1 + \alpha_2 \qquad (15)$$

$$A_2A_2 = 2\,\alpha_2 \qquad (16)$$

Diese Werte, die als **Zuchtwerte** bezeichnet werden, geben an, welche Veränderungen die Genotypen in einer betrachteten Population bewirken. Es sei darauf hingewiesen, dass verschiedene Populationen unterschiedliche Allelfrequenzen (p, q) aufweisen. Damit ändern sich die Zuchtwerte ein und desselben Individuums, je nach der untersuchten Population. Nur bei $p = q = 0{,}5$ entsprechen die Zuchtwerte der homozy-

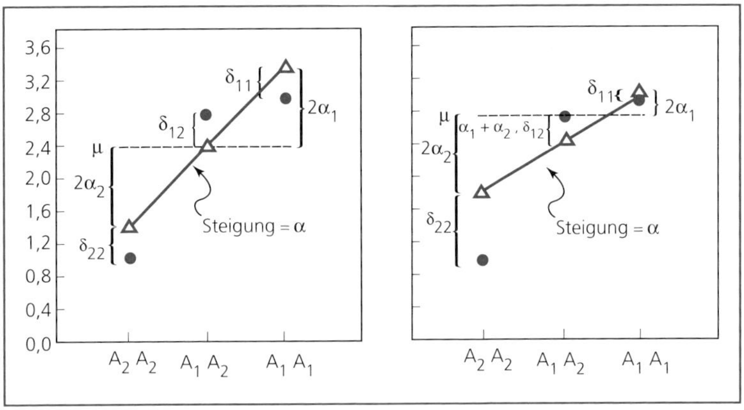

Abb. 3.6 Genotypische Werte (●), Zuchtwerte (Δ) und Dominanzabweichungen (δ) in 2 Populationen mit gleichem Genotypeffekt (a und d in beiden Populationen sind gleich). Die Steigung der Regressionsgeraden wird durch die Allelfrequenzen mitbestimmt: (links A_1: p = 0,5; A_2: q = 0,5; rechts A_1: p = 0,75; A_2: q = 0,25).

goten Genotypen den genotypischen Werten von a und –a.

Für experimentelle Fragestellungen können solche Populationen durch die Kreuzung zweier homozygoter Inzuchtlinien erschaffen werden. Für andere Populationen gilt aber, dass die Zuchtwerte nicht exakt identisch mit den genotypischen Werten a, d, –a sind. Vielmehr liegen die Zuchtwerte auf einer Regressionsgeraden der genotypischen Werte auf die Anzahl der A_1-Allele. Hierbei steht die Steigung α mit den Durchschnittseffekten der Allele in folgender Beziehung:

$$\alpha_1 = q\,\alpha;\ \alpha_2 = -p\,\alpha \qquad (17)$$

Damit ist $\alpha = a + d\,(q - p)$. Hieraus ergibt sich, dass die Zuchtwerte nur dann eine Regressionsgerade durch die genotypischen Werte bilden, wenn keine Dominanz existiert und damit $d = 0$ ist. In diesem Fall beruht die Leistung der Individuen nicht auf Dominanz und wird über die Gameten, gleichsam additiv, auf die Nachkommen übertragen.

Häufig ist $d > 0$ und damit sind die Zuchtwerte verschieden von den genotypischen Werten. Diese Differenz zwischen Zuchtwert und genotypischem Wert wird **Dominanzabweichung** genannt (Abb. 3.6).

Die Dominanzabweichung hängt nur von den Allelfrequenzen und der Größe d ab, während die Zuchtwerte von a, d und den Allelfrequenzen abhängen. Hierbei ist es zunächst schwer verständlich, dass auch die Zuchtwerte der homozygoten Pflanzen von der Größe d, die ja die Dominanz an einem Genlocus beschreibt, abhängig sind. Hier muss allerdings berücksichtigt werden, dass von einem homozygoten Elter heterozygote Nachkommen in einer zufallspaarenden Population gebildet werden. Die Leistung dieser Nachkommen wird aber durch die Dominanz mitgeprägt. Der Wert eines bestimmten Genotyps (G_{ij}) kann durch die durchschnittlichen Effekte der Allele (α_i und α_j), die Dominanzabweichung (δ_{ij}) und den allgemeinen Mittelwert der Population (α) angegeben werden:

$$G_{ij} = \mu + \alpha_i + \alpha_j + \delta_{ij} \qquad (18)$$

wobei i und j Indizes für die Allele i und j sind.

Da in der Pflanzenzüchtung die Unterschiede zwischen den Genotypen besonders interessieren, sind die Varianzen der Zuchtwerte und die der Dominanzabweichungen wichtig. Für die Varianz der Zuchtwerte, die auch als **Additiv Genetische Varianz (V_A)** bezeichnet wird, kann gezeigt werden, dass das Mittel dieser Effekte gleich Null ist, womit sich die Varianz wie folgt ergibt:

$$V_A = p^2\,(2\,q\,\alpha)^2 + 2\,pq\,(q - p)^2\,\alpha^2 + q^2\,(-2\,p\,\alpha)^2 = 2\,pq\,\alpha^2 \qquad (19)$$

Die Dominanzvarianz (V_D) ergibt sich analog und beträgt:

$$V_D = (2pq\,d)^2 \qquad (20)$$

Aus den Formeln folgt, dass die Dominanzvarianz von der Allelfrequenz und der Größe d abhängig ist. Wenn $d = 0$ ist, so folgt, dass V_D auch gleich 0 ist. Demgegenüber ist die Additiv Genetische Varianz neben der Allelfrequenz und der Größe a auch von d abhängig. Hierauf ist hinzuweisen, da die Additiv Genetische Varianz nicht mit der Varianz der additiven Effekte verwechselt werden darf.

Wie bereits weiter oben (vgl. Formel 9) gezeigt, beträgt die genetische Varianz zwischen den Individuen einer Population:

$$V_G = 2\,pq\,(a + d\,(q - p))^2 + (2\,pq\,d)^2 \qquad (21)$$

Da die Additiv Genetische Varianz und die Dominanzvarianz wie folgt lauten:

$$V_A = 2\,pq\,(a + d\,(q - p))^2 \qquad (22)$$

$$V_D = (2\,pq\,d)^2 \qquad (23)$$

kann eine Aufteilung der genetischen Varianz in V_A und V_D gemacht werden:

$$V_G = V_A + V_D \qquad (24)$$

Die bisherigen Ausführungen bezogen sich nur auf einen Genlocus. Bei einem quantitativen Merkmal wirken aber viele oder sehr viele Genloci gemeinsam auf die Merkmalsausprägung. An dieser Stelle können wir nicht ins Detail gehen, aber eine Ausdehnung der Formeln auf viele Gene ist durch die Summation über die Genloci möglich. Hier wirken jedoch häufig weitere Kräfte auf die Merkmalsausprägung. Bei der Definition der Dominanz haben wir solche Situationen schon kennengelernt. Die Dominanz beschreibt Abweichungen von einem additiven Wirkungsmodell. Während sich die Dominanz auf solche Abweichungen innerhalb eines Genlocus bezieht, beschreibt die **Epistasie** solche Differenzen, die zwischen den Genloci existieren. Die Epistasie ist eine häufig vorkommende, aber nur schwer zu messende Größe.

Bei Betrachtung von mehreren Genloci wird die Leistung der einzelnen Pflanzen durch die Epistasie beeinflusst. Damit begründet sie einen Teil der Unterschiede zwischen den Individuen. Die genetische Varianz wird demzufolge durch die **Epistatische Varianz (V_E)** mitgeprägt:

$$V_G = V_A + V_D + V_E \qquad (25)$$

Die Epistatische Varianz kann ebenso wie die Additiv Genetische Varianz und die Dominanzvarianz abgeleitet werden.

Die phänotypischen Unterschiede zwischen Pflanzen lassen sich in umweltbedingte und genetische Unterschiede unterteilen. Die genetischen Unterschiede teilen sich weiter in die Unterschiede der Zuchtwerte und die dominanzbedingten Unterschiede auf.

Der interessierte Leser sei auf Bernardo (2020) verwiesen. Bisher haben wir nur die genotypischen Werte, deren Mittelwerte und Varianzen betrachtet. Dabei wurde völlig außer Acht gelassen, dass nur die **phänotypischen Werte** gemessen werden können. Selbstverständlich bestimmen die **genotypischen Werte** die phänotypischen Werte, aber häufig beeinflussen auch Umweltbedingungen die Ausprägung der Phänotypen. Darüber hinaus ist zu bemerken, dass spezifische Umweltbedingungen einige Genotypen fördern, während andere Genotypen nicht beeinflusst oder gar beeinträchtigt werden. So beeinträchtigen z. B. noch spät im Frühjahr wiederkehrende Frostereignisse die Genotypen, welche die Winterruhe schon verlassen haben, weit mehr als diejenigen, die noch eine hohe Frosthärte besitzen. Diese nicht additiven Beiträge der Umweltwirkung werden als **Genotyp × Umwelt-Interaktion (G × U)** bezeichnet und beeinflussen neben der **Umweltwirkung (U)** und dem Genotyp den Phänotyp (P). Daher wird diese Beziehung formelmäßig wie folgt beschrieben:

$$P = G + U + G \times U \qquad (26)$$

womit die Beziehung noch komplizierter wird. Es wurde ausgeführt, dass sich die Zuchtwerte von Individuen nicht allein aus den genotypischen Werten a und d ergeben, ja ergeben können, weil der Zuchtwert den Effekt eines Individuums auf die nächste Generation oder im Falle von gezielten Kreuzungen auf die Kreuzungsnachkommen beschreibt. Damit wird deutlich, dass die Zuchtwerte nicht ohne Kenntnis der Allelfrequenzen der Population oder des Kreuzungspartners ermittelt werden können. Dieses soll an einem einfachen „Gedanken“-Kreuzungsexperiment demonstriert werden.

Wir wollen die Wirkung der Allele A_1 und A_2 in einer Kreuzungsnachkommenschaft feststellen. Hierzu führen wir gedanklich Kreuzungen zunächst für das Allel A_1 durch. Am einfachsten ist es, wenn wir den Genotyp A_1A_1 mit der fremden, z. B. bei Selbstbefruchtern vollständig ingezüchteten, homozygoten Population ankreuzen:

Kreuzung		Kreuzungsnachkommen
$A_1A_1 \times p\,A_1A_1$	$\rightarrow$	$p\,A_1A_1$
$A_1A_1 \times q\,A_2A_2$	$\rightarrow$	$q\,A_1A_2$

Die unbekannte Population hat die Allelfrequenzen p und q, wobei $p + q = 1$ ist.

Die entstandene Kreuzungsnachkommenschaft lässt sich vereinfacht wie folgt darstellen:

$$p\,A_1A_1 + q\,A_1A_2$$

Um das Experiment kurz zu halten, wollen wir unterstellen, dass aus der nun entstandenen Population Doppelhaploide erzeugt werden.

Bei Doppelhaploiden handelt es sich um Pflanzen, die mittels biotechnologischer Verfahren (s. Kap. 3.6) aus den haploiden Gameten erzeugt werden und deren Chromosomensatz in diesem Verfahren verdoppelt wurde. Hierdurch entstehen in einem Schritt vollständig homozygote Linien, die sonst nicht und vor allem nicht so schnell erzeugt werden könnten. Durch diese Besonderheit bestehen bei allen Kulturarten Bestrebungen, diese Verfahren zu entwickeln und, wo es gelungen ist, einzusetzen, da viele Zuchtverfahren hierdurch wesentlich beschleunigt werden könnten.

Doch zurück zu unserem Beispiel: Wenn wir eine Kreuzungspopulation mit der Genotypfrequenz $p\,A_1A_1 + q\,A_1A_2$ diesem Verfahren unterziehen, erhalten wir aus allen A_1A_1-Pflanzen nur Nachkommen mit den Genotypen A_1A_1 und zwar in der Häufigkeit $p\,A_1A_1$.

Von den $q\,A_1A_2$-Pflanzen erhalten wir $q/2\ A_1A_1$ – und $q/2\ A_2A_2$-Pflanzen, da diese jeweils $q/2\ A_1$ bzw. $q/2\ A_2$-Gameten produzieren, die wiederum verdoppelt zu eben den Doppelhaploiden werden. Damit lautet die Genotypfrequenz der neuen Generation:

$$(p + q/2)\,A_1A_1 + q/2\,A_2A_2$$

Wiederum fragen wir nach dem zu erwartenden Mittelwert in einem Merkmal und ziehen hierzu die genotypischen Werte a, –a und d heran.

Der Mittelwert der Ausgangspopulation $p\,A_1A_1 + q\,A_2A_2$ lautet:

$$M_0 = p\,a + q\,(-a) = p\,a - q\,a$$

Und der Mittelwert M_1 der folgenden Generation unserer Kreuzung lautet:

$$M_1 = p\,a + q/2\,a + q/2\,(-a) = p\,a$$

Die Differenz $M_1 - M_0$ gibt nun den Effekt des Allels A_1 in unserem Gedankenexperiment an:

$$\text{Zuchtwert } A_1\text{: } M_1 - M_0 = p\,a - (p\,a - q\,a) = p\,a - p\,a + q\,a = q\,a$$

Damit ist der Zuchtwert, also die Wirkung des Allels A_1 bei diesen Selbstbefruchtern gleich dem genotypischen Mittelwert multipliziert mit der Häufigkeit, mit der dieses Allel nicht in der Population vorkommt. Mit anderen Worten: Wenn wir eine Population haben, die schon vorwiegend A_1A_1-Genotypen besitzt, dann bewirkt die zusätzliche Erhöhung des Anteils von A_1 kaum etwas.

Ganz anders wäre die Wirkung, wenn das Allel A_1 sehr selten vorkäme. In diesem Fall hätten wir also eine enorme Wirkung des Allels A_1 bemerkt. Hierdurch wird deutlich, wie stark der Zuchtwert von den Allelfrequenzen bestimmt wird. Im Übrigen zeigt das Beispiel, dass wir dieselben Ergebnisse gefunden haben, wie sie schon in Formel 12 geschrieben wurden:

$$\alpha_1 = q\,[\,a + d\,(q - p)]$$

Nur sind bei unserem Beispiel der Selbstbefruchter mit anschließender Produktion von Doppelhaploiden keine Heterozygoten im Spiel. Damit entfällt – das gilt nur für dieses Beispiel – der Term der Heterozygoten, also $d\,(q - p)$ aus Formel 12.

In Analogie können wir das Gedankenexperiment nun für das A_2-Allel durchspielen und würden als Ergebnis erhalten, dass der Zuchtwert von A_2 lautet:

$$\text{Zuchtwert } A_2 = -\,p\,a$$

Damit lautet das Ergebnis für das kleine Beispiel:

$$\text{Zuchtwert } A_1 = q\,a \quad = (1 - p)\,a$$
$$\text{Zuchtwert } A_2 = -\,p\,a \quad = (1 - q)\,(-\,a)$$

Um nun dieses Prinzip in die Praxis umsetzen zu können, sollten wir die inhaltliche Aussage noch einmal wiederholen. Drei Parameter müssen für jeden Genort bekannt sein, damit der Wert eines Individuums auf die nächste Generation in unserem Kreuzungsexperiment vorhergesagt werden kann:

1. Der Genotyp des Individuums an einem gegebenen Genort, also entweder A_1A_1, A_1A_2 oder A_2A_2.
2. Der genetische Wert des Allelpaares A_1 und A_2; also die genotypischen Werte von a bzw. – a.
3. Die Allelfrequenz der Allele in dem Kreuzungspartner, bzw. der Kreuzungspopulation, also p und q.

Aus den Formeln folgt, dass der zu erwartende Erfolg im Rahmen des Zuchtschrittes umso größer sein wird, je größer die genetischen Werte sind. Allerdings wird deren Wirkung mit den jeweiligen Allelfrequenzen gewichtet. Also ist der Zuchtwert eines Individuums umso höher, je seltener die neuen, günstigen Allele in dem Kreuzungspartner bzw. der Kreuzungspopulation waren. Falls diese schon dominierten, hilft auch das günstigste Allel nicht.

Die Beschreibung des kleinen Beispiels bezieht sich auf einen Genlocus. In Wirklichkeit besteht eine Pflanze aus Zehntausenden Genloci, die zusammenwirken. Die Summe der Einzeleffekte gegebenenfalls mit Wechselwirkungen untereinander ergibt den endgültigen Zuchtwert eines Individuums.

Hierbei ist es durchaus der Fall, dass einige Genloci einen stärkeren Einfluss auf die Merkmalsausprägung besitzen als andere. Wenn der Einfluss einiger Genloci sehr bedeutend ist, kann deren Wirkung mit statistischen Methoden in speziellen Experimentalpopulationen trotz weiterer maskierender Effekte durch die Umwelt aufgezeigt werden. Hierzu sind genetische Marker (DNA-Segmente, die erkannt werden können) und umfangreiche und präzise Versuchsanstellungen notwendig. Man spricht hierbei von **Quantitative Trait Loci (QTL)**, die häufig durch genetische Marker repräsentiert werden, die in der Nähe des häufig unbekannten Gens liegen und nicht selten großen Bereichen auf einem Chromosom entsprechen. An dieser Stelle sei für eine nähere Betrachtung auf die weiterführende Literatur, aber auch auf die Bedeutung dieser Überlegungen für die „Genomic Prediction“ verwiesen, die in Kapitel 3.5.2 beschrieben wird.

3.4.2 Verwandtschaftliche Strukturen innerhalb der Population

Schon mehrfach wurde erwähnt, dass die Selektion von Individuen eine der wichtigsten Tätigkeiten der Pflanzenzüchter darstellt. Auch wenn, wie im Kapitel 3.3 dargestellt, zwischenzeitlich die Zuchtmethodik dahingehend ausgerichtet ist, dass eine abschließende Selektion von leistungsfähigen Zuchtstämmen häufig zwischen Genotypen stattfindet, die sich genetisch nicht mehr von einem Vermehrungsschritt zum nächsten verändern, so gilt insbesondere für Fremdbefruchter- und für noch spaltende Selbstbefruchterpopulationen, dass sich die ausgewählten Individuen und deren Nachkommen durchaus noch unterscheiden können. Dieses muss in einer Planung berücksichtigt werden und daher wird im Folgenden in die Thematik eingeführt.

In der Pflanzenzüchtung gilt der Grundsatz, dass eine Selektion umso erfolgreicher ist, je größer die genetischen Unterschiede zwischen den selektierten Einheiten sind. Um diese Aussage zu verstehen, hilft das Verständnis einer Gruppierung der zu prüfenden Individuen oder Gruppen hinsichtlich deren Verwandtschaftsverhältnissen sehr. Neben der Aufteilung der phänotypischen Varianz in genetische und umweltbedingte Varianz kann man die genetische Varianz entsprechend der verwandtschaftlichen Beziehungen der Populationsmitglieder in Teilkomponenten weiter aufteilen. Wenn diese Beziehungen bekannt und genau dokumentiert sind, stellen sie eine zentrale Informationsquelle für die Züchter dar, die unbedingt berücksichtigt werden sollte. Wir können eine uns unbekannte Population kaum weiter strukturieren, aber je vertrauter wir mit der Population sind, umso klarer sind unsere Vorstellungen hinsichtlich verwandtschaftlicher Beziehungen innerhalb der Population. Verwandte Individuen tragen dieselben Allele, womit Ähnlichkeiten in der Merkmalsausprägung verbunden sind. Hiermit kommt zum Ausdruck, dass Eltern und Nachkommen sich genetisch

Tab. 3.1 Verwandtschaftliche Strukturierung von Populationen erklärt einen Teil der genetischen Varianz.

	zwischen Gruppen		innerhalb Gruppe	
	V_A	V_D	V_A	V_D
Nichtstrukturierte Population	–	–	1	1
Halbgeschwisterfamilie (nicht ingezüchtet)	¼	0	¾	1
Vollgeschwisterfamilie (nicht ingezüchtet)	½	¼	¼	¾

Referenzpopulation im Hardy-Weinberg-Gleichgewicht mit $1V_A$ und $1V_D$

ähnlich sind. Das gilt auch für Vollgeschwister, Halbgeschwister und weiter entfernte Verwandtschaften, wobei Aussagen über den Grad der Ähnlichkeit gemacht werden können. Mithilfe dieses Instruments kann die Varianz zwischen Gruppen von Verwandten dargestellt werden. So berechnet sich z. B. die Varianz in einer Population im Hardy-Weinberg-Gleichgewicht als $V_G = 1V_A + 1V_D$. Ist diese Population in Gruppen von Halbgeschwistern organisiert, so kann man die Mittelwerte für jede Halbgeschwisterfamilie ermitteln. Die Unterschiede zwischen den **Halbgeschwisterfamilien erklären ¼ V_A** der Referenzpopulation, also von $1V_A + 1V_D$, während die durchschnittliche Varianz innerhalb der Halbgeschwisterfamilie die verbleibenden ¾ V_A und $1V_D$ beherbergt. Werden Vollgeschwisterfamilien betrachtet, so steigt der Anteil der durch die **Vollgeschwisterfamilien erklärten** Varianz auf **½ V_A und ¼ V_D**, womit der Anteil innerhalb der Vollgeschwisterfamilie auf ½ V_A und ¾ V_D sinkt. In der Literatur finden sich für viele weitere Verwandtschaftsverhältnisse Ableitungen für die Aufteilung der genetischen Varianz. An diesem einfachen Beispiel lässt sich bereits die Entwicklung von Selektionsmethoden darstellen. Um diese doch sehr abstrakte Sichtweise in verständliche Verfahrensoptionen zu übertragen, können wir diese Information einmal übersetzen. So können bei einer Maispflanze, die offen abgeblühten Nachkommen, also die Körner eines offen abgeblühten Kolbens, als Halbgeschwister angesehen werden. Vergleichen wir viele verschiedene Nachkommenschaften, so vergleichen wir in diesem Fall Halbgeschwister und haben eine Varianz zwischen den Halbgeschwistern, die auf ¼ V_A der Ausgangspopulation beruht. Allerdings finden wir innerhalb der einzelnen Nachkommenschaften noch erhebliche Unterschiede, die eine Erwartung von ¾ V_A und 1 V_D ausmachen. Wenn wir etwas mehr Arbeit in die Produktion der Nachkommenschaften stecken, dann führen wir jeweils Kreuzungen zwischen zwei Maispflanzen durch. Wir stellen also jeweils Vollgeschwister her, wodurch ½ V_A und ¼ V_D der genetischen Unterschiede zwischen den Vollgeschwisterfamilien sichtbar wird und innerhalb der Vollgeschwisterfamilien der restliche Teil von ½ V_A und ¾ V_D verbleibt. Für Fremdbefruchter eröffnen sich hierdurch also schon die ersten Variationen in der Gestaltung der Populationsführung, die später in eine Selektionsmethodik einfließen können.

In Tabelle 3.1 sind die Anteile der Verwandtschaften an der genetischen Varianz gegenübergestellt. An dieser Stelle setzt die züchterische Kreativität an, mit dem Ziel, Selektionsverfahren zu entwickeln, die es erlauben, die vorhandenen Unterschiede möglichst effizient zu nutzen. Die Selektion sollte hierbei so gestaltet werden, dass zunächst zwischen den Gruppen, die viele der genetischen Unterschiede erklären, selektiert wird. Später kann dann innerhalb dieser Gruppen weiter ausgewählt werden.

Bevor wir uns möglichen Selektionsverfahren nähern, soll noch ein weiteres Prinzip besprochen werden, welches in Kombination mit der verwandtschaftlichen Strukturierung zu einer Vergrößerung des nutzbaren Anteils an der genetischen Varianz führt.

Durch Inzucht und verwandtschaftliche Gruppierung erhöht sich der Anteil der ausnutzbaren genetischen Unterschiede für die Selektion.

Hierbei handelt es sich um die Inzucht. Bezogen auf die Referenzpopulation beträgt die Varianz zwischen Halbgeschwisterfamilien, die von ingezüchteten Individuen abstammen:

$$\frac{1+F}{4} \cdot V_A \qquad (27)$$

und die von entsprechenden Vollgeschwisterfamilien:

$$\frac{1+F}{2} \cdot V_A + \frac{(1+F)^2}{4} \cdot V_D \qquad (28)$$

wobei F den Inzuchtkoeffizienten bezeichnet (vgl. Kap. 3.3.3). Je höher F wird, also je stärker die Inzucht ist, umso größer wird der Anteil an der Referenzpopulation, welche die oben beschriebenen Halb- bzw. Vollgeschwisterfamilien erklärt. Verglichen mit der nicht ingezüchteten Variante $F = 0$ erklären diese Familien einen höheren Anteil an der genetischen Varianz. Hier wird deutlich, dass Züchter durch Ausnutzung der Inzucht einen großen Teil der vorhandenen genetischen Varianz (siehe Referenzpopulation) durch Gruppierung sichtbar und damit nutzbar machen können.

Damit haben wir 2 wichtige Prinzipien kennengelernt, die der Pflanzenzüchter ausnutzt, um die Selektion möglichst effizient zu gestalten:

1. **die Ausnutzung von Verwandtschaftsinformationen und**
2. **die Inzucht.**

Besonders leicht sind diese beiden Prinzipien bei den Selbstbefruchtern einsetzbar, da hier die Inzucht durch das Befruchtungssystem vorgegeben ist und damit keinen zusätzlichen Aufwand erfordert. Gleichzeitig besteht durch das Befruchtungssystem stets die Information über die väterlichen Gameten. Einschränkend muss gesagt werden, dass bei der Darstellung der genetischen Varianz zwischen Inzuchtlinien nicht grundsätzlich eine lineare Beziehung der Varianzen zu denen der Referenzpopulationen besteht. Da innerhalb einer Kreuzungsnachkommenschaft zweier homozygoter Eltern jedoch die Allelfrequenzen für alle spaltenden Genloci gleich $p = q = 0{,}5$ sind, gilt für diesen Spezialfall eine lineare Beziehung, auf die wir im Folgenden eingehen.

Für eine Kreuzungsnachkommenschaft kann ein Stammbaum aufgezeichnet werden, in dem eine Zuordnung jeder Linie zu den Vorgenerationen besteht (Abb. 3.7). Gedanklich lässt sich die Nachkommenschaft aufgrund der jeweiligen Vorfahren strukturieren. So lässt sich z. B. die F_4-Nachkommenschaft in diejenigen Gruppen einteilen, die sich von gemeinsamen F_2-Pflanzen ableiten lassen. Innerhalb dieser Gruppen ist eine weitere Einteilung aufgrund der F_3-Vorfahren möglich, und zuletzt verbleiben jeweils Individuen innerhalb der F_3-Vorfahrengruppe. Die gesamte genetische Varianz für diese F_4-Generation $V_G = 1\frac{3}{4}\, V_A + \frac{7}{16}\, V_D$ lässt sich aufteilen in die entsprechenden Gruppen:

zwischen F_2 abgeleitete Gruppen	$1V_A + \frac{1}{16}V_D$
zwischen F_3 abgeleitete Gruppen innerhalb F_2	$\frac{1}{2}V_A + \frac{1}{8}V_D$
durchschnittliche Varianz innerhalb F_3-Familien	$\frac{1}{4}V_A + \frac{1}{4}V_D$
	$\Sigma 1\frac{3}{4}V_A + \frac{7}{16}V_D$

Entsprechend können auch alle anderen verwandtschaftlichen Gruppen berechnet werden. Es lässt sich feststellen, dass der größte Anteil der genetischen Varianz auf die F_2-abgeleiteten Gruppen entfällt. Mit steigender Generationenzahl wird die genetische Varianz zwischen den F_2-abgeleiteten Familien immer weniger durch die Dominanzabweichung verzerrt. In dem Beispiel der F_4-Generation beträgt der Anteil nur noch $\frac{1}{16}\, V_D$. Da die V_D in der Selbstbefruchterzüchtung nicht genutzt wird, stellt dieser Anteil eine Verzerrung dar und sollte möglichst gering sein. Aufgrund der Aufteilung der Additiv Genetischen Varianz auf die einzelnen verwandtschaftlichen Gruppen ist es sinnvoll, zunächst eine Selektion zwischen den Familien (z. B. F_2-Familien), dann innerhalb der Familien zwischen Linien und erst danach zwischen Einzelpflanzen innerhalb der Linien durchzuführen. Diese Aussagen begründen eine Selektionsmethode, die **Pedigree-Methode** oder **Stammbaummethode** genannt wird. Tabelle 3.2 stellt diesen Sachverhalt noch einmal übersichtlich dar. Eine Selektion nach der Pedigree-Methode würde demnach immer die Verwandtschafts-

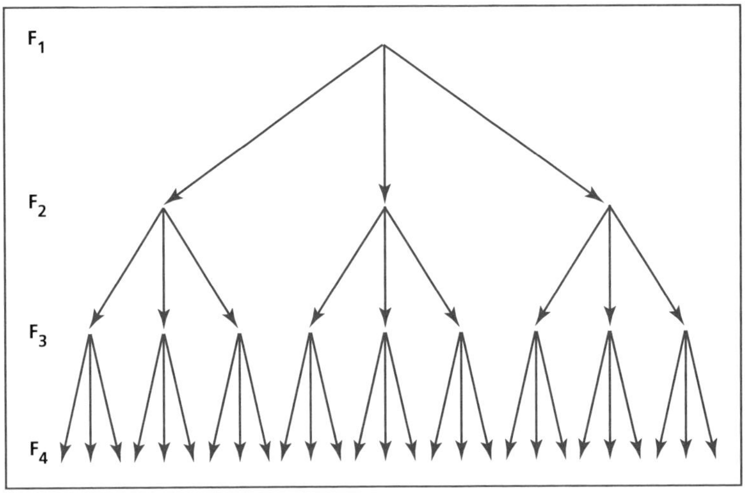

Abb. 3.7 Bei Selbstbefruchtern ergibt sich eine direkte Zuordnung von Vorfahren und Nachkommen.

Tab. 3.2 Verteilung der Varianzen auf die verwandtschaftliche Struktur in einer Selbstbefruchternachkommenschaft (p = q = 0,5). Die Unterschiede zwischen den F_2-Familien erklären den größten Anteil an der Additiv Genetischen Varianz. Dann folgen die der F_3-, F_4-, …Familien.

	zwischen F_2-Familien		zwischen F_3-Familien innerhalb F_4-Familien		zwischen F_5-Familien innerhalb F_2-Familien		innerhalb F_3-Familien zwischen F_4-Familien		Gesamt	
	V_A	V_D	V_A	V_D	V_A	V_D	V_A	V_D	V_A	V_D
F_2	1	1	–	–	–	–	–	–	1	1
F_3	1	$^1/_4$	$^1/_2$	$^1/_2$	–	–	–	–	$1^1/_2$	$^3/_4$
F_4	1	$^1/_{16}$	$^1/_2$	$^1/_8$	$^1/_4$	$^1/_4$	–	–	$1^3/_4$	$^7/_{16}$
F_5	1	$^1/_{64}$	$^1/_2$	$^1/_{32}$	$^1/_4$	$^1/_{16}$	$^1/_8$	$^1/_8$	$1^7/_8$	$^{15}/_{64}$
F_6	1	$^1/_{256}$	$^1/_2$	$^1/_{128}$	$^1/_4$	$^1/_{64}$	$^1/_8$	$^1/_{32}$	$1^{15}/_{16}$	$^{31}/_{256}$
…										
F_∞	1	0	$^1/_2$	0	$^1/_4$	0	$^1/_8$	0	2	0

gruppen mit dem größten Anteil an V_A zur Selektion heranziehen und dann schrittweise die jeweils jüngeren Verwandtschaftsgruppen. Bei dieser Übersicht fällt auf, dass der nutzbare Anteil an der genetischen Varianz (Koeffizient von V_A) mit späteren Generationen anwächst und hier Werte über 1 annimmt. Es ist zu berücksichtigen, dass die Additiv Genetische Varianz in diesem Fall im Verhältnis zur F_2 als Referenzpopulation und nicht zur Varianz der Eltern der Kreuzung betrachtet wird.

Wird die verwandtschaftliche Beziehung außer Acht gelassen, so besteht die Population nach kurzer Zeit aus einzelnen ingezüchteten Pflanzen. Werden einzelne Pflanzen aus dieser Population entnommen und deren Nachkommen geprüft, differenziert diese Prüfpopulation in die Unterschiede, die zwischen den Inzuchtlinien und die innerhalb der Inzuchtlinien existieren. Tabelle 3.3 stellt die Entwicklung für diese Art der Prüfung von der F_2- bis zur F_6-Generation einmal dar. Die Aufteilung der genetischen Varianzen wird dabei für die Additiv Genetische und die Dominanzvarianz angegeben. Mit fortschreitender Generationenzahl nach der Kreuzung steigt der nutzbare Anteil der Additiv Genetischen Varianz zwischen den Linien bei gleichzeitiger Reduzierung des Anteils der Dominanz-

Tab. 3.3 Verteilung der genetischen Varianzen zwischen und innerhalb Inzuchtlinien bei Selbstbefruchtung (p = q = 0,5).

	zwischen Linien		innerhalb Linien		Gesamt	
	V_A	V_D	V_A	V_D	V_A	V_D
F_2	1	1	–	–	1	1
F_3	1	$^1/_4$	$^1/_2$	$^1/_2$	$1^1/_2$	$^3/_4$
F_4	$1^1/_2$	$^3/_{16}$	$^1/_4$	$^1/_4$	$1^3/_4$	$^7/_{16}$
F_5	$1^3/_4$	$^7/_{64}$	$^1/_8$	$^1/_8$	$1^7/_8$	$^{15}/_{64}$
F_6	$1^7/_8$	$^{15}/_{256}$	$^1/_{16}$	$^1/_{16}$	$1^{15}/_{16}$	$^{31}/_{256}$
…						
F_∞	2	0	0	0	2	0

varianz. Aufgrund dieser Darstellung kann eine alternative Selektionsmethode abgeleitet werden, welche die Verwandtschaftsbeziehungen außer Acht lässt und die darüber hinaus auch die Selektionsarbeit auf spätere Generationen hinauszögert. Das Prinzip der Selektionsmethode, die **Ramschmethode** genannt wird, beruht wiederum darauf, dass der nutzbare Anteil der genetischen Varianz, hier der V_A, möglichst groß ist und sicher erkannt werden kann.

Im Falle der Ramschmethode werden späte Generationen zur Selektion herangezogen, ohne auf verwandtschaftliche Beziehungen Rücksicht zu nehmen.

Weiter oben wurde das Beispiel einer genetischen Strukturierung innerhalb einer Maispopulation verwendet. Nun ist der Mais zwar fremdbefruchtend, aber Selbstungen gelingen aufgrund der Selbstfertilität problemlos. Damit kann neben der offenen Abblüte und der Pärchenkreuzung auch eine Selbstung bei den Kolben durchgeführt werden. Die Varianzen von Selbstungsnachkommen sind immer von den Allelen der geselbsteten Pflanzen abhängig. In Anlehnung an das obige Beispiel soll dieselbe Ausgangspopulation nun geselbstet werden. Bei geringen Bestandesdichten und damit bei Pflanzen mit mehreren Kolben würde man sogar einen Kolben mit offener Abblüte, einen weiteren als Kreuzungsprodukt und schließlich einen dritten durch Selbstung führen können. Für die geselbsteten Nachkommen ergibt sich eine Genetische Varianz zwischen den Nachkommenschaften von 1 V_A und ¼ V_D und von durchschnittlich ½ V_A und ½ V_D innerhalb der Nachkommenschaften. Es ist bemerkenswert, dass die Gesamtvarianz in diesem Fall erheblich steigt. Das macht deutlich, dass die Inzucht und erst recht die stärkste Form der Inzucht, die Selbstung, die genetischen Unterschiede sichtbar und im Rahmen der Selektion nutzbar macht. Vergleicht man nun die genetischen Varianzen, die die 3 unterschiedlichen Verfahren für Nachkommenschaften derselben Pflanzen sichtbar und für eine Selektion zugänglich machen, so zeigt die offene Abblüte (Halbgeschwister derselben Mutter) eine nutzbare Varianz von ¼ V_A, die Pärchenkreuzung (Vollgeschwister) eine von ½ V_A und ¼ V_D und schließlich die Selbstung eine von 1 V_A und ¼ V_D, verglichen jeweils zur gleichen Referenzpopulation. Hier wird deutlich, dass die Selbstung die höchste Auflösung bietet. An dieser Stelle muss aber auch darauf hingewiesen werden, dass bei der Inzucht auch der Homozygotiegrad zunimmt. Wenn ungünstig wirkende Allele vorhanden sind, dann kommt es in der Regel zu einer Verschlechterung in vielen Merkmalsausprägungen inklusive der Leistungsfähigkeit. Zuchtmethodisch könnte die Inzuchtwirkung durch eine anschließende freie Abblüte verschiedener selektierter Pflanzen oder noch stärker durch eine gezielte Kreuzung wieder kompensiert oder sogar überkompensiert werden.

Weiter oben wurde gezeigt, dass aus einer Population Doppelhaploide hergestellt werden können, die zudem noch vollständig homozygot sind. Auch bei Mais ist es möglich und in vielen

Zuchtprogrammen Standard, Doppelhaploide zu produzieren. Übertragen auf die schon behandelte Maispopulation bedeutet es, dass die nutzbare genetische Varianz nun 2 V_A beträgt. Das entspricht genau der Varianz, die bei Selbstbefruchtern in der Generation F_∞ zu erwarten ist, nur dass die Generationsanzahl entscheidend verkürzt wurde. Innerhalb dieser DH-Linien besteht nun keine genetische Varianz mehr. Alles dies sind Argumente, eine Doppelhaploiden-Passage in eine Zuchtmethode zu integrieren. Nicht bei allen Pflanzenarten existieren Protokolle, mit denen DH-Linien erzeugt werden können. Es gibt bei selbstfertilen Arten auch eine andere Alternative, fast dieselben Effekte zu erzielen. In der Theorie ist das Verfahren leicht zu beschreiben. Hierbei werden von einer großen F_2-Population einer Kreuzung oder von einer großen diversen Ausgangspopulation jeweils ein per Selbstbefruchtung erzeugter Same geerntet und in die nächste Generation überführt. Dieses wird von Generation zu Generation wiederholt. Nach 6–8 Generationen Selbstung sind die Pflanzen zwar nicht vollständig homozygot, aber schon hinreichend homogen, um mit einer Prüfung der Eigenschaften zu beginnen. Das Verfahren nennt man **Single-Seed-Descent (SSD)**. Durch neue technische Verfahren können unter Gewächshausbedingungen mit ausreichend Lichtgenuss durch steuerbare und auf die jeweiligen Wuchsbedingungen angepassten LED-Lampen 4 und z. T. sogar mehr Generationen pro Jahr angebaut werden. Dadurch schmilzt der Unterschied von diesen SSD-Linien und den DH-Linien dahin. Es bleibt allerdings noch ein riesiger Unterschied, der mit der Rekombination von Genen zu tun hat. Bei einer Doppelhaploiden-Passage findet nur eine Meiose mit einer Rekombination von genetischem Material statt. Alle dort entstandenen Kombinationen bleiben von nun an bestehen. Bei den SSD Linien finden in jeder Generation Meiosen statt, in denen das genetische Material auch rekombiniert wird. Selbstverständlich durchlaufen DH-Linien auch Meiosen, aber bei diesen werden nur jeweils identische Allele rekombiniert, sodass für die Merkmalsausprägung kein Unterschied besteht.

In Tabelle 3.4 ist die jeweils nutzbare genetische Komponente für die verschiedenen Zuchtverfahren, die bei Mais angewendet werden können, vergleichend dargestellt. Es wird durch diese Tabelle deutlich, dass eine Strukturierung der Population durch Verwandtschaftsinformation und noch stärker die Anwendung der Selbstung oder einer ggf. milderen Form von Inzucht die nutzbare Additiv Genetische Varianz im Verhältnis zur Dominanzvarianz erhöht. Bei Selbstbefruchtern werden diese Verfahren und deutlich stärker die DH-Linien- und SSD-Linien-Produktion mit Erfolg angewendet, denn dort ist die Dominanzvarianz nicht nutzbar und stellt eine Störgröße dar. Bei vegetativer Fortpflanzung kann sowohl die Additiv Genetische Varianz als auch die Dominanzvarianz vollständig genutzt werden und eine Prüfung der Eigenleistung der Individuen ist hier sehr gut geeignet, um für eine Selektion zu dienen. Allerdings wäre auch für diese Gruppe zu prüfen, inwieweit bei bestimmten Eigenschaften ein Einsatz, ggf. nur in einer Zwischenphase, der Selbstung oder DH-Technik zu einer Sichtbarmachung von Unterschieden beitragen kann. Hierbei ist allerdings zu erwarten, dass durch Inzucht stark negative Inzuchtwirkungen auftreten werden, die vor der Produktion von leistungsfähigen Populationen wieder rückgängig gemacht werden müssen. Für fremdbefruchtende Arten, bei denen keine Schritte mit Selbstfertilität möglich sind, kann die Strukturierung der Populationen aufgrund der Verwandtschaftskenntnis gute Dienste leisten. So kann beispielsweise eine Prüfung von Halbgeschwisterfamilien leicht dadurch erschaffen werden, indem von den auserwählten Pflanzen, die nun als Mutterpflanzen angesehen werden können, alle Samen getrennt von anderen Pflanzen geerntet, aufgearbeitet und ausgesät werden. Dieser Aufwand ist nicht groß und würde zwischen diesen Familien schon ¼ der V_A sichtbar machen. Ein solches Verfahren wird als **Mutterstammbaumzüchtung** bezeichnet. Die Nutzung von milden Formen der Inzucht könnte dann weitere Unterschiede aufzeigen. Bei den Fremdbefruchten wäre immer die Wirkung der Inzucht zu berücksichtigen, die zu einer Anhäufung von ungünstigen Allelen in Homozygotie führen könnte. Wie schon weiter oben beschrieben, besteht diese Sorge bei Selbstbefruchtern nicht, da hier fast

Tab. 3.4 Nutzbarer Anteil der genetischen Varianz (Additiv Genetische Varianz V_A und Dominanzvarianz V_D) bei der Behandlung der Individuen mit verschiedenen Vermehrungs- bzw. Kreuzungsoptionen bezogen auf eine Referenzpopulation von Mais.

Vermehrungsoption	Anteil Genetische Varianz im Verhältnis zur Referenzpopulation		Anteil Heterozygoter in Gesamtpopulation
	Additiv Genetische Varianz (V_A)	Dominanz-varianz (V_D)	
Nachkommen von Einzelpflanzen nach offener Abblüte	1 V_A	1 V_D	2 pq
Zwischen Halbgeschwisterfamilien	¼ V_A	-	2 pq
Zwischen Vollgeschwisterfamilien	½ V_A	¼ V_D	2 pq
Zwischen Selbstungsfamilien (S_1)	1 V_A	¼ V_D	1 pq
Zwischen Selbstungsfamilien (S_2)	1 ½ V_A	3/16 V_D	0,5 pq
SSD-Linien	~2 V_A	~ 0 V_D	~ 0
Doppelhaploide Linien	2 Va	0	0

alle sehr negativen Allele schon in der Evolution verloren gegangen sind.

Die Pflanzenzüchtung beschränkt sich zur Erreichung der Zuchtziele nicht nur auf eine Populationsverbesserung innerhalb der Populationen, sondern betrachtet sehr stark auch die Beziehungen zwischen Populationen. Hieraus resultieren häufig höhere Leistungen, als sie in der Population selbst erreichbar wären. Auf die Theorien zu diesen Befunden wird weiter unten eingegangen. Wird nun mehr als eine Population betrachtet, dann reicht eine Schätzung der eigenen genetischen Werte und deren Varianzen für die Beurteilung der Genotypen nicht mehr aus. Hier erfolgt eine Beurteilung aufgrund der **Testkreuzungsleistung**. Bei diesem Verfahren wird eine Gruppe zu prüfender Genotypen mit einem **Tester** aus der anderen Population gekreuzt und diese Nachkommenschaften werden geprüft, wobei der Tester eine Inzuchtlinie, aber auch eine Population sein kann.

Analog zur Ableitung des durchschnittlichen Alleleffekts wurde ein durchschnittlicher Testkreuzungs-Alleleffekt definiert. In der praktischen Pflanzenzüchtung wird dieses Konzept etwas modifiziert und nicht auf die einzelnen Allele, sondern auf die einzelnen Individuen bezogen. So ergibt sich in der praktischen Umsetzung folgende Formulierung für die Leistungsfähigkeit einer Kreuzungskombination (G_{ij}):

$$G_{ij} = \mu_{P1 \times P2} + GCA_i + GCA_j + SCA_{ij} \qquad (29)$$

wobei i und j die Indizes für die Individuen, **GCA_i die allgemeine Kombinationsfähigkeit** (General Combining Ability) für das Individuum i, GCA_j die entsprechende für das Individuum j darstellt und **SCA_{ij} die spezifische Kombinationsfähigkeit** (Specific Combining Ability) zwischen den Individuen i und j ausdrückt. Dieses Konzept der allgemeinen und spezifischen Kombinationsfähigkeit ist insofern sehr attraktiv, da für die Auswahl von Eltern eine Schätzung der allgemeinen Kombinationsfähigkeit der Individuen oder Sorten erfolgen kann, mit dem Ziel, später Eltern mit hohen allgemeinen Kombinationsfähigkeiten gezielt anzukreuzen. Je nachdem, ob die Zuchtmethode auch die Dominanzeffekte nutzt, wäre zudem die spezifische Kombinationsfähigkeit im Zuchtverlauf zu testen (vgl. Kap. 3.7.5).

Aus der Herleitung der allgemeinen Kombinationsfähigkeit ergibt sich, dass diese Größe nicht nur von den genotypischen Werten der

Homozygoten (also von a), sondern auch von denen der Heterozygoten (von d) abhängt, während die spezifische Kombinationseignung zumindest bei Abwesenheit von Epistasie nur von d und nicht von a abhängig ist.

3.4.3 Heterosis

Bisher haben wir die Allelfrequenzänderung als ein wesentliches Element in der Verbesserung von Populationen kennengelernt. Darüber hinaus führt ein Phänomen, welches eng mit der Inzucht verbunden ist, zu Verbesserungen gerade bei so wichtigen Merkmalen wie dem Ertrag. Es ist die Heterosis, die in der Hybridzüchtung ausgenutzt wird.

Allgemein akzeptiert ist die Feststellung, dass mit Inzüchtung sehr häufig negative Folgen für die Nachkommen verbunden sind. Inzucht führt zu einem höheren Anteil an homozygot besetzten Genloci, und dieses kann, insbesondere wenn rezessive Allele eine ungünstige Wirkung besitzen, zu einem bemerkbaren, negativen Erscheinungsbild oder zu geringerer Leistung führen. Da sogar Allele in einer fremdbefruchtenden Population, die ungünstige Eigenschaften vermitteln, unter dem Schutz der Heterozygotie noch in durchaus bedeutenden Anteilen vorhanden sein können, bewirkt dort jede Form der Inzucht eine Aufdeckung dieser ungünstigen Allelwirkung, weil diese Allele nun vermehrt in Homozygotie vorliegen. Dieser Zusammenhang wirkt in menschlichen, tierischen sowie in fremdbefruchtenden pflanzlichen Populationen gleichermaßen und deren Auswirkungen sind seit Langem bekannt. Ende des 19. Jahrhunderts wurde eine Reihe von Experimenten, unter anderem auch von Charles Darwin, veröffentlicht, in denen Vergleiche zwischen geselbsteten und fremdbefruchteten Pflanzen oder Kreuzungen zwischen Populationen beschrieben wurden. Hierbei zeigte sich, dass z. B. die gekreuzten Pflanzen den geselbsteten überlegen waren und dass Kreuzungen zwischen zwei Populationen am leistungsfähigsten waren. Im Jahr 1908 erkannte Shull die gemeinsame Basis von Inzuchtdepression und einer Leistungssteigerung noch über das Mittel der Kreuzungseltern. Diese als Hybridleistung bezeichnete Überlegenheit der Nachkommen war reproduzierbar und konnte damit in die praktische Pflanzenzüchtung einfließen. Das Phänomen der Leistungsüberlegenheit bezeichnete Shull später als **Heterosis**. Unter Heterosis verstehen wir die **Leistungsüberlegenheit einer heterozygoten F_1-Nachkommenschaft über das Mittel ihrer homozygoten Eltern**. Durch die von Shull erkannte Beziehung von Inzuchtdepression und Heterosis als zwei unterschiedliche Seiten ein und derselben Medaille ist es möglich, einige Verbindungen aufzuzeigen und in die Zuchtmethodik zu übertragen. Gehen wir wie üblich von einer Population im Hardy-Weinberg-Gleichgewicht aus und führen in dieser Population fortgesetzt Selbstungen durch, so wird die mittlere Leistungsfähigkeit der Population absinken, da nun viele ungünstige Allele in Homozygotie vorliegen, die vorher im Schutz der Heterozygotie verborgen waren. Wenn die ungünstigen Allele rezessiv sind, dann bestehen für die Heterozygoten keine negativen Leistungsbeeinträchtigungen. Mit zunehmender Inzucht, also mit Ansteigen des Inzuchtkoeffizienten, sinkt die durchschnittliche Leistung der Population weiter ab, bis sie mit Vorliegen der vollständigen Homozygotie ein Niveau erreicht hat, welches für diese homozygoten Inzuchtlinien charakteristisch ist. Diese Population hat dann ihr **Inzuchtminimum** erreicht. Die Leistungsreduktion, die als **Inzuchtdepression** bezeichnet wird, verhält sich linear zu dem Inzuchtkoeffizienten. Lässt man nun die Inzuchtlinien in einer Zufallspaarung Nachkommen bilden, so weisen diese einen starken Leistungssprung auf. Die Wirkung, die zur Inzuchtdepression geführt hat, wird aufgehoben und die Leistung erreicht ihr ursprüngliches Niveau. Hier setzt das Konzept der Heterosis an. Offensichtlich besteht eine Abhängigkeit zwischen Inzuchtdepression und Inzuchtkoeffizient. Anders ausgedrückt: Je niedriger der Heterozygotiegrad, desto niedriger ist die Leistungsfähigkeit und umgekehrt. Durch Zufallspaarung erreichen wir allerdings bei 2 Allelen nur einen Heterozygotiegrad von maximal 50 %. Die Idee, die zur **Hybridzüchtung** führt, ist nun folgendermaßen: Wenn die Leistung vom Heterozygotiegrad abhängt, dann muss eine Population mit 100 % Heterozygotie noch leistungsfähiger sein als eine

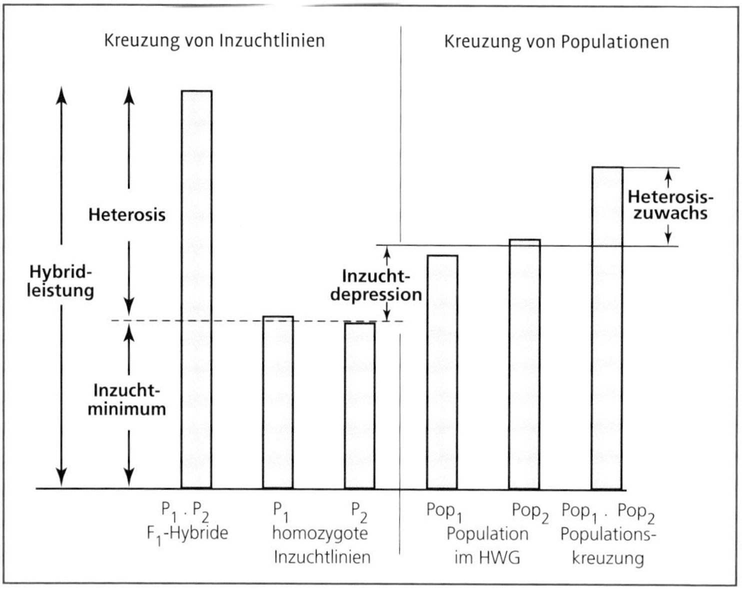

Abb. 3.8 Zusammenhang zwischen Hybridleistung, Heterosis und Heterosiszuwachs.

Population im Hardy-Weinberg-Gleichgewicht, deren Heterozygotiegrad nicht 100 % sein kann. Dieser Gedanke führte zu Hybriden, deren Eltern vollständig homozygote Inzuchtlinien sind. Die F_1-Generation der Hybriden (F_1-Hybriden) weist an allen spaltenden Genloci Heterozygotie auf. Sie übertrifft bei Fremdbefruchtern die Ertragsleistung der im Hardy-Weinberg-Gleichgewicht befindlichen Ausgangspopulation. Mit diesem Konzept der Heterosis war es nun möglich, gezielt nach Arten und Populationen zu suchen, in denen eine Hybridzüchtung eingesetzt werden konnte. Da Mais leicht geselbstet und gekreuzt werden kann, bot es sich an, dass er als eine der ersten Modellpflanzen für die Erforschung der Heterosis Verwendung fand. Das Konzept der Heterosis zeigt gleichzeitig, dass die vollständige Heterosis sich bei dem Vergleich von F_1-Leistung zum Mittel der homozygoten Elternlinien ergibt. Da die Populationen im Hardy-Weinberg-Gleichgewicht eine höhere Leistung als die Linien im Inzuchtminimum besitzen, nutzen diese Populationen schon einen Teil der Heterosis. Die frühen Maisversuche, bei denen geografisch getrennt entwickelte Populationen miteinander gekreuzt wurden und deren Nachkommen ca. 50 % höhere Erträge besaßen als deren Eltern, oder die Leistungssteigerungen von sog. Maultierroggen (erste Durchkreuzungsgeneration einer Mischung von zwei Roggenpopulationen), konnten nun mit der Heterosis erklärt werden. Die Populationskreuzungen nutzen nur einen Teil der Heterosis zur Leistungsverbesserung. Um die verschiedenen Aspekte der Nutzung der Heterosis abzugrenzen, spricht man vom **Heterosiszuwachs**, wobei zum Ausdruck kommt, dass nicht die vollständige Heterosis genutzt wird (Abb. 3.8).

Seit der Formulierung des Heterosiskonzepts werden bei zahlreichen Kulturarten Hybriden standardmäßig produziert, um die Heterosis auch züchterisch zu nutzen. Es fällt auf, dass bei diesen Arten die Fremdbefruchter sehr stark vertreten sind. So werden Mais, Sonnenblume, Zuckerrübe, Roggen und weitere Fremdbefruchter als Hybridsorten produziert, aber bei den auch weltweit wichtigen Arten wie Weizen und Gerste dominieren die homozygoten Linien. Sicher mögen die Befruchtungsbiologie mit der geschlossenen Abblüte und die geringe Pollenschüttung der Selbstbefruchter wichtige Unterschiede zwischen den Artengruppen sein, aber bei der Zusammenstellung über das Ausmaß der Heterosis wird zudem deutlich, dass die Heterosis selbst auch vom Befruchtungssystem abhängt.

In Tabelle 3.5 wird deutlich, dass die Fremdbefruchter das höchste Ausmaß an Heterosis besitzen, die partiell allogamen Arten eine Mittelstellung einnehmen und die Selbstbefruchter die geringsten Heterosiswerte aufweisen. Eine plausible Erklärung für diese Unterschiede kann mithilfe der populationsgenetischen Wirkungen, die von den Befruchtungssystemen ausgehen, gegeben werden. Bei Selbstbefruchtern gelangen auch ungünstig wirkende Allele schnell in den homozygoten Zustand, mit der Konsequenz, dass diese bei geringerer Fitness rasch aus der Population verschwinden. Ganz anders verhält sich ein fremdbefruchtendes System. Hier konnte gezeigt werden, dass sich die allermeisten Kopien der ungünstigen Allele im Schutz der Heterozygotie befinden (vgl. Kap. 3.3.2). Aus diesem Grund reagieren solche Populationen anfällig auf zunehmende Inzucht und zeigen mit einer ausgeprägten Inzuchtdepression, der Kehrseite der Heterosis. Die partiell allogamen Arten verhalten sich durch die stärkere Elimination von ungünstigen Allelen als Folge der ständig vorhandenen Inzucht intermediär.

Bisher wurde das Phänomen Heterosis beschrieben, ohne die genetische Grundlage zu nennen. Auch heute, über ein Jahrhundert nach der erstmaligen Beschreibung des Konzepts, ist das Phänomen noch nicht restlos aufgeklärt. Aber dafür existieren zahlreiche Erklärungshypothesen, die sich allerdings in den methodischen Konsequenzen für die langfristige Züchtungsstrategie diametral unterscheiden. Deshalb erscheint es richtig, sich mit den einzelnen Hypothesen eingehender zu beschäftigen. Die beiden am intensivsten diskutierten Hypothesen sind die **Dominanzhypothese** und die **Überdominanzhypothese**. Die **Epistasiehypothese** ist ein weiterer Erklärungsansatz und aufgrund von zahlreichen Erkenntnissen aus Sequenzierungen kommt noch hinzu, dass die beteiligten Inzuchtlinien sich auch durch das Vorhandensein von Allelen unterscheiden können. Zunehmend werden Varianten entdeckt, die als Presence/Absence-Varianten (PAV) bezeichnet werden. Damit ist gemeint, dass ein Elter ein Allel trägt, während der andere Elter an der Stelle gar keine Information besitzt. Die Formulierung der klassischen Heterozygotie greift bei diesen Befunden

Tab. 3.5 Heterosis bei verschiedenen Kulturarten (nach Melchinger und Gumber 1998).

	Heterosis (% von Mittelelterwert)	
Kulturart	**Mittel**	**(Minimum, Maximum)**
Fremdbefruchter		
Mais, USA	121	(92, 240)
Mais, Europa	129	(112, 143)
Roggen	192	(86, 329)
Partiell allogame Arten		
Ackerbohne	60	(22, 95)
Sommerraps	30	(20, 50)
Winterraps	50	(20, 80)
Selbstbefruchter		
Reis	46	(3, 106)
Weizen	9	(−14, 106)

nicht mehr. Die Befunde zu dieser Art an Variation werden immer zahlreicher und können zukünftig zu einer weiteren Theorie über die Heterosiserklärung beitragen.

Die **Dominanzhypothese**, die schon 1908 von Davenport formuliert wurde, geht davon aus, dass die Heterosis auf einer Maskierung der ungünstigen rezessiven Allele in heterozygoten Individuen basiert. Heterosis ist die Leistungsüberlegenheit von F_1-Nachkommen über die homozygoten Eltern. Obwohl dieses Phänomen noch nicht restlos geklärt ist, spricht vieles dafür, dass die Dominanz wesentlich für die Entstehung der Heterosis verantwortlich ist.

Diese **ungünstigen Allele kommen** damit zumindest in heterozygoten Individuen **nicht zur Ausprägung**. Demgegenüber postuliert die **Überdominanzhypothese**, dass an vielen der beteiligten Genloci Überdominanz herrscht, das heißt, der Wert von d ist größer als der von a und damit sind **die Heterozygoten in der Leistung besser als die besten Eltern**. Zur Begründung der **Epistasiehypothese** wurden verschiedene Beispiele genannt, deren Gemeinsamkeit die **Wechselwirkungen zwischen den Genloci** ist. Alle diese Hypothesen müssen folgende Beobachtungen erklären können: Die Hybriden sind leistungsfähiger als die Eltern und diese Leis-

	Dominanz-hypothese	Überdominanz-hypothese	Epistasie-hypothese
Zusammenwirken der Allele	**dominant:** **AA = Aa › aa** **BB = Bb › bb**	**überdominant:** **AA ‹ Aa › aa** **BB ‹ Bb › bb**	**additiv:** **AA › Aa › aa** **BB › Bb › bb**
Beitrag jedes Gens	**2 2 1**	**1 2 1**	**3 2 1**
Zusammenwirken der Gene	**additiv**	**additiv**	**multiplikativ**
Kreuzung I	**AAbb × aaBB → AaBb** **3 3 4**	**AAbb × aaBB → AaBb** **2 2 4**	**AAbb × aaBB → AaBb** **3 3 4**
Kreuzung II	**AABB × aabb → AaBb** **4 2 4**	**AABB × aabb → AaBb** **2 2 4**	**AABB × aabb → AaBb** **9 1 4**

Abb. 3.9 Schematische Darstellung von 3 möglichen Erklärungen für die Heterosis (Becker 2019).

tungsfähigkeit sinkt mit zunehmender Inzucht. Becker (2019) hat diese Hypothesen anschaulich vergleichend dargestellt (Abb. 3.9).

Hierbei wird an einem Zahlenbeispiel für die Dominanzhypothese die vollständige Dominanz ($d = a$), für die Überdominanzhypothese die Überdominanz ($d > a$) und für die Epistasiehypothese ein intermediärer Erbgang ($d = 0$) angenommen, wobei bei den ersten beiden Hypothesen die Genorte additiv und im Falle der Epistasiehypothese multiplikativ zusammenwirken. Die Doppelheterozygoten (z. B. A_1A_2, B_1B_2), die aus verschiedenen Homozygoten entstehen können, zeigen eine hohe Leistung. In diesem Zahlenbeispiel wird deutlich, dass nur im Falle der Überdominanz die Doppelheterozygoten allen Homozygoten überlegen sind. Darin besteht ein prinzipieller Unterschied zwischen den Hypothesen, denn wenn die Dominanzhypothese gilt, dann müssten einige homozygote Pflanzen in der Population existieren, die der Hybride ebenbürtig sind, die aber die Leistung ohne Leistungsabfall auf die Nachkommen übertragen können. Bei der Überdominanzhypothese besitzen die Heterozygoten die höchste Leistung, die in den nachfolgenden Generationen entsprechend der Abnahme der Heterozygoten in der Population sinkt. Keine der Inzuchtlinien ist in der Lage, die Hybride zu erreichen oder zu übertreffen. Für diese Hypothese ist es auch nicht notwendig, die Wirkung weiterer Genloci oder Kopplung etc. zur Erklärung heranzuziehen.

Alle hier dargestellten Hypothesen sind in der Lage, die Heterosis zu erklären. Die Dominanzhypothese ist scheinbar erschütterbar, da bisher keine Inzuchtlinien gefunden wurden, welche die gleiche Leistungsfähigkeit wie die Hybriden aufweisen. Allerdings sei angemerkt, dass die Leistung und insbesondere Merkmale wie der Ertrag durch viele oder sehr viele Genloci bedingt werden. Unter solchen Umständen ist es kaum möglich, die vorhergesagte Inzuchtlinie finden zu können, denn die Wahrscheinlichkeit eines Genotyps, der alle n Genloci in der günstigen Allelkombination besitzt, liegt bei $(\frac{1}{2})^n$. Bei über 50 beteiligten Genloci kann dieser Genotyp nur durch Glück gefunden werden, da nicht alle möglichen Genotypen überhaupt geprüft werden können.

Damit stellt sich die Frage nach der experimentellen Überprüfung der Hypothesen. Aber welche Größen sollten hier getestet werden? Wir können durch eine einfache Überlegung diese Größen herausfinden. Betrachten wir zunächst einen Genlocus mit den Eltern A_1A_1 und A_2A_2 und deren Kreuzungsnachkomme A_1A_2. Diese Genotypen haben die Leistung a, –a und d wobei die Heterosis definiert wird als:

$$\text{Heterosis} = d - \frac{a + (-a)}{2} = d \qquad (30)$$

Lassen wir die F_2 durch Zufallspaarung oder Selbstung zustande kommen, so liegt die mittlere Leistung bei der F_2 bei $\frac{1}{2}$ d (vgl. Formel 8), womit ein Leistungsabfall verbunden ist. Durch weitere Inzucht würde die mittlere Leistung noch weiter sinken. Ein solches System erklärt aber keine höhere Leistung als die des besseren Elters; hierzu müssen wir zahlreiche Genloci annehmen, die das Merkmal gleichzeitig beeinflussen. Wir müssen zusätzlich unterstellen, dass keiner der Eltern alle günstigen Allele auf sich vereinigt. In diesem Fall können die Hybriden alle günstigen Allele aufweisen und so die Leistung der gewählten Eltern übertreffen. Bei der Überprüfung der Hypothesen muss ein Maß für die einzelnen Genloci hinsichtlich der Größe d gefunden werden. Der Vergleich d / a zeigt dann die Bedeutung der Dominanz oder die Existenz der Überdominanz ($d > a$, das heißt $d / a > 1$). Erst heute kann man mit modernen molekulargenetischen Methoden die einzelnen Genloci getrennt ansprechen. Zusammenfassende Resultate hinsichtlich der Heterosis existieren zurzeit noch nicht. Deshalb müssen wir mit den Ergebnissen, die eine Summe über alle Loci eines Individuums bilden, vorlieb nehmen. Hier gibt es zahlreiche Experimente, um den durchschnittlichen Dominanzgrad zu schätzen. Die überwiegende Mehrzahl dieser komplizierten Experimente wies in den ersten Generationen nach der Kreuzung eine Überdominanz nach, die allerdings durch Kopplung von günstigen mit ungünstigen Allelen überschätzt wurde. Nach zahlreichen Generationen Zufallspaarung schmolz der Anteil an **Pseudoüberdominanz** ab und eine echte Überdominanz konnte nicht nachgewiesen werden. Auch die bisher ausgewerteten Arbeiten mit molekulargenetischen Methoden konnten zwar Pseudoüberdominanz nachweisen, aber nur selten echte Überdominanz. Allerdings dürften hier weitere molekulargenetische Experimente noch wesentlich mehr Details offenlegen und auch die Bedeutung der echten Überdominanz klären.

Die bisherigen Studien weisen jedoch stark darauf hin, dass der vollständigen oder partiellen Dominanz für Heterosis die entscheidende Bedeutung zukommt. Mithilfe der Epistasie, sei es durch die Multiplikation oder durch andere Formen der Wechselwirkungen zwischen Genloci, konnte bisher nicht der Hauptteil der Heterosis erklärt werden.

Fassen wir alle Hypothesen zusammen, so ist ihnen die Betrachtung der Wechselwirkungen gemeinsam. Dominanz oder Überdominanz sind Wechselwirkungen an einem Genlocus, Epistasie ist die Wechselwirkung zwischen Genloci. Bisher nicht betrachtet, aber durchaus bedeutsam könnten weitere Wechselwirkungen im Bereich der Genexpression oder bei den Proteinen sein. Neueste Befunde zeigen, dass die Inzucht möglicherweise auch Effekte wie Methylierung und damit Inaktivierung von Genen oder sogar einen physikalischen Verlust von Gensequenzen bewirken kann. Inwieweit diese Prozesse die Heterosis und das Hybridzüchtungskonzept beeinflussen, ist ein weiteres spannendes Kapitel der Forschung.

Wir müssen aufgrund der heutigen Datenlage die Dominanzhypothese als Hauptursache für die Heterosis annehmen. Damit wird das Konzept der Hybridzüchtung betroffen. Bei Annahme der Dominanzhypothese dürfte sich die Hybridleistung durch eine Verbesserung der beteiligten Inzuchtlinien erhöhen. Experimente mit Hybriden und deren Eltern aus den letzten 100 Jahren können genau diesen Sachverhalt bestätigen, wie Abbildung 3.10 zeigt: Die Hybridleistung stieg. Die elterlichen Inzuchtlinien bewirkten eine Verbesserung der Hybridleistung, während die Heterosis nicht erhöht werden konnte. Relativ sank damit der Anteil der Heterosis an der Hybridleistung. Es ist sicher vernünftig und pragmatisch, wenn die Pflanzenzüchtung die

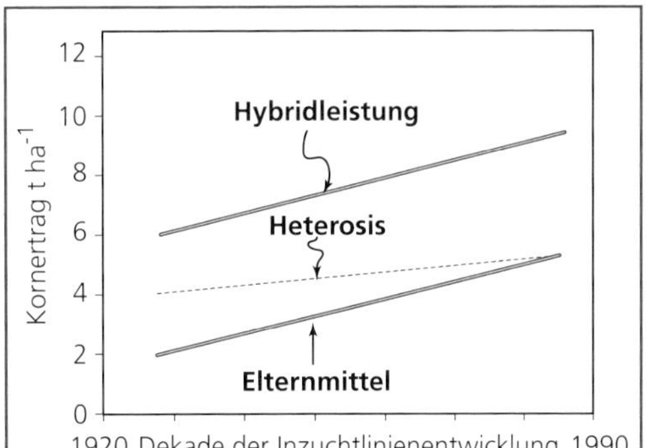

Abb. 3.10 Entwicklung der Erträge von Hybriden, deren elterliche Inzuchtlinien und der Heterosis. Für jede Dekade wurden 12 Inzuchtlinien und deren 6 Hybriden mehrortig, mehrjährig und bei 3 Bestandesdichten geprüft (Duvick et al. 2004).

Verbesserung der Inzuchtlinien konsequent mit in die Methodik der Hybridzüchtung integriert.

Fragen zu Kapitel 3.4

- Was ist der Unterschied zwischen Quantitativer Genetik und Populationsgenetik?
- Warum wird dem Zuchtwert von homozygoten Genotypen ein Dominanzeffekt zugeordnet?
- Welche Größen (p, q, a, d) beeinflussen die Additiv Genetische Varianz, welche die Dominanzvarianz?
- Welche Maßnahmen kann der Züchter ergreifen, um den Anteil der nutzbaren Additiv Genetischen Varianz zu erhöhen?
- Was ist Heterosis und wie kann sie begründet werden?

Weiterführende Literatur

Bernardo, R., 2020a: Breeding for Quantitative Traits in Plants. 3rd Edition. Stemma Press Woodbury, Minnesota.

Falconer, D.S and T. Mackay, 1995: Introduction to Quantitative Genetics. Addison Wesley Pub. Co. Inc., Boston.

Lynch, M. and B. Walsh, 1998: Genetics and Analysis of Quantitative Traits. Sinauer Associates, Inc. Sunderland, Massachusetts.

3.5 Selektion

Bisher haben wir kennengelernt, dass die Individuen Gameten und damit Allele an ihre Nachkommen weitergeben. Durch moderne Ansätze wird die Allel-Zusammensetzung in den Nachkommen immer transparenter und auch die Effekte der Allele werden immer deutlicher sichtbar. Dennoch basiert die pflanzenzüchterische Selektion auf der Auswahl von Einzelpflanzen oder verwandtschaftlichen Gruppen, wie z. B. den Selbstungsnachkommenschaften. Um diese Selektion so effizient wie möglich zu gestalten, hilft die Selektionstheorie, die angibt, welche Verfahren die höchsten Selektionserfolge erwarten lassen.

Nach wie vor sind die phänotypischen Daten für eine Beurteilung der Selektionskandidaten die wichtigste Quelle für die Auswahl der besten Genotypen. Zusätzlich geben heute molekulare Marker Aussagen zu den einzelnen Genregionen und den Allelen innerhalb der Genotypen. Informationen über die genetischen Effekte, die durch die molekularen Marker gewonnen werden, bilden die phänotypische Ausprägung in digitaler Form ab und können innerhalb des Genoms einer Einzelpflanze einzelne Genomregionen differenzierter beschreiben, als es die phänotypischen Daten, die jeweils die Gesamtpflanzen abbilden, vermögen. Da die Kosten für die molekularen Marker seit einigen Jahren stark gesunken sind und zurzeit noch sinken, werden die mit den Markerdaten verbundenen Schätzungen der genotypischen Effekte immer stärker die Selektionsentscheidungen beeinflussen und bestimmen diese teilweise bereits gänzlich. Unabhängig von der Bedeutung der Markerinformation stellen die phänotypischen Messungen der Kandidaten die wichtigste Quelle an Informationen. Aus diesen Daten speisen sich zum einen die Schätzungen der genotypischen Effekte der Einzelmarker. Zum anderen laufen alle Selektionsentscheidungen, ob mit Markerinformation oder ohne, auf die Auswahl von Einzelpflanzen aus Gruppen von Pflanzen heraus. Damit stellt die Phänotypisierung das Rückgrat für die züchterische Arbeit dar. Wie schon vorher ausgeführt, werden die Phänotypen zudem durch Umwelteffekte mit variiert. Es ist also nicht von vornherein klar, inwieweit die Umwelt oder der Genotyp oder auch die Wechselwirkungen zwischen Umwelt und Genotyp zu der messbaren phänotypischen Größe beitragen. Diese Erkenntnisse sind nur durch Prüfungen der Phänotypen zu erlangen. Es wird erwartet, dass in Zukunft Modellierungen der Umwelten bei der Planung der Prüfungen die Arbeit wesentlich bereichern werden.

Nachdem aussagefähige Prüfungen vorliegen, kann die Phase der Auswahl beginnen. Für eine Planung dieser Selektion ist es wichtig zu wissen, ob die Population, deren Individuen ausgewählt werden sollen, sich noch verändert oder ob die Individuen, Linien, Klone etc. sich nicht mehr verändern. Diese Unterscheidung ist wichtig, da in einem Fall eine zuverlässige Schätzung der ausgewählten Fraktion erfolgt und im anderen Fall die ausgewählte Fraktion nur vorhergesagt werden kann, wozu verschiedene Annahmen gelten. Hintergrund dieser Unterscheidung ist, dass z. B. Klone als Ergebnis einer Kreuzung in einer vegetativen Fortpflanzung sich genetisch, von Mutationen und epigentischen Veränderungen einmal abgesehen, nicht mehr verändern. Das Gleiche gilt für homozygote oder fast homozygote Inzuchtlinien. Analysiert man die Methodik in der Hybridzüchtung, in der eine Inzüchtung durchgeführt werden muss, dann zeigt sich auch in dieser Zuchtmethode, dass in den Selektionsschritten vielfach keine Veränderung der Linien bzw. der Experimentalhybriden von einem Schritt zum nächsten mehr stattfindet. So werden die Inzuchtlinien beispielsweise bei Mais mit einer DH-Technologie hergestellt, womit diese sofort homozygot sind. Bei der Züchtung von Hybriden gibt es allerdings neben den Phasen ohne Veränderungen auch Schritte, in denen sich die Genotypen stark ändern und in denen eine Vorhersage der deutlich abweichenden nächsten Generation, den Hybriden, aus den Inzuchtlinien notwendig ist. Es muss also immer beachtet werden, welche Erwartungen existieren. Und es gibt zunehmend Phasen in den Zuchtmethoden, in denen z. B. Inzuchtlinien im Single-Seed-Descent-Verfahren in Kombination mit dem neuen Speed-Breeding produziert werden. Auch die Experimentalhybriden verändern sich genetisch nicht, da diese jedes Jahr neu durch Kreuzung der Inzuchtlinien hergestellt werden.

In anderen Situationen hingegen, und hier sind insbesondere die Fremdbefruchter anzusprechen, verändern sich die Populationen ständig, wenn einzelne Pflanzen entnommen werden, weil diese Pflanzen ungünstige Eigenschaften aufweisen, oder wenn die erwünschten Individuen stark vermehrt werden. Solche Veränderungen wirken stark, wenn diese Maßnahmen vor der Blüte, also vor dem Entlassen der Pollen von allen Pflanzen und damit auch der nicht erwünschten Pflanzen erfolgt. Maßnahmen nach den Pollenschütten weisen dann eine geringere Wirkung auf die Veränderung durch eine pflanzenzüchterische Maßnahme auf. Auch bei Selbstbefruchtern verändern sich die Populationen noch genetisch, wenn z. B. die Pflanzen nach einer Kreuzung noch stark heterozygot sind. Auch in Zuchtschemata, bei denen eine wiederkehrende Selektion in noch sehr frühen Generationen erfolgt, verändern sich die Populationen genetisch.

Damit können wir in der Pflanzenzüchtung von 2 unterschiedlichen Ansätzen in der Planung der Selektion ausgehen. Im Vergleich zur Tierzüchtung ergeben sich auch andere Voraussetzungen in der Feststellung der Allelfrequenzen. In der Konsequenz erscheint eine Ermittlung der Zuchtwerte, die formal von einer sich verändernden Population ausgehen, in vielen Selektionsmethoden nicht von vordringlichem Interesse. Dieses gilt insbesondere dann, wenn die Individuen sich während der Selektionsphase nicht ändern und die Dominanzeffekte bei der Inzucht nicht mehr wirken. Damit ist eine Aufteilung der genetischen Unterschiede in V_A und V_D in vielen praktischen Fällen nicht mehr notwendig. Demgegenüber ist allerdings eine Kenntnis der genetischen Unterschiede zwischen den Kandidaten im Zuchtmaterial unerlässlich für Planungszwecke.

Insbesondere die **Zuverlässigkeit der Schätzung der Kandidatenunterschiede** ist hierbei wichtig. Die Zuverlässigkeit der Kandidatenschätzung kann analog zur Heritabilität als Anteil der durch die Kandidaten erklärten Varianz an der phänotypischen Varianz interpretiert werden. Üblicherweise verwendet man 2 Maßzahlen für die Heritabilität. Hierbei handelt es sich einmal um die **Heritabilität im weiteren Sinne** und um die **Heritabilität im engeren Sinne**. Bei der Heritabilität im weiteren Sinne, welche üblicherweise mit H^2 abgekürzt wird, handelt es sich um den Anteil der gesamten genetischen Varianz an der phänotypischen Varianz, während die Heritabilität im engeren Sinne (h^2) den Anteil der Additiv Genetischen Varianz, also die Varianz der Zuchtwerte an der phänotypischen Varianz beschreibt. In allen Fällen, in denen sich die Kandidaten von einer Generation zur nächsten nicht mehr verändern, ist eine komplizierte Messung des Zuchtwertes nicht notwendig und kann durch die einfachere Erfassung der Kandidatenunterschiede ersetzt werden. Und in vielen Selektionsentscheidungen in der

Pflanzenzüchtung können wir durch die neuen Verfahren davon ausgehen, dass sich die Kandidaten nicht mehr genetisch verändern. Aber wir benötigen eine Maßzahl, welche die Zuverlässigkeit der Kandidatenleistung zum Ausdruck bringt.

Um die Zuverlässigkeit (reliability, verwendete Abkürzung: ϱ^2; Rho für r aus dem griechischen Alphabet) der Kandidatenleistung abschätzen zu können, wird der Anteil der Kandidatenvarianz ($V_{Kandidaten}$) an der phänotypischen Varianz (V_P) als ϱ^2 definiert:

$$\varrho^2 = \frac{V_{Kandidaten}}{V_P} = \frac{V_{Kandidaten}}{V_{Kandidaten} + V_{Kan. \times U}/(u * r) + V_{Fehler}/r} \quad (31)$$

wobei $V_{Kan. \times U}$ die Varianz der Kandidaten × Umwelt-Wechselwirkungen und V_{Fehler} die Varianz des zufälligen Fehlers (Versuchsfehler) darstellt: Die letzten beiden Größen werden noch durch die Anzahlen der Umwelten (u) und der Wiederholungen (r) gewichtet. Wenn aufgrund von Saatgutmangel eventuell nicht alle Kandidaten an allen Umwelten und/oder in der gleichen Wiederholungsanzahl getestet werden konnten, setzt man das harmonische Mittel dieser Anzahlen ein (z. B. für ungleiche Anzahlen an Wiederholungen: $1/r = (1/r_1 + 1/r_2 + \ldots + 1/r_k)/k$, bei k Kandidaten). Ein weiterer Tipp für die Verwendung dieser Maßzahl besteht darin, dass man sich zusätzlich die Standardabweichung der Zuverlässigkeit ansieht. Dieses gilt insbesondere bei der Züchtung auf Eigenschaften, die nicht immer erkannt werden können, wie z. B. Trockentoleranz, die nur bei Trockenheit auftritt, oder bei Krankheiten, die nur bei entsprechendem Befall erkannt werden können. Eine weitere Möglichkeit, die Zuverlässigkeit der Schätzung der Kandidatenunterschiede zu berechnen, besteht in einer Berechnung der mittleren Standardabweichung aller möglichen Kandidatenunterschiede, wie es von der Arbeitsgruppe Piepho (Schmidt et al., 2019) vorgeschlagen wird.

Da pflanzenzüchterische Versuche zu Selektionszwecken immer so gestaltet werden, dass die zu vergleichenden Genotypen (Kandidaten) immer an allen Umwelten geprüft werden, wird die phänotypische Varianz V_P nicht durch die Varianz der Umwelteffekte beeinflusst. Daher fehlt dieser Term in der Schätzformel für die Zuverlässigkeit. Die Werte der Zuverlässigkeit liegen zwischen 0 und 1, wobei ein Wert von 0,8 bedeutet, dass für dieses Merkmal, z. B. Pflanzenhöhe, etwa 80 % der (phänotypischen) Varianz durch die Prüfkandidaten bestimmt wird.

Der hier verwendete Parameter Zuverlässigkeit der Schätzung wird häufig als Heritabilität im weiteren Sinne (H^2) bezeichnet. In der Tierzüchtung wird anstelle des hier benutzten Begriffs die Heritabilität genutzt. Auch in der Pflanzenzüchtung gilt die Heritabilität, Grad der Erblichkeit, als eine wichtige Planungsgröße. Aber im Gegensatz zur Tierzüchtung werden für alle Selektionsverfahren, in denen sich die Genotypen nicht mehr genetisch verändern, die Varianzen V_A, V_D und höhere genetische Varianzen nicht mehr in dem Sinne verwendet, dass die Unterschiede in den Nachkommen beschrieben werden sollen. Damit sind die V_A und V_D kaum noch in ihrer ursprünglichen Bedeutung in der Selektionsplanung einsetzbar. Für übergeordnete Planungen, wie die Überlegungen, ob Halb-, bzw. Vollgeschwister oder andere Verfahren verwendet werden sollen, ist deren Kenntnis dennoch sehr wichtig. Sind Entscheidungen über die genetische Struktur der Prüfkandidaten gefallen, wie z. B. „Es werden DH-Linien produziert und geprüft", dann ist die Varianz der Kandidaten, in diesem Fall der DH-Linien, maßgebend. Damit ist der Begriff Heritabilität, also der Anteil der Erblichkeit, in diesen Selektionsverfahren nicht mehr folgerichtig. Vielmehr ist es wichtig zu wissen, wie **zuverlässig** die Kandidaten tatsächlich beurteilt werden können. In der praktischen Durchführung wird die jeweilige Zuverlässigkeit der Kandidaten durch gut beschriebene statistische Verfahren errechnet. Hier kommen Verfahren, wie z. B. die Mixed-Model-Schätzung, zum Einsatz. Wichtig in diesem Zusammenhang ist, dass hierfür möglichst viele Daten der Kandidaten aus den unterschiedlichen Standorten der Zielregion zur Verfügung stehen. Da die Pflanzenzüchtung in der Regel verhältnismäßig langwierig ist, wäre es günstig, eine schnelle Übersicht über die Zuverlässigkeit der Kandidaten zu haben. Um viele verschiedene Umwelten in der Prüfserie zu erfassen, müssen die Kandidaten an mehreren Standorten geprüft werden. Dadurch wird der Effekt von unterschiedlichen Bodenarten, von unterschiedlichen Wetterbedingungen etc. erfahren. Leider gibt es einige Umweltbedingungen, die durch die Unterschiedlichkeit der Standorte allein nicht abgebildet werden können. So sind die Reaktionen der Kandidaten auf einige Umweltfaktoren wie die Tageslängen an den jeweiligen Orten und deren Interaktionen zum Wettergeschehen nicht durch eine Prüfung an anderen Standorten erfahrbar. Durch eine mehrjährige, zumindest 2-jährige Prüfung wird die Dauer einer Prüfung leider verlängert, aber die Zuverlässigkeit der Prüfung steigt.

Selektionsentscheidungen werden allerdings nicht nur zwischen Kandidaten gefällt, die sich genetisch nicht mehr verändern. Dort wäre es zu kurz gegriffen, nur von einer Zuverlässigkeit der Prüfung auszugehen. In diesem Fall müssen weitere Bedingungen mit in Betracht gezogen werden. Im Falle einer Fremdbefruchtung, die einer Zufallspaarung vergleichbar ist, wären Parameter wie V_A, V_D und epistatische Varianzen mit heranzuziehen. Auch gibt es Systeme, in denen nur die Mutterpflanze beurteilt werden kann und Aussagen für die Nachkommen daher viel unsicherer sind, als es bei der Kenntnis der mütterlichen und väterlichen Leistung wären. In diesem Fall wäre z. B. die Genauigkeit nur halb so groß, verglichen mit der Kenntnis von beiden Eltern. Die Verfahren, in denen die Populationen oder Linien sich noch verändern, sind sehr vielgestaltig, sodass an dieser Stelle auf die weiterführende Literatur verwiesen werden muss. Für alle diese Fälle muss nun die **Zuverlässigkeit der Kandidatenprüfung** durch einen Term ersetzt werden, der als **Treffgenauigkeit der Vorhersage** bezeichnet werden kann, weil die Kandidatenprüfung in diesem Fall durch eine Vorhersageprüfung ersetzt oder ergänzt werden muss. Der Hintergrund hierbei ist, dass sich die Population oder Prüfglieder noch genetisch verändern oder zumindest verändern können. Im Grunde ist es eine Erweiterung der Zuverlässigkeit der Prüfung. Wie bei der Feststellung der Zuverlässigkeit sollten die Prüfkandidaten an vielen Umwelten und unter verschiedenen Managementverfahren getestet werden; aber es kommt die genetische Veränderung noch hinzu. Formal kann der Unterschied zwischen **Zuverlässigkeit der Kandidatenprüfung** und der **Treffgenauigkeit der Vorhersage** auch mit dem Unterschied zwischen Heritabilität im weiteren Sinn (H^2) und Heritabilität im engeren Sinn (h^2) verglichen werden. Da nun die Entwicklung der Populationen (ob Halb- oder Vollgeschwister, DH-Linien oder andere spaltende Populationen) oder die Prüfungen sehr unterschiedlich sind, kann eine allgemein gültige Formel nicht angegeben werden. Um im Beispiel der Maiszuchtmethodik zu bleiben, welches vorher schon erwähnt wurde, gibt es an der Stelle der DH-Linien im Übergang zu den Experimentalhybriden erhebliche Veränderungen zwischen den Inzuchtlinien und den Kandidaten. Trotzdem müssen aus der Vielzahl an möglichen Kombinationen von verschiedenen Kombinationen der Inzuchtlinien die erfolgversprechendsten ausgewählt werden. Hierzu dienen die Werte der Allgemeinen und Spezifischen Kombinationsfähigkeit (GCA und SCA), die nun in die Formel für die Treffsicherheit der Vorhersage eingebunden werden. Konkret müssen die Varianzen der Allgemeinen Kombinationsfähigkeiten von 2 verschiedenen Populationen und die Varianzen der Spezifischen Kombinationsfähigkeit zwischen jeweils 2 Linien bekannt sein. Im Falle von Populationssorten gibt es Situationen, in denen vor der Blüte selektiert werden kann, wodurch die Selektion vor der Pollenschüttung erfolgen kann. Treten die Eigenschaften erst nach der Blüte zutage, muss dieses in der Ermittlung der Treffgenauigkeit der Vorhersage berücksichtigt werden. Bei der Nennung dieser wenigen Beispiele wird deutlich, dass die Formulierung der Treffgenauigkeit der Vorhersage komplex ist und daher muss an dieser Stelle auf die weiterführende Literatur verwiesen werden. Im Grunde ist die **Treffgenauigkeit der Vorhersage** eine Verallgemeinerung des Terms **Zuverlässigkeit der Kandidatenprüfung** und wird an dieser Stelle deshalb sprachlich getrennt.

Obwohl in der Regel die **Heritabilität** anstelle der hier verwendeten Begriffe Zuverlässigkeit oder Treffgenauigkeit der Vorhersage verwendet wird, folgt diese Darstellung nicht der allgemein üblichen Verwendung des Begriffes. Die Begründung liegt nicht daran, dass die Verwendung des Begriffes Heritabilität falsch ist, aber die Verwendung des Begriffs Heritabilität dient in der Pflanzenzüchtung in den meisten Fällen nicht dazu, den Grad der Erblichkeit zu beschreiben. So erscheint es unverständlich, dass sich die Erblichkeit dadurch verändert, dass eine Prüfung an mehreren Umwelten und mit mehreren Wiederholungen stattfindet. Dass sich durch eine genaue Prüfung die Zuverlässigkeit der Messwerte erhöht, ist dagegen nachvollziehbar. Weiterhin gibt es auch Definitionsprobleme mit der Heritabilität, in der die V_A, V_D etc. verwendet werden. Während in anderen Bereichen diese Varianzen in der ursprünglichen Bedeutung verwendet werden, greift die Pflanzenzüchtung vielfach auf durchaus günstigere Varianzen (z. B. Varianzen von DH-Linien etc.) zurück.

3.5.1 Selektionserfolg

Für die Planung von Zuchtverfahren ist es enorm wichtig zu wissen, wie verschiedene alternative Zucht- oder auch Selektionsmethoden miteinander verglichen werden können. Wenn wir vom Ende her denken, dann stellt die Formel zur Schätzung des Selektionserfolgs eine gute Entscheidungsgrundlage dar. Welche Faktoren sind nun wichtig, um erfolgreich eine Sorte zuzulassen und auch auf den Markt zu bringen? Wie oben schon dargestellt, ist die Pflanzenzüchtung ein langwieriges Unterfangen. Daher sollte sich der Erfolg eines Zuchtverfahrens immer an der benötigten Zeitdauer orientieren. Also ist die Basis für einen Vergleich von Zucht- oder Selektionsverfahren immer pro Zeiteinheit also pro Jahr zu sehen.

Für die Schätzung eines Selektionserfolgs gibt es ein anschauliches Vorgehen. Der Ausgang hierbei ist eine Häufigkeitsverteilung der jeweiligen Leistungen der Genotypen der betrachteten Population. Die Häufigkeitsverteilung wird durch die Normalverteilung dargestellt. Grundlage dieser Überlegung ist, dass die Genotypen sehr viele Gene besitzen und dass bei quantitativen Merkmalen die einzelnen Gene über ihre Allele jeweils einen nur kleinen Anteil an der Merkmalsausprägung haben. Und wenn man dieser Überlegung folgt, dann kommt man von einer Mendelspaltung mit 2 Genloci bei vielen Genloci tatsächlich zu einer Normalverteilung der Häufigkeiten der Genotypklassen und bei der Annahme, dass alle Allele jeweils einen kleinen Anteil an der Leistung haben auch zur Normalverteilung hinsichtlich der Leistungsklassen. Dieses hat den Vorteil, dass Annahmen, die für die Normalverteilung bestehen, nun für die Schätzung des Selektionserfolgs übernommen werden können. Das übliche Vorgehen in der Pflanzenzüchtung ist nun die Auslese der besten Genotypen. Aber wir kennen hier nur den phänotypischen Wert. Gleichwohl kann man den Mittelwert der Gesamtpopulation ausrechnen und auch den Mittelwert der selektierten Fraktion. Die Differenz vom Mittelwert der selektierten Fraktion und dem Mittelwert der Gesamtpopulation bezeichnet man als **Selektionsdifferenz S** (Abb. 3.11). Werden die ausgewählten Genotypen nun unter anderen Umweltbedingungen angebaut, so kann man das Mittel der selektierten Fraktion erneut bestimmen. Der Unterschied zwischen diesem neuen Mittelwert und der ursprünglichen Gesamtpopulation zeigt den **Selektionserfolg R** (von Response) an. Im Idealfall unterscheiden sich die Werte von R und S nicht. Allerdings ist dieses bei quantitativen Merkmalen mit zahlreichen Einflussfaktoren auf die Merkmalsausprägung nicht zu erwarten. In der Regel unterscheiden sich die Werte von S und R erheblich und hierbei ist der Selektionserfolg R häufig viel geringer als die Selektionsdifferenz S. Für diejenigen Selektionsverfahren, in denen sich die Kandidaten genetisch nicht mehr unterscheiden, führt also eine geringere Zuverlässigkeit der Leistungsschätzung zu dem Abfall. In denjenigen Fällen, in denen die Population sich noch genetisch verändert, führt darüber hinaus z. B. eine Durchkreuzung mit den folgenden Effekten oder eine Abnahme der Heterozygotie zu einer Reduzierung des Selektionserfolges.

Der Selektionserfolg R ist also in der Regel kleiner als die Selektionsdifferenz S. Diese Veränderung kann mithilfe der **Zuverlässigkeit der Kandidatenprüfung ϱ^2** oder im Falle der Verfahren mit genetischen Veränderungen bei den Kandidaten mit der **Treffgenauigkeit der Vorhersage** beschrieben werden:

$$R = \varrho^2 S \qquad (32)$$

Dieses Beispiel zeigt uns den **beobachteten Selektionserfolg** und von welchen Größen der Selektionserfolg abhängt. Sofern wir Schätzwerte für diese Größe haben, können wir auch den **erwarteten Selektionserfolg** berechnen. Allerdings wäre eine Empfehlung, die da lautet, die selektierte Fraktion soll einen Mittelwert von xy besitzen, schlecht in die züchterische Praxis umzusetzen. Hier hilft eine Umformung der obigen Formel, die jetzt die **Selektionsintensität i** mit einbezieht. Da die Selektionsintensität eine in der Statistik bekannte Größe der Standardnormalverteilung ist, gibt es hierfür Tabellen, die den Zusammenhang vom Populationsmittel (μ) und dem selektierten Prozentsatz der Population aufzeigen. Hieraus lassen sich nun wieder nachvollziehbare Handlungsanweisungen ableiten, wie z. B.: die 10 % Besten sollen weitergeführt werden.

Der **erwartete Selektionserfolg** (R) ist abhängig von:

der Selektionsintensität * Zuverlässigkeit der Prüfergebnisse * Unterschiede zwischen den Kandidaten

oder in der Formelschreibweise:

$$R = i \varrho \sqrt{V_{Kandidaten}} \qquad (33)$$

Die Werte i, ϱ und $V_{\text{Kandidaten}}$ sind Selektionsintensität, die Wurzel aus der Zuverlässigkeit der Prüfung und die Varianz der Kandidatenwerte.

Die Formel zur Schätzung des erwarteten Selektionserfolges ist ausschlaggebend für die Planung von Selektionsstrategien und für den Vergleich von alternativen Selektionsmethoden.

Der erwartete Selektionserfolg pro Jahr ist die fundamentale Größe zur Planung von Selektionsmethoden.

Darüber hinaus belegt diese Formel auch, welche Faktoren verändert werden können, um den Selektionserfolg zu erhöhen. Die Selektionsintensität i, die Zuverlässigkeit der Testung und die genetische Varianz zwischen den Kandidaten kann erhöht werden, um den Selektionserfolg zu steigern. Je kleiner die selektierte Fraktion ist, die weitergeführt wird, umso höher wird der Selektionserfolg. Allerdings bestehen hier natürlich gegenläufige Beziehungen, denn eine nur kleine Fraktion von besonders geeigneten Kandidaten weiterzuführen, bedeutet auch eine große

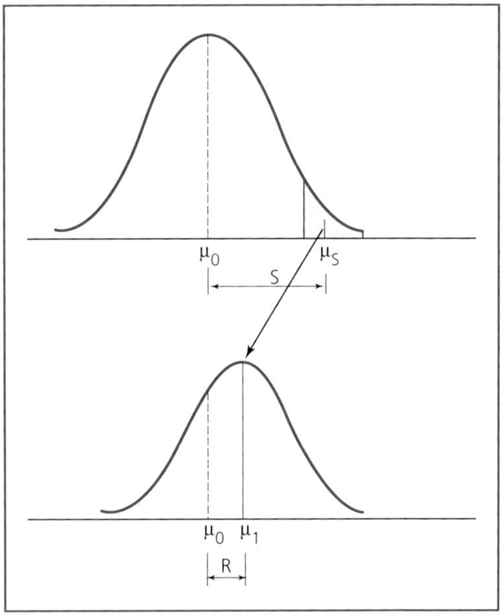

Abb. 3.11 Der Selektionserfolg R beschreibt den Unterschied der mittleren Populationsleistung vor μ_0 und nach μ_1 der Selektion, wobei die Selektionsdifferenz S den Unterschied zwischen Populationsmittel (μ_0) und dem Mittelwert der selektierten Fraktion (μ_s) angibt.

Allelfrequenzänderung in der Population. Es werden viele günstige Allele in der ausgelesenen Fraktion weitergeführt, aber ebenso werden auch viele günstige Allele nun nicht weitergeführt. Dieses bedeutet eine Reduzierung der genetischen Varianz in vielen Genloci. Für die besonders günstigen ist diese Reduktion erwünscht, aber für viele andere Genloci wird die Auswahl auch eine Anhäufung von ungünstigen bedeuten. Bei zu kleinen Populationen könnte nun die Drift und damit der Zufall über das Schicksal der Allele entscheiden. Es ist bei einer sehr hohen Selektionsintensität daher abzuwägen, wie der kurzfristige Erfolg im Verhältnis zu einem langfristigen Erfolg zu bewerten ist. Bei Fremdbefruchtern kommt bei der Beurteilung der Selektionsintensität noch hinzu, dass eine Inzucht, die durch eine Zunahme der Homozygotie aufgrund der Selektion entstehen kann, nicht den Selektionserfolg reduziert.

Eine sehr bedeutende Maßnahme, den Selektionserfolg zu steigern, besteht in der Verbesserung der Zuverlässigkeit der Prüfergebnisse. Wir haben vorher schon kennengelernt, dass es im

Bereich der Pflanzenzüchtung möglich ist, einzelne Kandidaten in mehreren Wiederholungen und an mehreren Standorten gleichzeitig zu prüfen. Hierdurch stehen nicht Einzelwerte von Individuen, sondern Mittelwerte über Versuche oder Versuchsserien zur Verfügung. Da eine Selektion auf der Basis dieser Mittelwerte erfolgt, verringert sich die Beeinflussung der Kandidatenwerte durch Wechselwirkungen mit Umwelteffekten oder durch zufällige Einflüsse. Gelingt es uns, die Genotypen möglichst genau zu testen, dann ist auch eine Auswahl zwischen den Genotypen durch die höhere Zuverlässigkeit sicherer. Einer sehr intensiven Testung sind aber auch Grenzen gesetzt. Jeder Züchter besitzt nur eine begrenzte Prüfkapazität, die optimal ausgenutzt werden muss. Die Anordnung der Prüfglieder, Teststandorte und Wiederholungen innerhalb eines Standortes nennt man **Allokation.** Die optimale Allokation besteht aus einer Prüfung an möglichst vielen Standorten und in zumindest 2 Jahren mit je einer Parzelle pro Prüfglied (wird als eine Wiederholung bezeichnet). Es mag intuitiv falsch erscheinen, die Kandidaten nicht wiederholt (Anzahl der Wiederholung wäre n= 1) zu testen, aber die Genotyp x Umwelt-Interaktion ist in der Regel bedeutender als die Fehlerwirkung. In solchen Testungen könnten dann weit mehr Kandidaten geprüft werden als bei mehreren Wiederholungen. Für bestimmte Fragestellungen, wie z. B. die Testung der Eignung in bestimmten Regionen oder Managementtechniken sind allerdings Wiederholungen unabdingbar.

Die Varianz der Prüfkandidaten wird entscheidend durch die vorangestellte Zuchtmethodik beeinflusst. Hierbei wurde vorab entschieden, welche genetische Struktur die Prüfkandidaten aufweisen. Dabei ist es günstig, Populationen auszuwählen, die entsprechend ihrer genetischen Zusammensetzung maximal differenzieren und sich ggf. nicht mehr von Vermehrungsstufe zur Vermehrungsstufe genetisch verändern. Prüfungen von ausdifferenzierten SSD-Inzuchtlinien, DH-Linien oder Experimentalhybriden entsprechen diesen Vorgaben, während junge Selbstungslinien, heterogene Liniengemische oder Fremdbefruchterpopulationen durch genetische Varianzen innerhalb der Prüfglieder mehr Schwierigkeiten aufweisen. Im Kapitel 3.4.2 wurde gezeigt, wie stark die Unterschiede z. B. zwischen Halbgeschwister-, Vollgeschwister- oder DH-Linien in der genetischen Differenzierung hinsichtlich des nutzbaren Anteils der Additiven Genetischen Varianz sind.

Ein wesentlicher Faktor in der Erhöhung der genetischen Varianz der Prüfkandidaten liegt in der Auswahl des Ausgangsmaterials. Hierbei sei natürlich in erster Linie die Kreuzung als Grundlage der Erschaffung des Ausgangsmaterials genannt. Durch die Wahl von geeigneten Eltern erhöht sich die genetische Varianz innerhalb der Nachkommenschaft. Bei quantitativen Merkmalen werden häufig Eltern miteinander gekreuzt, die beide leistungsfähig sind, sich aber in einigen Eigenschaften unterscheiden. Diese können eine leistungsfähige und gleichzeitig diverse Nachkommenschaft hervorbringen. Vielfach werden leistungsfähige Eltern miteinander gekreuzt, denen eine deutliche Unterscheidung kaum anzumerken ist. Die Idee dahinter ist, dass beide leistungsfähig sind, aber sich dennoch in einigen Genloci stark unterscheiden können. In der Nachkommenschaft hofft man dann neben der hohen Leistungsfähigkeit auf eine hohe Differenzierbarkeit innerhalb der Nachkommenschaft. Für Situationen, in denen die Mittelwerte der Elternleistung sich unterscheiden, und auch, wenn mehrere Kreuzungskombinationen existieren, zwischen denen auch eine Selektion stattfindet, muss die Entscheidung sich am **Brauchbarkeitskriterium U** (nach Schnell 1983) orientieren, da hierbei der Selektionserfolg in Verbindung mit dem jeweiligen Populationsmittel gebracht wird:

$$U_{Pi} = \mu_{Pi} + R_{Pi} \quad (34)$$

wobei μ den Mittelwert der jeweiligen Population, R den jeweiligen Selektionserfolg und Pi die jeweilige Population i bezeichnet.

Zusammengefasst kann der Selektionserfolg durch folgende Maßnahmen erhöht werden:

1. **Führe nur eine kleine Fraktion von selektierten Individuen oder Familien etc. weiter.** Beachte hierbei die größere Inzucht und/oder die Gefahr des Verlustes von potenziell brauchbaren Allelen innerhalb der ausgewählten Fraktion.

2. **Gestalte die Prüfung der Kandidaten so, dass die Unterschiede zuverlässig ohne einen verzerrenden Einfluss durch Genotyp x Umwelt-Interaktionen erkannt werden können. Vermeide wenn möglich genetische Strukturen innerhalb der Kandidaten, die die relevanten Unterschiede maskieren können,** z. B. durch Kontrolle auch der männlichen Gameten, durch Selektion zwischen Vollgeschwistern anstatt Halbgeschwistern, durch Selektion zwischen vollständig homozygoten Inzuchtlinien etc.
3. **Erhöhe den Mittelwert und die Unterschiedlichkeit der Kandidaten** durch Auswahl der Kreuzungskombinationen oder durch Einführung von geeigneten genetischen Ressourcen. Hierbei ist auch der Mittelwert der gesamten Population zu beachten.
4. **Reduziere die nichtgenetischen Einflüsse** auf die Selektionsentscheidung, z. B. durch optimale Allokation, die Wahl des Versuchsdesigns etc.

3.5.2 Selektion auf mehrere Merkmale

Bisher haben wir bei der Selektion nur ein Merkmal betrachtet. Die Bedeutung einer neuen Sorte erwächst normalerweise nicht durch eine einzelne Eigenschaft, sondern durch die Kombination vieler Eigenschaften, die im günstigsten Fall alle sehr gut harmonieren. Bei dieser Betrachtung mehrerer Merkmale muss der Pflanzenzüchter verschiedene Dinge berücksichtigen. Zum einen muss eine neue Sorte üblicherweise in mehr als einem Merkmal gleichzeitig verbessert werden. Andererseits bestehen zwischen Merkmalen auch Korrelationen, die störend, aber auch hilfreich wirken können. So führen Veränderungen in einem Merkmal häufig auch zu Veränderungen in anderen Eigenschaften. Dieses kann sich zwischen den wertbestimmenden Merkmalen abspielen oder es können auch Beziehungen zwischen einem Zielmerkmal und einem weiteren Merkmal existieren, wobei die weiteren Merkmale durchaus hilfreich in der Selektion eingesetzt werden können. Bei diesen Korrelationen werden an dieser Stelle nur die **genetischen Korrelationen** betrachtet, da nur diese und nicht die gesamten phänotypischen Korrelationen für die Selektion relevant sind. Diese Beziehungen sind durch **Kopplungen**, durch **Pleiotropie** oder durch ein Zusammenwirken von Metaboliten auf unterschiedlichen Omics-Ebenen zu erklären. Im Falle der Kopplung werden die Allele, die in ihrer Kombination positiv oder auch negativ wirken können, zusammen an die Nachkommen weitergegeben. Die Kopplung kann durch Rekombination aufgehoben werden. Damit würde die genetische Korrelation sich auch verändern können. Im Falle der Pleiotropie werden 2 oder mehr Merkmale gleichzeitig durch einen Genlocus beeinflusst. Diese Korrelation basiert damit auf physiologischen Effekten und verändert sich durch mehrere Zyklen Zufallspaarung im Gegensatz zur genetischen Korrelation nicht.

Bestehen solche genetischen Korrelationen, so führt eine Selektion in einem Merkmal zu einer Veränderung des korrelierten Merkmals. Eine solche Situation ist nicht ungewöhnlich, so sind z. B. die Ertragskomponenten untereinander negativ korreliert (vgl. Kap. 2.2.2). Eine Selektion auf eine einzelne Ertragskomponente, z. B. Tausendkorngewicht bei Getreide, führt in der Regel zur Reduktion in anderen Komponenten (z. B. in der Kornzahl pro Ähre). Aufgrund der negativen genetischen Korrelationen führten Selektionsexperimente, in denen nur auf einzelne Ertragskomponenten selektiert wurde, nur sehr bedingt zu einer Erhöhung des Ertrags.

Da es möglich ist, mithilfe der genetischen Korrelationen, der genetischen Varianzen und der Zuverlässigkeit der Kandidatenschätzung der beiden Merkmale einen Zusammenhang zwischen dem **korrelierten Selektionserfolg** auszudrücken, kann die Formel (Nr. 33) auch umgeschrieben werden, um die Bedingungen für eine **indirekte Selektion** zu erarbeiten. Bei dieser indirekten Selektion würde z. B. ein schwer zu messendes Zielmerkmal mithilfe eines gegebenenfalls leichter zu messenden Hilfsmerkmals verbessert werden.

Die Formel für eine indirekte Selektion lautet:

$$R = i'\varrho' r\sqrt{V_{Kandidaten}} \qquad (35)$$

wobei i‘ die Selektionsintensität und ϱ‘ die Wurzel der Zuverlässigkeitsschätzung für das Hilfsmerkmal, r die genetische Korrelation zwischen Hilfsmerkmal und Zielmerkmal und $V_{Kandidaten}$ die Varianz der Prüfkandidaten des Zielmerkmals sind. Eine indirekte Selektion ist nur dann sinnvoll, wenn dieser Selektionserfolg höher ist als der Selektionserfolg bei direkter Selektion auf das Zielmerkmal oder wenn der Aufwand für die Selektion auf das Hilfsmerkmal reduziert ist. Bei geringerem Aufwand für das indirekte Merkmal könnten mehrere Prüfkandidaten geprüft werden oder es könnten Störgrößen durch Wiederholungen oder durch eine mehrortige oder mehrmalige Prüfung reduziert werden. In solchen Situationen könnte eine indirekte Selektion lohnenswert sein. Diese Überlegung bezieht sich auf Unterschiede im Prüfaufwand für das Zielmerkmal auf der einen und indirekte Verfahren auf der anderen Seite und würde dazu führen, dass die Selektionsintensität für die indirekte Selektion höher sein könnte als für die direkte. Hierdurch steigt der Selektionserfolg. Eine hohe Selektionsintensität allein reicht aber kaum aus, denn es ist zudem wichtig, auch eine hohe Zuverlässigkeit der Testung im Hilfsmerkmal und eine hohe Korrelation zwischen Hilfs- und Zielmerkmal zu haben.

Eine interessante Anwendung der indirekten Selektion ergibt sich durch die Einbeziehung der molekularen Marker (vgl. Kap. 3.6.5), durch deren Einsatz Chromosomenregionen oder innerhalb der Regionen schon einzelne Genloci erkannt werden können, die mit **quantitativen Merkmalen** in Verbindung stehen. Die Genloci der quantitativen Merkmale werden auch als **QTL** (**Quantitative Trait Loci**) bezeichnet. Da die Markergenotypen mit der Merkmalsausprägung der QTL-Genotypen korrelieren, liegt es nahe, die genetischen Marker für Selektionszwecke zu verwenden. Formal gibt es damit neben der Selektion zwischen Pflanzen aufgrund ihrer phänotypischen Werte eine Selektion, die vollständig auf Markerinformationen beruht, die **Marker-basierte Selektion** (**MBS**), und eine Selektion, die neben den phänotypischen Daten auch Markerdaten heranzieht, die **Marker-gestützte Selektion** (**MAS** von **marker assisted selection**). Die Marker-basierte Selektion ist mit der indirekten Selektion zu vergleichen. Die Methodik zur Abschätzung der Effizienz der indirekten Selektion kann herangezogen werden, um die Wirksamkeit der MBS zu beurteilen. Hierzu müssen wir die genetische Korrelation zwischen den Markerwerten und den phänotypischen Werten der Kandidaten kennen. Die Marker werden jeweils zuverlässig geschätzt, sodass an dieser Stelle eine Korrektur entfallen kann. Für die Berechnung der genetischen Varianz zwischen Markerwerten und Zuchtwerten (bzw. den Kandidatenschätzwerten) ist es wichtig, die durch die Marker erklärte Varianz (V_M) zu berechnen. Diese kann in Experimenten mit den Kandidaten ermittelt werden. Hierbei werden die Klassifizierungen der Genotypen (z. B. Kandidat 1 bis n) durch die Markerklassen (in der Regel –1, 0, 1; für die beiden Homozygoten und die Heterozygoten in der Mittelposition) ersetzt und ansonsten werden die gleichen Phänotypdaten verwendet. Die genetische Korrelation zwischen Markern und den Prüfkandidaten beträgt:

$$r = \frac{V_M}{\sqrt{V_M \cdot V_{Kandidaten}}} = \sqrt{V_M / V_{Kandidaten}} \qquad (36)$$

wobei anzumerken ist, dass die V_M einen Anteil an der $V_{Kandidaten}$ darstellt. Somit erhalten wir für die Formel der Effizienz der Marker-basierten Selektion analog aus der Berechnung zur indirekten Selektion:

$$\frac{R_{MBS}}{R_{Phänotyp.\ Selektion}} = \frac{|r| \cdot \varrho_{MBS}}{\varrho} = \frac{\sqrt{V_M / V_{Kandidaten}}}{\varrho} \qquad (37)$$

wobei angenommen wird, dass die Marker fehlerfrei ermittelt werden ($\varrho^2_{MBS} = 1$). Auch hier wird unterstellt, dass die Selektionsintensitäten für beide Verfahren gleich sind. Aus dieser Formel geht hervor, dass die MBS dann effizient ist, wenn die Zuverlässigkeit der Testung im Zielmerkmal gering ist und die V_M einen großen Anteil an der V_A ausmacht. Hier gilt aber, dass die V_M nur dann hoch ist, wenn die Prüfung der QTL unter Bedingungen mit hoher oder sehr hoher Zuverlässigkeit stattfand. Mit anderen Worten muss die Ermittlung der QTL sehr gewissenhaft sein, damit die spätere Selektion mit diesen Markern für die QTL erfolgreich verläuft. Auf diese Weise ermittelte Marker können dann in Situationen eingesetzt werden, in denen die Kandidatenprüfung bei der direkten Selektion nur ungenaue Ergebnisse liefern konnte. Dieses scheint ein Widerspruch zu sein, aber im Falle der QTL erfolgt normalerweise eine Trennung in eine Phase der QTL-Detektion und eine Phase der Anwendung in der Selektion. Zunächst wird also eine sorgsame Merkmalsprüfung unter Bedingungen durchgeführt, bei denen die nichtgenetischen Einflussfaktoren keine Verzerrungen bewirken und die QTL möglichst genau lokalisiert werden. Sind die QTL genau bestimmt, können diese dann für die Selektion eingesetzt werden. Der Vergleich wird jetzt für die üblicherweise verwendete Selektionsprozedur des Zielmerkmals durchgeführt. Als Beispiel soll eine Marker-basierte Selektion für eine Resistenzzüchtung einmal dargestellt werden, in der die Ermittlung der QTL unter Bedingungen mit regelmäßigem Krankheitsauftreten oder künstlicher Inokulation erfolgt. Ausgehend von diesen Informationen wird die Marker-basierte Selektion auch durchgeführt, wenn die Krankheit nicht regelmäßig auftritt. Unter solchen Voraussetzungen wäre die Merkmalserhebung für die phänotypische Selektion sehr unsicher oder unmöglich und die MBS würde dennoch erfolgreich die Krankheitsresistenz verbessern.

Häufig ist der Erfolg einer Marker-basierten Selektion in vielen Situationen geringer, als eine rein phänotypische Selektion. Dieses ist insbesondere der Fall, wenn die Merkmale sehr sicher erkannt werden können. Hier sind Eigenschaften wie etwa die Pflanzenhöhe oder der Blühzeitpunkt zu nennen, die regelmäßig sehr genau erkannt werden können.

Die **Marker-gestützte Selektion (MAS)** bietet eine weitere Möglichkeit, die QTL-Informationen in der Selektion zu nutzen. Im Gegensatz zu der bisher besprochenen indirekten Marker-basierten Selektion wird bei der MAS die phänotypische Merkmalserfassung durchgeführt und diese Werte werden mit den QTL-Informationen ergänzt, bevor eine Selektion erfolgt. Hierbei handelt es sich also formal um eine **gleichzeitige Selektion auf mehrere Merkmale**. Die Berechnungen der relativen Effizienzen sind etwas komplizierter, weshalb auf Literatur verwiesen wird (z. B. Lande und Thompson 1990). Abbildung 3.12 stellt die Ergebnisse dieser Berechnung vergleichend zur MBS dar. Die MAS ist im-

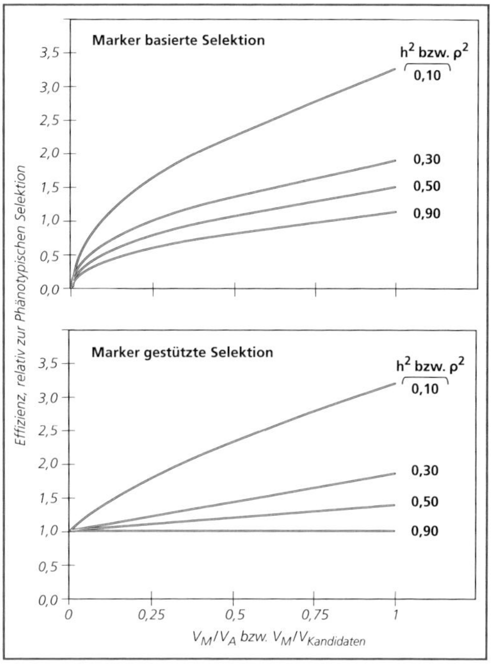

Abb. 3.12 Relative Effizienz der Marker-basierten Selektion (MBS) und Marker-gestützten Selektion (MAS) verglichen mit der phänotypischen Selektion.

mer effizienter als eine rein phänotypische Selektion; allerdings ist eine MAS nur empfehlenswert, wenn die Erkennung der Prüflieder sehr unsicher ist und schon bei einigermaßen korrektem und unverzerrtem Erkennen der Prüfgliedleistung bietet die MAS nur wenig Vorteile. Darüber hinaus gilt es zu bedenken, dass die Effizienz der MAS schon nach wenigen Generationen Selektion im Verhältnis zur rein phänotypischen Selektion absinkt, da bei der MAS schnell eine Fixierung der Zielallele und auch von unerwünschten Allelen stattfindet, wodurch der langfristige Vorteil der MAS absinkt. Hier muss durch moderne Auswertungsverfahren rechtzeitig gegengesteuert werden.

Bei der MAS haben wir schon eine weitere Besonderheit bei der Selektion kennengelernt. Es ist die Selektion auf mehrere Merkmale. Es ist leicht nachvollziehbar, dass eine Selektion, in der mehrere Merkmale gleichzeitig verbessert werden sollen, um ein Endprodukt zu erhalten, weit schwieriger und langwieriger ist als die Bearbeitung nur eines Merkmals. Da neue Sorten aber nicht nur in einem Merkmal besser sein müssen, sondern möglichst in vielen und auf keinen Fall entscheidende Nachteile aufweisen dürfen, ist eine Berücksichtigung von mehreren Merkmalen die Regel und nicht die Ausnahme in der pflanzenzüchterischen Praxis. Hier gibt es verschiedene Strategien, um dieses Problem zu bearbeiten. Für eine vertiefte Beschäftigung mit diesem Thema sei auf Becker (2019) und Baker (1986) verwiesen.

Neben der Nutzung der QTL für eine Selektion wird zurzeit eine weitere Möglichkeit zur Integration von molekularen Markern in die Selektion diskutiert. Das als **Genomic Prediction** bezeichnete Verfahren stützt sich auf die gleichzeitige Betrachtung aller vorhandenen Markerinformationen. Es wird davon ausgegangen, dass die Marker nun das gesamte Genom abdecken. Da die Kosten für Markeranalysen und Sequenzierungen ständig sinken, rückt es in erreichbare Nähe, dass für die Elternwahl und für Teile der Linienauswahl in Kreuzungsnachkommenschaften Markerdaten bzw. Sequenzdaten zur Verfügung stehen. Hierfür werden schon heute Verfahren der Genomischen Vorhersage durchgeführt. Grundprinzip der Genomischen Vorhersage ist es, für alle Marker Schätzungen der jeweiligen Alleleffekte (bzw. der Zuchtwerte bei Änderungen der Kandidaten im Verlauf der Selektion) durchzuführen. Während bei einer QTL-Schätzung nur die bedeutendsten Genomregionen (die mit den günstigsten QTL-Allelen) ausgewählt und schließlich in die Selektion überführt werden, werden bei der Genomischen Vorhersage alle jeweiligen Alleleffekte für alle Marker herangezogen. Nun wird man hierbei sehr viele kleine Effekte erhalten, deren statistische Signifikanz nicht weiter überprüft wird. Bei ausreichender Prüfgenauigkeit liegen nun für jeden Marker/für jedes Markerallel die genotypischen Werte vor.

Nun muss eine Summe für die genotypischen Effekte bzw. der Zuchtwerte aller Genloci der Kandidaten erfolgen. So erhält man die genomischen Vorhersagen der Prüfkandidaten für eine sich anschließende **Genomische Selektion**. Nur am Rande sei erwähnt, dass hierbei natürlich berücksichtigt wird, dass die Individuen jeweils 2 oder mehr Allele pro Genort besitzen. Die Genomische Vorhersage betrachtet also alle Genloci eines Individuums gleichzeitig. Es werden diejenigen Kombinationen in der Elternwahl bzw. diejenigen Individuen in der Linienselektion weitergeführt, die in der Summe über alle Genloci den günstigsten globalen Vorhersagewert besitzen. Dieses Vorgehen unterscheidet sich sehr von der Marker-basierten bzw. Marker-gestützten Selektion über die vorherige QTL-Detektion. Während die erwünschten QTL-Allele bei der MBS/MAS schnell angehäuft bzw. fixiert werden, folgt die Genomische Selektion einer schrittweisen Erhöhung der Zuchtwerte unabhängig von definierten Genomregionen. Es handelt sich also um einen vollständig anderen, vielleicht sogar konkurrierenden Ansatz. Für eine nähere Beschäftigung mit dieser Thematik sei auf die Literatur verwiesen.

Fragen zu Kapitel 3.5

- Welche Faktoren beeinflussen den Selektionserfolg?
- Unter welchen Bedingungen ist eine indirekte Selektion erfolgreicher als eine direkte Selektion?
- Unter welchen Bedingungen erhöht die Information von genetischen Markern den Selektionserfolg?

Weiterführende Literatur

Bernardo, R., 2020a: Breeding for Quantitative Traits in Plants. Stemma Press, Woodbury, Minnesota.

Bernardo, R., 2020b: Reinventing quantitative genetics for plant breeding: something old, something new, something borrowed, something BLUE. Heredity 125: 375–385; https://doi.org/10.1038/s41437-020-0312-1.

Hansen, W. D., 1963: Heritability. In: Hanson W. D., Robinson H. F., (eds.): Statistical Genetics and Plant Breeding. National Academy of Sciences—National Research Council, Washington, DC, 125–140.

Schmidt, P., J. Hartung, J. Bennewitz, and H.-P. Piepho, 2019: Heritability in Plant Breeding on a Genotype-Difference Basis. Genetics 212, 991–1008. doi: https://doi.org/10.1534/genetics.119.302134

Wricke, G. and W. E. Weber, 1986: Quantitative Genetics and Selection in Plant Breeding. De Gruyter, Berlin.

3.6 Biotechnologie

Die Fortschritte in der Biotechnologie haben das Methodenspektrum in der Pflanzenzüchtung erheblich erweitert. In diesem Zusammenhang soll der Begriff Biotechnologie als übergeordneter Begriff für alle Techniken und Methoden der Zell- und Molekularbiologie einschließlich der Transgenen Pflanzen und der Markertechnologie verstanden werden. Im Folgenden werden die für die Pflanzenzüchtung besonders relevanten Methoden getrennt nach ihren bedeutendsten Einsatzmöglichkeiten dargestellt.

Insbesondere die öffentliche Meinung vertritt die Ansicht, dass die biotechnologischen Verfahren die klassischen Pflanzenzüchtungstechniken weitgehend ersetzen können. Die Zuchtmethodik beurteilt den Einsatz dieser Verfahren sehr viel realistischer. Manche Arbeitsweisen sind aufgrund der Einzigartigkeit ihrer Ergebnisse konkurrenzlos und werden in die Zuchtmethodik integriert, während andere Methoden unterschiedliche Verfahren zur Erzeugung derselben Produkte darstellen. Hier wird die Effizienz der einzelnen Arbeitsweisen darüber entscheiden, welche zum Einsatz gelangen. Letztendlich wird aber in der Zuchtmethodik zu entscheiden sein, welche Einzelverfahren zu der günstigsten Zuchtmethode kombiniert werden.

3.6.1 Gewebekultur

Zell-, Gewebe- und Organkulturtechniken (im Weiteren kurz als Gewebekulturtechniken bezeichnet) besitzen in der Pflanzenzüchtung viele Facetten in der Anwendung, wobei einige dieser Techniken relativ einfach und damit in vielen Labors zu handhaben sind.

Die Biotechnologie mit der Gewebekulturtechnik, den molekulargenetischen Methoden und den Möglichkeiten durch die genetische Transformation bzw. des Genome-Editing hat das pflanzenzüchterische Methodeninstrumentarium wesentlich erweitert.

Allerdings erfordern andere Techniken aufgrund ihrer Komplexität und der Notwendigkeit von Spezialgeräten hoch spezialisierte Labors mit entsprechender Qualifikation der Mitarbeiter. Für die Pflanzenzüchtung mit allen vor- und nachgelagerten Bereichen sind folgende Gewebekulturtechniken besonders wichtig:

- Mikrovermehrung
- Meristemkulturen zur Erzeugung von virusfreiem Pflanzenmaterial
- Konservierung von vegetativem Pflanzenmaterial
- Produktion von haploiden und doppelhaploiden Pflanzen
- Embryo-Rescue-Techniken zur Produktion von Nachkommenschaften aus „weiten" Kreuzungen
- *In-vitro*-Selektion und Produktion von somaklonaler Variation
- Zellfusionen
- Regeneration von transgenen und Genome-editierten Zellen

Voraussetzung für die Anwendung der Gewebekultur ist die Möglichkeit, aus einzelnen Organen, Zellen oder sogar Protoplasten (Zellen, denen die Zellwände entfernt wurden) intakte Pflanzen zu regenerieren. Bei Pflanzen ist dieses grundsätzlich möglich, aber für jede Pflanzenart und jedes Pflanzenorgan müssen erst die spezifischen Kulturbedingungen für die Pflanzenanzucht und das phänologische Stadium der Geweentnahme erarbeitet werden, sodass zurzeit noch nicht jede Art *in-vitro*-kulturtauglich ist. Gelingt schließlich eine solche Kultur, so kann sich das Spektrum der zuchtmethodischen Möglichkeiten entscheidend vergrößern. Durch die **Mikrovermehrung** können einzelne Pflanzen vegetativ in großer Anzahl vermehrt werden. Eine solche Möglichkeit wird in der Produktion von gärtnerischen Pflanzen und auch bei einigen Plantagenbäumen und Forstpflanzen usw. regelmäßig angewendet. So konnte schon bei vielen gärtnerisch genutzten Arten eine übliche generative Fortpflanzung in eine vegetative Vermehrung überführt werden, mit dem Vorteil, dass sowohl die Eltern und Nachkommen als auch die Nachkommen untereinander genetisch gleich sind. Mithilfe dieser Mikrovermehrung ist es gelungen, viele Arten so günstig zu vermehren, dass diese Marktreife erlangten. Viele Orchideen in den Gärtnereien sind ein Ergebnis einer solchen vegetativen Vermehrung.

So günstig die vegetative Vermehrung auf der einen Seite ist, treten aber auch Nachteile in Form von phytopathogenen Viren auf, die bei vielen Arten (Kartoffeln, Erdbeeren, Obstbäumen usw.) gerade durch diese Art der Vermehrung verbreitet werden. Ein Teil der Viren schädigt die Pflanzen und kann mit Pflanzenschutzmitteln nicht bekämpft werden. Daher führte die Entdeckung, dass aus Meristemen virusfreies Gewebe isoliert werden kann, zu einer wichtigen Methode, virusfreies Pflanzenmaterial zu produzieren. Heute wird eine solche **Meristemkultur**, häufig kombiniert mit Wärmebehandlungen, standardmäßig eingesetzt, um Pflanzenmaterial virusfrei zu machen. Dieses Verfahren kann man im Bereich der Züchtung zur Regeneration von virusbefallenen Sorten einsetzen. Die Erhaltung von vegetativ vermehrbaren Pflanzen über einen längeren Zeitraum kann recht aufwendig sein, weshalb in diesem Bereich die Gewebekultur häufig die Lagerung von „ganzen Pflanzen" abgelöst hat. Durch neue Forschungen ist es zudem möglich, immer mehr Pflanzenarten unter extrem tiefen Temperaturen in der Kryokonservierung für lange Zeiträume zu lagern und später wieder zu regenerieren.

Eine besondere Bedeutung hat die Gewebekulturtechnik für die Pflanzenzüchtung durch die Entdeckung erlangt, dass sich bei der Kultur von Stechapfel (*Datura innoxia*)-Antheren haploide Pflanzen erzeugen ließen. Seit dieser Zeit konnte die **Antherenkultur** und später die **Mikrosporenkultur** weiterentwickelt werden. Hierbei werden die sich entwickelnden männlichen Gameten zu Zellteilungen angeregt. Aus dieser Gewebekulturpassage können sich direkt Pflanzen aus den Gameten entwickeln, die allerdings nur einen einzigen Chromosomensatz enthalten, also haploid sind. Haploide Pflanzen sind zwar lebensfähig, aber steril. Daher ist eine Verwendung dieser Pflanzen erst nach einer Chromosomensatzverdopplung möglich. Da es sich um eine Verdopplung desselben Chromosomensatzes handelt und nicht wie üblich 2 genetisch verschiedene Chromosomensätze verschmelzen, entstehen also in einem Schritt vollständig homozygote Pflanzen. Die Verdopplung des Chromosomensatzes erfolgt entweder spontan oder durch Behandlung mit Colchizin. Das Alkaloid der Herbstzeitlosen verhindert die Chromosomenverteilung auf die Pole während der Anaphase der Mitose und führt zu einer Chromosomenverdopplung.

Die Gewinnung Haploider basiert auf der Gewebekultur haploider Zellen, die während der Meiose entweder als Samenanlagen oder als unreife Pollenkörner entstehen. Hierbei ist zwischen der **Gynogenese** und **Androgenese** zu unterscheiden. Bei der Gynogenese entstehen die haploiden Zellen aus den Zellen des Embryosacks, die wiederum durch mitotische Teilung der haploiden Megaspore entstanden sind. Da diese mitotische Teilung zu genetisch gleichen Zellen führt, sind alle Regenerate aus einem Ovarium genetisch identisch. Demgegenüber werden bei der Androgenese die männlichen Gameten, die Mikrosporen, die in einer großen Zahl gebildet werden und die genetisch verschieden voneinander sind, genutzt, um Haploide zu produzieren. Da die Androgenese den Vorteil besitzt, viele und unterschiedliche Haploide aus einer Anthere zu gewinnen, ist sie der viel aufwendigeren Gynogenese überlegen und spielt deshalb in der Pflanzenzüchtung eine bedeutendere Rolle. Allerdings gibt es auch Sonderformen der Gynogenese, die eine praktische Bedeutung erlangt haben. Hier ist als erstes die **„Bulbosum-Technik"** der Gerste zu erwähnen. Hierbei wird Kulturgerste (*Hordeum vulgare*) mit ausgewählten Linien einer Gerstenwildart (*Hordeum bulbosum*) gekreuzt. Allerdings werden die Bulbosum-Chromosomen natürlicherweise aus den Zellen des Embryos eliminiert, der daraufhin normalerweise im weiteren Verlauf absterben würde. Um den wachsenden Embryo überhaupt nutzen zu können, wird er mithilfe der Embryokultur zur Pflanze weitergeführt, die jetzt nur noch die Kulturgerstenchromosomen enthält und so haploid ist. Durch anschließende Behandlung mit Colchizin entstehen doppelhaploide Pflanzen. Auch bei Weizen wird eine solche Technik zur Produktion von doppelhaploiden Pflanzen angewendet. Hierbei wird der Weizen mit Maispollen bestäubt. Als weiteres Beispiel für die Anwendung der Gynogenese, in der unbestäubte Blüten bzw. isolierte Ovarien zu haploiden Pflanzen kultiviert werden, sei die Küchenzwiebel (*Allium cepa*) genannt.

Bei der Androgenese werden unter kontrollierten Bedingungen Spenderpflanzen für eine „Ernte" der Antheren angezogen. Es hat sich herausgestellt, dass die Anzuchtbedingungen entscheidend für den Erfolg der Technik sind. Es werden entweder ganze Antheren oder isolierte Mikrosporen in geeignete Kulturmedien überführt. Isolierte Mikrosporen besitzen den Vorteil, dass keine Gewebewucherungen (**Kalli**) aus somatischem Gewebe entstehen. Bei der Mikrosporentechnik bildet sich in der Regel differenziertes Gewebe, welches sich dann zur haploiden Pflanze weiterentwickelt. Für viele, aber längst noch nicht für alle Pflanzenarten wurden effiziente Antheren- und Mikrosporenkulturprotokolle entwickelt, in denen die genauen Gewebekulturbedingungen für die Weiterführung der Gewebe und deren Überführung in haploide Pflanzen beschrieben sind. Bei Vorliegen dieser Protokolle bieten sich mannigfaltige Einsatzmöglichkeiten in der Pflanzenzüchtung mit dem Vorteil, dass die **Doppelhaploiden** vollständig homozygote Pflanzen sind, die ansonsten nur nach zahlreichen Selbstungsgenerationen entstehen können. Dabei konservieren die Doppelhaploiden die Allelkombination von gekoppelten Genloci, da diese Verbindungen nur durch Crossing-over getrennt werden können. Die Anzahl der Meiosen, in denen heterozygot besetzte Chromosomensegmente existieren, ist für eine Entkopplung entscheidend, denn ein Crossingover bei vollständig homozygoten Chromosomenabschnitten bewirkt keine Rekombination. Der Züchter muss bei dem Einsatz der Doppelhaploiden-Technik mitentscheiden, in welcher Generation diese Technik am sinnvollsten ist.

Die Gewebekultur kann zudem helfen, Embryonen aus der Kreuzung verschiedener Pflanzenarten am Leben zu erhalten. Während Kreuzungen innerhalb einer Pflanzenart in aller Regel unproblematisch zu lebensfähigen Nachkommen führen, bestehen bei Artkreuzungen zahlreiche Schwierigkeiten. Bei einigen Artkombinationen kann der Embryo nach erfolgter Befruchtung trotz erster Zellteilungen im Verlauf der weiteren Entwicklung absterben. Einige Gewebekulturprotokolle ermöglichen es, diese Embryonen in einer relativ frühen Phase herauszupräparieren und *in vitro* zu Pflanzen weiter zu entwickeln. Diese Pflanzen können nach Chromosomenverdopplung eine neue Art (z. B. Triticale) begründen oder zur Erweiterung der genetischen Vielfalt von allopolyploiden Arten dienen. Eine solche Technik wird passenderweise auch als **„Embryo-Rescue-Methode"** bezeichnet.

Die Embryo-Rescue-Methode kann eingesetzt werden, wenn zwar Befruchtungen gelingen, aber durch postzygotische Inkompatibilitätsbarrieren diese Embryonen absterben würden.

Die Gewebekultur bietet weiterhin die Möglichkeit, zwei nicht kreuzbare Arten durch **Zellfusion** zu kombinieren. Hierbei werden 2 somatische Zellen nach enzymatischer Abtrennung der Zellwände fusioniert. Diese Verschmelzung der Protoplasten, der zellwandlosen Zellen, kann z. B. durch Zugabe von bestimmten Chemikalien oder durch kurze elektrische Stöße bewirkt werden. Das Besondere hieran ist, dass 2 Zellen ohne vorherige Gametenbildung miteinander verschmelzen, also 2 Zellen mit dem vollständigen, in der Regel diploiden Chromosomensatz. Auch die Mitochondrien und Plastiden der beiden Arten sind im neuen Zytoplasma zu finden. Die Zellkerne müssen verschmelzen, um eine stabile Weitergabe der Chromosomen zu gewährleisten. Neben der Verschmelzung ganzer Zellen wurden auch Systeme entwickelt, die eine Übergabe nur der zytoplasmatischen Komponenten ermöglichen. Hierbei wird bei einem Fusionspartner der Zellkern z. B. durch Röntgenbestrahlung abgetötet und mit diesem Material die Zellfusion durchgeführt mit dem Ziel, Plastiden und/oder Mitochondrien von einer Art auf eine andere Art ohne gleichzeitige Verschmelzung der Zellkerne zu übertragen. Dieses ist immer dann sinnvoll, wenn Eigenschaften genutzt werden sollen, die von den Plastiden und/oder Mitochondrien kontrolliert werden. Die männliche Sterilität, die in der Hybridzüchtung eine Rolle spielt, sei an dieser Stelle beispielhaft genannt. Wird nur das Zytoplasma eines Partners an der Zellfusion beteiligt, so spricht man von **Cybridisierung**. Darüber hinaus wurden auch Systeme erarbeitet, die eine asymmetrische Zellfusion erlauben. Hierbei werden von einem Partner nur noch einzelne Chromosomen oder Chromosomenbruchstücke des Zellkerns in die Fusion eingebracht.

Obwohl zahlreiche Fusionshybride inzwischen produziert wurden, wird die Zellfusion in der Pflanzenzüchtung bisher nur selten angewendet. Dieses wird mit Schwierigkeiten in der Regeneration von Fusionsprodukten begründet. Die Pflanzen aus den Fusionsprodukten sind in der Regel abnormal, genetisch instabil und weisen zytoplasmatische Aufspaltungen und Variationen auf. Außerdem wurden inzwischen mithilfe der Genübertragung Systeme entwickelt, die gezielt einzelne Gene von einer Art auf die andere Art übertragen können, ohne die Gesamtheit des anderen Genoms mit zu übertragen. Aus diesen Gründen ist heute der Einsatz der Zellfusion in der Pflanzenzüchtung auf wenige Anwendungen begrenzt.

Bei der Vermehrung in Gewebekultur, insbesondere wenn Meristeme zur Regeneration neu gebildet werden müssen, wie es z. B. bei Kallus-, Zell- und Protoplastenkulturen der Fall ist, wurden auch Veränderungen beobachtet, die als **somaklonale Variationen** bezeichnet werden. Im Falle von haploiden Geweben wird von **gametoklonaler Variation** gesprochen. Diese Veränderungen können als Mutationen fixiert oder von temporärer Natur (epigenetisch) sein. In der Erhaltung von genetischem Material sind solche somaklonalen Variationen höchst unerwünscht, während sie andererseits eine Erhöhung der genetischen Varianz bedeuten und damit im Falle der stabilen Mutationen von Interesse bei der Neuzüchtung sein können. Allerdings weisen viele der Mutationen negative agronomische Eigenschaften auf, sodass die Erzeugung somaklonaler Variation trotz positiver Beispiele, wie z. B. eine Resistenz gegen den Fiji-Virus bei Zuckerrohr oder eine *Fusarium*-Resistenz bei Tomaten, in den meisten praktischen Zuchtprogrammen keine bedeutende Rolle spielt.

Die Möglichkeit von Zell- und Gewebekulturen wurde auch genutzt, um ***In-vitro*-Selektionen** zu entwickeln. Tausende von Zellen oder Zelllinien können in einer Petrischale auf ihre Reaktion auf Toxine oder auf abiotische Stressfaktoren wie hohe Aluminiumkonzentration, Salzgehalte etc. getestet werden. Einzelne Zellen, Kalli etc. können unter diesem erhöhten Stress überleben. Während diese Selektion bei einigen Toxinen wie Antibiotika und Herbiziden hervorragend genutzt werden konnte, stimmte das Ergebnis bei Toxinen von Krankheitserregern oder bei Salzen etc. nur mäßig mit Ergebnissen aus dem Freiland überein.

3.6.2 Genetische Transformation

Auch wenn sich der Hauptteil der züchterischen Arbeit mit der Variation innerhalb einer Pflanzenart beschäftigt und auch erfolgreich weitere Kreuzungen mit eng verwandten Arten zur Variabilitätserweiterung gemacht wurden, so eröffnet sich dem Pflanzenzüchter mit der Möglichkeit der Übertragung isolierter Gene für ausgewählte Merkmale ein neues Kapitel in der Pflanzenzüchtung. Denn durch die Übertragung von diesen isolierten Genen fallen die bisher bestehenden Kreuzungsbarrieren zwischen den Pflanzenarten, ja sogar zwischen Pflanzen, Tieren, Mikroorganismen und Viren. Weiterhin kann nun erstmals gezielt auf einzelne Gene Einfluss genommen werden, indem Gene neu integriert, abgeschaltet oder überexprimiert werden. Im Rahmen dieses Beitrags kann nur stichwortartig auf die komplizierte gentechnische Methodik eingegangen werden. Für eine vertiefte Darstellung sei auf die zahlreichen Lehrbücher der pflanzlichen Genetik verwiesen, z. B. Kempken (2020).

Eine wesentliche Voraussetzung für die Übertragung von Genen ist die Isolierung der entsprechenden Gene. Es stehen verschiedene Möglichkeiten zur Verfügung, die es erlauben, ein Gen als definierte DNA-Sequenz zu identifizieren und zu isolieren. Steht das Gen zu einem definierten Protein in Beziehung, kann über die mRNA dieses Proteins eine sogenannte cDNA gewonnen werden, über die man zum Zielgen gelangen kann. Dieser Weg ist allerdings nur möglich, wenn ausreichende Mengen an Protein oder mRNA vom Zielgen vorhanden sind. Ist dies nicht der Fall, so müssen die Gene mit aufwendigeren Verfahren isoliert werden. So können Gene z. B. mit springenden, transponierbaren Elementen (Transposons) identifiziert werden. Diese Transposons sind DNA-Sequenzen, die innerhalb des Genoms ihren Ort wechseln können. Springen diese Elemente in kodierende Sequenzen der DNA, sodass die betreffenden Genpro-

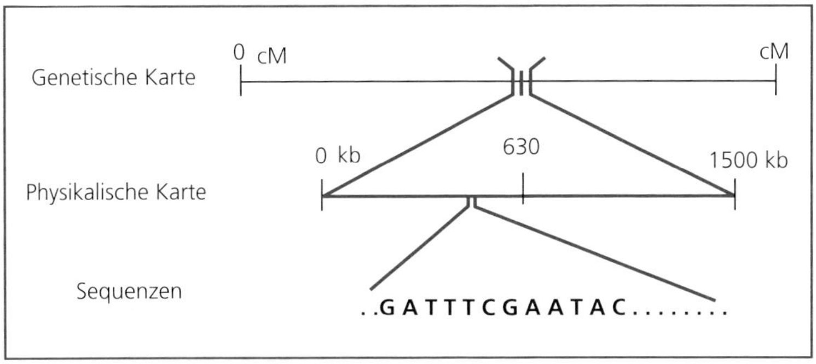

Abb. 3.13 Genkarten zeigen die Lokalisation der Genorte. Die genetische Karte ordnet die Genloci entsprechend ihrer genetischen Rekombinationshäufigkeit (Einheit 1cM entspricht 1 % Rekombinationshäufigkeit). Die physikalische Karte vermag die Abfolge der Genloci in „physikalischen" Einheiten anzugeben (Einheit kb entspricht kilo base pairs). Die Sequenzkarte stellt die genetische Information der Nukleotide dar.

dukte ausfallen, kommt es häufig auch zu phänotypisch sichtbaren Mutanten. Handelt es sich um das Zielgen, kann es über weitere Methoden und die DNA-Sequenz der springenden Gene, die bekannt sein muss, identifiziert werden. Darüber hinaus gibt es noch weitere Verfahren, von denen die kartengestützte Genklonierung erwähnt werden soll. Hierbei ist es wichtig, mithilfe von Kreuzungsexperimenten die Position des Zielgens auf dem Chromosom genau festzustellen. Voraussetzung ist eine hochauflösende Genkarte, die eine genaue Abfolge der bisher bekannten DNA-Sequenzen darstellt (Abb. 3.13). Wenn diese Genkarte sehr viele Informationen trägt, kann mit weiteren Methoden das Zielgen gefunden werden.

Ist das Zielgen erst einmal isoliert, so muss es mit molekulargenetischen Methoden vermehrt (kloniert) werden. Für eine Expression dieses Zielgens ist zudem noch ein passender Promotor notwendig, der die Genaktivität steuert. Aus technischen Gründen sind noch Markergene für ein transformierbares Genkonstrukt notwendig, damit die transformierten Zellen später selektiert werden können. Häufig wird als Markergen eine Herbizidresistenz oder eine Antibiotikaresistenz verwendet. Zellen, in denen dieses Gen exprimiert wird, können sich in einem Medium mit Herbizid- oder Antibiotikazusatz normal entwickeln, während die anderen absterben. Ein Gentransfer kann nach Klonierung dieses Genkonstrukts mittels verschiedener Methoden stattfinden. Hierbei unterscheidet man zwischen direkten und indirekten Methoden. Bei den direkten Methoden wird das Genkonstrukt unmittelbar in die Zelle eingeschleust. Am verbreitetsten ist ein indirektes Verfahren, in dem das Genkonstrukt mithilfe des natürlich vorkommenden Bodenbakteriums *Agrobacterium tumefaciens* in die Zellen eingebracht wird. Dabei wird das natürliche Prinzip von *Agrobacterium* genutzt, die DNA nach einer Infektion in die Zellen zu übertragen und in das Genom der Zellen zu integrieren. Bei den Wildtypen von *Agrobacterium* wird nach einer Infektion, die im Wurzelhalsbereich von zweikeimblättrigen Pflanzen stattfindet, eine Wucherung gebildet. Die Fähigkeit von *Agrobacterium*, diese Wucherungen zu induzieren, ist genetisch auf einem Plasmid lokalisiert, dessen tDNA (Transfer-DNA) stabil in das pflanzliche Genom integriert wird. Wird nun diese tDNA mittels molekulargenetischer Methoden gegen das Genkonstrukt ausgetauscht, so überträgt nun *Agrobacterium* als sogenannte Genfähre die gewünschte Eigenschaft. Bisher war es nur möglich, diese Technik bei zweikeimblättrigen Pflanzen einzusetzen, aber es existieren schon Protokolle, mit denen auch einkeimblättrige Pflanzen wie Getreide transformiert werden können.

Alternativ kann man ein Genkonstrukt auch über direkte Verfahren, wie z. B. das Einbringen von der DNA in Protoplasten durch Zusatz von Polyethylenglycol (PEG) oder durch das Anlegen einer elektrischen Spannung in die Protoplasten schleusen. Allerdings können nicht alle Pflanzen aus Protoplasten wieder regeneriert werden. Hier kann ein Verfahren angewendet werden, bei dem ein Gewebe mit sehr kleinen Partikeln „beschossen" wird. Wenn diese Gold- oder Wolframpartikel mit DNA beschichtet sind, kann diese DNA in die Zellen und in das Genom integriert werden. Allerdings führt bei diesen direkten Verfahren die Aufnahme der Fremd-DNA in die Zelle nicht automatisch zu einer stabilen Integration in das Genom, wie es mithilfe von *Agrobacterium* der Fall ist.

Neben dem Gentransfer ist es essenziell, dass die transformierten Zellen und Gewebe zu Pflanzen regeneriert werden können, und dass die transformierten Gene stabil exprimiert und vererbt werden. Darüber hinaus ist auch der Ort im Genom, an dem das transformierte Gen sich befindet, wichtig für eine beständige Expression (Positionseffekt). Die verschiedenen transgenen Pflanzen, die mit einem Genkonstrukt transformiert wurden, unterscheiden sich wahrscheinlich hauptsächlich durch den Ort des Einbaus. Dieser Unterschied wirkt sich eventuell auf viele Merkmale aus, sodass nur einige der erfolgreich transformierten Pflanzen den Anforderungen einer hochleistungsfähigen Kultursorte entsprechen. Diese Pflanze, die als **genetisch modifizierter Organismus (GMO)** bezeichnet wird, kann nun über übliche Kreuzungsexperimente in das Zuchtmaterial integriert werden. Ist dieser Schritt einmal vollzogen, so steht dieses neue Merkmal für den weiteren Züchtungsprozess zur Verfügung.

3.6.3 Transgene Pflanzen im Anbau

Seit 1996 werden gentechnisch veränderte Pflanzen in immer größerem Ausmaß angebaut, sodass neben dem Versuchsanbau heute auf umfangreiche Kenntnisse von großen Flächen zurückgegriffen werden kann (s. auch Kap. 2.3.1). Allerdings konnten in der EU aufgrund gesellschaftlicher Bedenken diesbezügliche Erfahrungen nicht oder nur in sehr geringem Maße gesammelt werden. Das liegt daran, dass viele Verbraucher transgene Pflanzen und deren Produkte sehr reserviert beurteilen. Aus ihrer Sicht wird eine Technik eingesetzt, deren Risiken und insbesondere die langfristigen Folgen noch nicht abschätzbar sind. Diese Haltung wird verständlich, wenn wir sehen, dass sich die überwiegenden Anbauflächen von GMO auf Merkmale beziehen, die eine Optimierung der pflanzenbaulichen Produktionsprozesse (Herbizidresistenz und Insektenresistenz) bewirken. Für die Verbraucher ergeben sich hierdurch keine direkt einsichtigen Vorteile. Die neue Technologie führte zu einer Erhöhung der Deckungsbeiträge durch verringerte Aufwendungen beim Herbizid- und/oder Insektizideinsatz, welche die Mehrkosten des Saatguts übertrafen. Dadurch stiegen in den Ländern, in denen Transgene angebaut werden dürfen (90 % der GMO-Flächen entfallen heute auf die Länder USA, Brasilien, Argentinien, Kanada und Indien), die Deckungsbeiträge der GMO- im Vergleich zu den Nicht-GMO-Beständen. Eine Ertragserhöhung war jedoch in hochtechnisierten Landwirtschaften kaum zu beobachten. Der Anbau herbizid- und schädlingsresistenter Pflanzen hat mittlerweile dazu geführt, dass der Einsatz insbesondere von hochtoxischen Pestiziden erheblich abnahm. Interessanterweise setzte eine Reduzierung der Wirkstoffmengen pro Fläche erst nach einer gewissen Zeit ein. Möglicherweise wurden in den ersten Jahren zunächst Erfahrungen gesammelt, unter Bedingungen, die ein Risiko gering hielten. Unter den Hauptanbauländern für die GMO befinden sich auch Entwicklungsländer (vgl. Transgen.de). Es wurde häufig die Kritik geäußert, dass dort nur die Großbauern von der Gentechnik profitieren würden. Studien zeigen aber, dass in Entwicklungsländern der Anbau von herbizid- und schädlingsresistenten Pflanzen auch im Kleinbauernsektor überwiegend mit deutlichen Vorteilen für die Nutzer verbunden ist, da dort die notwendigen Vorsichtsmaßnahmen bei der Applikation der Pestizide kaum getroffen werden. Außerdem ließen sich unter den typischen Bedingungen von z. B. Argentinien und Indien im Gegensatz zu den Industrieländern signifikante Ertragsgewinne feststellen, die dadurch zu erklären sind, dass der Insektenfraß in den Entwicklungsländern nicht effektiv durch chemische Insektizide bekämpft wird. Überall wo hoher Schädlingsdruck herrscht und dieser nicht effektiv durch andere Maßnahmen kontrolliert wird, sind durch den Einsatz schädlingsresistenter Pflanzen deutliche Ertragssteigerungen zu erwarten (Tab. 3.6).

Laut der Informationsplattform transgen.de werden neben Soja, Mais, Baumwolle und Raps inzwischen weitere transgene Pflanzen kommerziell angebaut: In den USA, Kanada und Argenti-

Tab. 3.6 Auswirkungen der Einführung von transgenen Pflanzen auf den Ertrag, den Pestizideinsatz und den Betriebsertrag der landwirtschaftlichen Betriebe (jeweils Durchschnittswerte) (Ergebnis einer Metaanalyse).

	Ertrag	Pestizideinsatz	Monetäres Betriebsergebnis
Alle Transgene	+ 22 %	−37 %	+ 68 %
Nach Merkmalen			
Herbizidresistenz	+ 9 %	+ 2 %	+ 64 %
Insektenresistenz	+ 25 %	−42 %	+ 69 %
Nach Regionen			
Industrieländer	+ 8 %	+ 18 %	+ 34 %
Entwicklungsländer	+ 29 %	−42 %	+ 78 %
Quelle: Qaim 2020			

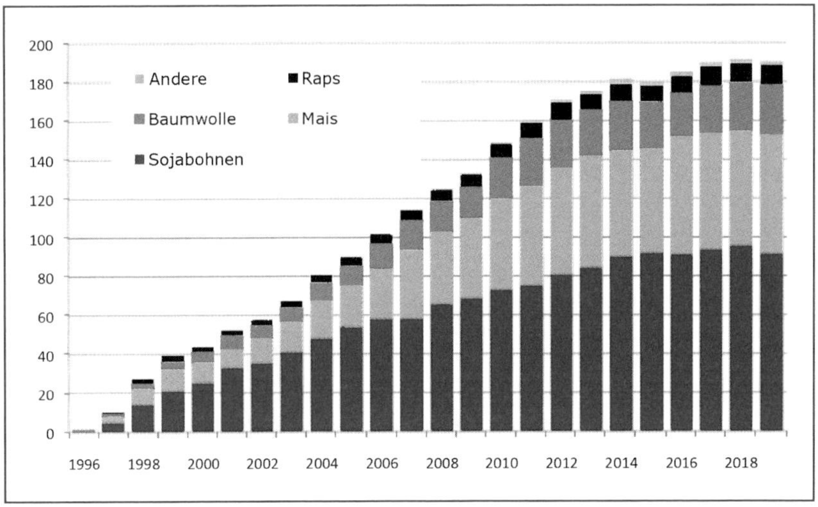

Abb. 3.14 Entwicklung der Anbaufläche von transgenen Pflanzen von 1996–2019 (Mio ha)
Quelle: https://www.transgen.de/anbau/592.gentechnisch-veraenderte-pflanzen-anbauflaechen.html
Zuletzt besucht am 2. Mai 2022.

nien eine ausschließlich als Tierfutter verwendete transgene Luzerne mit 1,3 Mio. ha, in den USA und Kanada transgene Zuckerrüben (473 000 ha) und nicht-bräunende *Innate*-Kartoffeln (etwa 2300 Hektar). Weiterhin werden in den USA transgene Äpfel, Papayas und Zucchini angebaut. In Bangladesch hat sich ein Anbau von Bt-Auberginen (etwa 2000 ha) etabliert. Transgenes Zuckerrohr wuchs auf 2000 Hektar in Indonesien und auf 18 000 Hektar in Brasilien, GVO-Ananas auf wenigen Hektar in Costa Rica und neuerdings transgene Färberdisteln auf 3500 Hektar in Australien (Abb. 3.14).

Die große Bedeutung bei den transgenen Pflanzen haben bisher die Herbizid- und Insektenresistenz eingenommen. Grundsätzlich wäre eine Herbizidresistenz auch durch nichttransgene Ansätze möglich, wie die Beispiele Raps und Reis zeigen. Bei Raps gibt es Toleranzen gegen Atrazin, Imidazol (Clearfield®, (s. Kap. 1.4.3.3)), Glyphosat („Roundup") und Glufosinat („Basta" bzw. „Liberty"), wobei nur die letzten beiden durch Gentransfer entstanden sind. Darüber hinaus gibt es bei Raps seit 2015 auch noch eine Herbizidresistenz gegen Sulfonylharnstoff, welche mit einem Genome-Editing-Verfahren produziert wurde. In der EU wird Genome-Editing den transgenen Pflanzen rechtlich gleichgestellt.

Bei Soja konzentriert sich zurzeit der Anbau von herbizidresistenten Sorten auf den Wirkstoff Glyphosat (Roundup Ready Soja) mit einem Anteil von ca. 80 %. Da aber die Sojafläche so groß ist, werden noch in erheblichem Umfang Sorten angebaut, die gegen Glufosinat (Liberty Link) resistent sind. Bei den übrigen Kulturarten konzentriert sich der Anbau von herbizidresistenten transgenen Pflanzen auch auf diese beiden Wirkstoffe, die aufgrund der internationalen Klassifikation in die Klasse IV für „praktisch nicht-toxische“ Pestizide eingeordnet werden. Konsequenterweise führt diese Technologie zu einer vermehrten Anwendung dieser Herbizide, und der Anteil der Herbizide, deren Toxizität für den Menschen und für Tiere höher ist, wird bedeutend reduziert. Die Einführung der herbizidresistenten Sorten hat also nicht zu einer Erhöhung der herbizidbehandelten Fläche geführt, sondern zu einer Umverteilung innerhalb der Herbizide zugunsten von weniger toxischen Präparaten. Häufig war mit dieser Umstellung auch eine Einführung der nichtwendenden Bodenbearbeitung verbunden, die wiederum geringere Produktionskosten und einen geringeren Energieverbrauch nach sich zog (vgl. Kap. 1.3.3). Sicherlich hat die Technologie der Herbizidresistenz nicht den Wechsel zur nichtwendenden Bodenbearbeitung ausgelöst, aber in den betroffenen Regionen beschleunigt. Damit sind auch Wirkungen wie reduzierte Bodenerosion durch Wind und Wasser und Erhaltung der Bodenstruktur zumindest mittelbar durch die neue Technologie gefördert worden. In Argentinien kamen für den Sojabohnenanbau große Flächen hinzu, die bisher aufgrund des Unkrautdruckes nicht genutzt werden konnten. Dies ist im Hinblick auf die Welternährung, aber auch auf die verlorenen Habitate für Wildtiere und den CO_2-Fußabdruck, unterschiedlich zu bewerten. Weiterhin konnte beobachtet werden, dass weniger leistungsfähige Kulturarten in Argentinien durch die herbizidresistenten Sojakulturen verdrängt wurden.

Seit der Einführung der herbizidresistenten Sorten hat sich beispielsweise die Sojaflache in Argentinien vervielfacht Die Flächen werden heute annähernd zu 100 % mit herbizidresistentem Soja angebaut. Solche Zunahmen haben auch einen Effekt auf die Weltmarktpreise, die trotz höherem Bedarf in manchen Zeiträumen sogar sanken. Damit sind die Auswirkungen der GMO-Technologie nicht nur auf die Länder mit einem Anbau von GMO beschränkt.

Da bei der landwirtschaftlichen Produktion nie alle Samen einer Art geborgen werden können, verbleiben immer einige Samen auf dem Boden. In der folgenden Kulturart der Fruchtfolge besteht der Bedarf, diese Pflanzen zu bekämpfen. Aufgrund der hohen Anzahl verschiedener Herbizide besteht kein Engpass an geeigneten Mitteln. Allerdings bedarf es nun eines exakten Herbizidmanagements, wenn herbizidresistente Pflanzen zu erwarten sind. In der Regel sind die Herbizidresistenzen nur auf einen Wirkstoff beschränkt. Probleme können hier auftreten, wenn in derselben Fruchtfolge 2 Früchte angebaut werden, die eine gleiche Herbizidresistenz aufweisen, oder wenn, wie es bei Raps möglich ist, es zu Auskreuzungen zwischen Rapssorten mit unterschiedlicher Herbizidresistenz kommt. Dann könnten Pflanzen auftreten, die gegen 2 oder mehr Herbizidwirkstoffe gleichzeitig resistent sind.

Das zweite wichtige Merkmal beim Anbau von transgenen Pflanzen ist die Insektenresistenz durch das Bt-Toxin (vgl. Tab. 3.6). Das Bt-Toxin ist ein Protein, das von dem Bakterium *Bacillus thuringiensis* gebildet wird und die Eigenschaft hat, die Darmwand einiger Fraßinsekten zu zerstören. Mikrobielle Bt-Präparate werden seit Längerem als biologische Pflanzenschutzmittel angewandt, die auch im „Ökologischen Landbau“ zugelassen sind. Die bisherigen Erfahrungen mit insektenresistenten transgenen Pflanzen beziehen sich in großem Maßstab auf das Bt-Toxin. Andere Toxine befinden sich zwar im Versuchsstadium, sind aber bisher nicht im Anbau. Bt-Toxin kommt in verschiedenen Varianten vor, die jeweils eine Wirkung auf verschiedene Insekten besitzen. Dies bedeutet zunächst, dass nicht alle Insekten erfasst werden. Der Begriff Insektenresistenz ist demnach nicht exakt, da in den Bt-transgenen Pflanzen zusätzliche Insektizidapplikationen erfolgen, die auf Insekten abzielen, die durch das Bt-Toxin nicht erfasst werden. Andererseits werden verschiedene Bt-Toxine in die Pflanzen transformiert. Hier muss für jedes Bt-Toxin der Nachweis der Unschädlichkeit getrennt für Mensch und Tier erbracht werden. So gibt es z. B. eine Bt-Variante (Cry9c), die im menschlichen Magen längere Zeit stabil bleibt. Zwar konnte sich der Verdacht, dass diese Variante Allergien auslöst, in einer großen Studie nicht erhärten, aber die Zulassung bezog sich daraufhin nur auf eine Verwendung der Produkte in Tierfutter. Dennoch gelangte diese Variante in den Lebensmittelhandel, sodass die betroffenen Produkte zurückgezogen werden mussten. Hierdurch wird natürlich das Vertrauen der Konsumenten in Lebensmittel aus GMO beeinträchtigt.

Bei dem Anbau von Bt-Pflanzen, wie z. B. Mais, Baumwolle, Kartoffeln etc., konnte eine erhebliche Reduzierung (50–70 %) der ausgebrachten Insektizidmenge beobachtet werden. Obwohl das Merkmal Insektenresistenz durch Bt-Toxin keine Wirkung auf das Ertragspotenzial der Sorten besitzt, konnten insbesondere in Gebieten mit hohem Schädlingsdruck die oft erheblichen Ertragsverluste reduziert werden (Tab. 3.6). So zeigten Studien aus Argentinien um 30 % und aus Indien zwischen 40 und 80 % höhere Erträge, wobei jeweils ressourcenschwache Kleinbauern besonders profitierten. Diese Beispiele zeigen, dass die betroffenen Insekten durch die Bt-Toxine der Pflanze strenger kontrolliert werden als durch Insektizidapplikationen. Dies wird durch die Beobachtung bestätigt, dass Bt-Mais weniger Fraßgänge des Maiszünslers aufweist. Hierdurch besitzen diese Pflanzen weniger Eintrittspforten für pilzliche Schaderreger. In der Konsequenz wies der Bt-Mais geringere Mykotoxingehalte auf als Nicht-Bt-Mais. Da diese Mykotoxine teilweise extrem toxisch sind, erwächst ein weiterer Vorteil durch den Bt-Mais.

Auf der anderen Seite ist auch zu fragen, welche Auswirkungen sich auf das Ökosystem, d. h. welche Effekte sich auf die Zielorganismen ergeben und welche Wirkungen auf Nichtzielorganismen bestehen. Durch den Anbau von Bt-Pflanzen werden die Schädlinge reduziert. Allerdings handelt es sich auf der Seite der Schädlinge um eine Population, die eine genetische Variabilität aufweist und in der auch Mutationen stattfinden. Das Bt-Toxin schädigt die empfindlichen Insekten. Bestehen in der Population Allele, die eine Resistenz gegen die Wirkungsweise des Bt-Toxins vermitteln oder entstehen diese Allele durch Mutationen, so besitzen die Schädlinge, die diese Allele tragen, einen Fitnessvorteil. Für die Nutzer der Bt-Technologie bedeutet es, dass nun einige resistente Schädlinge in der Population sind, die sich schnell vermehren können. Dadurch kann der Nutzen der gesamten Bt-Technologie schnell verloren gehen. Damit dies nicht eintritt, muss ein **Resistenzmanagement** eingehalten werden. Hierbei müssen immer genug Bt-anfällige Schädlinge erhalten bleiben, sodass sich kaum Paarungen zwischen Bt-resistenten Schädlingen ergeben können. Damit soll eine Ausbreitung von gegebenenfalls resistenten Schädlingen verhindert werden. Durch den Anbau einer Mindestfläche von Nicht-Bt-Mais soll das Überleben von nichtresistenten Schädlingen gesichert werden. Beginnt sich nun auf den Nachbarflächen eine resistente Schädlingspopulation zu entwickeln, so soll durch die Refugienflächen gesichert werden, dass sich resistente Insekten auch mit nichtresistenten Insekten paaren. Hierdurch soll die Ausbreitung der homozygot resistenten Insekten reduziert werden. Je nach Region nehmen die Refugien Flächenanteile von 20–50 % der Bt-Fläche ein. Die Einhaltung dieser Anteile wird durch Kontrakte zwischen Saatgutverkäufer und Käufer gesichert.

Für eine Beurteilung der Bt-Technologie ist es zudem wichtig festzustellen, welche Wirkungen auf die Nichtzielorganismen ausgehen. Hier ist insbesondere die Diskussion um die Wirkungen auf den Monarchfalter, eine attraktive Schmetterlingsart, zu nennen, die dieses Problem thematisiert hat. In Laborversuchen wurde festgestellt, dass die Larven des Monarchfalters eine höhere Sterblichkeit aufwiesen, wenn sie mit Blättern ihrer Futterpflanze (Milkweed) gefüttert wurden, die zuvor mit Bt-haltigen Maispollen gepudert wurden. Da diese Ergebnisse alarmierend waren, wurden weitergehende Versuche unternommen, die das Gefährdungspotenzial auch unter Freilandbedingungen abschätzen sollten. Es zeigte sich, dass die Maissorten unterschiedliche Bt-Gehalte in Pollen aufweisen und dass, abgesehen vom Bt-176-Mais mit hohen Bt-Konzentrationen in Pollen, eine kritische Pollendichte auf den Milkweed-Blättern nicht erreicht wurde. Auch wenn die Bt-Maispflanzen einen Anteil von 80 % erreichten, stieg der Anteil der gefährdeten Monarchfalter auf nicht mehr als 0,05 % der Gesamtpopulation. Hiermit kommt der Beeinflussung der Monarchfalterpopulation eine geringere Bedeutung zu als einer Änderung der Landnutzung, die auf die Futterpflanze des Monarchfalters Einfluss nimmt. Trotzdem müssen die ökologischen Folgen an weiteren Fallbeispielen analysiert werden, damit Lösungswege für Probleme entwickelt werden können. So besteht z. B. ein Vorschlag, die Ausbreitung von transgenen Pollen zu verhindern, indem alle transgenen Pflanzen männlich steril sind. Dieses wäre z. B. eine Möglichkeit, die Ausbreitung von Bt-Toxin mit den Pollen zu unterbinden.

Die Herbizid- und Insektenresistenz stellen 2 bedeutende Eigenschaften dar, die bisher durch Gentransfer übertragen wurden. Darüber hinaus gibt es auch Beispiele, dass die Qualität der Produkte durch den transgenen Ansatz verändert wurde (z. B. Laurinsäuregehalt bei Raps, „Anti-Matsch"-Tomate oder Reis mit erhöhtem β-Carotingehalt etc.). Es wird erwartet, dass sich diese Gruppe in Zukunft wesentlich erweitert. Auch gentechnisch erzeugte Hybridsysteme zur Erzeugung von männlich sterilen Pflanzen existieren schon. Ob die Gentechnologie eine wirkliche Bereicherung des zuchtmethodischen Instrumentariums wird, hängt aber noch von weiteren Fragen ab. Die Verbraucher in Europa erkennen zurzeit noch keinen Vorteil in dieser Technologie und die politische Ebene blockierte bislang den Zugang zum Markt.

Seit Oktober 2002 ist die EU-Freisetzungsrichtlinie in Kraft, die die **Freisetzungsversuche** und die **Inverkehrbringung** von GMO regelt.

Genetisch modifizierte Pflanzen werden weltweit in großem Maßstab zum Nutzen der Landwirte, Konsumenten und der Umwelt angebaut. Die nach heutigem Stand des Wissens erkennbaren Risiken werden durch Auflagen bei der Genehmigung und Kontrolle beim Anbau berücksichtigt.

Diese Richtlinie regelt das Verfahren, mit dem eine absichtliche Freisetzung von GMO in die Umwelt genehmigt wird, sowie die Modalitäten für die im Regelfall erforderliche Umweltverträglichkeitsprüfung. Diese Richtlinie bezieht sich sowohl auf experimentelle Freilandversuche, die unter definierten Bedingungen auf begrenzten Flächen stattfinden, als auch auf das Inverkehrbringen, worunter die kommerzielle Nutzung der GMO verstanden wird. Jedes Freisetzungsexperiment wird einzeln auf die Umweltauswirkung überprüft (case by case) und erst bei zunehmender Erfahrung können das Verfahren schrittweise vereinfacht und die Barrieren zwischen Versuchsfeld und Umwelt abgebaut werden (step by step).

In der Richtlinie ist auch die Inverkehrbringung geregelt. Die Firmen, die eine Inverkehrbringung beantragen, müssen Studien über mögliche Auswirkungen auf Umwelt, auf menschliche Gesundheit und Tiergesundheit vorlegen. Nach Prüfung kann bei Unbedenklichkeit eine Inverkehrbringung für 10 Jahre genehmigt werden und ein Anbau erfolgen. Hierbei ist ein weiteres Umweltmonitoring obligatorisch. Allerdings wird eine Sicherheitsbewertung der hieraus erzeugten Lebensmittel zusätzlich in der Verordnung über gentechnisch veränderte Lebens- und Futtermittel geregelt.

Weiterhin ist im Zusammenhang mit transgenen Pflanzen die Frage der Koexistenz bedeutsam, dem Nebeneinander von gentechnikfreier Landwirtschaft und Landwirtschaft unter Einsatz von GMO. Hierbei geht es um die Wahrung der Koexistenz von Grüner Gentechnik und anderen Formen der Landnutzung wie ökologischer Landwirtschaft, die generell auf Gentechnik verzichtet, oder konventioneller Landwirtschaft ohne Gentechnikeinsatz und nicht um den Schutz vor möglicher Gefährdung; denn mögliche Gefährdungen müssen bereits abgeklärt worden sein und nur unbedenkliche GMO erhalten eine Genehmigung zur Inverkehrbringung. Bei der Koexistenz handelt es sich also um ein Nebeneinander der verschiedenen jeweils unbedenklichen Anbauformen. Diese Unterscheidung ist insofern wichtig, da alle Maßnahmen, wie z. B. Grenzwerte, sich damit auf die beabsichtigte und als ungefährlich eingestufte Nutzung beziehen und keineswegs für nichtzugelassene GMO gelten. Damit gilt für nichtzugelassene GMO trotz der festgelegten Grenzwerte eine „Nulltoleranz", also Grenzwerte von 0 %.

Die EU-Kommission hat Empfehlungen hinsichtlich verschiedener Leitlinien veröffentlicht. Dabei sollen Schwellenwerte von 0,9 % für GMO-Lebens- und Futtermittel in den Mitgliedstaaten zugrunde gelegt werden. Für Saat- und Pflanzgut wurde kein Schwellenwert festgelegt. Der Schwellenwert sagt aus, dass ab diesem Wert, also wenn mehr als 0,9 % der Pflanzen GMO sind, die Lebens- bzw. Futtermittel als GMO gekennzeichnet werden müssen. Die EU-Kommission gibt weitere Vorschläge zu Maßnahmen, wobei das Standortregister empfohlen wird, welches zwischenzeitlich ein Kernelement der Koexistenzregelung in Deutschland darstellt. In den Standortregistern wird transparent, wo (Lage und Größe) und wie (Kulturart, GMO, Anbau oder Freisetzung) ein GMO-Anbau stattfindet. Das Standortregister ist im Internet des BVL einsehbar.

In Empfehlungen der EU wird darüber hinaus die Möglichkeit der Schaffung von größeren Arealen angedeutet, in denen GMO-Anbau nicht erlaubt ist, wenn dort die anderen Maßnahmen zur Vermeidung der Migration von GMO in die konventionelle bzw. ökologische Landwirtschaft nicht ausreichen.

Neben dem Standortregister wurden Regeln zur guten fachlichen Praxis im Gentechnikgesetz (§ 16b GenTG) festgelegt und in der Gentechnik-Pflanzenerzeugungs-Verordnung (GenTPflEV) ergänzt und detailliert ausgeführt. Diese Verordnung besteht aus einem allgemeinen und einem Kulturart-spezifischen Teil, wobei bei Abfassung dieses Kapitels nur für Mais Kulturart-spezifische Regeln vorlagen. Die Verordnung regelt die Lagerung, den Transport, die Bewirtschaftungsmaßnahmen (inkl. Durchwuchs), die Informationspflicht den Nachbarn gegenüber und die Aufzeichnungspflicht. In dem Kulturart-spezifischen Teil werden z. B. die Abstandsregeln detailliert beschrieben. So dürfen z. B. bei Mais Abstände von GMO zu konventionellem Mais von 150 m und zu ökologisch bewirtschaftetem Mais von 300 m nicht unterschritten werden. Neben dem Standortregister und den Regeln zur guten fachlichen Praxis ist die Kennzeichnung der GMO als weitere Maßnahme zur Sicherung der Koexistenz gesetzlich verankert. Hierbei müssen GMO, also auch Lebens- und Futtermittel, die aus GMO bestehen, diese enthalten oder daraus hergestellt werden, gekennzeichnet sein, damit eine Vermischung mit konventioneller Ware vermieden wird.

Für weitere Informationen zur Koexistenz sei auf Buhk (2010), Rühl und Langhof (2010), Spiller (2010) und Tappeser et al. (2010) in der Literatur verwiesen.

Ein vollständig anderer Aspekt zu den GMO betrifft das Management von einzelnen transgenen „Events“ im Hinblick auf einen Patentablauf der Events. Es ist eine durchaus schwierige Technik, Transgene zu erzeugen, die keinerlei Positionseffekt durch z. B. benachbarte Gene, Promotoren etc. im Genom aufweisen. Daher ist es üblich, eine Sorte, die sich gut transformieren lässt, für die Transformation heranzuziehen und die besten dieser Events in das junge aktuelle Zuchtmaterial einzukreuzen. Nun besteht ein Interesse, nach Patentablauf alle neuen Sorten mit dann verbesserten Events auszustatten und die alten Events ohne Patentschutz aus dem Material zu entfernen. Um diese Integration auf Zeit in das Zuchtmaterial zu gewährleisten, müssen nun Zuchtverfahren entwickelt werden, die dieses gewährleisten. Eine Lösung wäre gegeben, indem das Zuchtmaterial getrennt ohne GMO auf Leistung und Qualität züchterisch verbessert wird und dann nur im Vermarktungsprozess als GMO auftritt. Damit könnten nach Patentablauf dann neue GMO-freie Zuchtpopulationen vermarktet werden. Allerdings führt diese Implikation zu zusätzlichen Managementaufgaben in den Zuchtprogrammen.

3.6.4 Genome-Editing

Durch die molekulargenetische Forschung sind Verfahren entwickelt worden, die in der Lage sind, zielgenau DNA-Sequenzen zu erkennen. Abgeleitet wurden diese Verfahren aus der Bakteriengenetik. Bakterien haben für sich ein System entwickelt, welches einem Immunsystem ähnlich ist und fremde DNA von anderen Bakterien oder Viren erkennt. Es wurden verschiedene Verfahren entwickelt, die mit gezielten Erkennungssequenzen in der Lage sind, Veränderungen in der DNA der Pflanze durchzuführen. So sind verschiedene Verfahren in der Lage, die DNA der Zelle zu verändern. Diese Veränderungen können sehr gezielt erfolgen, sodass diese Verfahren als Genome-Edition bezeichnet werden. Zwei Verfahren mit z. T. jeweils einigen Vor- und Nachteilen haben sich in der Forschung bisher durchgesetzt. Es ist einmal das **TALEN-Verfahren**

(Transcription Activator like Effector Nucleases) und zum anderen das **CRISPR/Cas-Verfahren** (Clustered Regularly Interspaced Short Palindromic Repeats). An dieser Stelle soll nur auf das weniger aufwendige CRISPR-Verfahren näher eingegangen werden, obwohl das TALEN-Verfahren einige zusätzliche Optionen besitzt wie die Berücksichtigung von DNA-Modifikationen (epigenetische Unterschiede) oder die Möglichkeit, auch in den Organellen DNA zu editieren.

Das CRISPR/Cas-System baut auf ein Immunsystem in Bakterien und Archaeen (früher auch als Urbakterien bezeichnet) auf, welches Phagen (auf Bakterien spezialisiere Viren) und andere invasive genetische Elemente durch eine Spaltung des Nukleinsäuregenoms des Eindringlings abwehrt. Im Jahr 2012 haben die US-Amerikanerin Jennifer A. Doudna und die Französin Emmanuelle Charpentier das CRISPR/Cas-System beschrieben, für welches sie im Jahr 2020 den Nobelpreis für Chemie erhielten. Dieses Genome-Editing-System basiert auf RNA und ist deshalb leichter an die DNA der Pflanze anzupassen. Das System besteht aus 2 Komponenten: einem Protein, der Cas9-Nuklease, und einer single-guide-RNA (sgRNA). Diese sgRNA bildet eine Sekundärstruktur, woraufhin sie mit dem Cas-Protein gebunden wird. Dieser sgRNA-Cas9-Komplex mit ursprünglich 20 RNA Nukleotiden kann nun für ein Ziel im Genom konstruiert werden. Durch Weiterentwicklungen des Nuklease-RNA-Komplexes sind längere Zielsequenzbereiche ansprechbar, was die Spezifität der Zielstellen wesentlich erhöht hat. Dieses Ziel nun, die Doppelstränge DNA, wird durch die sgRNA identifiziert und durch die Cas9 Nuklease geschnitten. Die sgRNA und die Cas9-Nuklease sind ja gekoppelt. Ausgehend von diesen Brüchen in der DNA können verschiedene Änderungen rund um das Ziel stattfinden. Die Pflanzenzelle wird nun versuchen, den Doppelstrangbruch zu reparieren. Es sind hierbei mehre Optionen möglich. Bei der Reparatur kann es zu einem Fehler (nicht-homologe Reparatur) kommen. Dieser Reparaturweg findet während eines Großteils des Zellzyklus statt. Daher wird das System häufig dazu genutzt, Gene durch kleine Insertionen oder Deletionen an bestimmten Stellen in Zielgenen zu mutieren. Darüber hinaus kann dieses System auch genutzt werden, um Homologie-unabhängige Insertionen von Donor-DNA-Sequenzen (z. B. Resistenzgene, Qualitätsgene etc.) zu erzeugen; es könnte somit eine effiziente Methode zur Einbringung von Genen zur Integration von erwünschten Eigenschaften werden.

Obwohl die Methode der nicht-homologen Reparatur hocheffizient und für groß angelegte Knockout-Studien gut geeignet ist, fehlt es ihr an Präzision. Über einen gezielten Homologie-Reparaturweg kann eine spezifische Punktmutation präzise eingeführt oder eine gewünschte Sequenz in die Ziel-DNA eingefügt bzw. ersetzt werden. Dieser Weg ist komplizierter, benötigt bestimmte Phasen im Zellzyklus und eine Reparaturmatrize. Diese Reparaturmatrize stammt entweder aus dem Schwesterchromatid oder von einer exogenen Matrix, etwa einer exogenen DNA oder einzelsträngigen DNA, die eine gewünschte Sequenzmodifikation enthält, die an der Bruchstelle eingebaut werden soll. Die für das Genome-Editing notwendigen Reagenzien (Nuklease-Enzym, sgRNA etc.) werden vorwiegend über eine *Agrobacterium*-vermittelte Transformation oder über ein Partikelbombardement in die Zellen eingebracht.

Das CRISPR/Cas-Genome-Editing führt also selbst zu unterschiedlichen Ergebnissen. Hingegen führt die nicht-homologe Reparatur zumindest, wenn keine Fremd DNA gezielt integriert wurde und von einer *Agrobacterium*-vermittelten Transformation keine Fremd-DNA in der Pflanze verbleibt, zu einer Mutation, die nicht von einer natürlich entstandenen Mutation unterschieden werden kann. Im geringsten Falle wird nur eine Basenänderung (eine Punktmutation) verbleiben. Auch die homologe Reparatur kann zu solchen geringen und nicht von einer natürlichen Mutation zu unterscheidenden Änderungen führen. Wenn arteigene DNA- oder Fremd-DNA-Stücke eingebracht werden, gibt es Unterschiede zwischen den Pflanzen, die durch das Genome-Editing hervorgerufen werden und die eine Einstufung der Pflanzen als GVO nach sich ziehen. Im Gegensatz zu anderen Transformationsmethoden kann man durch das Genome-Editing den Insertionsort sehr genau vorherbestimmen. In jedem Fall – ob eine kleine Mutation bewirkt werden soll oder ob ein DNA-Fragment integriert werden soll – muss das Ziel extrem gut bekannt sein. Um „off Targets", also zufällig vorhandene andere Zielorte mit der exakt selben Zielsequenz nicht anzusprechen, muss die Zielsequenz lang und das restliche Genom gut bekannt sein. Je länger die Zielsequenz ist, umso geringer ist die Wahrscheinlichkeit einer zufällig vorhanden anderen Region mit derselben Sequenz.

Genome-Editing ist ein noch neues Forschungsfeld und neue Erkenntnisse und Verbesserungen werden ständig publiziert. Deshalb muss an dieser Stelle auf weiterführende und jeweils neue Literatur verwiesen werden. Auch im Bereich der rechtlichen Bewertung gibt es noch viele Diskussionen. Diese beziehen sich auf die jeweils nationalen Bewertungen und auch auf die nationalen und EU-Gesetze und die EU-Rechtsprechung. Aufgrund eines EU-Urteils von 2018 fallen alle Genome-Editierungen unter das Gentechnikrecht, wodurch ein Anbau in der EU nicht möglich ist oder nur unter extremen Hürden durchgeführt werden kann. Zuchtmethodisch bedeutet dieses, dass Genome-Editing für die praktische Pflanzenzüchtung in der EU unbedeutend geworden ist, obwohl vonseiten der Wissenschaft zahlreiche neue Erkenntnisse bei vielen wichtigen, auch hinsichtlich der Anpassung an den Klimawandel wichtigen Eigenschaften hinzukommen. Ein weiteres Problem besteht darin, dass international eine unterschiedliche Bewertung existiert. Für den freien Austausch von genetischen Ressourcen muss zumindest bei neuen Entwicklungen in der EU immer geprüft werden, ob das Material aus Genome-Editing stammt, auch wenn diese Eigenschaft nicht im Fokus der Verbesserung stehen sollte. Bei einer Pflanze mit einer Genome-Editing-Historie dürften die Pflanzen und deren Samen nur nach den Bedingungen des Gentechnikrechts im Betrieb behandelt werden. Alle Arbeiten müssten dann noch strenger dokumentiert werden, als es nach üblichen Verfahren ohnehin nötig ist. Kreuzungen bzw. deren Nachkommen müssten zusätzlich zu eventuellen Patentrechten noch nach Gentechnikrecht behandelt werden, wobei ein Feldversuch wohl nur im Ausland möglich wäre. All dies gilt auch, wenn die Genome-Editierung nicht Ziel einer Verbesserung wäre.

3.6.5 Genetische Marker

Durch die Fortschritte der Molekulargenetik wurden inzwischen die ersten Pflanzenarten vollständig sequenziert. Auf Ackerschmalwand (*Arabidopsis thaliana*) und Reis (*Oryza sativa*) folgten zahlreiche Wild- und Kulturarten. Das heißt, die vollständige DNA-Sequenz für alle Chromosomen liegt vor. Für viele Kulturarten liegen bereits Referenzsequenzen und weitere DNA-Informationen in den Datenbanken bereit. Anfangs wurden diese Referenzsequenzen nur für einen repräsentativen Genotyp erstellt. Durch Verbesserungen in der Technik liegen weitere Sequenzinformationen für weniger stark bearbeitete Kulturarten und für mehrere Individuen innerhalb einer Art vor. Ausgehend von diesen Untersuchungen wurde festgestellt, dass sich die Sorten bzw. Individuen innerhalb einer Art auch in der DNA-Sequenz unterscheiden. Diese Befunde führten zu einer Einteilung in einen in den Pan-Genom-Studien als Kern (Core) bezeichneten DNA-Anteil, der in allen Individuen zu finden ist, und einen offenbar entbehrlichen Anteil an DNA bzw. Genen, welcher für die untersuchten Individuen unterschiedlich ist. Diese neuen Erkenntnisse erweitern auch die Theorien über die Vererbung.

Da die genetischen Unterschiede durch Differenzen innerhalb der DNA hervorgerufen werden, liegt es nahe, die DNA als Analyseobjekt heranzuziehen. Es wurde eine Vielzahl von Methoden entwickelt, die es erlauben, die DNA-Information zur Erkennung von Individuen, von Chromosomen oder von Genloci heranzuziehen. Diese Methoden führen quasi zur Markierung von Individuen oder Genen. Deshalb nennt man diese auch genetische Marker. Diese genetischen Marker erweitern das Spektrum der Erkennungsmöglichkeiten erheblich und werden heute in vielen Bereichen intensiv verwendet. So wird jedem das Beispiel der Speicheltests geläufig sein, die für Verwandtschaftsanalysen, z. B. Vaterschaftstests, oder für eine Suche nach mutmaßlichen Tätern in Kriminalfällen verwendet werden. Hierfür wird nur noch eine kleine Menge an DNA benötigt. Trotzdem können Aussagen über eine Vielzahl von Markern gemacht werden. Dieses ist ein entscheidender Fortschritt gegenüber früheren Analysemethoden, in denen gleichfalls der Unterschied zwischen einzelnen Individuen aufgezeigt werden konnte. Aber bei diesen Markern, die z. B. als morphologische oder biochemische Marker Unterschiede in der Gestalt oder im Proteinmuster aufzeigen, war die Häufigkeit der Markervarianten zu klein und der Aufwand zu groß, um diese Technik einsetzen zu können. Die genetischen Markermethoden bieten mittlerweile für sehr viele Kulturarten so viele Marker, dass viele Fragestellungen effizient bearbeitet werden können. Heute stehen viele Methoden für eine Markeranalyse zur Verfügung, die auch im Zuchtbetrieb oder in zentralen Labors eingesetzt werden können. Im Folgenden werden von diesen Verfahren nur einige beispielhaft beschrieben. Für eine nähere Beschäftigung mit dem Thema sei auf Nadeem et al. (2018), Amiteye (2021) sowie Hasan et al. (2021) verwiesen.

Grundprinzip vieler Markertechnologien ist die PCR-Technik (Polymerase Chain Reaction), bei der einzelne Segmente der DNA stark vermehrt werden können. Hierbei erfolgt die Auswahl der zu vermehrenden Segmente mittels Primern, kleinen DNA-Stücken von ca. 20 Basen. Diese Primer hybridisieren im Reaktionsmedium mit der zu prüfenden DNA, die durch hohe Temperaturen einsträngig vorliegt. Ausgehend von diesem nun einsträngigen DNA-Abschnitt erfolgt anschließend eine DNA-Synthese, d. h. der dem Einzelstrang komplementäre DNA-Strang wird neu gebildet. Dieser Vorgang wird durch Erhitzen beendet und beginnt dann von Neuem. Ein zweiter Primer bindet am komplementären Strang. Nach mehreren Zyklen besteht die Masse der neu gebildeten DNA-Segmente genau aus dem Teilstück zwischen den beiden Primern. In einer Auftrennung kann das DNA-Segment schließlich analysiert werden. Die PCR reagiert schon auf winzige Mengen an DNA. Nun existieren auf DNA-Ebene viele Unterschiede zwischen den einzelnen Individuen, die als Markersystem ausgenutzt werden können. Beispielhaft für Markerklassen seien an dieser Stelle nur die SSR- und SNP-Marker erwähnt. Bei den **SSR-Markern** (Simple Sequence Repeat) wird ausgenutzt, dass im Genom verstreut Wiederholungen von kurzen DNA-Sequenzen vorliegen. Hierbei handelt es sich um Muster, bestehend aus 2, 3 oder 4 Basen, die in wenigen Wiederholungen vorliegen. Damit unterscheiden sich diese Abschnitte von den vielen DNA-Abschnitten, die aus oft oder sehr oft wiederholten DNA-Sequenzen bestehen. Interessant für die SSR-Marker ist, dass die Wiederholungszahl der kurzen DNA-Sequenzen sich zwischen den Individuen unterscheiden kann. Damit wurde ein Markersystem entwickelt, in dem die Wiederholungsanzahl der kurzen DNA-Sequenzen sichtbar gemacht wird. Dieses kann z. B. nach erfolgter PCR-Vermehrung des entsprechenden DNA-Abschnitts durch eine elektrophoretische Auftrennung erfolgen. In dieser Auftrennung können nun die einzelnen DNA-Teilstücke ihrer Größe nach voneinander getrennt werden. Hierbei ist im Regelfall auch eine Unterscheidung zwischen homozygoten und heterozygoten Individuen möglich (Abb. 3.15). Die Vererbung der SSR-Marker erfolgt also codominant. Eine andere Markerklasse richtet sich auf die Unterschiede bei einzelnen Basen. Dieser Einzelbasenunterschied wird in der **SNP-Markerklasse** (Single Nucleotide Polymorphism) dargestellt. Da im Verlaufe der Generationen Punktmutationen ständig vorkommen, bestehen viele Unterschiede auf Ebene der Einzelbasen. Lagen diese Mutationsereignisse lange zurück, so kann die Allelfrequenz dieser Einzelbasenunterschiede in einer Population hoch genug sein, dass hieraus Marker entwickelt werden, um die einzelnen Individuen zu unterscheiden und die zusätzlich Aussagen über die Populationen erlauben (Alter, effektive Populationsgröße etc.). Ein wesentliches Kriterium zur Identifizierung von SNP-Markern ist das Vorhandensein von Sequenzinformationen. Aufgrund dieser Sequenzinformationen ist es nun möglich, nach Unterschieden in einer Population zu suchen.

Die SNP-Marker können mit verschieden Detektionssystemen analysiert werden, wobei die Vererbung dieser Marker codominant ist, d. h. an einem Genlocus können die beiden Homozygoten und die Heterozygoten voneinander unterschieden werden. SNP-Marker können heute für fast alle Kulturarten bereits eingesetzt werden.

Die molekularen Genmarker haben trotz ihres noch relativ jungen Alters ein großes Anwendungsspektrum in der Pflanzenzüchtung erfahren. Sie werden genutzt um:

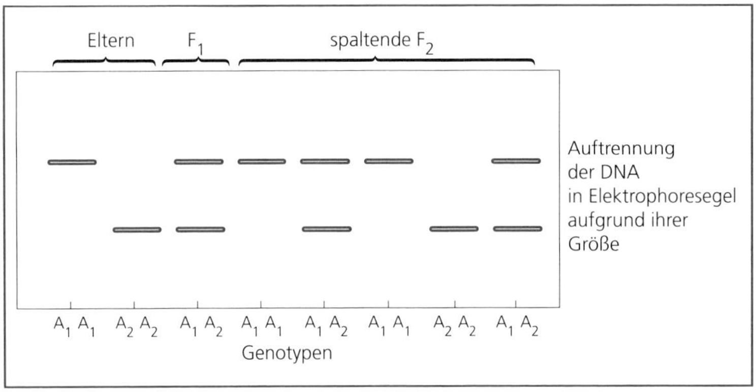

Abb. 3.15 Darstellung der Information von SSR-Markern. Die in der PCR vermehrte DNA wird entsprechend ihrer Größe aufgetrennt (z. B. in der Elektrophorese). Die Allele sind hinsichtlich ihrer Größe bekannt. In dieser Darstellung wurden die Eltern zum Vergleich mit aufgetrennt.

- Sorten zu identifizieren und zu unterscheiden,
- Sortenreinheit festzustellen bzw. Vermischung oder Einkreuzung aufzuzeigen,
- Ähnlichkeiten zwischen Individuen zu quantifizieren,
- Abstammungsanalysen durchzuführen,
- genetische Karten aufzustellen,
- Assoziationen zu qualitativen und quantitativen Merkmalen darzustellen,
- populationsgenetische Parameter zu bestimmen,
- Gene-flow darzustellen.

Genetische Marker stellen im Bereich der Züchtung ein Instrumentarium dar, welches für viele Einsatzgebiete die Lösungen aufzeigt, die theoretisch schon seit Langem beschrieben wurden, aber nicht bestätigt werden konnten, da erst durch die DNA-Analyse die Möglichkeit besteht, die Genotypen exakt zu identifizieren. So kann beispielsweise durch die Einbeziehung von mehreren Markern nicht nur eine Klassifizierung der Individuen in die Genotypklassen (z. B. A_1A_1, A_1A_2, und A_2A_2) erfolgen, sondern die Kombination von vielen Markern erlaubt eine Identifikation von Individuen und Sorten. Weiterhin kann die Ähnlichkeit zwischen Sorten festgestellt werden. Ob diese Ähnlichkeit jedoch auf zufälligen Ereignissen, auf Selektionsprozessen oder auf Verwandtschaft beruht, bedarf jeweils einer genauen Analyse. Die Verallgemeinerung, die festgestellte Ähnlichkeit beruhe immer auf Verwandtschaft, ist nicht zulässig, wie zahlreiche Befunde inzwischen gezeigt haben. Marker geben auch darüber Auskunft, ob die Sorten vermischt wurden oder ob im Vermehrungsprozess Einkreuzungen stattgefunden haben.

In der Meiose werden Chromosomen und nicht Chromatiden auf die Tochterzellen verteilt, wodurch ein Teil der genetischen Unterschiede zwischen Nachkommen erklärt werden kann. Bevor die Chromosomen auf die Tochterzellen übertragen werden, findet das Crossing-over statt, d. h. die genetische Information zwischen den homologen Chromosomen wird regelmäßig ausgetauscht. Dieser Vorgang führt bei benachbarten Genen häufiger zur gemeinsamen Weitergabe als bei weit entfernt liegenden Genen. Durch eine Kopplungsanalyse ist es möglich, diese Abstände zwischen den Genen zu schätzen. Da die Genprodukte in der Regel nicht direkt detektierbar sind, war die Kopplungsanalyse für züchterische Zwecke lange nicht anwendbar. Durch die Entwicklung der DNA-Marker hat diese Methodik eine neue Bedeutung erlangt. Die Marker ermöglichen die Untersuchung einer Vielzahl von verschiedenen Genloci. Mithilfe der Kopplungsanalyse hat man für fast alle Kulturpflanzen inzwischen intensive Studien über Genkarten durchgeführt. Diese Genkarten geben wie eine Landkarte Auskunft über die Abstände zwischen den Markern, die in Rekombinationseinheiten als Ergebnis der Rekombination nach Crossing-over gemessen werden. Diese Rekombinationseinheiten sind genetische Abstände. Sie geben Auskunft darüber, wie häufig Rekombinationen zwischen 2 Markern zu erwarten sind.

In der Pflanzenzüchtung ist es wichtig, eine Beziehung zwischen Marker und qualitativen oder quantitativen Merkmalen aufzuzeigen. Durch die gemeinsame Erfassung der phänotypischen Merkmalswerte und der Genotypdaten mithilfe der Marker kann nun eine Marker-Merkmals-Assoziation festgestellt werden. Je nach Vererbung des Merkmals wird eine Cosegregation von Marker und Merkmal, eine enge Kopplung oder auch ein Einwirken von mehreren Markerregionen auf die Merkmalswerte festzustellen sein. Im Falle von qualitativen Merkmalen kann diese Assoziation helfen, auf das Merkmal zu selektieren, wenn die Marker z. B. leichter zu erheben sind als die Merkmale selbst. Inzwischen gibt es für jede Kulturart Beispiele, bei denen Krankheitsresistenzen mit Markern gekoppelt vorliegen und diese Marker zur Selektion herangezogen werden können. Wird eine Genkarte eingesetzt, dann kann die Krankheitsresistenz auch in die Genkarte mit integriert werden oder es kann eine systematische Suche nach noch enger gekoppelten Markern beginnen, wenn die Karte durch weitere Marker ergänzt wird.

Auch eine Marker-Merkmals-Assoziation für quantitative Merkmale ist inzwischen möglich. Bei Genloci, die quantitative Merkmale mit beeinflussen, spricht man von **Quantitative Trait Loci (QTL)**. Für QTL-Analysen sind Kreuzungspopulationen, wie z. B. bi-parentale Populationen (2 Eltern bilden die Population) oder multiparentale Populationen (komplizierte und langwierigere Kreuzungsschemata führen zu auswertbaren Populationen), notwendig und die Ergebnisse basieren auf den Kopplungsbrüchen durch die Rekombinationsereignisse. Angeregt durch humangenetische Studien und theoretische Überlegungen werden in genomweiten Assoziationsstudien (GWAS) auch bestehende Genotypen für die Suche nach Marker-Merkmals-Assoziationen erfolgreich ausgewertet. Bei den untersuchten Genotypen handelt es sich nicht um Populationen, sondern es werden Panels sorgsam ausgewählt und analysiert. Diese Auswertung ist komplexer und von weiteren Faktoren abhängig, aber ein komplizierter und zeitaufwendiger Populationsaufbau entfällt. Daher werden zurzeit die meisten Gene bzw. Allele mittels der GWAS lokalisiert und identifiziert. QTL-Analysen können danach zur Validierung der Ergebnisse eingesetzt werden. Für viele Arten liegen inzwischen GWA- bzw. QTL-Studien vor. Ein sinnvoller Einsatz der Kandidatengene aus der QTL-Analyse für die züchterische Selektion ist entscheidend von der Güte der QTL-Detektion abhängig. Viele quantitative Merkmale werden durch mehrere Genloci bestimmt. Der einzelne Effekt eines Kandidatengen-Allels ist demnach häufig gering. Auch weisen verschiedene GWAS-Panels für die einzelnen Kandidatengene unterschiedliche Allelfrequenzen auf. Hieraus werden schon einige der Probleme deutlich, die mit der Erfassung von Markern für eine QTL-Region verbunden sind. Eine solche Prüfung muss mit höchster Präzision erfolgen, alle verzerrenden Einflüsse müssen so gering wie möglich gehalten werden. Der Versuchsfehler muss gering gehalten werden, d. h. die Anzahl an Umwelten muss so hoch sein, dass die QTL × Umwelt-Wechselwirkung zu keiner oder nur zu einer geringen Verzerrung führt. Um Kandidatengene genau zu lokalisieren, muss mit möglichst vielen Individuen gearbeitet werden. Schließlich ist für die gefundenen Kandidatengene noch abzuklären, wie sie in anderen Populationen reagieren. Bei hoher Genauigkeit der GWAS bzw. QTL-Analyse können diese schließlich erfolgreich in eine Marker-basierende Selektion, Marker-gestützte Selektionsstrategie oder Genomic-Selektion (nach Genomic Prediction) eingebaut werden. Bei einer solchen Selektion muss noch berücksichtigt werden, dass die Nachkommen eine rasche Fixierung der QTL-Region erfahren. Diese rasche Fixierung könnte im mittel- und langfristigen Bereich zu Nachteilen führen, da die fixierten Regionen häufig weit mehr Gene betreffen als die Kandidatengene selbst. Deshalb müssen Selektionsprogramme, die langfristig angelegt sind, an dieser Stelle wiederum einer zu schnellen Fixierung gegensteuern. Es müssen quasi Refugien für die Gene, die den Kandidatengenen benachbart sind, gefunden werden.

Die neuen biotechnologischen Pflanzenzüchtungsverfahren einschließlich der transgenen Pflanzen und dem Genome-Editing, könnten möglicherweise das sein, was man als „Game Changer“ bezeichnet. Sie könnten zu höheren Ernteerträgen, einem geringeren Einsatz von chemischen Düngemitteln und Pestiziden, einer besseren Widerstandsfähigkeit der Pflanzen gegenüber Klimastress, geringeren Nachernteverlusten und nahrhafteren Nahrungsmitteln beitragen. Diese Verfahren sind jedoch noch nicht weit verbreitet und akzeptiert. Insbesondere transgene und auch Genom-editierte Pflanzen werden oft sehr kritisch gesehen. Obwohl 30 Jahre Forschung und kommerzielle Anwendungen darauf hindeuten, dass die intensiv geprüften und zugelassenen transgenen Pflanzen, die übrigens vor einer Freisetzung intensiv geprüft wurden, nicht riskanter sind als konventionell gezüchtete Pflanzen, gibt es weiterhin weit verbreitete Bedenken hinsichtlich möglicher negativer Folgen für Gesundheit und Umwelt. Diese Bedenken haben zu Sicherheitsvorschriften geführt, die für transgene Pflanzen viel strenger sind als für jede andere agrarwirtschaftliche Innovation. Da die meisten der bisher kommerzialisierten transgenen Pflanzen von großen multinationalen Unternehmen entwickelt wurden, gibt es auch wirtschaftliche und soziale Bedenken in Bezug auf Marktmacht und ungleiche Vorteilsverteilung.

Dreißig Jahre Risikoforschung in Bezug auf transgene Pflanzen legen nahe, dass es keine neuen Risiken im Zusammenhang mit dem Züchtungsprozess gibt. Obwohl Off-Target-Effekte auftreten, sind diese leicht zu erkennen und können während der Testphase eliminiert werden. Mit anderen Worten: Transgene Pflanzen sind nicht von Natur aus riskanter als konventionell gezüchtete Pflanzensorten (EASAC 2013; NAS 2016; Deutsche Nationale Akademie der Naturforscher Leopoldina 2019). Diese Schlussfolgerung haben alle großen Wissenschaftsakademien und verschiedene internationale Organisationen gezogen, darunter die Weltgesundheitsorganisation (WHO) und die Ernährungs- und Landwirtschaftsorganisation (FAO).

Fragen zu Kapitel 3.6

- Welche transgen erzeugten Eigenschaften dominieren zurzeit im Anbau?
- Was sind genetische Marker und welche Einsatzgebiete haben sie?
- Welchen Vorteil bieten Doppelhaploide?
- Welche Anwendungsgebiete bestehen für die Gewebekultur?

Weiterführende Literatur

James, C., 2019: Global Status of Commercialized Transgenic Crops. ASAAA Briefs (www.transgen.de).

Kunling, C., Y. Wang, R. Zhang, H. Zhang, and C. Gao, 2019: CRISPR/Cas genome editing and precision plant breeding in agriculture. Annu. Rev. Plant Biol. 70: 667–697; doi.org/10.1146/annurev-arplant-050718-100049.

Newton, C. R. and A. Graham, 1997: PCR. Spektrum.

Qaim, M., 2020: Role of new plant breeding technologies for food security and sustainable agricultural development. Applied Economic Perspectives and Policy 42, 129–150; doi: 10.1002/aepp.13044.

Smith, R. H. and S. H. Park, 2002: Tissue culture for crop improvement. In: Kang, M. S., (ed.), Quantitative Genetics and Plant Breeding. CAB International, New York, USA, 189–196.

Wilhem, R. et al. 2022: Bericht zu möglichen Synergien der Nutzung neuer molekularbiologischer Techniken für eine nachhaltige Landwirtschaft. Berichte aus dem Julius-Kühn-Institut 215; https://ojs.openagrar.de/index.php/BerichteJKI.

www.transgen.de

www.biosicherheit.de

Literatur für vertiefte Studien

Hasan, N. et al., 2021: Recent advancements in molecular marker assisted selection and applications in plant breeding programmes. Journal of Genetic Engineering and Biotechnology 19: 128; https://doi.org/10.1186/s43141-021-00231-1.

Nadeem, M. A. et al., 2018: DNA molecular markers in plant breeding: current status and recent advancements in genomic selection and genome editing. Biotechnology and Biotechnical Equipment 32 (2), 261–285; https://doi.org/10.1080/13102818.2017.1400401.

Amiteye, S., 2021: Basic concepts and methodologies of DNA marker systems in plant molecular breeding. Heliyon 7 e08093; https://doi.org/10.1016/j.heliyon.2021.e08093.

EASAC, 2013: Planting the Future: Opportunities and Challenges for Using Crop Genetic Improvement Technologies for Sustainable Agriculture. European Academies Science Advisory Council, Halle.

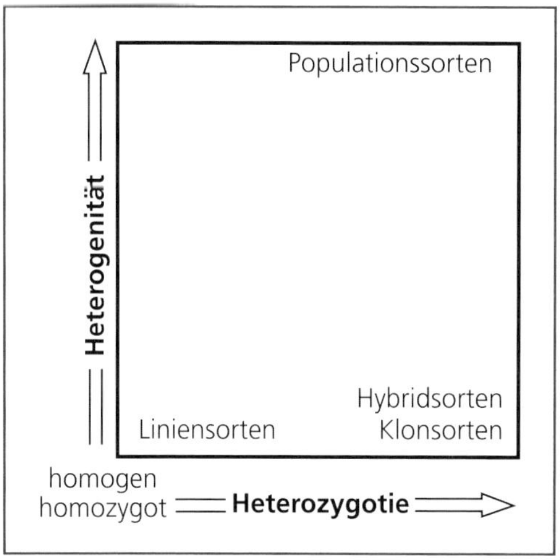

Abb. 3.16 Genetische Struktur der Sortentypen (nach Schnell 1982).

Schließlich können die Sortentypen noch durch die Möglichkeit des Nachbaus der geernteten Samen oder vegetativen Vermehrungsorgane unterschieden werden. Die Liniensorten basieren auf nahezu homozygoten Inzuchtlinien, die bei Selbstbefruchtung nicht mehr aufspalten. Die Populationssorten hingegen spalten sehr stark auf, aber aufgrund des Hardy-Weinberg-Gleichgewichts ändern sich die Mittelwerte der Populationen nach einer Vermehrung nicht. Auch die Klonsorten ändern sich nicht, da die vegetative Vermehrung auf mitotischer Zellteilung beruht. Bei diesem Kriterium weicht die Gruppe der Hybridsorten von den anderen Gruppen ab. Eine vollständig heterozygote Pflanze wird sowohl bei Zufallspaarung als auch bei Selbstbefruchtung Aufspaltungen innerhalb der Nachkommen zeigen. Auch der Heterozygotiegrad wird abnehmen und hiermit gleichermaßen die Leistungsfähigkeit des Bestandes. Bei diesem Sortentyp muss also das Saatgut immer wieder neu durch die Kreuzung zweier Elternlinien erzeugt werden. Ein Nachbau des eigenen Erntegutes würde nicht die Eigenschaften des bezogenen Saatgutes besitzen und ist deshalb nicht empfehlenswert.

F. W. Schnell hat die oben aufgeführten Kategorien unter Zugrundelegung der beschriebenen Aspekte anschaulich voneinander getrennt (Tab. 3.7).

3.7.2 Klonzüchtung

Pflanzenarten, die normalerweise vegetativ vermehrt werden, besitzen die Besonderheit, dass **alle genetischen Unterschiede** zwischen den Pflanzen, seien es die Unterschiede aufgrund der Additiv Genetischen Varianz, der Dominanzvarianz oder der epistatischen Varianz, **in der Selektion genutzt** werden können. Zu dieser Gruppe gehören beispielsweise die Kartoffel, der Wein, viele Obstarten und Zierpflanzen. Sie können die vollständige Heterosis nutzen und ohne Leistungsabbau an die Nachkommen weitergeben. An dieser Stelle soll deutlich unterschieden werden zwischen dieser Gruppe, bei der die Klonzüchtung mit dem Ziel „Klonsorten" angewendet wird, und anderen Pflanzenarten, bei denen eine Klonvermehrung möglich ist und sinnvoll eingesetzt wird, die aber später über Samen weiter vermehrt werden. Nur die erste Gruppe führt zu Klonsorten, die zweite Gruppe mündet entsprechend der natürlichen Befruchtungsverhältnisse in eine der verbleibenden Sortentypen.

Das Grundschema der Klonzüchtung ist geprägt durch die Beschaffung von Variabilität und der anschließenden Selektion, die grundsätzlich

Tab. 3.7 Fragenkatalog zur Differenzierung der Züchtungskategorien (nach Schnell 1982).

	Linienzüchtung	Populationszüchtung	Hybridzüchtung	Klonzüchtung
Trägt die Heterosis wesentlich zum Sortenertrag bei?	nein	ja	ja	ja
Kann die Sorte aus einem Genotyp bestehen?	ja	nein	ja	ja
Dient die Sorte zur eigenen Vermehrung?	ja	ja	nein	ja
Erfolgt die Vermehrung über Samen?	ja	ja	ja	nein

einem mehrstufigen Prozess folgt. Zur Variabilitätserzeugung stehen 2 Möglichkeiten zur Verfügung. Die am häufigsten verwendete Methode ist, die übliche vegetative Vermehrung durch eine Phase der sexuellen Fortpflanzung mit der darin üblichen Rekombination des genetischen Materials zu durchbrechen, um anschließend die Kreuzungsnachkommen wiederum vegetativ zu vermehren. Durch das Einschalten einer sexuellen Phase kommt es durch Rekombination zu genetischen Unterschieden zwischen den Nachkommen, die in der folgenden Selektion genutzt werden. Allerdings muss auch erwähnt werden, dass es zu deutlichen Unterschieden zwischen Eltern und Nachkommen kommt. Bei den meisten landwirtschaftlichen Kulturarten ist dieser Unterschied zwischen Eltern und Nachkommen akzeptabel, da innerhalb der Nachkommen einige Genotypen gefunden werden können, welche die Leistung der Eltern übertreffen. Im Bereich von einigen Obstarten, Zierpflanzen oder auch in der Rebenzüchtung, soll die Kombination der Eigenschaften erhalten bleiben, die ein Produkt identifiziert, z. B. bei Weinsorten. Da unter diesen Bedingungen eine sexuelle Rekombination zu großen Veränderungen führen würde, wird zum Teil auf die Nutzung von spontanen oder erzeugten Mutanten zurückgegriffen, die dann nur wenige Genloci beeinflussen. Im Bereich der Rebenzüchtung von alten Sorten, wie z. B. Spätburgunder oder Riesling, ist man in der langfristigen Erhaltung bei gleichzeitiger Anpassung an sich ändernde Produktions- und Umweltbedingungen auf solche erneuten Auslesen von Klonen mit Mutationen angewiesen. Aus züchtungssystematischer Sicht sollen die beiden Verfahren zur Erzeugung von Variabilität, Kreuzung auf der einen Seite und Mutationsauslösung oder Nutzung spontan auftretender Mutationen auf der anderen Seite, in die Kategorien **Neuzüchtung von Sorten** und **Progressive Erhaltungszüchtung** eingeteilt werden. Im Zuge der Neuzüchtung werden dann neue Sorten mit neuen Eigenschaften oder einer neuen Kombination von Eigenschaften geschaffen, während die Klonauslese innerhalb der bestehenden Klonsorten eine begrenzte Anpassung an veränderte Ansprüche gewährleisten kann. Hierbei versteht es sich von selbst, dass bei vegetativ vermehrten Arten mit nur kurzem Sortenleben eine solche Klonauslese nicht sinnvoll stattfinden kann. Während also bei Kartoffeln neue Sorten mithilfe von Kreuzungen erzeugt werden, basieren zahlreiche Tulpensorten auf Spots, wie hier die Mutationen auch genannt werden. Auch die Weiterentwicklung des Rieslings basiert auf Mutationen, die im Rahmen von Klonauslesen entdeckt und weitergeführt werden.

Nach der Erzeugung von Kreuzungen, die Motoren der Neuzüchtungen sind, erfolgt eine Selektion innerhalb der gebildeten Kreuzungsnachkommenschaft. Hierbei kann jeder Genotyp durch die vegetative Vermehrung identisch erhalten werden. In diesem Fall kann die gesamte genetische Varianz inkl. der Additiv Genetischen Varianz, der Dominanzvarianz und aller epistatischen Varianzanteile genutzt werden. Das Selektionsschema ist in Abbildung 3.17 dargestellt. Formal handelt es sich bei allen Selektionen um eine Selektion in der F_1, also der ersten Generation nach der Kreuzung. Dieses ist ohne weitere Durchkreuzung möglich, da hier in aller Regel die Kreuzungseltern hochgradig heterozygot sind. Damit ist die F_1-Generation eine spaltende Generation, in der eine Selektion möglich ist. Diese Generation verändert sich im Verlauf der weiteren Vermehrungen nicht mehr. Es kommt hier also auf die Unterschiedlichkeit der Kandidaten und nicht auf deren Zuchtwert, also deren Wirkung in der nächsten Generation, an. Dieses erleichtert die Planung des Zuchtprogramms. Die einzelnen Stufen der Selektion werden als A-, B-, C-Klone bezeichnet. Die Selektion erfolgt in einem gestuften Prozess. Zunächst wird zwischen den A-Klonen selektiert. In der folgenden Vermehrungsgeneration, in der Regel im nächsten Jahr, wird dann zwischen den verbleibenden Klonen selektiert. Dieses wird so lange fortgesetzt, bis nur noch wenige Sortenkandidaten verbleiben. Hierbei steht von Stufe zu Stufe mehr Pflanzgut zur Verfügung. Dadurch können die Prüfparzellen im Verlauf der Selektionen größer und in mehreren Wiederholungen angelegt werden. Schließlich sind auch mehrortige Prüfungen möglich. Während dieser gesamten Selektion findet keine genetische Rekombination statt. Der Vorteil ist, dass jeder Genotyp als solcher erhalten werden kann. Dem steht gegen-

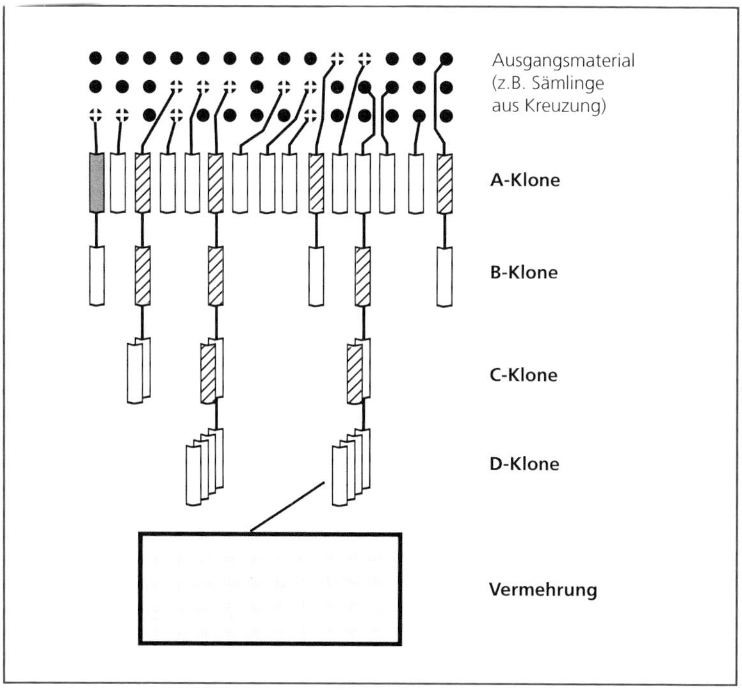

Abb. 3.17 Schema der Klonzüchtung.

über, dass die Sämlingspopulation so groß zu wählen ist, dass die gewünschte Eigenschaftskombination in den Kandidaten schon enthalten sein muss und dass die entsprechenden Genotypen auch gefunden werden können. Es müssen also schon während der Kreuzungsphase sehr viele Nachkommen erzeugt werden.

Dieses Grundschema für die Züchtung von Klonsorten wird je nach spezifischen Gegebenheiten durch die Kulturarten oder durch die Prüfkapazitäten der Züchter variiert.

3.7.3 Linienzüchtung

Die übliche Methode zur Variabilitätserzeugung bei Selbstbefruchtern ist die Kreuzung zweier Eltern, die im Allgemeinen Inzuchtlinien, häufig selbst Liniensorten, und damit hochgradig homozygot sind. Unter diesen Bedingungen erwarten wir eine heterozygote F_1-Generation, die selbst keine genetischen Unterschiede aufweist. In der F_2-Generation erfolgt eine Aufspaltung in verschiedene Genotypen. Anschließend entwickelt sich die Population in der weiteren Generationsfolge wieder zu hochgradig homozygoten Individuen (vgl. Kap. 3.3.3). Die bei der Linienzüchtung eingesetzten **Selektionsmethoden** berücksichtigen diese Entwicklung. Hierzu wurden 2 unterschiedliche Grundmuster entwickelt, deren Elemente auch kombiniert und variiert zum Einsatz kommen. Diese Grundmuster sind die **Ramschmethode** und die **Stammbaummethode** (Letztere wird auch **Pedigree-Methode** genannt). Bevor diese Methoden beschrieben werden, soll noch einmal die Entwicklung der Population bei Selbstbefruchtern wiederholt werden (vgl. Kap. 3.4.2). Eine Selektion zwischen Genotypen oder Genotypgruppen ist immer dann am erfolgreichsten, wenn die Selektion zwischen Individuen oder Gruppen von Individuen stattfindet, zwischen denen eine hohe genetische Varianz besteht. Darüber hinaus sollen die züchterisch nicht nutzbaren Effekte (hier Dominanz, Versuchsfehler etc.) die phänotypischen Werte, die Grundlage der Selektion, möglichst wenig verzerren. Von diesem Grundgedanken ausgehend können sowohl die Ramschmethode als auch die Stammbaummethode abgeleitet werden. Da Liniensorten aus Inzuchtlinien entwickelt werden, ist nur die Additiv Genetische Va-

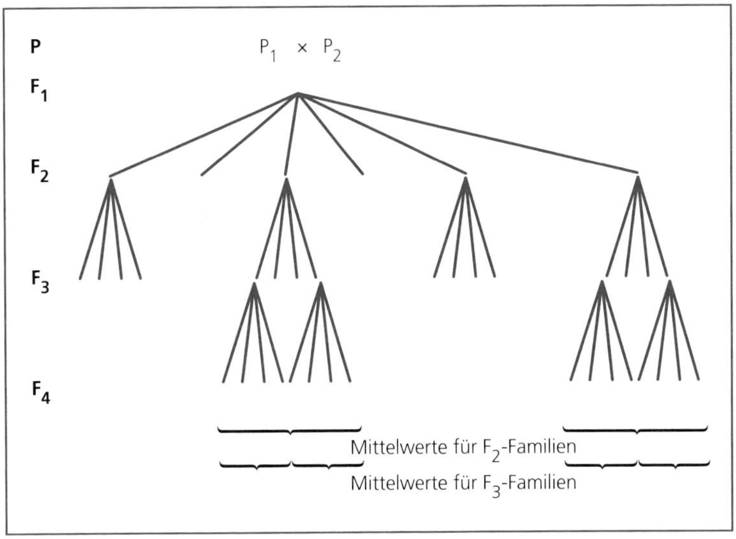

Abb. 3.18 Schema der Pedigree-Züchtung. In jeder Generation steht die gesamte Verwandtschaftsinformation zur Verfügung. Vergleiche hierzu Tab. 3.2. So kann in diesem Beispiel in der F_4 zwischen den F_2-abgeleiteten Familien und anschließend zwischen den F_3-Subfamilien innerhalb der besten F_2-Familien selektiert werden.

rianz für die Selektion nutzbar. Aus Tabelle 3.2 geht hervor, dass die Additiv Genetische Varianz im Verlauf der Generationen ständig ansteigt, die nicht nutzbare und damit den Phänotyp maskierende Dominanzvarianz hingegen sinkt. Hieraus wurde die **Ramschmethode** entwickelt. Die Selektion von Einzelpflanzen beginnt hierbei erst nach einigen Generationen Selbstbefruchtung und stützt sich dann auf ein Material mit einem relativ hohen Homozygotiegrad. Dieser Vorgang wird so lange wiederholt, bis die Linien hinreichend homozygot sind. Während dieser Zeit unterliegt die Population allerdings den Einflüssen der natürlichen Selektion. So können beispielsweise kleinkörnige Pflanzen, die viele Nachkommen haben, sich stärker in den späteren Generationen wiederfinden als großkörnige Pflanzen mit wenig Nachkommen. Die Möglichkeit, diese homozygoten Linien zu produzieren, hat sich in den letzten Jahren durch neue Verfahren wesentlich vereinfacht. Es ist durch den Anbau von Kreuzungsnachkommenschaften im Gewächshaus schon lange möglich gewesen, die Zeitdauer bis zum Erreichen einer z. B. F_7 wesentlich kürzer zu gestalten, als 6–7 Vegetationsperioden abzuwarten. Durch moderne Licht- und Klimasteuerung (Speed Breeding) gelingen für viele Arten 3, 4 oder sogar mehr Generationen pro Jahr. Wird hier ein SSD-Verfahren (ein Nachkomme pro Pflanze und eine breite F_2-Population) verwendet, dann steht eine hochdiverse Inzuchtlinienpopulation für die Selektion zur Verfügung. Das gleiche gilt für eine Produktion von DH-Linien (Doppelhaploide), die jeweils eine hohe Variabilität bei vollständiger Homozygotie abbilden. Klassischerweise wurden die auch als Ramsche bezeichneten Populationen etwas anders produziert. Hierbei wird die gesamte Nachkommenschaft in einer Parzelle angebaut und entweder die gesamte Ernte oder eine zufällige Stichprobe in die jeweils nächste Generation überführt. Während bei der klassischen Feldvermehrung also eine gewisse Selektion stattfindet, bilden die mittels SSD- oder DH-Technik produzieren Linien die nutzbare Varianz ohne Selektionswirkung durch den Anbau ab. Alle diese Verfahren produzieren Inzuchtlinien, zwischen deren Nachkommen nun die Selektion stattfinden kann. Die ausgewählten Pflanzen werden vermehrt, wodurch die Prüfparzellen größer werden können. In den folgenden Generationen erfolgt eine Selektion zwischen Parzellen, welche die Liniennachkommenschaften repräsentieren, wodurch der Einfluss des zufälligen Fehlers, des Versuchsfehlers, weiter reduziert werden kann. In den folgenden Generationen steht jeweils mehr Saatgut zur Verfügung. Nun können Wiederholungen und bald auch mehrortige Versuche angelegt werden. Während dieser ganzen Prozedur sinkt die Anzahl der weitergeführten Linien.

Die Veränderung des nutzbaren Anteils an der Additiv Genetischen Varianz während der Generationsabfolge in Kombination mit der Verwandtschaftsinformation führt zur Entwicklung eines anderen Grundmusters als Selektionsmethode (vgl. Tab 3.2). Bei der **Pedigree-Methode** ist die gesamte Stammbauminformation ständig verfügbar, sodass Selektionsentscheidungen gestuft durchgeführt werden können. Die Grundidee ist, dass in jeder Generation nach der Kreuzung Familienstrukturen bekannt sind. Es existieren so etwas wie Familien, Subfamilien, Sub-Subfamilien und so fort, bis jede Einzelpflanze erfasst ist. Die Selektion erfolgt zunächst zwischen den Familien. Zu diesem Zweck liegen die Mittelwerte für jede Familie vor. Die Mittelwerte berücksichtigen jeden Messwert aus der entsprechenden Familie. In allen weitergeführten Familien wird anschließend zwischen den Unterfamilien selektiert. Wiederum dienen die Mittelwerte als Selektionsgrundlage. Dieser gestufte Selektionsprozess wird solange weitergeführt, bis die Verwandtschaftsinformation ausgenutzt ist. Als Beispiel sei eine F_5-Generation genannt. Für jede Parzelle, selbst für jedes Individuum in einer solchen Testung ist bekannt, in welcher F_2-, F_3- und F_4-Familie bzw. Subfamilie das Prüfglied einzuordnen ist. Demnach können aus den Leistungen der entsprechenden F_5-Pflanzen für jede F_2-Familie die Mittelwerte gebildet werden. Eine Selektion zwischen diesen Mittelwerten ist nun wesentlich sicherer als eine Selektion zwischen Einzelpflanzen, da die Mittelwerte weniger durch zufällige Effekte verzerrt sind. Die F_2-Familien repräsentieren die vollständige Additiv Genetische Varianz, welche die F_2-Pflanzen unterscheiden, weisen aber weit weniger Verzerrungen durch die Dominanzvarianz auf, weil inzwischen die Pflanzen einen viel geringeren Heterozygotiegrad aufweisen. Dieses Selektionsschema kann nun weiter fortgesetzt werden. Nachdem die besten F_2-Familien ausgewählt wurden, wird der Mittelwert der F_3-Subfamilien gebildet und dient zur Selektion. Dieser Prozess wird entsprechend fortgesetzt. Das Grundschema wird in der Praxis in variierter Form verwendet. Abbildung 3.18 zeigt beispielhaft einen Selektionsverlauf. Hierbei wird nach erfolgter Kreuzung die F_1 angebaut. Die erste spaltende Generation, die F_2, kann für erste Selektionen bereits verwendet werden, wobei dieses nur für Merkmale mit sehr hoher Treffgenauigkeit der Vorhersage sinnvoll ist. Dabei muss auf eine ausreichend große Population geachtet werden, damit für weitere Merkmale noch genügend Variation bleibt. Die F_2-Nachkommen werden in Reihen oder kleinen Parzellen angebaut. In der F_3-Generation kann erstmals aufgrund der Stammbauminformation selektiert werden. Erst in den späteren Generationen werden Wiederholungen oder mehrortige Prüfungen mit einbezogen, da häufig zu wenig Saatgut zur Verfügung steht. Dieser Übergang von Einzelpflanzen zu einer Vermehrung von gesamten Einzelpflanzennachkommen soll erst dann erfolgen, wenn die Restheterozygotie innerhalb der Einzelpflanze relativ gering ist, da jetzt Aufspaltungen die Homogenität einer späteren Sorte beeinträchtigen.

Stammbaummethode und Ramschmethode unterscheiden sich in wesentlichen Punkten. So wird die Selektion bei der Ramschmethode erst relativ spät durchgeführt, jedoch stört dann die Restheterozygotie der Pflanzen nicht oder kaum noch (Abb. 3.19). Demgegenüber beginnt die Selektion in der Stammbaummethode relativ früh und die störenden Effekte der Dominanzvarianz müssen durch die Einbeziehung der Verwandtschaftsinformation reduziert werden. Beide Methoden sind theoretisch gut begründet. In der Praxis wird wohl kaum ein Züchter die Methoden ohne Abwandlungen anwenden. Hinsichtlich der Probleme der Elternwahl und Erhaltungszüchtung in der Linienzüchtung sei auf Becker (2019) verwiesen.

3.7.4 Populationszüchtung

Herrscht in einer Art Fremdbefruchtung vor, so entwickeln sich Populationen, die sich im Hardy-Weinberg-Gleichgewicht befinden. Die Populationen weisen ein hohes Maß an Heterozygotie und auch an Heterogenität auf. Der übliche Sortentyp bei Fremdbefruchtern ist die Populationssorte, die deshalb auch als heterozygot und heterogen eingestuft wird. Im Gegensatz zu den bisher behandelten Klonsorten und Liniensorten sind die Bestände bei Populationssorten heterogen. Allerdings darf die Heterogenität ein gewisses Maß in wesentlichen Merkmalen nicht überschreiten, um das Homogenitätskriterium für die Sortenzulassung nicht zu gefährden. So dürfen beispielsweise die Blühzeit, die Wuchshöhe etc. innerhalb der Sorte nicht sehr stark schwanken. Deshalb wird während des Züchtungsprozesses darauf geachtet, dass für diese Merkmale eine relativ strenge Selektion zu Populationen führt, die dann im Vergleich zu nichtselektierten Wildformpopulationen „relativ homogen" sind. Diese „relative Homogenität" wird für eine Sortenzulassung verlangt. Diese starke Einengung in einigen Merkmalen (z. B. Qualitätseigenschaften, Blühzeitpunkt, Blattfarbe etc.) behindert andererseits die erwünschte Nutzung zumindest eines Teils der Heterosis, weil hierfür ein hohes Maß an Heterozygotie wichtig ist. Hier wird ein Problem der Populationssortenentwicklung deutlich. Einerseits soll die Selektion effizient sein, andererseits darf die Inzucht nicht zu stark sein, weil hierdurch die Inzuchtdepression, die Kehrseite der Heterosis, ansteigen würde.

Eine Variabilitätserstellung ist auch bei den Populationssorten eine wichtige Voraussetzung. Hierbei kann es durchaus sein, dass bereits Populationen bestehen, die genügend Variabilität für die erwünschten Merkmale aufweisen. Diese können dann als Ausgangsbasis für die Sortenentwicklung dienen. Häufig wird aber auch bei den Populationssorten eine Kreuzung zweier Populationen notwendig sein, um eine gewünschte Kombination der Eigenschaften zu gewährleisten. Liegt nun dem Züchter eine geeignete Ausgangspopulation vor, kann er verschiedene Selektionsprozeduren anwenden.

Für die Populationsentwicklung eignen sich viele Selektionsmethoden. Ein wichtiger Grundgedanke richtet sich an die zu bearbeitende Kulturart und die Merkmale selbst. So kann die Inzüchtung geeignet sein, einen größeren Anteil der Additiv Genetischen Varianz aufzudecken und zu nutzen (vgl. Kap. 3.4.2). Diese Möglichkeit steht aber nur bei denjenigen Fremdbefruchtern offen, die Selbstungen oder zumindest Paarungen zwischen engen Verwandten zulassen. Bei Mais beispielsweise gelingen Selbstungen leicht. Maispflanzen können durchaus mit einem Kolben offen abgeblühtes Saatgut liefern, während ein zweiter Kolben Selbstungssaatgut trägt. Weiterhin ist es auch wichtig zu wissen, ob bei dem betrachteten Merkmal eine Kontrolle über beide Elternteile (Mutterpflanze und Pollenwolke) oder nur über die Saatelternlinie (Mutter) gegeben ist. Häufig wird dieser Unterschied auch als Merkmal vor Blüte respektive Merkmal nach Blüte benannt. Bei einigen Arten ist es möglich, Einzelpflanzen über mehrere Jahre vegetativ zu erhalten und intensiv zu prüfen. Dieses ist z. B. bei vielen Futtergräsern möglich. Auf alle diese

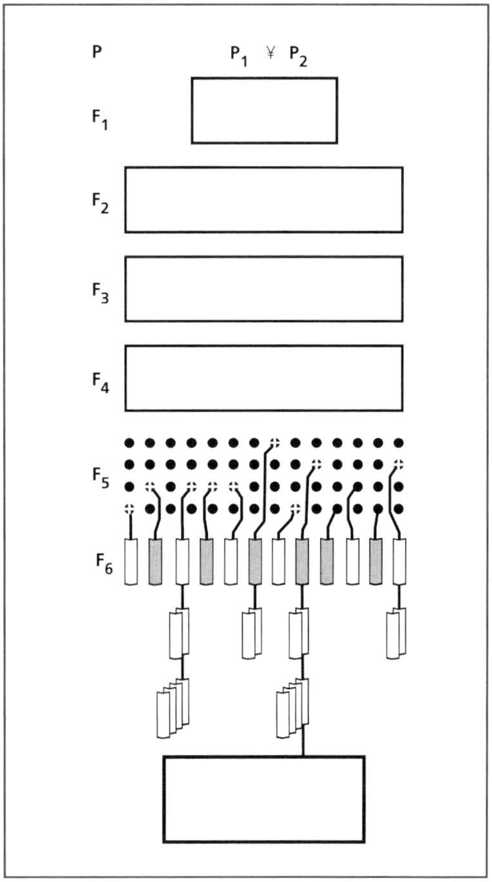

Abb. 3.19 Schema der Ramschzüchtung. Bei dieser Selektionsmethode wird ausgenutzt, dass die Varianz der Zuchtwerte von Generation zu Generation steigt, während gleichzeitig der verzerrende Einfluss der Dominanzvarianz sinkt (vgl. hierzu in Tab. 3.3 die Spalte „Gesamt" für die Varianz der Zuchtwerte (V_A) und Dominanzvarianz (V_D)). In der Abbildung beginnt die Selektion zwischen Einzelpflanzen in der F_5. Ab F_6 tritt nun eine genetische Varianz zwischen und innerhalb der Linien auf (vgl. hierzu Tab. 3.3 Zeile F_6). Der größte Teil der genetischen Varianz (1 7/8 V_A von 2 V_A) kann für die Selektion genutzt werden.

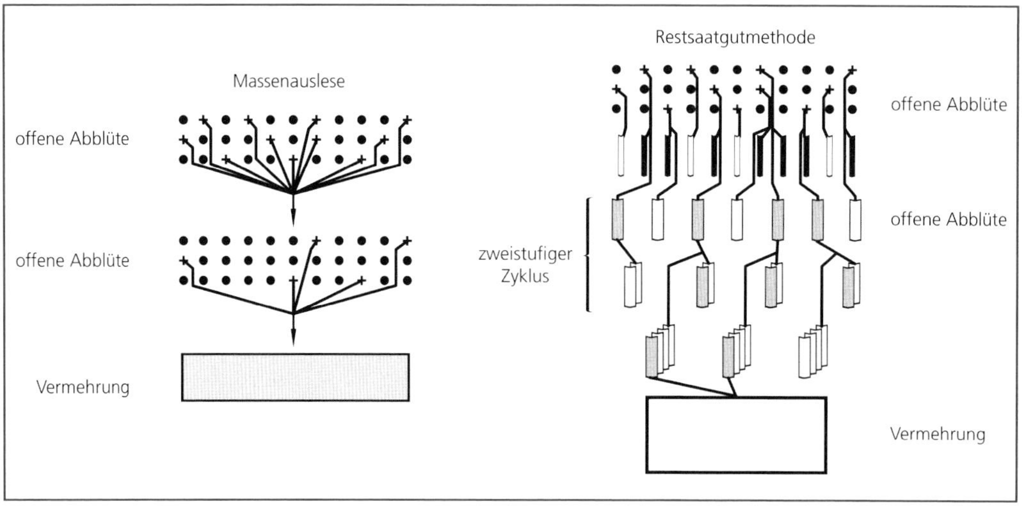

Abb. 3.20 Schema der Populationszüchtung.

Besonderheiten muss eine Selektionsmethode Rücksicht nehmen. Weiterhin ist bei dem Vergleich einzelner Verfahren die jeweilige Länge eines Selektionszyklusses zu beachten. Da die einzelnen Verfahren oft verschieden lang sind, muss sich ein Vergleich der Methoden an dem Selektionserfolg pro Jahr und nicht pro Zyklus messen lassen. Im Folgenden werden nur einige Selektionsmethoden stichpunktartig beschrieben. Es sind die **Massenauslese**, die **Halbgeschwisterselektion** in Form der Mutterstammbaummethode und der Restsaatgutmethode, die **Vollgeschwisterselektion** und die **S_1-Selektion.**

Hierbei ist die Massenauslese die am wenigsten aufwendige Selektionsmethode (Abb. 3.20). Aus einer genetisch variablen Ausgangspopulation werden die Pflanzen mit der gewünschten Merkmalsausprägung ausgewählt. Diese Pflanzen werden geerntet. Deren Nachkommen bilden die verbesserte Population. Dieses einfache Schema der Populationsverbesserung wird gegebenenfalls mehrfach wiederholt. Ist bei der Selektion eine Kontrolle beider Elternteile möglich – dieses ist der Fall, wenn die Selektion vor der Blüte erfolgen kann –, so steigt der Selektionserfolg erheblich (vgl. Kap. 3.5.1). Die Massenauslese ist zwar einfach durchzuführen, weist aber eine im Vergleich zu den weiteren Selektionsmethoden niedrige Treffgenauigkeit der Vorhersage auf.

Die weiteren Gruppen von Selektionsmethoden basieren auf Nachkommenschaftsprüfungen. Bei der Halbgeschwisterselektion wird die Tatsache ausgenutzt, dass bei Fremdbefruchtung die Nachkommen einer Pflanze als Halbgeschwister anzusprechen sind. Alle Nachkommen einer Mutterpflanze haben zwar dieselbe Mutter, aber verschiedene Väter. Aus einer variablen Population werden die geeigneten Mütter ausgewählt. Deren Nachkommen werden parzellen- bzw. reihenweise angebaut. Eine Selektion erfolgt zunächst zwischen den Halbgeschwisterfamilien, den Parzellen bzw. Reihen. Je nach den Erfordernissen wird dieser Zyklus mehrfach wiederholt. Auch hier gilt das Prinzip, dass die Selektion erheblich an Effizienz gewinnt, wenn der Züchter beide Elternteile durch die Selektion kontrollieren kann. Dies ist einfach, wenn die Selektion vor der Blüte stattfinden kann und die unerwünschten Parzellen schon vor der Pollenschüttung entfernt werden können. Für die Merkmale, die erst nach der Blüte beurteilt werden können – und hierzu gehören so wichtige Merkmale wie der Ertrag –, wurde eine Variation der Methode eingeführt. Dieses Verfahren hat den passenden Namen Restsaatgutmethode erhalten. Bei der Selektion verwendet man nicht die gesamte Saatgutmenge zur Aussaat der Halbgeschwisterfamilien, sondern lagert von jeder Mutterpflanze eine gewisse Menge an Restsaatgut ein. Die Halbgeschwisterfamilien werden wie üblich geprüft und

Tab. 3.8 Kennzahlen für alternative Selektionsmethoden bei Fremdbefruchtern.

Selektionsmethode	Zykluslänge	Elterliche Kontrolle	Genetische Varianz zwischen Selektionseinheit		Treffgenauigkeit der Vorhersage
			V_A	V_D	
Massenauslese	1	$^1/_2$	1	1	sehr niedrig
Halbgeschwisterselektion					
• Mutterstammbaum	1	$^1/_2$	$^1/_4$	0	niedrig
• Restsaatgut	2	1	$^1/_4$	0	niedrig
Vollgeschwisterselektion	2	1	$^1/_2$	$^1/_4$	mittel
S_1-Selektion	3	1	1	$^1/_4$	hoch

es erfolgt eine Selektion. Allerdings wird jetzt zur Produktion der nächsten Generation auf das eingelagerte Restsaatgut der ausgewählten Halbgeschwisterfamilien zurückgegriffen. Hierdurch wird die nächste Generation nur mit den männlichen und weiblichen Gameten der ausgewählten Familien gebildet, während in der ersten Stufe dieser Methode die gesamte Pollenwolke, also auch „unerwünschte Väter", an der Produktion von Nachkommen beteiligt sind. Allerdings kostet diese Kontrolle der Befruchtung ein weiteres Zyklusjahr, wodurch der Vorteil in vielen Fällen wieder kompensiert wird.

Bei der hier dargestellten Halbgeschwisterselektion kann ein Viertel der Additiv Genetischen Varianz, nämlich der Anteil, der sich zwischen den Halbgeschwisterfamilien ergibt, für die Selektion genutzt und der verbleibende Teil innerhalb der Familien gefunden werden. Eine Möglichkeit, einen höheren Teil der Additiv Genetischen Varianz für die Selektion zu nutzen, führt zur Vollgeschwisterselektion. Zwischen Vollgeschwisterfamilien kann die Hälfte der Additiv Genetischen Varianz zur Selektion genutzt werden. Vollgeschwisterfamilien werden erzeugt, indem jeweils Paare von Pflanzen gekreuzt werden. Diese Vollgeschwister dienen zur Selektion. Hierbei besteht jeweils eine Kontrolle über beide Elternteile. Es findet also keine ungewollte Einkreuzung statt. Dieses Selektionsschema erfordert einen 2-jährigen Zyklus. Trotz der verlängerten Zyklusdauer weist die Vollgeschwisterselektion in der Regel höhere Selektionserfolge pro Jahr auf als die bisher besprochenen Verfahren, weil ein größerer Anteil der Additiv Genetischen Varianz für die Selektion nutzbar ist, bzw. die maskierenden Einflüsse geringer sind.

Ein weiteres Verfahren ist die S_1-Selektion. Hierbei wird der Anteil der nutzbaren Additiv Genetischen Varianz noch einmal erhöht (vgl. Kap. 3.4.2). Die Selektion findet zwischen Linien nach einmaliger Selbstung, den S_1-Linien, statt. Sie werden nach erfolgter Selektion wiederum untereinander rekombiniert, um die Inzuchtdepression aufzuheben. Dieses Verfahren dauert hierdurch länger, trotzdem ist der Selektionserfolg höher als bei den bisher besprochenen Verfahren. In Tabelle 3.8 sind die Kennzahlen für die dargestellten Selektionsmethoden vergleichend dargestellt. Allen Verfahren ist gemeinsam, dass sie zu einer zyklischen Verbesserung der Population verwendet werden können. Am Ende eines jeden Zyklusses können durch weitere Prüfungen der Stämme und anschließende Vermehrung der besten Stämme schließlich Sortenkandidaten entwickelt werden.

3.7.5 Hybridzüchtung

Eine Besonderheit bei den Hybridsorten besteht darin, dass das Hybridsaatgut direkt aus einer Kreuzung von Inzuchtlinien, Populationen oder Klonen entsteht. Da der häufigste Hybridtyp sich aus der Kreuzung von 2 oder mehr Inzuchtlinien ableitet, wird im Folgenden diese Variante schwerpunktmäßig beschrieben. In der Hybridzüchtung wird angestrebt, die Heterosis vollständig zu nutzen. Dies ist durch die Produktion einer F_1-Generation als Saatgut gewährleistet. Jeglicher Nachbau, sei es durch Selbstung oder Fremdbefruchtung dieser F_1, würde zu einer erheblichen Abnahme im Heterozygotieniveau und damit zu einem Rückgang in der Hybridleistung führen. Damit unterscheidet sich der Sortentyp Hybridsorte von den Klon-, Linien- und Populationssorten, da das Saatgut der Hybriden bei einem Nachbau einen Teil seiner Leistungsfähigkeit einbüßt. Aus züchterischer Sicht besitzt die Hybridsorte einen eingebauten Schutz des geistigen Eigentums, womit sich Investitionen in die Züchtung von Hybridsorten stärker lohnen als bei anderen Sortenstrukturen.

Überlegungen zur Produktion von Hybridsorten gibt es bei fast allen Kulturarten. Hierbei sind jedoch verschiedene Schwierigkeiten zu überwinden. Bei Klonsorten kann die Heterosis vollständig genutzt werden. Deshalb gibt es bei den vegetativ vermehrbaren Arten kaum Ansätze, Hybridsorten zu produzieren. Eine Ausnahme besteht aber bei Kartoffeln, wenn die Bestände aus Samen (TPS, true potato seed) anstatt wie üblich aus Pflanzgut (Knollen) erwachsen. Eine solche Umstellung auf Samen erfordert längere Vegetationszeiten, als sie in Deutschland vorkommen. Vorteile könnten in der geringeren Virusübertragung und einfacheren Saatgutlagerung bestehen. Bei der Entwicklung von TPS wird ein Übergang zu Hybridsorten angestrebt. Selbstbefruchter neigen zu einer geschlossenen Abblüte und weisen häufig keine ausgeprägte Pollenschüttung auf. Zudem ist die Heterosis im Verhältnis zu den Leistungen der Liniensorten, die ja Inzuchtlinien darstellen, nicht sehr ausgeprägt. Bei Fremdbefruchtern hingegen können wir von offenen Blüten mit starker Pollenschüttung bzw. -bildung ausgehen. Hier findet sich auch eine hohe Heterosis im Vergleich zu den Inzuchtlinien. Schwierigkeiten bestehen allerdings bei einigen Arten, die Selbstinkompatibilitätssysteme besitzen, wodurch die Schaffung von Inzuchtlinien erschwert wird.

Die Hybridzüchtung nutzt die Heterosis durch die Kreuzung zweier Inzuchtlinien vollständig. Um eine Hybridzüchtung erfolgreich am Markt etablieren zu können, ist zunächst ein Hybridsystem oder -mechanismus notwendig, durch den das Hybridsaatgut in ausreichender Menge und zu akzeptablen Preisen erzeugt werden kann. Während bei anderen Zuchtmethoden eine Kreuzung genetisch verschiedener Genotypen am Anfang der züchterischen Arbeit steht und das Saat- bzw. Pflanzgut später aufgrund der natürlich vorkommenden Vermehrungsmechanismen erzeugt wird, wird im Vermehrungsprozess des Hybridsaatguts erneut eine Kreuzung zweier Linien durchgeführt, die dann zum Abschluss der Saatgutproduktion beiträgt. Diese massenhaft durchzuführenden Kreuzungen in der Saatgutproduktion können nur in Ausnahmefällen von Hand erzeugt werden. Deshalb sind Mechanismen notwendig, die eine männliche Sterilität bewirken, um die gezielte Kreuzung zweier Linien zu bewerkstelligen. Diese männliche Sterilität muss aber wieder aufgehoben werden können, da insbesondere bei Arten, deren reproduktive Teile genutzt werden, die erfolgreiche Befruchtung einen entscheidenden Prozess zur Ertragsbildung darstellt. Hierzu wurden viele Verfahren entwickelt, von denen nur die bedeutendsten hier vorgestellt werden.

Ohne großen technischen Aufwand und Restriktionen hinsichtlich der Verwendung der Linien lassen sich Handkreuzungen anwenden. Zugleich sind aber Handkreuzungen durch den hohen Arbeitskräftebedarf nur bei Arten einsetzbar, deren Saatgut zu hohen Preisen vermarktet werden kann, etwa aus dem Gemüse- und Zierpflanzenbereich. Eine Ausnahme bildet der Mais, der durch seinen Blütenaufbau eine leichte Kastration ermöglicht. Das Abschneiden oder Herausziehen der endständigen Rispe lässt sich durch hochgestellte Messerbalken teilweise oder vollständig mechanisieren. Diese kastrierten Pflanzen können nun zusammen mit Vaterlinien im Streifenanbau angepflanzt werden. Bei einem Streifenanbau werden die Saatelterlinien, die Mutterlinien, und die Pollenelterlinien, die Vaterlinien, streifenweise nebeneinander angebaut. Da nur die Samen der „entfahnten" Pflanzen als Saatgut geerntet werden, ist der Mais ein Beispiel für Massenkastration als Mittel für die Hybridsaatguterzeugung.

Durch Wachstumsregulatoren können ebenfalls Hybriden erzeugt werden. Chemische Substanzen, die zu männlicher Sterilität führen, werden **Gametozide** genannt. Der Einsatz solcher Gametozide könnte dazu führen, dass jede beliebige Inzuchtlinie durch eine chemische Behandlung zu einer männlich sterilen Linie verwandelt werden kann. In der nächsten Generation werden diese Gametozide nicht mehr angewendet, wodurch die Hybride dann ganz normal männlich fertil ist. Ohne Zweifel ist dies eine faszinierende Vorstellung für Pflanzenzüchter. Der Einsatz dieser Gametozide muss eine männliche Sterilität vollständig und zuverlässig bewirken. Die behandelten Pflanzen dürfen keine Nebenwirkungen zeigen; weder darf die Leistungsfähigkeit dieser Pflanzen beeinträchtigt werden und noch weniger dürfen Mutationen auftreten. Für eine Anwendung der Gametozide wäre ein enger Applikationszeitraum in einem bestimmten phänologischen Stadium ungünstig, denn die Anwendung kann nur abhängig von der Befahrbarkeit des Ackers erfolgen. Hinderlich wäre zudem, wenn bei der Wirkung der Gametozide eine Genotypabhängigkeit bestände. Dann wäre der Züchter nicht immer in der Lage, die günstigsten Linien miteinander zu kombinieren. Weiterhin muss beim Einsatz dieser Gametozide eine Gefährdung für Mensch und Umwelt ausgeschlossen sein.

Auch durch die geschickte Kombination von genetischen Effekten wurden Hybridmechanismen erarbeitet. Dabei ist die cytoplasmatisch-kerngenetische männliche Sterilität (CMS), die auf einem Zusammenspiel von Genen des Zytoplasmas und des Zellkerns beruht, am verbreitesten. Normalerweise sind die Gene des Zytoplasmas und des Zellkerns in einer Population aufeinander abgestimmt. Werden nun Kreuzungen zwischen genetisch weit entfernten Populationen durchgeführt, kommt es in seltenen Fällen zu einer männlichen Sterilität der Nachkommen. Die männliche Sterilität, die durch die mitochondrialen Gene bewirkt wird, tritt nur in Populationen auf, bei denen Kerngene den Defekt nicht ausgleichen können. Diese Gene nennt man **Maintainer**, da sie die männliche Sterilität erhalten. Kerngene, welche die männliche Fertilität wiederherstellen, nennt man **Restorer**. Im seltenen Fall, dass bei der Nutzung eines fremden Zytoplasmas eine männliche Sterilität auftritt, liegen in der Kreuzungspflanze sowohl das sterilitätsinduzierende Zytoplasma als auch kerngenetische Maintainer vor. Für eine Nutzung dieser CMS benötigt man jetzt noch die Restorer. Hier gibt es die Möglichkeit, dass diese in der Zielpopulation bei anderen Individuen, Sorten etc. schon integriert sind, oder diese Restorer müssen über Rückkreuzungen aus derjenigen Population geholt werden, aus der auch das sterilitätsinduzierende Zytoplasma stammt. Diese Arbeiten werfen einige Schwierigkeiten auf, insbesondere wenn die CMS-Systeme aus fremden Arten oder gar Gattungen stammen. Aber die Arbeiten müssen nur einmal durchgeführt werden, danach steht das CMS-System in der Zielart zur Verfügung. Die Kombination von sterilitätsinduzierendem Zytoplasma und Maintainer wird für die Erzeugung von männlich sterilen Pflanzen bei der Hybridsaatguterzeugung benötigt, während die Restorer für die Wiederherstellung der Fertilität beim Hybridsaatgut selbst sorgen.

Abbildung 3.21 zeigt den Einsatz dieser Komponenten in der Hybridsaatgutproduktion. Hierbei wird zugunsten einer einfachen Darstellung davon ausgegangen, dass die Maintainer und Restorer auf einem Genlocus liegen und der Restorer dominant ist. Dieses ist in der Praxis nicht immer der Fall.

Neben der CMS gibt es noch weitere genetische Systeme zur Erzeugung von männlicher Sterilität im Rahmen der Hybridsaatgutproduktion. Zur Darstellung dieser Systeme, die z. B. auf kerngenetisch erzeugter männlicher Sterilität, auf einer Thermosensibilität, auf Gentransfer oder auf dem Selbstinkompatibilitätssystem beruhen, sei auf weiterführende Literatur verwiesen.

Steht nun ein Hybridmechanismus zur Verfügung, stellt sich die Frage, welche **Formenkreise** in der Entwicklung der Hybridsorten verwendet werden sollen. Im Allgemeinen gilt, dass der Heterozygotiegrad der Hybriden umso höher wird, je verschiedener die Eltern sind. Daher sollten die mütterlichen und väterlichen Komponenten in der Hybridzüchtung aus je 2 verschiedenen Formenkreisen stammen, die allerdings selbst viele günstige Allele tragen sollen. Die beiden Formenkreise sollen jeweils viele erwünschte Allele tragen, die sich nach Möglichkeit jeweils

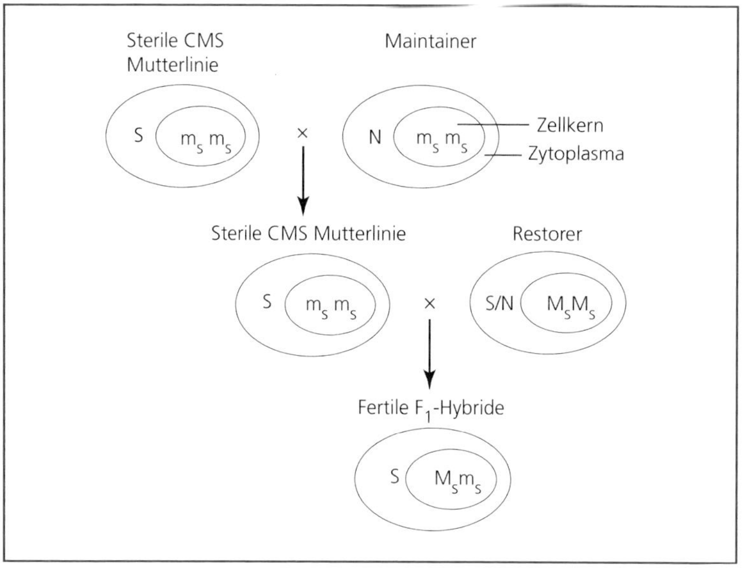

Abb. 3.21 Schematische Darstellung der Vermehrung der sterilen Mutterlinie mit dem Maintainer und anschließender Produktion von F_1-Hybridsaatgut. S bzw. N steht für sterilitätsinduzierendes bzw. Normalplasma. Ms und ms sind auf den Chromosomen des Zellkerns lokalisierte Gene.

komplementär zu möglichen unerwünschten (oder fehlenden, vgl. Pangenom) Allelen des anderen Formenkreises verhalten. Formenkreise, die unter grundverschiedenen klimatischen und standortlichen Bedingungen entwickelt wurden, führen nicht allein wegen ihrer genetischen Verschiedenheit zu höheren Hybridleistungen, da die Einteilung der Allele in „günstig" und „ungünstig" je nach Umweltanspruch unterschiedlich sein wird. Um genetisch verschiedene Formenkreise zu finden, ist die Anzahl von erwünschten Allelen mit deren Komplementarität nur teilweise hilfreich. Prüfungen müssen die endgültige Auswahl bestimmen.

Sind nun **Heterotische Gruppen** durch die Auswahl der geeigneten Formenkreise identifiziert, folgt als weiterer Schritt die Inzuchtlinienentwicklung, die bei Selbstbefruchtern und bei vielen Arten wie Raps oder Mais etc. unproblematisch ist. Allerdings ist es diffizil bei Arten, wie z. B. Roggen, die natürlicherweise ein Inkompatibilitätssystem besitzen. Hier müssen gegebenenfalls zunächst Gene oder Allele in die Population eingebracht werden, die eine Selbstbefruchtung zulassen.

Die entwickelten Inzuchtlinien werden nicht selbst Teil der späteren Hybridsorte, sondern deren Allele. Deshalb muss zur Auswahl der besten Inzuchtlinien neben der Eigenleistung der Linien auch die allgemeine Kombinationsfähigkeit getestet werden. Hierzu werden die Linien mit einem oder mehreren „Testern" aus dem jeweils anderen Formenkreis gekreuzt. Die allgemeine Kombinationsfähigkeit entspricht hier dem Zuchtwert der Linie in dem jeweils anderen Formenkreis, wenn mehrere Tester für die Prüfung verwendet wurden (vgl. Kap. 3.4.2). Die Auswahl der besten Inzuchtlinien erfolgt zunächst aufgrund der Eigenleistung und der allgemeinen Kombinationsfähigkeit dieser Linien. Danach werden diese miteinander gekreuzt. Neben der **allgemeinen Kombinationsfähigkeit (GCA)** wird jetzt auch die **spezifische Kombinationsfähigkeit (SCA)** von je 2 Linien geprüft. Es ist eine Domäne der Hybridzüchtung, dass die spezifische Kombinationsfähigkeit und damit die Dominanzeffekte zwischen den Allelen genutzt werden können. Dieses 2-stufige Verfahren, erst die allgemeine und später die spezifische Kombinationsfähigkeit zu prüfen, beruht darauf, dass für die Prüfung der SCA alle Kombinationen an Kreuzungen erstellt werden müssen, während die GCA mit geringerem Prüfaufwand ermittelt werden kann. Daher wird zunächst eine Einengung der Linien vorgenommen und erst dann die SCA bzw. die Leistung der Experimentalhybriden festgestellt. Die besten Experimentalhybriden werden am Ende des Zuchtgangs zur Sorten-

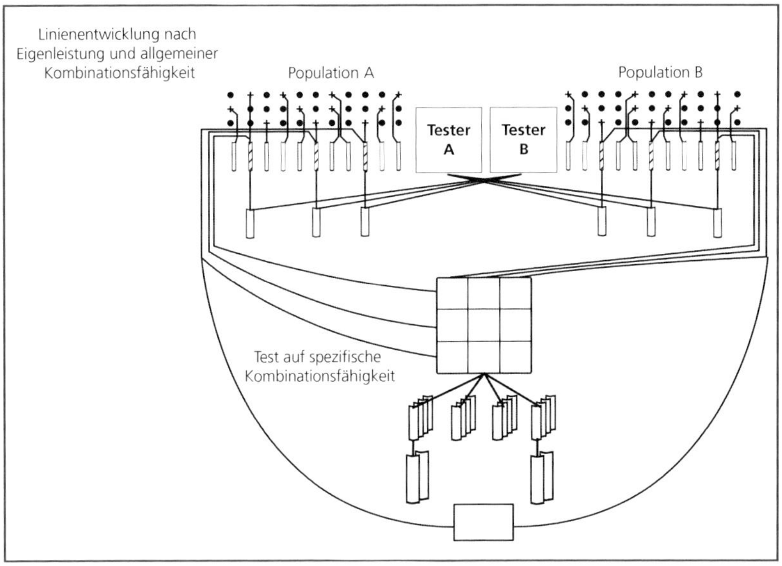

Abb. 3.22 Schema der Hybridzüchtung.

zulassung angemeldet. In Abbildung 3.22 ist dieses 2-stufige Verfahren grafisch dargestellt.

Formal werden in einer Hybridzüchtung zunächst Inzuchtlinien produziert. Die geeignetsten Inzuchtlinien werden entsprechend ihrer Eigenleistung und ihrer allgemeinen Kombinationsfähigkeit ausgewählt und auf deren spezielle Kombinationsfähigkeit geprüft. Schließlich werden die besten Experimentalhybriden ausgewählt. Damit ist in der Hybridzüchtung die Selektionsmethodik komplexer als in den bisher besprochenen Sortenkategorien wie den Klon-, Linien- und auch Populationssorten.

Die Zuchtmethodik in der Hybridzüchtung ist äußerst komplex. In einigen Phasen werden gezielt Inzüchtungen bis hin zur Produktion von Doppelhaploiden durchgeführt. Innerhalb dieser werden Selektionen auf Eigenleistungen durchgeführt, bei denen sich die Kandidaten nicht mehr oder nur unwesentlich verändern. Nun folgt ein Schritt, bei dem es entscheidend auf Veränderung der Genotypen von der Inzuchtline zur Hybride (Testung zunächst der allgemeinen und anschließend der speziellen Kombinationsfähigkeit) ankommt. Schließlich werden die besten Experimentalhybriden ausgewählt, die sich wiederum nicht verändern dürfen. Bei diesen komplexen Vorgängen werden schon im erheblichen Umfang Verfahren der Genetischen Vorhersage eingesetzt, um die Hybridzüchtung erfolgreich zu machen.

Die Hybridzüchtung hat bei vielen Kulturarten zu einer hohen Ertragsleistung der Sorten geführt. Genetisch betrachtet hat dieser Erfolg 2 Eltern, also Mutter und Vater: Erstens ist es die vollständige Nutzung der Heterosis, die den großen Erfolg brachte, und zweitens ist es die hohe Selektionsdifferenzierung zwischen den vollständig ingezüchteten Genotypen. Nur durch die vollständige Inzucht steht ein Maximum an Additiv Genetischer Varianz für die Selektion zur Verfügung.

3.7.6 Erhaltungszüchtung

Das Ziel der Pflanzenzüchtung ist es, die Populationen so zu verändern, dass diese eine bessere Qualität besitzen, besser an die Umwelten angepasst sind und eine höhere Leistungsfähigkeit aufweisen. All dieses bedeutet, dass die Pflanzenpopulationen verändert, verbessert werden. Allerdings gehören auch diejenigen Verfahren in den Werkzeugkasten der Pflanzenzüchtung, die gerade eine Beibehaltung der Eigenschaften und Eigenschaftskombinationen von Pflanzenbeständen zum Ziel haben.

Verfahren, die eine Konservierung der Eigenschaften und Allelfrequenzen vorsehen, wären in der **Erhaltungszüchtung** von zugelassenen Sorten zu suchen. Aber darüber hinaus ist die extrem wichtige Arbeit von **Genbanken** auch darauf ausgerichtet, die Pflanzenakzessionen so zu erhalten, wie sie gefunden und eingelagert wurden.

Für zugelassene Sorten ist nach dem Saatgutverkehrsgesetz eine **Erhaltungszüchtung** vorgeschrieben. Hierbei ist vorgesehen, dass das Basissaatgut, aus welchem in den Stufen der Vermehrung das Zertifiziere Saatgut hervorgeht, nach den Grundsätzen einer systematischen Erhaltungszüchtung stammen muss. Bei dieser Erhaltungszüchtung, die zudem dokumentiert werden muss, handelt es sich um eine Maßnahme, die die Sorteneigenschaften erhalten soll, also in der züchterisch keine Veränderung oder Verbesserung der Sorteneigenschaften stattfinden darf. Wissenschaftlich handelt es sich hierbei um eine **konservierende Erhaltungszüchtung**, die von einer **progressiven Erhaltungszüchtung**, welche durchaus den Anspruch einer Verbesserung besitzt, unterschieden wird. Eine Selektion mit dem Anspruch einer Allelfrequenzänderung ist damit bei der vom Saatgutverkehrsgesetz vorgesehenen Erhaltungszüchtung nicht vorgesehen, wohl aber sollen alle Fremdeinflüsse durch Einstäubungen, durch unbeabsichtigte Verunreinigungen etc. korrigiert werden.

Eine andere Form der Erhaltung wird in den **Genbanken** durchgeführt, in denen Samen- oder Pflanzenmuster konserviert und lebensfähig erhalten werden. Dort soll die Vielfalt an und in den pflanzengenetischen Ressourcen erhalten werden. Daher pflegen die Genbanken Systeme, in denen die einzelnen Akzessionen (Herkünfte) so erhalten und vermehrt werden, wie sie vorgefunden wurden. Dabei haben Programme zur Erhaltungszucht in den Genbanken eine entscheidende Bedeutung. Die Genbanken sind bestrebt, die Populationen von allen Akzessionen möglichst ohne Veränderungen zu erhalten. Eine Erhaltung von so vielen Akzessionen ohne Allelfrequenzänderung ist allerdings eine Herkules-Aufgabe und die Bedingungen der Vermehrung, wie z. B. Populationsgröße, abiotische Bedingungen der Vermehrung, Krankheitsbeeinflussungen etc., müssen neben den Eigenschaften der Akzessionen genau definiert werden, denn auch die Umweltbedingungen können zu unerwünschten Selektionen führen. Ein sehr großes Problem entsteht auch dadurch, dass in der Regel die Vermehrungen mit nur einer eingeschränkten Populationsgröße durchgeführt werden können. Hier ist ein Drifteffekt, bei dem der Zufall bei kleineren Zahlen etwas mit beeinflusst, leider unausweichlich. Dieses klingt so, als wenn die Genbanken zu kleine Populationsgrößen zur Vermehrung bringen. In der Tat ist es so, dass gerade in den Landsorten eine enorme Vielfalt innerhalb jeder Akzession existiert und dass diese auch bei großen Populationsgrößen nur schwer unverzerrt erhalten werden kann. Gleichwohl achten die Genbanken auf eine Reduzierung des Drifteffekts. Da die Genbanken nicht nur die genetischen Ressourcen erhalten, sondern auch diese der Gesellschaft zur Verfügung stellen sollen, werden die Eigenschaften der Akzessionen inklusive deren Variabilität schrittweise ermittelt, dokumentiert und zur Verfügung gestellt. In diesem Zusammenhang sind Auswahlentscheidungen innerhalb der Akzessionen zu treffen, und es müssen ggf. Bereinigungen stattfinden und offensichtliche Fremdpflanzen entfernt werden. Ein Vergleich der Akzessionen mit dem eingelagerten Herbariumsmaterial erfordert einen sorgsamen Umgang, um Allelfrequenzänderungen in Populationen und erst recht den Verlust von Allelen zu vermeiden. All dieser Umgang mit den Akzessionen erfordert eine Kenntnis der Pflanzenzüchtung und dient der Pflanzenzüchtung, ohne die Bedingungen zu erfüllen, dass die Populationen verbessert werden. Aber die Bereitstellung von genetischen Ressourcen in einer hohen Reinheit bzw. mit einer Treue zu den Originalmustern ist essenziell für die Züchtung, die mit diesem genetischen Schatz verbesserte Pflanzenbestände kreieren kann. Hier leisten die Genbanken schon jetzt eine sehr wichtige Arbeit. In der Zukunft streben die Genbanken eine Transformation zu biodigitalen Ressourcencentern an, indem sie die Akzessionen mit zusätzlichen Sequenzinformationen und phänotypischen Informationen verknüpfen und so die genetischen Ressourcen verbunden mit digitaler Information als biodigitale Ressource anbieten.

3.7.7 Alternative Züchtungsverfahren

Zuchtverfahren und Zuchtprogramme können zusätzlich zu deren Vermehrungssystemen auch darin unterschieden werden, wer den gesamten Selektionsprozess durchführt und damit auch wie die Selektion organisiert wird. Vielfach haben sich die Pflanzenzüchtungsunternehmen ausgehend von Spezialisierungszweigen landwirtschaftlicher Betriebe entwickelt. Dieses war ein langer Evolutionsprozess inklusive Unternehmensverschmelzungen und Firmenaufkäufen bzw. Übernahmen von Zuchtprogrammen. Dieses hat in der Regel zu Zuchtprogrammen geführt, in denen diese sich immer an die Rahmenbedingungen angepasst und damit ökonomisch und züchterisch entwickelt und verbessert haben. Die Selektionsentscheidungen folgen hierbei einer wie auch immer im Betrieb definierten und organisierten Leitidee. Diese Organisation der Zuchtplanung mit zielorientierten Selektionsentscheidungen entspricht den üblichen Zuchtprogrammen der allermeisten Zuchtunternehmen. Ein Fehlen dieser zum Teil langwierigen Entwicklung von immer wieder angepassten Zuchtprogrammen in vielen Teilen der Welt und ein gesellschaftliches Interesse an anderen Formen der Pflanzenzüchtung führte zu Entwicklungen von Zuchtstrategien und Zuchtprogrammen, die gänzlich anders organisiert sind.

In einigen dieser Programme wird die Selektion nicht zentral nach vorgegebenen Zielen und Methoden durchgeführt, sondern von vielen verschiedenen Personen. Dieses Zuchtverfahren wird als **partizipative Pflanzenzüchtung** bezeichnet. In diesem Verfahren geht es darum, vorwiegend die Nutzer (Landwirte, Verbraucher etc.) von Sorten oder Populationen in die Zuchtarbeit einzubinden. Es kann kontrovers diskutiert werden, ob eine Einordnung der partizipativen Pflanzenzüchtung als Zuchtverfahren gerechtfertigt ist. Allerdings bedeutet eine Einbindung von Nutzern in alle Ebenen der Zuchtarbeit neben einer Änderung der Zuchtziele auch eine Variation der Selektionsprozesse oder ggf. des gesamten Zuchtprogramms. So gesehen kann die partizipative Pflanzenzüchtung als weitere Zuchtmethode angesehen werden.

Historisch haben sich viele heutige Pflanzenzüchtungsunternehmen in Deutschland aus landwirtschaftlichen Betrieben mit der Spezialisierung Saatgutproduktion und -vertrieb entwickelt. Aus diesen spezialisierten landwirtschaftlichen Betrieben sind über einen Zeitraum von mehr als Hundert Jahren Pflanzenzüchtungsunternehmungen entstanden, deren Hauptbeschäftigung teilweise auf der Züchtung und Vermarktung von Sorten liegt und die die Vermehrung bei einigen Arten an Vermehrungsfirmen abgeben. Die Strukturen unterscheiden sich je nach den Bedingungen der gezüchteten Arten. Durch Konzentrationen im Saatgutbereich gehören einige der Zuchtunternehmen in größere, zum Teil internationale Konzerne. In der Pflanzenzüchtung ist ein hoher Forschungs- und Entwicklungsaufwand notwendig, was dazu führt, dass die Sorten ein zumindest auskömmliches Marktvolumen erreichen müssen. Je nach Sortentyp (Liniensorten bei Selbstbefruchtern, Populationssorten bei Fremdbefruchtern, Klonsorten bei vegetativ vermehrbaren Arten und Hybridsorten) ist ein unterschiedlich hoher Marktanteil notwendig, um die hohen Forschungsaufwendungen leisten zu können und einen Unternehmensgewinn zu generieren. Das bedeutet, dass die Sorten eine hohe Verbreitung benötigen oder im Umkehrschluss, dass sich Sorten für Nischenanwendungen nur selten rentieren. Hier setzt eine Kritik der Nutzer ein. Die geäußerten Kritikpunkte an der Züchtung durch viele Unternehmen bezieht sich auf die Tatsache, dass die Testungen und damit Selektionen auf Standorten mit einer hohen Produktivität durchgeführt werden. Und in der Tat werden viele Prüfungen zur Selektion der Linien bzw. Stämme auf Versuchsstationen durchgeführt, die einmal eine hohe Produktivität aufweisen und deren Personal hochausgebildete Experten sind. Auch die Bodenunterschiede werden stark beachtet, weil homogene Bodenverhältnisse exaktere Prüfergebnisse liefern. Auch wenn die Testungen an vielen Standorten und damit unter verschiedenen Umweltbedingungen durchgeführt werden, verstummt die Kritik nicht. Weiterhin wird Kritik geäußert, dass unter den vorherrschenden Bedingungen vornehmlich Sorten mit einer breiten Anpassung und keine Sorten für eine lokale

Anpassung entwickelt werden. Darüber hinaus – und dieses dürfte insbesondere für die Entwicklungsländer gelten – wird kritisiert, dass wichtige Eigenschaften, an denen Landwirte interessiert sind, nicht ausreichend beachtet werden. Dieser letzte Kritikpunkt dürfte insbesondere in Verwertungssystemen Bedeutung haben, in denen eine Verwendung im Betrieb oder im eigenen Haushalt wichtig ist, oder in denen spezifische Gegebenheiten wie abiotische Stressoren etc. eine bedeutende Rolle spielen.

Die Einbindung von Landwirten in die Züchtung oder noch deutlicher die Durchführung der Züchtung durch Landwirte unter Mithilfe von ausgebildeten Züchtern sind charakteristisch für eine partizipative Pflanzenzüchtung. Diese Einbindung der späteren Anbauer der verbesserten Populationen führt je nach Durchführung der Züchtungsschritte zu einer Entwicklung von lokal adaptierten Populationen. Darüber hinaus wird auch erwartet, dass einige Populationen mit spezieller Anpassung an Stressbedingungen entwickelt werden. Das partizipatorische Züchtungsverfahren hat die Gemeinsamkeit, dass die Landwirte, also die Nutzer, an der Entwicklung der Populationen entscheidend beteiligt sind oder diese Entwicklung sogar bestimmen, aber ansonsten können die einzelnen Züchtungsschritte, wie Zuchtzieldefinition, Elternwahl, Selektion der Nachkommen, Selektion der verbesserten Populationen sehr voneinander abweichen.

Die partizipative Züchtung wird seit einigen Jahrzehnen erfolgreich eingesetzt. Laut einer Zusammenstellung von Ceccarelli und Grando (2020a) wird die partizipative Pflanzenzüchtung vorwiegend in Entwicklungsländern angewendet. Auch in entwickelten Ländern gibt es Berichte über partizipative Ansätze; diese konzentrieren sich auf gartenbauliche Kulturen einerseits und darüber hinaus auf den organischen Landbau.

Für Ruanda konnte gezeigt werden, dass eine starke Beteiligung der Anbauer einer Abnahme der genetischen Diversität entgegenwirkt. Der Prozess der Einführung von Sorten durch große Züchterhäuser kann verglichen werden mit dem Übergang von Landsorten in gezüchtete Populationen, also in Sorten. Auch in den Industrieländern gibt es eine Debatte, inwieweit der Übergang von Landsorten zu Sorten viele potenziell günstige Allele vernachlässigt hat, weil bei diesem Übergang die weitergeführten Landsorten eher zufällig statt systematisch ausgewählt wurden. Hierbei steht die züchterische Frage im Raum, ob in diesem Übergang nicht viele günstige Allele aus dem Anbau und aus den Zuchtgärten verschwunden sind. Eine langfristige Züchtungsstrategie ist geprägt durch das Ziel, keine erwünschten Allele zu verlieren und steht naturgemäß im Widerspruch zur durchaus vernünftigen Strategie der Züchtungsunternehmen, möglichst schnell viele günstige Allele in der Population anzuhäufen. Damit ist eine solche Diskussion nach der Reintegration von Landsortenallelen sehr aktuell.

Die partizipatorische Pflanzenzüchtung führt in entwickelten Landwirtschaften mit Beratungsinstitutionen, spezialisierten Anbauverfahren und Zuchtunternehmen ein Nischendasein. Allerdings birgt sie eine Chance, mehr Personen an die pflanzenzüchterischen Tätigkeiten heranzuführen und sei es nur als Hobby zur Erhaltung von lokal angepassten Populationen. Alle Prozesse der Landwirtschaft werden zunehmend infrage gestellt. Die Erkenntnis über die Bedeutung der Erhaltung und noch besser der verschiedenen Züchtungsphasen wäre eine wertvolle Erfahrung für viele Personen. Damit verbunden wäre allerdings auch die Chance, die Populationen zu vermarkten, was nur sehr bedingt möglich ist. Das Sortenschutz- bzw. Saatgutverkehrsgesetz sehen z. B. homogene Stämme für eine Vermarktung vor. Mit der EU-Verordnung 2018/848 kann ab dem Jahr 2022 für den Ökologischen Landbau eine Vermarkung von heterogenen Populationen erfolgen.

In Entwicklungsländern, in denen noch Landsorten angebaut werden, bietet die partizipatorische Pflanzenzüchtung eine große Chance, genetische Ressourcen im Anbau zu erhalten und damit gleichzeitig eine Weiterentwicklung der Landsorten zu ermöglichen. Die Zusammenarbeit von Züchtern und Landwirten kann genutzt werden, die angebauten Pflanzenbestände entscheidend zu verbessern und gleichzeitig eine hohe genetische Vielfalt zu erhalten. Durch die Integration der verschiedenen Nutzergruppen kann eine bessere Anpassung an den lokalen Standort, an die, wenn auch nur sporadisch auftretenden Stresse und an die speziellen Anforderungen der Nutzer stattfinden. So haben Untersuchungen schon gezeigt, dass bei verschiedenen Nutzern auch unterschiedliche Präferenzen in der Selektion vorherrschen. Wichtig in diesem Zusammenhang ist insbesondere die Einbeziehung von weiblichen und männlichen Nutzern in die Selektion, da Untersuchungen gezeigt haben, dass hier Unterschiede in den Selektionsentscheidungen bestehen.

Eine Einbeziehung erfahrener Züchter in die partizipative Forschung ist von entscheidender Bedeutung, da solche Erfahrungen wie eine dezentralisierte oder zentralisierte Testung und die Erfahrung über Versuchstätigkeit, Genotyp x Standort-Interaktionen, Wiederholungen, Fragen der Einkreuzung etc. wichtig für eine Erhöhung des Zuchterfolges auch bei lokal angepassten Stämmen sind.

Eine andere alternative Zuchtmethode, welche schon vor langer Zeit vorgeschlagen wurde und welche in der Diskussion eine Renaissance erfährt, ist die **evolutionäre Pflanzenzüchtung**. Es ist ein Verfahren, in dem neben dem pflanzenzüchterischen Handeln die natürliche Selektion durch die Wettereinflüsse und durch die Bedingungen am jeweiligen Standort einen entscheidenden Einfluss besitzen. Hierbei werden Populationen entwickelt, die sich an die standortgegebenen Bedingungen anpassen. Weil die natürliche Selektion eine überragende Bedeutung für die Entwicklung der Populationen einnimmt, wird dieses Verfahren als Evolutionary Plant Breeding oder übersetzt evolutionäre Pflanzenzüchtung bezeichnet.

Eine evolutionäre Pflanzenzüchtung, in der die natürliche Selektion ausgenutzt wird, führt zu den gleichen genetischen Strukturen hinsichtlich der Heterogenität und Heterozygotie, welche auch bei Landsorten erwartet werden. Als Ergebnis erhält man heterogene Populationen deren Heterozygotiegrad vom Selbstbefruchtungsanteil abhängt. Bei dem Anbau von heterogenen Populationen gibt es Populationen, die nach durchgeführten Kreuzungen und anschließender natürlicher Selektion als **Evolutionspopulationen** oder **Evolutionsramsche** entstanden sind. Von diesen sind z. B. Mischungen von Sorten oder Linien zu unterscheiden, die auch in der Folge einer natürlichen Selektion unterworfen werden können. Je nach Fremd- oder Selbstbefruchtungsanteil durchkreuzen sich die Pflanzen im Bestand oder bleiben als Linien bestehen und verändern lediglich das Mischungsverhältnis. Solche heterogenen Bestände werden als **dynamische Mischungen** bezeichnet und von den **statischen Mischungen** unterschieden, die ein festes Mischungsverhältnis haben und immer wieder aus den Ursprungskomponenten zusammengesetzt werden. Die Evolutionspopulationen basieren in der Regel auf einer Kreuzung verschiedener Komponenten, wobei durchaus komplizierte Kreuzungsschemata verwendet werden. Nach erfolgter Kreuzung entwickeln sich die Populationen weiter. Für eine Entwicklung ohne Selektion gibt es theoretische Erwartungen. Hierbei kommt es besonders auf die Befruchtungsverhältnisse an. Vollständig selbstbefruchtende Arten werden entsprechend der Erwartung immer stärker homozygot. Während in den ersten Generationen durch die noch vorhandene Heterozygotie dominante Effekte wirken, nehmen diese mit der zunehmenden Homozygotie rasch ab. Crossing-over-Ereignisse innerhalb der Chromosomen führen insofern zu einer Neukombination von genetischen Kombinationen benachbarter Genloci als noch heterozygote Chromosomenabschnitte existieren. Bei zunehmender Homozygotie finden zwar Crossing-over-Ereignisse statt, aber da nun fast nur noch Gleiches mit Gleichem vertauscht wird, führen diese kaum noch zu genetischen Unterschieden zwischen den Nachkommen. Dadurch wirken die Rekombinationen durch Crossing-over in den frühen Generationen noch stark, aber werden hinsichtlich der Eigenschaften der Pflanzen immer geringer. In den ersten Generationen passiert also viel und in den weiteren Generationen werden die Änderungen in der Genotypzusammensetzung von Generation zu Generation immer geringer. Ohne Selektion, Mutation, Migration und/oder Drift ändert sich die Allelfrequenz übrigens nicht.

Bei Fremdbefruchtern oder partiell allogamen Arten ändert sich die Allelfrequenz ohne die Selektion, Mutation, Migration und Drift auch nicht. Allerdings sieht die genetische Struktur und die Genotypenzusammensetzung der Population anders aus. Ein Hardy-Weinberg-Gleichgewicht (oder Wrightsches Gleichgewicht bei gleichzeitiger Fremd- und Selbstbefruchtung) stellt sich bei der Betrachtung eines Genortes schnell ein; gekoppelte Gene spalten durch die hohe Heterozygotie schneller unabhängig voneinander als bei Selbstbefruchtern. Gleichwohl lässt sich feststellen, dass auch bei Fremdbefruchtern gekoppelte Gene nach den relativ wenigen Generationen eines evolutionären Pflanzenzüchtungsverfahrens noch deutlich messbar sind. Diese Aussage, die für Selbstbefruchter und Fremdbefruchter gleichermaßen gilt, ist insofern wichtig, weil dadurch die Effekte der evolutionären Verfahren populationsgenomisch erfasst und wichtige Erkenntnisse auch auf andere Populationen übertragen werden können.

Viele Ansätze der evolutionären Pflanzenzüchtung wurden in dynamischen Mischungen und Evolutionspopulationen dezentral durchgeführt, wodurch sich die Populationen entsprechend der jeweiligen Umwelten entwickelt haben. Solche Ansätze liefern einerseits an die Standorte angepasste Populationen und andererseits ein wertvolles Untersuchungsmaterial, um die spezifischen Reaktionen auf Umweltbedingungen zu erkennen. Insbesondere im Zeichen der Anpassung an zukünftige Klimabedingungen können hieraus wertvolle Erkenntnisse gewonnen werden, wenn die Selektionsumwelten schon die zu erwartenden Bedingungen abbilden können.

Die ersten wissenschaftlichen Anregungen zu einer Beschäftigung mit der natürlichen Selektion in heterogenen Populationen gehen auf eine Studie von Harlan und Martini (1929) zurück, in der sie bei Gerste F_2-Samen von 378 Kreuzungen mit 28 Elitesorten gemischt haben, die aus den bedeutendsten Gerstenanbauregionen stammten. Diese evolutionäre Gerstenpopulation ging als Composite Cross II in die Literatur ein und wurde wie weitere Nachfolgepopulationen weltweit weitergeführt und untersucht. Dieselben Autoren haben 1938 auch gezeigt, dass in dynamischen Mischungen schon schnell einige Mischungspartner an spezifischen Standorten dominierten, während schlecht adaptierte Sorten schnell an allen Standorten verschwanden. Suneson prägte im Jahr 1956 dann den Begriff Evolutionary Plant Breeding (evolutionäre Pflanzenzüchtung) und schlug dieses Verfahren als Zuchtmethode vor. Kennzeichen dieses Verfahrens ist ein langfristiger Anbau und damit eine langfristige Wirkung der natürlichen Selektion unter den Anbaubedingungen des geplanten Anbaugebiets bzw. unter den Anbaubedingungen.

Wie in jedem Zuchtprogramm sind bei der evolutionären Pflanzenzüchtung die Phasen einer Erschaffung von genetischer Variabilität und eine Phase des Testens der entwickelten Populationen wichtig. Die übliche Phase der Selektion, welche sonst einen sehr großen Anteil an der züchterischen Arbeit ausmacht, wird in diesem Verfahren ganz oder zu einem großen Anteil der natürlichen Selektion überlassen. Inwieweit die Züchtung die natürliche Selektion in den Zuchtverlauf integriert, bleibt den Zielen und der Fantasie der Züchterinnen und Züchter überlassen. Hier gibt es zahlreiche Verknüpfungen mit üblichen Züchtungsprozessen. Die verschiedenen Systeme können vorsehen, dass die evolutionären Populationen bei Landwirten, auf gepachteten Flächen von Landwirten, in Zusammenarbeit von Landwirten und Züchtern stehen. Je nach Ziel des Zuchtprogrammes werden diese evolutionären Populationen zentral an einer Selektionsumwelt oder dezentral an mehreren Umwelten, z. B. geringe Bodennachlieferung an Nährstoffen, Trockenheit, Krankheitsdruck etc.), jeweils Jahr für Jahr angebaut, um unter dem Druck der natürlichen Selektion eine neue genotypische Variabilität zu erzeugen. Schließlich muss eine Vermarkung dieser Produkte durchgeführt werden. Bei einer direkten Nutzung ist zu berücksichtigen, dass am Ende der Selektionsphase bei der evolutionären Pflanzenzüchtung immer heterogene Populationen stehen, die ggf. nicht auf dem üblichen Weg vermarket werden können. Schon eine übliche Sortenzulassung erfordert, dass die zur Anmeldung gebrachten Stämme homogen (oder bei Fremdbefruchtern zumindest weitgehend homogen) sind. Heterogene Populationen müssen deshalb einen anderen Weg der Sortenanmeldung wählen, sollen diese über den üblichen Weg des Sortenverkaufs gehandelt werden. Ein Anbau auf dem eigenen Betrieb ist für die heterogenen Populationen möglich. Ab 2022 ist laut EU-Ökoverordnung (Verordnung (EU) 2018/848 (37)) der Handel (Inverkehrbringen) von ökologisch heterogenem Material, also Populationen, die unter ökologischer Bewirtschaftung erzeugt wurden, möglich. Dazu könnten die Evolutionspopulationen zählen.

Die Forschungen an Evolutionspopulationen konnten schon zeigen, dass die natürliche Selektion zu einer Anpassung der Populationen an die Standortbedingungen geführt hat. Bisher am deutlichsten waren die Anpassungen an die Blühzeitpunkte. Allerdings waren die Elternlinien auch aufgrund einer hohen Varianz in diesen Merkmalen ausgewählt. Auch konnte gezeigt werden, dass Evolutionspopulationen unter Low-Input-Bedingungen den kommerziellen Vergleichssorten überlegen waren. In anderen Untersuchungen konnte diese Überlegenheit zwar unter Low-Input-Bedingungen bestätigt werden, aber unter günstigeren Verhältnissen drehten sich die Ergebnisse um. Festzustellen ist somit, dass die Evolutionspopulationen unter ihren Selektionsbedingungen durchaus überlegen sind bzw. sein können. Bei der Ertragsstabilität waren die Befunde allerdings deutlicher. Generell wurde eine höhere Ertragssicherheit bei den heterogenen Populationen festgestellt. In diese Richtung gehen auch die Befunde, dass in den heterogenen Evolutionspopulationen der Krankheitsdruck durch Erreger zurückgeht und dass die heterogenen Bestände Vorteile besitzen.

Allerdings verbleibt ein Argument, welches den Anbau von heterogenen Evolutionspopulationen erschwert. Wenn die aufnehmenden Märkte eine Einheitlichkeit für die Produkte erwarten, ist eine Vermarkung heterogener Ware hinsichtlich der Form, Farbe, Größe, Qualität etc. sehr schwer. Eine innerbetriebliche Verwertung, z. B. als Futter, dagegen ist problemlos.

Pflanzenzüchterisch stellt sich natürlich die Frage, wie das Zuchtverfahren neben der natürlichen Selektion aufgebaut sein kann. Zunächst ist es die Frage nach der Elternwahl oder formaler nach der Schaffung der genetischen Variabilität. Auch stellt sich die Frage, wie lange sich eine Population unter der natürlichen Selektion entwickeln muss, um ausdifferenziert zu sein oder bis zumindest geeignete Genotypen für weitere Zyklen entnommen werden können. Wenn beabsichtigt ist, aus der Population quasi in einer weiteren Runde von gezielter Variabilitätserzeugung eine neue verbesserte Population zu erstellen, müssen Individuen aus den Evolutionspopulationen als neue Elternpflanzen dienen. Da die Populationen heterogen sind, müssen wohl erheblich mehr Pflanzen in eine neue Kreuzungsserie gehen als bei einer üblichen Kreuzung von zwei Linien. Eine weitere Frage betrifft die Verbesserung der heterogenen Populationen durch erwünschte oder neue Eigenschaften. Wenn neue Eigenschaften z. B. hinsichtlich der Qualität eigebracht werden sollen, ist ggf. nach der erfolgten Kreuzung eine starke Selektion notwendig. Hierbei ist natürlich darauf zu achten, dass genügend Variabilität erhalten bleibt. Es stellt sich weiter die Frage nach der Länge der Phase mit einer natürlichen Selektion. Eine allgemeine Antwort hierzu gibt es wohl nicht, denn ein Erreichen von einem Gleichgewichtszustand ist von unbekannten Größen wie dem Grad der Erblichkeit, also der Heritabilität der Merkmale und der Strenge der Selektionswirkung abhängig.

Sollte ein Gleichgewichtszustand erreicht oder zumindest hinreichend sein, stellt sich die Frage der Nutzung der Populationen. Hier gibt es die direkte Verwertung der Populationen zum Anbau, wobei sich die Populationen dann unter ggf. neuen Bedingungen erneut weiterentwickeln, weiterhin dienen die weiterentwickelten Populationen als neues Elternmaterial.

Darüber hinaus bieten diese Populationen eine Chance für die Analyse von genetischen Parametern. Es wird immer deutlicher, dass die Herausforderungen durch den Klimawandel zu extrem unterschiedlichen Witterungsereignissen führen. Witterungseinflüsse wie Trockenheit treffen die Pflanzenbestände zu nicht vorhersagbaren Phasen in deren Entwicklung. Dieses macht es schwer, Merkmale oder Eigenschaften zu definieren, die Pflanzen aufweisen müssen, um in allen Entwicklungsphasen eine Trockentoleranz oder andere wichtige Eigenschaften zu zeigen. Eine pflanzenzüchterische Selektion ohne bekanntes Ziel für eine erwünschte Merkmalsausprägung ist nicht durchführbar. Hier kann eine Analyse der Evolutionspopulationen helfen. Einerseits sind hier die Elternlinien bekannt und bei hinreichend großen Populationen sollten wegen der Populationsgröße und der relativ geringen Zeitdauer eine Drift- bzw. Mutationswirkung vernachlässigbar sein. Wenn die zu untersuchenden Populationen frei von Migrationsereignissen sind, sollte ein Vergleich der Ursprungspopulation und der entwickelten Evolutionspopulationen auf eine Selektion weisen. Mit einem solchen Vergleich können populationsgenomische Parameter auch ohne exakte Kenntnis der Phänotypen auf Genregionen weisen, die eine Bedeutung für die Adaptation der Populationen besitzen. Diese Überlegungen führen zu interessanten Ansätzen, eine Selektion mittels populationsgenomischer Parameter (z. B. Allelfrequenzänderungen) beobachten zu können, ohne zunächst die Phänotypen zu kennen. Gezielte Selektionen über die ermittelten Eigenschaften können dann in weiteren Populationen durchgeführt werden.

3.7.8 Züchtung von heterogenen Beständen

Die auf natürliche Weise entstandenen Pflanzenbestände sind hochgradig heterogen. Dies gilt nicht nur für die Fremdbefruchter, die schon durch das Befruchtungssystem heterogene Populationen besitzen, sondern auch für Selbstbefruchter und vegetativ vermehrte Arten. Durch zahlreiche Bestimmungsgründe haben sich im Gartenbau und in der Landwirtschaft allerdings homogene Bestände durchgesetzt. Diese Bestimmungsgründe betreffen die Gleichförmigkeit und/oder die Forderung nach geringen Qualitätsunterschieden innerhalb der Produktchargen genauso wie die bessere Plan- und Durchführbarkeit von Pflegemaßnamen während der Vegetationsperiode. So gehen die Bestrebungen zur Vereinheitlichung so weit, dass bei Spinat und Hanf, zwei ursprünglich zweihäusig getrenntgeschlechtige (diözische) Arten, ein Übergang zur Monözie durchgeführt wurde, da hierdurch eine Vereinheitlichung des optimalen Erntezeitpunktes ermöglicht wird. Die beiden Geschlechter der getrenntgeschlechtlichen Bestände besitzen eine unterschiedliche phänologische Entwicklungsgeschwindigkeit, wodurch mechanisierte Ernteverfahren nicht möglich wären. Beim Erwerbsanbau von Hopfen und Spargel wird ebenfalls darauf geachtet, dass die Bestände entweder rein weiblich oder rein männlich und darüber hinaus genetisch einheitlich sind. Auch bei vielen Obstarten, die vegetativ vermehrt werden, werden große, genetisch identische Bestände angebaut und vom Verbraucher vielfach bevorzugt. Obwohl im Handel zwischenzeitlich eine Vielfalt an Sorten bei Obst- und Gemüsearten angeboten wird, enthalten die einzelnen Verkaufschargen ein einheitliches Produkt. Dieses erfordert einen Anbau von homogenen Beständen, die bisweilen genetisch aus nur einem Genotyp (zwar mit mehreren Individuen) bestehen. Diese Entwicklung von homogenen Pflanzenbeständen, mit nahezu identischen phänologischen Entwicklungen, führt zu produktionstechnischen Maßnahmen, die sich zielgerichtet an den jeweiligen Entwicklungsstadien orientieren können. Allerdings bietet diese Einheitlichkeit den Schadorganismen auch ein breites Betätigungsfeld. Anfällige Genotypen erlauben den Schadorganismen eine hohe Vermehrungsrate, deren Dichte dann vielfach eine Schadschwelle übersteigen kann. Das Gleiche gilt für unkontrollierbare Wetterereignisse. In einigen Entwicklungsphasen sind die Pflanzen anfälliger als in anderen. So erfolgt bei winterannuellen Arten zunächst eine langsame Härtung, bis die maximale und Genotyp-spezifische Frosthärte erreicht ist. Nach dem Winter folgt dann eine wiederum genotypisch unterschiedlich schnelle Enthärtung. Dadurch ergibt es sich, dass einige durchaus sehr frostharte Genotypen im zeitigen Frühjahr bei Spätfrösten auswintern, also absterben, während andere Genotypen, in allerdings anderen Beständen, noch im Wintermodus sind und die Spätfröste klaglos überstehen. Das gleiche gilt für Hitze- oder Dürreperioden, welche in einigen Phasen, wie z. B. der Blüte mit der empfindlichen Meiose der Keimzellen, deutlicher als andere reagieren.

In zahlreichen Studien wurde nachgewiesen, dass genetisch diverse Pflanzenbestände, seien es heterogene Populationen oder gezielte Sortenmischungen, den Pflanzenkrankheiten und auch zahlreichen Insekten weniger Vermehrungschancen bieten. Es gibt Befunde, dass phytopathogene Insekten, Pilzkrankheiten und sogar insektenübertragbare Virosen in heterogenen Populationen weniger häufig vorkommen. Darüber hinaus zeigen Untersuchungen, dass viele Mischungen dem Mittel der Mischungspartner im Reinbestand ertragsmäßig überlegen sind. Die berichteten Ertragserhöhungen waren allerdings in der Regel klein oder sehr klein, während heterogene Bestände regelmäßig eine höhere Ertragssicherheit aufweisen. Zurzeit werden homogene Bestände allgemein bevorzugt. Es gibt viele Vorteile für homogene Pflanzenbestände. Es beginnt mit der Sortenzulassung. Darüber hinaus lassen sich homogene Bestände leichter in ein phänologisch orientiertes Produktionsmanagement einfügen. Der gleichmäßige Erntezeitpunkt spricht auch für homogene Bestände. Zudem ist eine Vermarkung mit einheitlichem Erntegut einfacher. Viele dieser Vorteile sind allerding in der Zukunft zu hinterfragen. Ein Produktionsmanagement mit Pflanzenschutzmitteln und gezielten Stickstoffdüngergaben ist zielgenau an gleichförmige und gleichmäßige Pflanzenbestände anzupassen und befördert den Anbau von homogenen Beständen. Allerdings gibt es gesellschaftliche Diskussionen, die sowohl die Pflanzenschutzmittel als auch den Stickstoffdüngereinsatz infrage stellen oder zumindest erheblich einschränken wollen. Diese Diskussionen sind noch nicht abgeschlossen, aber im Falle der Stickstoffdüngung wird der Energiebedarf für die Produktion für erhebliche Preissteigerungen sorgen und das Ziel einer CO_2-neutralen Nahrungsmittelproduktion schwer erreichbar machen. Darüber hinaus werden Stickstoffverluste in Form von Lachgas oder durch Stickstoffemissionen in Gewässern nicht mehr von der Gesellschaft toleriert. Für die Pflanzenzüchtung bedeutet dieses, dass ein Bedarf an heterogenen Populationen in Zukunft stärker steigen kann.

Heterogene Populationen, die gleichzeitig höchste Qualitätsstandards, Ressourceneffizienz, Resistenzen und eine wirtschaftliche Option für die Landwirte bieten, stellen hohe Herausforderungen an die Zuchtmethodik. Hierbei gibt es verschiedene Herangehensweisen. Neben den bereits besprochenen **heterogenen Populationen** aus einer „**Evolutionary Plant Breeding**“-Strategie wurden schon lange **Viel-Linien-Sorten** (Multi-line varieties) insbesondere in der Resistenzzüchtung diskutiert. Weiterhin können spezielle **heterogene Sorten** mit einer angepassten Zuchtmethodik entwickelt werden. Darüber hinaus lässt sich über eine Option der **Sortenmischung** ein heterogener Bestand im Anbau erzeugen. All diese Ansätze werden diskutiert und benötigen spezialisierte Verfahren in der Selektionsmethodik.

Viel-Linien-Sorten bezeichnet ein Konzept, welches eigentlich von verschiedenen homogenen, meist jeweils homozygoten Linien ausgeht, die allerdings gezielt genetische Unterschiede in einigen Genen, ursprünglich Resistenzgene, aufweisen. Das Konzept geht davon aus, dass alle beteiligten Linien nahezu identisch sind. Im Idealfall unterscheiden sich die vielen Linien nur in den Resistenzgenen. Die Idee dahinter ist, dass nun die einzelnen Linien zu einem einheitlichen Verkaufssaatgut gemischt werden. Durch die flexible Nutzung verschiedener Resistenzgene soll nach Analyse der entsprechenden Pathogenhäufigkeit jeweils das Saatgut gemischt und verkauft werden. Mal davon abgesehen, dass eine Sortenzulassung mit wechselnden Mischungsverhältnissen eine juristische Herausforderung darstellt, ist es zuchtmethodisch aufwendig, die vielen Nah-Isogenen-Linien, die sich idealerweise nur in einem (Resistenz-)Gen unterscheiden sollen, zu produzieren. Klassisch wäre also eine parallele Entwicklung von den Isogenen-Linien notwendig. Wie könnte nun die Produktion einer Nah-Isogenen-Linie aussehen? Wenn das Resistenzgen bereits molekular beschrieben ist, dann könnte eine Kreuzung der Ziellinie mit dem Donor (der jeweiligen Resistenzquelle) erfolgen. In die heterozygote F_1 könnte bereits die Ziellinie wieder eingekreuzt werden. Durch eine Marker-überwachte Kreuzungsstrategie könnte so die Nah-Isogene-Linie mit Techniken eines Speed-Breeding-Ansatzes in wenigen Jahren fertig sein. Wenn dieses Konzept parallel mit verschiedenen Resistenzen durchgeführt wird, könnte damit eine Viel-Linien-Sorte in wenigen Jahren nach Fertigstellung der Ziellinie einsatzbereit sein. Alternativ könnten die verschiedenen Resistenzgene auch mittels Genom-Editing zielgenau in eine Linie eingesetzt werden. Allerding gilt eine solche Technik in Europa als transgener Ansatz, womit zum einen ein Anbau nicht statthaft wäre und zum anderen nun jedes Resistenzgen einzeln das Zulassungsverfahren durchlaufen müsste. Damit wären die Kosten für ein transgenes Viel-Linien-Sorten-Konzept sehr hoch. Unabhängig von dem Aufwand und den hohen Kosten stellt sich an dieser Stelle auch die Frage, ob eine Pyramidisierung (Kombination von verschiedenen Resistenzgenen in einer Pflanze) von verschiedenen Resistenzgenen in einer einzelnen Linie nicht ein besseres Konzept darstellt, mit dem Sortenzulassungen einfacher zu organisieren wären. Die Kombination von verschiedenen Resistenzgenen könnte in folgenden Neuzuchtprogrammen in andere Nutzungen übertragen werden. Ein weiterer Aspekt im Hinblick auf Viel-Linien-Sorten wäre auch der relativ lange Zeitaufwand nach Fertigstellung der Ziellinie. In der Erstellungszeit können Mitbewerber bereits verbesserte Linien vorlegen. Im Zusammenhang mit heterogenen Pflanzenbeständen muss auch berücksichtigt werden, dass Viel-Linien-Sorten sich zwar in einer Eigenschaft (vornehmlich Resistenzeigenschaften) unterscheiden, aber schließlich doch einheitliche Bestände bilden.

Deutlich heterogenere Strukturen könnten entstehen, wenn die Züchtung gezielt **heterogene Populationen** durch gezielte Methoden entwickelt. Angelehnt an **statische Mischungen** können heterogene Populationen oder ggf. Sorten entwickelt werden. Das Instrumentarium hierzu lehnt sich an das Instrumentarium der Hybridzüchtung an. Durch eine einfache Überlegung wird klar, dass eine experimentelle Suche nach geeigneten Kombinationen von günstigen Mischpartnern schon an der ungeheuren Anzahl an Prüfgliedern scheitern wird: Bei 100 (n) potenziellen Linien, die ggf. in Zweier-Kombinationen noch bessere Eigenschaften aufweisen, müssten 4950 (n * (n–1)) Prüfglieder intensiv untersucht werden. Dieses wäre kaum zu schaffen. Daher ist es analog zur Strategie in der Hybridzüchtung zunächst wichtig, die allgemeine Mischungsfähigkeit der Prüfglieder zu ermitteln. Dazu reicht es, die 100 Prüfglieder mit einem (jeweils dem gleichen) Mischpartner in Zweikomponentenmischungen zu prüfen; ggf. können anstelle des einen ausgewählten Mischpartners auch zusätzlich Mischungen mit einem 2. oder sogar 3. Partner erfolgen. Aus diesen Daten können dann die allgemeinen Mischungsfähigkeiten (GMA, General Mixing Ability) der Prüfglieder ermittelt werden. Zur Selektion der besten heterogenen Population werden die besten Mischpartner noch einmal zusammen in Zweiermischungen geprüft. Nun wird die spezifische Mischungsfähigkeit (SMA, Specific Mixing Ability) von jeweils 2 Komponenten ermittelt. Dieses Vorgehen entspricht in etwa dem Vorgehen in der Hybridzüchtung mit der Vorselektion aufgrund der allgemeinen Kombinationsfähigkeit und der folgenden Prüfung der Experimentalhybriden aufgrund der spezifischen Kombinationsfähigkeit. Heterogene Populationen, die aus mehr als 2 Mischungspartnern zusammengesetzt werden, können nach dem gleichen System entwickelt werden, nur sind die Verfahren durch die Vielzahl an potenziellen Mischungen bei 3 und mehr Mischungspartnern noch komplizierter. Bei der Entwicklung der besten heterogenen Populationen werden ergänzend Modellierungen dringend empfohlen, bei denen weitere phänotypische Eigenschaften und Resistenzmerkmale einfließen. Insgesamt ist dieses ein sehr aufwendiges Verfahren, um die Vorteile der Heterogenität nutzen zu können. Dabei wäre noch nicht einmal rechtlich geklärt, inwieweit diese neuen, nun stärker heterogenen Stämme mit der Bedingung der Sortenzulassung, der Homogenität, harmonisieren.

Daher gibt es eine andere Möglichkeit, die Vorteile der Heterogenität zu nutzen, indem **Sortenmischungen** angebaut werden. Diese Möglichkeit erlaubt eine Nutzung von zugelassenen Sorten, die sich insofern soweit ähneln, dass alle Pflegemaßnahmen an einem gleichen oder zu mindestens ähnlichen phänologischen Stadium der Mischungskomponenten durchgeführt werden können und dass die Ernte zum gleichen Zeitpunkt erfolgt. Die Maßnahmen zur Bestimmung der besten Mischungspartner entsprechen denen, die oben beschrieben wurden. Es wären also auch hier die geeignetsten Mischungspartner über die allgemeinen und spezifischen Mischungsfähigkeiten auszuwählen. Auch hierbei wird empfohlen, die Modellierung als zusätzliche Erkenntnisquelle heranzuziehen. So kann man leistungsfähige Sortenmischungen für viele Anwendungsbereiche entwickeln. Durch geschickte Auswahlstrategien lassen sich Mischungen mit höheren Ressourceneffizienzen und geringeren Krankheitsanfälligkeiten finden, was der gesellschaftlichen Erwartung nach einem reduzierten Pflanzenschutz- und Düngemittelaufwand bei gleichzeitig hoher Nahrungsmittelsicherheit entgegenkommt. Ob die Züchtung Sortenmischungen favorisieren wird oder zu eigenen Züchtungen von heterogenen Populationen tendiert, bleibt eine betriebswirtschaftliche und in Verbindung mit den Zulassungsbestimmungen zusätzlich eine gesetzgeberische Entscheidung.

Die landwirtschaftliche Produktion basiert von Beginn an auf einem **Anbau verschiedener Arten auf einer Fläche**. Einige Arten werden demzufolge als sekundäre Kulturpflanzen bezeichnet. Hierbei handelt es sich um so bedeutende Kulturarten wie Roggen, Hafer, Leindotter oder Wicke, welche zunächst als Beimengung in angebauten Pflanzenbeständen mit angebaut wurden. Hafer und Roggen besitzen beide einen geringeren Temperaturanspruch und wurden demzufolge erst bei Besiedlungen von kälteren Gebieten in den Pflanzenbeständen vorherrschend. Grünlandbestände stellen Artengemenge dar und nehmen einen sehr bedeutenden Anteil an der landwirtschaftlichen Nutzfläche ein. Allerdings hat sich der Reinanbau von Arten in den letzten Jahrhunderten für viele Arten als vorteilhaft erwiesen, wodurch auf fast allen ackerbaulich genutzten Flächen ein Reinanbau einer Kulturart vorherrschend ist. Durch Änderungen der Rahmenbedingungen steigt zunehmend das Interesse der Landwirtschaft an einem Gemengeanbau, wobei insbesondere Grasarten/Leguminosen-Gemenge im Fokus stehen. Bei einem Gemengeanbau ist zwischen Systemen zu unterscheiden, bei denen alle Gemengepartner beerntet werden sollen, und denjenigen, bei dem ein Gemengepartner Funktionen wie Bodenbedeckung etc. übernimmt. **Gemengeanbauten** besitzen einige Vorteile, und es konnte gezeigt werden, dass bei Auswahl an günstigen Gemengepartnern ein höherer Biomasseertrag erzielt werden kann. Für Gemenge mit Partnern, welche Schädlinge fernhalten oder von der Kultur weglocken, können zudem Vorteile im Bereich Schädlingsbeeinflussung und bei Leguminosen als Partner Vorteile im Bereich der Bereitstellung von pflanzenverfügbarem Stickstoff liegen. Idealerweise sollten alle Gemengepartner Kulturpflanzen sein, um zu vermeiden, dass die Erntekulturen Reduzierungen in der Biomassebildung und Ernteleistung haben. Gemenge bieten insbesondere in Landwirtschaftssystemen mit geringem Input oder begrenzten Ressourcen Vorteile. Aber auch in hochentwickelten Landwirtschaftssystemen wird über Gemengeanbau diskutiert, um die Ressourceneffizienz zu erhöhen sowie den Pflanzenschutz- und Düngemitteleinsatz zu verringern. Da die bisherigen Sorten unter jeweils Reinanbaubedingungen geprüft und selektiert wurden, stellt sich die Frage, wie die Zuchtmethodik für eine Sortenzüchtung für Gemengeanbau organisiert werden muss und ob überhaupt zuchtmethodische Anpassungen für das neue Ziel nötig sind.

Im Hinblick auf die Zuchtmethodik kann man wiederum Anleihen bei der Hybridzüchtung machen. Da die modernen Sortenkandidaten eine hohe Anpassung an die Bedingungen des Reinanbaues haben, erscheint eine breite Suche nach Mischungspartnern sinnvoll, bei der auch Landsorten nach ihren Eigenschaften mit in Betracht gezogen werden sollten. In dieser Phase muss analog zur Mischungseignung eine allgemeine Gemengeeignung der Kandidaten festgestellt werden. Hierbei sind vorab Eigenschaften in Eigenleistungsprüfungen zu ermitteln, die wichtig für einen Gemengeanbau sind. Es sind einfach zu ermittelnde Eigenschaften wie Standfestigkeit, Wuchshöhe, Blühzeitpunkte, Erntezeitpunkte und Qualitätseigenschaften. Modellierungen helfen bei einer Auswahl an Komponenten, die in Verbindung mit einer anderen Gemengeart günstig sind. An dieser Stelle muss allerdings bemerkt werden, dass viele Simulationsmodelle für Pflanzenbestände wichtige Komponenten wie die Nischenkomplementarität, eine gegenseitige Förderung oder den Wettbewerb um Ressourcen bisher nur unvollständig abbilden. Darüber hinaus gibt es zudem Vorschläge, die allgemeine Gemengeeignung eines Prüfglieds nicht nur als Wirkung auf die eigene Leistungsfähigkeit zu verstehen, sondern jedem Prüfglied auch eine allgemeine Wirkung auf den Gemengepartner zuzuordnen. In der Prüfung bedeutet dieses, dass in einer Gemengeparzelle die Eigenleistung jedes Gemengepartners erhoben werden muss. Da üblicherweise eine Prüfung auf die allgemeine Gemengeeignung wie eine Testung der allgemeinen Kombinationsfähigkeit der Hybridzüchtung durchzuführen wäre, also eine Prüfung von vielen Gemengekandidaten einer Art mit nur einem Gemengepartner der anderen Art, kann in einer solchen Versuchsanlage festgestellt werden, welche Leistung der jeweilige Kandidat in dem Gemenge aufweist, aber auch, welchen Effekt der Kandidat auf den Gemengepartner besitzt. Dazu müssen allerdings die Daten von jedem Gemengepartner getrennt vorliegen. Schließlich werden nach dem ersten Selektionsschritt noch die speziellen Gemengeeignungen festgestellt und dienen zum abschließenden Selektionsschritt. Allerdings ist dieses Konzept zwar vorgeschlagen und in der Hybridzüchtung unter anderen Bedingungen bewährt, aber bisher kaum in einer Züchtung von Gemengepartnern eingesetzt. Wegen der komplexen Prüfsituation wird das Ausgangsmaterial in der Gemengeprüfung sich zunächst um Kandidaten handeln, die sich genetisch nicht mehr verändern, also Klone, Inzuchtlinien, Experimentalhybriden etc.

Somit steht eine Züchtung auf Gemengeeignung noch in ihren Kinderschuhen. Und dieses gilt sowohl für die Auswahl von genetischen Ressourcen für Gemengeanbau, als auch für die Zuchtmethodik bzw. die exakte Ausgestaltung der Selektionsentscheidung. Auch bei der Durchführung der exakten Prüfungen fehlen noch viele Kenntnisse. So fehlt zum Teil noch das Wissen, welche Arten günstige Gemengekombinationen bieten und wie dann ein günstiges Mischungsverhältnis lautet. Erste Kombinationen aus dem Erfahrungswissen zeigen schon erfolgversprechende Kombinationen auf, bei denen z. B. kohlenhydratreiche Früchte mit proteinreichen Leguminosen erfolgreich und vollständig mechanisiert angebaut werden können.

3.7.9 Ökologische Pflanzenzüchtung

Der Ökologische Landbau unterscheidet sich in vielerlei Hinsicht vom konventionellen Landbau. So werden keine Herbizide, Fungizide, Beizmittel oder andere synthetische Pflanzenbehandlungsmittel eingesetzt. Auch wird die Düngung der Bestände anders organisiert. Dieses führt zu anderen agrarökologischen Bedingungen für den angebauten Pflanzenbestand. Überdies können andere Wirtschaftsweisen zu Unterschieden führen, wie z. B. ein Mischanbau mit weiteren Arten etc. Da im Ökologischen Landbau andere agrarökologische Bedingungen als im konventionellen Landbau geschaffen werden, muss sich die Pflanzenzüchtung hierauf einstellen. Ob eine Sorte in beiden Anbausystemen hervorragende Leistung erbringt, wäre zu prüfen. In der Vergangenheit konnte mehrfach gezeigt werden, dass der Zuchtfortschritt sich gleichermaßen unter Bedingungen des konventionellen und des ökologischen Anbausystems positiv auf eine Verbesserung der Leistung und Krankheitstoleranz bzw. -resistenz ausgewirkt hat. Damit ist allerdings nicht die Frage beantwortet, ob eine ökologische Züchtung oder ggf. eine Selektion unter ökologischen Bedingungen nicht auch einen noch höheren Selektionserfolg gebracht hätte. Bei der Betrachtung der ökologischen Pflanzenzüchtung geht es um mehr als eine Anpassung an die Bedingungen der Ökologischen Landwirtschaft. Dieses wird begründet durch die Tatsache, dass Pflanzenzüchtung für den organischen Landbau einerseits die Aufgabe hat, Sorten zu erzeugen, die an die speziellen Bedingungen gut angepasst sind, und darüber hinaus die ethischen Bedingungen einer Ökologischen Landbewirtschaftung erfüllen muss.

Viele Anforderungen an die landwirtschaftlichen Produkte sind für die konventionelle wie ökologische Landwirtschaft identisch. So gilt für beide Wirtschaftsformen gleichermaßen, dass sie die Qualitätsanforderungen des Marktes erfüllen müssen. Unerwünschte Bestandteile im Erntegut sind bei beiden Wirtschaftsweisen zu reduzieren oder nach Möglichkeit ganz zu entfernen. So sind in beiden Wirtschaftsweisen Mykotoxine im Erntegut zu vermeiden. Andere, erwünschte Bestandteile oder Eigenschaften, wie

z. B. Erucasäure bei Raps, Backqualität bei Brotgetreide, Malzqualität bei Braugerste etc., unterliegen einer strengen Qualitätskontrolle und sind in beiden Wirtschaftsweisen gleichermaßen zu bewerten. Allerdings gibt es auch Merkmale oder Wirtschaftsweisen, die für die ökologische Landwirtschaft spezifisch sind. Da im Ökologischen Landbau keine Pestizide eingesetzt werden und auch für die Düngung andere Regelungen gelten, besteht eine Notwendigkeit in der Pflanzenzüchtung, hierauf zu reagieren. So ist eine hohe Krankheits- und Schädlingsresistenz der Sorten anzustreben. Dieses gilt insbesondere für Krankheiten, die auch unter einem geringeren Stickstoffangebot zu großen Schäden führen. Hinzu kommt, dass durch die Nichtanwendung von Herbiziden die Sorten einer Unkrautkonkurrenz trotzten müssen. Im Bereich der Nährstoffaneignung müssen die Sorten im Ökologischen Landbau die Nährstoffe erreichen, aufschließen und effizient nutzen. Nach Berichten über eine geringere Ertragsstabilität im Ökologischen Landbau sollten die ökologisch gezüchteten Sorten auch verstärkt eine höhere Ertragsstabilität aufweisen. Einige dieser spezifischen Zuchtziele können bei der Elternwahl und in der Selektionsphase berücksichtigt werden, während z. B. die Erhöhung einer Ertragssicherheit nicht nur einzelne Merkmale betrifft, wie z. B. eine verbesserte Nährstoffeffizienz oder Krankheitsresistenz, sondern auch die Frage der Populationsstruktur (Heterozygotiegrad und Heterogenitätsgrad) aufwirft. Aus zahlreichen Befunden geht hervor, dass heterogene Populationen sehr häufig eine höhere Ertragssicherheit aufweisen. Auch wenn, verglichen mit den jeweils besten Linien oder Populationen im Reinanbau, diese höhere Ertragssicherheit zum Teil mit geringeren Erträgen einhergeht, stellt sich die Frage von heterogenen Populationen oder auch statischen bzw. dynamischen Sortenmischungen im Ökologischen Landbau wesentlich stärker als im konventionellen Landbau. Diese Fragen bedingen dann züchterische Antworten, die sich auf die gesamte Zuchtmethodik auswirken. So können genetisch heterogene Bestände auf verschiedene Weise erzeugt werden und auch die Selektionsmethodik bzw. die Selektionsumwelten können hierdurch variiert werden.

Die Resistenzzüchtung gegen Krankheiten und vermehrt gegen pflanzenschädliche Parasiten wie Insekten oder parasitäre Pflanzen ist in der ökologischen Landwirtschaft wesentlich bedeutender als in der konventionellen Landwirtschaft, obwohl hier die Bedürfnisse und Zuchtziele inhaltlich identisch aufgestellt werden. Es ist wohl an dieser Stelle die sehr viel höhere Priorität zu erwähnen, die zu anderen Entscheidungen in der Elternwahl und Selektionsphase führen. Im Ökologischen Landbau sind es im Getreideanbau besonders die Brandpilze und Septoria bei Weizen, Streifenkrankheit bei Gerste und Ährenfusariosen bei Weizen, Triticale und Roggen sowie Mutterkorn bei Roggen. Während Brandpilze wegen der Bekämpfungsmöglichkeit zurzeit im konventionellen Landbau nicht oberste Priorität besitzen, stellen sie im ökologischen Anbau eine wichtige Krankheit mit hoher Priorität dar. In der Züchtung von *Fusarium*-toleranten bzw. -resistenten Pflanzen kann die ökologische Pflanzenzüchtung Anleihen bei der konventionellen Züchtung machen. Generell ist die Beurteilung der Bedeutung der einzelnen Pflanzenkrankheiten im Ökologischen Landbau und der konventionellen Landwirtschaft unterschiedlich, weil auch die unterschiedlichen Fruchtfolgen und Managementtechniken auf die Ausbreitung der Krankheiten im Bestand Einfluss nehmen.

Während es bei der Züchtung auf Krankheitsresistenz wechselseitige Nutzen der verschiedenen Zuchtprogramme von ökologischer und konventioneller Pflanzenzüchtung gibt, ist das Problem der Unkrautkonkurrenz bislang wohl nur für die ökologische Pflanzenzüchtung relevant. Hier gibt es viele Ansätze, die Unkrautunterdrückung durch die Morphologie der Pflanzen zu verstärken, wobei nicht eine einzelne Eigenschaft ausreicht, sondern eine Kombination verschiedener Merkmalsausprägungen angestrebt wird. So wird eine frühe Wüchsigkeit verbunden mit einer hohen Beschattung empfohlen. Auch über Wurzeleigenschaften kann eine Konkurrenz auf die Unkräuter ausgeübt werden. Die Wurzeleigenschaften führen zu dem nächsten Komplex, der Aneignung von Nährstoffen, welche im ökologischen Anbau eine höhere Bedeutung annimmt als im konventionellen Anbau.

Die genannten Unterschiede in den Anforderungen an die Pflanzenbestände führen zu den nachvollziehbaren Unterschieden in Zuchtzielen und damit zu eigenen Zuchtprogrammen für die ökologische Landwirtschaft. Einige Beschreibungen von ökologischen Zuchtprogrammen gehen auch davon aus, dass das Ausgangsmaterial für ein Zuchtprogramm für zum einen die ökologische und zum anderen für die konventionelle Wirtschaftsweise identisch ist und dass die Programme sich erst nach wenigen Generationen nach einer Kreuzung trennen. Aus Effizienzgründen ist es verständlich, dass ein gemeinsames Ausgangsmaterial auch schon als frühe Kreuzungsnachkommenschaft für beide Zuchtprogramme genutzt wird. Allerdings zeigen neue Untersuchungen, dass das genetische Material, welches schon über Generationen unter Gunstbedingungen selektiert wurde, einer Selektion unterworfen war, die nicht den Bedingungen des Ökologischen Landbaus entsprechen. Für die Bedingungen mit geringem Nährstoffangebot und/ oder geringem Schädlingsbefall etc. dürfte ein Rückgriff auf Materialgruppen günstig sein, die aufgrund der ökologischen Bedingungen vorteilhafte Allele hierfür besitzen.

Dieses Argument spricht für eine deutlichere Trennung der Zuchtprogramme. Einige Autoren schlagen darüber hinaus auch ein sogenanntes Shuttle-Breeding vor, bei dem die Populationen nach den ersten Selektionen dann von ökologischen zu konventionellen Bedingungen bzw. umgedreht wechseln oder in diese Programme als Eltern oder Linien einfließen. Aus zuchtmethodischer Sicht wäre ein solcher Austausch günstig zu bewerten, weil hierdurch ein Verlust von potenziell erwünschten Allelen reduziert wird. Insgesamt wäre ein „Gene-flow“ zwischen den Systemen z. B. bei der Elternwahl günstig zu beurteilen, da der Verlust von günstigen oder zukünftig als günstig bewerteten Allelen reduziert würde.

Neben den unterschiedlichen Zuchtzielen und Selektionsumwelten gibt es weitere Argumente, die einen stärkeren Unterschied in der Zuchtmethodik für ökologische und konventionelle Pflanzenzüchtung aufzeigen. So hat die International Federation of Organic Agriculture Movements (IFOAM) für den organischen Landbau 4 Prinzipien aufgestellt, die analog auch für die ökologische Pflanzenzüchtung gelten. Die 4 Prinzipien lauten:

- das Prinzip der Gesundheit,
- das Prinzip der Ökologie,
- das Fairness-Prinzip und
- das Vorsorgeprinzip.

Übertragen auf die ökologische Pflanzenzüchtung bedeutet das Gesundheitsprinzip, dass Sorten robust und dynamisch, unkrautunterdrückend und krankheitstolerant sein müssen. Weiterhin sollen sie in der Lage sein, von Interaktionen mit nützlichen Bodenorganismen zu profitieren, sich selbst zu reproduzieren und hochwertige, nahrhafte Nahrungsmittel zu produzieren. Das Ökologieprinzip bedeutet, dass die Züchtung mehrstufige Ansätze entwickeln muss, wie z. B. eine dezentrale Züchtung für die regionale Anpassungsfähigkeit. Weiterhin soll die genetische Vielfalt erhöht werden. Die Sorten bzw. die Populationen sollen an die Umwelt angepasst werden, anstelle die Umwelt durch Produktionsmaßnahmen (z. B. mit Dünge- und/ oder Pflanzenschutzmittel) an die Pflanzenbestände anzupassen. Das Fairness-Prinzip bedeutet, dass neue sozioökonomische Strukturen in der ökologischen Pflanzenzüchtung entwickelt werden müssen, die keine Patente auf Leben anstreben und einen freien Zugang zu genetischen Ressourcen garantieren. Die Züchtungsansätze sollen alle Akteure der Wertschöpfungskette einbeziehen und so einen gleichberechtigten Vorteilsausgleich zwischen den Partnern herstellen. So soll die genetische Vielfalt für die Beteiligten und für nachfolgende Generationen erhalten und zugänglich gemacht werden. Und schließlich zielt das Vorsorgeprinzip in der ökologischen Pflanzenzüchtung darauf ab, die Effizienz und Produktivität der Populationen auf nachhaltige und verantwortungsvolle Weise zu steigern. Dabei wird gefordert, dass die ökologische Züchtung auf Biotechnologien verzichtet, die direkt in die DNA (Transgene Pflanzen etc.) eingreifen, einschließlich Zellfusion und Mutationszüchtung.

Hieraus lassen sich größere Unterschiede zwischen der ökologischen und konventionellen Pflanzenzucht in der Zuchtmethodik ableiten als aus der Betrachtung der Zuchtziele alleine. Die Forderung, dass sich die Sorten selbst reproduzieren müssen, kann einerseits eine Ablehnung der Hybridzüchtung bedeuten und andererseits, dass ein Nachbau durch den Landwirt bevorzugt wird. Eine Interpretation für eine dezentrale Züchtung ist schwierig, weil eine dezentrale Durchführung auf verschiedenen Ebenen stattfinden kann. Einmal könnte eine Prüfung auf unterschiedlichen Standorten und unter verschiedenen Wirtschaftsbedingungen organisiert werden, anderseits könnten auch die jeweiligen Selektionsentscheidungen dezentral durchgeführt werden und damit von verschiedenen Kriterien geleitet sein. Eine partizipative Pflanzenzüchtung, ggf. in Verbindung mit einer evolutionären Pflanzenzüchtung könnte als eine mögliche dezentrale Züchtungsorganisation angesehen werden. Ein weiterer Unterschied zwischen ökologischer und konventioneller Pflanzenzüchtung ist die Bevorzugung von heterogenen Populationen bei den entwickelten Züchtungen, welche als organisch heterogenes Material (OHM) bezeichnet werden, während die konventionelle Pflanzenzüchtung homogene oder relativ homogene Sorten entwickelt. OHM erfordert ein anderes Konzept in der Zuchtmethodik als homogene Sorten. In beiden Systemen der Pflanzenzüchtung können verschiedene Arten für eine angestrebte Erhöhung der Kulturartenvielfalt entwickelt werden, sodass sich hierdurch kein Unterschied in der Zuchtmethodik ergeben würde. Auch ist die konventionelle Pflanzenzüchtung bestrebt, die Ressourceneffizienz sowohl bei den Nährstoffen als auch beim Wasserverbrauch zu erhöhen.

Wegen unterschiedlicher Zuchtziele sind spezialisierte Zuchtprogramme für eine ökologische Pflanzenzüchtung sinnvoll. Anhand der Prinzipien für eine ökologische Pflanzenzüchtung werden viele Zuchtmethoden wie die Hybridzüchtung, die in der konventionellen Landwirtschaft zu homogenen und hoch leistungsfähigen Pflanzenbeständen geführt hat, argwöhnisch betrachtet und z. T. abgelehnt. Daher ist zu erwarten, dass das Methodenspektrum sich zukünftig für die konventionelle und ökologische Pflanzenzüchtung stark unterscheiden wird. Wenn ein Austausch der zugelassenen Sorten oder fertigen Züchtungslinien bzw. -populationen als Kreuzungsmaterial allen Züchterinnen und Züchtern zur Verfügung steht, können alle von den Züchtungen profitieren. Insofern ist auch die Vielfalt an Zuchtmethoden zu begrüßen.

Die unterschiedlichen Zuchtziele und die Vielfalt an Vermehrungssystemen hat zu einer Reihe von Zuchtmethoden geführt, von denen hier lediglich die Grundzüge dargestellt wurden. Es ist nun die Aufgabe von Pflanzenzüchterinnen und Pflanzenzüchtern, unter noch komplizierteren Bedingungen der einzelnen Kulturarten die geeigneten Varianten auszusuchen, zu selektieren, und in ein angepasstes Zuchtprogramm zu integrieren. Auch wenn die Technik und zukünftig die Modellierung und künstliche Intelligenz weitere Hilfestellungen leisten, bleibt die Anpassung der vielfältigen Möglichkeiten der Zuchtverfahren in eine angepasste Zuchtmethodik ein spannendes Arbeitsfeld für alle Züchterinnen und Züchter.

Fragen zu Kapitel 3.7

- Welche Sortenkategorien kennen Sie?
- Beschreiben Sie die Grundprinzipien der Linienzüchtung, Klonzüchtung, Populationszüchtung und Hybridzüchtung.
- In welchen Selektionsphasen gibt es keine genetische Veränderung der Kandidaten im Verlauf der Selektion und in welchen muss mit einer Veränderung gerechnet werden?
- In welchen Sortenkategorien wird die Additiv Genetische Varianz und in welchen die Dominanzvarianz genutzt (Nutzung beider Komponenten ist möglich)?
- In welchen Sortenkategorien wird die Heterosis genutzt?
- Welche Selektionskräfte werden in der evolutionären Pflanzenzüchtung genutzt?

Weiterführende Literatur

Becker, H. C., 2019: Pflanzenzüchtung, 3. Aufl. Verlag E. Ulmer, Stuttgart.

Schnell, F. W., 1982: A synoptic study of the methods and categories of plant breeding. Z. Pflanzenzüchtung 89, 1–18.

Literaturauswahl

Abel, W., 1962: Geschichte der deutschen Landwirtschaft vom frühen Mittelalter bis zum 19. Jahrhundert. In: Franz, G. (Hrsg.), Deutsche Agrargeschichte, Bd. II. Verlag E. Ulmer, Stuttgart.

Allard, R. W., 1999: Principles of Plant Breeding. John Wiley & Sons, Inc., New York.

Amiteye, S., 2021: Basic concepts and methodologies of DNA marker systems in plant molecular breeding. Heliyon 7 e08 093; https://doi.org/10.1016/j.heliyon.2021.e08 093.

Arbeitsgemeinschaft der norddeutschen Landwirtschaftskammern, 2014 – 2016: Qualitätsstandard-Mischungen für Grünland. Verband der Landwirtschaftskammern.

Aufhammer, W., 1998: Getreide- und andere Körnerfruchtarten. Verlag E. Ulmer, Stuttgart.

Auswertungs- und Informationsdienst für Ernährung, Landwirtschaft und Forsten (AID) (Hrsg.), 1998: Sätechnik für Getreide und Reihenkulturen. 1368/1998.

Baeumer, K., 1992: Allgemeiner Pflanzenbau, 3. Aufl. Verlag E. Ulmer, Stuttgart.

Baeumer, K., 1997: Anbauverhältnis und Fruchtfolge. In: E. R. Keller, H. Hanus und K.-U. Heyland (Hrsg.), Handbuch des Pflanzenbaues, Bd. 1. Verlag E. Ulmer, Stuttgart, 187–242.

Baker, R. J., 1986: Selection Indices in Plant Breeding. CRC Press, Boca Raton, Florida.

Baudis, H., 1990: Koordinierter Dezimalcode (KDC) für Winterraps und -rübsen. In: H. Buhtz, L. Boese, Ch. Grunert und W. Hamann: Koordinierter Dezimalcode (KDC) der phänologischen Entwicklung für landwirtschaftliche Kulturpflanzen, Gemüse, Obst, Sonderkulturen. Feldversuchswesen Bad Lauchstädt 7, 43 – 46.

Baumecker, M., F. Ellmer und F.-M. Chmielewski, 2002: Langfristige Entwicklung der Humusgehalte eines Sandbodens unter dem Einfluss von Düngung und Klima. Arch. Acker- Pfl. Boden. 48, 533 – 542.

Baumgärtel, G., H.-Ch. Scharpf, 2002: Gute fachliche Praxis der Stickstoffdüngung. aid 1017

Becker, H. C., 2019: Pflanzenzüchtung, 3. Aufl. Verlag E. Ulmer, Stuttgart.

Becker, H. C.,1984: Theoretische Überlegungen und experimentelle Untersuchungen zur genetischen Basis der Heterosis – Eine Literaturübersicht. Vortr. Pflanzenzüchtg. 5, 23 – 42.

Becker, K.-W., H.-G. Frede, P. Hugenroth, F.-W. Klages, B. Meyer und H. Widhagen, 1984: Bodenkunde – Aspekte und Grundlagen. Institut für Bodenwiss. Göttingen. Eigenverlag.

Bengough, A. G., B. M. McKenzie, P. D. Hallett, and T. A. Valentine, 2011: Root elongation, water stress, and mechanical impedance: a review of limiting stresses and beneficial root tip traits. Journal of Experimental Botany 62 (1), 59–68.

Bentolila, St., A. A. Alfonso and M. R. Hanson, 2002: A pentatricopeptide repeat-containing gene restores fertility to cytoplasmic male-sterile plants. PNAS 16, Vol. 99, 10887 – 10892.

Bernardo, R., 2020a: Breeding for Quantitative Traits in Plants. Stemma Press, Woodbury, Minnesota.

Bernardo, R., 2020b: Reinventing quantitative genetics for plant breeding: something old, something new, something borrowed, something BLUE. Heredity 125: 375–385; https://doi.org/10.1038/s41 437–020–0312–1.

Birnbaum, C. (Hrsg.), 1877: Das neue Buch der Erfindungen, Gewerbe und Industrien. 7. Aufl. Otto Spamer, Leipzig und Berlin.

Böhm, W., 1997: Biographisches Handbuch zur Geschichte des Pflanzenbaus. K. G. Saur, München.

Boote, K. J., J. M. Bennett, T. S. Sinclair, and G. M. Paulsen, 1994: Physiology and Determination of Crop Yield. ASA, CSSA, SSSA, Inc., Madison, Wisconsin, USA.

Börner, H., 1995: Unkrautbekämpfung. Gustav Fischer Verlag, Jena.

Brown, R. H., 1978: A difference in N use efficiency in C3 and C4 plants and its implications in adaption and evolution. Crop Sci. 18, 93 – 98.

Brunotte, J., B. Winnige, M. Frielinghaus und C. Sommer, 1999: Der Bodenbedeckungsgrad – Schlüssel für gute fachliche Praxis im Hinblick auf das Problem Bodenabtrag in der pflanzlichen Produktion. Bodenschutz 4 (2), 57 – 61.

Buhk, H.-J., 2010: Koexistenz Grüne Gentechnik, Rechtlicher Rahmen. In: Märländer et al. (Hrsg.) Mitteilungen der Gesellschaft für Pflanzenbauwissenschaften, Band 22. Verlag Liddy Halm, Göttingen.

Bundessortenamt, 2003, 2010: Beschreibende Sortenliste. Deutscher Landwirtschaftsverlag, Hannover.

Buschmann, C. und K. Grumbach, 1985: Physiologie der Photosynthese. Springer-Verlag, Berlin, Heidelberg, New York, Tokyo.

Ceccarelli, S. and S. Grando, 2020a: Participatory plant breeding: Who did it, who does it and where? Experimental Agriculture 56, 1–11; doi:10.1017/S001 44 7971 90 00127.

Ceccarelli, S. and S. Grando, 2020b: Evolutionary plant breeding as a response to the complexity of climate change. iScience 23, 101 815; doi.org/10.1016/j.isci.2020.101 815.

Chapman, S. C., G. L. Hammer, D. W. Podlich and M. Cooper, 2002: Linking Biophysical and Genetic Models to Integrate Physiology, Molecular Biology and Plant Breeding, 167 – 187.

Chmielewski, F.-M., 1998: Gebiete der Angewandten Meteorologie (Kap. 14). In: P. Hupfer, W. Kuttler (Hrsg.), Witterung und Klima. Begründet von E. Heyer. 10. Aufl., Teubner, Stuttgart und Leipzig, 365–393.

Chmielewski, F.-M., 2011: Klimadaten von Berlin-Dahlem, Bezugsperiode 1981-2010. http://www.agrar.hu-berlin.de/struktur/institute/nptw/agrarmet/service/wb/Klima-Dahlem.html (24.02.2011).

Chmielewski, F.-M., A. Müller and E. Bruns, 2003: Climate changes and trends in phenology of fruit trees and field crops in Germany, 1961 – 2000. In: F.-M. Chmielewski und Th. Foken (Hrsg.), Beiträge zur Klima- und Meeresforschung, Berlin und Bayreuth, 125 – 134.

Christen, O., 1999: Nachhaltige Landwirtschaft. Von der Ideengeschichte zur praktischen Umsetzung. Institut für Landwirtschaft und Umwelt, Bonn, 27.

Christen, O., 2001: Ertrag, Ertragsstruktur und Ertragsstabilität von Weizen, Gerste und Raps in unterschiedlichen Fruchtfolgen. Pflanzenbauwissenschaften 5 (1), 33 – 39.

Clive, J., 2014: Global status of Commercialized biotech/GM Crops: 2014. ISAAA Brief No 49. ISAAA: Ithaca, NY.

Connor, D. J. et al., 2011: Crop Ecology: Productivity and Management in Agricultural Systems. Cambridge Univ. Press, Cambridge, UK.

Davenport, C. B., 1908: Degeneration, Albinism and Inbreeding. Science 28, 454 – 455.

Diepenbrock, W. and H. C. Becker, 1995: General introduction. In: W. Diepenbrock and H. C. Becker (Eds.), Physiological Potentials for Yield Improvement of Annual Oil and Protein Crops. Adv. Plant Breed. 17, 9 – 19.

Diepenbrock, W., 2014: Nachwachsende Rohstoffe. Verlag E. Ulmer, Stuttgart.

Diepenbrock, W., G. Fischbeck, K.-U. Heyland und N. Knauer, 1999: Spezieller Pflanzenbau (UTB 111). Verlag E. Ulmer, Stuttgart.

Diepenbrock, W., H.-P. Kaul und P. von Fragstein, 2001: Pflanzenbau – Was ist das und warum studiert man es? Gesellschaft für Pflanzenbauwissenschaften e. V. (Hrsg.): Status und Zukunft der Pflanzenbauwissenschaften an den Universitäten. Workshop, 19./20. 03. 2001, Lutherstadt Wittenberg.

Duvick, D. N., J. S. C. Smith and M. Cooper, 2004: Long-term Selection in a Commercial Hybrid Maize Breeding Program. Plant Breeding Reviews 24 (2), 109 – 151.

EASAC, 2013: Planting the Future: Opportunities and Challenges for Using Crop Genetic

East, E. M., 1908: Inbreeding in Corn. Rep. Connecticut Agric. Exp. Stn. for 1907, 419 – 428.

Eimern, J. van und H. Häckel, 1984: Wetter- und Klimakunde. Verlag E. Ulmer, Stuttgart.

Eißner, H. und L. Schmidt, 2009: Der „Ewige Roggenbau“ in Halle (Saale) – ein Modell im Wandel. Mitt. Ges. Pflanzenbauwiss. 21, 77 – 78.

Ellmer, F., 1991: Die Fruchtfolge im Wandel des Ackerbaus. Wiss. Z. Humboldt-Univ. Berlin 40, 13 – 23.

Ellmer, F., W. Hübner und M. Baumecker, 2001: Pflug oder nicht Pflug? Neue Landwirtschaft 7, 32 – 34.

Erisman, J. W., M. A. Sutton, J. N. Galloway, Z. Klimont and W. Winiwarter, 2008: How a century of ammonia synthesis changed the world. Nat. Geosci. 1, 636-639.

Estler, M. und H. Knittel, 1996: Praktische Bodenbearbeitung. DLG-Verlags-GmbH, Frankfurt/Main.

Evans, L. T., 1993: Crop Evolution, Adaptation, and Yield. Cambridge Univ. Press, Cambridge, UK.

Falconer, D. S., 1984: Einführung in die Quantitative Genetik. Verlag E. Ulmer, Stuttgart.

Falconer, D. S and T. Mackay, 1995: Introduction to Quantitative Genetics. Addison Wesley Pub. Co. Inc., Boston.

Fehr, W. R., 1987: Principles of Cultivar Development, I. Theory and Technique. Macmillan, New York.

Förster, K. and W. Diepenbrock, 2002: Use of genetically modified plants – consequences for crop production. In: Deutsche Forschungsgemeinschaft (DFG) – Senatskommission zur Beurteilung von Stoffen in der Landwirtschaft (Hrsg.), Schwellenwerte für Produkte aus gentechnisch veränderten Pflanzen. Wiley VCH Verlag, Weinheim, Mitt. 7, 50 – 58.

Frielinghaus, M., C. Dalchow und H. Schäfer, 2003: Bodenlandschaften im Jung- und Altmoränengebiet. Mitt. Dt. Bodenkundl. Ges. 100, 188.

Gäbert, T., M. Baumecker und F. Ellmer, 2011: Der Statische Nährstoffmangelversuch Thyrow. http://www.agrar.hu-berlin.de/struktur/ze/freiland/thyrow/dau_versuch/standardseite#d4 (05.08.2011).

Geisler, G., 1988: Pflanzenbau. Ein Lehrbuch – Biologische Grundlagen und Technik der Pflanzenproduktion. 2. Aufl. Parey, Berlin.

Gesetz zum Schutz der Kulturpflanzen (Pflanzenschutzgesetz – PflSchG) vom 6. Februar 2012 BGBl. I S. 148, 1281), zuletzt geändert 2. Dezember 2014 http://www.gesetze-im-internet.de/bundesrecht/pflschg_2012/gesamt.pdf (11.03.2015).

Gesetz zum Schutz vor schädlichen Bodenveränderungen und zur Sanierung von Altlasten (Bundes-Bodenschutzgesetz – BBodSchG) vom 17. März 1998 (BGBl. I S. 502), zuletzt geändert 24. Februar 2012 http://www.gesetze-im-internet.de/bundesrecht/bbodschg/gesamt.pdf (11.03.2015).

Grimm, C. und K.-J. Hülsbergen (Hrsg.), 2009: Nachhaltige Landwirtschaft. Indikatoren, Bilanzierungsansätze, Modelle. Erich Schmidt Verlag Berlin.

Hamm, W., 1872: Das Ganze der Landwirthschaft. Gebundene Ausgabe 2002. Schäfer im Vincentz Network.

Hanks, J. and J. T. Ritchie (Eds.), 1991: Modelling Plant and Soil Systems. ASA Agron. Ser. 31, Madison, Wisc., 125 – 144.

Hansen, W. D., 1963: Heritability. In: Hanson W. D., Robinson H. F., (eds.): Statistical Genetics and Plant Breeding. National Academy of Sciences—National Research Council, Washington, DC, 125–140.

Hanus, H., 1997: Klima und Witterung als Standortfaktoren. In: E. R. Keller, H. Hanus und K.-U. Hey-

land (Hrsg.), Handbuch des Pflanzenbaues, Bd. 1, Verlag E. Ulmer, Stuttgart, 42–68.
Hanus, H., K-U. Heyland und E. Keller (Hrsg.), 2008: Handbuch des Pflanzenbaus. Bd. 2, Getreide und Futterpflanzen. Verlag E. Ulmer, Stuttgart.
Harlan, H. V. and M. L. Martini, 1929: A composite hybrid mixture. J. Amer. Soc. Agron. 21, 487–490.
Harlan, H. V. and M. L. Martini, 1938: The effect of natural selection in a mixture of barley varieties. J. Agric. Res. 57, 189–199.
Hasan, N. et al., 2021: Recent advancements in molecular marker assisted selection and applications in plant breeding programmes. Journal of Genetic Engineering and Biotechnology 19: 128; https://doi.org/10.1186/s43 141–021–00 231–1.
Heichel, G. H., 1987: Legume Nitrogen: Symbiotic fixation and recovery by subsequent crops. In: Z. Helzel (Ed.), Energy and World Agriculture Handbook, Vol. 2, Energy in Plant Nutrition and Pest Control. Elsevier Science Publishing, Amsterdam, Netherlands, 63 – 80.
Heß, D., 1976: Entwicklungsphysiologie der Pflanzen. Verlag Herder, Freiburg, Basel, Wien.
Heun, M., R. Schäfer-Pregel, D. Klawan, R. Castagna, M. Accerbi, B. Borhi and F. Salamini, 1997: Site of Einkorn Wheat Domestication Identified by DNA Fingerprint. Science 278, 1312 – 1314.
Heydemann, B., 1997: Das biologisch-ökologische Potenzial der Agrarbiotope und seine zukünftige Nutzung. Fauna – ökologische Mitteilungen, 7.
Heyland, K.-U., H. Hanus und E. Keller (Hrsg.), 2006: Handbuch des Pflanzenbaus. Bd. 4, Ölfrüchte, Faserpflanzen, Arzneipflanzen und Sonderkulturen. Verlag E. Ulmer, Stuttgart.
Hofmeister, H. und E. Garve, 1986: Lebensraum Acker. Pflanzen der Äcker und ihre Ökologie. Paul Parey Verlag, Hamburg und Berlin.
http://www.riswick.de/pdf/qsm-gruenland.PDF
Hülsbergen, K.-J., 2003: Entwicklung und Anwendung eines Bilanzierungsmodells zur Bewertung der Nachhaltigkeit landwirtschaftlicher Systeme. Ber. Agrarwissenschaft, Shaker Verlag, Aachen.
Hülsbergen, K.-J., 2009: Ein Modell zur Analyse und Bewertung der Nachhaltigkeit landwirtschaftlicher Betriebssysteme. In: Grimm, C., K.-J. Hülsbergen: Nachhaltige Landwirtschaft. Erich Schmidt Verlag Berlin, 13 – 28.
Hülsbergen, K.-J., B. Feil, S. Biermann, G.-W. Rathke, W.-D. Kalk and W. Diepenbrock, 2001: A method of energy balancing in crop production and its application in a long-term fertilizer trial. Agriculture, Ecosystems & Environment 86, 303 – 321.
Hurle, K. und A. Kemmer, 1992: Unkräuter in Getreide mechanisch bekämpfen? Pflanzenschutzpraxis 3, 33.
Improvement Technologies for Sustainable Agriculture. European Academies Science Advisory Council, Halle.
Institut für Zuckerrübenforschung Göttingen (IFZ), 2001: Jahresbericht 2000/2001.
James, C., 2019: Global Status of Commercialized Transgenic Crops. ASAAA Briefs (www.transgen.de).
Jeroch, H., W. Drochner und O. Simon, 2008: Ernährung landwirtschaftlicher Nutztiere. 2. Aufl. Verlag E. Ulmer, Stuttgart.
Keeling, C. D. and T. P. Whorf, 2002: Atmospheric CO_2-records from sites in the SIO air sampling network. In Trends: A Compendium of Data on Global Change. Carbon Dioxide Information Analysis Center, Oak Ridge National Laboratory, U.S. Dept. of Energy, Oak Ridge, Tenn., USA.
Keeling, R., 2011: Scripps CO2 Program. http://scrippsco2.ucsd.edu/research/atmospheric_co2.html (11.02.2015).
Keller, E. R., H. Hanus und K.-U. Heyland (Hrsg.), 1997: Handbuch des Pflanzenbaus. Bd. 1, Grundlagen der landwirtschaftlichen Pflanzenproduktion. Verlag E. Ulmer, Stuttgart.
Keller, E. R., H. Hanus und K.-U. Heyland (Hrsg.), 1999: Handbuch des Pflanzenbaus. Bd. 3, Knollen- und Wurzelfrüchte, Körner- und Futterleguminosen. Verlag E. Ulmer, Stuttgart.
Kemmer, K., 1998: Wettpflügen. Dr. Neinhaus Verlag AG, Stuttgart.
Kempken, F. 2020: Gentechnik bei Pflanzen Chancen und Risiken. 5. Auflage. Springer Spektrum.
Klimanek, E. M., M. Körschens und D. Eich, 1988: Menge und Qualität von Ernte- und Wurzelrückständen ausgewählter Pflanzenarten als Parameter für das Modell der Umsetzung organischer Substanz. Wiss. Jahresber. FZB Müncheberg, 64 – 72.
Knittel H. und E. Albert, 2003: Praxishandbuch Dünger und Düngung, Agrimedia GmbH.
Köhnlein, J. und H. Vetter, 1953: Ernterückstände und Wurzelbild. Paul Parey Berlin, Hamburg.
Könnecke, G., 1967: Fruchtfolgen. Landwirtschaftsverlag, Berlin.
Köpke, U., E. R. Keller und G. Kahnt, 1997: Ökologischer Landbau. In: E. R. Keller, H. Hanus und K.-U. Heyland (Hrsg.), Handbuch des Pflanzenbaues, Bd. 1. Verlag E. Ulmer, Stuttgart, 625–702.
Köppen, D., 2002: Entwicklung und Inhalt der Kategorie „Bodenfruchtbarkeit". Pflanzenbauwissenschaften 6 (2), 57 – 62.
Körschens, M., E. Schulz , E.-M. Klimanek und U. Franko, 1997: Die organische Bodensubstanz – Bedeutung, Definition, Bestimmung. Arch. Acker, Pfl. Bodenkd. 41, 427 – 433.
Körschens, M., I. Merbach und E. Schulz, 2002: 100 Jahre Statischer Düngungsversuch Bad Lauchstädt. Umweltforschungszentrum Leipzig-Halle GmbH.
Korsmo, E., 1930: Unkräuter im Ackerbau der Neuzeit. Springer Verlag, Berlin.
Kromer, K. H., 1997: Ernte- und Nacherntetechnologie. In: E. R. Keller, H. Hanus und K.-U. Heyland (Hrsg.), Handbuch des Pflanzenbaues Bd. 1,

Grundlagen der landwirtschaftlichen Pflanzenproduktion. Verlag E. Ulmer, Stuttgart, 441 – 450.

Krück, St., 1998: Einfluß der Nutzung auf Bodenfruchtbarkeitsparameter, Humushaushalt und Regenwurmaktivität, und deren Beziehung zur Ertragsfähigkeit sandiger Böden in Brandenburg. Diss., Humboldt-Univ. Berlin.

Kundler, P. (Hrsg.), 1989: Erhöhung der Bodenfruchtbarkeit. Landwirtschaftsverlag Berlin.

Kunling, C., Y. Wang, R. Zhang, H. Zhang, and C. Gao, 2019: CRISPR/Cas genome editing and precision plant breeding in agriculture. Annu. Rev. Plant Biol. 70: 667–697; doi.org/10.1146/annurev-arplant-050718–100049.

Kurth, H., 1975: Chemische Unkrautbekämpfung. 4. Aufl. G. Fischer Verlag, Jena,

Lande, R. and R. Thompson, 1990: Efficiency of marker-assisted selection in the improvement of quantitative traits. Genetics 124, 743 – 756.

Leins, P., 2000: Blüte und Frucht. E. Schweizerbart'sche Verlagsbuchhandlung (Nägele und Obermiller), Stuttgart.

Lieberei, R. und C. Reisdorff, 2012: Nutzpflanzen. 8. überarbeitete Auflage. Georg Thieme Verlag, Stuttgart, New York.

Liebig, J. von, 1840: Die Chemie in ihrer Anwendung auf Agrikultur und Physiologie. Vieweg, Braunschweig.

Lindloff, V., 2003: 2003 – ein Jahr mit starker Auswinterung. Neue Landwirtschaft 5, 52 – 53.

Lühs, W. and W. Friedt, 1994: Major Oil Crops. In: D. J. Murphy (Ed.), Designer Oilseed Crops. Wiley VCH Press Ltd., Weinheim, 5 – 71.

Lütke Entrup, N. und B. Schäfer (Hrsg.), 2011: Lehrbuch des Pflanzenbaues, Bd. 2, Kulturpflanzen. AgroConcept, Bonn.

Lütke Entrup, N. und J. Oehmichen (Hrsg.), 2006: Lehrbuch des Pflanzenbaues, Bd. 1, Grundlagen. AgroConcept, Bonn.

Lütke Entrup, N., 2001: Zwischenfrüchte im umweltgerechten Pflanzenbau. Verlag Th. Mann, Gelsenkirchen.

Lynch, M. and B. Walsh, 1998: Genetics and Analysis of Quantitative Traits. Sinauer Associates, Inc. Sunderland, Massachusetts.

Mahon, J. D., 1983: Limitations to the use of physiological variability in plant breeding. Can. J. Plant Breed. 63, 11 – 21.

Makowski, N., 2000: Ölfrüchte. In: N. Lütke Entrup und J. Oehmichen (Hrsg.), Lehrbuch des Pflanzenbaues. Verlag TH. Mann, Gelsenkirchen.

Manderscheid, R., S. Burkart und H. J. Weigel, 1999: Wirkung erhöhter CO_2-Konzentrationen und Trockenstress auf die Strahlungsperzeption sowie die Wasser- und Strahlungsausnutzungseffizienz beim Sommerweizen. Mitt. Ges. Pflanzenbauwiss. 12, 83 – 84.

Matsuoka, Y., Y. Vigouroux, M. M. Goodman, J. G. Sanchez, E. Buckler and J. Doebly, 2002: A single domestication for maize shown by multilocus microsatellite genotyping. PNAS 99, 6080 – 6084.

Meier, U., L. Bachmann, E. Buhtz, H. Hack, R. Klose, B. Märländer und E. Weber, 1993: Phänologische Entwicklungsstadien der Beta-Rüben. Nachrichtenbl. Dt. Pfl.schutzd. 45, 37 – 41.

Melchinger, A. E. and R. K. Gumber, 1998: Overview of Heterosis and Heterotic Groups in Agronomic Crops. In: K. R. Lamkey and J. E. Staub (Eds.), Concepts and Breeding of Heterosis in Crop Plants. Crop Sci. Soc. Am., Madison, Wisconsin, 29 – 44.

Merbach, W.; L. Schmidt und L. Wittenmayer, 1999: Die Dauerdüngungsversuche in Halle (Saale). B. G. Teubner Stuttgart, Leipzig.

Montgomery, D. R., 2010: Dreck. Warum unsere Zivilisation den Boden unter den Füßen verliert. oekom verlag, München.

Müller, P., 1986: Ackerbau. Landwirtschaftsverlag, Berlin.

Nadeem, M. A. et al., 2018: DNA molecular markers in plant breeding: current status and recent advancements in genomic selection and genome editing. Biotechnology and Biotechnical Equipment 32 (2), 261–285; https://doi.org/10.1080/13102818.2017.1400401.

NAS, 2016: Genetically Engineered Crops: Experiences and Prospects. National Academies of Sciences, Washington, DC.

Neff, R., 2001: Zur Düngung von Grünland. Merkblätter Grünlandwirtschaft und Landespflege, Heft 13. Hessisches Dienstleistungszentrum für Landwirtschaft, Gartenbau und Naturschutz, Eichhof.

Newton, C. R. and A. Graham, 1997: PCR. Spektrum.

Nösberger, J. und W. Opitz von Boberfeld, 1986: Grundfutterproduktion, Verlag P. Parey, Berlin und Hamburg.

Pahlow, M., 2000: Das große Buch der Heilpflanzen. Gräfe und Unzer Verlags GmbH, München.

Pallutt, B., 1992: Wie stark Unkräuter mit Getreide konkurrieren. Pflanzenschutz-Praxis 3, 38.

Pallutt, B., 2001: Der Anbauplan als Schutzprogramm. Was acker- und pflanzenbauliche Maßnahmen bei der Unkrautregulierung leisten. Neue Landwirtschaft, Sonderheft Moderner Pflanzenschutz, 74 – 78.

Pallutt, B., 2002: Arbeitsmaterial d. Biol. Bundesanstalt f. Land- und Forstwirtschaft, Inst. f. Integr. Pflanzenschutz, Kleinmachnow.

Pallutt, B., 2010: 30 Jahre Dauerfeldversuche zum Pflanzenschutz. Journal für Kulturpflanzen 62 (7), 230 – 237.

Pessarakli, M. (Ed.), 1994: Handbook of Plant and Crop Physiology. Marcel Dekker, Inc., New York, Basel, Hong Kong.

Pflanzenschutzmittelverzeichnis, 2015. http://www.bvl.bund.de/DE/04_Pflanzenschutzmittel/01_Aufgaben/02_ZulassungPSM/01_ZugelPSM/05_Verzeichnis/psm_ZugelPSM_Verzeichnis_node.html (11.03.2015).

Pronin, D., 2002: Einfluss unterschiedlicher Bodenbearbeitungs- und Bestellverfahren auf die vertikale Differenzierung von Bodenkennwerten auf lehmigem Sand (Brandenburg) und auf Schwarzerde (Novosibirsk) sowie auf ausgewählte Pflanzenmerkmale. Diss., Humboldt-Univ. Berlin.
Qaim, M., 2020: Role of new plant breeding technologies for food security and sustainable agricultural development. Applied Economic Perspectives and Policy 42, 129–150; doi: 10.1002/aepp.13044.
Quaim, M. and A. de Janvry, 2003: Genetically Modified Crops, Corporate Pricing Strategies, and Farmers' Adoption: The Case of Bt Cotton in Argentina. American Journal of Agricultural Economics 85, 814 – 828.
Quaim, M. and A. de Janvry, 2005: Bt cotton and pesticide use in Argentina: economic and environmental effects. Environment and Development Economics 10, 179 – 200.
Quaim, M. and D. Zilberman, 2003: Yield Effects of Genetically Modified Crops in Developing Countries. Science 299, 900 – 902.
Quaim, M., 2003: Bt Cotton in India: Fields Trial Results and Economic Projections. World Development 31, 2115 – 2127.
Rathke, G.-W. und W. Diepenbrock, 2003: Biogene Energieträger – eine Übersicht. Pflanzenbauwissenschaften 7, 39 – 47.
Rickerl, D. and Ch. Francis (Eds.), 2004: Agroecosystems Analysis. ASA, CSSA, SSSA Agronomy Monograph 43, ISBN 0-89118-153-9.
Roth, C., J. Brunotte und C. Sommer, 1990: Die Bedeutung von Verschlämmungen und Verdichtungen auf Lößböden für die Auslösung von Bodenabtrag durch Wassererosion. Die Zuckerrübe 1, 50 – 53.
Rühl, G., und M. Langhof, 2010: Koexistenz Grüne Gentechnik, Pflanzenbauliche Konsequenzen. In: Märländer et al. (Hrsg.) Mitteilungen der Gesellschaft für Pflanzenbauwissenschaften, Band 22. Verlag Liddy Halm, Göttingen.
Rutz, H. W. (Hrsg.), 2006: Sorten- und Saatgutrecht. 11. Auflage. AgriMedia-Verlag Bergen/Dumme.
Saatgutverkehrsgesetz (SaatG) in der Fassung der Bekanntmachung vom 16. Juli 2004 http://www.gesetze-im-internet.de/bundesrecht/saatverkg_1985/gesamt.pdf (11.03.2015).
Sadras, V., and D. Calderini, 2014: Crop physiology 2nd ed. Academic Press, San Diego.
Schachtschabel, P., H.-P. Blume, G. Brümmer, K.-H. Hartge und U. Schwertmann, 1989: Lehrbuch der Bodenkunde. 12. Aufl. F. Enke Verlag, Stuttgart.
Schilling, G., 2000: Pflanzenernährung und Düngung. Verlag E. Ulmer, Stuttgart.
Schmidt, P., J. Hartung, J. Bennewitz, and H.-P. Piepho, 2019: Heritability in Plant Breeding on a Genotype-Difference Basis. Genetics 212, 991–1008. doi: https://doi.org/10.1534/genetics.119.302134.
Schmidt, W. und O. Nitzsche, 2003: Modifizierte Mulchsaatverfahren zu Mais. Infodienst der Sächsischen Agrarverwaltung 05, 48 – 52.
Schmidt, W., O. Nitzsche und C. Gebhardt, 2002: Fusarium pfluglos bekämpfen. Infodienst der Sächsischen Agrarverwaltung 05, 35 – 42.
Schnable, P. S. and R. Wise, 1998: The molecular basis of cytoplasmic male sterility and fertility restoration. Trends in Plant Science 3, 175 – 180.
Schnell, F. W., 1982: A synoptic study of the methods and categories of plant breeding. Z. Pflanzenzüchtung 89, 1–18.
Schnell, F. W., 1982: Züchtung synthetischer Sorten. I. Begriff und Methodik. Vortr. Pflanzenzüchtg. 1, 5 – 21.
Schnell, F. W., 1983: Probleme der Elternwahl – Ein Überblick. Bericht über die Arbeitstagung der „Arbeitsgemeinschaft der Saatzuchtleiter" im Rahmen der „Vereinigung österreichischer Pflanzenzüchter" 1983, 1 – 11.
Schöne, F., 1993: Eiweißreiche Produkte der Ölindustrie. In: H. Jeroch, G. Flachowsky und F. Weißbach (Hrsg.), Futtermittelkunde. Gustav Fischer Verlag Jena, Stuttgart.
Schultz, H., 1992: Aktuelles aus Acker- und Pflanzenbau. Landwirtschaftskammer Schleswig-Holstein.
Schweder, P., E. Kape, E. und W. Neubauer, 1998: Düngung 1998. Hinweise und Richtwerte für die landwirtschaftliche Praxis. Minist. Landw. u. Naturschutz Mecklenburg-Vorpommern, Schwerin.
Schwerz, J. N., 1807: Anleitung zur Kenntniß der Belgischen Landwirthschaft, Bd. 1. Hemmerde & Schwetschke, Halle.
Shull, G. H., 1908: The composition of a field of maize. Rep. Am. Breeders Assoc. 4, 296 – 301.
Simmonds, N. W. 1979: Principles of Crop Improvement. Longman, New York.
Smith, R. H. and S. H. Park, 2002: Tissue culture for crop improvement. In: Kang, M. S., (ed.), Quantitative Genetics and Plant Breeding. CAB International, New York, USA, 189–196.
Sommer, C., 1997: Bodenbearbeitung. In: E. R. Keller, H. Hanus und K.-U. Heyland (Hrsg.), Handbuch des Pflanzenbaues, Bd. 1. Verlag E. Ulmer, Stuttgart, 242–275.
Sommer, C., 2003: Beiträge der Landtechnik zum physikalischen Bodenschutz. In: Bewertung von Umweltschutzleistungen in der Pflanzenproduktion. Kuratorium f. Technik u. Bauwesen in der Landw., Darmstadt, 23 – 30.
Specht, A., 1999: Bodenbearbeitung. In: E. R. Keller, H. Hanus und K.-U. Heyland (Hrsg.), Handbuch des Pflanzenbaues Bd. 3, Knollen- und Wurzelfrüchte, Körner- und Futterleguminosen. Verlag E. Ulmer, Stuttgart, 124 – 127.
Spiller, A., 2010: Koexistenz Grüne Gentechnik aus ökonomischer Sicht. In: Märländer et al. (Hrsg.) Mitteilungen der Gesellschaft für Pflanzenbauwis-

senschaften, Band 22. Verlag Liddy Halm, Göttingen.

Staub, J. E., F. C. Serquen and M. Gupta, 1996: Genetic Markers, Map Construction, and Their Application in Plant Breeding. Hort. Science 31 (5), 729 – 741.

Stauss, R., H. Bleiholder, T. van den Boom, L. Buhr, H. Hack, M. Hess, R. Klose, U. Meier und E. Weber, 1994: Einheitliche Codierung der phänologischen Entwicklungsstadien mono- und dikotyler Pflanzen. Gemeinschaftsarbeit Biologische Bundesanstalt für Land- und Forstwirtschaft (BBA), Bundessortenamt (BSA) und Industrieverband AGRAR (IVA) unter Mitwirkung anderer Institutionen.

Steinbrenner, K. und G. Höflich, 1984: Einfluss acker- und pflanzenbaulicher Maßnahmen auf den Befall des Getreides durch *Pseudocercosporella herpotrichoides* (Fron) Deighton und *Gaeumannomyces graminis* (Sacc.) Arx et Olivier. Arch. Phytopathol. Pflanzenschutz, Berlin 6 (20), 487 – 504.

Suneson, C. A., 1956: An evolutionary plant breeding method. Agron. J. 48, 188 – 191.

Tans, P. and Keeling, R., 2021: NOAA/GML (gml.noaa.gov/ccgg/trends/), Institution of Oceanography (scrippsco2.ucsd.edu/)

Tappeser, B., F. Grimm, T. Meise, M. Otto, W. Reichenbecher, H. Teichmann und B. Winkel, 2010: Koexistenz aus ökologischer Sicht. In: Märländer et al. (Hrsg.) Mitteilungen der Gesellschaft für Pflanzenbauwissenschaften, Band 22. Verlag Liddy Halm, Göttingen.

Thaer, A. D., 1798: Einleitung zur Kenntniß der englischen Landwirthschaft und ihrer neueren practischen und theoretischen Fortschritte in Rücksicht auf Vervollkommnung deutscher Landwirtschaft für denkende Landwirthe und Cameralisten. Hannover.

Thaer, A. D., 1807: Grundriß einer Geschichte des Ackerbaus. Annalen des Ackerbaus 5, Realschulbuchhandlung, Berlin, 1 – 53.

Thaer, A. D., 1809–1812: Grundsätze der rationellen Landwirthschaft. Realschulbuchhandlung, Berlin.

Vavilov, N. I. 1926: The centres of origin of cultivated plants. Works of Applied Botany and Plant Breeding. 16 (2), 248 (russ.).

VDLUFA, 2014: Standpunkt Humusbilanzierung. Eine Methode zur Analyse und Bewertung der Humusversorgung von Ackerland. Verband Deutscher Landwirtschaftlicher Untersuchungs- und Forschungsanstalten. Bonn. Selbstverlag. http://www.vdlufa.de/joomla/Dokumente/Standpunkte/11-Humusbilanzierung.pdf (10.02.2015).

Verordnung (EWG) Nr. 2092/91 des Rates vom 24. Juni 1991 über den ökologischen Landbau und die entsprechende Kennzeichnung der landwirtschaftlichen Erzeugnisse und Lebensmittel. In: H. Schmidt und M. Haccius (Hrsg.), 1994: EG-Verordnung „Ökologischer Landbau". Juristische und agrarfachliche Kommentierung. Verlag C. F. Müller, Karlsruhe.

Voigtländer, G. und H. Jacob (Hrsg.), 1987: Grünlandwirtschaft und Futterbau. Verlag E. Ulmer, Stuttgart.

Volz, R. und M. Nauser, 2000: Der Wald schützt unser Klima. Magazin Umwelt 4.

Wilhem, R. et al. 2022: Bericht zu möglichen Synergien der Nutzung neuer molekularbiologischer Techniken für eine nachhaltige Landwirtschaft. Berichte aus dem Julius-Kühn-Institut 215; https://ojs.openagrar.de/index.php/BerichteJKI.

Witzenberger, A., T. van den Boom und H. Hack, 1989: Erläuterungen zum BBCH-Dezimal-Code für die Entwicklungsstadien des Getreides. Gesunde Pflanze 41, 384 – 388.

Wricke, G. and W. E. Weber, 1986: Quantitative Genetics and Selection in Plant Breeding. De Gruyter, Berlin.

Wright, S., 1921: Systems of matings. Genetics 6, 111 – 178.

www.biosicherheit.de

www.transgen.de

Zscheischler, J., M. C. Estler, W. Staudacher, F. Gross, G. Burgstaller, H. Streyl und T. Rechmann, 1990: Handbuch Mais, 4. Aufl.. Verlagsunion Agrar, Frankfurt/M., München, Münster, Wien, Bern.

Zwerger, P. und H. U. Ammon, 2002: Unkraut. Ökologie und Bekämpfung. Verlag E. Ulmer, Stuttgart.

Sachregister

O

P

Q

R

S